U0192117

科学史与科学文化系列

A New History of Modern Computing

计算机驱动世界

新编现代计算机发展史

[英]托马斯·黑格 [美]保罗·塞鲁齐 著

刘淘英 译

上海科技教育出版社

Philosopher's Stone Series

哲人石丛书

立足当代科学前沿

彰显当代科技名家

绍介当代科学思潮

激扬科技创新精神

策　划

哲人石科学人文出版中心

对本书的评价

◇

黑格和塞鲁齐采用全球视角，将有关网络历史、性别和劳动力的最新研究与他们精彩独到的技术分析结合在一起，对于任何对计算机和计算技术演变历史感兴趣的人来说，本书都是一部必读之作。

——瓦莱丽·谢弗(Valérie Schafer)，

卢森堡大学当代和数字历史中心当代史教授

◇

《计算机驱动世界》一出版就成了经典——对于历史学家、策展人，以及媒体和信息的跨学科研究者，它都是非常重要的一部著作。这本书对技术变革和应用的综合分析精彩绝伦，带给我们真正的阅读享受。

——杰拉尔多·孔·迪亚兹(Gerardo Con Diaz)，

《软件权利》(*Software Rights*)的作者

◇

从微芯片到手机，再到巨大的服务器场，计算机是历史上最有革命性和发展最快的技术之一。然而它自己的历史却充斥着神话、误解和错误信息。此书由杰出的科学史专家撰写，讲述了计算机的起源、计算机如何改变世界以及为什么这些变化对今日之世界如此重要。它是用户、开发人员、教师和历史学家不可缺少的指南。

——保罗·爱德华兹(Paul Edwards)，

斯坦福大学威廉·佩里国际安全研究员，密歇根大学信息与历史荣休教授

◇

黑格和塞鲁齐的《计算机驱动世界》对于投资者、企业家、管理者，以及任何对计算技术感兴趣的人来说，都是必读之作。本书的写作难度很大，但黑格和塞鲁齐很好地应对了挑战，为不断变化的计算技术撰写了一部权威的综合历史。

——吉尔·普雷斯(Gil Press)，
《福布斯》(*Forbes*)

◇

对于"计算机是什么"这个看似寻常却发人深思的问题，学生们往往会露出惊讶的表情。他们给出的形形色色的答案，正是黑格和塞鲁齐这本书内容的主线，也是它如此吸引人的原因。作者对硬件、体系结构和计算机语言的深入研究表明，尤其从历史的角度来看，表面上的失败其实只是连续发展过程中暂时的中断。

——马丁娜·赫斯勒(Martina Hessler)，
《技术与文化》(*Technology & Culture*)，2022年4月

◇

黑格和塞鲁齐的这部新书，是麻省理工学院出版社"计算技术史"丛书中的一部，在塞鲁齐早期著作的基础上进行了脱胎换骨式的全面修改，反映了现代计算机发展的剧烈变化，尤其是因特网的快速崛起……本书的注释全面，参考文献详尽，对任何对现代计算技术的发展历史感兴趣的人和相关专业的学生而言，它都是一部时效性非常高的优秀参考书。

——戴维·B. 亨德森(David B. Henderson)，
《计算技术评论》(*Computing Reviews*)

内容提要

计算机曾经是庞大笨重的科学研究工具和处理数据的苦力，在过去的50年中，计算机从这种远离普通人的体验演变成了多元设备的家族，几十亿人用它打游戏、购物、播放音乐和电影、交流沟通，甚至还能计步。托马斯·黑格和保罗·塞鲁齐在本书中追溯了这些变化。本书在塞鲁齐《现代计算机发展史》第二版的基础上进行了全面的重构，每章都讲述了一种转变，描述了用户和生产者如何合力将计算机改造成了新事物。

在更悠久、更深刻的计算技术历史背景当中，黑格和塞鲁齐描述了计算机的演变。故事从1945年的ENIAC开始——在这个项目中诞生了“程序”和“编程”这样的术语，接着他们讲述了电子邮件、袖珍计算器、个人计算机、万维网、电子游戏、智能电话等的发展，一直到在电话、汽车、家用电器和手表中都能找到计算机的这个计算机无处不在的当今世界，最后以集成了多种计算模式的特斯拉 Model S 作为本书的收尾。

作者简介

托马斯·黑格(Thomas Haigh),出生于英国,美国威斯康星大学密尔沃基分校历史系教授、计算机科学系教授,德国锡根大学媒体与信息学院客座教授,《计算机学会通讯》(*Communications of the ACM*)撰稿人,曾于2019年获得美国技术史学会颁发的伯纳德·芬恩电气电子工程师学会历史奖。编著有《ENIAC在行动:现代计算机的创建和重塑》(*ENIAC in Action: Making and Remaking the Modern Computer*)、《探索早期数字概念》(*Exploring the Early Digital*)等。

保罗·塞鲁齐(Paul Ceruzzi),美国著名计算机史学家,耶鲁大学美国史博士,美国航空航天博物馆的荣誉策展人,航空航天电子和计算领域的权威人士,曾在克莱姆森大学教授技术史。著有《GPS发展史》(*GPS*)、《计算机简史》(*Computing: A Concise History*)、《互联网小巷:泰森斯角的高科技,1945—2005年》(*Internet Alley: High Technology in Tysons Corner, 1945-2005*)等。

献给埃哈德·许特佩尔茨(Erhard Schüttpelz)教授和SIGCIS社区，他们为我们的工作提供了重要的支持。

CONTENTS 目 录

目录

序

中国的科技史研究兴起于新文化运动时期，到20世纪50年代实现职业化和学科建制化。百余年来，中国科技史学家们取得了非常显著的学术成果，如编著和出版了26卷本的《中国科学技术史》，显著增进了人们对科技传统及近现代科技发展的认知。然而，国内的科技史研究在方向和领域方面很不平衡。我们在古代史研究方向积累雄厚，在近现代科技史研究方向起步较晚，对世界科技史的研究很不够。我们在学科史方面也存在明显的差异，有些领域论著厚重，有些领域却很薄弱，甚至几近空白。

计算机及相关信息技术在现当代科学技术体系中居于主流或引领地位。然而，国内对其历史的研究刚刚起步，几乎未见中国学者撰写的世界计算机史学术著作，读者们难觅中文版的计算机及相关技术历史的权威出版物。这种状况不利于我们借鉴各国发展计算机技术的历史经验，不能适应国家建设世界科技强国的时代要求。

国外科技史学家出版了关于计算机史的许多论著，但国内读者不易方便地选择和阅读其中的佳作。令人欣慰的是，中国科学院计算技术研究所的刘淘英老师敏锐地注意到国内读者对计算机史著作的迫切需求，选择翻译了托马斯·黑格和保罗·塞鲁齐的开创性著作《计算机驱动世界：新编现代计算机发展史》（*A New History of Modern Computing*），即《现代计算机发展史》（*A History of Modern Computing*）的第三版。

《现代计算机发展史》由美国最优秀的计算机史学家保罗·塞鲁齐撰写,1998年由麻省理工学院出版社首次出版,第二版于2003年推出,其中增加了第10章"互联网时代"。这部权威的计算机史著作内容充实,认识清晰深刻。它由11章组成——1. 商业计算机的出现;2. 计算机时代的来临;3. 早期软件的历史;4. 从大型计算机到小型计算机;5. 沸腾年代和S/360;6. 芯片及其影响;7. 个人计算机;8. 增强人类智能;9. 工作站、UNIX和网络;10. 互联网时代;11. 总结:世界图景的数字化。全书系统地梳理了美国计算机自1945年以来的发展历程,包括关键的转型时刻、若干相互交织的线索、重要的角色和问题。这部经典之作深受同行学者和其他读者欢迎,被选作计算机史的教材。

计算机及相关的信息领域属于发展极其迅速的现当代科技,对其历史的书写具有较大的挑战性。保罗·塞鲁齐与另一位计算机史学家托马斯·黑格在2017年开始修订或者说重构《现代计算机发展史》,终于在2021年出版《计算机驱动世界:新编现代计算机发展史》。这部新作以15章的篇幅深入阐释计算技术体系及其应用的进化,讲述了许多新技术和新故事,展现出"从专业到普及"的计算机发展的生动图景。比较三个版本,我们可以看到科技史学家如何随着技术的快速发展而不断调整自己观察历史的视野和兴趣点,尝试新的叙事框架。显然,托马斯·黑格和保罗·塞鲁齐将内史与外史结合的叙事策略是成功的,他们的著作能够帮助读者清楚地理解计算机的变革历程以及技术与社会的相互塑造。

保罗·塞鲁齐和托马斯·黑格掌握了相当丰富的历史资料,包括学术期刊、档案和个人通信等,并借此写成内容翔实的《计算机驱动世界:新编现代计算机发展史》,还在书中给出了可供读者扩展研读的计算机史论著清单。中文版译者刘淘英博士是计算机专家,她在翻译过程中准确把握了现代计算技术的专业问题。在她的努力下,《计算机驱动世界:新编现代计算机发展史》走近中文读者,填补了国内计算机史著作出版的空白。

在此,我愿意向广大中文读者,尤其是科技史、计算机和IT等领域的行家们推荐刘老师翻译的《计算机驱动世界:新编现代计算机发展史》,相信人们从这部专著中能够获得丰富的知识和历史启示。

张柏春

北京中关村基础园区

2022年9月27日

致 谢

我们特别感谢海门丁杰(David Hemmendinger)、迪亚兹(Gerardo Con Diaz)、韦伯(Marc Weber)、霍尔沃森(Michael J. Halvorson)、斯泰蒂(Alan Staiti)、米亚(Eugene Miya),以及麻省理工学院出版社的审稿人,他们都通读了整个手稿,提出了大量有用的建议。麦克琼斯(Paul McJones)、科尔(Clem Cole)、布罗克(David Brock)、阿斯塔特(Troy Astarte)、利恩(Tom Lean)、菲德勒(Bradley Fidler)、范弗莱克(Tom Van Vleck)、洛伍德(Henry Lowood)、库南(Jerome Coonen)、福里斯特·帕克(Forrest Park)、戈登·贝尔(Gordon Bell)和唐纳德·瓦格纳(Donald B. Wagner)针对某些主题和内容提供了重要意见。丛书编辑汤姆·米萨(Tom Misa)对错别字有一双老鹰一样的眼睛。本书的很多材料都来自塞鲁齐的早期著作《现代计算机发展史》,因此也要感谢在那个版本中致谢的那些人。我们特别感谢阿斯普雷(William Aspray)作为这套丛书的长期编辑所做的工作,他为本书以及我们创作时借鉴的许多其他著作都付出了心血。

本书的创作得到了锡根大学合作研究中心(CRC)"媒体合作"项目的慷慨支持。我们在德国锡根共同工作了三段时间,评估这部新的概述历史的潜力,列出新大纲,检查整理第二版已有的材料,最后汇编成两个章节的草稿来检验我们的新方法。锡根大学的额外支持使黑格能够专注于写作。我们由衷地感谢许特佩尔茨(Erhard Schüttpelz)、吉斯曼(Sebastian Giessmann)和蒂尔曼(Tristan Thielman)的安排,他们像同事一样投入到我们这个项目。在三个“早期数字技术研讨会”上我们与参会者讨论了本书的新结构,努尼(Laine Nooney)、布罗克、迪克(Stephanie Dick)、阿斯普雷、坎贝尔-凯利(Martin Campbell-Kelly)、斯韦德(Doron Swade)、基尔申鲍姆(Matthew Kirschenbaum)、舒斯泰克(Len Shustek)、斯莱顿(Rebecca Slayton)和许多其他人的建议使我们受益匪浅。本书的部分内容后来在锡根大学举办的关于数据库管理系统历史的研讨会上进行了讨论,费希廷格(Moritz Feichtinger)和亨格(Francis Hunger)均参与其中。

感谢道格拉斯(Debbie Douglas)、侯赛因(Janice Hussain)、谢德(Angela Schad)、凯瑟琳·泰勒(Katherine Taylor)、戴利(Brian Daly)、埃里克·劳(Erik Rau)、修特(Stephanie Hueter)、韦斯科特(Andrea Wescott)、克里特(Ingrid Crete)、怀纳(Lindsi Wyner)、罗波洛(Bryan Roppolo)、威克(Amanda Wick)和各种维基传媒共享资源的贡献者,在获得图像使用许可和扫描图片方面对我们的帮助。

黑格感谢在本书五年的艰苦创作过程中,家人玛丽亚(Maria)、彼得(Peter)和保罗(Paul)的付出,他们的爱和牺牲使这本书成为可能。两位作者都感谢麻省理工学院出版社编辑和制作团队的努力。策划编辑赫尔基(Katie Helkie)很早就提议更新再版塞鲁齐的书,基勒(Laura Keeler)对我们关于手稿准备的所有疑问都给予及时的解答。我们特别感谢韦斯特切斯特出版服务公司的海伦·惠勒(Helen Wheeler)和谢弗(Virginia A. Schaefer)所做的工作。斯旺森(Stefan Swanson)费了很大心血进行校对,检查参考文献,发现了几十个错误。

第六章和第十二章的一些片段改编自阿斯普雷和塞鲁齐编辑的《因特网与美国商业》(*The Internet and American Business*)中黑格撰写的一部分内容,以及由朱迪·马洛伊(Judy Malloy)编辑的《社交媒体考古学与诗学》(*Social Media Archeology and Poetics*)中塞鲁齐撰写的部分,两本书均由麻省理工学院出版社出版。第三章的部分内容以黑格的两篇论文为主,见 The Chromium-Plated Tabulator: Institutionalizing an Electronic Revolution, 1954–1958, *IEEE Annals of the History of Computing* 23, no.4 (October–December 2001): 75–104 和 How Data Got Its Base: Information Storage Software in the 1950s and 60s, *IEEE Annals of the History of Computing* 31, no.4 (October–December 2009): 6–25.

本书由德国研究基金会(DFG)资助,项目编号:262513311–SFB 1187 媒体合作。

前　言

从专业到普及:重构全新的计算机发展史

本书是对《现代计算机发展史》(*A History of Modern Computing*)的全面重塑。《现代计算机发展史》于 1998 年首次出版,2003 年增加了一章。从 1998 年以来,世界发生了很多变化,当时万维网(Web)还是个新鲜事物,苹果手机(iPhone)尚未诞生,而谷歌(Google)的创始人在读研究生,脸书(Facebook)的创始人是个高中生。要客观公平地讨论这些变化,只在书的末尾增加几章是远远不够的。在本书第一版的构思和写作过程中,因特网仍然是一个相当模糊且尚未成形的系统。但今天,计算机通信的发展被视为计算机历史进程的一条核心线索,不仅贯穿了 20 世纪 90 年代,在 20 世纪 60 年代和 70 年代也是重要线索。视频和音乐录制向数字技术的大规模转移,同样迫使我们将媒体的发展融入计算机的漫长历史中。自本书第一版写成以来,计算机已经发生了天翻地覆的变化,这意味着本书也应该脱胎换骨,变成一本新书。

因特网、数字媒体设备和视频游戏对现代生活的重要性毋庸置疑,这激起了公众对其故事的兴趣。然而,这种讨论很少立足于计算机技术更长远、更深刻的历史。在我们对本书进行最后修订时,其中一个人偶然发现了《因特网是如何发生的:从网景到 iPhone》(*How the Internet Happened: From Netscape to the iPhone*),作者麦卡洛(Brian McCullough)是一位科技行业的业内人士。[1] 这本书可读性很强,结构紧凑,研究扎实,是麦卡洛基于自己对多位计算机公司创始人的200个访谈播客完成的。我们也把它推荐给读者。然而,我们也惊讶地发现,这样的历史研究没有与更大的计算机故事联系起来。如他的书名所示,麦卡洛从1994年第一个商业Web浏览器开始讲述因特网的故事,只是偶尔才闪回因特网及其前身阿帕网(ARPANET)的前25年。他几乎没有提到Web的核心技术、协议和算法从何而来,也没有提到使Web浏览器的迅速传播成为可能的不断发展的个人计算技术,比如新的处理器和操作系统。他没有提到Web服务器技术,也没有提到与Web浏览器同时发展的编程语言和实践。根据我们的观察,关于电子游戏和个人计算的通俗历史著作也存在类似的情况。本书的目的是将因特网、万维网的历史与音乐播放器(iPod)、电子游戏机、家用计算机、数码相机和智能手机的历史一起,纳入计算机历史的核心叙述。

若仅把一项技术的历史写成一系列的模型、发明者和改进,就会错过重点。米萨(Thomas J. Misa)曾提出,计算机历史学家面临的巨大挑战是解释"计算机如何改变了世界"。[2]看起来做到这一点可能并不难。计算机的历史相对比较短,就我们撰写的内容而言,它始于20世纪40年代。与农业、阿拉伯数字和字母表等的历史相比,它的时间跨度似乎只是一眨眼的工夫。尽管计算机的重要性不断增加,但到目前为止,它对我们生活的影响并不如工业时代的技术,如电灯或电力、汽车和抗生素那样重大。

重要的技术都有复杂的历史。举例而言,诸如马车和自行车等早期技术的发展,使汽车的出现成为可能。随着大企业的发展,又出现了以低成本大量制造复杂机器的大规模生产方式,福特T型汽车才能在汽车发明几十年之后普及开来。用户们则为T型汽车开发出一些新用途,比如打造新车身,或者把它改造成能够牵引农业机械的可移动动力源。美国人大规模从城市流向广阔的郊区,汽车虽然不是决定性因素,但为这种流动提供了便利。由于大多数美国人开始依赖开汽车去购物、上班和社交，他们的民族文化便围绕汽车这项技术孕育而成。由此产生的对石油的大量需求更是重塑了美国的外交政策，改变了从挪威到尼日利亚的若干国家的命运，不过这种改变通常是往更糟的方向。[3]

全面公正地讲述汽车发展的故事即使对最有野心的历史学家也是个挑战，但汽车历史学家相比计算机历史学家有一个关键的优势——从1920年到2020年的一个世纪里，典型汽车的物理形态大致是稳定的：一个大型的自我推进的金属盒子，能够装载2—8个人，在沥青路上移动；汽车的最高速度大约翻了一番，从每小时40英里*增加到（法律规定的）每小时70或80英里；资本雄厚的大型企业仍在用装配线生产汽车；福特、通用汽车和克莱斯勒是20世纪20年代美国的“三大”汽车制造商，而且一直到今天仍保持这种地位；汽车仍然由特许经销商经销；一辆具备基本功能而且实用的汽车价格大概相当于一位熟练工人几个月的工资。

计算机历史的连续性完全不能与汽车相比。很少有什么技术能如此频繁、如此根本地改变形态规模、主导应用和用户群体。早期的计算机就像回旋加速器一样深奥和专业。20世纪40年代，全世界只有几百人使用计算机进行复杂的数字计算。它们是独一无二的实验室定制设备，每台的成本相当于今天的几百万美元。但现在，计算机的普及达到了仅次于衣服和食物的程度。

计算机科学家们用了图灵（Alan Turing）提出的一个术语——**通用图灵机**，来描述可编程计算机非凡的灵活性。为了证明数学命题，图灵描述了一类假想的机器（现在被称为图灵机），根据规则表处理无穷纸带上的符号。通过对纸带上的规则本身进行编码，通用图灵机能够计

---

* 1英里约为1.6千米。——译者

算任何可由同类更专业的机器计算的数字。计算机科学家们发现它可以用作所有可编程计算机执行任意操作序列的能力模型,进而(如果时间和存储空间不限的话)用代码复制缺失的硬件,通过这种方式相互模仿。[4]

然而在实际应用当中,第一批现代计算机的功能有严重限制。随着这些限制逐渐解除,计算机向经济学家所说的有高度多样化应用的"通用技术"方向发展,能够被计算机化的技术或经济的范围急剧扩大。今天,世界上大约有一半居民每天都在使用手持计算机,涉及几乎所有可以想象的人类任务。它们的工作速度比早期计算机型号快几百万倍,还能装在口袋里,而且便宜到如果玻璃破裂需要修理就可以扔掉的程度。

计算机不是万能的,不是所有人都要用它,它也不可能取代所有技术,但它比其他任何技术都更加通用。计算机开始时是一种高度专业化的技术,现在在更广泛的意义上朝着通用和普及的方向发展。这是向**实践通用性**发展的过程,而我们经常说的计算机作为图灵机体现的是理论上的通用性。

至于计算机所达到的通用程度,或许可以说这种机器变成了一种**"万能溶剂"**,实现了炼金术的古老梦想——使各种令人惊叹的技术都消失在它的体内。个人计算机、智能手机和网络上运行的软件取代了地图、文件柜、录像带播放器、打字机、纸质备忘录和计算尺的功能,而这些东西现在已经很少使用了。计算机的地位越来越接近通用技术溶剂的设备,任务在单一平台上被融合,我们把这种融合概念化为技术的**消解**,在很多情况下也是商业模式的**消解**。

在许多情况下,计算机消解了其他技术的内在,而将它们的外在形式保留下来。尽管计算机技术是通用的,但大多数实际安装配置好的计算机执行的是极其专业的任务。它们隐藏在汽车和消费类电器中,取代了日常生活中许多技术的核心,如电话、复印机、电视、钢琴,甚至灯泡。这些计算机的数量是人类的好几倍,批量购买的话每台只要3美分。它们仍然有处理器和内存,还能运行软件,但也只有计算机科学家还习惯性地认为它们是计算机。

这种形态的改变使得构建一个令人满意的计算机总体历史变得异常困难。当舞台规模和人物阵容发生如此根本性的变化时,如何讲述一个故事？写一本这样的书,最简单的方法是用一两章的篇幅来介绍每个十年。但是,我们想讲一个有情节的故事,而不是只按大致的时间顺序铺排一连串事实和传闻。我们的方案是在每个单独章节都讲述一个特定的用户和生产者群体将计算机改造成新东西的变革故事。每一章的故事都是连贯的,有稳定的人物阵容,与之相关的公司、应用和社区在其他章节可能就不会出现了。

举例来说,计算机的第一波转型始于20世纪50年代,分别被改造成了能进行数字运算的科学超级计算机、能够使几百名职员的工作都实现自动化的数据处理设备,以及协调防空的实时控制系统。我们用独立的三章讲述了这三个平行的故事,每个故事都延伸到了20世纪70年代。各章在时间上有重叠,不过随着内容的进展,时间会逐渐接近现在。在后面的章节中,计算机变成了通信媒介、图形工具、个人玩具,等等。这个列表比较长,可以在目录中看到完整的清单。我们希望新结构是清晰和连贯的。草拟了本版大纲之后,我们开始在其中重新安排旧版的文本段落,用新材料补充空白。如果读者熟悉塞鲁齐博士的原书,就会发现它所涉及的几乎所有主题都能在新文本的某个地方找到,只是内容被压缩了。[5]

关于计算机化如何改变了世界的特定部分,你会在本书看到很多例子,但并非世界的每个部分都以同样的方式被改变。米萨的问题——“计算机如何改变世界”,是对整个领域提出的,并不只有一个答案。我们试图对一个更容易回答的问题给出合理全面的答案:“计算机如何被世界改变?”综合来看,每章的小故事合起来就是一个大故事。故事的主人公就是“计算机”本身。有些计算机内置在酒店的钥匙卡里被随便乱扔,有些则要花几百万美元,在这样一个世界里谈论“计算机”可能有点困难。但是每台计算机的核心都是一组有着共同“血统”的编程技术和体系结构特征。例如由 Cray 超级计算机开创的先进体系结构如今帮助你的手机更有效地播放奈飞(Netflix)视频。旧版的《现代计算机发展史》比其他任何计算机史概述都更深入地涉及计算机体系结构的演变。继续关注并深入探讨体系结构新特征的起源和传播,有助于将新版的内容编织在一起。

技术由社会塑造,说得更具体一些,塑造它的是政府和企业等机构,是想得到奖励的发明者,也是以创造者无法想象的方式运用和重塑技术的用户。旧版《现代计算机发展史》的另一个特点是对计算机用户的关注,深入研究了大量美国国家航空航天局(NASA)、美国国家税务局(IRS)和其他有影响力的计算机组织用户的案例。我们保留了这些案例,并在每一章对计算机用户的经验进行了简短的研究。这补充了我们对体系结构的关注,因为新的体系结构特征和软件技术最初就是为了满足特定用户的特定需求而创造的。这种叙事结构建立在马奥尼(Michael S. Mahoney)的经典论文《计算机史》[The Histories of Computing(s)]的见解之上。马奥尼认为:“不同群体的历史和持续的经验表明,人们对计算机的需求和期望不同。他们在实践中遇到的问题不同,困难程度也不同。因此他们创造了不同的计算机或计算装置。”[6]每当计算机成为一种新事物,它以前的一切也并没有停止。核武器实验室和银行仍在使用计算机。新功能从一个领域转移到另一个领域,使这些故事交织在一起。

我们的故事从 20 世纪 40 年代的可编程电子计算机开始,而不是像更传统的历史概述那样，从机械计算器或者巴贝奇（Charles Babbage）开始。要讲述一项新技术的故事，最理想的做法是先记录它在实践中的应用和比它更早的技术，然后探索它的起源、传播，以及与它一起发展的新实践和新机构。几十年前计算所指的范围较小，将电子计算视为科学计算传统的延续是合理的。计算先驱赫曼·戈德斯坦（Herman Goldstine）所写的第一部重要的计算史《计算机：从帕斯卡到冯·诺伊曼》（*The Computer from Pascal to von Neumann*），以20世纪40年代现代计算机的发明结束。在1985年出版的《计算技术史》（*A History of Computing Technology*）中，迈克尔·威廉斯（Michael Williams）从数字的发明开始讲起，谈到电子计算机时已经用了全书篇幅的2/3。到了20世纪90年代，计算机应用对商业管理的重要性被历史学家们记录了下来，所以坎贝尔-凯利（Martin Campbell-Kelly）和阿斯普雷（William Aspray）在写《计算机：信息机器的历史》（*Computer: A History of the Information Machine*）时，自然而然地用机械办公设备、文件柜和行政程序取代了对计算尺和星盘的讨论。[7]

放弃早期技术的内容也是有代价的。为了了解世界因采用某种技术而发生的变化，我们需要了解"之前"和"之后"的情况。它会影响到未来各种类型的历史学家，无论他们是在讨论总统政治还是流行音乐。被计算机所取代的技术和围绕它而改变的相关实践的范围是如此之广，以致我们一开始就讲索引卡片而不是电视机、讲计算尺而不是弹球机、讲打字机而不是邮政系统——这些选择似乎显得很随意。但如果要包含所有的故事，每一章都得展开变成一部由各自的专家撰写的长书。

《现代计算机发展史》是被引用得最广泛的计算机学术历史概述著作。对于在图书馆里拿起它，或者为完成课堂任务读这本书的人来说，这本书是对该主题的第一次呈现。希望我们的新书是读者了解这段丰富历史的起点，而不是终点。为了帮助指导读者，我们系统地引用了许多从不同层面讲述计算机历史的杰出学术史著作，并摘录了其中的一些内容。我们遇到的挑战是如何把足够填满整本书的故事浓缩到一页或一段文字当中。大多数计算机历史相关的作品都集中在某个特定方面，偶尔涉及像软件行业这样比较广泛的内容，但更多都局限在某个公司或计算机平台。关于谷歌公司、微软公司和苹果公司的历史作品比计算机本身的还要多。我们没有在每一章后面列出扩展阅读的清单，但我们提到的每一本书，读者都可以放心地认为这是杰出的、高度相关的进一步阅读来源。这些书带给我们灵感和信息，我们愿意与读者分享这份礼物。

尽管本书内容广泛，但我们必须提醒读者，它是一部计算机技术与实践的历史，而不是计算机科学的历史。计算机科学是一门学术学科，于20世纪50年代末开始在理论上形成，并于20世纪60年代和70年代间通过大学院系、公司研究实验室、基金机构、会议和期刊制度化。如果计算机科学工作者所做的具体工作对实践产生重大影响，我们会讨论它的贡献，但不会把研究领域、有影响力的部门、知识流派的故事塞进这本书，也不会把体系结构、理论、图形、数据库、网络和人工智能等分支学科的发展塞进这本书。科学史家对计算机科学的关注非常少（可惜计算机科学家对科学史的关注也非常少），所以不幸的是，本书没有给读者提供任何关于计算机科学及其分支学科的主要历史。[8]

我们不会回答的另一个问题是："第一台计算机是什么？"关于第一的争论曾经经历了漫长的诉讼和专利程序。在关于早期电子计算机的一般性讨论中，这始终是个主要的话题，尤其是在因特网出现之后的论坛上。但其实答案取决于各自对**"计算机"**的定义。在20世纪40年代，这个问题甚至不会有意义，因为**计算机**[*]指的是受雇进行复杂计

* 英文是computer，这里是计算员的意思。——译者

算的人。当时制造的新机器被称为自动计算机或计算机器。但这些也不是最早的计算机,这就是为什么我们这本书叫作“**现代**计算机发展史”的原因。

但本书必须得从某个地方开始。我们从1945年宾夕法尼亚大学ENIAC计算机的首次运行开始。20世纪80年代,经过专业培训的历史学家开始参与“第一台计算机”的话题,用了一连串形容词来限定20世纪40年代制造的各种新机器的“第一”,达成了休战协议,大家不再继续争论。ENIAC通常被称为“第一台通用的可编程电子计算机”。[9]

这些形容词把ENIAC与早期的两类机器区分开来。**电子**计算机区别于机电计算机,后者逻辑单元的工作速度要慢几千倍。这些计算机通常被称为继电器计算机,用纸带控制,每次执行一条指令的计算。它们就像自动演奏的钢琴,但输出的是数字而不是音乐。继电器计算机中最有名的是国际商业机器(IBM)公司根据哈佛大学的艾肯(Howard Aiken)的要求生产的Harvard Mark 1,以及德国计算技术先驱楚泽(Konrad Zuse)设计的Z3。ENIAC的**通用**和**可编程**这两个特性,把它与特殊用途的电子机器区分开,后者的操作顺序内置于硬件,因而不能被重新编程执行不同的任务。艾奥瓦州立大学制造的ABC,即阿塔纳索夫-贝里计算机,用固定程序解线性方程组。[10]英国战时的“巨像”(Colossus)机器对来自加密信息和电子模拟密码轮的输入进行逻辑测试,它的基本操作顺序同样也是固定的。[11]

从ENIAC项目中还诞生了程序、编程这样的专业词汇,以及可以把高级控制功能自动化的分支和循环机制。ENIAC在全世界的宣传激发了人们对电子计算的浓厚兴趣。它的两位主要设计师成立了第一家电子计算机公司。甚至在ENIAC尚未完成之时,其继任者EDVAC计算机的设计工作就已经在计划当中了,EDVAC的设计确定了现代计算机的关键体系结构特征。

第一章

计算机的发明

1946年2月15日,《纽约时报》(*New York Times*)头版刊登了一篇振奋人心的报道《电子计算机闪现答案,将大大加快工程速度》(Electronic Computer Flashes Answers, May Speed Engineering)。报道的开头是一条新闻,说的是"战争的最高机密,一台神奇的机器"将成为"在新基石上重建科学事务的重要工具"。[1]当晚,巴恩斯(Gladeon M. Barnes)少将代表ENIAC[Electronic Numerical Integrator and Computer,电子数字积分器和计算机(图1.1)]的所有者和项目资助者——美国陆军军械部,在落成典礼上致献词,这台新机器也正式启动。

落成典礼在宾夕法尼亚大学举行,从1943年开始,这里就是设计和建造ENIAC的地点。1947年,ENIAC被转移到马里兰州附近的弹道研究实验室,在那里被重新组装,从此开始了它漫长而卓有成效的职业生涯,直到1955年退役。这台机器由现在著名的6名女操作员*组成的团队向记者和政要展示,随后,来访者(都是男性)与项目工程师和经理们一起出席了盛大的晚宴。110位客人在宾夕法尼亚大学优雅的石头建筑休斯敦大厅里享用了龙虾浓汤、菲力牛排、冰淇淋和精美的

* 近几年美国媒体报道了ENIAC女操作员的故事,掀起了讲述这些最早的"程序员"的故事的热潮,而在此前的几十年中,她们一直默默无闻。因此说她们现在很出名。——译者

图 1.1 安装在宾夕法尼亚大学的 ENIAC，出自《纽约时报》1946 年报道中使用的一张美国陆军照片。这张照片定义了公众脑海里电子计算机的形象。ENIAC 通过设置开关和面板之间的线路连接来配置，这些面板在机房里又围出了一个房间，操作员和辅助的打孔机在其中工作。前景中的是陆军维修技术员欧文·戈德斯坦(Irwin Goldstein)下士，他正在给后来用于保存编码程序指令的"移动函数表"设置数据。房间后面正在工作的是技术员斯彭斯(Homer Spence)和两名操作员比拉斯(Frances Bilas)和贝蒂·琼·詹宁斯[Betty Jean Jennings，也就是后来的琼·巴蒂克(Jean Bartik)]

点心。虽然客人名单中的确有一位女性，她就是撰写 ENIAC 的程序手册，并嫁给陆军的项目负责人的阿黛尔·戈德斯坦(Adele Goldstine)，但 6 名女操作员却都没能出席。

计算机时代还不能说就是从这时开始的，因为 ENIAC 从此前一年的 12 月就开始为洛斯阿拉莫斯实验室运行复杂的氢弹计算了。但这是这台机器第一次面向公众，超出项目参与者和涉密专家的范围，在没有人工干预的情况下进行复杂计算，而且处理数字的速度比机械式计算器快几千倍，促使人们开始思考它所能开辟的崭新的可能性。当时的美国战争部发布的新闻稿探讨了这项新技术在核物理、空气动力学、天气预报、石油勘探、飞机设计以及弹道学方面的潜在应用。[2]

ENIAC

ENIAC 在计算机史中的地位，绝不仅仅是在一张早期机器比较表格里的第一台**可编程电子**设备所能表达的。它确立了公众对计算机是什么样子以及它能做什么的最初印象，甚至激发了早期为计算机命名的方法：由五六个字母组成首字母缩略词，并以 AC 为结尾。在大约五年的时间里，ENIAC 是美国唯一可供科学研究使用的可编程电子计算机，它不负众望，开创了诸如蒙特卡洛模拟、数值天气预报和超音速气流建模等应用。

可编程性

我们说 ENIAC 是可编程的，这需要一些解释。制定程序（program），然后执行的做法并非起源于自动计算机。Program 更早的含义包括音乐会的节目单、攻读学位的学习计划，或者广播电台的节目单，等等。在这几种情况下，program 都定义了一个随时间进展的行动序列。例如，音乐会节目单安排 3 个要演奏的曲目，最长的那个又分为 4 个乐章，其间有一个中场休息。广播电台的节目单把时段分配给不同的节目。与之相类似，自动计算机按照程序规定的序列执行，但执行的操作不是课程、广播节目或音乐表演，而是数学运算（例如加法或乘法）。首次关于计算机编程的讨论出现在 ENIAC 项目中。到了 1945 年，它已经接近其现代意义：计算机程序是一种配置，规定了执行一个计算任务所需的操作序列。创建它的行为被称为编程。[3]

ENIAC 并不是第一台可编程计算机，但它是第一台在一系列操作完成后会自动决定下一步做什么的机器。让我们看看它出现的背景。

1944 年夏天，正值哈佛大学的 Mark 1 公开发布，霍珀（Grace Murray Hopper）受海军之命来到计算实验室协助艾肯为 Mark 1 编程。霍珀曾经是瓦萨学院的数学助理教授，后来到海军学校工作。霍珀说，进入哈佛实验室向艾肯报到的时候，她刚被授予海军中尉的军衔，而艾肯站在那儿，

> ……身材高大，袖口还戴着海军中将的军衔……他挥了挥手说："这就是会计算的机器！"我说："是，长官。"我能说什么呢？他要求我在周四之前计算出反正切函数的系数。我还能说什么呢？"是，长官。"我的脑子里一片空白，对自己要做的事情一无所知，但这确实是我与霍华德·艾肯先生的第一次见面。[4]

由此美国展开了计算机编程的实践。霍珀编写了反正切函数的代码，后来还有更复杂的数学任务的代码。第一批任务中就有来自贝克（James Baker）的透镜设计问题（他是哈佛大学的研究员，负责设计用于绝密的美国间谍照相机的透镜）。

早期的继电器计算机在必须做出决策时依靠操作员的人工干预。例如，把 Harvard Mark 1 控制纸带的头和尾粘在一起，它就能运行循环，而它的大部分时间都在执行循环。完成计算后它会自动停止工作，由操作员决定接下来应该安装哪个程序的纸带。Mark 1 完成一次乘法需要 6 秒钟，执行对数和三角函数操作的内置序列则需要整整 1 分钟，因此这种人工干预（即我们现在所说的程序分支）起初并不是主要的性能限制。

ENIAC 的设计与施工

ENIAC 的发起人物理学家莫奇利（John Mauchly）博士在大萧条期间是一所小型学院的教员，在完成繁重的教学任务之余，他坚持开展一些有意义的研究。他的兴趣之一是使用电子器件进行计数。宾夕法尼

亚大学的摩尔学院拥有新技术的专业知识,并与地方工业联系紧密。在战争逐渐逼近美国的时候,政府在摩尔学院开设了专门的电子技术暑期课程。莫奇利在这次短期课程中表现突出,在职业道路上又迈进了一步,得到了学术职位。

莫奇利了解到,摩尔学院与美国陆军弹道研究实验室签订合同,雇用了几百位女士计算射击表。在发射炮弹时,火炮操作员首先要估计目标的距离,然后结合具体的火炮类型和弹药,在数学表里查找到正确的发射角度。这个角度会因海拔、温度和风速的变化而异。[5]把炮弹的运动表示为微分方程很直观。每门新生产出来的火炮会在阿伯丁试验场测试几次,产生的参数插入这个标准方程。问题是,像大多数其他实际的微分方程一样,这个方程无法用微积分课上教的方法来解。由于大气阻力,计算员(人类)只能用数值方法求解方程,将炮弹的飞行轨迹分成几千个间隔,从一个瞬间到下一个瞬间的速度和位置变化要用手工计算出来。模拟出的轨迹给出了炮弹在一个仰角下的射程,只能为发射表增加一行数据。手工制作整张发射表需要几个月的时间。所以,即便计算员们非常努力,积压的工作还是越来越多。新的火炮被运到欧洲,却没有操作这些火炮所需要的发射表。

大量积压的计算任务使莫奇利有了完美的理由去论证开发电子计算设备的必要性。20 世纪 80 年代之后出现了一个词——杀手级应用,指的是某些特别吸引人的程序,为了运行它们,人们会去购买一个计算机系统。这个词对 ENIAC 特别合适,它的实际目的就是使战争更为高效。莫奇利的主要合作者是埃克脱(J. Presper Eckert),一个攻读硕士学位的工程系学生,在摩尔学院协助管理战时项目。

由于 ENIAC 是一种通用的电子设备,它的设计者们面临一个独特的挑战。用莫奇利的话说就是:“只有高速供应指令,才能进行高速计算。”[6] ENIAC 的控制方法应该比纸带更快。这意味着要避免频繁中断,等待人为干预的情况。例如,ENIAC 可以重复执行数字程序,直到结果足够精确,然后自动转移到下一步计算。莫奇利设计了几种机制,可以根据 ENIAC 已经算出的值自动选择不同的预设行动方案。计算机科学家把这称为条件分支,并把它看作是现代计算机的典型特征。[7]

ENIAC 独特的控制方法是在仔细分析发射表问题之后提出的。在项目早期,ENIAC 的主设计师之一伯克斯(Arthur Burks)一直与负责监管计算射击表的女士的数学家阿黛尔·戈德斯坦一起工作。他们提出了求解弹道发射表问题的 ENIAC 配置草案,设计了绘制数学操作序列流程图的方法,以及生成这些操作序列的 ENIAC 物理设置。ENIAC 在物理上连接电线,将"程序"脉冲从一个单元传送到另一个单元。如果加法之后是除法,就从加法和存储单元(累加器)的输出端口连接一根电线到除法器的输入端口。程序脉冲具体触发哪个操作,由某个开关的设置决定。收到脉冲之后,除法器做好了接收输入的准备,要被除的数字就由另外的电缆网络提供给它。总之,ENIAC 与其说是一台计算机,不如说是一套有着 40 个模块的工具包,针对不同的问题,这些模块会构建出不同的计算机来解决。

谈起 ENIAC,我们通常能想起来的人就是埃克脱和莫奇利,但实际上,曾经参与创建 ENIAC 的有好几十人。这个团队大约有 6 名设计工程师,辅助人员里有 1 位秘书、几位画图的女性和建造模型的人。另外,宾夕法尼亚大学和弹道研究实验室的数学专家帮助明确了机器的功能需求。大学的管理人员和采购专家忙着寻找奇特的无名组件。在 1944 年年中,机器的原型制作完成,工作转向原尺寸生产,项目雇用了大约 40 人来组装 ENIAC。

使用中的 ENIAC

ENIAC 模拟一次飞行轨迹要花 30 秒,它跟踪炮弹行程的时间很可能比炮弹本身飞行的时间还要短。ENIAC 完工时战争已经结束,准备发射表的任务就不那么紧迫了。最后,ENIAC 花了大约 15% 的生产时间来计算弹道轨道,其余时间用于其他各种任务,包括帮助洛斯阿拉莫斯和阿贡实验室开发核武器和反应堆。

ENIAC 也是一个面积约 2000 平方英尺* 的工作场所。机器的面板摆成一个 U 形,像房间的隔板一样围出了一个内部空间,操作员们就在里面工作。ENIAC 最初位于摩尔学院地下室的家实在有点破旧,但弹道实验室为它建造了一个智能的、现代化的家,还安装了阿伯丁试验场唯一的空调,可以驱散大约 18 000 个真空管散发出的热量。工作人员把办公桌搬到 ENIAC 里,躲避夏季的炎热和潮湿。从实习生到杜鲁门(Truman)总统,络绎不绝的参观者来到 ENIAC 面前,发出各种惊叹和赞美,从此计算机房就成了组织展示的样板,这个传统一直延续到了 20 世纪 60 年代。[8]

今天,ENIAC 最为人们津津乐道的是,它是一台由女性为其编写程序的机器。ENIAC 使用时,也像其他早期计算机一样,需要频繁的人工干预。ENIAC 通常配有 2 名操作员,但主管和正在 ENIAC 上运行计算的科学家也常常会加入进来。1945 年 12 月—1946 年 12 月,ENIAC 在费城刚开始使用期间,6 名女性于 1945 年年中被雇用为它的操作员。她们被赞誉为“ENIAC 的女人”,被人们熟知,并经常被称为第一代计算机程序员,然而仅作为程序员而名留青史并不能反映她们工作的全部内容。

ENIAC 使用穿孔卡输入输出数据。穿孔卡是一种小的矩形纸板,每个纸板以孔的形式存储 80 位数字。这几位女士花了大量时间把输入数据打孔到卡片上,并把从 ENIAC 输出的数据卡片送进 IBM 制表机来打印内容。稍微大一些的计算任务会产生数千张中间卡片,她们不

---

* 1 平方英尺约为 0.09 平方米。——译者

得不使用其他 IBM 机器手工处理,然后再重新输入给 ENIAC。ENIAC 切换求解问题的时候,她们按照配置图重新配置电线和开关。这些女士积累了扎实的专业知识,她们经常帮助科学家和工程师将求解问题定义为 ENIAC 的操作序列,再转换成流程图。在 ENIAC 之后的计算机上,这些任务通常分别由若干独立的团队处理,包括打孔的女士、计算机操作员和程序员。ENIAC 在弹道研究实验室"站稳脚跟"之后,也由三班倒的操作员昼夜不停地操作。

EDVAC 方法

到了 1944 年年中,离 ENIAC 开始正常工作还有一年多的时间,它的创造者已经在构思后续的机器了。他们发现,ENIAC 在任务之间的切换,需要很长的时间来重新配置整个机器,而且非常容易出错,其分布式控制方法还制造了一系列混乱的瓶颈和限制,例如对程序中的分支数量的限制。

建造 EDVAC(电子离散变量自动计算机)的提议于 1994 年 8 月获得政府批准。它以埃克脱提出的一种新的延迟线存储器为中心。[9] ENIAC 存储每个十进制数字需要 28 个真空管,这种方法是不能大幅度扩展的。延迟线存储器的想法非常简单,很有吸引力,但经过多年艰苦挫败的工程实践,才达到可靠工作的程度。表示几百位数字的脉冲在充满液体的管道中流动。管道末端收到的机械信号会被转化为电信号传输到另一端,再从另一端重新变成流动的液体可以传输的机械信号,同一个序列在管道中不断循环,达到存储的目的。数字到达管道末端的时候,程序里需要的那部分就被复制到计算机的处理器中。

冯·诺伊曼的《初稿》

如何围绕这个新的存储系统设计计算机?1944 年夏天,在 EDVAC

的正式提案起草前不久,ENIAC 团队迎来了一位新的合作者。著名的数学家冯·诺伊曼(John von Neumann)只听到了关于摩尔学院正在发生的事情的只言片语,就被深深地吸引并加入了这个项目,尽管他还有很多其他紧急的事情,包括原子弹的设计。由于 ENIAC 的项目延期超过一年,占用了学校的大部分资源,新机器的工程工作被推迟了。在此期间,摩尔学院团队与冯·诺伊曼探讨了构建 EDVAC 的各种想法。在一次前往洛斯阿拉莫斯的途中,冯·诺伊曼把一些建议综合成了连贯的整体,增加了一套有标准指令格式和简单灵活的指令集的控制方案。

冯·诺伊曼的《EDVAC 报告初稿》(*First Draft of a Report on the EDVAC*,以下简称《初稿》)重点描述了 EDVAC 的逻辑结构,而不是硬件的细节。其最新颖的特点之一,是整个团队在 1944 年 9 月之前决定的编码指令与数据存储在同一个存储器中。我们经常用一个短语来概括《初稿》中包含的这个思想——存储程序概念。1945 年 4 月,赫曼·戈德斯坦在摩尔学院内部传播了冯·诺伊曼的报告。[10]这个报告通常被称为现代计算的奠基文档。6 月 30 日,稍做修改的版本被发给了 20 多名对电子计算感兴趣的人,他们中的大多数都与 ENIAC 项目有关。由于在这之后一年多才有人申请 ENIAC 专利,披露了新体系结构的《初稿》使现代计算机被纳入了公共领域。

把程序加载到主存储器的思想很重要,它使 EDVAC 有别于已有的计算机。然而,我们更倾向于接受黑格(Thomas Haigh)、普里斯特利(Mark Priestley)和罗普(Crispin Rope)的观点,将 EDVAC 的巨大影响力分为三组构想(或**范式**)。[11]

第一组是 EDVAC 的硬件范式:一台使用了大型高速存储器,用二进制存储数字的全电子计算机器(图 1.2)。其实在冯·诺伊曼到来之前,埃克脱和莫奇利就开始着手做这方面的工作了。从他们的角度来看,报告里的内容都是在这个新技术的影响之下做出的工作。这些成就都被归功于冯·诺伊曼,他们对此感到不满。

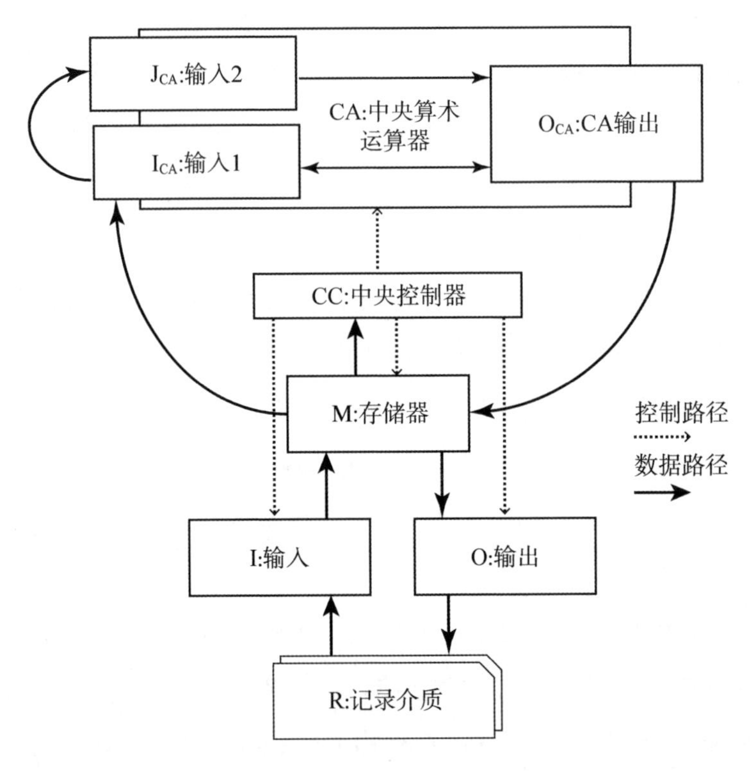

图 1.2 《初稿》中描述的 EDVAC 的逻辑体系结构。转自黑格,普里斯特利和罗普,《ENIAC 在行动》(*ENIAC in Action*,麻省理工学院出版社,2016 年,第 145 页)

第二组是冯·诺伊曼体系结构范式。新兴的控制论断言,机械控制装置与人的大脑是等效的。受其影响,冯·诺伊曼借用了生物学术语将 EDVAC 的开关电路描述为**神经元**(neuron)。[12] 他将 EDVAC 的结构分解成**器官**(organ),包括存储程序和数据的大型延迟线**存储器**(memory,后来唯一被接受的生物学术语)。存储和算术都采用二进制,信息编码的单位后来被称为位[bit,**二进制数**(binary digits)的缩写]。每个 32 位的内存块(即将被称为字)都有地址编号。要运行的程序从 R[**记录介质**(recording medium)]加载到主存储器 M 中,然后执行。所有正在使用的数据也要复制到存储器中。这与继电器计算机有所不同,后者每次从纸带读出一条指令,然后立即执行。ENIAC 的功能单元之间存在许多数据通路,每个存储单元都有加法电路。相比之下,EDVAC 把所有的算术运算都集中在**中央算术**器官,在存储器和中央算术器官之间只有一个连接。冯·诺伊曼与摩尔学院团队在加法单元的数量、它们之间的联系和存储器等问题上有过一些争论,但在报告中,他选择了一组设计方案,将它们组合成一个优雅而连贯的体系结构。

第三组思想是指令代码系统:现代代码范式。指令和数据的流动,就类似于人类使用机械计算器、表格、铅笔和纸张,以一系列数学操作的方式进行科学计算。甚至埃克脱和莫奇利也称赞冯·诺伊曼设计的这套指令代码。它用操作代码表示指令,后面通常是参数或地址。因为体系结构非常简单,所以即使两数相加并存储计算结果这样简单的任务也至少需要四条指令:从 M 读出第一个数字加载到图表中标记为 I_{CA}的位置,将第二个数字读入到 I_{CA}(同时第一个数字自动转移到 J_{CA}),两个数相加(结果存储在 O_{CA}中),并将此值复制回 M(覆盖第二个数字)。在以后的术语中,I_{CA}这样的特殊存储电路被称为**寄存器**。O_{CA}这样作为数学操作目的的被称为**累加器**。

执行这四条指令中的每一条都需要若干步骤。像 EDVAC 这样的计算机的基本周期是:从存储器中读出下一条指令的代码(将其复制到**中央控制**器官),解码并执行该指令。特殊电路(程序计数器)保存了下一条指令所在的存储位置的地址。每次读指令,程序计数器都会自动加一(因此称为**计数器**),以便从存储器的下一个位置获取下一条指令。修改存储在程序计数器中的数值会导致程序**分支**到代码的不同部分。

如今大多数计算机都利用多个处理器内核并行运行,但从可寻址存储器取出指令流并处理的概念,仍然是《初稿》最持久的贡献。计算机科学家佩利(Alan Perlis)说:"有时我认为计算机领域唯一的共同点就是'读取-执行周期'。"[13]

早期类似EDVAC的计算机

这三组范式在计算机发展早期有很大的影响。1946年夏天,许多未来的计算机建设者都表达了希望参观ENIAC,并更多了解《初稿》思想的强烈愿望,于是摩尔学院和美国军方共同主办了"电子数字计算机设计理论与技术"课程。[14]同年,负责普林斯顿高级研究院(IAS)计算机项目的冯·诺伊曼,开始与伯克斯、赫曼·戈德斯坦合作,撰写了一系列有影响的报告,发展关于计算机体系结构、指令集和编程的思想。[15]在这些报告中,摩尔学院的讲座和IAS的报告牢固地确立了计算机设计的新方法。

新计算机的体系结构简单多了,但使它们正常工作却经历了多年艰苦的工程探索。早期计算机必须在长达数英里的电缆上传输时长十万分之一秒的数字脉冲,还要完全可靠。它们的底层是几千个真空管组成的极为复杂的数字逻辑电路,正常情况下其失效的频率足以使任何计算机都变得毫无用处。造一台计算机要焊接几十万个电气接头。但最大的挑战是稳定的存储器,它能够保存数万位信息,维持一段时间以完成程序的运行。延迟线在理论上很简单,但实践中却不那么可靠。根据与弹道实验室的合同,摩尔学院尝试为ENIAC生产了一个延迟线存储器。两年后,这个存储器安装到了ENIAC上,却从来没有好用到能够正常工作的程度,因此弹道实验室把它退了回去。

作为权宜之计,在1948年3月和4月摩尔学院重新配置了ENIAC,使它可以通过拨动只读存储器面板上的开关输入现代代码(在先前定义的意义上),并运行。ENIAC在剩余的职业生涯里一直以这种模式工作。阿黛尔·戈德斯坦草拟了这次重新配置的最初计划,并与巴蒂克合作进行完善。巴蒂克是最早的操作员之一,1947 年被重新雇用,她带领一个签订了合同专门负责编程的小组(第一个专职编程的团队),开发 ENIAC 应用程序。冯·诺伊曼的妻子克拉拉·冯·诺伊曼(Klara von Neumann)完成了第一个现代程序的具体编码,洛斯阿拉莫斯实验室的复杂的蒙特卡洛仿真程序,使研究人员可以虚拟地观察和实验核武器爆炸时内部的链式反应。这些女性,以及主要由女性组成的连线组装机器的团队对 ENIAC 都有贡献,所以谈到"ENIAC 的女人"时只提其中的 6 位其实是不符合实际情况的。[16]

几个月后,英国曼彻斯特大学的一个研究小组在一台非常小的测试计算机的帮助下,成功调试了可写的电子存储器,使这台与 EDVAC 类似,而且能够有效工作的计算机(现在被称为 Manchester Mark 1)初具形态。延迟线即便可以工作,速度也相当慢,因为计算机要用的二进制位在管道里循环流动,当它们通过管道末端的传感设备时才能被等待的计算机使用。曼彻斯特小组有一个更快的技术方案。工程师弗雷迪·威廉斯(Freddy Williams)发明了一个装置,以威廉斯的名字命名为威廉斯管,它以电荷的形式把二进制位存储在射线管上,与那个时期的电视和雷达里的阴极射线管(CRT)类似。电荷在射线管上产生人眼能看见的点的图案。如果在写电荷操作之外再增加读电荷的机制,一个射线管就可以存储 2000 位数据。难题在于如何可靠地读出电荷,并不断地在它们消失之前写回屏幕。这项技术也授权给其他计算机制造商使用,包括普林斯顿高等研究院和 IBM 公司。[17]

1949 年春天,曼彻斯特的计算机还没有就绪,剑桥大学的威尔克斯(Maurice Wilkes)的 EDSAC 计算机已经成功投入使用。它是第一台实现了全部三组 EDVAC 范式的全尺寸计算机。EDSAC 提供了基础的科学计算服务,解决了生物学、化学、射电天文学以及物理和数学方面的诸多问题。作为受益者之一的肯德鲁(John Kendrew)使用 EDSAC

编程,完成了从X射线散射推断蛋白质三维结构这个原本不可能的任务,之后获得了诺贝尔奖。[18]

主题的变化

于20世纪40年代启动的每个计算机项目都是一个实验,设计者们在EDVAC的基础上尝试了许多变化。甚至仿照冯·诺伊曼稍晚些的IAS设计,在洛斯阿拉莫斯、原美国国家标准局和兰德(RAND)公司等不同地点建造的计算机,也分别使用了不同的存储器技术。

成功的理念总是会被广泛复制。许多程序处理的数据保存在类似矩阵(本质上是一张表)的结构中就是一个例子。程序员定义循环,对矩阵中的每个单元重复一系列操作,每次循环时,代码要处理的数据保存在存储器的不同位置。20世纪40年代的大多数计算机,通过让代码修改保存在存储器中的指令来访问存储器的不同位置,这是《初稿》提出的方法。从1949年曼彻斯特大学的Mark 1计算机开始,设计者就在处理器中增加了后来被称为索引寄存器的东西,从而简化了数据结构。保存在存储器中的指令保持不变,更新的是索引寄存器中的偏移量,这个值与指令中的**基地址**相加,可以确定要处理的实际存储位置。[19]

EDVAC方法的标志就是程序和数据保存在可寻址的存储器中。每个存储器位置保存的数据是一个**字**。但是对于每个字应该有多长,以及指令应该如何编码并存放其中,计算机设计者们有不同的选择。最初的EDVAC设计是每个字32位。早期计算机使用的字长在17位(EDSAC)和40位(IAS计算机和Manchester Mark 1)之间。大字长在处理大数字时更加方便高效,但需要的硬件也更多,如果大多数数字和指令没有填满整个字长,就会造成浪费。威尔克斯为EDSAC选择了一个较短的字长,可以高效地存储指令,但在硬件上支持两个字组成的数字,这也成了后来的标准实践做法。

影响字长的一个因素是单条指令可以确定的最多的地址数。计算机体系结构师认为这是一个关键的体系结构设计特点，他们甚至用**单地址**、**三地址**等作为分类标准来定义计算机的类别。《初稿》中定义的EDVAC 指令集在读写主存储器时必须指定源地址或目的地址，因而EDVAC 是单地址机器。其算术操作的对象应该是已经加载到某个寄存器的数字，**零地址**指令也是如此。但是，最后建造出的 EDVAC 已经成为一台**四地址**的机器。其加法指令包括两个加数所在的存储器位置，以及存储了加法结果的第三个位置，而第四个地址指定的是要取出的下一条指令的位置。我们之前给出的示例——两个数字相加并存储结果需要四条指令，在最后这台计算机上只要一条指令。

几乎每个计算机的操作都涉及在寄存器、算术单元和主存储器之间来回移动数据。一个关键的工程决策是，应在一根电线上按顺序发送一个字的所有位，还是用一组并行的线一起发送？这就是计算机设计中**串行**和**并行**的最初含义。EDSAC 是串行的，一次传输一位数据，这是采用延迟线存储器的机器的热门选择。位的串行传输速度较慢但更简单。大多数并行字计算机则使用威廉斯管，可以同时取出存储器中一个字的所有位。[20]

你可能已经注意到，我们还没有提到计算机史上最著名的两位人物：巴贝奇和图灵。100 年前，巴贝奇建造机械计算机的努力非同凡响，但对 20 世纪 40 年代的工作没有直接影响；ENIAC 团队并不了解他们，甚至帮助巴贝奇重振计算机先驱声誉的艾肯在设计自己的计算机时，对巴贝奇的工作细节也一无所知。[21]

图灵于 20 世纪 30 年代提出的关于可计算性的概念，后来成为理论计算机科学发展的基础。虽然冯·诺伊曼知道图灵的"通用机器"概念，对它也非常感兴趣，但我们没有看到任何证据说它影响了 EDVAC 的设计。[22]然而在 1946 年，图灵负责的英国国家物理实验室计算机项目颠覆性地重新解释了 EDVAC 设计方法。在他设计的 ACE 计算机中,每个操作都要在延迟线之间进行转移。一些转移的目的地会执行特殊的操作,例如与收到的数字相加。一些早期的英国机器商业化了 ACE 的体系结构,这些机器简单快速但很难编程,因为程序员必须准确地知道要处理的每个值何时才能在延迟线上出现,并相应地按照这个时间组织代码。[23]

编程工具

通用计算机可以做很多事情。这种灵活性的缺点是完成任何任务都需要细致的编程。霍珀没过多久就发现,把 Harvard Mark 1 的一些代码片段重新用在新问题上可以加快工作。她的小组建了一个标准序列的纸带库,把这些标准序列称为子程序,包含经常用到的操作,比如对数计算或数字的十进制和二进制之间的格式转换等。德国的楚泽设想过一台"计划准备机器",[24]它会自动检查用户输入的命令的语法是否正确,并根据命令为 Z4 计算机的控制纸带打孔。

类似 EDVAC 的计算机的出现,为程序自动化开辟了新的可能。计算机本身就可以编程以处理代码重用过程中的琐事,例如根据每个子程序最终执行时在内存中的实际位置,在子程序内部重新编址。这些新工具被称为汇编器,它们将子程序和新代码组装成一个可执行的程序。汇编器很快又有了另外一个功能。人们发现用助记符这样简短的缩写来代表指令更方便。例如,助记符 LOAD 就代表把数字从主存储器复制到处理器中的寄存器这条指令。指令助记符和参数的列表被称为汇编语言。汇编器的任务是将每行助记符转换为计算机可以执行的数字指令。

在 20 世纪 40 年代所有的计算机中,EDSAC 的编程系统最为方便。机器每次重置都自动调用保存在只读存储器中的代码,进而读取纸带上的指令,在运行时翻译助记符并将结果加载到内存当中。戴维·惠勒(David Wheeler)发明了一种影响很大、非常漂亮的子程序调用方法,使计算机可以在子程序完成后,轻松回到之前正在做的事情。[25] EDSAC 用户建立了一个强大的子程序纸带库,并在第一本计算机编程教科书中发布了这些代码。[26]

在 20 世纪 50 年代普遍使用的**符号**汇编器和**宏**汇编器,使汇编编码不再那么烦琐乏味了。当在程序中增加或删除指令时,保存变量或子程序的内存位置可能会发生变化。有了符号汇编器,程序员可以用标签而不是数字来指定地址,就不需要在每次位置更改的时候修改代码了。与只能生成一条机器指令的常规助记符不同,宏指令代表了整个代码块。比如,宏指令会使从纸带文件中检索信息更加容易。

作为验证 EDVAC 方法的 IBM 公司内部项目的一部分,罗切斯特(Nathaniel Rochester)于 1949 年开发了第一个符号汇编器。"测试汇编"(Test Assembly)* 把新的 IBM 604 电子计算穿孔机(604 Electronic Calculating Punch,它是 IBM 公司第一台商用电子计算器)的算术功能放在了一些不同的自定义组件中,包括新的控制单元和更大容量的磁鼓内存。IBM 604 已经内置了一些控制机制,其形式是在插接板上连线形成简单的程序,因而存在磁鼓存储器中的 EDVAC 风格的指令被称为存储程序,以便与插接板控制区分开来。随着"存储程序"这个术语逐渐被人接受,它的意义变得更加宽泛,最后代表了《初稿》中关于计算机体系结构的一系列创新思想。[27]

计算机协会(ACM)

随着人们对电子计算机的兴趣广泛传播,1947 年一个新组织——计算机协会成立了,旨在促进这个新领域内的信息和思想交流。其第

* IBM 公司于 1948 年开始做的一台早期存储程序真空管计算机。它连接到 IBM 604 的框架上,从穿孔卡片上读入数据,并相乘,然后将答案在卡片上打孔。Test Assembly 是一台功能强大的存储程序计算机,有大约 40 条指令。——译者

一批成员在一系列特别会议和座谈会上聚在一起,他们都认识到建立一个学会,定期召开会议能带来更多好处。[28]不知疲倦的埃德蒙·伯克利(Edmund Berkeley)担任其创始秘书。新学会最初发展缓慢,直到1954年才开始出版期刊。

ACM最终发展成拥有约10万会员的社团,有许多特殊的兴趣小组和出版物,每年举办很多会议。由于关注的不是计算机研究,而是计算机实践和技术,我们会提到图灵奖的诸多获奖者。图灵奖由ACM设立,于1966年首次颁发,是计算机科学界的最高奖项,相当于此领域的诺贝尔奖。它表彰计算机研究界所认可的贡献——或者有卓越的学术价值,或者在某些情况下,对实践有无可争辩的巨大影响。

在20世纪50年代,计算机科学并不是一门独立的学科,计算机的研发者和使用者有各种学科背景。工程学会也是这些人聚集的重要场所,特别是无线电工程师协会(IRE)和美国电气工程师协会(AIEE)。1963年,这些机构合并成立了电气和电子工程师学会(IEEE),其计算机协会发展成计算机领域的另一个主要组织。

计算机的商业化

"伙计们……你们应该回去彻底修改计划,让愚蠢的埃克脱和莫奇利别再……犯傻。"艾肯于1948年对原美国国家标准局的坎农(Edward Cannon)说了这番话。艾肯当时是国家研究委员会的成员,该委员会建议国家标准局不要支持埃克脱和莫奇利制造和销售电子计算机的项目申请。[29]埃克脱和莫奇利的愿景不仅包括计算机的设计和制造,还提出大量使用计算机将使社会获益。埃克脱和莫奇利是有远见的,但在艾肯看来,计算机的商业市场永远不会发展,美国也许只需要五六台这样的机器,不可能更多了。[30]艾肯很快就被证明是错误的。在20世纪50年代,计算机的销量就达到了数千台。

埃克脱和莫奇利建造计算机的动力遇到了强大的阻力:宾夕法尼亚大学禁止学校的职员谋求商业利益。摩尔学院的主管特拉维斯(Irwin Travis)要求学院的职员签署一份文件,放弃工作期间的发明的所有权。埃克脱和莫奇利拒绝签字。于是他们于1946年3月31日辞了职。建造EDVAC的工作被移交给其他工程师,又花了5年时间才完成。[31]

第一家计算机创业公司

埃克脱和莫奇利本可以另找工作,但他们选择创建自己的公司这条风险重重的道路。1946年,两人成立了合伙公司——电子控制公司;1948年12月,埃克脱-莫奇利计算机公司成立。在设计和建造通用计算机,以及附属的磁带驱动器、内存单元、输入输出设备过程中,他们遇到了诸多工程问题,而更大的困难是筹集资金。他们的解决办法就是预售计算机。美国人口普查局对他们的机器很感兴趣,委托艾肯及其同事进行了上述的调查。埃克脱-莫奇利计算机公司疯狂地寻找资金,甚至去了美国赛马赌金计算器公司,该公司想要一台计算机来计算赛道上的投注赔率。1948年1月12日,莫奇利给埃克脱-莫奇利计算机公司的同事写了一份备忘录,罗列出他接触过的22个行业、政府机构和其他组织。[32]其中包括:

> 保诚(Prudential)集团。埃德蒙·伯克利……说,考虑到公司内表达过希望得到电子设备的人数,他相信订购一台UNIVAC计算机没有困难。
>
> 橡树岭(Oak Ridge)国家实验室……几乎百分之百确定他们的订单会得到军方批准……
>
> 陆军制图局(Army Map Service)……对UNIVAC设备有兴趣。
>
> 海军航空署(Bureau of Aeronautics)……我们可能会得到

一个合同……

大都会保险公司(The Metropolitan Insurance Company)每周要处理1800万份保单,200万次变动,每份保单有大约20位数字的信息。这像是UNIVAC的天然应用……值得继续跟进……

飞机公司。几个飞机公司都很有希望……毫无疑问,这些公司都可以使用UNIVAC设备。我们与休斯飞机(Hughes Aircraft)公司、格伦·L. 马丁(Glen L. Martin)公司、联合飞行器(United Aircraft)公司、北美航空工业(North American Aviation)公司有过简单的联系,还被告知格鲁曼(Grumman)公司对某些相当复杂的计算器很感兴趣。

严重缺乏资金的埃克脱-莫奇利计算机公司努力将这些前景转化为订单。尽管公司的主要产品UNIVAC打开了计算机市场,但仍然不足以拯救公司。埃克脱-莫奇利计算机公司被商业机器公司——雷明顿·兰德(Remington Rand)公司收购,成了后者的一个部门。所有这些组织,甚至其他更多没有列出来的,每一个都很快会有令人信服的理由,即使不从埃克脱-莫奇利公司,也会从别的公司那里购买或者租借数字电子计算机。

在部门内十几个工程师的帮助下,埃克脱和莫奇利在费城里奇大道3747号一家简陋的工厂(图1.3)里设计并生产了UNIVAC。UNIVAC用4位表示1个十进制数字。中央处理器里有4个通用累加器执行算术计算。每个字的长度是45位,可以表示11位带符号的十进制整数,或者两条指令。UNIVAC的时钟频率是2.25 MHz,每秒可以执行465次乘法,比ENIAC的乘法没有快多少。但是UNIVAC的磁带系统和更大的存储器使它的整体速度更快,充满汞的延迟线管子以声波脉冲的形式存储1000个字,一卷0.5英寸*的金属磁带可以存储

* 1英寸约为2.5厘米。——译者

至多 100 万个字符。其中央处理器使用的真空管超过 5000 只,安装在机柜里,围成一个 10 英尺 × 14 英尺* 的长方形,中间是汞延迟线的容器。UNIVAC 的许多新功能后来都变成了常用的设计方法,例如字符与数值处理、磁带用作块存储设备,以及避免处理器在等待数据传输到磁带时被阻塞的缓冲区电路等。[33]

图 1.3 1948 年费城的工厂,埃克脱-莫奇利计算机公司的员工聚集在他们的第一台计算机前,这是为军用飞机开发商诺斯罗普(Northrop)公司定制的 BINAC 计算机。前排(从左到右):埃克脱(联合创始人和 ENIAC 总工程师)、韦尔什(Frazier Welsh)、詹姆斯·威纳(James Wiener)、谢泼德(Bradford Sheppard)和莫奇利(联合创始人和 ENIAC 项目发起人)。后排:奥尔巴克(Albert Auerbach)、巴蒂克(前 ENIAC 操作员和程序员)、雅各比(Marvin Jacoby)、西姆斯(John Sims)、路易斯·威尔逊(Louis Wilson)、肖(Robert Shaw,前 ENIAC 工程师)和斯莫利亚尔(Gerald Smoliar)。感谢优利系统(Unisys)公司供图

UNIVAC 机器的设计反映了埃克脱的理念:把真空管电路的负载

* 1 英尺约为 0.3 米。——译者

控制在保守的范围里,再加上足够多的冗余部件,能够保障操作的可靠性。美国大都会保险公司收集到的数据显示,UNIVAC 的中央处理器于81%的时间里都在工作,[34]相比同时代的真空管计算机来说,这是相当高的数字。人口普查局的报告说:"我们从没有遇到过确定由计算机内部问题引起的错误结果。"[35]

使用中的 UNIVAC

1951 年3 月31 日,雷明顿·兰德公司将第一台 UNIVAC 交付给美国人口普查局,标志着美国开始了大型存储程序计算机商业销售的年代。[36]经过艰苦卓绝的生产调试过程,埃克脱和莫奇利很不情愿把机器拆卸、移动,再重新安装一遍。他们也需要一台真实的机器在那里展示给其他潜在的用户。所以直到 1952 年 12 月末,UNIVAC 才运往华盛顿。截止到 1954 年,一共生产并销售了大约 20 台 UNIVAC,每台系统的售价约为 100 万美元。[37]表 1.1 列出了 1951—1954 年售出的 UNIVAC。

表 1.1　1951—1954 年安装的 UNIVAC 系统

序号	日期	客户
1	1951 年夏季	美国人口普查局
2	1952 年底	美国空军,五角大楼
3	1952 年底	美国陆军制图局
4	1953 年秋季	美国原子能委员会,纽约,纽约州(位于纽约大学)
5	1953 年秋季	美国原子能委员会,利弗莫尔,加利福尼亚州
6	1953 年秋季	泰勒船模试验水池,卡德罗克,马里兰州
7	1954 年	雷明顿·兰德公司,纽约,纽约州
8	1954 年	通用电气公司,路易斯维尔,肯塔基州
9	1954 年	大都会人寿保险公司,纽约,纽约州
10	1954 年	赖特-帕特森空军基地,俄亥俄州

（续表）

序号	日期	客户
11	1954 年	美国钢铁公司，匹兹堡，宾夕法尼亚州
12	1954 年	杜邦公司，威尔明顿，特拉华州
13	1954 年	美国钢铁公司，加里，印第安纳州
14	1954 年	富兰克林人寿保险公司，斯普林菲尔德，俄亥俄州
15	1954 年	西屋电气公司，匹兹堡，宾夕法尼亚州
16	1954 年	太平洋互助人寿保险，洛杉矶
17	1954 年	喜万年电气公司，纽约，纽约州
18	1954 年	联合爱迪生公司，纽约，纽约州
19	1954 年	联合爱迪生公司，纽约，纽约州

表注：此表从各种来源汇编而成，不包括一两台已经完成，但仍留在雷明顿·兰德公司的 UNIVAC。某些日期只是大概的。

由于 UNIVAC 遵循了 EDVAC 的设计原则，因此它足够灵活，除科学计算外，还可以用在商业计算上，这意味着拓宽了计算机的使用范围。艾肯肯定无法想象，“一台专门计算微分方程数值解的机器的基本逻辑，竟然与一台为百货公司制造的记账机器的基本逻辑相同”。[38] 埃克脱和莫奇利则清楚地知道这一点。UNIVAC 开启了大型计算机应用到后来被称为“数据处理”领域的时代。

在当时广泛使用的行政用途技术中，与此最接近的是 IBM 的核心产品穿孔卡片机。最早的穿孔卡片机从 19 世纪 90 年代进入人口普查局，纯粹用于统计以及对总量的制表和交叉制表。20 世纪 30 年代，穿孔卡片机用于许多行政职能，可以处理字母和数字，并打印工资支票之类的输出数据。IBM 的销售队伍深入到了客户的会计办公室，进一步巩固了这些功能的扩展。穿孔卡片机通常被称为单位记录设备，因为一张卡片上只能编码一件事的信息，比如一次销售交易或者一个员工的信息。典型的小型行政管理系统包括几台将数据打孔到卡片上的穿孔卡片机,以及几台专用设备,如制表机、分拣机和校对机等。每台机器在每张卡上都执行相同的操作。

对于大多数用户来说,UNIVAC 的革命性在于用磁带取代了穿孔卡片。UNIVAC 能够扫描一卷磁带,找到正确的记录,对它执行操作并将结果写到另一卷磁带上。[39]在此之前,一个计算任务所要执行的操作都记录在穿孔卡片上,这就意味着运行任务时要把这些卡片包从屋子里的一台机器搬到另一台机器上,[40]卡片处理变成了劳动密集型工作。相反,UNIVAC 可以自动执行一条很长的操作序列,然后再从存储器中取出下一条记录。UNIVAC 不仅取代了当时的计算机器,还取代了那些"照顾"机器的人,因而用户把 UNIVAC 当作信息处理系统,而不是计算的机器。一些公开的介绍几乎总是把 UNIVAC 描述成一台"磁带"计算机。比如,对通用电气(General Electric)公司来说,"计算速度的重要性只能排在第三位"。[41]

人口普查局是帮助羽翼未丰的埃克脱-莫奇利公司的关键角色,他们希望把 UNIVAC 用在 1950 年的人口普查的制表工作中。1951 年,当人口普查局收到机器的时候,很多工作已经开始用穿孔卡片机处理了。随后,美国空军和原子能委员会强行征用了 UNIVAC,解决联邦政府认为更紧急的问题,人口调查局只能让步。[42]不过,UNIVAC 1 还是为四个州制作了一部分人口普查交叉表*。这些数据最初用了 1100 万张穿孔卡片(每人一张),卡片上的数据先转移到磁带上,再交给 UNIVAC 处理。[43]UNIVAC 还为另外大约 500 万个家庭的人口统计数据制作了表格。每个任务都花了几个月完成。

---

* 包括将人群划分为几百个组,根据地理位置再分组,继而统计每个分组里各个地区的人数。——译者

1952 年 6 月，UNIVAC 2 被安装到了五角大楼用于空中管制，为“优化问题中的科学计算”（SCOOP）项目服务。SCOOP 项目来自战争时期跨大西洋的物资和人员分配问题。战争之后，新成立的空军在全球部署和维护空军基地时面临类似的数学问题。SCOOP 项目在“线性规划”学科的发展上起了重要作用，而线性规划方法广泛应用在多变量系统优化问题中。[44] UNIVAC 2 安装之后没多久就投入了夜以继日的 SCOOP 项目工作。[45]UNIVAC 的打印机（UNIPRINTER）基于雷明顿·兰德公司的标准电子打字机，每秒大约打印 10 个字符，这对于高速的磁带和处理器来说实在太慢了。1954 年，雷明顿·兰德公司推出了每次能够打印一行 130 个字符的 UNIVAC 高速打印机。安装在俄亥俄州赖特-帕特森空军基地的空军装备司令部的 UNIVAC 也有类似的任务。它的第一个工作就是计算“1956 财年大约 50 万项空载设备备件的预算估计”。[46] UNIVAC 只用了一天就完成了计算，取代了一系列打孔机设备。

有些 UNIVAC 执行的任务是设计保密武器，这与之前专门定制的计算机一样。1953 年 4 月安装在劳伦斯·利弗莫尔实验室的第 5 台 UNIVAC 就是其中的一台。这台计算机除了武器设计，还做过一件特别的大事。在 1952 年 12 月它运到加州之前，雷明顿·兰德公司用它预言了 1952 年总统大选艾森豪威尔（Eisenhower）对史蒂文森（Adlai Stevenson）的胜利。通过电视直播，这个事件也标志着计算机进入公众的视野，开启了电视闯入国家政治的时代。在那段短暂的时间里，**UNIVAC** 就是**计算机**的同义词，如同**热水瓶**就是**真空杯**的同义词一样。[47]

最后一个使用 UNIVAC 的例子*来自肯塔基州路易斯维尔郊区的

---

* 它于 1954 年安装，是供非政府机构使用的存储程序计算机。为伦敦里昂餐饮公司（J. Lyons and Co.）生产的 LEO 计算机比它还早三年运行。——译者

通用电气公司的家电园区。在路易斯维尔的奥斯本(Roddy F. Osborn)的领导下,通用电气公司采纳了芝加哥安达信咨询公司(Arthur Anderson & Co.)的建议,购买了一台 UNIVAC 用于四项特殊的任务:工资单,物资调配和仓储控制,订单服务和记账,以及总成本核算。这些都是平凡琐碎的工作,一直都是穿孔卡设备的任务。只有等计算机能够完成这些"面包和黄油"的日常工作,达到收支平衡,不会被那些更有技术含量的任务"卡"住,才足够让管理层相信,计算机可以通过节省多余劳动力(从工资单上去掉的人)的报酬来支付自己的费用,才有资格做那些更先进的工作。[48]

1954 年 10 月 15 日星期五,通用电气公司的 UNIVAC 第一次制作家电园区职员的工资单。[49]穿孔卡片机做这项工作已经很多年了。对电子计算机来说,把数据变成记录在磁带卷上看不见的磁点,能够处理工资数据是一个重要的里程碑。工资单必须及时准确。通用电气公司仔细排练了这次转移,与雷明顿·兰德公司一起做好了预案,一旦计算机发生故障,影响了工资单准时出炉,他们可以把数据磁带送到另一个 UNIVAC 用户那里运行程序。[50]在后来一年里,这种情况至少出现了一次,还有几次工资单在最后一秒才打印出来。最初几个月,UNIVAC 完成这项任务花的时间比穿孔卡设备更多,不过并没有延误工资单。

自动化的乌托邦

通用电气公司想要做的绝不仅仅是用计算机取代穿孔卡片机。路易斯维尔工厂被当作是现代化的示范。这也是它建在肯塔基州而不是马萨诸塞州或者纽约州的原因,在后两者这样的地方,传统势力(如工会)根深蒂固。UNIVAC 预示了"**自动化**"时代的到来。"自动化"这个词是福特汽车公司(Ford Motor Company)于 1947 年提出的,由 1952 年迪博尔德(John Diebold)的同名书开始流行。[51]迪博尔德说,20 世纪 50

年代的"'按钮时代'早已经被抛弃;现在按钮是自己压下去的"。[52]奥斯本描述了通用电气公司安装的 UNIVAC,他骄傲地说道:"科学家和工程师们已经认识到这个工具对研究工作的非凡意义,但企业就像瑞普·凡·温克尔(Rip Van Winkle)*一样,还在沉睡。通用电气公司安装 UNIVAC 可能是它们的第一次'眨眼'。"他希望将计算机应用到长期规划、基于人口数据的市场预测、改进生产流程以减少库存和运输延误,以及需要使用公司信息的更加雄心勃勃的类似工作。在奥斯本的文章最后,《哈佛商业评论》(*Harvard Business Review*)的编辑引用了当年出版的卡普洛(Theodore Caplow)的著作《工作社会学》(*Sociology of Work*)里的一段话:

> 自动生产的乌托邦在本质上是合理的。实际上在美国的今天,贫穷指的已经是身份象征的缺失,而不是饥饿和身体上的痛苦。这与之前几代人和当前其他洲的人民的情况相比,已经相当有利。[53]

这不会是计算机最后一次被看作引领世界进入数字乌托邦时代的机器。埃克脱和莫奇利把类似于回旋加速器的尖端科学仪器,变成了可以用于行政工作和技术计算的商业产品。这是计算机技术的第一次变革,但绝非最后一次。"计算机时代"实际上是一系列的"计算机时代"。计算机的历史是不断重新定义计算机本质的故事,因为它在社会秩序中开辟了新市场、新应用和新位置。20 世纪 50 年代中期,IBM 开发的一系列产品满足了美国企业的信息处理需求。10 年后,在军方

---

* 19 世纪美国小说家欧文(Washington Irving)所写的短篇小说《瑞普·凡·温克尔》的主人公,该小说收录于欧文作品集《见闻札记》(*The Sketch Book*)。这篇故事的原型来自德国的民间传说。故事描述荷兰裔美国村民瑞普·凡·温克尔在山上漫游,喝了穿着古代荷兰服装的矮人的酒,在卡兹吉尔丛山中睡着,20 年后才醒来,发现村中已经物是人非了。瑞普·凡·温克尔的故事,对美国社会产生了巨大的影响。瑞普·凡·温克尔这个称呼形容的是"晚于时代的人"。——译者

的资助下,计算机变成了一种可以互动交流的设备:一种增强智力的工具。20 世纪 70 年代中期,一群业余爱好者和发烧友把计算机改造成了个人电器。1980 年左右,计算机从专用硬件转变为由商业软件定义的标准化消费产品。自 20 世纪 90 年代以来,它再一次转变成通信媒介,成为全球通信的枢纽。这个激动人心的再创造和重新定义的过程至今仍在继续。

第二章

计算机成为科学的超级工具

1976 年，Cray 1 计算机交付到了洛斯阿拉莫斯国家实验室，这台机器定义了**超级计算机**的关键特征。它的计算能力是 ENIAC 的 100 多万倍。但它不仅是当时速度最快的计算机，而且还是最时尚的，看起来就像块覆着软垫的巨石，宛如一座抽象的雕塑，与 ENIAC 那种疯狂的科学家、纠缠的灯光和电线的形象完全不同。

然而，Cray 与 ENIAC 的共同点远比外形上的差异要更多。跟最早的那批计算机一样，它只为计算而建，没有别的用途。那时，资金充足的冷战实验室和国防承包商对最大、最快的计算机的需求几乎是无限的，即使在计算机新兴市场发展起来的时候，高速处理器和高性能体系结构的发展仍然是由这种需求推动的。洛斯阿拉莫斯实验室在第一台 Cray 上运行的蒙特卡洛模拟，由 1948 年首次在 ENIAC 上运行的模拟直接演变而来。与 20 世纪 40 年代一样，在 20 世纪 70 年代，世界上最快的计算机也经常被武器设计者和天气预报人员连续占用若干天，进行非常密集的模拟。

Cray 这个手工制造的 5 吨重“怪物”只卖出了 80 台，但这足以使它成为市场的领导者。本章涉及的其他机器，从 20 世纪 50 年代初期价值几百万美元的 IBM 科学计算机开始，都是出售给这个小型俱乐部里那些钱包鼓鼓的公司和实验室,而且销量也都相差不远。这个小市场的需求与普通计算的关系,就像一辆百万美元超级跑车的性能特征与你早高峰通勤的交通工具的关系一样。但正如防抱死制动器、涡轮增压器和安全气囊等标准功能首先出现在豪车和赛车上一样,为超级计算机开发的先进体系结构,后来也进入了大众市场的机器。今天的计算机图形、视频流非常依赖的浮点运算、输入通道、多处理器、流水线和矢量处理等功能,都曾经只在最奇特的科学数字运算器中才能找到。

第一批科学计算机

1952 年 5 月,IBM 借鉴其实验性质的 Test Assembly 的经验,发布了第一款电子计算机产品 701。IBM 的这些机器没有直接销售,开始的租金是每月 15 000 美元。IBM 内部设想 701 将面向国防市场,因而 701 被称作"国防计算器"。实际情况也确实如此,所有已经安装的 19 台 701 计算机的用户几乎都是美国国防部或者军事航空航天的公司。1952 年 12 月,第一台 701 安装到了 IBM 位于纽约的办公室,而第一批交付给用户的机器于 1953 年初运往了洛斯阿拉莫斯。[1]功能强大的新计算机往往先被送到洛斯阿拉莫斯,这成了一个惯例,延续了数十年。

701:IBM 的"国防计算器"

IBM 701 的性能与 UNIVAC 大致相当。701 的内存设备速度更快,因为它每次可以读出 1 个字的全部位,而 UNIVAC 从延迟线上每次只能读出 1 位。701 的磁带操作效率比较低,因为所有的数据传输都必须通过处理器里的一个寄存器。但 701 的磁带驱动器更可靠,用巧妙的真空塔来保护轻量级的塑料磁带在启动和停止操作中不会被撕裂。

701 最初用来设计武器、计算航天飞机轨道、分析密码等。对于这些应用,中央处理器的性能比输入输出设备的吞吐量更为重要。其中一部分工作以前是用穿孔卡设备完成的，更多的是用计算尺、机械计算器做的。用户也用701去完成UNIVAC做的那些工作：军事机构的后勤、财务报告、保险精算报告、北美航空工业公司的工资单，甚至在电视上预测总统大选的结果（1956年，701成功预测了艾森豪威尔第二次选举的胜利）。[2]

IBM 704及其后继产品

到了1956年，IBM售出并安装的大型计算机数量已经超过了UNIVAC。[3]这在很大程度上要归功于IBM的704计算机，该计算机于1954年作为701的后继产品发布，但它包含了三个关键的改进。首先，IBM放弃了不稳定的威廉斯管，转而采用新的磁芯存储器技术。还没有执行的701订单立刻就转给了新机器，而那些已经交付的订单则用了新内存进行改造。其次，IBM增加了对浮点运算的硬件支持。再次，704包含了三个索引寄存器（在前一章中讨论过）以简化编程。接下来，我们依次探讨这些改进。

磁芯存储器中的**磁芯**是小甜甜圈形状的磁性材料，圈的中心有几条细电线穿过，如图2.1所示。一些美国研究人员注意到了磁芯材料的样本，其中包括哈佛大学艾肯的学生王安（An Wang），他为Harvard Mark Ⅳ计算机设计了磁芯存储器，并申请了专利。[4]磁芯存储器单元里的磁芯排列在一个平面上，电线从垂直和水平两个方向穿过每个磁芯中心的孔。每个磁芯有两种被磁化的方式，可以存储一位信息。如果以某种特殊组合在水平和垂直两个方向上通过电流，即可以选出某个位置，使这一位的信息从共享输出线中输出。

磁芯存储比延迟线、威廉斯管和磁鼓存储更有优势。磁芯可以做得很小。它们是**非易失性**的，即使断电也能保留信息。连接磁芯存储器的多个平面，可以让计算机同时读出或写入一个字的所有位。最重要的是,磁芯存储器允许**随机访问**,从存储器中任何位置读写任何字所需的时间都很少而且一致。这与延迟线、磁鼓不同,使用延迟线和磁鼓,计算机必须等待要读的数据在管内流动通过读取设备。一些早期计算机的大部分编程工作都用于定位指令和数据,以便最大限度地减少这种**延迟**。

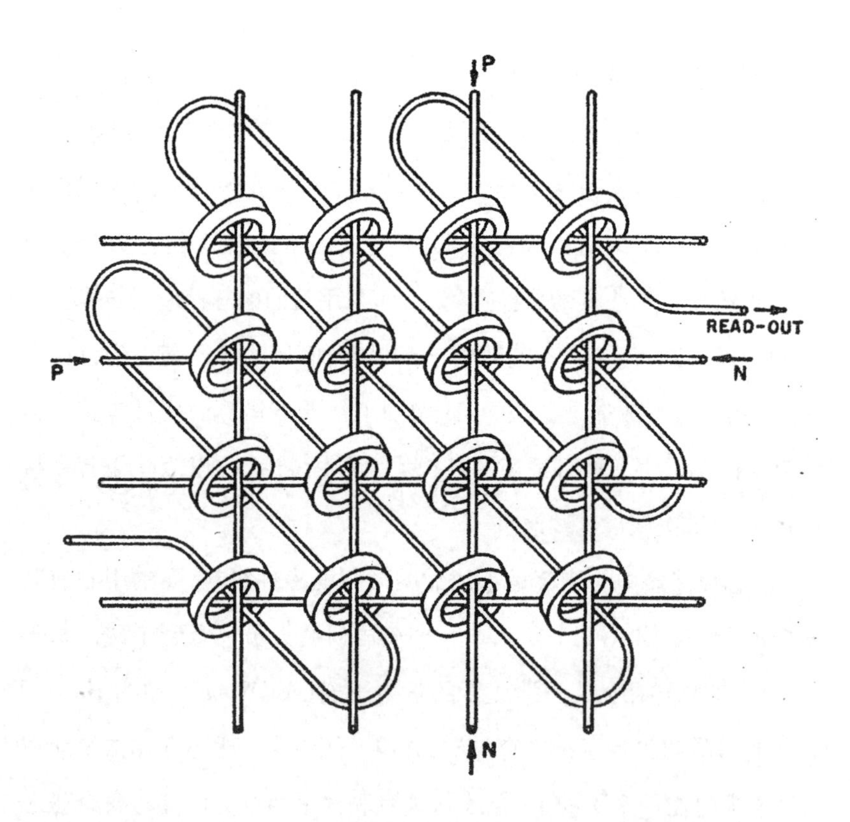

图2.1 磁芯存储器。© 1953 IEEE。经许可转载自 Jan A. Rajchman,"A Myriabit Magnetic-Core Matrix Memory",*IRE Proceedings*(1953年10月):1408

IBM 和其他制造商在 20 世纪 50 年代中期转向了磁芯存储器。1953 年夏天,磁芯存储器被改装到 ENIAC 和麻省理工学院的"旋风"(Whirlwind)计算机上。Whirlwind 的存储器由福里斯特(Jay Forrester)设计,他改进了王安的方法,使用三维阵列,使开关速度更快、存储密度更大、电子设备更简单。[5]磁芯存储器的性能比原来的电子管内存要好得太多,以至于 Whirlwind 几乎变成了一台新机器。磁芯存储器计算机的第一次商业交付是在 1954 年底,雷明顿·兰德公司的工程研究协会(ERA)部门给国家航空咨询委员会(NACA)交付了一台 1103 计算机。

浮点数

浮点运算极大地简化了涉及非常大和非常小的数字的计算所需的规划和编程。它将每个数表示为两个不同的部分:标准范围内的**有效数**(例如 0—10)和表示小数点位置的**指数**。这是科学家和工程师们非常熟悉的**科学计数法**,但在商业世界里几乎不为人知。例如,化学和物理学中经常使用的阿伏伽德罗常数就相当大。用 6.0221×10^{23} 表示显然比 602 210 000 000 000 000 000 000 更方便。完整的阿伏伽德罗常数由于数字太长而无法挤进 32 位的内存单元,而 5 位有效数和 2 位指数却能很容易地保存在其中。另外,浮点数也可以直接用二进制表示。

对浮点数的使用最初是有争论的,而 ENIAC 也没有采用这种技术。在讨论即将推出的 IAS 计算机时,冯·诺伊曼的团队认为,手动跟踪每个变量所需的缩放比例“只占了编程总时间的一小部分”,浮点数声称的优势变得“虚无缥缈”。[6]他们担心“浮动二进制小数点意味着至少对部分问题来说,不再需要透彻的数学理解”。[7]

并不是每个人都有冯·诺伊曼对数值计算的感觉,科学计算的程序员很快就开始使用浮点数了。实现浮点数功能或者需要增加更多程序代码,或者需要增加计算机硬件。调用浮点子程序会减慢机器的速度。增加浮点运算电路可以使程序实现得更快、更简单,但也使处理器变得更加复杂昂贵。德国的楚泽和美国贝尔实验室制造的一些早期机电计算机里都有浮点硬件,但 ENIAC、UNIVAC 1 和 IBM 701 都没有。随着计算机工程的进步,天平决定性地向浮点硬件倾斜。用一位计算机设计师的话来说,这是"区分小型计算机与大型计算机最大的、也许也是唯一的因素"。[8]

中断和通道

IBM 共生产了 140 套 704 计算机系统。从 20 世纪 50 年代中期到 60 年代中期,由这台机器衍生出的诸多后继产品垄断高端科学计算机市场长达 10 年。每个新型号都与 704 兼容,基本体系结构也相同,包括 36 位的固定字长。

早期计算机浪费了大量极其昂贵的处理器时间去等待数据从外围设备传输进来。磁带和磁鼓提供信息的速度比穿孔卡快得多,但仍然不能让处理器保持忙碌。通常,基于磁带的数据处理程序的运行过程中,大部分时间都在反复检查下一块数据是否到达。打印机的速度甚至更慢。

到了 20 世纪 50 年代中期,计算机制造商增加了一种新的硬件功能——**中断**。计算机不必反复检查输入输出操作是否已经完成,而是可以继续做其他有用的事情。当磁带驱动器读完新数据,或者打印机准备好打印下一行时,外围设备会要求处理器中断正在执行的程序,立即跳转到处理这种情况的子程序。这个功能可以追溯到 UNIVAC 1103 计算机为当时 NASA 的前身所做的定制修改。IBM 704 复制了这个功能。

20 世纪 50 年代后期,IBM 7070 等系统上出现了一种新的中断应用,称为假脱机(SPOOLing):外部设备联机并行操作。SPOOL 把程序要打印的输出数据写入磁带文件,这样计算机就可以执行下一项任务。SPOOL 这个名字或许是一语双关,它的原意就是"磁带的卷盘"。每次打印机准备好接收更多数据时,它都会生成一个中断,将控制权短暂地切换到从磁带获取数据的 SPOOL 程序。

其他系统需要更多的硬件。然而,于 1958 年推出的 709 计算机增加了一项体系结构的创新,从此定义了大型计算机:高吞吐量的数据输入输出**通道**。它的数据同步器本身就是一台小型计算机,可以控制多达 20 个磁带驱动器、1 台打印机和 1 套穿孔卡设备。在不中断主处理器的情况下,它可以打印文件、把数据从一个磁带复制到另一个磁带,或者把文件加载到内存中。有额外要求的用户可以在一台 709 计算机上连接三个数据同步器。大型计算机在处理器能力方面失去对廉价机器的优势之后很久,还能在大规模数据密集型作业的吞吐量上保持决定性优势。

小型磁鼓计算机

并不是每个工程公司和科学实验室都负担得起像 UNIVAC 1 或它的竞争对手 IBM 701 这样价值百万美元的计算机系统的。它们的高价来自两种不怎么常用的技术,这些技术需要巨大的工程工作量:高速电子存储器(701 计算机上的威廉斯管以及 UNIVAC 的汞延迟线)和高速磁带。较便宜的计算机没有这些奢侈品,而是用磁鼓取而代之。

20 世纪 30 年代后期,在或许是构建电子数字计算机的第一次尝试中,阿塔纳索夫(John V. Atanasoff)就提出了一种临时存储器的想法:在旋转的鼓面上放置排列成 32 行的 1600 个电容来存储数据。[9]第二次世界大战后,用磁鼓做的一种可靠、坚固、廉价但速度较慢的存储设备又重新出现了。为了存储数据,新设备使用了与计算机磁带类似的磁记录技术,但磁性涂层被涂在旋转的鼓的外表面。每个磁鼓存储器单元都有许多读写磁头,而且由于鼓高速旋转,从鼓上获取信息的速度比从磁带获取要快得多。

这项工作的领导者是明尼苏达州双子城的一家公司,它起源于二战期间的一个密码破译项目——"华盛顿通信补充活动"(简称CSAW,读音与"跷跷板"的英文 seesaw 相同)。海军为其征用了华盛顿一所女子学校的校园。[10]1946 年初,两名项目成员恩斯特龙(Howard Engstrom)和威廉·诺里斯(William Norris)成立了工程研究协会(ERA),希望战后仍保留部分团队成员一起工作。海军给 ERA 分配了许多"任务",大多数都是高度机密的,与破译密码有关。ERA 的工程师为这些任务开发了磁鼓技术,在鼓的表面贴了氧化涂层纸。[11]

一位名叫约翰·帕克(John E. Parker)的投资者为 ERA 提供了办公空间,这是二战期间为诺曼底战役生产木制滑翔机的圣保罗工厂。工厂里到处漏风,十分寒冷,但 ERA 没有遇到多少麻烦就找到并聘用了刚从本地工程学校毕业的得力工程师。其中有一位明尼苏达大学1951 年的毕业生,他找到"滑翔机工厂"是因为听说那里可能有工作机会。他的名字是克雷(Seymour R. Cray)。[12]

于 1947 年 8 月分配的第 13 号任务,是围绕鼓存储器建造一台代号为 Atlas 的可编程电子计算机。1951 年 12 月,其商业型号 1101(这是数字 13 的二进制表示)发布了。[13]该任务所需要的资金远远超过其创始人所能提供的资金。与埃克脱-莫奇利计算机公司一样,ERA 被雷明顿·兰德公司收购。[14]雷明顿·兰德公司随后发布了两款设计精良、功能强大的计算机系统:一款针对科学和工程进行了优化,另一款面向商业用途。从 ERA 衍生出来的 UNIVAC 1103 系统于 1953 年秋天面世。这台计算机是 IBM 701 的直接竞争对手,除了 ERA 磁鼓之外,还配备了 4 个磁带单元和 1024 个字的高速威廉斯管存储器。[15]1103 大约生产了 20 套,其中大部分是为军事机构和航空航天公司建造的。

20 世纪 50 年代初期,生产计算机最难的部分是找到可靠的内存。ERA 最热门的产品是磁鼓,而不是 1101 计算机(见图 2.2)。到 1949年,ERA 制造的磁鼓直径范围从 4.3 英寸到 34 英寸不等,存储容量最高达到200万比特,也就是约65 000个30位的字。读写数据的时间为8—64毫秒。[16]

图2.2 1953年ERA磁鼓存储器的广告。小型电子公司借助ERA磁鼓开启计算机业务。请注意当时还很新颖的冯·诺伊曼体系结构的简化图。资料来源:《电子》(*Electronics*)杂志,1953年4月,第397页。感谢优利系统公司供图

初创公司蜂拥而上推出了磁鼓存储器,并基于这种新的存储器制造出简单廉价的机器,开启了计算机产业的一个新领域。其中包括计算机研究公司(Computer Research Corporation)、电子计算机公司(Electronic Computer Corporation)和联合工程公司(Consolidated Engineering)。它们生产的许多计算机都是物美价廉的,但无法解决磁鼓存储器固有的低速问题。这些公司面临的另一个挑战是提供输入输出设备。安装打字穿孔机(Flexowriter,一种电传打字机)很便宜,但许多工作的速度会减慢。用穿孔卡设备可以提高性能,但意味着销售利润的很大一部分将流向 IBM。这些初创公司得到了一些军事机构和民营企业的订单,但通常它们得到的资源仍然不足以使其继续推出先进的设计。老牌企业会通过收购陷入困境的公司而进入计算机产业。前面提到的这三个小公司就被三家办公机器公司收购:国家收银机公司(National Cash Register)、安德伍德(打字机)公司(Underwood Corporation)和伯勒斯(加法机)公司(Burroughs Corporation)。

20 世纪 50 年代中期,第二波设计更好的磁鼓计算机出现了,销量也更高。通用精密仪器公司(General Precision, Inc.)旗下部门 Librascope 制造的 LGP-30 于 1956 年交付,这台计算机只有 16 条指令,看起来就像一张大号的办公桌。它的设计以 4096 个字的磁鼓为中心,极大地简化了机器的其余部分。相比用了 5400 个真空管和 18 000 个二极管的 UNIVAC,它只用了 113 个真空管和 1350 个二极管。一个完整的 LGP-30 系统的价格是 30 000 美元,包括用于输入和输出的 Flexowriter,是最便宜的早期计算机之一。LGP-30 共售出了 400 多台,[17]为那些付不起或不愿买大型计算机的客户提供了一个实用的选择。

G-15 是一款磁鼓计算机,由赫斯基(Harry Huskey)设计,本迪克斯(Bendix)公司制造,它可能是唯一在美国制造却受到图灵的ACE设计强烈影响的计算机。1947年,赫斯基在英格兰逗留期间曾在ACE上工作过。1953年,他在底特律的韦恩州立大学设计了后来的G-15。这台计算机于1956年首次交付,基本价格为45 000美元。与其他受ACE影响的计算机一样,G-15很难编程,但速度非常快。Bendix公司的G-15卖出了400多台,然而后继乏力,再没有成功的型号。[18]

在20世纪50年代安装的计算机,绝大多数是这些通常被忽视的小型计算机。1960年7月的计算机普查估计,美国总共安装了2704台像Bendix型号这样的"中型"计算机,大大超过了466台像IBM 700系列和UNIVAC Ⅰ这样价格超过50万美元的"大型"计算机,这其中几乎有一半是我们将在下一章讨论的IBM 650。小型计算机(价格低于50 000美元的计算机,例如LGP-30)几乎同样普遍,共交付了1583台。[19]

科学的编程工具

我们已经讨论过汇编器和其他自动编程工具的开发,而科学计算的用户推动了更具野心的编程工具(称为编译器)的开发和使用。汇编器使编写机器指令更快、更方便,而编译器则可以把数学方程和用**高级语言**编写的相对容易理解的代码,翻译成计算机可以执行的代码。

开发的简便性和速度对于科学计算应用尤其重要。商业应用程序,例如工资单程序,通常由用户公司的数据处理部门的全职程序员编写。科学计算程序员更有可能是将计算机应用于更大项目的某个方面的研究人员或工程师。他们很少有时间去学习汇编语言的特殊要求。

此外,商业数据处理应用程序通常会反复运行,而许多科学计算程序则被用于某个临时项目,相对于精心编写的汇编代码所取得的操作效率,科学计算程序更注重开发速度。

早期编译器

第一个被称为"编译器"的程序是哈佛大学艾肯实验室的霍珀(图2.3)领导的UNIVAC软件团队编写的。[20]霍珀将**编译器**定义为"编制程序的例程,用于为特殊问题生成专用程序"。[21]在那个年代,代码汇编、链接和编译的思想并没有严格区分,每个术语指的都是将程序代码和子程序库组织在一起,然后生成单个可执行的程序。这些子程序把正弦、余弦、对数以及最重要的浮点运算等过程的代码都打包封装。尽管如此,编译器仍然是非常复杂的软件。霍珀把使用编译器的整个过程称为"自动编程"。被称为A-0的编译器从1952年开始在UNIVAC上运行,在1953年又有了A-1和A-2。到1953年底,UNIVAC的客户就可以使用A-2版本了。[22]

第一个运行在现代意义编译器上的编程系统,是拉宁(J. H. Laning)和齐勒(N. Zierler)在20世纪50年代初期麻省理工学院的Whirlwind计算机上开发的。这个编程系统有一本手册——《Whirlwind I的数学方程翻译程序》,1954年1月的时候分发了大约100份。[23]它不是一个通用的编程语言,而是求解代数方程的方法。用户以熟悉的代数形式输入方程,而编译器生成Whirlwind的机器代码用来解方程,并自动跟踪程序变量的存储位置。高德纳(Donald Knuth)在1980年调研过早期的编程系统,发现拉宁和齐勒的系统比Whirlwind其他的编程系统慢10倍。[24]只有缩小手工编码与自动编译器之间的性能差距,编译系统才能被广泛接受。

图 2.3 1960 年左右,霍珀与学生克罗珀(Donald Cropper)、克里希南(K. C. Krishnan)、罗思伯格(Norman Rothberg)在 UNIVAC Ⅰ控制台前。感谢史密森学会美国国家历史博物馆医学和科学部供图

Fortran

1957 年初,IBM 为 704 计算机引入了编程语言 Fortran[取自"公式翻译"的英文(formula translation),早期多用全部是大写的拼写]。Fortran 一经推出就在 IBM 的客户中取得了成功,并在此后的几十年里经历了大量修改和扩展。领导该项目的巴克斯(John Backus)的灵感来自拉宁和齐勒的工作,他称其是"被优雅实现的优雅概念"。巴克斯还评论说,他们的系统很少被使用,在他看来是因为它威胁到了程序员,使他们不能再炫耀自己会使用很少有人理解的技巧。[25]

巴克斯决心打造一个极为有用和高效的系统,以至于没有人可以忽视。他后来写道，Fortran 的灵感不是来自"某种关于数学符号编程之美的头脑风暴"，而是"基本的经济学问题：编程和调试的成本已经超过了运行程序的成本"。他"异常懒惰的天性"，加上"编码是件苦差事的经验"，促使他去寻找更简单的方法。[26]事实证明，科学用户早已准备好接受一个把机器内部工作细节都隐藏起来的系统，让他们可以集中注意力解决应用的问题，而不是机器的问题。

Fortran 的成功有很多因素，其中之一是它的语法，包括符号的选择和使用规则，非常接近普通算术符号的样子，而不像穿孔卡片的上标和下标那样难认。工程师们喜欢这种相似性，他们也喜欢清晰、简洁、易懂的用户手册。可能最重要的因素还是性能。Fortran 编译器生成的机器代码跟人工编写的代码一样高效快速。巴克斯指出，这得益于 704 的浮点运算硬件简化了编译器的工作。

"语言"是一个危险的词。这个单词的英文源自法语 langue，意思是舌头，暗含了语言是说出来的意思。但计算机语言**不是**说出来的，而是按照严格定义和精确的语法编写的。[27]霍珀曾经开发了编程语言 FLOWMATIC 的一个版本，把其中所有的英语术语，例如 Input、Write 等，都换成了有相同意义的法语词汇。当她向 UNIVAC 主管汇报这一点的时候*，几乎立刻就被轰出了办公室。事后她意识到，对于那位主管来说，计算机这个概念本身就很有威胁性，它还能理解连主管自己都不会说的法语，真的是太过分了。[28]

SHARE 和操作系统

1955 年，洛杉矶地区的一群 IBM 701 用户都面临着同一项任务：

---

* 霍珀试图让主管明白，用英文写的程序与用法文写的程序其实是相同的，它们都是同一个代码。——译者

要把自己的系统升级到新的 IBM 704。这项任务如此艰巨,使他们感觉到分享彼此的经验远远好过单打独斗。虽然他们分别来自像北美航空工业公司和洛克希德(Lockheed)公司这样的直接竞争对手,但已经非正式地为 701 合作开发了被称为 PACT 的通用汇编器。那一年的 8 月,这些用户在中立的位于圣莫尼卡的兰德公司召开会议,决定成立一个正式的 IBM 704 用户社区,取名为 SHARE。[29]

一年之内,拥有 IBM 大型系统的用户群组就发展到了 62 名成员。IBM 自己的员工可以帮助解决制表机用户在将其应用于业务时出现的问题,但为科学计算机的用户提供帮助要困难得多。通过让用户自己承担这项工作,SHARE 加速了 IBM 计算机被接受的进度,IBM 则通过在管理和编程上的协助来支持 SHARE。随着 SHARE 的发展,它开始对 IBM 计算机和软件的未来发展方向发表强烈的意见。IBM 不得不听一下,不过它也并不是总能接受这些意见。

SHARE 很快就开发出一个令人印象深刻的例程库,其中许多是求逆矩阵这样的数学任务,所有成员都可以使用。SHARE 采用的工作方式与后来的开源项目有很多共同之处,包括分发代码和文档的机制、错误报告程序,以及来自不同公司的集中精力开发特定系统的程序员特别小组。共享代码还意味着系统配置和工作方法的标准化,包括设备上的开关设置、调用子程序的惯例和约定等。

SHARE 对于最终被称为操作系统的软件的成长尤为重要。用户完成了最有初创性的早期工作,后来他们的系统逐渐变得更加复杂。20 世纪 50 年代中期的计算机没有现代意义上的操作系统。操作员把磁带装入驱动器,并将输入卡放在输入槽中。然后他们会设置开关以告诉计算机从哪里加载程序代码,从哪里开始运行。应用程序的代码直接控制计算机的硬件,没有软件层的介入。

第一个在应用程序运行时驻留在内存中的实用工具程序被称为**监**

视器(monitor)。由于内存是稀缺资源,这些程序都必须很小。由于有了中断,监视器可以像它的名字所暗示的那样,监控应用程序在执行期间的进度,并且提供有用的调试信息。例如SHARE组织于1959年开发的FORTRAN监控系统,帮助实现从不同文件提取Fortran和汇编代码、编译程序并执行过程的自动化。[30]它建立在早期北美航空工业公司生产的Load and Go系统上。

当一个程序执行完毕,监视器会触发代码加载下一个程序,无需等待操作员动手干预。在建立后来被称为**批处理**系统的过程中,通用汽车(GM)研究实验室于1956年开始设计的一个早期系统特别重要。[31]这个系统的一个简单但关键的元素是使用了特殊控制卡。特殊控制卡上的代码告诉计算机接下来的卡片是Fortran程序还是数据,或者是要开始新的作业还是仍有其他后续操作。

在1956年IBM 709问世的时候,SHARE启动了SOS(该SOS有不同的定义:共享操作系统或者SHARE 709系统)项目,雄心勃勃地要开发GM系统的继任者。SOS的目标是使操作员执行的大部分工作实现自动化。出于这个原因,它是第一个被称为**操作系统**的软件。除了监控程序和强大的汇编器外,SOS还提供了批处理控制、输出缓冲和大量被包装成宏指令的输入输出子程序。在批处理环境中,当从一个程序的执行切换到另一个程序时,例如从不同的磁带驱动器中加载数据,使用宏操作能够使计算机自动更改配置,而不必等待操作员调整控制台的开关。[32]

让所有的SOS例程协同工作比预期的要困难得多。这被证明是后来出现严重问题的先兆。随着操作系统变得越来越有"野心",它们往往会消耗更多处理器能力,占用的宝贵内存也越来越多,直到几乎没有剩余空间来运行计算机安装的应用程序。SOS的开发从1956年拖延到了1958年年中,为了交付它的旗舰系统,IBM的编程工作越来越多。SOS 最后完成时,它运行得十分缓慢,与汇编语言的紧密集成限制了它的实用性,用户也随之开始转向 Fortran 程序语言。[33]

709 的后继产品也需要开发操作系统,在重复这个过程的时候,IBM 在编程之外还强调了规划和设计操作系统的重要性。IBM 在 SHARE 例程之上创建了名为 IBSYS 的套件,其中包括一个旨在与 Fortran 集成的批处理系统。该系统演变成了 IBM 的作业控制语言(JCL)。许多新手程序员对 JCL 卡片都有生动的记忆,它们有独特的双斜线(//)或斜线星号(/*),在卡片上的特殊字段打孔。许多人还记得,如果丢失一张这样的卡片,计算机会把程序的卡片包误读为数据,或者把数据误读为程序卡片包,从而导致严重的混乱。

数学软件

高性能科学计算不仅依赖硬件,也同样依赖软件。到 20 世纪 60 年代,Fortran 编程已经成为科学家和工程师们越来越重要的技能。计算机的分析和模拟为 X 射线晶体学、粒子物理学和射电天文学的科学突破奠定了基础。工程师使用计算机来模拟超音速气流,模拟桥梁和建筑物的应力,设计更高效的发动机。为了向大量学生教授编程,必须找到高效的编译代码的方法,既可以更快地将结果返回给学生,又可以使昂贵的计算机完成更多工作。传统编译器使用大量计算机内存和时间来生成快速执行的高效代码。在教学环境中,程序很短,通常不用处理大量数据,因此程序的快速编译比快速执行更为重要。学生通常会犯语法错误,导致程序无法编译,因此编译器提供详细且有用的错误报告至关重要。

在将批处理计算应用于教学方面最具创新性的工作出现在加拿大安大略省的滑铁卢大学。滑铁卢大学计算机科学系成立于 1962 年,是历史最悠久的学院之一,由格雷厄姆(J. Wesley Graham)领导,从这里毕业的计算机系本科生比加拿大其他任何学校都多。基于20世纪60年代初威斯康星大学的编译器，滑铁卢大学计算机系开发了一个类似的Fortran编译器Watfor[即Waterloo(滑铁卢) Fortran]。

> 1965年夏天，4名数学系三年级的学生编写了WATFOR。它是一个快速的常驻内存(in-core)编译器，有良好的错误诊断功能，事实证明这对学生调试程序以及加速执行特别有用。[34]

Watfor编译器每小时能够处理6000个作业，格雷厄姆估计，在滑铁卢大学的IBM大型计算机上运行一个学生程序的开销从10美元降到了10美分。[35] Watfor及其后继版本在其他大学得到了广泛使用，格雷厄姆的Fortran编程教科书也影响了一整代学生。[36]

还有一个挑战是确保所得的结果在数学上是准确的。科学计算通常被称为**数字运算**，因为现实世界的问题通常需要数值近似。即使是同一类方程，如常微分方程，也可以用许多不同的数值方法来处理。

随着**数值分析**领域在科学计算和数学的交叉领域发展起来，计算机的传播为应用数学带来了新的活力。20世纪50年代和60年代这段时期，常用的数学任务，例如计算矩阵特征值(许多科学计算都需要矩阵特征值)，都在数值分析领域开发出了新方法。但是，科学家和工程师们认为应用数学只是达到目的的一种手段，他们还是倾向于使用旧教科书里为手工计算时代设计的方法。但机器使用这些方法的效率十分低下。在最坏的情况下，比手工计算快数百万倍意味着计算机累积误差的速度也将是手工计算的数百万倍。

从20世纪60年代后期开始，现代数学方法陆续被实现成可靠高效的代码，包装成普通科学计算程序员也可以用的软件，使这个问题得到了解决。阿贡国家实验室于1973年发布的计算矩阵特征值的软件包Eispack，就是一个重要的早期项目。Eispack用Fortran实现了威尔金森(James Wilkinson)最早用 Algol 开发的算法,威尔金森也因为对数值分析的贡献而获得图灵奖。Eispack 和后续的线性代数软件包 Linpack 都以子程序库的形式分发,可以集成到任何科学应用程序中。

让这些例程在不同的计算机体系结构上都能有效运行是一项挑战。Fortran 是一种相当一致的语言,但是能够在两台机器上编译代码并不能保证它们会产生相同的结果。特别是,制造商各自决定如何处理浮点数的表示、舍入和截断。另外,了解特定体系结构的弱点对优化性能也至关重要。Linpack 把与特定机器有关的代码都分离到单独的 BLAS(基本线性代数子程序)库中,解决了这个问题。Linpack 的创建者之一唐加拉(Jack Dongarra)* 仍然用 Linpack 软件包,对最为广泛引用的全球超级计算机前 500 名(TOP 500)列表中的超级计算机进行性能测试。[37]

Algol

Algol(算法语言)是非常有影响力的编程语言。它的第一个版本是根据国际计算机专家 1958 年在苏黎世讨论的结果定义的,其改进版本于 1960 年推出。尽管 Algol 60 有许多忠实的拥护者,但它仍未能取代 Fortran 成为主流的科学计算编程语言。不过,它的最大影响却是在计算机研究方面。Algol 为计算机科学开始明确地成为一门学科播下了种子。许多用 Algol 工作的人后来都成了知名的计算机科学家。我们只需要列举出最终获得 ACM 图灵奖的人,就会注意到瑙尔(Peter Naur)、巴克斯、麦卡锡(John McCarthy)和佩利斯都是 Algol 60 规范的设计者,而安东尼·霍尔(C. A. R. Hoare)、迪杰斯特拉(Edsger Dijkstra)

---

* 2021 年图灵奖得主。——译者

和高德纳则基于 Algol 设计了编译器。许多其他获奖者的研究工作也是在 Algol 的启发下进行的。

Fortran 最初是作为 IBM 软件包发布的。它处理的语言后来被其他计算机制造商复制到了自己的机器上。相比之下,Algol 在诞生之初就是一个优雅的规范,其语法有形式化的定义,而不是一段段代码的实现。巴克斯根据他设计 Fortran 的经验创建了巴克斯范式(BNF)表示法,用来表示和定义 Algol。BNF 表示法至今仍然用于描述计算机语言的语法。[38]

Algol 引入的块结构,后来也被 C、Pascal 和 Java 等语言采用。begin 和 end 标签把一块代码标记出来,这段代码就可以被当作单条指令来处理,可以在 for 语句循环里重复使用,或者用 if ... then 结构有条件地执行。

Algol 规范里有很多难以实现的功能。最难的包括"过程"(procedure),它是 Algol 基于块结构对子程序的细化。过程里还可以嵌套过程。在过程或其他块结构中声明的变量不允许程序的其余部分访问,它们的空间会被系统自动回收。最特别的是 Algol 支持递归,这意味着过程可以调用自己。变量可以通过复制当前值或按**名称**(后来称为**按引用调用**)传递给过程,这要求编译器在每次调用过程时重新计算复杂的表达式。

堆栈

迪杰斯特拉当时是阿姆斯特丹的一名科学计算程序员,有物理学和数学背景,是第一个成功实现 Algol 的人。他把计算机硬件和软件的基本特征抽象成堆栈这种数据结构,从而实现了 Algol。在堆栈中,最后存储的数据是第一个被检索到的——就像放在桌子上的一堆文件,最上面的是最后被放上去的,但却第一个被拿走。调用 Algol 过程会在堆栈顶部压入新的信息记录,包括保存过程中的局部变量和参数计算所需的其他数据的空间。过程完成之后,存储的信息从堆栈中弹出,内存自动被回收。即使某个子程序调用了第二个子程序,第二个子程序又调用了第三个子程序,依此类推,这套机制也能完美地运行。随着每次调用,堆栈都会变高。但如果是一个设计糟糕的程序,其子程序无休止地相互调用,程序就会停顿,报告"堆栈溢出"的错误。堆栈具有双重作用,既有助于将程序编译成机器指令,也能在程序执行时管理内存。

至此,我们讨论的 IBM 大型计算机都是从早在高级语言广泛使用之前就已经创建了的 IBM 704 演变而来的。与 20 世纪 50 年代至 70 年代设计的大多数其他计算机一样,它们针对用汇编语言编写的指令进行了优化。在 20 世纪 50 年代 IBM 机器那样的传统计算机体系结构上实现堆栈并不是一件简单的事,因为需要将虚拟堆栈映射到可寻址内存、寄存器和累加器的实际体系结构上。这意味着在多道程序环境下调用子程序或在程序之间切换,会显著降低计算机的速度。

1961 年,尽管在小型计算机销售方面取得了一些成功,但仍以加法机供应商闻名的 Burroughs 公司开始着手设计它的第一台大型计算机。由于认识到未来属于高级语言,它围绕 Algol 设计了后来的 Burroughs 5000 计算机,这是第一个根据高级语言创建的体系结构。特别的是,这台机器没有汇编器,甚至它的操作系统也是用 Algol 的特殊扩展版本写的。所有变量存储都以堆栈为中心——堆栈的顶部两层实际上是寄存器,由处理器处理。这意味着子程序调用非常简单,可以快速处理。由于机器的实际体系结构与 Algol 的内部模型相匹配,编译 Algol 代码也同样高效。

尽管有这些新颖的功能,但 5000 仍在市场上挣扎。它的继任者 5500 只能算勉强成功。这些机器都有可靠性的问题,而且与其他公司一样,Burroughs 公司也在与 IBM 的市场主导地位斗争。尽管如此,但 Burroughs 公司在 20 世纪 80 年代仍然坚持用堆栈的方法建造 6000 和 7000 大型计算机。在使用 Burroughs 机器的程序员中,还出现了狂热的追随者。Buroughs 从来都不是计算机产业的重要角色,但它的大型计算机传播了计算机体系结构和软件技术中的重要思想。

迈向超级计算机

晶体管作为真空管的替代品而被引入的过程,跟磁芯存储器的故事差不多。晶体管在数字逻辑电路中起的作用与真空管相同,但体积更小、性能更可靠,当然最初的时候也更贵。它们用电更少,可以快速启动。20 世纪 50 年代,发明晶体管的贝尔实验室并没有考虑进入商用计算机市场。贝尔实验室是受监管的垄断企业,其母公司 AT&T(美国电话电报公司)在联邦法院的眼皮底下小心翼翼地仔细权衡要采取的每一项行动。1956 年初,经过与美国司法部 7 年的诉讼,AT&T 在和解令上签字,同意“除了提供公共载波通信”之外不进入任何其他商业领域。[39]部分是为了满足联邦监管机构的要求,贝尔实验室会公开有关晶体管研究的进展,只收一点象征性的费用。

飞歌(Philco)公司是一家总部位于费城的电子公司,率先推出了“表面屏障”晶体管,这种晶体管可以量产,而且性能良好。1955 年 6 月,飞歌公司与国家安全局签订合同,基于 UNIVAC 1103(1101 的继任者)的体系结构生产高速计算机 SOLO。SOLO 可能是美国第一台可以运行的通用晶体管计算机。飞歌公司推出了名为 Transac(晶体管自动计算机)S-1000 的商业版本,随后在 1958 年推出了升级版 S-2000。第一批 S-2000 在 1960 年 1 月完成交付。这几台机器,以及 Univac 公司交付的一台更小的固态计算机 Solid State 80,标志着晶体管时代,也就是第二代计算机的开始。[40] IBM 跟进得很快,几年之内,庞大笨重、耗电、不可靠的真空管计算机基本上就从市场上消失了。

IBM 7090

根据坊间的说法，美国空军为北极圈周围弹道导弹预警系统(BMEWS)的计算机公开招标，而 IBM 在投标时就发现了真空管计算机的势衰。当时 IBM 刚刚发布 709，但空军坚持要用晶体管机器，因此 IBM 设计了一款与 709 体系结构完全相同的晶体管计算机。为了加快开发速度，IBM 在 709 上编程，模拟其继任者晶体管计算机的操作。这使 IBM 在测试新机器性能的同时，还可以继续开发和测试新软件。IBM 于 1959 年末给格陵兰岛的基地交付了一台计算机，但“IBM 观察员”们称 IBM 在安装机器时，还派了大量工程师在现场完成最后的开发工作。

不管这个故事是否属实，IBM 确实生产了一台晶体管计算机。在 709 开始交付一年后，这台计算机面世，并以型号 7090 投放市场。7090 被认为是经典的大型计算机，它有着优雅的体系结构，性能突出，在市场上也取得了成功，以相当于每台 300 万美元的价格安装了几百台。

用术语“大型计算机”(mainframe)表示中央处理器，可能是因为它的电路都安装在机柜里带铰链的金属框架(frame)上。在维护的时候，框架可以摇出。典型的系统通常包括好几个这样的机柜，放在架高的瓷砖地板上，比真正的地面高出几英寸，给为数众多的从一个机柜蜿蜒到另一个机柜的粗电缆留出空间。机房里有自己的环境控制系统，就像弹道研究实验室的 ENIAC 机房一样，是炎炎夏日里最舒服的地方。

操作员的控制台上“装饰”着一排排闪烁灯、刻度盘、仪表和开关，令人印象深刻。它看起来就像人们想象中计算机应该有的样子。离控制台不远是装有主处理器电路的机柜。主处理器由晶体管组成，与电阻器、二极管、跳线、电感器和电容一起，安装或者焊接到印刷电路板上。这些电路的密度大约是每立方英寸 10 个元件。电路板插入**背板**，背板上一连串的电线在电路板之间传输信号。一些大型计算机需要手工费力地接线，但大多数使用了一种绕线(wire wrap)技术；它不需要焊接，可以由机器完成，减少了错误。在实践中，为了修复接线的错误，总有一些手工焊接的跳线。

磁带驱动器占了大型计算机系统的大部分空间。这些磁带是将大型计算机连接到外部世界的介质。程序和数据通过磁带输入计算机；作业的结果同样被写到磁带里。如果程序成功运行，操作员会把磁带取走，安装到与 1401 计算机连接的驱动器里，由 1401 负责在链式打印机上打印结果这个很慢的过程。程序运行结果的所有字母都是大写的，打印在 15 英寸宽的折叠纸上。

图 2.4 中的 IBM 7094 虽然作为科学和工程机器销售，但许多客户发现它非常适合管理工作。每秒执行大约 5 万到 10 万次浮点运算，使它跻身当时最快的计算机行列——大约与 20 世纪 80 年代后期的个人计算机一样快。7094 的字长是 36 位，非常适合高精度的科学计算，而且其处理器可以访问大内存，这是它的一大优势。它的磁芯存储器最多可以达到 32 768 个字的容量，用现代术语来说，相当于大约 150 KB。

7094 扩展了从 704 和 709 继承而来的体系结构，有 7 个索引寄存器。但是，它缺少很多竞争对手都有的通用寄存器。通用寄存器是 1956 年英国费兰蒂公司(Ferranti, Ltd.)发布 Pegasus 计算机时提出的技术。Pegasus 有 8 个寄存器，其中 7 个可以灵活地用作累加器或索引寄存器。经常访问的变量被存储在寄存器中，消除了反复传入和传出主存储器的需要，显著提高了整体性能。后来其他公司也逐渐开始模仿这个做法。到了20世纪60年代末,通用寄存器成了处理器的标准设计。[41]

图2.4 晶体管化的IBM 7094是用途最广泛的IBM早期大型计算机。请注意安装在标准IBM 7090控制台顶部的4个附加的索引寄存器读数。资料来源:IBM公司

7094的租金大约是每月30 000美元,相当于160万美元左右的购买价格。有了这么高的成本,机器永远不可能被闲置。程序被集中到一卷卷的磁带上,分批运行。大多数程序员从未接触过运行程序的计算机。他们用铅笔在特殊的编码表上编写程序,然后交给按键操作员在卡片上打孔,输入代码。一台小型的IBM 1401计算机读取穿孔卡片上的源代码,把内容写到磁带上,再由操作员将磁带安装在与主机相连的磁带驱动器上。程序员必须等待一批任务处理完成之后才能得到自己的结果。通常,程序运行的结果会表示程序有错误,或者需要进一步细化问题。于是她提交一组新的卡片,经历再一次的漫长等待。这种

操作方法是大型计算机时代的显著特征。

在7094的整个生命周期中,操作系统经过改进,取代了操作员的许多工作。在正常使用的情况下,操作员需要安装和卸载磁带,偶尔也需要将一副卡片插入阅读器。一些大型计算机有视频控制台,但7094的主控制面板上没有,而是用一排小灯指示每个寄存器里每一位的状态。操作员可以一次只执行程序的一步,观察每一步寄存器的变化,需要的时候还能拨动开关改变它们的内容。

NASA埃姆斯研究中心的计算机

政府的埃姆斯研究中心位于加利福尼亚州芒廷维尤,自1940年成立以来一直是高速空气动力学研究的中心。1955年,埃姆斯研究中心购买了其第一台存储程序电子计算机IBM 650。1958年,埃姆斯研究中心被合并到新成立的NASA之后不久,又购买了一台IBM 704,并在1961年用一台IBM 7090取而代之。[42]这些计算机被用于计算卫星轨迹、热传递和粒子物理等问题。

整个20世纪60年代,埃姆斯研究中心对IBM主机的需求每年都要增加一倍。对埃姆斯计算部门来说,满足这永无止境的需求是让人头痛的问题。从1963年开始,中心的7090升级成了直接耦合系统(Direct Couple System)。直接耦合系统是几台机器的组合,它的核心是当年7月份购买的IBM 7094。为了最大限度地发挥7094的性能,一台IBM 7040(它本身就是一台大型主机)被连接到7094,专门处理输入输出,减轻了7094的压力。来自7040的磁带卷接下来被传送到连接了键盘穿孔机和打印机的IBM 1401(图2.5)。我们在下一章中会看到,1401也可以作为一台独立的计算机运行,NASA就用它来处理中心里类似预算这样的行政工作。[43]与远程终端的连接则由一台通信计算机IBM 7740处理。

图2.5　1962年左右，北美航空工业公司的IBM 7090直接耦合系统。请注意一排排的磁带驱动器——在这张照片里有21排。磁带是第二代大型计算机的主要大容量存储介质。照片来自凯利(Robert W. Kelly)，盖蒂图片社(Getty Images)的生活图片集

这个直接耦合系统在太空竞赛的戏剧性岁月中为NASA服务。到1968年，除周末外它全天候工作，每个月大约有27小时用于维护。每个月的费用在35 000美元左右。

埃姆斯研究中心的IBM机器主要是这些用于一般科学工作的大型计算系统。较小的计算机来自霍尼韦尔(Honeywell)、数字设备(Digital Equipment Corporation)、科学数据系统(SDS)和电子联合(EAI)等公司。它们有专门的任务，例如控制实验、操作飞行模拟器和归约风洞数据。我们将在后续章节更多地讨论此类计算机。

IBM的Stretch计算机

即使是巨大的7090系列大型计算机也不是那个时代最大的科学计算机。早在1955年，在劳伦斯·利弗莫尔国家实验室建造高性能计算机的招标竞争中，IBM就输给了Univac公司。为了不失去在科学计算领域的领先地位，IBM决定为客户洛斯阿拉莫斯实验室建造一台机器，昵称为Stretch，其性能是实验室当时的IBM 704系统的100倍。

Stretch 使用晶体管而不是真空管,显著地提高了性能。IBM 为 Stretch 开发的小型模块化电路板系统,后来在其他晶体管机器上取得了巨大成功。由于机器由数量相对较少的标准单元组装而成,因此维修更加容易,并简化了计算机的设计和制造。光是用晶体管代替真空管还不能保证所需的性能提升。Stretch 的首席设计师顿维尔(Stephen Dunwell)知道,要实现这一目标,必须重新思考计算机的各个方面。他的团队提出的一些创新最终成了所有处理器的标准功能。

他们的策略之一是现在被称为指令流水线的技术。执行一条指令包括几个步骤。Stretch 团队确定了三个不同的阶段:从主存储器读出指令编码的每一位;解码控制信息并对处理器电路做相应的设置;执行指令。

传统计算机按顺序执行这些步骤的方式会产生浪费。例如,用于解码指令的硬件在取指阶段处于空闲状态。Stretch 在执行指令时,用处理器的其他部分来获取并部分解码接下来的 5 条指令。[44]这样就有希望大幅提升性能,但代价是复杂性显著增加。例如,当计算机处理一条跳转指令时,除非流水线已经预料到即将到来的跳转的方向,否则已经完成的从内存中获取下一条指令并解码的工作将被浪费掉。当有条件跳转(等价于 if ... then 的机器语言)时,处理器中应该内置判断哪个分支最有可能被执行的规则。

Stretch 配备了 IBM 可以设计生产的最大、最快的硬盘驱动器。然而,任何能够如此快速计算的计算机仍然需要花费大部分的时间等待读取或写入数据。为了缓解这个问题,Stretch 成了第一台支持多道程序的 IBM 计算机。Stretch 的 1 兆字节巨大磁芯存储器足以同时容纳多个大型程序。当一个程序在等待外设时,Stretch 就切换到另一个程序。为了防止程序意外相互覆盖,Stretch 增加了内存保护,这样每个程序就只能在指定的内存块里工作。

为了在内存中更高效地放置数据,Stretch 采用了 1—64 位任意长度的灵活字长。Stretch 的工程师巴克霍尔兹(Werner Buchholz)引入了**字节**的概念——计算机可以检索和处理的最小信息单位。[45]字节的长度最初也是可变的,最多 8 位。不过在后来的机器上,IBM 将字节标准化为 8 位。在需要时,组合多个字节让计算机可以操作 16、24、32 或 64 位的字。最后整个计算机行业都采用了这种方法。

1960 年,IBM 公开发布 Stretch,即 7030 型号,定价 1350 万美元,并承诺其性能将是 IBM 704 的 60 倍。然而,第一款型号在 1961 年的测试中,各种新功能并没有如预期那样有效地协同工作。Stretch 可以说是世界上最快的计算机,远超其他机器,但它的性能只有承诺的一半。作为回应,IBM 的领导者小沃森(Thomas Watson Jr.)将其价格减半。由于这样做根本不够支付制造成本,他宣布除了已经接下的 8 个订单外,不再接收任何订单。Stretch 似乎是一个耻辱的失败。[46]然而,在接下来的五年里,在 Stretch 中实现的创新进入了 IBM 计算机产品线的核心——特别是随着 1964 年大型机 System/360 的问世(在下一章中讨论)。笼罩在 Stretch 头上的失败阴云最终散去,如今它被人们铭记为自 EDVAC 以来最有影响的计算机设计。

大部分 Stretch 机器的去向都是计算机模拟的重度使用者:核实验室和美国气象局。一台交付给国家安全局,作为 HARVEST 定制系统的核心,HARVEST 系统还包括一个特殊的数据流协处理器,以及能够从数百个磁带的库中同时加载 6 个磁带的自动化系统。HARVEST 一直运行到 1976 年,它能扫描信息中的密码字,进行破解密码和消息解密的工作。

虚拟内存和 Atlas

Stretch 并不是体系结构新思想的唯一来源。另一个有影响的特性——虚拟内存,来自 Atlas 计算机。Atlas 由曼彻斯特大学设计,费兰蒂公司建造,于 1962 年投入使用,是当时速度最快、最有影响的计算机之一。

虚拟内存通过将主存中的数据与速度较慢但容量更大的存储介质(如磁盘)交换,使内存看起来比实际的更大。Atlas 用户看到的是一台虚拟内存为 100 万个 48 位字的机器。机器的特殊硬件把在虚拟地址上读写的请求转换为在小得多的物理内存上的操作,这个功能被称为动态地址转换。[47]

如果物理内存不够容纳全部页面,当前没有使用的页面会从磁芯存储器**交换**到磁鼓存储器。优化这个过程至关重要。每当程序需要处理已经换出的内存页时,Atlas 就必须将其从磁鼓存储器中复制回来,这会大大减慢速度。Atlas 是多道程序计算机,在加载内存页的时候可以继续执行另一个程序。

CDC 的 6600

当 IBM 于 1960 年发布 Stretch 时,它创造了一个后来被称为超级计算机的新市场。但第二年 Stretch 退出时,IBM 放弃了那个市场。IBM 的位置被一家由 ERA 前成员创建的新公司——控制数据公司(CDC)取而代之。CDC 的第一个型号 1604 于 1960 年交付给美国海军。作为 ERA 机器的晶体管化改进,克雷设计 1604 的主要目标就是速度。在 Stretch 完成之前,它是世界上最快的机器。与之前的 ERA 一样,CDC 的早期机器在加密应用中很受欢迎。

随着 CDC 逐渐成长起来,克雷在威斯康星州的齐珀瓦福尔斯成立了一个工程小组,要在那里心无旁骛地设计一台性能比 Stretch 还好的新机器。1964 年的 CDC 6600 实现了这个目标。Stretch 通过引入复杂的体系结构将性能提升到了新水平,但克雷却将设计精简到了最低限度。洛斯阿拉莫斯计算机研究与应用小组的前负责人布兹比(Bill Buzbee)说:“对于西摩来说,在他的整个职业生涯中,简单是他设计的精髓……[CDC] 6600 只有 64 条指令,而[IBM] 7094 有 300 条左右。”因此,克雷的机器“很容易让你的脑筋运转起来”。[48] CDC 6600 处理的工作与 Stretch 相同,用户类型也类似,但运行速度快了三倍。CDC 6600 总共卖出 100 多套,基于其设计的后续机器直到 20 世纪 80 年代都是 CDC 产品线的重要组成部分。

6600 的算术运算速度非常快,而大多数其他运算则不然。它的 10 个算术单元可以并行工作,例如,CDC 6600 的两个浮点乘法器在执行前一条指令的时候,加法运算可以继续执行而不必等待。许多科学计算任务都是以一个数学代码的小循环为中心,一次又一次地重复运行的。克雷做了一些优化,将循环里的前 8 条指令以解码后的形式存储,这样在再次执行的时候就可以节省时间。磁带、磁盘和打印机由 10 个外围处理器处理,每个外围处理器都是有自己内存的简单计算机,因此主处理器不需要中断和输入输出功能。

由于指令简单,并且使用了高速的硅晶体管,CDC 6600 的主处理器能够以 10 MHz 的时钟频率运行,比 Stretch 快好几倍。这意味着信号流过电路的时间是一个严格的限制,迫使组件被封装得更加紧凑。高密度组件产生严重的散热问题,后来通过氟利昂冷却管穿过机器带走热量解决了这个问题。

在威廉·诺里斯的领导下,CDC 的超级计算机业务朝着快速多元化的方向发展。CDC 还为其他计算机生产磁带驱动器和打印机,建立了一个健康的经营模式。1968 年,CDC 的股价飙升,收购了规模更大的金融公司——商业信贷(Commercial Credit)公司。CDC 还针对 IBM 发起了一场漫长而昂贵的诉讼,起因是 IBM 采用了激进的销售策略,过度宣传其尚未推出的超级计算机型号。与大多数跟 IBM 打官司的公司不同,CDC 达成了有利于自己的和解,直接导致 IBM 在 1973 年把自己的服务部门出让给了 CDC。[49]其他计算机公司还苦苦挣扎在与 IBM 的斗争中,CDC 的实力却越来越强。

Cray 1

克雷并不关心 CDC 的多元化计划。他只想造世界上最快的计算机,不关心它与旧型号和小型号是否兼容。1971 年,克雷的实验室正在努力制造代号 8600 的机器,CDC 的管理层却要削减他的实验室规模。克雷认为继续沿用 6600 的体系结构已经行不通了,但威廉·诺里斯拒绝让他从零开始设计。克雷于 1972 年离开 CDC,但没有离开齐珀瓦福尔斯,而是在那里创建了新的克雷研究(Cary Research)公司。作为世界上最著名的计算机设计师,他没有遇到任何困难就筹集了足够的风险投资。CDC 自己投资了 25 万美元,而克雷从自己原来的实验室带走了 6 名成员。

第一台 Cray 1 被运往洛斯阿拉莫斯。洛斯阿拉莫斯国家实验室是 20 世纪 40 年代 ENIAC 的最大单一用户,也是 Stretch 和 CDC 6600 的第一个客户。和天气预报领域一样,核模拟领域的资金充足,即便拥有世界上最快的机器,也可以"吞下"其每一个可用的处理器周期,而且程序员仍然觉得需要更多的计算能力。

Cray 1 的重量超过 5 吨,但结构非常紧凑,中央是一个 6 英尺高巨石般的整体式塔架,外围比较低的一圈是冷却设备(图 2.6)。这种环形设计缩短了线路长度,减少了信号传输时间,计算机的最大速度得到提高。环形冷却设备上的垫子则给了 Cray 1 另一个身份——"世界上最贵的双人座椅",不过只有经过授权的人才能坐在如此贵重的东西上。与 6600 不同,Cray 1 可以处理自己的输入和输出。它仍然必须连接一台被称为维护控制单元的小型计算机,这台小型计算机负责加载操作系统并监控作业进度。早期机器交付的时候不包含任何操作系统,实验室必须自己编写。交付的 Cray 确实有正式的操作系统,但相对简单,因为 Cray 每次运行一个庞大的作业,通常需要数天或者更长时间。

图 2.6　Cray 1 的冷却装置,通常用垫子盖着,这张照片中有几张垫子被掀开了。这台 6 年来一直保持计算速度世界第一的超级计算机,也是一个舒适的双人座椅。埃里克·朗(Eric Long)摄,史密森学会国家航空航天博物馆(NASM 2006-937)

克雷设计的新机器字长是 64 位。从计算机体系结构的角度来看,跟 6600 比,它的最大变化是增加了**矢量处理**功能,这是另一种优化科学计算内循环性能的方式。这些循环重复执行一些相同的操作多达几百万次,每次执行都从不同的内存位置获取数据。常规指令通常只处理存储器中的一个字。Cray 1 计算机有 8 个向量寄存器,每个向量寄存器保存 64 个字,克雷的新向量指令对这 64 个字的每一个都执行相同的操作。操作不是同时在每个字上执行——即使是克雷也无法把那么多算术单元都压缩到一台计算机中——但指令本身只需要读一次,解码一次。数据可以在向量寄存器之间快速混洗,当向量操作被批处理时,便可以进一步提高性能。向量方法在其他机器上也尝试过,包括竞争对手 CDC 的 Star-100 型号,但都没有取得巨大成功。克雷裁剪了这个方法,去掉不必要的复杂性,只精准地提供科学计算用户需要的功能。

于 1976 年推出的 Cray 1 复制了 6600 的成功,售出了大约 80 台,每台的价格约为 800 万美元。它是核武器实验室、飞机设计者和天气预报人员的新标准。Cray 的优势不可否认,但利用 Cray 的强大功能意味着要回到用汇编语言编写程序的年代。对此,唐加拉说他在洛斯阿拉莫斯第一台 Cray 1 上编写程序的感受是"相当烦琐,很难调试,而且只适合 Cray 1 这一种体系结构"。适应矢量处理需要编译器、数学软件库和科学软件应用程序的作者多年的努力。更高层次的 BLAS 程序库,使得用可移植的 Fortran 语言编写的应用程序也能充分发挥底层向量部件的性能,用这种 BLAS 库重新设计 LINPACK 也花了十多年时间。正如唐加拉解释的,"让编译器识别你在做什么,并且找到在体系结构上最高效的表达方式,是一个长期的斗争"。[50]

直到 1982 年被 Cray X-MP 取代之前,Cray 1 一直是世界上最快的计算机。MP 的意思是**多处理器**(multiple processor)。那时,科学计算机的用户正在转向交互式操作系统,以及后续章节探讨的新计算模式。所以,我们用 Cray 1 结束本章。Cray 1 的单处理器体系结构和操作模式,与 IBM 704 系列、Stretch 以及 CDC 6600 相同。所有这些机器都延续了 ENIAC 的使命:为需要几小时或几天才能完成的大型科学计算任务提供最高的性能。然而,经过 30 年在性能、可靠性和易用性方面的快速改进,Cray 早已不可与 ENIAC 同日而语了。

把这些特别的机器中的任何一台复制 100 份都会取得巨大成功,其设计者发明的许多技巧最终都成了普通计算机的标准功能。现代计算机的其他主要功能是为了满足企业管理、教育和军事等领域的各类用户需求而开发的。在接下来的三章,我们将把时钟从 20 世纪 70 年代拨回 20 世纪 50 年代初,了解现代计算机故事中的其他部分。

第三章

计算机成为数据处理设备

没有耐心等到计算机商业化产品面世，决定自己建造计算机的并不只有科学实验室。英国一家非常知名，也同样急不可耐的公司就做了这件事。里昂公司经营着一家英国茶叶连锁店和一家餐饮及食品分销企业。在英国，它一直是所谓**组织方法学**的倡导者。它授权管理专家深入研究企业的业务过程，系统地重新设计业务程序、表格和其他管理系统，以优化组织的整体效率。里昂公司一直专注在后来被称为**运筹学**的研究，热衷于运用统计学和数学模型提高分销和生产网络的效率。[1]

里昂公司以优化组织整体效率为目标，其管理人员对任何可能自动化管理流程的技术都有非比寻常的兴趣。1947 年，里昂公司两名在美国寻找最新技术的经理遇到了赫曼 · 戈德斯坦，当时他正与冯 · 诺伊曼一起研发 IAS 计算机。赫曼 · 戈德斯坦告诉他们剑桥大学正在进行的 EDSAC 计算机项目，里昂公司随即委托制造了一台很相似的计算机供自己使用，这台机器就是 LEO。1951 年 11 月，LEO 运行了第一个业务应用程序。很快它就能够处理工资单、成本会计、库存管理和生产调度等任务了。

第一批行政计算机

我们不知道还有哪一家公司如此热衷于管理的自动化,以至于制造了自己的计算机。美国企业非常迅速和积极地采用了计算机技术,它们的动机不仅是出于经济上的理性分析,更是出于对计算机处理业务交易、提供业务决策所需数据的自动化未来的坚定信念。商业数据处理在很大程度上与科学计算一样是独立的领域,有自己的期刊、协会和专业身份。在计算机走向通用的进程中,数据处理是第二个主要的计算机开发社区。从 20 世纪 50 年代后期到 80 年代,它无疑是最大的社区。

美国开始将计算机用于行政管理工作是几年后的 1954 年开始的,我们已经提到过当时通用电气公司在肯塔基州路易斯维尔的电器工厂用计算机制作了员工工资单。通用电气公司是第一家订购 UNIVAC 用于行政管理的公司,它买了 Univac 公司生产的第 8 台机器。那一年,LEO 团队又来到美国,发现许多公司资金充足,硬件数量多得惊人。到 20 世纪 50 年代中期,早在计算机化的经济利益明朗之前,甚至人们还没有理解这些挑战究竟有多难,美国就已经有几千台计算机交付安装,或者计划交付了。对计算机技术革命力量的推崇促成了这些订单,而埃德蒙·伯克利于 1949 年在《巨型大脑》(*Giant Brains*)中就曾经预言了这种技术革命的力量:计算机将“减轻人们的脑力负担,就像印刷减轻了人们的书写负担一样”。[2]计算机将改变企业管理,这种想法虽然模糊,但却令人信服,渴望促进自己职业生涯发展的专业人士和顾问纷纷与计算机制造商结盟合作。一位新技术的追随者警告说,任何决定观望的公司都可能会被竞争对手击倒。“你将听到不祥的隆隆声,”他告诉读者,“未来正在向我们走来。”[3]

一些公司为了抓住未来订购了计算机产品,一两年后,当房间里装满了计算机设备,用户的感受更加实在。LEO 团队的报告指出:"虽然美国花了很多时间和金钱,但办公室里自动计算机的使用量却几乎可以忽略不计……我们没有看到哪一台计算机能按计划的时间表正常工作。"这些公司很不适应新技术,想把现有的穿孔卡程序直接照搬到计算机上。[4]

计算机安装的激增并没有因此而止步,文书自动化很快就超过科学计算,成了最大的计算机技术市场。专为行政用途设计的计算机,既有要与已有的穿孔卡设备一起使用、价格相对较低的机器,也有价值高达几百万美元、负责处理大型企业核心行政任务的计算机。数据处理的需求刺激了磁盘驱动器的采用,也激发了主导市场多年的 IBM System/360 大型计算机体系结构的开发,以及独立的软件行业的诞生。

里昂公司很早就进入了这个市场,于 1954 年成立了 LEO 计算机公司向市场推介计算机。它的系统分析团队还帮助客户更有效地应用计算机产品。阿里斯(John Aris)后来总结了 LEO 公司的方法:"系统应该是周密且彻底的……从整体规划。重新思考,而不是简单地自动化现有的东西。"让计算机实现自动化,意味着每次运行都要尽可能多地完成工作:"在密密的二进制穿孔卡片包里通常有一个或多个主文件,这些卡片应该尽可能少地通过机器,尽量在输入卡片到打印结果期间里执行所有必要的计算。"[5] LEO 公司在英国范围内出售了几十台计算机。这些机器十分强大,还有一些创新功能,但最终 LEO 公司缺乏与 IBM 竞争的资本和国际影响力。1963 年,它与英国电气(English Electric)公司合并,这是该行业里更大整合过程中的一部分。

IBM 的大型商业计算机

1950 年 3 月,IBM 完成了面向商业应用的"磁带处理机器"的设计,但到了1952年年中,这台机器的原型系统能够稳定可靠地运行的时候,IBM又发布了第一款计算机产品——面向科学计算的701。[6]磁带处理机器最终以IBM 702的形式面世。与701一样,它是一台既有威廉斯管存储器,也有高速磁带驱动器的大型真空管计算机。

为支持已经出现的商业需求,702的指令集、寻址系统和算术能力与701都很不相同。为了支持财务工作,它采用十进制算术,避免了将数字转换为二进制或从二进制转换而来可能引起的舍入误差,也避免了由此带来的挫败感。而且,702的字长是可变的。IBM的科学计算机的字长是36位,相当于9个十进制数字。但在行政管理任务中,计算机处理的数值一般都小于10亿,因此将变量保存在固定长度的字中会浪费宝贵的内存空间。

1955年,第一台IBM 702安装时,市场上的商用机器已经开始使用磁芯存储器了。IBM仅仅交付了14台702之后,就转向了采用磁芯存储的后继产品705。[7] 705是面向科学计算的704的平行产品,但704有一项重大改进705没有采纳,即浮点运算,因为商业客户不需要这个功能,不会额外为它支付费用。相反,IBM 705提高了输入输出速度,使计算机可以更快地处理包含数千条记录的磁带。

此时,IBM管理层已经开始怀疑,分别为科学计算和商业应用制造不同的大型计算机,这样做的效果究竟如何。公司设计的下一款大型计算机709同时面向这两个市场。709有出色的输入输出能力,以及强大的浮点运算能力。我们在上一章谈到,709的晶体管后继产品非常成功。但它们为这些功能付出了高昂的代价,而且许多客户一直都采用705的十进制表示方法,导致IBM的产品线一直在扩张。由于无法运行705上的代码,IBM公司尝试制造的第一台处理行政工作的晶体管计算机7070失败了,这迫使他们推出另一个型号7080以满足这个需求。

IBM 的大热门:小型计算机

我们已经讨论了基于 ERA 公司开发的磁鼓存储单元的更便宜、更慢的科学计算机的扩散。IBM 使用相同的磁鼓技术生产了小型商用计算机 IBM 650。它起源于 IBM 的穿孔卡设备这条业务线,来自 IBM 位于纽约恩迪科特的总工厂,而不是波基普西的计算机研究基地。IBM 早期有一项被称为"木轮"(Wooden Wheel)的提议,建议生产类似 604 乘法器的插件编程机器。[8]这台机器后来演变成用 ERA 磁鼓存储程序和数据的通用计算机。[9]

IBM 650 于 1954 年推出。它是第一台大规模生产的计算机,产量将近 2000 台。与 ENIAC 一样,650 必须与全套的传统穿孔卡片机一起使用以准备、处理、打印卡片。650 以每月 3500 美元左右的租金与其他许多便宜的磁鼓机器竞争,但销量却超过了它们。这部分是由于 IBM 的声誉和当时广大的穿孔卡用户基础,部分是因为 650 比它的竞争对手更易编程,也更可靠。[10]

小沃森曾指示 IBM 以最高 60% 的折扣向大学出售 650,前提是大学同意开设商业数据处理或科学计算的课程。[11]许多大学接受了这个条件,使 650 成了数千名科学家在上面学会编程的机器。高德纳后来将他的不朽系列《计算机编程艺术》(*The Art of Computer Programming*)献给"曾经安装在凯斯理工学院的 650 型计算机,纪念许多愉快的夜晚"。[12]

IBM 650 让人们看到了一个巨大的潜在计算机市场。几乎每个使用穿孔卡设备的组织都购买了它的继任者 1401 型号。1401 于 1959 年推出,总产量超过 12 000 台,其晶体管和磁芯存储器优于 650 之类的磁鼓机器。虽然比 IBM 的大型计算机慢,但 1401 比 650 快约 7 倍。

与它所取代的传统穿孔卡片机相比,1401 用程序代替了一连串费力的手动操作,计算速度更快。IBM 用为命运多舛的 Stretch 超级计算机设计的新型模块化过渡电路板取代了真空管,因而 1401 非常紧凑。

1401 的成功很大程度上要归功于 IBM 引入的一个外围设备——1403 型打印机。1403 型打印机在打印纸上横向移动连续的字符链。磁力驱动的锤子在要打印字符的精确位置敲击链条。1403 一分钟能打印 600 行,速度远远超过市场上的任何其他产品,还能承受重度使用。[13]在外行人和好莱坞眼里,旋转的磁带和闪烁的指示灯就是计算机时代的象征,现在,这个行列里又增加了“喋喋不休”的链式打印机。1401 和 1403 一起,完成了 IBM 穿孔卡设备核心用户群体的重要升级。

有 IBM 提供商业和科学用途的软件支持,1401 成为灵活的工作主力。跟传统的制表机一样,它与穿孔卡片一起可以用在各种输入输出,但由于数据来得又慢又少,浪费了打印机的潜力,大多数 1401 都安装好几个磁带驱动器。对于简单的工作,磁带可以提供高吞吐量,缺乏处理能力并不是大的缺陷。在 1401 的生命末期,IBM 又推出了几个与它兼容的计算机器和磁盘驱动器。

到 1962 年,此时距离 IBM 出租第一台计算机仅仅 11 年,公司从计算机获得的收入就超过了穿孔卡机器。到了 1966 年,IBM 总共安装了 1400 系列的大约 11 300 套系统,占美国制造的所有计算机的近 1/3。[14]

大学和科学计算机中心通常都配有 1401,作为大型计算机的补充,用于处理磁带上的输入数据、打印、运行简单作业(图 3.1)。几乎每个大学的计算机中心,都有人能设计出一个命令序列,按照序列发送命令到打印机,打印机就会奏响学校的战歌。冰岛作曲家约翰松(Jóhann Jóhannsson)广受赞誉的管弦乐作品《IBM 1401 用户手册》

(*IBM 1401, A User's Manual*)的基础,就是他父亲录制的打印机音乐。

RAMAC

数据处理系统通常处理整个文件,从穿孔卡片或磁带中按顺序读取。每周或每月对更新卡进行批量处理并应用于主文件。磁盘驱动器的出现支持了一种新的工作方式。[15]旋转磁盘阵列与它的"老表亲"磁鼓相比,以更低的成本存储了更多的数据。磁鼓有一行固定的读写磁头,每个磁头对应一个磁道。它们坚固耐用,速度快,但价格昂贵。磁盘驱动器在磁盘的每一面使用单个可移动磁头。为了记录和读取数据,每个读写头应该很靠近磁盘表面,但不发生接触。如果读写头接触到磁盘表面,高速旋转的磁盘会受到严重的磨损。在加利福尼亚州圣何塞新成立的实验室,1953 年和 1954 年的两年时间里,IBM 的工程师们都在试验读写头的各种几何形状和定位机制,并提出利用一层很薄的空气垫防止读写头接触到磁盘表面的技术。他们的第一个产品是从外部把空气泵入读写头的。后来的 IBM 磁盘驱动器巧妙地应用了"**边界层**"(一种飞机设计者都很熟悉的流体力学现象),利用磁盘自身运动产生的气流让读写头浮动起来。

1956 年,IBM 公开发布了型号 305 磁盘存储单元。它由 50 张直径 24 英寸的铝盘堆叠在一起组成,以每秒 1200 圈的速度旋转,总的存储容量是 500 万个字符。该磁盘连接到小型磁鼓式计算机 305,它为更多人所知的名字是"随机访问计算和控制方法"(RAMAC)。

IBM 说的"随机访问"指的是可以从磁盘任何部分快速获取数据,与一堆穿孔卡片或一卷磁带只能按顺序操作的工作方式正好相反。RAMAC 可以一次只处理一条记录。一个大型的 IBM 系统需要 6 分钟才能查找一卷磁带并检索出一个值,而相对便宜的 RAMAC 可以在一

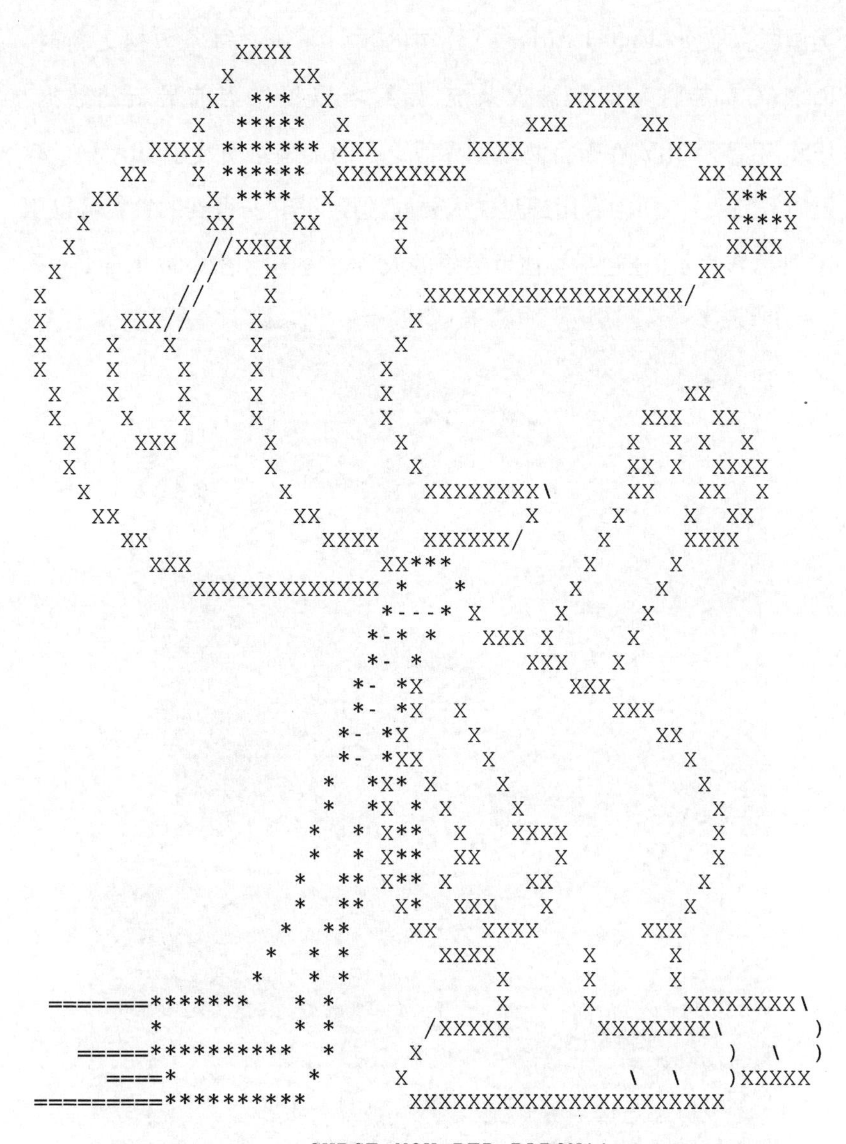

图3.1 大学校园中的计算机系统经常创建由文本字符组成的图像，炫耀 IBM 链式打印机的功能。这些照片后来在网上流传。据报道，赖特（David Wright）于 1978 年创作了这个广为流传的被称为 ASCII 艺术的例子[16]

秒内定位记录并开始打印其内容。IBM RAMAC 的第一个商业应用是美国联合航空(United Airlines)公司的预订系统。每条数据更新时,RAMAC 都能将其即刻输入系统,始终可以提供当前最新的数据。1958 年春天,IBM 在布鲁塞尔世界博览会的美国馆安装了"RAMAC 教授"(图 3.2)。访问者用键盘输入要问教授的问题,得到的答案可以用 10 种语言表示[还包括类似世界语的人造语言国际语(Interlingua)]。[17]

图 3.2　1957 年,一台 IBM RAMAC 磁盘单元被装载到泛美航空(Pan American Airways)公司的飞机上,运往布鲁塞尔世界博览会参展。RAMAC 磁盘单元的容量为 500 万个字符,需要两个额外的机柜容纳电源和控制器电子设备才能正常工作。感谢 IBM 供图,© IBM

RAMAC 预示着有一天直接访问大量数据不仅可行，而且对银行、超市、保险公司和政府机构的运营至关重要。IBM 的总裁小沃森说，RAMAC 发布的那一天是“IBM 历史上最伟大的产品日”。IBM 只生产了大约 1000 套 RAMAC，但到了 20 世纪 60 年代初期，磁盘技术已经用在了 IBM 的整条产品线中。

实践中的数据处理

为了理性购买，考虑预订计算机的公司在出手之前都会做可行性研究，对计算机使用寿命、编程成本，以及潜在的减少文员的成本，通常都有一个估计。这个乐观的估计很快就显得有点可笑了。[18]确定订购计算机之后，企业有一段等待时间，在人员和组织机构方面做好准备以迎接新设备。遵循自 ENIAC 以来的传统，新计算机通常安装在平板玻璃后面的现代化空间，地板被抬高以隐藏电缆，悬挂的吊顶后面隐藏了空调的通风口。参观企业的游客就从这些现代化景象中穿梭经过。

1957 年，陶氏化学（Dow Chemical）公司决定跟上计算时代的脚步。公司任命熟悉穿孔卡会计应用的工程师巴克曼（Charles W. Bachman）领导数据处理部门。巴克曼建议租用一台能够同时运行管理和技术程序的 IBM 709。一年之内，巴克曼雇了 30 多人，并建造了一个计算机房。当程序员和分析师正在规划新机器的应用程序时，陶氏化学公司遇到了困难，在计算机产品交付前夕取消了订单。与大多数参与数据处理项目的人一样，巴克曼对计算机技术十分迷恋，这种感情比他对雇主的依赖更加强烈。他没有回到陶氏化学公司继续做工程师，而是在通用电气公司找到了一份将计算机应用于工业管理的新工作。我们稍后再讲他的故事。[19]

数据处理工作

许多公司，尤其是那些安装了小型计算机的公司，都扩展了已有的穿孔卡设备部门,并将其升级成了数据处理部门。数据处理这个专业术语来自 IBM,IBM 希望将商业计算与它在穿孔卡片机方面的已有实力联系起来。它的穿孔卡片机变成了**数据处理设备**,计算机变成了**电子数据处理**系统。作为 IBM 的负责人,小沃森告诉穿孔卡设备的主管,"我们的工作——数据处理"是一种专业方法,专注于"及时处理相关数据,其效果与我们的商业竞争对手相当,甚至优于他们"。他承诺,管理者们很快也将"寻求让数据处理器渗透到业务最高层"。[20] 1962 年,他们的协会,也就是之前的全国机器会计师协会(National Machine Accountants Association),更名为数据处理管理协会(Data Processing Management Association)。

数据处理部门的工作类型主要有五种。按照职位和工资由低到高的排列顺序依次是:在卡片上打孔、操作机器、编程、系统分析、管理。并非巧合的是,从事每项工作的女性比例以完全相同的顺序下降。所有程序代码和输入数据都必须在卡片上打孔。因为这项工作与打字非常相似,所以它几乎总是交给女性。用键盘穿孔机打孔是数据处理工作中人数最多且工资最低的工作,而操作其他穿孔卡设备,在大多数美国公司看来都应该是男性的工作,不过在实践中的具体情况各不相同。计算机操作被视为是穿孔卡设备操作的延伸,因此操作员里有男有女。系统分析的工作是围绕新技术重新设计业务程序。分析师一般不用编写程序,但他们要为计算机处理过程制定非常详细的规范。在大公司里,这是**系统和过程**部门已有工作的延伸,在计算机化之前,这个男性占绝大多数的部门就承担了例如记录过程和重新设计表格的工作。因而计算机化之后,它仍然是男性的工作。[21]

编程是唯一与已有的行政穿孔卡工作没有明显对应关系的工作。它在概念上介于已有的机器操作和系统分析工作之间。程序员将分析师编写的规范转换为计算机指令。在数据处理的思想里,这项任务比分析更没有创造性——成功的程序员会渴望成为分析师,最终成为管理者,随着职业生涯的发展,他们距离机器本身越来越远。早期的描述有时会提到将指令助记符转换为数字代码的编码员,这是一个职位较低的工作,但这项工作的任务很快就被越来越强大的汇编软件自动化了。

20 世纪 50 年代的编程工作对女性的开放程度常常被夸大。有个流传很广的说法是,20 世纪 50 年代到 60 年代的程序员中,女性占 30%—50%,而这一比例在 70 年代却下降了。[22]对于这个说法,历史学家米萨指出,没有确实的证据支持它。然而,对一些计算机装置来说,特别是用于技术计算的计算机,女性程序员人数众多。我们在第一章中说到,著名的"ENIAC 的女人"反映了应用数学领域对女性劳动力有更广泛的依赖。这一传统为女性在像贝尔实验室这样有相似文化的计算中心提供了工作机会。大多数用计算机做行政管理的用户,比如银行和保险公司,同样将电子数据看作是已有实践的延伸。但这通常意味着雇用男性,因为这些地方的办公室保持严格的性别隔离——尽管女性作为文职人员人数众多,但她们仍被禁止从事专业和管理工作。[23]

排序和报告生成

数据处理作业在一个或多个输入文件上运行,按顺序处理每条记录。这是穿孔卡片机的实践方式。例如,每周运行一次的工资单程序首先需要女性打卡员把时间表里的数据在输入卡片上打孔。这些卡片按顺序排列,与包含工资和员工姓名的主卡片组合在一起。通过制表机和其他专用机器的一系列操作,打印工资支票,并把支付给每位员工的金额记录在分类账里。把 IBM 650 添加到这个过程中会更简单快捷,因为 650 上的单个程序就能取代多台传统机器上的多次运行。但它的处理速度还是会受到卡片读取速度的限制。

更大些的计算机使用磁带。IBM 705 的一卷磁带可以存储 500 万个字符。如果以每秒 15 000 个字符的速度,处理一整盘磁带大约需要 6 分钟。6 个或 8 个磁带驱动器使程序可以同时访问多个输入输出文件。但即使是最昂贵的计算机,内存的容量也只够保存几条记录,因此对这些文件进行正确排序至关重要。例如,在处理工资单时,主员工文件和时间表数据文件必须按相同的顺序排序。从一个文件读出员工记录,从另一个文件读的记录正好是这个员工的考勤数据。读磁带的 6 分钟足够计算机处理几万条工资单记录了。扫描整个磁带来定位某个员工记录是不切实际的——与之相比,用传统的文件柜还更快些。

对穿孔卡片上的记录进行排序很容易,但速度较慢。每张卡片上通常只有一条记录,这是 IBM 把穿孔卡片机叫作**单位记录设备**(unit record equipment)的原因。卡片进入分拣机,根据所选的某一位数字的值,被输出到 10 个托盘。每个托盘里的卡片再次通过分拣机,按下一位数排序。最后,卡片包重新组装在一起,所有记录都井然有序。但是把磁带切成小块并重新拼接在一起是不现实的,找到一种有效的磁带文件排序方法对于计算机在商业中的高效应用至关重要。

与早期计算机的其他一些应用(例如模拟核爆炸)相比,给员工档案排序听起来可能不是一个复杂的问题。但早在 1945 年,冯·诺伊曼立刻就意识到,排序应用对他设想中的新型计算机极为重要,是激发其生命力的一种应用。他把手中洛斯阿拉莫斯的工作停下,试着用自己提出的 EDVAC 指令集编写了一个程序。冯·诺伊曼对结果很满意,他写到,“根据现有证据得出的结论是合理的,即 EDVAC 几乎是一台‘全能’的机器”,而且比传统的专为排序设计的穿孔卡片分拣机更快。[24]他发明的**归并排序**算法至今仍在广泛使用。

从混乱的输入到有顺序的输出，需要数据文件反复通过计算机。通过的次数取决于许多因素：存储工作文件的磁带驱动器的数量、可以压缩到计算机内存中的记录数、输入文件的乱序程度，等等。冯·诺伊曼的方法很好，但在某些条件下其他方法的效果更好。我们已经介绍过，面向科学计算的机器为常见任务都编写了标准代码。与之类似，程序员们也开始在数据处理装置上编写通用的排序例程，而不是反复为各种应用程序重写相同功能的代码。

计算机制造商也为排序等常见任务开发了实用程序。埃克脱和莫奇利从 ENIAC 项目带到埃克脱-莫奇利计算机公司的人中有霍伯顿(Frances E. Holberton)，她是最早的 ENIAC 操作员团队成员之一。1952年，她开发了一个通用的使用 UNIVAC 磁带驱动器的排序例程。高德纳称这是"有史以来为自动编程开发的第一个主要'软件'例程"。[25]

汉福德核废料处理厂是通用电气公司运营的一个巨大的钚加工综合体，它的一个团队在 IBM 702 计算机上开发了最有影响的软件包之一。这个软件包结合了通用的排序功能和报告程序生成模块。许多管理程序需要从结构化数据文件中读出所有数据，编制总计和小计。传统的制表机用硬件实现这些功能——操作员设置开关和电线，指定要计数的内容以及输出的格式。在计算机化的系统上生成新报告意味着要从头编写程序。负责这个系统的格伦伯格(Fred Gruenberger)说，当经理们得知调整报告要花几千美元的时候，立刻变得"尖刻"起来，因为在制表机上"更换报告只要改 5 根线就可以"。把描述所需报告格式的卡片输入新计算机里，计算机系统会自动创建一个报告程序。[26]

1957 年，SHARE 成立了一个数据处理委员会，以支持那些将 IBM 709 应用于管理工作的公司。在巴克曼的指导下，在通用电气公司的排序和报告生成例程基础上开发了新软件包 9PAC,于 1959 年 5 月发布。1960 年,IBM 接管了对 9PAC 的支持和分发,9PAC 就成了 IBSYS 操作系统的组成部分。IBM 为其较小的 1401 计算机开发了一个类似的报告程序生成器(RPG)。这使得打孔卡设备可以轻松地采用计算机技术,无需编写大量代码。RPG 的生命力十分旺盛,几十年间在 IBM 的各种产品系列都有实现,至今仍有新的版本问世。

对排序方法的研究也为理论计算机科学的基石——计算复杂性——奠定了基础。数据排序要花费大量的计算机时间,因而了解不同算法的特性至关重要。**算法**在这里指的是一种特定的逐步完成某事的方法。相同的算法,在不同的计算机上,使用不同的语言,能够以多种不同的方式编码。处理只有几百条记录的较小的输入文件时,简单算法尚可以接受,但随着输入文件变长,算法会变慢。计算机科学家把这些见解形式化为**计算复杂性**的科学,他们研究算法的最佳情况、最坏情况和平均时间性能,以及临时的空间需求。算法的整体性能可以近似地表示为排序对象数量的数学关系。

计算机科学家根据算法复杂度对算法进行相应的分类。例如,冯·诺伊曼的归并排序算法的性能是 $O(n\log n)$,就是说它在长度为 n 的列表上的性能与 n 的对数的 n 倍成正比。因此,如果输入文件很长而且高度无序,归并排序是个不错的选择。图灵奖得主、计算机科学家安东尼·霍尔于 1959 年发明了快速排序算法,[27]这个算法在大多数情况下性能很好,但对于最不利的输入,它所花费的时间与输入文件长度的平方成正比。哈特马尼斯(Juris Hartmanis)和斯特恩斯(Richard Stearns)在 1965 年的论文中提出了时间复杂性类理论。[28]这项工作扩展了图灵的可计算性,确定在给定可用时间限制的情况下,改进的图灵机实际可计算的内容,他们也因此获得了图灵奖。复杂性理论发展成计算机科学中一个突出的,但使大多数程序员感到困惑的领域。复杂性理论把不同情况下的算法性能分成等级,开始用形式化的方法分析处理非常实际的编程问题。这展示了前言中提到的,可编程计算机的理论通用性与经由新功能、新算法的发展逐渐演变而来的实践通用性之间的差距。

COBOL

在商业领域,COBOL(面向商业的通用语言)的成功堪与科学计算领域的 Fortran 比肩。1959 年 5 月,由美国国防部资助,来自不同计算机制造商的代表聚在一起共同开发一个共享的数据处理语言。他们工作得很快,在那年年底之前就定义了初步的功能规范。喜万年(Sylvania)电气公司派来的代表萨米特(Jean Sammet)在 COBOL 的初始设计中发挥了关键作用。1961 年,她以编程语言权威专家的身份加入 IBM。

COBOL 语言的规范一经发布,几家制造商就开始为各自的计算机开发编译器。第二年,美国政府宣布,只购买、租赁支持 COBOL 的计算机设备。[29] 结果,COBOL 成为第一批被充分标准化的语言之一,用 COBOL 编写的程序可以在不同供应商的计算机上编译运行,并且生成相同的结果。1960 年 12 月,UNIVAC Ⅱ和 RCA 501 上运行了几乎完全相同的程序,并得到了相同结果。

COBOL 的部分起源可以追溯到霍珀,她于 1956 年开发了面向商业应用、被称为 FLOW-MATIC 的编译器。一个名为“商业翻译器”(Commercial Translator)的 IBM 项目和霍尼韦尔公司的 FACT 语言对 COBOL 也有一定影响。[30] COBOL 最著名的特点——变量和命令的名字很长,是从霍珀那里继承的,目的是使代码读起来像英文一样好懂,这与模仿数学符号的 Fortran 形成鲜明的对比。例如,从文件中检索数据并操作的 COBOL 代码是这样的:

```
OPEN INPUT-FILE1.
SORT SORT-FILE 1 ASCENDING FIELD-AA DESCENDING
```

```
FIELD-BB.
PARAGRAPH 1. READ INPUT-FILE-1 AT END GO TO
PARAGRAPH-2.
IF FIELD-A = FIELD-B GO TO PARAGRAPH-1 ELSE
MOVE FIELD-A TO FIELD-AA
RELEASE SORT-RECORD. GO TO PARAGRAPH-1.
PARAGRAPH-2. EXIT.
```
[31]

这样的代码本身就可以被人类和编译器理解,因而可以减少注释。支持者还认为,这种设计使程序容易理解,尤其对没有编程技能的管理人员来说。但这两个目标在实践中都没有实现。事实很快就表明,如果没有详细的说明文档,即使是写代码的人也记不住它用来做什么。

IBM 的 System/360 树立了标准

1965 年初,IBM 交付了新系列的第一台计算机,确保 IBM 公司在接下来的 50 年里能够占据大型计算机行业的主导地位。这就是 1964 年 4 月发布的 System/360。这台计算机之所以如此命名,是因为它针对的是从商业到科学的整个客户圈。IBM 最初发布了 6 种型号,开始交付时略有增减,放弃了一些型号,并增加了其他型号。IBM 承诺,在一种型号上编写的程序可以在其他型号上运行,客户在编程上的投资不会随着业务需求的增长而被浪费。

兼容的范围

通往 System/360 的道路从康涅狄格州科斯科布的喜来登新英格兰人汽车旅馆起步——1961 年底,IBM 的 SPREAD 委员会两个月里每天都在那儿开会。他们调查了公司已有的产品线,发现公司的现状令人担忧。IBM 面对的是一大堆纠缠混乱且互不兼容的机器。我们已经讲过 IBM 最成功的两个系列:面向商业应用的 1401 小型计算机系列、面向科学计算的 7090 大型计算机系列。当 IBM 的商业大型计算机 7070 系列的销售不如人意时,它就又推出了另一个不兼容的产品 7080。小型科学机器 1620 虽然不如 1401,但表现也不错。[32]这些产品系列的体系结构各不相同。例如,1620 通过从保存在磁芯存储器里的表中查找结果来进行算术运算,比 650 等传统机器更便宜,也更慢一些。用户开玩笑地说,它的非正式名字"见习生"(CADET)的意思是:"不能相加,压根儿别试!"(Can't Add; Doesn't Even Try!)

众多产品线同时存在的理由是,商业用户和科学计算用户有着根本不同的硬件需求,现在这个理由站不住脚了。按照这个说法,商业用户处理大量的数据,执行简单的算术操作,而科学计算用户则相反,在小的数据集上做复杂的计算。但事实上,科学家和工程师们需要浮点运算,也需要有限元分析这样的应用来处理大量数据(有限元分析是为处理复杂的航空航天结构而开发的技术)。同时,商业应用程序正在变得越来越复杂。SPREAD 委员会在最终报告里建议为科学和商业应用建立一条统一的产品线。[33]

SPREAD 委员会希望新系列的性能范围能够达到 25:1。升级后,7090 和 1401 的后继机型可以互相兼容。但是这两种体系结构似乎都不可能达到数量级的性能提升。委员会不确定单一的架构是否可以同时适用于大型和小型计算机。两位后来成为 360 主架构师的布鲁克斯(Fred Brooks)和阿姆达尔(Gene Amdahl)最初认为"这是不可能的"。[34]很少有技术能在这样的范围内扩展。18 轮卡车的发动机、变速箱、动力传动系和车架都不是直接把微型车的设计放大那么简单。然而,到了 1970 年,IBM 兼容计算机的性能范围已经达到了 200:1。[35]

使布鲁克斯和阿姆达尔改变想法的是微程序这个几乎与现代计算机相同"岁数"的古老概念的重新发现。1951 年,在曼彻斯特大学电子计算机建成典礼的演讲中,威尔克斯提出"设计自动计算机器最好的方法"就是把它的控制部分也看成一个存储程序的小计算机,这样每条机器语言的指令就被分解为一系列微操作。这些微操作的序列由"微程序控制器"编码,固化在只读存储器中。[36]这简化了通常是处理器里最复杂部分的控制单元。

IBM 并不只是简化了某台机器的设计,而是扩展了威尔克斯的方法,在一系列机器之间都建立了相似性。小型的 System 360 计算机可以用微程序来模拟在昂贵的大型号硬件上更高效运行的功能。工程师可以自由调整每个型号的设计,在速度与成本之间取得适当的平衡。微程序使 360 的设计师"能够将机器的设计从使指令集有效工作的控制逻辑设计中剥离开来"。[37]

威尔克斯事后提到,微程序指令集"可以到机器构建的后期再决定"。[38]通过采用微程序,IBM 得到一个更大的好处:安装微程序的能力使处理器能够理解 IBM 其他早期机器的指令。这样,IBM 的销售员就可以说服顾客采用新技术,而不用顾虑以前投资的应用软件都被淘汰了。理论上,任何现代计算机都可以通过编程来执行为其他计算机编写的代码。在实践中,额外的代码层常常会使计算机运行的速度慢得令人无法忍受。

360 用软件和微程序指令的组合来实现 IBM 的莫斯(Larry Moss)所说的"**仿真**"(emulation)旧机器的能力,不是单纯的"模拟"(simulation),更不是糟糕的"模仿"(imitation),而是可以跟原始机器一样甚至更好。360 系列的型号 65 卖得非常好,就是因为它能够仿真大型商用机 7070。IBM 还确保低端型号 30 和 40 能够有效地仿真 1401。[39]新机器的电路更快,运行旧程序的速度可以比真正的 1401 还快 10 倍。根据某些估计,到 1967 年,一半以上的 360 作业都在仿真模式下运行。虽然"软件"这个名字包含了灵活多变的意思,但事实上

IBM 的软件比硬件更持久。几十年之后,1401 计算机仍在运行来自不同供应商的日常工资单和其他数据处理工作。编写这些代码的程序员完全没有想到,他们的作品会生存这么长时间。

System/360 体系结构

除了最小的型号 20,每台 System/360 计算机都有 16 个几乎可用于任何目的的通用寄存器。360 的字长是 32 位,比早期的大型科学计算机略有减少,这是因为 IBM 把早期字长按 8 位为 1 个字节的标准进行了裁剪。4 个字节可以整齐地组合成 1 个字。1 个字节的编码可以表示 256 种不同的组合:大小写字母、十进制数字(1—10)、标点符号、重音符号和控制代码,还有一部分空间剩余。由于 4 位足够容纳 1 个十进制或十六进制数字(360 支持两者),因此每个字节可以包含 2 个这样的数字。

IBM 使用 EBCDIC(扩充的二-十进制交换码)来表示字符,而 EBCDIC 是穿孔卡设备代码的扩展。它设计完备,为未来的扩展也预留了空间。但与美国国家标准研究院 1963 年发布的 ASCII(美国信息交换标准码)标准不兼容。ASCII 只标准化了 7 位,而不是 8 位。原因是当时打孔的纸带还很流行,委员会觉得标准纸带上打 8 个孔会使纸带太脆弱。IBM 使用 EBCDIC,而其他地方用 ASCII,计算的世界被分裂了。

360 使用 24 位地址,可以直接访问 1600 万字节的内存。考虑到较小型号的可用内存有限,将完整地址放入每条指令似乎有些奢侈,因此地址段只用了 12 位。这个数与**基**地址寄存器中的内容相加,就可以得到完整的地址。这种把内存分**段**的方法在后来的机器上很常见。

PL/I

IBM 推广 System/360 作为其数据处理和科学计算机的替代品时,

它承诺一种语言可以处理这两个应用领域。IBM-SHARE 联合委员会于 1963 年初得出结论,虽然 Fortran 很受欢迎并被科学计算用户大量使用,但是即使扩展它也无法胜任这项工作。IBM 和 SHARE 要在借鉴 COBOL、Algol 和 Fortran 的基础上开发一种新语言 PL/I(程序设计语言 1)。

最后,许多 IBM 系统都安装了 PL/I,但 PL/I 始终没有流行起来。它的复杂性盖过了优点。实践证明,开发 PL/I 非常困难,工作进展缓慢。当完整的 PL/I 语言准备就绪时,COBOL 和 Fortran 在市场上的主导地位早已稳固了下来。

PL/I 确实引入了一个对后来的语言设计都有影响的新元素:指针。指针是保存内存地址的变量。PL/I 是第一个通用的高级语言,可以在操作系统层次编程,但需要一种构建复杂数据结构并直接操作内存块的机制。指针满足了这个需求,它们为优雅的 Algol 式过程增加了通常只有汇编语言才能实现的低级内存操作。[40]

IBM 的"赌博"得到了回报

《财富》(*Fortune*)杂志的一篇文章里首次出现的一个短语,后来经常被重复使用——一位员工说 IBM 在这个计算机系列"赌上了公司的全部"。[41]如果 360 失败了,那将是毁灭性的打击。除了 6 款计算机型号外,IBM 公司在那一天还推出了 150 多种其他产品。业内媒体称它们是外围设备,但其实它们是 System/360 项目的核心(图 3.3):新型键盘穿孔机、新型磁盘和磁带驱动器,以及电传打字机[源自著名的字球式电动打字机(Selectric)]。新计算机标准化了整个 IBM 的输入输出通道系统,能够高效地使用它们。这些设备跟米色的倾斜控制面板一样定义了 360 时代的大型计算机。

图3.3 1965 年左右的一套 IBM System 360 系统。第三代大型计算机的大容量存储仍然严重依赖磁带。请注意被抬高的地板、穿孔读卡器、类似打字机的控制台打印机,以及旁边的 IBM 3270 视频终端和主控制台独特的斜面。左下角是一套硬盘驱动器;右下角是一组放置在隔音柜中的链式打印机。感谢 IBM 供图,© IBM

System/360 没有失败。相反,销售"超出了预期:第一个月就收到了 1100 多个订单,5 个月后,数量翻了一番,相当于美国安装的 IBM 计算机数量的 1/5"。[42]为了满足登月计划的要求,大多数 NASA 中心很快就从 7090 系统切换到了 360 系列中的大型计算机型号(图 3.4)。商业数据处理中心同样很快就替换了它们的 7030 系统。

360 的成功也会对公司的稳定性造成威胁,几乎跟失败可能造成的伤害一样严重。制造和交付计算机系列需要大量资源。公司扩大了生产设施,但仍然出现了交货日期拖后、关键零部件短缺的现象。软件生产尤其困难。最初的计划是将 IBM 现有操作系统的所有功能以及一长串新功能,塞进一个叫作 OS/360 的操作系统中。在较小的计算机上运行这个操作系统时,某些模块会被关闭,或者只在需要的时候再加载。1964 年底,IBM 公司放弃了这个计划,宣布将有 4 种不同的操作系统用于具有磁盘和磁带以及更大或更小的内存的计算机。第一台交付的 System/360 机器没有任何操作系统。1965 年至 1967 年,IBM 公司连续发布了 4 个临时系统。[43] 对于那些已经被压到极限的员工来说(这样的人有很多),IBM 公司收入的增长根本无法补偿他们在身体和精神上承受的巨大压力。

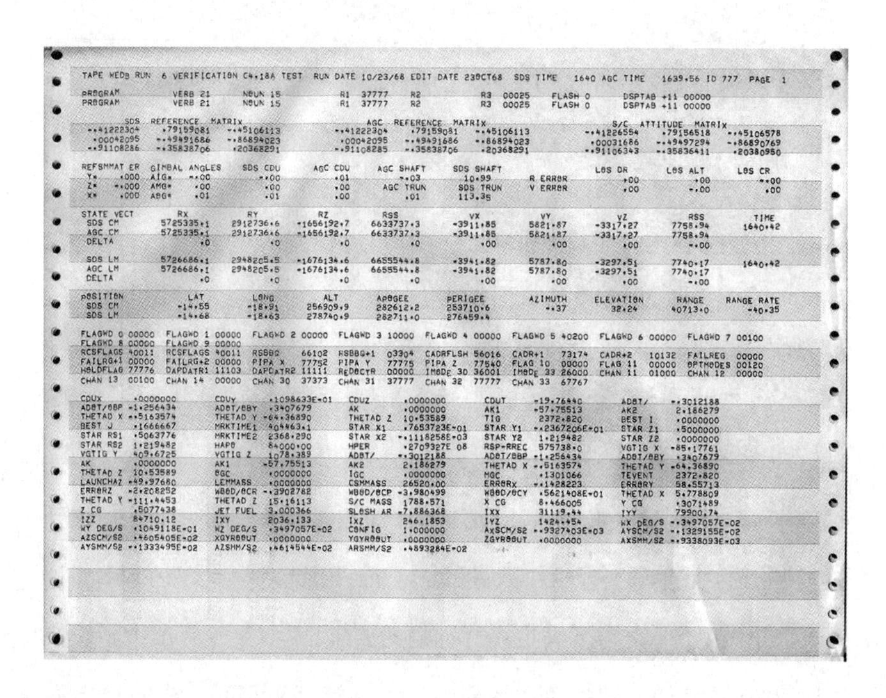

```
TAPE WEDB RUN  6 VERIFICATION C4.18A TEST  RUN DATE 10/23/68 EDIT DATE 23OCT68  SDS TIME  1640 AGC TIME  1639.56 ID 777  PAGE  1
PROGRAM        VERB 21     NOUN 15        R1  37777   R2          R3  00025   FLASH 0     DSPTAB +11 00000
PROGRAM        VERB 21     NOUN 15        R1  37777   R2          R3  00025   FLASH 0     DSPTAB +11 00000

       SDS  REFERENCE  MATRIX                  AGC  REFERENCE  MATRIX                   S/C  ATTITUDE  MATRIX
 -.41222304   .79159081  -.45106113      -.41222304   .79159081  -.45106113      -.41226554   .79156518  -.45106578
  .00042095  -.49491686  -.86894023       .00042095  -.49491686  -.86894023       .00031686  -.49497294  -.86890769
 -.91108286  -.35838706   .20368291      -.91108285  -.35838706   .20368291      -.91106343  -.35836411   .20380950

REFSMMAT ER  GIMBAL ANGLES   SDS CDU     AGC CDU    AGC SHAFT    SDS SHAFT               LOS DR     LOS ALT     LOS CR
 Y=   .000   AIG=   -.00       -.00        .01         -.03        10.99     R ERROR       .00        .00        -.00
 Z=  -.000   AMG=    .00        .00        .00     AGC TRUN     SDS TRUN     V ERROR       .00       -.00         .00
 X=   .000   ABG=    .01        .01        .00          .01       113.35

STATE VECT        RX          RY           RZ          RSS          VX         VY          VZ         RSS         TIME
 SDS CM      5725335.1   2912736.6   -1656192.7   6633737.3    -3911.85    5821.87    -3317.27    7758.94     1640.42
 AGC CM      5725335.1   2912736.6   -1656192.7   6633737.3    -3911.85    5821.87    -3317.27    7758.94
 DELTA              .0          .0           .0          .0         .00        .00         .00       -.00

 SDS LM      5726686.1   2948205.5   -1676134.6   6655544.8    -3941.82    5787.80    -3297.51    7740.17     1640.42
 AGC LM      5726686.1   2948205.5   -1676134.6   6655544.8    -3941.82    5787.80    -3297.51    7740.17
 DELTA              .0          .0           .0          .0         .00        .00         .00       -.00

POSITION          LAT        LONG          ALT      APOGEE     PERIGEE     AZIMUTH   ELEVATION      RANGE   RANGE RATE
 SDS CM        -14.55      -18.91     256909.9    282612.2    253710.6        -.37       32.24    40713.0       -40.35
 SDS LM        -14.68      -18.63     278740.9    282711.0    276459.4

FLAGWD 0 00000  FLAGWD 1 00000  FLAGWD 2 00000  FLAGWD 3 10000  FLAGWD 4 00000  FLAGWD 5 40200  FLAGWD 6 00000  FLAGWD 7 00100
FLAGWD 8 00000  FLAGWD 9 00000
RCSFLAGS 40011  RCSFLAGS 40011  RSBBQ    66102  RSBBQ+1  03304  CADRFLSH 56016  CADR+1   73174  CADR+2   10132  FAILREG  00000
FAILRG+1 00000  FAILRG+2 00000  PIPA X   77752  PIPA Y   77775  PIPA Z   77540  FLAG 10  00000  FLAG 11  00000  OPTMODES 00120
HOLDFLAG 77776  DAPDATR1 11103  DAPDATR2 11111  REDOCTR  00000  IMODE 30 36001  IMODE 33 26000  CHAN 11  01000  CHAN 12  00000
CHAN 13  00100  CHAN 14  00000  CHAN 30  37373  CHAN 31  37777  CHAN 32  77777  CHAN 33  67767

CDUX       .0000000      CDUY       .1098633E-01   CDUZ       .0000000       CDUT       -19.76440        ADOT/      -.3012188
ADOT/OBP -1.256434       ADOT/OBY   .3407679       AK         .0000000       AK1        -57.75513        AK2        2.186279
THETAD X -.5163574       THETAD Y -64.36890        THETAD Z  10.53589        TIG         2372.820        BEST I     .0000000
BEST J    .1666667       MRKTIME1  404463.1        STAR X1    .7653723E-01   STAR Y1   -.2367206E-01    STAR Z1    .5000000
STAR RS1  .5063776       MRKTIME2  2368.290        STAR X2   -.1118258E-03   STAR Y2    1.219482        STAR Z2    .0000000
STAR RS2 1.219482        HAPO      84000.00        HPER       .2709327E 08   RSP-RREC  575738.0         VGTIG X  -85.17761
VGTIG Y  409.6725        VGTIG Z   1078.389        ADOT/     -.3012188       ADOT/OBP  -1.256434        ADOT/OBY   .3407679
AK        .0000000       AK1       -57.75513       AK2        2.186279       THETAD X  -.5163574        THETAD Y -64.36890
THETAD Z 10.53589        OGC        .0000000       IGC        .0000000       MGC        .1301066        TEVENT    2372.820
LAUNCHAZ -49.97680       LEMMASS    .0000000       CSMMASS   26520.00        ERRORX    -.1428223        ERRORY    58.55713
ERRORZ   -2.208252       WBOD/OCR  -.3902782       WBOD/OCP  -3.980499       WBOD/OCY   .5621408E-01    THETAD X   5.778809
THETAD Y -111.4453       THETAD Z  15.16113        S/C MASS   1788.571       X CG       8.466005        Y CG       .3071489
Z CG      .5077438       JET FUEL  3.000366        SLOSH AR  -7.886368       IXX       31119.44         IYY       79900.74
IZZ      84710.12        IXY       2036.133        IXZ        246.1853       IYZ        1424.454        WX DEG/S  -.3497057E-02
WY DEG/S  .1049118E-01   WZ DEG/S   .3497057E-02   CONFIG     1.000000       AXSCM/S2  -.9327403E-03    AYSCM/S2  -.1329155E-02
AZSCM/S2  .4605405E-02   XGYROOUT   .0000000       YGYROOUT   .0000000       ZGYROOUT   .0000000        AXSMM/S2  -.9338093E-03
AYSMM/S2 -.1333495E-02   AZSMM/S2   .4614544E-02   ARSMM/S2   .4893284E-02
```

图 3.4 System/360 专为技术计算和商业数据处理而设计。在这两个市场中,IBM 公司坚固耐用的快速链式打印机是关键的卖点。这张模拟的月球轨迹于 1968 年 10 月 23 日,即"阿波罗 8 号"任务前几个月,在负责"阿波罗"制导计算机的麻省理工学院实验室打印出来。史密森学会国家航空航天博物馆(NASM 9A12593-45506-A)

IBM 公司最后确定了两个操作系统。大多数用户运行 DOS,即磁盘操作系统。DOS 由一个独立团队在短短一年时间里就创建出来了,它放弃了 OS/360 在较小的 System/360 机器上提供高效批处理模式的宏伟目标,这些机器接替 1401 成了数据处理的主力军。DOS 很快就成了世界上使用最广泛的操作系统。[44] IBM 公司于 1967 年发布了 OS/360 的 MVT 版本,支持任务数量可变的多道程序,终于实现了自己的承诺,并将它用在更大的计算机上。从 20 世纪 70 年代的 System/370 机器开始,这两个系统都得到了扩展,支持后来的 IBM 大型计算机,至今仍在使用和更新。

虽然 System/360 的设计初衷是能够同样好地支持科学计算和数据处理应用程序,但它在数据处理方面更成功一些。问题的根源在于 System/360 的浮点运算机制。360 采用十六进制(基数 16)而不是二进制,对于较小的面向商业的机器这很有效率,但在科学计算中存在舍入误差这个重大问题。在处理单精度和双精度数时,新的通用寄存器使问题更加突出了。在 IBM 公司披露新的体系结构后,当时在滑铁卢大学工作的卡亨(William Kahan)和其他人都"疯"了,因为他们"发现在算术上存在相当严重的问题"。IBM 公司找到方法用软件库解决了一些问题,但卡亨回忆说,在 1966 年 IBM 公司认识到问题的全貌之后,在 SHARE 组织的游说下,公司花了几百万美元调整了已经安装的机器硬件。[45]我们之前看到,从 20 世纪 60 年代后期开始,主导超级计算机市场的是 CDC 和 Cray Research,而不是 IBM。IBM 试图反击,但公司的内部斗争使它败下阵来,同时也因为要与 System/360 体系结构兼容而被拖累。于 1964 年发布的型号 91 直到 1967 年才交付,而最强大的 195 型号在 1971 年 3 月才首次安装,比性能相当的 CDC 机器晚了整整两年。[46]

幸运的是,到那时为止 IBM 公司最大的计算领域是数据处理。从 1965 年到 1970 年,其总收入翻了一番多。20 世纪 60 年代中期,人们半开玩笑地把计算机行业重新定义为"IBM 公司和七个小矮人"[伯勒斯公司、斯佩里兰德公司、控制数据公司、霍尼韦尔公司、通用电气公司、美国无线电公司(RCA)和国家收银机公司(NCR)]。IBM 公司的净利润也翻了一番,到1971年超过了10亿美元。1970年,IBM计算机的安装总数达到了35 000台。20世纪70年代中期,美国的计算机行业被描述成两个势均力敌的部分——一边是IBM公司,另一边是其他所有公司加在一起,这看起来相当合乎情理。[47] System/360体系结构直到20世纪90年代还是IBM公司大型计算机产品线的支柱,但变得越来越浮夸,越来越笨重。它的活力保持了这么长的时间,证明了最初设计的力量。

管理改革的梦想

在像通用电气公司的奥斯本这样的人眼中,计算机是企业管理改革的基础,他们热情地把这个神奇的东西推销给了美国企业。但在现实里,计算机通常只被用来加快以前穿孔卡片机的工作。行业分析家坎宁(Roger Canning)说,即使在10年之后,许多公司的计算机部门仍然是"在旧的制表业务上镀了层铬"。[48]

企业顾问和商业思想家试图在商业领域重振数字乌托邦。1959年《哈佛商业评论》的一篇文章里,两位作者憧憬了像科幻小说一样的"20世纪80年代的管理",沉醉其中。文章提出**信息技术**这个词,把它定义为运筹学方法、计算机技术和模拟仿真的结合。程序化的决策规则将取代整个中层管理级别。高层管理人员与"接近高层员工"的"信息工程师"合作,公司的控制权将重新集中。在这个新世界中,"高层管理人员的行为将更客观、以问题为导向,更少强调对公司的忠诚度,更多强调解决难题时相对理性的重要事项"。[49]他们的愿景预言了当今企业的一些要素,例如中层管理的空心化,提升所谓数据科学和分析方法的地位,作为新的管理文化的基础。

全集成管理信息系统

完全集成的管理信息系统(MIS)是商业计算中被讨论得最多的

话题。MIS 自动化了企业运营的各方面，将程序连接在一起，使信息顺畅地从一个业务流程流向另一个。它被设计为向所有管理人员提供所需的准确报告和统计数据。日常事务自动化还将收集模拟和预测系统所需的数据，以支持战略决策。

顾问们甚至还在想象中设计了一个星际迷航风格的决策室，高层管理人员在里面碰一碰按钮就能查看可视化数据（图 3.5）。传统办公室里的桌子、文件和表格换成了舒适的软垫椅子和管理者面前的“信息管理设施”中巨大的屏幕，“对信息完整性和及时性的信心消除了不安”。顾问们承诺，一旦“计算机内部的数学表达式里包含足够的数据”，即使是“重大决策”也只需要“一次简短的会议”。[50]

图 3.5　在其 1968 年的文章《新管理概念》(New Management Concepts)中，顾问怀德纳(W. Robert Widener)围绕带有扶手控制的计算机屏幕，提出了管理决策室的概念

20 世纪 60 年代中期，计算机公司开始销售拥有更大内存和磁盘驱动器的第三代计算机，作为“全面管理信息系统”的基础（图 3.6）。例如，Univac 公司在广告里展示了一个横跨美国地图的网络，象征着

"分散式公司"。对面是一个小的圆形,让人联想到磁带和计算机装置。传达出的意思是"用 UNIVAC 全面管理信息系统实现分散式公司"。购买 UNIVAC 1108 将确保:"整个组织由一个持续接收、更新和传递管理信息的通信系统联系在一起。对分散操作的集中控制成为现实,管理中的距离因素变得无关紧要。"[51]

这种宣传相当高调有力,但到了 1968 年底,人们痛苦地发现构建此类系统几乎是不可能的。精英咨询公司——麦肯锡公司(McKinsey & Company)的一份报告驳斥了"近年来迷惑了一些计算机理论家的所谓全面管理信息系统"。[52]即使不考虑管理人员的信息需求和建立预测系统的挑战,通过把各种操作的输入输出文件绑在一起,将一家大公司的所有操作都集成进来也被证明是行不通的。

图 3.6 20 世纪 60 年代中期,Univac 公司将其计算机宣传为"全面的管理信息系统",具有近乎神奇的集中并简化大型多元化公司控制的力量。《财富》,1965 年 10 月,第 32—33 页。感谢 Unisys 公司供图

数据库管理系统

成败得失很难判断。许多公司在注定失败的项目上浪费了巨额资金。但有一个“整体系统”项目取得了技术突破,最终改变了行政计算的实践模式。计算机管理专家诺兰(Richard L. Nolan)在1974年指出:“最近关于MIS的文章有所减少,很多被关于数据库的文章所取代。”[53]

加入通用电气公司后,巴克曼的工作从数据处理管理变成了总部内部顾问,试验各种新的管理方法和系统。通用电气公司的管理人员和其他美国企业的管理者一样,对管理信息系统兴奋不已。由于通用电气公司正在进入计算机业务,一个好的管理系统不仅能够销售计算机,还应该能提高企业的内部效率。

通用电气公司的部门经营了很多工厂,所以管理的改变从工厂开始。巴克曼是1961年派遣团队的一员,该团队研究了典型工厂的运营,开发出能够处理生产调度、订单分配、库存管理和零件分解等应用的集成制造控制系统。公司承诺提供一台GE 225计算机来运行这个系统。GE 225大致与IBM 1401相当,配有磁盘驱动器的原型。

处理磁盘上的数据比处理磁带复杂得多。想象一下包含了10万条客户记录的磁盘。磁盘存储的一大好处是随机访问——程序可以从磁盘的任何部分请求数据。但是程序如何能不阅读其全部内容就知道在哪里找到所需的记录呢?先行者们提出了很多方法构造保存在磁盘上的记录索引,例如散列、倒排文件和链表。对于普通的程序员来说,每一个都很难理解和实现。

巴克曼之前在9PAC项目有相关的经验,他很快意识到,如果让每个应用的程序员都编写代码以访问共享磁盘文件,其结果将是灾难性的。可不可以给系统增加一个新的向已有记录添加新数据字段的模块?这可能会破坏现有的应用程序。如果系统某一部分积累的记录过多,需要在两个磁盘驱动器之间拆分和重建,又该怎么办?这也需要大量的重新编程。

巴克曼对这些问题的解决方案被称为集成数据存储（IDS），他称这将“兑现我们多年来的承诺”。IDS 接管了整个计算机。它处理来自穿孔卡片的请求，并调度安排处理数据更新的各种任务。应用程序的程序员不用编写直接处理数据文件的代码，而是使用 IDS 命令就可以了。正如 IDS 提案所指出的：“访问记录的任务由 IDS 承担。”因此，“记录只能通过 PUT 指令进入文件，只能由 MODIFY 指令更改，由 DELETE 指令删除，不可能有意外的覆盖写操作”。IDS 维护着后来被称为“数据字典”的东西，定义了系统所有不同的记录类型以及它们之间的关系（例如，客户记录与该客户的订单记录相关）。巴克曼认为，对于在应用程序之间共享的“多用途文件”，这种“保护级别”是“绝对必要”的。[54]

1963 年，IDS 在测试的基础上开始运行。通用电气公司很快进行了完善和整理，并发布给了购买 GE 系列计算机的用户，并在 20 世纪 70 年代生产了更新的版本。这些计算机都没有特别成功，限制了 IDS 的推广范围。巴克曼通过 CODASYL（数据系统语言研究会）的两个小组传播他的思想（CODASYL 组织最著名的贡献就是开发了 COBOL 语言）。几份影响深远的报告定义了**数据库管理系统**的功能，还基于 IDS 提出了标准体系结构和数据操作语言。报告介绍了指定记录格式和链接的**数据定义语言**，以及方便应用程序和用户被授权只使用一部分数据库的**子模式**。[55]

1973 年，巴克曼凭借自己的工作获得了图灵奖。他是第一个没有博士学位的获奖者，也是第一个在工业界而不是学术界度过整个职业生涯的人。在他的获奖演讲《导航者程序员》（The Programmer as Navigator）中，巴克曼将数据库管理系统（DBMS）的影响比作天文学中的哥白尼革命。以前，商业用户将计算机看作是与穿孔卡片机一样的，顺序文件流动经过的设备。现在，数据库及其复杂的结构（而不是计算机),成了数据处理世界的中心,其他一切都要围绕着它存在。[56]

从20世纪70年代中期开始,与CODASYL兼容的数据库管理系统变得很常见了,改变了大型计算机的应用程序开发模式。数据库管理系统使组织可以更轻松地编写相互共享数据的集成应用程序。数据库管理员(DBA)的职位最初被视为管理角色,能够跨部门标准化数据格式。[57] 20世纪70年代,许多公司投入大量精力开发自己的"企业数据架构",以支持应用程序之间的数据共享。

巴克曼把数据库管理系统作为数据处理基础的想法得到了充分的证实,不过他提出的构建数据的具体方法已经被取代。20世纪70年代,数据库成为计算机科学一个重要的研究领域。CODASYL方法——后来被称为网络数据模型,受到了关系数据模型的挑战,后者由科德(Edgar F. Codd)设计,更优雅也更难高效实施,但得到了计算机科学界的支持。但是,正如美国国税局(IRS)的经验所表明的那样,数据处理实践的变化是缓慢且渐进的。

国税局的数据处理

房间里目光所及的是一排排IBM 027键盘穿孔机——在3.25英寸×7.375英寸、80列的标准卡片上打孔的机器。每台机器前都坐着一位女士,她们的头稍向左倾,眼睛扫视安装在架子上的纸,右手灵活地在机器键盘上敲打。每按一个键,都会砰的一声在卡片上打出一个孔。操作员说,当房间里的工作进行到高潮时,"每次敲击的声音,形成了一种节奏"。一名数据处理经理说,那声音"就像戴着头盔被人用锤子敲了一下"。根据一部拍摄了操作穿孔机的电影,这种说法显然还是保守了。[58]

这个房间位于20世纪60年代中期美国国税局几个处理退税的地区中心之一。1964年,大概在那部电影拍摄的时间里,这个中心使用的是IBM 7070系列。当时,美国国税局拥有世界上最复杂精密的系统之一。与科学计算装置中的工作相比,IRS 的工作涉及的计算相对简单。真正不同的地方在于其巨大的数据量。

二战期间,需要报税和纳税的美国人从大约 800 万增加到了 6000 万;从薪水中代扣税款的做法也很普遍。IRS 处理这项工作使用的工具包括弗里登(Friden)公司的机电计算器、伯勒斯公司或 NCR 的会计机器,还有铅笔和纸。1948 年,穿孔卡设备也参与进来,每个中心都有大约 350 名员工把退税的基本信息在穿孔卡上打孔。

1955 年,IRS 在密苏里州堪萨斯城的地区中心安装了一台 IBM 650,在测试期间处理了 110 万份申报表。1959 年,美国财政部批准 IRS 进行彻底的计算机化。IRS 从 40 个竞标的制造商中选择了 IBM 公司。每个地区中心都安装了 IBM 1401,并配置有 4000 个字符的存储器、读卡器、穿孔机、行式打印机和 2 个磁带驱动器。西弗吉尼亚州马丁斯堡新建的国家中心购买了第一批 IBM 7070 大型计算机。

虽然存储程序计算机可以处理退税了,但是这个过程的第一步还是需要人工将每年超过 1 亿份申报表的数据打在 4 亿多张穿孔卡片上。地区中心的 1401 计算机读入卡片,确认所需信息是否完整,做一些简单的数据归约,然后把结果转移到磁带上。信使把磁带送到马丁斯堡,由 7070 处理退税。国家中心再把磁带送到国家财政部,由后者开出退税支票。有些退税申请则没那么幸运——磁带被退回地区中心,发出账单,或者要求提交更多的信息。

1965 年,为了减少同名处理的混乱,IRS 开始采用社会保障号码识别每一个纳税者。国会发布法令要求每个人在所有的纳税申报表里都填上这个号码。国会议员因此还收到了一些关于"老大哥"(Big Brother)* 的恶意信件。

---

* 英国作家奥威尔(George Orwell)的长篇小说《一九八四》(*1984*)中的独裁者。——译者

1967 年,在安装了可以直接将数据输入磁鼓(后来是磁盘)的机器之后,在卡片上穿孔的做法就被淘汰了,但这种结构一直保留到了 20 世纪 90 年代。在键盘穿孔机退役之后,管理人员发现他们没能如预期的那样提高生产力;而随着部分已退役的穿孔机被重新使用,操作员们才得以重新建立起高速输入数据的节奏。

与其他数据处理用户一样,美国国税局通过批量更新记录磁带来按顺序地处理数据。到了 20 世纪 70 年代中期,主文件每周更新一次,更新文件放在微缩胶片上,而数据被送到区域中心,用于处理退税的相关问题。数据检索的响应时间需要一周,这不是 IRS 机构官僚和懒惰作风的表现,而是批处理系统的结构决定的。

1967 年,国税局的 1401 已经被兼容的霍尼韦尔机器取代,而 IBM 360 取代了 7070。随着计算机化处理的顺利运行,国税局有了更大的野心。它计划支出 6.5 亿—8.5 亿美元开发全新的税务管理系统(TAS),这反映了全国各地的组织在全管理信息系统上的宏伟目标。国税局希望,数据输入可以通过机器自动读取手写表格,或者把纳税人的申报表做成机器可读的形式来实现自动化。国税局还打算把退税数据放进集成的在线系统,使数据可以立刻在共享的分散式数据库中更新,回应从 8000 个网络终端提交的退税查询请求。通过其他终端可以将数据直接输入网络,而无需在卡片上打孔。[59]

尽管 TAS 的规划者非常重视安全,从物理损坏、恶意入侵,到人工错误都考虑到了,但在水门事件听证会上有人透露说,白宫工作人员可以拿到政敌的税务记录,这下更多愤怒的信件被送到了国会。国会责成总审计署调查 TAS 对公民隐私的影响。调查报告的内容被泄露给了商业杂志《计算机世界》(*Computerworld*),该杂志以《新 IRS 系统可能对隐私构成威胁》(Proposed IRS System May Pose Threat to Privacy)为标题刊发了头条文章。[60] 1977 年春天,国会对 IRS 官员进行了责问,质询个人是否可以通过连接未经授权的终端"提取所有这些信息"。[61]

在国会的压力之下,国税局于 1978 年 1 月被迫放弃了 TAS 计划,并另外提出"设备替代和增强计划",而国会又要求他们把**增强**部分去掉。旧的体系结构——存储在磁带上的主文件——被保留了下来,在线访问系统被舍弃了。国税局的拉特尔(Patrick Ruttle)说,这是"以一种安全的方式走向未来"。[62]有这么一个敌对的国会掣肘,国税局前行得非常艰难。1985 年,国税局的系统崩溃,报纸报道了很多关于申报表被扔在垃圾桶里,支票丢失的离奇故事。[63]

国会于是同意拨钱开发新的数据处理系统,但上述过程又开始循环。即使在今天,长期资金不足的国税局仍在依赖早已过时的大型计算机系统。2018 年,保存了 10 亿纳税人数据的个人主文件超载,系统在申报截止的当天停机了 11 个小时。其核心应用程序混合使用了可以追溯到 20 世纪 60 年代的 COBOL 和汇编语言。用现代技术取代它们的几次尝试都失败了。

软件行业的创建

1967 年,数据处理经理、前 IBM 公司销售员韦尔克(Larry Welke)发布了一个新的《国际计算机程序目录》(*International Computer Programs Directory*),展示新兴行业的产品。标准计算机程序可以作为商品出售的想法并不总是显而易见的。大多数应用程序是专门为使用它们的组织编写的。定制的编码工作通常由使用它们的组织内部的程序员完成,少部分由外部承包商完成。系统软件,如汇编器、编译器和数据库管理包等,也不用购买。制造商将其免费赠送给计算机用户,而用户公司通过 SHARE 和其他用户组织相互免费共享。

20 世纪 60 年代末,销售软件包的行业开始发展,而韦尔克辞去了日常工作。首批成功的软件产品大多都是供不同行业使用的实用工具程序。提供编程服务的公司会在一个项目里重复使用其他项目的代码,当他们意识到可以生产能满足多个公司需求的通用程序时,软件行业开始了。应用数据研究(Applied Data Research)公司成立于1959年,从事合约开发,拥有第一个热门的软件包 Autoflow。这个程序能够由程序代码自动生成流程图。这个新兴行业还有另外两个极为成功的报告生成软件:潘索菲克(Pansophic)公司的 Easytrieve 和信息学(Informatics)公司的 Mark Ⅳ。

早期商业软件针对的是被 IBM 公司免费软件忽视或没有很好服务的小众市场。对独立软件公司来说幸运的是,由于开发成本迅速上涨,IBM 公司发现赠送软件的做法越来越难以为继。既然已经有公司开始销售软件,免费赠送就会引发反垄断问题。1969 年,IBM 公司宣布将软件、客户教育部门与硬件业务分开,分别对这两项单独收费。[64]

1970 年,为了促进新产业的发展,韦尔克启动了一项奖励计划,奖励累计销售额超过 100 万美元的公司。第一年,他发出了 29 个奖项。随着软件公司的繁荣,韦尔克增加了新的累计销售额达到 1000 万美元的奖项,后来又有对累计销售额达到 1 亿美元的奖励。这两个奖项都被 Mark Ⅳ首先收入囊中。[65]

1982 年,软件行业的年收入估计超过 50 亿美元。大多数大公司仍然编写自己的应用程序,但为了使这些应用程序更加易于编写和维护,它们更加依赖购买的商业软件包。卡利南(Cullinane)公司是发展最快的公司之一,还是第一家在纽约证券交易所上市的商业软件公司,不久之后,也是第一家市值达到 10 亿美元的公司。[66]它的主要产品 IDMS(综合数据库管理系统)是对巴克曼 IDS(信息数据系统)的改造,适用于主流的 IBM System/360 大型计算机平台。[67]

企业开始购买数据处理应用程序和系统软件。这个市场最终由思爱普(SAP)公司主导,该公司于 1972 年由 5 名 IBM(德国)的前员工创立。他们与感兴趣的客户合作开发应用程序来满足其需求。1975 年，它为每个用户公司定制开发了采购、库存管理和财务会计模块。这些设计的目的是使从一个模块输入或更新的数据能够顺畅地流向其他模块。SAP 公司意识到，将核心代码标准化为一种产品，针对不同用户调整配置，会更高效。SAP 公司的模块取代了企业为薪资和会计等常见管理任务编写的自定义应用程序。随着时间的推移，SAP 公司增加了更多模块和客户，重新设计了软件以利用大型计算机不断增长的性能和交互性。截至 1982 年，已经有 250 家公司在使用 SAP 公司的标准软件 R2。[68]

21 世纪初，SAP 公司在后来的企业资源计划（ERP）市场上取代了大部分竞争对手。大多数世界上最大的公司都围绕 SAP 重新建立了核心管理流程。几千家公司除了为 SAP 公司提供定制服务或为其生产插件外什么都不做，几百万人靠配置和支持 SAP 公司的软件谋生。这些系统共同实现了在 20 世纪 60 年代初期倡导的“全面管理信息系统”的大部分内容，不过这个成功取决于在此期间硬件和软件的根本性进步。这些进步就包括计算机逐渐从批处理的机器被改造为交互式工具——我们将在接下来的两章讨论这个话题。

第四章

计算机成为实时控制系统

1964年库布里克(Stanley Kubrick)的《奇爱博士》(*Dr. Strangelove*)上映的时候,美国人已经不再单纯地认为计算机只是放在有空调的数据中心里的东西,他们开始发现计算机能够直接监视和控制大千世界中的其他事物。在这部黑色喜剧杰作中,著名演员塞勒斯(Peter Sellers)一人扮演了三个主要人物,其中一个是疯子将军的副官。疯子将军命令对苏联发动核打击,指示副官把命令加密传给B-52轰炸机。一些故事情节就发生在空军基地的IBM大型计算机旁边,这台机器由IBM 7090"扮演",似乎用于安全通信。轰炸机上有专用的机械式计算机负责解密指令。一架B-52轰炸机被苏军击中,由于它的计算机受到损坏并启动了自毁程序,虽然后来接到了返航指令,但仍然继续攻击了目标。在电影中,苏联曾秘密建造了一个巨大的由计算机控制的"末日装置",一旦在自己的领土上检测到核爆炸,"末日装置"就会被引爆。于是,世界末日提前来到了。

电影里的计算机是虚构的,但当时的现实是,计算机在冷战核力量对峙中的作用比电影展示的还要重要。冷战环境对全新计算模式发展的推动,比任何商业项目都更加有效,极大地提高了计算机技术的通用性。数字计算机经过重新设计,能够立即响应世界的变化,因而可以追踪入侵的轰炸机、控制航天器的发动机。“民兵”洲际导弹的制导系统由微型化的可编程计算机和磁盘驱动器组成，而由计算机控制中心组成的巨大SAGE（半自动地面防空警戒计算机）网络负责监控美国边界并协调防空响应。相比之下，我们之前讨论的计算机，处理的是打孔到卡片或纸带上的数据，新数据从录入到处理所经过的时间要以天或周计，银行账户的账单在打印的时候以月为单位计算利息，而超级计算机Cray花好几天时间模拟核爆炸一秒内的非常小的一部分。

计算机图形学、网络和实时控制等冷战技术一经开发和验证，便迅速转移到了其他计算领域。硬件创新也是如此，例如可靠的电子设备、微型电路板和集成电路。这些技术首先通过**小型计算机**应用到了民间——小型计算机是一种更小、更便宜的新型计算机，在技术和制度上都与麻省理工学院承担的冷战项目有密切关系。

实时系统

二战期间的国防项目发明了一系列巧妙的模拟设备，其中许多是电子设备。ENIAC的任务是计算炮弹飞行的轨迹，以便在大炮使用前生成并打印出射击表。其他军事应用，例如高射炮的瞄准，需要立即执行这些类似的计算。第一批速度足够快，能够进行此类工作的计算机是模拟机，我们用这个在20世纪40年代引入的术语将它们与新型数字计算机——如哈佛大学的Mark 1和ENIAC，区别开来。[1]数字计算机处理的数据以数字形式存储在寄存器和存储单元中，它执行任务需要的操作被编制成数学和逻辑运算序列的代码，这些运算包括数字的加、减、乘、除，以及在内存中的传输操作。

模拟计算机

模拟计算机之所以被这样称呼，是因为它们是对建模对象的一个类比。比如,电路里的电压增加表示海拔升高。模拟计算机里的组件互相连接,一个元素变化会影响到其他元素。类比的每个元素都代表了更广阔世界里不同的事物,元素之间的关系阐明了现实世界中不同事物的联系。数量可以用各种介质表示,比如电路或者安装在旋转磁盘上的凸轮。赫赫有名的 MONIAC 计算机就用相互连接的水箱动态地描绘凯恩斯经济模型。[2]

诺登轰炸瞄准器(Norden Bombsight)是美国的秘密武器之一。它是由齿轮、陀螺仪和积分器组成的复杂组合,在轰炸期间执行两项功能。第一项是飞机投弹手在目标成像时要进行的复杂计算,包括高度、空速、风、炸弹的特性和其他条件。第二项是在轰炸期间自动控制飞机,确保炸弹在计算得出的时间点发射。Unisys 公司的前身、斯佩里陀螺仪公司(Sperry Gyroscope Company)制造了另一个复杂的轰炸瞄准器。B-29 轰炸机机里负责大炮瞄准的计算机是通用电气公司根据合同设计的,由 IBM 公司位于纽约的恩迪科特工厂制造。在当时位于曼哈顿下城的贝尔电话实验室,帕金森(David Parkinson)和两个合作者设计了 M9 火炮导向器的模拟设备(图 4.1)。火炮瞄准机械与追踪敌机的雷达结合在一起,可以自动指示在何时何地开火。[3]

M9 使用了电子电路,其中有一个被称为运算放大器的设备,代替了其他模拟计算机里的机械凸轮、齿轮和积分器。运算放大器在电子模拟计算机中一直用到了 20 世纪 60 年代和 70 年代,这期间数字电路的功能越来越强大,它最后的堡垒是为信号处理定制的模拟设备。[4]

麻省理工学院的诺伯特·维纳(Norbert Wiener)教授用统计方法分析了火控问题。他的工作于 1942 年发表在一份机密报告中,并没有在火控领域得到广泛的使用,但事实证明,它对战后被我们现在称为信息论的发展产生了深远的影响。[5] 1948 年,诺伯特·维纳写了《控制论》

图 4.1　M9 火炮由贝尔实验室制造的模拟电子计算机导向器控制。图片来源：AT&T 贝尔实验室，© 阿尔卡特朗讯（Alcatel-Lucent）

（*Cybernetics*），并在这本书里继续这项工作，讨论了其对人类和智能机器并存的未来世界的影响。书中包含大量密集的数学表达，也有对未来的清晰描述。[6]

“旋风”和实时数字计算

第一台能够实时操作的数字计算机“旋风”的设计灵感来自另一种战时的模拟设备：林克训练器（Link Trainer）。1939 年，罗斯福（Franklin D. Roosevelt）总统下令生产 3 万架战斗机。为了训练飞行员学习驾驶，政府从纽约宾厄姆顿的林克飞行设备（Link Aviation Devices）公司订购了几千套飞行模拟器。这些模拟器在现代人看来就像粗糙的游乐园设施，但它们很有效。训练员驾驶舱的顶部是一个不透明的舱盖，飞行学员通过耳机接收某条飞行航线的指令，完全依靠仪表飞行。模拟飞机的路径由“螃蟹”(crab)* 在地图上追踪,与教练设置的路线进行比较。林克训练器使用了复杂的气动和电气设备。它一直培训飞行员到 20 世纪 50 年代。[7]

“旋风”项目由麻省理工学院伺服机械实验室的福里斯特领导,目标是为林克训练器粗糙且特定的设计建立更坚实的理论基础。1946 年,美国海军特种设备部向实验室提出建造模拟器的建议,目的不是训练飞行员,而是模拟仍在设计中的新飞机的特性。项目得到了批准。在“旋风”的初始设计中,飞机的特性由电子模拟电路模仿。每个新设计的测试都需要重新配置机器,这种做法很笨拙也很不成功,总需要以某种方式给机器重新布线。

1945 年,麻省理工学院的毕业生克劳福德(Perry O. Crawford Jr.)加入了“旋风”项目,这是“旋风”和计算机历史的一个重要转折点。战争期间,克劳福德完成了硕士论文《通过算术运算实现自动控制》(Automatic Control by Arithmetical Operations),其中讨论了使用计算机元件控制火炮的可行性。[8] 1945 年夏天,福里斯特和克劳福德讨论了用数字化操作控制火力的可行性。[9]战争结束时,“旋风”团队确信数字方法更胜一筹,但需要在数字电路方面取得根本性进展才能造出拟议的模拟器。[10]

“旋风”计算机直到 1953 年左右才完全投入使用。此时它已经不再只是一个模拟机器了,而是对抗苏联核威胁的防空系统的核心,在许多方面影响了此后计算机的发展。“旋风”最早使用的存储器系统是 CRT,之后很快换成了磁芯。经过“旋风”的验证,磁芯在整个行业内使用了数十年。设计者埃弗里特(Robert Everett)为“旋风”选择的字长非常短,只有 16 位,支持 2^5(32)个操作代码和 2^{11}(2048)个存储地址。他认为不是所有问题都需要长字长,双精度或更高精度的计算可以通过计算机编程实现。[11]高精度

* 一种自动记录仪,由计算机控制,在地图上标绘飞机的航迹。——译者

算术程序也是刺激"旋风"开发第一个高级语言编译器的原因之一。[12]

SAGE

"旋风"从模拟器转向防空是1949年苏联试验原子弹引发的结果。在20世纪40年代的早些时候,《财富》杂志刊出了制图家哈里森(Richard Harrison)绘制的极地投影图。从北极往下看,苏联与美国的距离比人们意识到的要近得多。1949年后,哈里森地图看起来有些不祥:携带原子弹的苏联轰炸机可能会从北极上空飞越,威胁美国城市。

在这种局势下,美国空军委托生产了"旋风"计算机,装备在SAGE网络中。SAGE的目标是检测、识别和协助拦截敌机,它收集从雷达、航空器、电话线、无线电链路和船舶等渠道得来的信息,使用计算机处理,并以文本和图形的组合形式呈现。

历史学家保罗·爱德华兹(Paul Edwards)认为,判断SAGE是否成功取决于个人角度。它的实际军事用途微乎其微。SAGE的目标是检测并为拦截飞越北极的苏联轰炸机提供指引。但在1958年7月,新泽西州麦圭尔空军基地24个SAGE装置中的第一个宣布投入使用时,苏联已经试射了能够打击美国的洲际弹道导弹。SAGE对阻拦它们毫无用处,而且由于它的控制中心不够强大,很容易在初始打击中就被破坏。[13]然而,正如保罗·爱德华兹指出的那样:"在另一个重要意义上,SAGE确实'起了作用'。"它帮助制造了积极防御核攻击的假象,并提升了美国在新兴计算机行业的领导地位。[14]

SAGE引入的更根本的计算机新功能比它同时代的任何其他项目都多,包括联网计算机和传感器,以及交互式计算机图形。SAGE计算机以麻省理工学院的"旋风"为基础。IBM公司赢得了制造订单,并于1955年交付了原型机。这套系统还有另一项创新:它是一个双备份系统,由两台相同的计算机组成,两台计算机同时运行以提高可靠性,如果主计算机发生故障,可以用开关把控制权转移到另一台计算机。虽然它们都是真空管计算机(两台机器一共使用了55 000个真空管),但可靠性非常高。最后一台原始的SAGE计算机在安大略省诺斯贝运行到1983年才关闭。

SAGE的一个重要特点是**半自动**。空军希望每个人都知道,即使有了这么多实时采集和处理雷达数据的功能,决策仍取决于人类。指挥中心里的操作员在视频屏幕上监控空域。IBM公司在宣传片里说:"防空需要瞬间的呈现,瞬间的计算……IBM公司应用了数据处理的最新扩展显示器:一个巨大的显像管,计算结果会不断转换成视觉图像,立即显示在上面。"宣传片里的这个陌生设备被描述成"电视机显像管和雷达屏幕结合的产物"。[15]屏幕一侧的控件可以切换显示选项,而用户用光枪选择兴趣点(图4.2)。

图4.2 SAGE控制台和处理器的一部分。注意显示器旁边保护盒中的光枪。感谢计算机历史博物馆供图

20世纪50年代,SAGE的订单给IBM公司带来了50亿美元的进项,比它出租常规计算机的收入还多。SAGE促使IBM公司进入磁芯存储器的生产领域,这对后来IBM公司在商用计算机上的成功影响显著。商业系统要求的高可靠性首先排除了汞延迟线和静电存储器。早期为IBM公司供货的磁芯供应商交付的产品合格率很低,完成SAGE订单要制造并测试几百万个磁芯。[16]IBM公司自己生产的效果要好得多,到1954年其合格率高达95%。此外,它还与为制药业生产制丸机的科尔顿(Colton)制造公司合作,使其设备经过改造之后能够均匀地压制磁芯。[17]

实时操作在软件上的挑战与在硬件方面的一样多。IBM公司将其转包给了系统开发公司(SDC),这是兰德公司专门为SAGE任务创建的分支机构。SDC开发了很多新技术,并培训了大量程序员来使用它们。例如,SAGE所需的多个子系统可同时接入的共享数据池,就是后来在商业计算中非常重要的数据库管理系统的前身。有人说20世纪50年代后期的大多数美国程序员都是SDC培训或者雇用的。[18]这个说法不对。IBM公司为了帮助穿孔卡设备的客户计算机化工资单和会计系统,仅在1957年就培训了超过1.4万名程序员,是1960年SDC报告中累计总数的两倍。根据《商业周刊》(*Business Week*)的描述,IBM公司的培训课程为期三四周,面向"中等智力水平,有逻辑思维能力,大多数文凭不超过高中"的人,涵盖了基本的数据处理技术。[19]SAGE提供的实时和系统编程方面的培训更加深入,它培训的专家在早期的交互式商业计算系统中发挥了重要作用,例如IBM公司在20世纪50年代后期为美国航空(American Airlines)公司开发的机票预订计算机化系统SABRE(半自动商业研究环境)。[20]甚至连SABRE这个名字,也是在向SAGE致敬。

SAGE之后是一系列其他军事指挥和控制系统,例如协调美国核武器的SACCS(战略自动化指挥控制系统)。某个年龄段的读者可能还记得20世纪80年代的电影《战争游戏》(*War Games*)里的这个系统。到21世纪初,实时控制系统已遍布整个武装部队,把每一个士兵与战场指挥官联系在了一起。

NASA 任务控制中心

1957年10月,苏联抢在美国的"先锋"(Vanguard)计划之前,发射了人造地球卫星"斯普特尼克"(Sputnik)。位于亚拉巴马州亨茨维尔的美国陆军红石兵工厂开发了发射成功的美国"探险者一号"(Explorer 1)*,提升了该工厂以及冯·布劳恩(Von Braun)领导的德国工程师团队的地位。1958年,NASA成立,亨茨维尔的工厂成为NASA的火箭开发中心之一。冯·布劳恩和中心的计算主管赫尔策(Helmut Hoelzer)与IBM公司建立起了密切联系,中心也使用了大量的IBM 709和后来的7090大型计算机。

在火箭发射的最初几分钟发动机燃烧期间,大多数太空任务都有一段无动力的滑行过程。如果飞行器偏离轨道,应该将其摧毁。如果发射顺利,则应该快速计算轨道,判断其是否稳定。这项艰巨的计算任务必须在几秒钟内完成。1960年11月,NASA在马里兰州格林贝尔特新成立的戈达德(Goddard)空间飞行中心安装了两台7090。每台7090都可以实时计算轨道,且两台机器互为备份。另有一个备用系统使用一台IBM 709,位于火箭发射后经过的第一块陆地百慕大。[21]这套系统计算出预测的轨道,结果传回NASA在佛罗里达州的任务控制中心。在发动机关闭10秒之后的整个任务期间,飞行控制员每隔一段时间都要判断计算出来的轨道与计划轨道是否一致,做出一系列"继续"或"终止"的决定。[22]

IBM公司的计算机是出租的,不允许客户修改硬件。NASA要求豁免此约束,为实时操作修改设备。在普通应用里,7090处理的是在

---

* 美国第一颗人造地球卫星。——译者

同一个机房里的磁带和读卡器上的数据。在火箭发射的情况下，佛罗里达州开普卡纳维拉尔的雷达站收集的数据要以每秒 1000 比特的惊人速度传输到 1000 英里外的格林贝尔特。他们还开发了系统软件 Mercury Monitor，使用中断来立即处理传入的数据，确保不会疏漏危及生命的情况。特殊的中断处理器支持多个优先级。[23] 20 世纪 60 年代中期，任务控制中心搬到了休斯敦，那里安装了一套由三台（后来是五台）7094 计算机组成的系统，每台计算机都连接一台 IBM 1401。[24] 1966 年 8 月，它们被一组 System/360 型号 75 计算机所取代。在 1968 年 12 月的“阿波罗 8 号”任务之后，休斯敦的那组 System/360 计算机接管了太空任务的主要导航功能。

NASA 的硬件和软件定制首次表明，商用大型计算机也可以实时运行。Mercury Monitor 演变成了 IBM 用于满足其他更传统客户需求的标准 System/360 操作系统的实时扩展。IBM 公司的辛普森（Tom Simpson）、克拉布特里（Bob Crabtree）和其他三个工程师称之为 HASP（休斯敦自动假脱机优先级），它使型号 75 可以既作为批处理，又作为实时处理器运行。到了 20 世纪 70 年代，IBM 开始全面支持 HASP 产品。

小型化：导弹和小型计算机

SAGE 在计算机小型化这个技术方向上几乎没有进展。由于有 SAGE 的巨额预算，IBM 公司把真空管技术向前推进的程度远远超出了民用应用的规模限制。在 20 世纪 50 年代有一个流行的说法是，当年的计算机大得能填满城市的街区，在科幻小说中则描绘得更加夸张。SAGE 的计算机填满了 SAGE 碉堡的整个楼层，比现实世界的任何其他机器都更接近这个想象。

“民兵”导弹的制导

冷战在其他方面的需求把实时计算推向了相反的方向：小巧、轻便和便携。洲际弹道导弹（ICBM）可以在大约20分钟里飞入太空，自主导航到地球的另一边，并在敌方目标上空引爆氢弹，这使SAGE在战略上变得无关紧要。洲际弹道导弹展示了在火箭发动机、金属加工和氢弹小型化方面的突破——氢弹重约600磅*，能放在火箭鼻锥的位置。它也是一台飞行的计算机。航空航天对轻型系统、高计算速度、低功耗以及最重要的可靠性方面的需求，推动了计算机电子技术的巨大进步，这是最引人注目的例子。

第一代“民兵”导弹于1962年部署。由北美航空工业公司制造的制导计算机重约62磅，使用了晶体管——这是美国导弹比使用真空管制导系统的苏联导弹小得多的原因之一。制导计算机的主存储器是微型的硬盘驱动器，根据磁盘旋转的速度安排计算。它每秒处理超过30次来自陀螺仪的数据，并将更新发送到发动机喷嘴，保持导弹在轨道上飞行。

数字设备公司

这些军事项目还有另一个重要的遗产：激发了更小、更便宜的实时控制计算机的创建。这些机器都是“旋风”的派生物，但这种关系不是指它们在设计上的联系，而是指MIT伺服机械实验室的关键人物流向了波士顿郊区的实验室和公司。数字设备公司(DEC，发音为“deck”)创建并主导了这个市场。DEC由肯尼思·奥尔森(Kenneth H. Olsen，公司大部分时间都是他在经营)、他的兄弟斯坦·奥尔森(Stan Olsen)和安德森(Harlan Anderson)于1957年创立，位于马萨诸塞州梅纳德横跨阿萨贝特河那个大部分已经被废弃的19世纪大型毛纺厂的一角。肯尼思·奥尔森在麻省理工学院读研究生时，就致力于为“旋风”配备磁芯存储器。20世纪50年代中期，他代表麻省理工学院的林肯实验

---

* 1磅约为0.45千克。——译者

室与 IBM 公司合作开发 SAGE 计算机。

1955 年,肯尼思·奥尔森为林肯实验室设计了一台非常早期的晶体管计算机 TX-0。[25] TX-0 保留了“旋风”的高速(这对于实时应用程序至关重要),但体积要小得多。它用了大约 3600 个飞歌公司生产的新型表面阻抗晶体管。TX-0 于 1957 年完工,是当时世界上最先进的计算机之一。它于 1958 年搬到麻省理工学院的校园,一直运行到 1975 年。[26]TX-0 有阴极射线管显示器和光笔,操作员可以直接与正在运行的程序交互,这反映了它与交互式 SAGE 系统的联系。显示器的设计者是格利(Ben Gurley),他于 1959 年离开林肯实验室,是 DEC 公司最早的员工之一。

格利还设计了 DEC 的第一台计算机 PDP-1,它沿用了 TX-0 在体系结构和电路上的很多创新。大多数晶体管机器,如我们之前描述的 IBM 大型计算机,都保留了最初为真空管设计的体系结构。PDP-1 是围绕晶体管的特性设计的。它每秒能做 10 万次加法,虽然没有 IBM 7090 快,但是比同档次价格的磁鼓计算机快很多。它的磁芯存储器可容纳 4000 个 18 位的字,后来扩展到 64 000 个字。

与 TX-0 一样,PDP-1 的外围设备和核心存储器之间能够进行高效的数据传输。PDP-1 的处理器定义了多达 16 个不同优先级的中断,用电路按正确顺序处理这些中断。处理器首先处理最紧急的情况,完成后立即恢复正常工作。与 IBM 的大型计算机**通道**系统有所不同,该方案并没有完全减轻主处理器的负担,但它的成本和复杂性都很小。对于 DEC 来说,这个系统能够同时处理实时操作和批处理作业,快速但又相对实惠,是一个很好的权衡。PDP-1 最初售价为 12 万美元。DEC 工程师后来说:“单单一个 IBM 通道就比 PDP-1 还贵。”[27]

用 PDP-1 运行实时应用,成本只有大型机系统(例如 Mercury Monitor)的一小部分。PDP-1 只生产了 55 台,用户很少但都很能干,设计了许多新颖的应用程序。它的第一个客户是位于坎布里奇的咨询公司:博尔特·贝拉尼克与纽曼(BBN)公司。BBN 的弗雷丁(Edward Fredin)给 PDP-1 提了一些改进建议。其他用户包括加拿大原子能公司(AECL)、劳伦斯·利弗莫尔实验室和电信巨头 ITT(国际电话电报公司)。麻省理工学院用 PDP-1 运行新型交互式实时应用程序,例如文本编辑和电子游戏。我们在下一章讨论这些。[28]

DEC 不仅允许用户修改硬件和软件,而且还鼓励他们这么做。把通用计算机变成好用的产品需要开发专用接口、安装硬件和各种软件,这家小公司负担不起这些费用。但它的客户很高兴有这个机会。[29] DEC 很快就开始发布其产品内部工作原理的详细说明,并广为分发。斯坦·奥尔森认为 DEC 的产品应该有一个“西尔斯-罗巴克目录”(Sears Roebuck catalog)*,以及详细介绍怎样与其他企业和实验室的设备连接的用户手册。[30] DEC 把这些手册印刷在廉价的新闻纸上,免费发给潜在的用户。

DEC 定义了小型计算机

在 CDC 推广其价值数百万美元的超级计算机的同时,DEC 在市场的另一端掀起了一股对高性能计算机的热潮。1965 年,DEC 推出了 PDP-8(图 4.3),这个现象级产品揭示了小型、快速且廉价的计算机的市场规模。PDP-8 被称为(迷你)小型计算机。这个词很夺人眼球,符合时代潮流(迷你裙正好出现在 PDP-8 开始销售的时候),是 PDP-8 的标志性身份。迷你机这个名字的另一个来源是“莫里斯迷你车”,也是英国舶来品,与 PDP-8 完美契合。“莫里斯迷你车”重量轻、反应灵敏、

---

* 西尔斯(Sears)是美国连锁百货品牌,由西尔斯(Richard Sears)和罗巴克(Alvah Roebuck)创建,西尔斯-罗巴克目录指西尔斯百货的邮购产品目录。这里指的是,斯坦·奥尔森认为 DEC 应提供足够多的产品信息和确定的价格,用户通过邮购可以直接购买、改造、扩展 DEC 的计算机。——译者

经济实用,而且性能胜过更贵的车型。"莫里斯迷你车"和迷你裙风靡世界,数字设备公司的小型计算机也有着同样的风光。

PDP-8 的电路延续了 PDP-1 的模式,使用最新的高性能晶体管。PDP-8 项目由戈登·贝尔(C. Gordon Bell)领导,德卡斯特罗(Edson DeCastro)负责逻辑设计。逻辑电路和存储技术的进步使 PDP-8 的内存访问周期缩短到了 1.6 微秒,比 IBM 7090 稍微快一点,比 CDC 160 快 3 倍,比 Bendix G-15 快上千倍,而 Bendix G-15 是 20 世纪 50 年代末最快的磁鼓计算机。[31]但是 PDP-8 的字长短,在处理长数字方面无法与它的对手大型计算机竞争。DEC 曾经在 1963 年底发布的 PDP-5 上试验过 12 位字长。12 位字长降低了成本,但每条指令中有 5 位是操作代码,仅剩下 7 位用作地址字段,只能表示 128 个值,而只有 128 个字内存的计算机将毫无用处。所以,就像上一章讨论的 System/360 机器一样,PDP-8 指令中的地址只是完整地址的一部分。基本款 PDP-8 的存储器容量为 4000 个字,分成 32 页。指令中的短地址用于在当前所选页面内寻址。PDP-8 通过**间接寻址**突破了一个页面空间的限制:指令中的 7 位地址可以访问 12 位地址指向的内存位置。由于内存有限,程序员们远离高级编程语言,转向汇编语言甚至机器代码。然而,PDP-8 架构简单,加上 DEC 免费提供技术信息的政策,使 PDP-8 这台计算机很容易为人理解。

PDP-8 的体积为 8 立方英尺,重 250 磅,与大型计算机和传统的制表装置相比很小。[32]它凭借"民兵"制导系统首创的模块化和小型化技术赢得了**迷你**的称号。DEC 有一个简单便宜但功能强大的外部存储器——DECtape 磁带系统。DECtape 轻巧便携;驱动器结构紧凑,可以跟计算机本身一样放在相同的设备机架里。数据以 128 个字的块为单位在任意方向上读取写入。这使得它比笨重的大型计算机磁带驱动器更加灵活和方便,而后者针对涉及大量数据的批处理应用程序进行了优化。

最后是 PDP-8 的定价问题。低价会刺激销售,但 20 世纪 50 年代

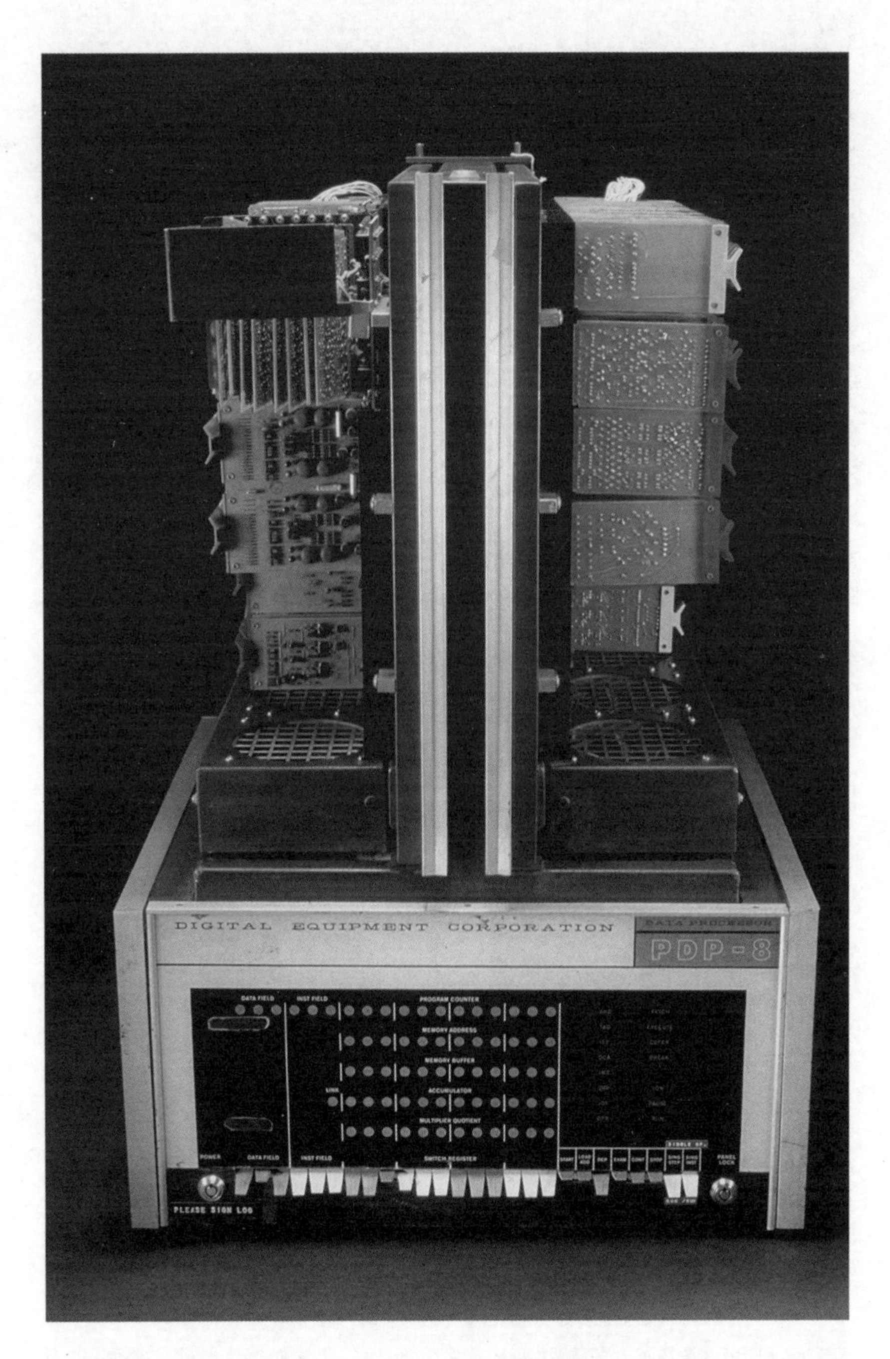

图 4.3　数字设备公司的 PDP-8。最初的 PDP-8 只有冰箱那么大，因此获得了**小型计算机**的标签。这张照片里的设备没有安装通常的烟熏玻璃盖，可以看到它的电子设备分布在许多可轻易拆卸的小型电路板上。（史密森学会美国国家历史博物馆医学和科学部）

的初创计算机公司的经验表明，这样会限制 DEC 的收入，使其失去持续研发的能力。DEC 决定冒这个险，把 PDP-8 的价格定在 18 000 美元，还包括一个电传打字机终端。几年后，不到 1 万美元就可以买到尺寸稍小、速度慢一点的 PDP-8/S。这样的低价震惊了计算机行业，订单如潮水般涌来。最终 DEC 卖出了超过 5 万套 PDP-8 系统，还有随后若干年里无数基于微处理器的实现（图 4.4）。[33]在 20 世纪 70 年代后期个人计算机问世之前，它一直保持着世界上最畅销计算机系列的称号。

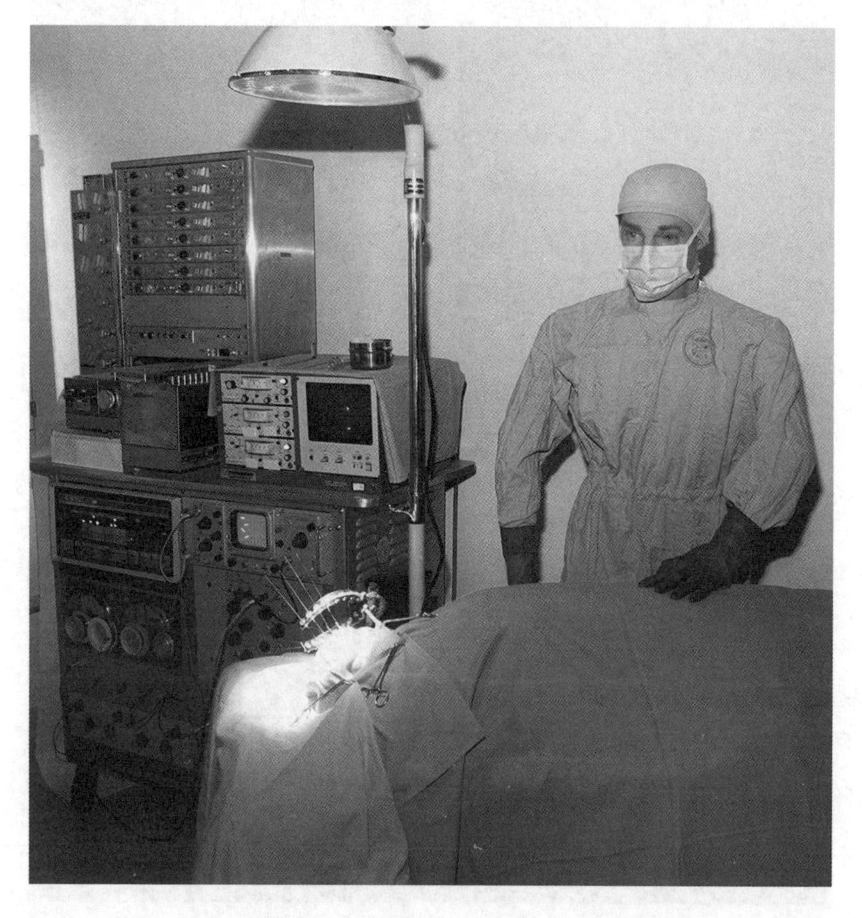

图 4.4　PDP-8e 是 PDP-8 的微型机架安装版本，于 1970 年发布，是当时最小、最便宜的计算机之一，使小型计算机应用到了嵌入式控制设备中。PDP-8e 装在一个有开关的盒子里，开关在左侧中间，两个 DEC 磁带驱动器的上方。这台机器与马萨诸塞州总医院的神经外科设备集成在一起，该照片在波士顿前计算机博物馆展出

PDP-8 催生了蓬勃发展的原始设备制造商(OEM)* 业务:独立公司购买小型计算机,增加一些输入输出的专用硬件,为最终系统编写专用软件,以自己的品牌高价出售。来自俄勒冈州希尔斯伯勒的电子多元化公司(Electronics Diversified, Inc.)的 LS-8 就是典型的 OEM 产品。LS-8 用于剧场舞台灯光设计,通过程序按复杂的顺序控制灯光,是百老汇的经典剧目《歌舞线上》(*A Chorus Line*)成功的关键因素。[34] LS-8 的内部是一台 PDP-8,而用户不需要知道这个,因为 LS-8 有专为剧院灯光组量身定制的控制面板。OEM 应用广泛,覆盖了社会多个层面,从医疗仪器到小型企业数据管理,再到工业控制器。一种基于 PDP-8 的系统甚至还被用在土豆分拣机器里,安装在拖拉机的后面。

包括 IBM 在内的老牌公司最终也进入了小型计算机市场竞争,但 DEC 却逃脱了以往初创公司的命运。它的繁荣部分归功于能够继续从麻省理工学院研究社区汲取知识和技能。随着 20 世纪 60 年代接近尾声,小型计算机突破了实验室控制和实时应用 OEM 的边界,进入了 IBM 公司独领风骚的数据处理领域。IBM 360 低端的 20 型号尺寸小,价格便宜,已经是 360 体系结构所能达到的规模和价格的极限了,即使这样也只能做到与 360 系列其余产品部分兼容。在超级计算机市场,IBM 公司最强大的计算机也在 360 体系结构上遇到了同样的障碍。1969 年,IBM 公司推出了一款不兼容的计算机 System/3,每个月的租金只要 1000 美元,"坦率地承认了 System/360 无法抓住市场上不断扩大的所有机会"。[35] System/3 是一个成功的产品,它比继承了实验室工作负载遗产的小型计算机更适应小型企业和会计工作。

集成电路

为了便于安装在电路板上,并与电线连接,二极管、晶体管和其他

---

* 也译为代工生产。——译者

固态电子元件需要被封装起来，这决定了它们所能占用的空间非常有限。20世纪60年代初期，美国空军开始开发改进型“民兵”导弹，并于1967年完成部署。它的要求让已有的制导计算机望尘莫及，因此新导弹采用了第一台用新技术——集成电路（IC，俗称**硅芯片**）——制造的生产型计算机。这是空军、陆军和海军多年来持续投入电子设备小型化方法研究的结晶，空军和NASA的大量早期芯片订单还帮助推动这项新技术进入了商业市场。

模块化电子产品

小型化的第一步是印刷电路板。制作印刷电路板是在覆盖了铜或其他导体的塑料板上刻蚀图案，随后电路板被浸入溶剂，所有不受图案保护的区域的导体都被溶解了，这样可以省去电线，将组件更紧密地组装在一起。这项技术是第二次世界大战期间由几个机构开创的，包括威斯康星州密尔沃基市环球联盟（Globe-Union）公司的中央实验室（Centrallab）部门，那里使用微型真空管生产火炮引信里的电路。战后，美国陆军信号兵团用印刷电路进一步开发。当时，陆军称其为自动组装（Auto-Sembly）技术，强调的是生产效益而不是小型化，印刷电路是后来的得名。[36]

印刷电路第一个民用的应用是助听器，长期以来小型化和便携性对助听器一直都是至关重要的因素。[37]起初，印刷电路只是用在封装了几个组件的标准模块当中，最后它跟晶体管技术一起为整个计算机行业所采用。IBM公司在Stretch计算机中应用了这种方法，后来推广到了整个产品线。DEC进一步推动了模块化和小型化。DEC公司最早的一批产品不是计算机，而是逻辑模块。PDP-8大量依赖**倒装芯片**（flip-chip）模块：安装了晶体管、电阻器和其他组件的小型印刷电路板。这些模块又被插在可以像书一样打开的有合页的底盘上，形成了由处理器、控制面板和磁芯存储器等模块组成的系统。这些模块的封装非常小,可以嵌入到其他设备里。为了满足对 DEC 计算机系统的巨大需求,DEC 还开发了新的大规模生产技术,包括使用自动绕线机生产倒装芯片模块。

印刷电路很好地满足了 20 世纪 50 年代和 60 年代初期的商业需求,但军事资助推动的小型化更加引人注目。基尔比(Jack Kilby)出生在密苏里州的杰斐逊城,在堪萨斯州的农耕和油井城市大本德长大。1947 年从伊利诺伊大学获得电气工程学位后,基尔比在密尔沃基的 Centrallab 找到了一份工作——Centrallab 此时仍是印刷电路的行业翘楚。他参与了公司锗晶体管产品的生产制造。“到 1957 年,”基尔比说,“很明显,很快就会需要大笔支出。军用市场是重要的机会,但他们需要硅器件……扩散硅晶体管的优势越来越明显,开发费用也超出了 Centrallab 的能力范围……我决定离开这里。”次年,他加入了达拉斯的德州仪器(TI)公司。德州仪器公司是从锗晶体管转向硅晶体管的先驱,以此闻名。“我的职责,”他回忆道,“不是很确定,我的理解是我将在微型化的综合领域工作。”[38]

第一个集成电路

德州仪器公司有一个名为微组件(Micro-Module)的项目,将器件沉积在陶瓷晶片上。基尔比认为这种方法的代价太高。1958 年夏天,他提出用锗或硅制造所有电子元件,而不仅仅是晶体管,这样整个电路就可以用一块半导体材料制成。由于不用为每种部件都建立不同的生产、封装和接线过程,单个组件成本的增加就被大大抵消了。1958 年 8 月,基尔比用硅制成的电阻和电容构建了一个电路。同年 9 月,他又做了另一个由锗制成的电路,其组件是从一个晶片费力地手工制造出来的,并用细金线连接。结果,这个振荡器电路开始工作了。1959 年初,基尔比申请了专利,并于1964年获得授权。德州仪器公司把这个技术命名为“固体电路”。[39]

诺伊斯(Robert Noyce)在听说基尔比的发明时,也一直在思考同样的问题。诺伊斯在美国中西部的艾奥瓦州格林内尔长大,他的父亲在那里担任公理会牧师。在加利福尼亚州芒廷维尤新成立的仙童(Fairchild)半导体公司中,他的一位同事、出生于瑞士的霍尼(Jean Hoerni)发明了一种制造硅晶体管的工艺,非常适合光刻生产技术,消除了基尔比方法里的手工制作。使用这个工艺生产出的晶体管是平面的,因而被称为平面工艺。1959年1月,诺伊斯在实验室笔记本里描述了一个方案,在硅片上使用平面工艺完成基尔比所做的事情(图4.5)。[40]他的平面工艺在设备顶部有一个二氧化硅的保护层。对诺伊斯来说,集成电路的发明不是灵感突然闪现的结果,而是从1957年仙童公司成立以来,在材料、制造、电路等工程知识上逐渐积累的结果。

1959年7月,在基尔比申请专利之后几个月,诺伊斯也申请了专利。多年之后,法庭才解决了谁是真正的发明者的争端,给予每个人及其公司相应的名誉。但大多数人都认为,诺伊斯采用的霍尼平面工艺思想,在生产器件的同时完成器件之间的连接,是后来集成电子技术取得巨大进步的关键。在此之后,印刷、摄影和微电子之间的关系一直都非常密切。

美国航空航天界是集成电路的重要市场。改进的“民兵-2”是一种全新的导弹,但用了已有的机身包装。北美航空工业公司的自动控制(Autonetics)部门负责建造“民兵-2”的制导系统,他们选择了集成电路,认为这是满足项目要求的最佳方式。为“民兵-2”设计的计算机用了2000个集成元件和4000个分立元件,相比之下,“民兵-1”的制导计算机用了15 000个分立电路。[41]部分归功于这种更强大、更小、更轻的制导计算机,新导弹的目标定位更准确、更灵活,可以携带的核弹头更

April 25, 1961 R. N. NOYCE 2,981,877

SEMICONDUCTOR DEVICE-AND-LEAD STRUCTURE

Filed July 30, 1959 3 Sheets-Sheet 1

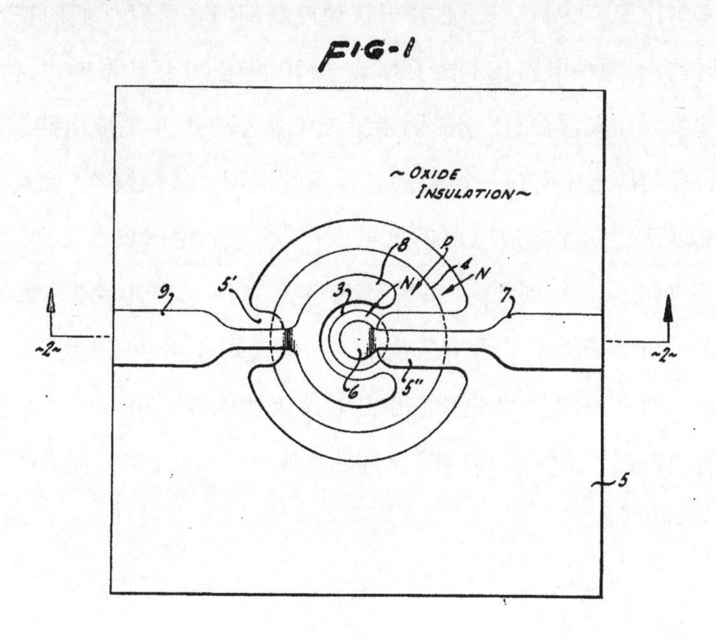

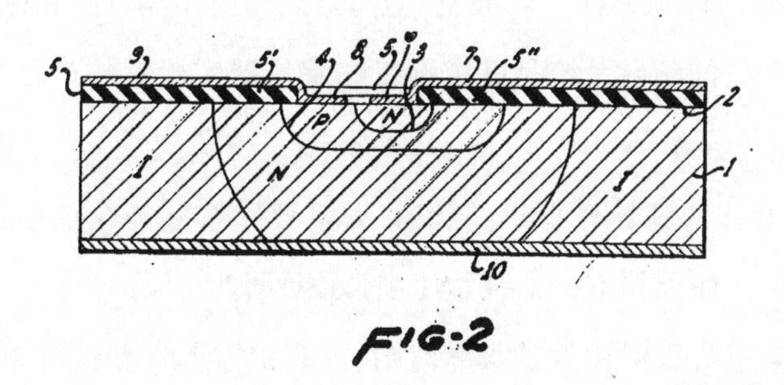

INVENTOR.
ROBERT N. NOYCE
BY Lippincott & Ralls
ATTORNEYS

图 4.5　诺伊斯 1959 年专利中的一页，其内容是创建后来被称为集成电路的关键过程

大。“民兵-2”于1964年9月首飞；一年后，商业媒体报道称，“民兵”导弹每周要生产六七枚，“是半导体的顶级用户”。[42]

基尔比说，北美航空工业公司自动控制部门在解释他们的技术选择的时候，对两种电路技术做了对比，在20世纪60年代早期，“这些对比看起来太让人震惊，比别的因素更能说服军方接受集成电路”。[43]晶体管行业的历史中有过一段繁荣和萧条的周期。如果没有“民兵-2”，就不会迅速建立起集成电路的批量生产线——“德州仪器公司、西屋电气公司和RCA每周要为‘民兵’计划生产4000多个电路”。[44]那时德州仪器公司也采用了平面工艺技术。仙童公司并不是“民兵”的三大主要供应商之一，但不久之后它也开始严重地依赖军用市场：“军事和航天应用占据了去年（1963年）全部的集成电路市场，今年将消耗掉超过95%的电路。”[45]

“阿波罗”芯片

与“民兵”计划一样，“阿波罗”登月计划需要小型计算机来控制火箭发动机。它的制导系统是麻省理工学院仪器实验室的产品，该实验室在德雷珀（Charles Stark Draper）的领导下，也负责设计“北极星”和“波塞冬”导弹的制导计算机。最初，大多数导航都是在地面处理的；直到1964年，航天器本身才开始使用模拟计算机。

随着登月计划的挑战越来越清晰，计算机需要重新设计以完成更多的事情。实验室的电子设计师埃尔登·霍尔（Eldon Hall）对集成电路已经比较了解了，他从仙童公司订购了MicroLogic品牌的平面硅芯片。埃尔登·霍尔担心的是，集成电路还缺乏批量生产可靠产品的数据，但它们尺寸小，分量轻，很有吸引力。他说服了NASA使用这种新技术。1963年初，实验室有一台采用新电路的计算机，为了充分利用集成电路的优势，这台计算机的结构被彻底重新设计了。[46]

在建好的75台阿波罗导航计算机之中,大约有25台在空中飞行过。德州仪器公司为"民兵"的计算机开发了十多种集成电路,与之不同,每台阿波罗计算机包含的大约5000个芯片都是相同的类型。由于这些大宗订单,从样片开始到安装在阿波罗计算机的生产型芯片,每个芯片的价格从1000美元降到了20多美元。[47]截至1964年8月,仙童公司和签订了芯片生产合同的东海岸飞歌公司,一共为"阿波罗"生产了11万片集成电路。[48]这使得半导体公司有机会建设批量生产标准电路的设施,后来这些设施还被用来生产民用产品。在1975年"阿波罗"最后一次飞行(阿波罗-联盟任务)的时候,航天员带了一个袖珍计算器HP-65上天,它的能力比航天器上的计算机还强。这就是航天领域所启动的创新速度。

芯片的传播

1963年9月,IBM公司的一份内部备忘录里说,集成电路"从现在到未来5年造成的威胁都不足挂齿"。IBM公司于1964年4月发布的System/360采用了一种不太激进的小型化形式。在其开发的固体逻辑技术中,电路被沉积在大约半英寸厚的陶瓷基板上,上面印有金属导电通道。1964年9月,IBM在另一份备忘录里承认,集成电路快速进步,IBM在新技术上的"实际经验滞后了2—4年"。[49]到了1966年,一些竞争对手开始在计算机设计中采用集成电路。20世纪70年代初期,IBM最终还是效仿了它的对手,在System/370系列中使用了集成电路。

20世纪70年代,集成电路制造商建立了"晶体管-晶体管逻辑"电路TTL标准(TTL指用晶体管实现所有逻辑的一组芯片),为之后20年计算机工业的发展奠定了坚实的基础。TTL芯片价格便宜,设计简单。[50]仙童公司的工程师于1964年推出双列直插式封装(DIP)——逻辑电路被封装在黑色的塑料或者陶瓷盒子里,沿着两侧伸出引线,便于插入插座或直接穿过印刷电路板上的小孔进行焊接。它是早期个人计算机时代芯片的标志性外观。

到了1970年，印刷电路板已经发展到可以集成电路以及单个元件。设计者把小型计算机所需要的全部集成电路都布线在一个大的印刷电路板上。在装配线上（通常由女性操作），工人或者机器把芯片插进电路板上的小洞。然后电路板被放在一个腔室里，融化的焊锡从电路板另一面露出的引脚上扫过，把芯片牢牢地焊在电路板上。这个过程快速可靠，生产出的产品坚固耐用。首先探索这种封装和布线方法的就是仙童公司的工程师。

TTL逻辑、双列直插式封装和大型波峰焊印刷电路板的这种组合，一直到20世纪90年代都是行业标准，之后被更紧凑的封装所取代。"民兵"的集成电路采用扁平结构封装，引线在水平方向上突出。这减小了设备的整体体积，但扁平封装很难安装在电路板上。随着21世纪的到来，这个问题被解决了，扁平封装从此成为电子消费产品的普遍选择，对于这些产品来说，紧凑的尺寸至关重要。

构建可靠系统

军事和控制应用始终需要高可靠性、轻重量和快速响应。这些要求也可以追溯到最初的"民兵"导弹。20世纪50年代，美国空军曾经历了多次因成本只有几美元的组件发生故障而导致耗资百万美元的火箭发射失败的尴尬。空军为"民兵"计划制定的新规则深入到了供应商的生产线。生产的每一步都要记录日志，详细说明对每个电子部件都做了什么以及由谁完成。如果几个月后某个零件未能通过测试，通过这些日志就可以找出它在生产线上的位置，还原曾经的操作。如果故障是由错误的生产过程造成的，那么这个过程中使用了该部件的每个系统都必须停止使用。[51]供应商还推出了"**净室**"（clean rooms），其中的工人穿着防护衣防止灰尘污染材料。“净室”是 20 世纪 60 年代初期,桑迪亚国家实验室为组装原子能武器发明的,超滤的稳定气流从天花板吹向地面以清洗房间。最终,企业建成了比医院干净很多倍的加工室或“工厂”。[52]

电子工业为制造“民兵”导弹需要的晶体管制定了这些程序。没有条件或者不愿遵守这些程序的供应商都被淘汰出局。“民兵”计划的代价很高。发射井中的每个“民兵”导弹的成本在 300 万和 1000 万美元之间,其中高达 40% 的费用是用于电子设备。产品质量的文化在企业里扎了根。通过测试的供应商有一个额外的好处:他们可以在市场上为“满足‘民兵’计划高可靠性标准”的元件来收费。最后,由于美国空军的严格要求,电子产品的故障率降低了上百倍,这个标准也逐渐为商业市场接受。[53]

可靠的软件

航空航天控制系统所要求的极致可靠性,对软件生产商提出的挑战和对硬件生产商的挑战相差无几。民用的应用程序和操作系统里充满了漏洞,其中许多都是在使用过程当中逐渐被识别并去除的。核导弹或载人航天火箭的导航代码错误在使用过程中只要出现一次,就会使整个任务失败。即使遇到意外情况或错误的输入数据,程序也必须完美运行。1962 年,飞往金星的“水手一号”火箭爆炸,公开的失败原因是助推器的控制程序“漏了一个连字符”。[54]从 20 世纪 70 年代开始,用形式化方法判断硬件和软件是否符合逻辑规范,是计算机科学领域里一直在发展的研究方向。

NASA 投入了大量的资金和人力来应对挑战。在“阿波罗”计划里采用相同的软件可靠性方法不是理论上的空谈,在实践中也是可行的。“阿波罗”计算机的软件也由设计硬件的麻省理工学院仪器实验室的工作人员编写。这个软件运行起来没有发生过错误。在领导软件团队的玛格丽特·汉密尔顿(Margaret Hamilton,图4.6)看来,成功的原因就是简单粗暴地投入人力,对代码进行大量审查,检查每一行代码的可靠性。[55]

图4.6　玛格丽特·汉密尔顿在麻省理工学院查尔斯·斯塔克·德雷珀实验室的办公桌前工作,这是为其1973年年度报告拍摄的照片。玛格丽特·汉密尔顿在为"阿波罗"任务生产可靠的软件方面发挥了至关重要的作用,2016年她获得总统自由勋章。在"阿波罗"任务之后,她创立了一家公司,将类似的方法扩展到其他软件项目。感谢德雷珀供图

"阿波罗"软件在大型计算机上编写,然后转换为二进制数据。代码被编织进只读的**绳芯存储器**(用长电线和磁芯编织的存储器)中,如果电线穿过磁芯,存储的是二进制数字1,如果电线绕过磁芯,则存储0。玛格丽特·汉密尔顿把擦洗代码的技术称作Auge Kugel方法,这个词在德语里是"**眼球**"的意思(不正确)。[56]换句话说,就是用眼睛检查代码,判断它是否正确。NASA不确定麻省理工学院的学术文化能

否胜任这项工作，要求仪器实验室在折叠纸上打印出代码清单，把它们运到洛杉矶的 TRW 公司，而 TRW 公司的员工约翰·诺顿（John Norton）在那里仔细检查代码，指出他发现的任何异常。麻省理工学院的一些人对约翰·诺顿的闯入感到不满，但他确实设法发现了一些代码问题。[57]玛格丽特·汉密尔顿被称为“芯绳之母”。她幽默地称代码中的异常是“有趣的小东西”，还称在波士顿郊区雷神（Raytheon）工厂里接线的女性是“小老太太”。他们中的许多人曾在附近的沃尔瑟姆手表（Waltham Watch）公司工作，这是当地女性劳动力参与精密制造的悠久传统的一部分。[58]

1968 年，“阿波罗 8 号”任务将三名宇航员带到绕月轨道并安全返回。机载的“阿波罗”制导计算机负责导航和进入月球轨道。这台计算机让 NASA 有信心执行第二年在月球表面着陆的任务。空间计算有一些独特的性质，麻省理工学院为“阿波罗”任务提出的一些方法并不总能很好地转移到存在不同权衡的商业计算，但有一些方法后来形成了固定的程序，在其他地方使用。“眼球”方法演变成了正式的代码审查和软件**同行检查**（walkthrough）——这个过程被称为确认和验证（Validation and Verification）。

奥巴马（Barack Obama）总统于 2016 年 11 月授予玛格丽特·汉密尔顿总统自由勋章，表彰她在“阿波罗”软件方面的工作。在 2017 年还出现了一系列乐高（LEGO）人偶向她和其他为太空技术作出贡献的女性致敬。约翰·诺顿在 TRW 公司继续他杰出的职业生涯。公司的一些人说他有**反向编译**代码的能力：根据目标代码就能确定生成它的是哪些 Fortran 语句。1972 年，约翰·诺顿在 TRW 公司负责执行邦纳维尔电力管理局的一份合同，用 DEC 公司的 PDP-10 计算机管理哥伦比亚河上的水坝产生的电力。比尔·盖茨（Bill Gates）当时还是西雅图莱克赛德高中的学生，被指派与约翰·诺顿一起工作。很多年之后，盖茨仍感谢约翰·诺顿的软件技能激发了他对编程的热爱。[59]

冗余硬件

NASA继"阿波罗"之后的航天飞机(正式名称是太空运输系统)在设计上都改为由计算机控制飞行。航天飞机的轨道器可以重复使用,在助推火箭和巨大的一次性燃料箱帮助下直接飞入太空,在大气层中滑翔下降返回地球。它再入的速度是每小时17 500英里,高度为80英里。半小时后,轨道器在5000英里之外一条很长的跑道尽头停下。为了在发射和再入后幸存下来,轨道器有着棱角分明的形状,这使得它作为滑翔机在本质上是不稳定的。使用传统控制方法的人类飞行员无法对襟翼和副翼进行微调,无法保持航线并避免在大气阻力将动量转化为热量时的燃烧。独特的形状在设计阶段需要大量的风洞测试,推动了计算机建模技术的发展。[60]

IBM的联邦系统部门得到了为航天飞机提供计算机和控制软件的合同。IBM在SAGE项目上取得成功之后,于1959年成立了该部门,目的是将IBM承担的联邦政府任务和军事工作结合起来。[61] IBM为航天飞机设计的计算机是B-52轰炸机和F-15战斗机所使用型号的变体。它的生产周期很长,卓越的可靠性和性能也是众所周知的。它的体系结构仿效System/360,但在尺寸、重量和功耗方面大大减少。IBM航空电子计算机的命名也仿照了System/360,它被称为System/4π,"因为球体的表面有4π球面度"。[62]航天飞机上的计算机改名为AP-101。那时,IBM已经准备好在处理器逻辑中使用集成电路,但它坚持使用经过验证的磁芯存储器技术。

IBM提高可靠性的主要技术就是冗余,这是它以前用在控制"阿波罗"计划中"土星五号"火箭助推器的计算机上的技术。运载火箭的数字计算机(LVDC)安装在"土星五号"的上层和登月模块之间,控制和引导“土星五号”的三个阶段。它必须承受火箭发射过程中的力,并在发射过程的瞬间做出决定。为了实现可靠性,IBM 采用了所谓的三重模块化冗余。所有的逻辑功能都由三个独立模块分别处理。如果处理的结果不一致,“投票”电路会选择多数模块的决策。测试表明 LVDC 的平均故障间隔时间(MTBF)为 45 000 小时。“阿波罗”计划使用的其他可靠性技术包括登月舱里单独的终止飞行引导计算机、地面主机和指挥舱里的手动控制。在 1970 年 4 月“阿波罗 13 号”执行任务期间,为了节省电力,主计算机不得不关闭,这些备用系统就变得至关重要。

IBM 在航天飞机上进一步增强了冗余。航天飞机由五台 AP-101 计算机驾驶,任何一台都可以将它安全地带回地球。其中四台计算机运行 IBM 工程师编写的相同软件。第五台计算机运行的软件由其他团队编写,防止常见的编程错误“感染”所有计算机。NASA 选择了五台计算机,而不是三台,因为它希望航天飞机能像耐用的“太空卡车”一样,在一台计算机出现故障后仍然可以继续执行任务。若两台计算机出现故障,任务就会结束,但机组人员仍然可以安全返回地球。

当第一次从太空返回时,航天飞机有些处理非常出人意料,但它的计算机在补偿和保持航线方面表现完美。在后来的 1983 年,尽管两台计算机出现故障,“哥伦比亚”号航天飞机在 STS-9 任务中还是安全着陆了。事后对故障的追踪发现,电路板上有焊料松动和其他污染物。在航天飞机计划的整个过程中,软件运行良好。如果是**技术规范**有错误,而不是编码有误,五个软件就都会产生错误输出。不过这种情况从来没有发生过。

太空遗产

20 世纪 60 年代初期,航空航天对强大、轻便和小型化电子产品的需求推动了最先进技术的显著改进。集成电路等新技术首先应用于导弹和太空火箭。然而,一旦这些技术被其他行业运用起来,空间应用就显得保守了。智能手机等消费产品必须不断更换新型号,与此同时,软件里出现的新错误、电池问题和其他问题层出不穷。一旦理顺这些,轮回又重新开始。为太空任务建造的计算机优先级则不同,对它们来说最重要的是可靠性和使用寿命,也有抗辐射这样的特殊要求。

自 20 世纪 70 年代以来,航天技术的标志是卓越的可靠性而不是性能。归功于这种要求,许多系统的寿命远远超出了最初的承诺。太空探测器“旅行者一号”于 1977 年发射,前往木星和土星执行任务。它的主计算机每台只有 4096 个字的内存,即使以 20 世纪 70 年代的标准来看也极其有限。它的许多系统如今已经损坏,核电池的电力也在减少,但由于冗余设计,在其任务控制团队的原始成员退休很久之后,它还继续从太阳系边缘向地球传送数据。2017 年,“旅行者一号”成功点燃了自 1980 年首次任务结束以后一直休眠的推力器。时间更近的一个例子是于 2004 年登陆火星的“机遇”号火星车,它的预期工作寿命只有三个月,但现在已经在火星表面探索超过 14 年了。

IBM AP-101 自此成为太空飞行的主力军,与其他计算机一起在国际空间站上组成了局域网环境。它经过多次升级,微处理器取代了中型集成电路,半导体存储器代替了磁芯存储器。在航天飞机计划中,计算机有过几次升级,但与所有的航空航天应用一样,经过漫长严格的硬件测试和软件验证之后,它在 2011 年最后一次飞行时,已经远远落后于当时最先进的计算机了。

为支持航天飞机和“阿波罗”计划,NASA 开创了**线控飞行**技术。当时的飞行器从油门一直到发动机、方向舵和其他控制装置,都由液压管路连通。NASA 于 1972 年试飞了第一个数字式线控飞行系统。计算机控制意味着通过电线将数字信号发送到控制电动机的电路。到

20世纪80年代中期,类似的系统出现在商用空中客车(Airbus)飞机上。空中客车公司还借鉴了NASA的冗余控制器,安装了由三台计算机系统组成的投票程序。

硬件和软件的复杂交互有助于提高航空的安全性,但也使飞机更难测试。21世纪10年代,波音(Boeing)公司决定更新它最畅销的但已有50年历史的737机型,为它安装巨大的新型节能发动机,并改名为737-MAX。飞机的空气动力学特性发生了改变,但为了降低飞行员培训和认证的成本,波音公司依靠机动特性增强软件,使新飞机能够对控制装置以飞行员熟悉的方式做出响应。当程序代码检测到飞机有失速的可能时,就会使机头降低以规避失速。两架737-MAX飞机的计算机就迫使机头不断降低,尽管飞行员一再试图拉起,但飞机最后仍坠毁在地面上。2019年,该型号飞机在全球范围内停飞,给波音和运营它们的航空公司造成了几百亿美元的损失。737-MAX经过了将近两年的时间才开始重新服役。波音公司曾承诺提供快速的软件补丁,但调查表明,为了削减成本,仅根据一个传感器的读数来激活系统,是造成组件故障的根本漏洞。更糟糕的是,飞行员没有简单的方法来了解发生了什么,或者越过系统控制。波音公司对此的处理是,解雇首席执行官,承认需要为更新后的飞机重新培训飞行员,并同意缴纳25亿美元和解费,以撤销因向政府监管机构隐瞒信息而导致的刑事欺诈指控。

并非所有太空任务里使用的高可靠性技术都被其他计算领域采用了。没有人会带着5部手机四处走动,但我们现在所依赖的提供持续访问电子消息并确保文件安全的云系统,其底层则有更微妙的冗余机制。如果任何一台计算机或存储驱动器出现故障,系统会立即切换到工作副本。具体的技术不同于NASA所使用的技术,比后者成本更低,但效果是相似的。

由于嵌入式控制计算机的成本大幅降低,我们现在已经被电子设备包围了。嵌入式计算机,比如贺卡里能播放一小段音频的芯片,便宜到可以跟贺卡一起随手扔掉。电子设备进一步小型化,使得整个计算机都能放在单个芯片上,促成了这些变化。我们将进一步讨论这个过程和与之相关的摩尔定律。

第五章

计算机成为交互的工具

到目前为止,我们所讨论的计算机都是由机构,而不是个人,购买和控制的设备。它们都是些笨重的大机器,只有让它不停地工作,运行大量作业,才能抵消巨额的开销。处理电子数据的商业计算机还是按照穿孔卡片机的工作流程运行,必须有专业的操作员团队负责维护。计算机作业的管理者从来不需要直接与计算机交互。甚至连程序员也是在纸上写代码,几个小时或者几天之后收到打印出来的结果。科学计算系统有时采用另一种方式,使用户可以预定一段时间使用计算机,就像使用其他专业的实验室设备一样。这是一种"**开放计算**"的操作方式,与由专业操作员管理控制计算机的"**封闭计算**"方式相反(参考了每种工人严格分工、遵照工会规章的工作场所)。相比多道程序操作系统、磁盘驱动器这样的新技术,程序员和非专业人士在"封闭计算"模式下直接控制计算机的效率更低,即使这样,"封闭计算"仍然在大型计算机的使用上,甚至在科学计算中心里最终胜出。

实时系统的工作方式完全不同。它们的设计就是为了让在专业控制面板上操纵复杂系统的人,比如防空官员、宇航员和任务控制人员等,几乎立刻就能得到应答。学习怎样使用计算机控制是他们职业培训内容的一部分。

在本章我们讲述于20世纪60年代把交互的通用计算送到千家万户的两类相关技术。小型计算机尺寸小,价格便宜,还足够可靠,可以用来构建工业控制系统,也可以当作实验室的设备使用。分时系统把银行的终端连接到大型计算机上。用户用键盘敲入命令,或者输入程序代码,立刻就能从系统得到应答。两者都把交互计算当作商品出售,与SAGE这样极其昂贵和定制化的系统完全不同。

交互计算的起源

“**个人计算机**”作为一种商品,直到20世纪70年代才出现。然而,在另一种意义上,使计算机“个人化”的,是它与用户的关系。个人计算机为个人的需求服务。即使是ENIAC,偶尔也会充当一台个人的计算机。据说数学家莱默(Derek Lehmer)就利用假日周末,在家人的帮助下,操作ENIAC运行他的筛法寻找素数项目。[1]

MIT的黑客

安装并操作一台计算机需要高昂的费用,很少有人有机会仅仅为了满足自己的兴趣,或者想知道这台机器到底能做什么,而去摆弄计算机。20世纪60年代初,由于有冷战期间剩余下来的充足经费,并且与DEC关系密切,MIT难得地有一台闲置的计算机可以让学生们免费使用。建造这台小型计算机TX-0的目的是测试磁芯存储器和晶体管技术。这个任务完成了,“1959年的气氛宽松,足够包容那些为科学疯狂、求知若渴的人们”。[2]围绕着这台机器,以及DEC后来捐赠的一系列机器(最早是一台PDP-1),培育出了被同行们推崇备至的“黑客”文化。DEC 的戈登·贝尔后来谈到这些机器和其他由程序员直接控制的计算模式，认为这些都是传统的“MIT 个人计算机”的一部分。[3]

利维(Steven Levy)在《黑客:数字革命的英雄》(*Hackers: Heroes of the Computer Revolution*)一书中解释到，“hack”指精心设计的技术发明的恶作剧，这也是 MIT 由来已久的传统之一。[4]“计算机黑客”的名称也得于此，学生们沉迷于互相竞赛，用尽可能紧凑的代码让机器执行新花样。由于学生们需要依次独立控制计算机，他们开发了一套新的适应这种工作方式的交互式编程工具，例如文本编辑器、调试器等。黑客们用“昂贵的计算器”“昂贵的打字机”这样的名字给他们的交互工具命名，调侃这种使用计算机珍贵机时的方式在经济上的荒谬。心理学家图尔克尔(Sherry Turkle)指出，相比于把计算机当作完成工作的工具，他们“更爱这台机器本身”。[5]

黑客们最著名的成就是最早的计算机电子游戏《太空大战》(*Spacewar*)。两艘星际飞船在遥远的恒星附近对战，互相发射鱼雷(图 5.1)。这款游戏在 1961 年底和 1962 年，经过了无数个小时的编程逐渐成型，学生们用代码绘制飞船，在屏幕上移动，绘制星空，模拟重力。史蒂夫·罗素(Steve Russell)是最主要的贡献者。《太空大战》(史蒂夫·罗素喜欢称其为“*Spacewar!*”)是 PDP-1 最精彩、最引人入胜的应用范例，它充分展示了 PDP-1 飞快的处理器速度、灵活的交互控制和强大的图形向量显示单元(从 SAGE 的类雷达显示器发展而来)。这个游戏很快就受到其他使用安装了显示单元的 PDP-1 的机构的欢迎，据说 DEC 的工程师还用它来测试新机器的性能。[6]

1958 年，MIT 的林肯实验室完成了 TX-0 的后继系统 TX-2。TX-2 有 64 000 个字的内存、高速处理器和视频显示器。博士生萨瑟兰(Ivan

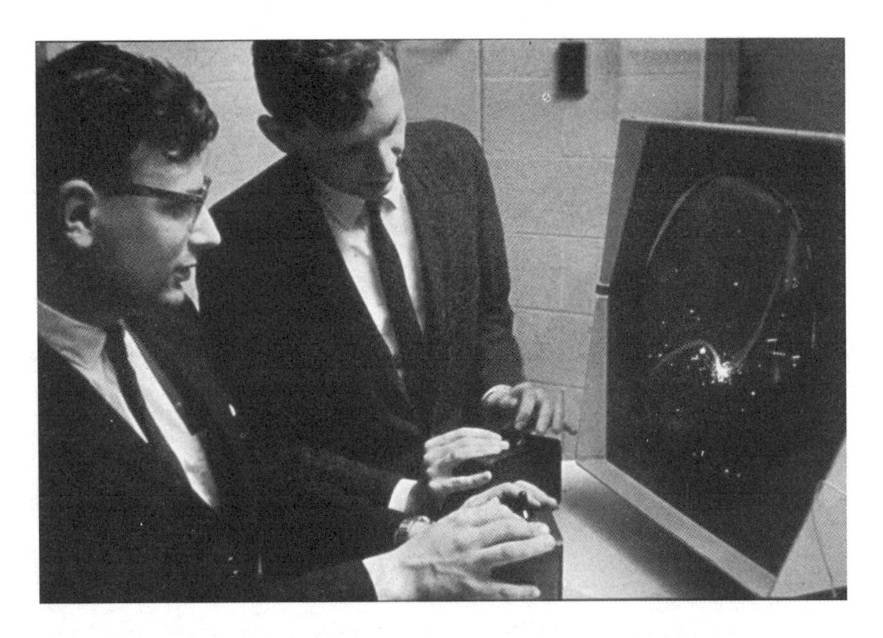

图5.1　丹·爱德华兹(Dan Edwards)和萨姆森(Peter Samson)——*Spacewar* 的两位发明者,在 MIT 的 PDP-1 上玩游戏。感谢计算机历史博物馆供图

Sutherland)充分挖掘了 TX-2 的能力,开发出计算机绘图系统 Sketchpad (图 5.2)。与为 SAGE 系统发明的光枪类似,用户可以使用"光笔"直接在屏幕上画图。用光笔碰触要操作的物体就代表选中了它,这是后来图形用户界面的核心要素。后来的"绘图"程序中,形状用向量存储,用户可以在不损失图片质量的情况下放大图像,观察更微小的细节。为了支撑计算机辅助设计,Sketchpad 允许用户定义"主"形状并复制。修改"主"形状后,其他的副本就自动修改了。这个系统被认为是计算机图形学作为研究领域的开端,也是最有影响的计算机程序。萨瑟兰最终由此获得了图灵奖。他于 1968 年创立的埃文斯与萨瑟兰(Evans & Sutherland)公司,是计算机图形应用(例如飞行模拟器)商业化的先驱。

有些 MIT 成员确实尝试过构建更便宜的机器用作研究人员的个人工具。早期的 Whirlwind 计算机程序员韦斯利·克拉克(Wesley Clark)对交互式计算机着了迷,继续设计在 MIT 使用的 TX 系列计算

图5.2 萨瑟兰演示了他在MIT的TX-2上运行的Sketchpad系统。可以用光笔在屏幕上，或者在此处所示的数字化平板电脑上绘制形状。感谢麻省理工学院博物馆供图

机。1961年初，他提出用DEC的逻辑模块开发交互式单用户计算机LINC，目标价格约为2.5万美元。美国国立卫生研究院（NIH）资助的一个展示项目为生物医学研究者制造了一台有16个屏幕的LINC。DEC生产了一些商业版本，最初的售价在4万美元左右。到1971年为止，DEC一共生产了大约4000台LINC，主要用在实验室，之后就停止了这条产品线。[7]LINC的一个主要特点是它紧凑的磁带驱动器，有了磁带，用户在计算机之间切换就变得很轻松。最后，DEC几乎所有的产品都配有磁带数据存储介质DECtape。[8]

看看LINC的标价就知道，**便宜**只是相对的。购买那些动辄上百万美元的计算机，对最大的机构来说也是大手笔。购买计算机必须由公司的高级管理人员批准，还要有负责维护计算机的团队。相比而言，小型计算机的确比较便宜，也足够满足内部需求，而且只须花费部门级

别的预算。20 世纪 60 年代,小型计算机的价格开始下跌。对于经费充足的实验室,购买 PDP-8 所需要的 1 万美元已经是一个现实的数目了,可以与其他科学设备一起申请拨款。

分时方式

在首次推动交互式通用计算的普及过程中,大规模生产低价计算机并不是一个核心的计划。在 20 世纪 60 年代,没有人想把私人的小型计算机放在管理者或非技术人员的桌上(或者桌子下面),而建造非常大的计算机以支持许多交互式用户的想法却非常流行。这种方式被称为"分时",因为计算机在多个用户之间共享它的处理周期,也就是"机时"。MIT 的麦卡锡教授于 1959 年提出了这个想法,他认为,学校的 IBM 709 只能通过"分时"的方式"以可接受的价格"为用户提供"快速的应答,这样,在一个用户处理输出结果的时候,计算机可以为其他的用户所用"。麦卡锡认为这"将是未来所有计算机的操作方式",他对同事说:"我们有一个将计算机使用方式向前推进一大步的机会。"[9]

实现这个功能要求计算机能够在打字员敲击一个键的时间里读取并执行上千条指令。在打字员思考下一步应该敲什么命令的那几秒钟内,计算机完全可以为另一个用户运行一个完整的程序。每个用户都感觉整个机器和所有的软件全归自己使用,包括计算机支持的任何编程语言和所需的任何数据集,不管这是用户自己的还是别人提供的。

1961 年,在 MIT 的百年纪念典礼上,麦卡锡发表的演讲广受关注,他更加明确地把"分时计算机系统"定义为"通过大量远程控制终端与多个用户同时交互的系统"。他认为,这是把当时只有一小群黑客能享受到的 TX-0 交互编程经验,推广给更大人群的唯一方式。麦卡锡说:"这样的系统,在每个用户眼里,都像是一台大型的私有计算机。当用户需要服务的时候,只要简单地敲入请求服务的消息。计算机会随时对用户可能敲击的任何键做出反应。”麦卡锡还说，由于每个程序“在与人们交互期间只能执行相对短的工作”，计算机需要足够大的存储器以同时保存全部程序，“不断地从外部存储器上换入换出”是不可取的。[10]

在这次演讲中，麦卡锡不仅介绍了一种新的操作系统，还提出了将计算作为公共基础设施的新愿景。分时将成为新的“**计算机效用程序**”模式的基础，即用户购买支持分时的计算机的机时，然后在自己房间和办公室里的终端上使用。“计算有一天可能会被组织成公用事业，就像电话系统这种公用事业一样。每个用户只需要为他实际消耗的容量付费，但这个非常大的系统上的所有编程语言他都可以使用。”他确信，这将“成为一个新的重要产业的基础”。

要做到这一切，操作系统需要增加一些新的基础功能，计算机体系结构也要做出重大调整。分时系统还需要足够大的硬盘驱动器来存储每个人的文件，指望用户加载和卸载磁带是不切实际的。

CTSS

受到麦卡锡的启发，科巴托(Fernando J. Corbató)领导的团队开发了一个分时系统，这就是被称为兼容时间共享系统(CTSS)的原型，于1961年底在MIT的IBM 709上投入使用。由于没有磁盘驱动器，他们只能为每个用户分配专用的磁带驱动器。这样，系统被限制为只能供四个用户同时使用——每个用户都通过一个修改后的Flexowriter操作这台机器。

原型系统的成功使他们有信心构建实用的CTSS版本，该版本于1963年夏季发布，投入正常使用。系统在MIT新的IBM 7090上运行，使用了IBM 1301磁盘，能够存储2800万个字符(图5.3)，比IBM在1956年推出的RAMAC磁盘大得多，而且速度更快。每个用户在磁盘上都有一个专用区域，称为“**目录**”，保存在会话之间传递的文件。不久之后，这个系统升级了硬件，7090 被两个经过特别调整的 7094 和更大的硬盘驱动器取代。但即使用了 IBM 最强大的硬件，CTSS 也只能支持大约 30 个并发用户（曾试图支持 50 个并发用户，但未成功）。[11] 对这台机器的访问供不应求。

图 5.3　科巴托与运行 CTSS 分时系统的 IBM 7090 合影。感谢麻省理工学院博物馆供图

MIT 的一个新项目组 MAC 有一台运行了 CTSS 的 7094，关于 MAC 这个名字的一个说法是"**机器辅助识别**"（Machine Aided Cognition），另一个说法是"**人机互动**"（Man and Computer）。这个项目组的经费来自美国国防部的 ARPA（高级研究计划局）。麦卡锡利用分时技术为交互计算提供广泛接入的思想，与领导 ARPA 首次涉足计算机研究领域的心理学家利克莱德（J. C. R. Licklider）的信念不谋而合。1960 年，还在位于坎布里奇的 BBN 公司工作的利克莱德发表了一篇名为《人机共生》（Man-Computer Symbiosis）的文章，预言交互计算将"在人类和电子

设备之间建立非常密切的关系”。1962 年,利克莱德加入 ARPA,他利用国防部的经费开始动手实现“机械扩展人类”的愿景。[12]韦斯利·克拉克是把交互计算介绍给利克莱德的人,他的目标是制造便宜的小型计算机,但利克莱德更青睐分时,认为这才是降低成本的最佳方式。[13]

当时的操作系统,是 IBM 和 SHARE 这样的公司和组织在 20 世纪 50 年代末开发的,提供了开发程序和自动顺序执行程序的一套工具。这些工具在应用程序开始运行之后就不做什么工作了。当时的磁芯存储器非常昂贵稀少,操作系统只能在存储器中驻留一小部分,以监控程序运行的过程。相反,CTSS 需要始终保留在存储器中,并完全管理整个计算机。“**兼容**”这个词的意思就是在服务分时用户的同时,可以在后台运行 IBM 的 Fortran 监控器任务。IBM 7094 的标准存储器(32 000 个字)几乎被 CTSS 塞满了,所以要增加一块保存用户程序的定制存储器。这种硬件上的调整,使用户存储器上的程序没办法访问分配给其他程序的内存,也不能直接执行输入输出操作,必须调用操作系统的系统例程。[14]

在 1969 年之前,MIT 学生使用的计算机主系统一直都是 CTSS。MIT 的用户开发了许多新应用,挖掘分时系统的各种可能性。他们设计了文本编辑器,使程序可以在计算机终端上交互地书写和编辑,而不用在卡片上穿孔了。他们还创建了一系列为在线用户优化的编程工具和语言。1965 年,最流行的应用——电子邮件诞生了。我们将在下一章讨论这些工具和其他基于计算机的通信技术。CTSS 最后于 1973 年退役。

在 CTSS 能够完全运行起来前,其他计算中心就启动了自己的分时项目。体验过分时技术的程序员立刻就转向了方便的交互计算,在计算中心之间切换代码和想法,尝试各种新点子。BBN 公司在 PDP-1 上实现了一个简单的系统,证明即使是小型计算机也能支持这种新技术。位于美国西海岸的兰德公司开发了一个简单好用的系统代替古老的 JOHNNIAC,后者还是仿照冯·诺伊曼的 IAS 计算机研制的系统。

由于教学的需要,高校是最早也是最踊跃采纳分时系统的。一台计算机可以执行很多小程序,处理来自多个用户的数据集。有些学校,比如 MIT 和达特茅斯学院,都没有坐等商业方案的出现,而是自己开发了操作系统和工具。

终端

分时技术的传播,得益于 20 世纪 60 年代中期出现的基于新 ASCII 字符编码标准的电传打字机终端。与 SAGE 和 SABRE 昂贵的专用终端完全相反,这种电传打字机可靠而且便宜。分时系统和交互式小型计算机通常与电传打字机公司生产的新设备 ASR-33 一起使用(图 5.4)。[15]

图 5.4　电传打字机 ASR-33 是许多小型计算机和早期个人计算机的主要 I/O(输入输出)设备。它只有大写字母和一些特殊字符。许多控制命令后来被早期的个人电脑操作系统命令所采用。@ 符号(Shift-P)是 BBN 公司的工程师汤姆林森(Ray Tomlinson)选择的,用于指定电子邮件地址中的目的地主机。(明尼苏达大学查尔斯·巴贝奇研究所)

ASR-33 比早些时候小型计算机使用的 Flexowriter 更便宜,更简单,也更结实。它 1 秒最多可以敲击 10 个键,可以以在线方式工作,直接把键码传输给计算机,也可以以离线方式工作,把键码保存在穿孔纸带上。型号 33 是最先采用 ASCII 标准的设备之一,标志着小型计算机时代和紧接着的个人计算机时代的开始。今天在每个键盘上都能看到的"Ctrl"和"Esc"键就源自型号 33。

达特茅斯学院的 BASIC

只有分时还不够,还要让学生能方便地编写程序,并及时得到有关错误的明白好懂的报告。在数学系主任凯梅尼(John Kemeny)的领导下,达特茅斯学院于 1963 年开始开发一个这样的系统。凯梅尼曾在洛斯阿拉莫斯使用穿孔卡设备做过计算。这段经历使他相信,"在创建通用高速计算机之后,最重要的事件就是人机交互的到来"。[16]凯梅尼希望达特茅斯学院的每一个学生都用上交互计算,而不是只有一小部分科学和工程专业的学生才能得到这个机会。凯梅尼知道 MIT 野心勃勃的项目,但他和同事库尔茨(Thomas E. Kurtz)决定,立足于达特茅斯学院学生的需要设计一种新的编程语言 BASIC,并在新语言的基础上开发一个简单得多的系统(图 5.5)。[17]

这个新语言的名字,颇绕了些圈子,是"**初学者通用符号指令码**"的简称。它的关键词是"**初学者**"。BASIC 是为使用交互计算而设计的简单语言。与 Fortran 不同,BASIC 的语法简单,要求更加宽松,而即使写一个简单的 Fortran 程序也要投入大量时间学习足够的语法基础才行。BASIC 程序的运行方式不是编译执行,而是解释执行,只有当用户敲入"run"命令,程序才会被转换为机器代码。解释器把一行 BASIC 代码转换为机器代码,然后执行,再处理下一行代码。用户可以输入几行代码,看一下执行的结果,接着再敲几行。这种方法使程序执行变慢了,但是减少了每次编辑之后冗长的重新编译的过程。由于 BASIC 就是为分时共享设计的,它非常适合编写那些提示用户输入并根据输入执行任务的程序。

图 5.5 在达特茅斯学院(约 1964 年),使用 BASIC 编程语言的电传打字机终端。左边站着的是 BASIC 的联合发明人凯梅尼教授。感谢达特茅斯学院图书馆供图

达特茅斯学院最早用一台 GE 235 计算机连接到一台更小的 GE"数据网"(Datanet)计算机,这台计算机控制了校园里的电传打字机终端。学校的一些核心课程,特别是第一年的数学课,都有要在计算机上完成的作业。达特茅斯学院建立了一个很大的分时程序库,包括流行的足球模拟游戏。不幸的是,大多数学校都比达特茅斯学院大,经费也没有达特茅斯学院那么充足,付不起让校园里每个学生都使用计算机的费用。但是从 1965 年起,达特茅斯学院与通用电气公司合作,向其他学校的学生开放了这个系统,于是 BASIC 开始传播,并成为最广泛

使用的计算机编程语言。根据历史学家兰金(Joy Rankin)的说法,到1971年为止,达特茅斯学院的计算中心为30所高中和20所大学提供了服务。在它的13 000名用户中,只有3000人是自己校园里的学生。[18]

新墨西哥大学的Matlab

用于教学的另一个分时应用是当时在新墨西哥大学任教的莫勒(Cleve Moler)创建的。莫勒的学术背景是数值分析,他是我们在第二章讨论的Eispack项目的成员之一,为数学软件作出了重要贡献。穆勒教授过一个入门课程,他发现学生在完成课堂作业所涉及的编写和编译程序来调用Eispack的Fortran子程序时,遇到了很大困难。大约在1976年,他编写了可以在分时系统上交互使用的软件包Matlab。学生们交互地进行矩阵操作,输入命令后即刻就能看到结果。[19]

莫勒发放了几百份Matlab的分时版本,但就像BASIC一样,Matlab在个人计算机上重新实现之后,它的影响才达到最大。几家公司将该软件商业化,其中最成功的迈斯沃克公司(MathWorks)成立于1983年,最终把Matlab变成了工程教育的重要组成部分,也是科学家、工程师和数据分析师的标准工具。

扩展分时

CTSS对麻省理工学院的计算机产生了巨大的影响,但对麦卡锡和利克莱德来说,它只是使用户负担得起访问交互式计算机的道路上的一个垫脚石。对于商业系统来说,每个用户操作CTSS的成本太高了。他们认为,商业分时服务需要非常大的计算机才能高效运行,就像电力公司主要依赖大型发电机一样。20世纪60年代的计算机专家引用了格罗施定律(Grosch's law):计算机的计算能力与其价格的平方成正比。[20]因此,比 CTSS 的 IBM 7094 贵 10 倍的计算机应该多支持 100 倍的用户。

Multics 和 MAC 项目

IBM 与麻省理工学院有长期的合作关系,但 1964 年 MIT 的 MAC 项目却宣布下一个分时系统将不使用 IBM 即将推出的 System/360 硬件,而是选择了通用电气公司的大型计算机。[21]这台计算机的多处理器功能对于实现计算机效用计算的愿景很重要。麻省理工学院指出了需要对 GE 635 大型计算机做的一系列修改,而通用电气公司在 635 的基础上创建了 645 原型机,增加了安全性和虚拟内存功能。Atlas 计算机引入的虚拟内存和页面系统功能会将当前程序中正在执行的部分保留在核心内存中,而将程序里不活跃的部分交换出去,这与分时系统必须同时加载许多程序的需求自然契合。

在输给通用电气公司之后,IBM 开始紧急调整 System/360 以实现分时。360 的体系结构在设计时只考虑了传统的批处理功能,缺乏支持虚拟内存所需的动态地址转换。尽管 OS/360 的功能列表是出了名地目标宏伟,但它也不支持分时。1965 年 8 月,IBM 宣布其新型号 67 将支持虚拟内存,支持多至 4 个处理器,并扩大地址空间以容纳最多可达 1 兆字节的核心内存。1967 年 1 月,通用电气公司向 MAC 项目交付了第一台 645。那时,IBM 已经完成了交付给密歇根大学的订单,这是型号 67 的 100 多笔订单中的第一个。

两台机器都兑现了承诺,它们的分时硬件比以往任何计算机的都更好。出问题的是软件。通用电气公司当时正在与 MAC 项目和贝尔实验室(它正在寻找一个可以在内部使用的系统)合作开发 Multics 操作系统,并希望 Multics 能够使通用电气公司的计算机成为大规模分时系统的新标准。1965 年,秋季联合计算机会议的一个特别会议公布了

Multics 项目,6 篇会议论文阐述了 Multics 的目标和计划体系结构。1968 年,分布在 3 个组织的 100 多人致力于开发 Multics。为了战胜对手,IBM 在发布型号 67 时还同时发布了操作系统 OS/TSS,即分时系统(Time Sharing System)。据报道,IBM 为该项目投入了 1000 名程序员。

TSS 是一场壮观的灾难。在第一批型号 67 交付一年多之后,TSS 的原型版本于 1967 年发布,IBM 将它的用途限制在“实验、开发和教学”。但即便如此,它的性能仍然令人失望,以至于 IBM 决定转而在其主流 OS/360 上设置比较务实的分时选项,来满足用户对分时的需求。[22]卡内基·梅隆大学等少数客户与 IBM 合作并重新编写了 TSS,于整个 20 世纪 70 年代一直都在更新。但大多数型号 67 的客户要么放弃使用这个特殊功能,要么使用大学联盟开发的密歇根终端系统(MTS)。[23]最后一个 MTS 站点直到 1999 年才关闭。从 1972 年起,为型号 67 设计的体系结构硬件特征被合并进了 IBM 370 系列,从此对分时的支持成了 IBM 大型计算机体系结构标准的一部分。

Multics 的表现只能说略好于 TSS。Multics 的原型版本于 1968 年开始运行。到了第二年底,麻省理工学院的用户才可以使用 Multics。早期版本的效率低于预期。Multics 可以支持一项主要作业在后台运行,同时支持大约 25 个用户——与 CTSS 在功能较弱的硬件上管理的数量大致相同。它的复杂性破坏了支持更多用户的目标。1970 年,Multics 终于交付给在其开发联盟之外的美国空军纽约罗马开发中心,这个中心在那之前两年就购买了等着运行 Multics 的计算机。通用电气公司已经放弃了计算机业务,将这个部门出售给了霍尼韦尔公司。为外部客户(也是空军)安装的第二个 Multics 系统直到 1973 年才在五角大楼上线。

分时的挑战

为什么开发 Multics 和 TSS 这样的系统如此困难?任何分时系统

开发过程中最根本的挑战是处理用户不可预测的需求。试图支持更多的用户和功能使这变得更加困难。

我们已经讨论过,20 世纪 50 年代的一些大型计算机增加了多道程序功能,使计算机可以一次加载多个程序,以便在当前运行的程序必须等待数据传输时切换到其他有用的程序上。多道程序使批处理系统变得更加复杂,因为程序必须在内存中共存。系统的目标是使整个轮换期间的吞吐量最大,为此,操作员或作业控制系统可以选择资源需求互补的程序排在一个队列里,避免计算机的负载过高。

与之不同,对于用户在任何时间试图运行的任何作业组合,无论这些作业对内存和处理器的要求如何,分时系统都必须尽最大努力快速执行。即使在负担沉重的情况下,它也必须对每一次按键都给予及时反馈,以维持麦卡锡所说的"大型私人计算机"的错觉。实现这一点需要操作系统把处理时间分成小块,在用户之间频繁切换,使响应看起来似乎是即时的。程序必须可以在任意点暂停和恢复,而不是只在等待输入或输出时才可以——否则,一项大型计算工作可能会无限期地独占整个系统。这种功能最终被称为**抢占式多任务处理**,因为操作系统会强行暂停正在运行的程序,让另一个进程继续。

虚拟内存也很难实现,但它对于支持大量用户来说必不可少。密歇根大学 MTS 的早期版本里增加了对虚拟内存的支持,核心内存里只保留每个程序的一部分内存页面,使并发用户的数量从 5 个提高到了 50 个。[24]在操作系统里编写代码来选择要保留的最重要的页面非常困难。如果做出错误的判断,计算机就会**频繁访问**磁盘,疯狂地加载和卸载页面,导致用户终端死机。

使 Multics 这样的大型分时系统正常运行,所做的大量工作都在改进其进程调度和分页算法。但编译器和程序员的行为也要改变。举例来说,Multics 的原型版本启动程序很慢,因为它的编译器生成的程序迫使系统将几乎每一页代码都加载到了内存中。[25]丹宁(Peter Denning)在麻省理工学院从事 Multics 的研究,他的博士论文引入了**工作集**的概念,并解释了页面交换的优化方法。[26]在 20 世纪 60 年代看起来很有挑战性的问题逐渐被“驯服”,并被写进了计算机科学这门新兴学科的教材,例如丹宁与科夫曼(E. G. Coffman)合著的《操作系统理论》(*Operating Systems Theory*)。[27]

除了所有大型分时操作系统所面临的固有难题之外,“计算机效用程序”(computer utility)的愿景也使 Multics 更加复杂。计算机效用程序将为成千上万的用户保存数据并运行程序,因此防止程序相互窥探或窜改至关重要。Multics 利用操作系统本身的分级保护机制(ring)构建了复杂的文件和目录权限系统。(这种体系结构也使 Multics 最终受到五角大楼和国家安全局的青睐。)由于计算机效用程序应该支持许多用户,当多个用户同时运行相同代码时,Multics 和 TSS 试图利用规模经济的优势,只加载一个副本到物理内存。这在虚拟内存和物理内存之间建立了复杂的关系。计算机效用程序需要无缝扩展,因此 Multics 将多处理器支持作为核心要求。此外,计算机效用程序需要持续工作,所以 Multics 必须在不重新启动的情况下处理极端情况。管理员添加和去除处理器、磁盘驱动器或内存条的时候不能中断用户正在进行的工作。

Multics 和 TSS 面临的其他问题根源于布鲁克斯回忆 OS/360 的问题时所说的“第二系统效应”。[28] Multics 的设计者在创建 CTSS 时做了许多务实的妥协,但他们积攒了大量关于如何更强大、更优雅、更全面地实现其核心功能的想法。许多雄心勃勃但未经检验的想法也在其中。例如,大多数系统用不同的方法处理磁盘上和内存中的数据。Multics 将磁盘文件映射到访问它的程序的虚拟内存空间,以便用相同机制操作这两种数据。这让程序员更轻松,但操作系统却更难实现。

多处理器体系结构

我们已经提到 Multics 和 TSS 都试图支持多处理器。这与冯·诺伊曼在《初稿》中提出的现代计算体系结构范式有很大的不同,《初稿》中的计算机一次只执行一条指令,并且每种操作只有一个硬件单元——一个加法器,一个乘法器,等等。正如我们在第二章所讨论的,对性能的考虑促使处理器设计采用更复杂的方法,例如同时处理执行多条指令的不同步骤的流水线,以及同时使用多个算术单元的向量处理。

然而,单处理器模型仍然占主导地位。要了解原因,必须先了解**处理器**在 20 世纪 60 年代的含义。在 20 世纪 90 年代,增加一个处理器意味着要将额外的芯片挤进主板。如今,十几个处理器内核都能刻蚀进一个芯片。但是在 20 世纪 60 年代,像 GE 645 这样的大型计算机的处理器可不只有一个芯片,甚至不只是一块电路板。它大约有 100 块电路板,分布在许多机柜中,这些机柜里塞满了由几英里长的电线连接的几千个电子元件。即使是修改体系结构以增加分时功能,也意味着要给机器的大部分电路重新布线,并增加容纳执行动态地址转换操作的电路板的机柜。增加第二个处理器,意味着要将整个第二台计算机的中心部分都连接到共享的核心内存。

GE 645 和 IBM 360/67 型号并不是第一批支持多处理器的计算机,但分时是第一个吸引人的多处理器应用。以前的应用程序必须完全重写才能利用第二个处理器。两台计算机共享内存和磁盘存储意味着必须协调它们的操作,如果两者试图同时使用相同的内存条或外围设备,就会出现问题。在大多数情况下,运行两台独立的计算机更有意义。但是,计算机效用系统可能同时运行数百个程序。操作系统可以在处理器之间转移任务,保持它们都在进行中,并确保一个处理器在其他处理器运行密集作业并陷入停顿时,对键盘做出快速响应。在 20 世纪60年代,即使是双工(两台计算机)系统也需要巨额投资,但Multics要支持更大的配置,并且后来在有6个大型计算机处理器的系统上成功运行。

多处理器逐渐普及的另一种情况是科学超级计算。最受欢迎的单处理器Cray 1的后继产品是双处理器Cray X-MP。从Cray X-MP发布的1982年,到1985年推出有4个处理器的Cray 2,Cray X-MP一直都是世界上最快的计算机。只有像洛斯阿拉莫斯或国家大气研究中心这样拥有大量独立任务的组织,才有正当的理由使用超级计算机。为了利用这种并行处理的能力,程序员被迫将应用程序拆分成单独的线程,这些线程可以同时运行在不同的处理器上,相互通信以协调工作。与超级计算机开创的其他体系结构创新一样,这种方法终于从超级计算机发展到小型计算机、工作站、个人计算机上,最终延伸到智能手机上。

商业分时服务

由于技术问题一直困扰着Multics和TSS,试图建立商业分时服务的公司会避免使用IBM 360/67这样的大型计算机,转而考虑采用支持分时的更便宜的系统,例如DEC的PDP-10或者SDS的SDS-940。SDS由帕列夫斯基(Max Palevsky)创立,他之前曾说服小型电子公司——帕卡德·贝尔(Packard Bell)公司进入计算机行业。结果,于1960年推出的廉价的PB 250却不怎么成功。[29] 1961年,帕列夫斯基筹集了大约100万美元的风险投资,创办了SDS公司。1964年,SDS的收入就超过了DEC。它的主要业务是24位的科学计算机,虽然不如CDC的超级计算机强大,但已经比早期的小型计算机强大得多。[30]

1964年,ARPA资助了加利福尼亚大学伯克利分校的Genie项目,这是西海岸的一个与MAC相似的小型项目。SDS卖给了伯克利分校一台930,而一个包括兰普森(Butler Lampson)、多伊奇(Peter Deutsch)

和皮尔特尔(Mel Pirtle)在内的团队为其增加了对页式存储的支持,并编写了一个供内部使用的分时操作系统。这些改进使 SDS 940 有了更牢靠的基础,它的售价高达 25 万美元,许多第一批商业分时公司都使用了它。

在那个年代,提供商业服务需要大量的技术专长和开发工作。位于库比蒂诺的泰姆谢尔(Tymshare)公司从 SDS 那里得到了第一台机器和一些初始资金支持。[31]附近帕洛阿尔托的康姆谢尔(Comshare)公司也是如此。两家公司合作重新编写了伯克利团队的代码,支持补充原始磁鼓的新磁盘驱动器,将同时使用的用户数量从大约 6 个增加到了 12 个。[32]该工作大部分由 Tymshare 公司的哈迪(Ann Hardy)完成,她是 IBM 研究院和利弗莫尔国家实验室的资深人士,曾在 Stretch 超级计算机上工作。哈迪回忆说,SDS 最后大约能支持 38 个并发用户。[33]当时的分时社区很小,开发者和代码都在大系统之间流动。比如,所有的分时系统都需要在线文本编辑器。里奇(Dennis Ritchie)后来指出,20 世纪 70 年代后期,贝尔实验室使用的编辑器代码可以追溯到兰普森和多伊奇为 SDS-940 设计的 QED 文本编辑器。QED 也被改造用在 Multics 和麻省理工学院的 CTSS 上。[34]

作为分时市场的硬件供应商,SDS 很快就面临新的竞争。DEC 在推出 PDP-8 的同时,还推出了一个大型系统——36 位的 PDP-6(图 5.6)。这台机器只售出了 23 台,其中一台卖给了麻省理工学院的人工智能实验室,那里的黑客开发出了被幽默地称为**不兼容**分时系统(ITS)的软件。在其早期版本中,ITS 允许用户不必登录即可使用系统、阅读系统上的所有文件、互相聊天,甚至可以窥探彼此的屏幕。利维称其为“迄今为止最强烈的黑客道德表达”。[35]

DEC 后来的产品成了大学计算机科学系和商业分时服务的最爱。PDP-10 于 1966 年首次交付,一开始从设计理念上就支持分时。DEC

图5.6 DEC工程师坐在PDP-6前,这是DEC的第一台36位大型计算机。领导开发的戈登·贝尔站在后排左三,穿着外套。它的后继产品PDP-10是分时系统最受欢迎的基础。(史密森学会,美国国家历史博物馆档案中心的计算机历史照片)

将它的一个后续版本宣传为“世界上成本最低的大型计算机系统”。[36]完整的PDP-10有十多个机柜,装有磁带驱动器、磁盘驱动器、存储单元和控制面板,确实更像一台小的大型计算机而不是小型计算机。可用系统的原始定价是25万美元左右,后来的型号更贵、更强大。1969年在俄亥俄州哥伦布成立的计算机服务公司(CompuServe,成立时的名称为Compu-Serv),其最早的商业模式就是向公众出售PDP-10的剩余机时。它成长为20世纪70年代和80年代最大的在线服务之一。[37]

然而,新市场的最大份额属于通用电气信息服务(GEIS)公司,它从1965年就开始出售公司负责演示的计算机上的空闲时间。它使用了达特茅斯学院开发的包括BASIC语言在内的分时系统定制版本。[38]随着业务的增长,GEIS改进了该软件,使它可以在较新的计算机上运行,而不用切换到通用电气公司自己的Multics系统。

分时在20世纪60年代后期的一波炒作中迅速扩张,又在1970年"温和衰退"期间的泡沫破裂时跌跌撞撞,并在20世纪70年代安定下来,成为一个可行但不是特别大的市场。GEIS、Tymshare、Comshare和Compuserve在20世纪70年代取得了相当大的成功,许多准备不足的公司也纷纷涌入分时服务市场。有一段时间,华尔街迷恋任何与计算机相关的事物,很容易筹集资金租用计算机并出售机时。与电力行业的公司一样,它们必须有足够的能力处理高峰负荷,以满足客户需求,否则很快就会流失客户。但这意味着在非高峰时段,那些昂贵的计算设备被闲置,成为公司的负担。根据1967年行业协会ADAPSO(数据处理服务组织协会)的一项调查,分时公司平均亏损27.5万美元,而收入为50万美元。[39] Tymshare介绍公司商业模式的报告得出的结论是:"许多人想知道分时操作在价格如此之低的情况下如何能获利。嗯,我们也想知道!"[40]一家小本经营的公司——计算机中心公司(也叫C-Cubed公司),于1968年在西雅图地区安装了几台PDP-10。这家公司开始启动的时候,为一位名为比尔·盖茨的当地少年提供了计算机的空闲时间,换取他帮助清除系统中的错误。C-Cubed公司于1970年倒闭,但让盖茨感受到了交互式计算的潜力。[41]

虽然作为服务行业的分时令人失望,但这项技术迅速成了小型计算机操作系统常见的标准功能。这其实在事实上损害了商业分时公司的发展,因为许多潜在客户发现安装自己的小型计算机更经济。幸存下来的分时公司则专注于附加服务,例如访问应用程序、数据库或通信设施等。

DEC和SDS朝着不同的方向发展。1967年,SDS推出了价值100万美元的计算机Sigma 7,面向商业数据处理、科学计算和分时。1969年,帕列夫斯基把公司卖给了施乐(Xerox)公司,换取价值约9亿美元的施乐股票。施乐公司投入巨资开发了一系列Sigma计算机,直接与

IBM 的 System 360 竞争。与此同时，20 世纪 60 年代后期 SDS 的主要客户——NASA 和各家分时公司都大幅削减了采购量。施乐公司于 1975 年关闭了计算机业务，未能扩大 SDS 在巅峰时期达到的 1% 的市场份额。[42]

DEC 的 PDP-10

相比之下，DEC 扎根于已有的优势领域，避免与 IBM 的核心市场直接竞争，因而稳步发展。DEC 为 PDP-10 开发了名为 TOPS-10 的标准分时操作系统。[43]它承诺"同时支持 20 个、50 个、100 个或更多用户，由于响应速度快，用户似乎拥有自己的专用系统"。[44]这种错觉在人的心理上建立了个人计算机可能是什么样的一种模式。TOPS-10 就像一辆大众甲壳虫轿车，它具备基本功能，容易理解，使用简单。早期的个人计算系统甚至复制了它的一些功能和命令。

PDP-10 用起来非常有趣，甚至还会上瘾：BBN 公司的克劳瑟（Will Crowther）就是在 PDP-10 计算机上编写了可能是寿命最长的计算机游戏《大冒险》（*Adventure*），这绝非偶然。克劳瑟是经验丰富的洞穴探险家，也是奇幻角色扮演游戏《龙与地下城》（*Dungeons & Dragons*）的狂热玩家。探险游戏的玩家输入简单指令，比如"拿灯""向西走"等，在地下世界探索，边走边解决问题，收集宝物。斯坦福大学人工智能实验室（早期另一个黑客文化的中心）的程序员伍兹（Don Woods）充分扩展了克劳瑟的原始版本。[45]在当时的分时系统上，这款游戏是标准配置，还可以通过快速扩展的 ARPANET（在下一章讨论）访问它。小型计算机公司——通用数据（Data General）公司的硬件工程师对这款游戏非常痴迷，并用它测试新机器的能力，作为机器能够可靠运行的证据。[46]

多处理器大型计算机上目标宏伟的分时系统，被证明是对错误问题给出的复杂答案。格罗施定律认为，大型计算机总是比小型计算机更具成本效益,这意味着使用最大的可用的计算机将降低分时系统每个用户的成本。但分时操作系统的激增表明,PDP-10 或 SDS 940 的每位用户成本低于大型计算机用户。大型计算机仍有独特的能力,它的通道可以在成排的磁带驱动器和"磁盘群"之间来回移动大量数据。艰巨的科学计算和商业工作往往需要最强大的计算机。但是对分时系统而言,一组较小的计算机可以比一台多处理器大型计算机系统更有效地提供服务。例如,CompuServe 在其俄亥俄州哥伦布的数据中心运行了 200 多台 PDP-10 系列机器。在 1983 年 DEC 停止生产 PDP-10 后,CompuServe 还委托其他公司提供与之兼容的替代品。

软件工程

虽然商业分时服务在小型计算机上做得很好,但 IBM 在 TSS 上的失败和 Multics 的屡屡受挫,以及其他陷入困境的软件项目,如 IBM OS/360,都发出了一个信号,即大型工业团队用传统的项目管理方法无法开发出复杂的系统软件。于是,学术专家在**软件工程**的旗帜下提出了各种替代方法。

北约软件工程会议

软件史上最著名的会议——1968 年北约软件工程会议,在德国阿尔卑斯山度假小镇加米施边缘的索嫩比希尔大酒店举行。阿巴特(Janet Abbate)指出,60 名正式参会者主要来自大学和企业研究实验室。他们对软件构建的悲惨现状感到遗憾,并就如何改善这种情况交换了意见。他们指出,计算机制造商在硬件方面比较擅长,而且通常能够按承诺交付;而编译器和操作系统则经常推迟数月甚至数年交付,还缺少功能,比预期的慢,还占用更多内存。在会议上讨论最多的软件项目是三个陷入困境的操作系统(OS/360、TSS 和 Multics)和两种编程语言(PL/I 和 Algol)。[47]

这几乎是对后来被称为系统软件的唯一关注,今天的读者已经习惯于将**软件**视为**计算机程序**的同义词,对此可能会感到惊讶。20 世纪 60 年代的情况与今天不同。“软件”这个词在 20 世纪 60 年代初期才首次成为计算机专业词汇的一部分,指出售给用户的补充计算机**硬件**的其他“商品”。一些定义表明,如果程序是从外部公司购买的,则是软件;但如果程序是内部开发的,就不是软件。1962 年,霍尼韦尔公司在名为《软件速览》(*A Few Quick Facts on Software*)的广告附录里解释道:

> 软件是对计算机用户和制造商所使用术语的新的重要补充。它指的是自动编程辅助工具,简化了告知计算机“硬件”如何完成工作的任务……通常有三类基本的软件——汇编系统、编译器系统和操作系统。

1968 年,软件这个词指的仍然是系统程序,而不是应用程序。系统程序主要由计算机制造商开发,应用程序则通常是使用它们的公司在内部创建的。计算机公司用在软件生产的预算比例以惊人的速度增长。在北约软件工程会议之前几个月,新兴软件公司——信息学公司(Informatics, Inc.)的弗兰克·瓦格纳(Frank Wagner)画了一条被广为引用的曲线,他估计在 20 世纪 50 年代初,软件开发在整个系统开发成本中所占的比例不到 10%,这个数字在 1968 年已经达到 50%左右,最终将在 20 世纪 70 年代中期稳定在 80%。[48]

贝尔实验室的麦基尔罗伊(Doug McIlroy)在会议上说,软件创造者“在与硬件人员的对抗中毫无疑问只能甘拜下风,因为他们是实业家,而我们是‘庄稼把式’”。麦基尔罗伊这么说,依据的是他的个人经验。当时,Multics 团队决定用新 PL/I 语言来实现系统。由于还没有 PL/I 编译器,因此委托签了合同的开发公司 Digitek 来生产。一年后,

Digitek 未能按时交付，于是麦基尔罗伊参与了创建临时编译器的紧急项目。

到了会议召开之时，Multics 还是没有准备好用于生产。贝尔实验室的另一位参会者戴维(Edward E. David)——Multics 项目的三位总负责人之一，不无讽刺地观察到：

> 在生产大型软件系统的许多策略中，被广泛使用的只有"人海"战术，几年内通常有几百人全力投入开发……这种策略开销大、缓慢、低效，而且生产出来的产品通常比需要的更大，执行速度也更慢。人海战术的负面经验让一些人认为，一个软件系统，如果四五个人在一年之内完成不了，那它就永远无法完成。

许多参会者都是 Algol 项目的资深人士，在软件开发上最有发言权。在计算机科学成为独立学科之前，Algol 项目为早期计算机研究领域的国际合作奠定了基础。1968 年，计算机科学成了公认的学术领域，有博士生、学术院系，计算机学会还为其制定了第一个课程标准。[49]相比之下，Algol 项目却渐渐瓦解，最知名的参与者逐步退出了最新版本 Algol(很快就被批准为 Algol 68)语言的方向。

Algol 的反对者，譬如主编了影响重大的北约软件工程会议报告的瑙尔和兰德尔(Brian Randell)，都曾经为资金不足的计算机制造商设计过成功的编译器(包括早期的 Algol 实现)和其他系统软件，而且通常是以小规模团队的形式，因而他们在参会者中显得与众不同。他们都认同科学和数学方法，并且到了 20 世纪 60 年代后期，将自己的职业生涯从软件生产转移到了大学和企业的研究实验室。他们对于 IBM 在 OS/360 和 TSS 团队上投入了大量资源但明显没有成功，表示特别震惊。迪杰斯特拉作为小团队的领导者，后来把 IBM 的这种开发方式称为"劳师动众"，不约而同地呼应了戴维对"人海"战术的批评。[50]两人还都用庞大、装备简陋、训练不足的战斗部队作比喻,这样的队伍在执行有挑战的任务时会伤亡惨重。

相反,他们要的是精英特种部队,是戴维提到的那种“四五个人的小组”。迪杰斯特拉的朋友们认为,科学背景、严谨的思维过程和非凡的智慧是软件开发取得成功的原因。他们怀疑 IBM 团队的问题正是缺乏这些能力。迪杰斯特拉在莱顿大学攻读物理学博士学位时就发现自己对编程的热爱。他早年取得的突破源自开发系统软件时克服的实际挑战。首先,正如第二章讨论的,作为阿姆斯特丹的一名专职程序员,他在试图弄清楚如何构造 Algol 编译器时提出了堆栈的概念。其次,他做教授时开发了影响极大的 THE 操作系统,在进程中使用信号量来控制对资源(例如外围设备、关键代码块等)的访问,这种方案非常优雅,可以解决多道程序操作系统中进程由于无法访问资源而发生的不可预测的死锁问题。[51]

“**软件工程**”中的**工程**这个词是为了在理论与实践之间激发出富有成效的相互作用。一个典型的例子是 THE 源自迪杰斯特拉在并发算法方面的理论工作,并为后来的进程模型提供了参考。瑙尔和兰德尔在北约软件工程会议论文集的前言写到,会议唤醒了“基于工程的理论基础和实践规则制造软件的需要”。[52]迪杰斯特拉本人赞成荷兰人用“**数学工程师**”这个身份指代那些学习计算机技术的学生,但当他在会议上这么说的时候,大多数人都“笑了,对他们来说,这听起来相当矛盾,数学复杂而不实用,工程却是直观而且务实的”。[53]

迪杰斯特拉的危机

人们通常认为,北约软件工程会议正式宣布了“软件危机”的到来,而作为应对,也建立了如今非常时髦的软件工程这个计算机科学和工程管理的交叉领域。不过说起来真相有点复杂。“**软件危机**”这个词在会议记录里只出现过一次,但5年后迪杰斯特拉以它为主题做了图灵奖演讲,这个词瞬间就流行起来了。根据迪杰斯特拉的说法,会议"第一次公开承认了软件危机,当时人们已经普遍认识到,任何大型复杂系统的设计都是一项非常困难的工作"。他希望新的编程语言、程序正确性的数学证明,以及模块化和抽象化的系统,使大项目可以"智能管理"来解决危机。这些新方法将"使有能力的人能力更强",大多数程序员会因为"智力天花板"太低而"被排除在外"。[54]虽然在公司研究实验室工作了多年,但迪杰斯特拉这位学术精英仍然口无遮拦。几十年后他仍然认为:"工业如此落后,质量标准如此之低,如果要在工业界和学术界之间架起一座桥梁,我们必须确保这座桥梁只能单向通过。"[55]

1969年的第二次北约软件工程会议未能就核心技术达成共识,当时迪杰斯特拉和他的同事[如沃思(Niklaus Wirth)和瑙尔]已经不再认同软件工程,他们失去了兴趣。兰德尔说:"软件工程开始流行,很多人用这个术语来描述他们的工作,但我认为这没什么根据。"兰德尔"多年来一直拒绝使用软件工程这个术语,也拒绝与使用该术语的任何事件相关联",[56]以此表达自己的立场。他们选择在一个新的"**程序设计方法学**"工作组里继续交流。这个组的一些成员率先研究了形式化方法,可以严格证明计算机的软硬件对数学规范的符合程度。

在20世纪70年代,他们影响最大的贡献是一种被称为**结构化编程**的方法。通常认为,结构化编程的主要思想就是避免GOTO语句(大名鼎鼎的"Go To语句有害"说的就是这个意思,那是沃思给迪杰斯特拉的一封信加的标题),以及系统地缩进代码,但其实结构化编程起初是一个在智力上更有抱负的程序。它的思想是自上而下设计程序,主程序是对子程序的一系列调用,而子程序又由更低级别的子程序组成,直到每个子程序的范围小到可以轻松明白地编写。这些想法在程序语言设计中得到了反映,尤其是沃思的 Pascal 和 Modula 2 语言,两者在学校里的计算机科学系被广泛采用。

软件工程领域

北约软件工程会议使行业人员认识了“**软件工程**”这个术语。20世纪70年代,许多没有参加过1968年会议的人也都开始使用它,包括领导OS/360开发的布鲁克斯和汉弗莱(Watts S. Humphrey)、电气工程师帕纳斯(David Parnas),以及兰德公司经理贝姆(Barry Boehm)——他们后来都成了著名的软件工程教授。

软件工程的重点从系统软件转移到用户的应用系统。随着教科书、学位课程和会议逐渐形成制度,“人海”战术向着新领域引领的方向改进,有了更好的性能评测,估计和控制系统得到改善,开发过程也可以重复,再也不是只考虑把大团队开发用四五个人的数学突击队代替了。汉弗莱把这种方法又进一步地发展,他提出**能力成熟度模型**,将软件开发视为一种组织管理的任务,而不是单纯的技术或智力工作。[57]该模型影响广泛,印度公司最热衷于采纳,如印孚瑟斯(Infosys)公司。它们专注于开发定制系统,有大型的程序员团队(这些程序员领着在全球标准下的低工资)。证明了大团队亦能够可靠且稳定地完成从规格说明书到运行代码的过程,这为它们赢得了客户。[58]

由1968年的会议延伸出来的一条路径是严格形式化的数学方法,另一条路径是作为管理学科的软件工程。第三条路径,也更有影响力,更依赖于“手艺”方法,而不是数学证明或者管理体系的控制。它的拥护者坚持使用小型的开发团队,寻找切实可行的方法,从可以重复使用的小部件开始逐步构建强大的系统。这就是在会议召开一年后,贝尔实验室启动的 Unix 操作系统开发项目的管理方法——这个项目管理得非常松散,领导者是麦基尔罗伊。

Unix 和 DEC 成为分时主流

1969 年 4 月，北约软件工程会议对 Multics 的明显不满导致贝尔实验室退出了该项目。贝尔实验室的程序员发现归还了 Multics 原型之后，他们就没有交互的开发系统可以使用了，其中的汤普森（Ken Thompson）和里奇两人，着手在已经过时的 DEC PDP-7 上花了几个月开发了一个供内部使用的简单分时系统。[59]这个系统就是后来的 Unix，是今天最广泛使用的许多操作系统的基础。

早期关于 Unix 的工作

Unix 的名字几乎与“eunuchs”（宦官）读音相同，幽默地暗示了它是 Multics 的精简或“阉割”后的替代品。尽管 Unix 的许多功能都受到 Multics 的启发，但它的极简主义是对超级复杂的 Multics 和 PL/I 的一种“疗愈”，其目标是为所有人提供全部功能。Multics 开始实现之前，团队“在等待 PL/I 编译器的时候就写了 3000 页 Multics 系统程序员手册”。此后为了兑现这些承诺，团队工作了多年，在此期间，许多最初记录在案的功能都变成了“科幻小说”。[60]Multics 是一个目标过于宏大的系统，关于哪些事情不该做，其惊人的失败给 Unix 创造者们上了生动的一课。然而把 Multics 看作失败的典型也不公平，收购通用电气公司计算机业务的霍尼韦尔公司总共卖了几十台 Multics 系统，最后一台直到 2000 年才关闭。

汤普森自己安排了四周时间实现第一个 Unix 原型：一周创建操作系统核心、一周实现命令外壳，完成文本编辑器和汇编程序也各用一周。一旦这些功能的最基础部分都实现了，他就可以用 Unix 来改进 Unix 自己。第一个系统原型缺失很多功能——例如它的内存一次只能保存一个程序——不过这个系统运行得很好，使得贝尔实验室从

DEC 又订购了一台新的但仍然相对实惠的 PDP-11/20。由于 Multics 曾经的经验教训,领导不愿意支持软件开发,汤普森承诺第一个完整的 Unix 开发版本完成之后,他会把这台计算机和 Unix 都转给贝尔实验室专利部门的三名职员当作处理工具,他的工作才得以进行下去。

贝尔实验室提供的少量资金使得 Unix 一直是小规模项目,只支持实验室内部用户的特别和临时的需求(包括一套文本处理程序),而没有去满足多元化人群的长期需求。它成了对戴维在北约软件工程会议上提到的那种小团队和短周期能否交付现代操作系统的测试。

Unix 的命令很短,在慢速电传打字机上打字速度很快;它内核紧凑,把大量内存留给了用户程序,并且特别强调效率。许多源自 Multics 的想法在 Unix 上用更简单的机制得到了重现,包括层次型文件系统,与用户交互并解释用户命令的单独"外壳"程序,以及各种输入输出方法。例如,在 Multics 中创建一个新进程需要操作系统做很多工作,以至于程序员都想方设法避免这样做。Unix 发明了一种"分叉"(forking)机制——当进程需要启动另一个进程时,它只需要简单地在内存里复制初始进程即可,使内核能够保持快速和简单。这种机制因 Unix 而变得相当流行。

麦基尔罗伊是贝尔实验室计算技术研究组的负责人,也是 Unix 团队的直接主管。他在北约软件工程会议上提出的重要想法总结出来就是在通用的高性能软件组件的基础上,重新组合构建应用程序。早在 1964 年,他就提出"像花园水管一样组合程序的方法——如果需要用另一种方式管理数据,就拧上另一段管子"。[61] 1972 年,麦基尔罗伊催促汤普森实现了**管道**(pipe)机制——单个 Unix 命令可以触发一连串程序,每个程序都通过管道将其输出作为输入传递给下一个程序。这几乎是他所谓的"仅有一次"对项目进行了"管理控制"。据麦基尔罗伊说,汤普森一个晚上就完成了,第二天早上"我们举办了一场'单行程序'的狂欢派对,每人都写了几个,我们看看这个再看看那个"。[62]"管道"是后来被称为 Unix 软件工具哲学的基础,麦基尔罗伊是这样表述的:

(1) 使每个程序只做好一件事。要完成一项新工作,请重新构建程序,而不是给旧程序添加新"功能"使它复杂化。

(2) 每个程序的输出都可能成为另一个未知程序的输入。不要用无关信息混淆输出。避免严格的列式或二进制输入格式。不要坚持交互式输入。

(3) 设计、构建软件,甚至操作系统的时候,要尽量在早期就开始试用,最好是在几周内。笨重的部件要毫不犹豫地扔掉并重新实现。

(4) 如果希望减轻编程任务的负担,要优先使用工具,即使你不得不绕道而行编写工具,而且有些用完之后就会被扔掉,也不要去寻求没有技术含量的帮助。[63]*

Unix 的发展

Unix 的开发逐渐从汇编程序转向一种新的高级语言。里奇设计的 C 语言被简化到了只剩基本要素(像它的名字一样,可以通过中间语言 B 追溯到 BCPL)。用 C 语言重写的 Unix 可以更容易地**移植**到其他计算机上。不用编写整个操作系统,所需要的只是能够生成新机器语言代码的 C 语言编译器,以及一些调整 Unix 内核和标准库以适应新机器特别之处的工作。

C 语言针对操作系统的编程进行了优化,它的代码几乎可以做汇编语言能做的任何事情,但更容易编写和编译。在不牺牲对计算机硬件的直接控制也不降低最终代码效率的情况下,C 语言为程序员提供

---

* 本章注释 63 的原文里有对这一条的解释。以排版为例,不要去找打字员重复劳动,而要使用工具,甚至自己创造工具。——译者

了类 Algol 语言的便利功能,例如块结构、do ... while 循环和过程调用。他们可以像汇编语言程序员一样,访问特定硬件的设备寄存器,修改内存里的每一位数据,创建任意复杂的数据结构。纯粹主义者抱怨 C 语言根本不是真正的高级语言,而是一种使汇编语言编程更加方便的句法包装。[64]它的灵活性让新手很为难。C 语言迫使程序员用内存指针来操作数据结构,即使简单的数据结构也不例外。每个 C 语言程序员都可能曾经沮丧地盯着代码几小时,最后却发现程序崩溃是因为没有为数据结构分配内存,或者是因为在引用复杂的字符串变量时漏掉了符号 &,抑或把符号 * 放错了位置。

采用 C 语言开发使 Unix 能相对容易地转移到其他计算机,但在最初的 15 年里,它与 DEC 计算机密切相关,尤其是 PDP-11(图 5.7)。这台 16 位小型计算机是为了应对针对 DEC 的 PDP-8 竞争加剧而推出的。与更贵的 PDP-10 以及应该运行 Multics 和 TSS 的大型计算机不同,它最初没有硬件功能来保护内存位置免遭有意或无意的更改。PDP-11 迅速超越了竞争对手,继续推动 DEC 的发展。PDP-8 的销售推动 DEC 从 1965 年的约 900 名员工增加到 1970 年的 5800 名。在 PDP-11 的加持下,到 1977 年公司员工的人数增至 36 000 名。[65]20 世纪 70 年代,PDP-11 的销量超过了 170 000 台,[66]它增加的一个重要的新功能就是将内存单元和外围设备连接到处理器的灵活的 56 位总线(Unibus)。

贝尔实验室是受监管的垄断企业 AT&T 的一部分。为了从电话业务中获得稳定的利润,AT&T 不得不回避与计算机有关的商业活动。这意味着大学只需要象征性地付一点费用就可以得到 Unix 的使用许可和源代码。随着 Unix 适应了更强大的计算机和新应用程序,它增加了许多新功能,如支持多处理器配置、虚拟内存寻址以及网络等。1974 年,汤普森访问加利福尼亚大学伯克利分校,他们得到了一盘 Unix 系统的磁带。Unix 系统很快就在校园里的几台 PDP-11 上运行了。没有人在意一所大学是否修改了 Unix,而这项工作正是为乔伊(Bill Joy)这样的研究生准备的。当视频终端出现,开始取代用纸的型号 33 电传打字机的时候,乔伊和他的同学动手改进 Unix,使它也能利用视频终端,从而更加方便好用。完成之后,他们并没有止步于此。1978 年,加利福尼亚大学的工业联络处向美国用户提供了第一个伯克利软件发行版(BSD)的 Unix 磁带。[67]

图 5.7 汤普森(坐着的)和里奇(站着的),在新泽西州默里山贝尔实验室的 PDP-11 上开发 Unix 操作系统。照片来自 AT&T

尽管有这些改进,但 Unix 仍然最适合学术和研究用途,而不是商业性分时系统。它缺乏专为公共使用而设计的大型计算机分时系统的内置功能,例如计费机制。它的用户界面是分裂的:麦基尔罗伊的模块化软件工具哲学意味着不同的命令由不同的人编写,每个人对命令格式都有自己的想法。并非所有人都认可这一点。[68] DEC 自己的小型计算机操作系统虽然功能较弱,但设计得更容易学习和管理。

当小型计算机与 Unix 操作系统的强大功能相结合时,学生、教师和管理员都赞赏小型计算机的小尺寸、低成本和交互功能。它被广泛用于操作系统课程。曾经有一段很短的时间,人们能够从贝尔实验室得到澳大利亚计算机科学家利翁(John Lions)注释的 Unix 源代码(*Lions' Commentary on Unix*),在该版本被 AT&T 的律师禁止之后,非法的影印本又继续流传。[69]学生毕业时不仅学会了与操作系统相关的技能,还对给予他们如此自由的软件表达了由衷的感激。他们成了 Unix 忠诚的传道者。20 世纪 80 年代中期,Unix 已经从不起眼的 PDP-11 上的操作系统,逐渐来到 Cray 超级计算机中,成为使用最广泛的操作系统。

DEC 的 VAX

1977 年 10 月,DEC 发布了 VAX 型号 11/780。名称 VAX 的意思是 PDP-11 的虚拟地址扩展,表明其主要目标是要突破 16 位体系结构强加给 PDP-11 的 64 KB 内存上限,但实际上 VAX 采用了一种新的体系结构。它通过设置**位模式**调用 PDP-11 指令集,从而执行已有的 PDP-11 软件。VAX 处理器和 IBM System/360 的一样,使用 16 个 32 位通用寄存器。它有一个超过 250 条指令的丰富集合,还有 9 种不同的寻址模式,单条指令能够执行非常复杂的操作。[70]

DEC 并不是第一家销售**超级小型计算机**(super-mini)的公司。普莱姆(Prime)计算机公司——同样位于马萨诸塞州弗雷明汉 128 号公路旁——于 1973 年推出了一款 32 位小型计算机。推动这些发展的是相对廉价的半导体存储器的日益普及,它取代了磁芯,使设计有更大主存储器的机器变得可行,这反过来又需要更大的地址空间。经过粗略计算,VAX 11/780 的性能达到了每秒 100 万条指令(MIPS),成为竞争对手衡量各自机器性能的基准。即使是通用数据公司的 Nova 计算机

(它一直是 DEC 的强大竞争对手),也难以与 VAX 匹敌。通用数据公司最终在 1980 年推出 32 位的 Eclipse MV/8000 计算机,基德尔(Tracy Kidder)在经典作品《新机器的灵魂》(*The Soul of a New Machine*)中记录了它的开发过程。[71]

DEC 的官方操作系统是 VAX/VMS,这是一个与 VAX 硬件同时开发,支持其新功能的强大操作系统。VMS 这个名称代表虚拟内存系统,突出了这些功能中最重要的部分。跟许多体系结构的创新一样,虚拟内存也来自巨大的科学计算机。我们在第二章讲过,虚拟内存起源于曼彻斯特大学的 Atlas 计算机,1972 年进入 IBM 推出的大型计算机核心系列 System/370。VMS 使用全新硬件,能够高效地管理分页,为每个进程分配的属于自己的 32 位虚拟地址空间高达 2 GB。DEC 对于在 VAX 上使用 Unix 持矛盾态度。据称,肯尼思·奥尔森称其为"蛇油"(snake oil)*。但是 VAX 的 PDP-11"血统"天然适合 Unix,尤其是 BSD 变体还支持它的分页硬件(图 5.8)。

图 5.8 斯泰特纳(Armando Stettner)是 DEC 内部主要的 Unix 倡导者,他说服了公司在 USENIX 会议上分发了上千个这样的 UNIX 车牌复制品。他自己的车上有真正的车牌。UNIX 与新罕布什尔州的警言——"不自由,毋宁死"相得益彰,而 AT&T 的律师坚持车牌上要有贝尔实验室的商标,这在一定程度上削弱了这句警言的力量。照片来自塞鲁齐

* 指毫无用处的推销品。——译者

正如IBM对其System/360所做的,DEC在新体系结构和产品系列上“赌上了公司的全部”。VAX在第一个10年卖出了大约10万台,销量超过了所有其他32位小型计算机。DEC的计划是用单一的VAX体系结构为客户提供独立的或有网络配置的机器,覆盖从台式计算机到大型计算机的功能。被DEC称为大型计算机的9000挑战了CDC大型计算机的高端科学用途。于1980年发布的11/750等较小的机器使VAX技术对办公室更有吸引力。虽然比高端的个人计算机成本更高,但它能支持整个房间里的终端。这些机器使DEC保持盈利并占据市场的主导地位。

11/730起价12万美元,对工程师来说太贵,但对航空航天、汽车或化工公司的某个部门,它足够便宜。当时这些部门使用计算机的标准做法是,要么排队使用公司的大型计算机,要么在商业性分时服务系统上注册使用机时。VAX给了他们可靠的、面向工程的操作系统(VMS)和收集数据的快速输入输出设施。最后,DEC还搭配出售基于微处理器技术的快速终端VT-100,它基于新兴标准的文本格式和简单块图形的控制代码,被广为接纳复制。

到了20世纪80年代初,对于寻求功能强大的可扩展计算机以支持大量并发用户的公司和实验室,VAX已经成为它们的默认选择。许多需要如此强大计算机的应用程序也需要图形终端。例如,粒子物理研究就需要使用DEC机器生成对撞机实验数据的高分辨率表示。

许多VAX用户把机器连接到泰克(Tektronix)图形终端。它们用与常规文本终端相同的串行电缆或调制解调器连接,但有绘制矢量图形的指令。总部位于俄勒冈州比弗顿的泰克公司最初是一家示波器供应商。20世纪70年代后期,它开始大量销售矢量图形终端。通过使屏幕本身的内容可读可写,这些终端消除了昂贵的视频内存。泰克公司称这种技术为**直观存储管**(direct view storage tube)。于1972年推出的4010系列的有效分辨率是泰克坐标系中的1024×780个单位,它比任何早期的个人计算机都清晰得多。[72]20世纪80年代初,最便宜的泰克终端每台售价几千美元,可以放在桌子上。更大的型号有更高的分辨率和最大可达25英寸的屏幕,用在芯片设计、工程和建筑等专业领域。泰克公司为Fortran程序员提供的Plot 10图形库也成了事实上的行业标准。

20世纪80年代初,小型计算机已经远远超越了其作为嵌入式控制器或实验室工具的最初定位。小型计算机充分利用了集成电路、封装、图形和处理器体系结构方面的进步。由于有了分时,一台小型计算机可以同时为几十个用户提供服务。它的未来似乎是光明的。然而,接下来的事情却并不是DEC所期望的。小型计算机为完全是不同来源的新型机器——个人计算机铺平了道路,播下了毁灭自己的种子。

第六章

计算机成为通信平台

1968 年,麻省理工学院的利克莱德将他的"人机共生"理念进一步具体化,形成了在线系统的设想:"计算机成为通信设备"。他在同名论文的开头提出了"令人震惊的说法":"几年之内,人通过机器的交流将比面对面的交流更加有效。"[1]归功于利克莱德,以及他几年前笑称为"星际计算机网络"的 ARPA 同事社区,我们现在认为是因特网功能的许多应用程序早在 20 世纪 70 年代就已经开始在分时系统上运行了,例如电子邮件、讨论论坛、在线教育和多人游戏等。[2] ARPANET 始于 20 世纪 60 年代后期,是分时系统互相连接的一种方式,而因特网就是从 ARPANET 发展而来的。在早期让普通人上网的努力中,最成功的是法国 Minitel 系统,它主要提供连接到分时计算机的廉价家庭终端,并提供银行、购物和新闻等服务。

分时系统的沟通与合作

用户在在线系统上发现了一些意想不到的交流方式。就像莫尔斯电码的发报员在线路空闲的时候会通过电报线和无线电链路聊天一样,SAGE 防空网络的操作员也会利用连接 SAGE 站点的 AUTODIN 网络聊些八卦。通用的分时系统非常适合这样的通信。根据定义,一个分时系统里的多个用户可以同时输入。通过"chat"或"talk"命令,一个用户键入的消息会出现在其他用户的输出中,使得系统操作员可以在即将关机时给分时系统的用户发送警告消息,或者帮助用户解决问题。1963 年,SDC 就记录过此类工具。[3]这些功能后来发展成了因特网的聊天系统,最后形成今天的即时消息应用。

电子邮件

我们知道的第一个电子邮件系统是在麻省理工学院创建的 CTSS 的一部分。**电子邮件**这个词可以追溯到 20 世纪 50 年代美国邮局开始计划应对"**电子时代**"的时候。1959 年 11 月 2 日的《阿普尔顿新月邮报》(*Appleton Post-Crescent*)报道称,邮政局局长正在研究未来建设"瞬间电子邮件"的可能性。在这个新系统中,"一封信 15 美分,5 美分发送,10 美分贿赂电子大脑忘掉它读过的内容"。[4]

类似麻省理工学院邮件系统的应用更具体地定义了"电子邮件",即基于文本的在线交流形式。电子邮件与聊天的不同在于,私人消息会一直保存到收件人登录,而聊天消息则会立即显示。在分时系统上这很容易实现,因为每个用户都有个人目录来保存私有文件,而且所有分时系统都包含在线编辑功能。所需要的只是一个可以接收消息的"mailbox"文件,就像现实中邮箱里堆积着纸质信件一样。麻省理工学院的"Mail"命令是 1964 年底在一份员工规划备忘录中提出的,并于 1965 年年中实现——新加入的 MIT 研究人员范弗莱克(Tom Van Vleck)和莫里斯(Noel Morris)主动承担了编写所需代码的工作。虽然"Mail"和 20 世纪 60 年代的其他系统一样,只能向同一台计算机上的其他用户发送消息,但这并没有听起来的那么严格。拥有 CTSS 账户的人有好几百个,其中有些还是通过其他机构的电话线远程访问的。

"Mail"是个不错的名字——系统传输的是没有结构的文本，而且足够灵活，可以处理官方备忘录、冗长的信件或快速的个人笔记。正如范弗莱克解释的那样，这些人用"Mail"来"协调工作，交流各种主题的信息，包括个人话题"。[5]

到了20世纪60年代后期，电子邮件几乎成了分时操作系统的标配。Multics这样的大型系统有邮件设施，而与DEC小型计算机类似的小型分时系统也有。Unix也包含电子邮件机制，每个用户的个人目录里都有一个邮箱文件。

与纸质邮件一样，电子邮件非常适合向某个人或者列表中的每个人发送消息。其他分时通信系统是为小组交流和公共讨论而构建的，是后来的公告板、讨论论坛和在线社区的前身。最有野心和影响力的项目之一是EMISARI，由图罗夫(Murray Turoff)于1971年为美国应急准备办公室创建。EMISARI将私人电子消息与聊天系统、公开发布、投票和用户目录相结合。图罗夫后来成为研究**计算机媒体通信**的教授和研究员。1978年，他与妻子——社会学家希尔茨(Starr Roxanne Hiltz)合著了经典著作《网络国家》(*The Network Nation*)，预言未来报纸将停止纸质出版、邮局将放弃邮件递送、学生将在网上上课获得学位。[6]它引发了人们对**计算机革命**(或称为**信息社会**)的**热情**浪潮。

恩格尔巴特的在线系统

1968年12月，斯坦福大学研究所(SRI)的恩格尔巴特(Douglas Engelbart)和一个由十多名助手组成的团队，在旧金山秋季联合计算机会议举办了一场令人震惊的在线系统NLS演示。演示的时间超过一个半小时，恩格尔巴特用一个摄像机系统把鼠标控制的交互式计算机程序投影到巨大的屏幕上,并通过微波线路与 SRI 在帕洛阿尔托的 SDS 940 实时连接。演示的风格与所演示的系统一样新颖,成了演示之中的传奇,后来被称作"演示之母"(Mother of All Demos)。[7]

恩格尔巴特的系统体现了利克莱德的"人机共生"理念。1962 年底,恩格尔巴特正为"增强人类智能"概念框架寻找资助,他是那年年底第一批向 ARPA 信息处理技术办公室申请资金的人之一。他的小组最早做的交互式文本编辑实验在分时系统出现之前就开始了。这个小组最著名的发明是"**鼠标**",而最早对鼠标的描述出现在 1967 年,详尽的测试表明鼠标比光笔(用在 SAGE 项目中)、操纵杆和其他输入设备更有效。恩格尔巴特回忆说,他的灵感来自一种叫求积仪的设备,工程师用它在图表上滑动来计算曲线下的面积。

这个演示是恩格尔巴特使用分时系统支持人类相互协作、构造思想的一个亮点。除了鼠标,他还展示了在线编辑文本、处理大纲、创建文件之间的链接,以及文档之间的协作编辑。NLS 采用分层的文档视图,从标题列表可以扩展到副标题,最后是文本段落。恩格尔巴特根据妻子的要求生成了购物清单,用这个日常生活的例子展示交互式系统的能力。

到 20 世纪 90 年代,在线协作工具已发展成计算机研究与开发的一个主要领域,通常被称为计算机支持的协作工作(CSCW)。尽管恩格尔巴特的想法很强大,但 NLS 本身是个死胡同。为了让用户腾出一只手使用鼠标,它用了一个五键的**和弦键盘**,每个字母都得要几个手指一起按压几个键才能输入。虽然掌握方法后输入的效果很好,但却令普通用户望而生畏。NLS 复杂而随意的命令结构也是如此。更根本的是,这套系统在经济上仍不可行。驱动视频显示器的硬件成本太高,所以八个用户共用一个输出端,八个用户的屏幕图像轮流在上面显示。摄像机定时捕捉每个用户的画面,分别显示在八台电视上。

Plato

Plato 是一个基于图形的交互分时系统，为从幼儿园到大学的各层次教育培训提供服务。它起源于计算机**辅助教学**研究的中心——伊利诺伊大学。Plato Ⅲ于 1967 年投入使用，用 CDC 1604 计算机支持校园内多达 20 位的用户。其视频终端是特制的，采用缩微胶片投影仪来显示课程幻灯片。教师们在相同的终端上使用新语言 TUTOR 编写教案。[8]

美国国家科学基金会慷慨解囊，资助开发更加强大的 Plato Ⅳ，该系统于 1972 年投入使用。Plato Ⅳ终端仍然包括缩微胶片投影仪，但它们也支持分辨率为 512 × 512 像素的高清计算机生成图形。与我们之前讨论的矢量图形系统不同，Plato Ⅳ使用**位图**技术，把屏幕视为**像素**点的网格，其基础是项目负责人比策（Donald Bitzer）开发的独特显示技术。屏幕图像以位图的形式保存在内存中，使得程序可以修改存储在位图里的值来更新屏幕图像，而这至少需要 32 KB 的 RAM（随机存取存储器）。比策开始设计时还没有芯片内存，而且即使在 1972 年也需要 256 个新的英特尔内存芯片才能保存一个满是数据的屏幕。20 世纪 50 年代的一些计算机使用显像管作内存。比策采用了类似的方法，他设计了一个等离子显示器，其橙色像素可以被读取和写入，于是屏幕实际上充当了自己的存储器。屏幕还集成了触摸传感器，让学生可以用手指选择选项，并用计算机控制的投影机来显示全彩色图像。[9]

到了 1975 年，已有 950 台新终端投入使用（图 6.1）。[10]那一年，比策为 Plato Ⅳ制定了宏伟的计划，他预测到 20 世纪 80 年代，美国将有几百万台 Plato 终端投入使用。[11]这个预言没能实现，但他的计算机教育研究实验室的 CDC Cyber 73 超级计算机支持了诸多远程站点，包括学校、学院和政府机构以及伊利诺伊大学校园内的终端。

图 6.1 Plato 终端。用户身后的支架暗示了该系统支持残疾人充分参与到信息时代。房间后面有一台 Radio Shack TRS-80 个人电脑。它的存在无意中揭示了 Plato 失败的原因:个人计算机稳步改进,使类似 Plato 的应用程序的费用降低了很多。照片来自查尔斯·巴贝奇研究所

在 Plato 上为联邦航空管理局开发的飞行模拟器和许多太空幻想主题的计算机游戏,都很好地利用了该系统的处理能力和图形功能。由于共用一台计算机,玩家可以在游戏世界内部相互交流,而这种功能在 20 世纪 90 年代才在个人计算机上普及。Plato 以其通信和协作功能而闻名,其中包括报道系统及其用户的在线报纸、会议和讨论系统、电子邮件,以及供用户开发共享的可搜索信息库的"个人笔记"功能。[12] 这些对后来许多基于因特网和个人计算机的协同工作系统开发都产生了影响,包括 Lotus Notes(20 世纪 90 年代企业的最爱),其创建者奥齐(Ray Ozzie)最早也是在使用 Plato 时产生的想法。[13]

1974 年,CDC 开始商业化 Plato 的技术,并于 1976 年正式签署了

许可协议。[14]经过20世纪60年代后期的城市动荡,CDC的领导者比尔·诺里斯(Bill Norris)热衷于用计算机技术解决社会问题。他认为教育和培训有着巨大的全球潜在市场,该市场的迅速壮大能够为CDC提供大部分收入。CDC设计了自己的终端,使用更传统的显示器,并投入巨资创建计算机化课程,推销Plato系统。不幸的是,Plato系统的费用仍然远高于人类教师的费用。结果,预期的学校大众市场一直没有发展起来。终端的原始成本约为8000美元,CDC将其连接到Plato数据中心的Cyber 70超级计算机,以很高的标准按小时收费。1981年,CDC雇用了500人设计在线教材,[15]并向希望建立自己的Plato系统的客户出售了一些大型计算机。这些用户包括几所大学、美国航空公司和CDC自己的培训项目。

20世纪80年代,CDC将Plato教育程序移植到较小的计算机上并降低了成本,但这仍不足以挽救它。公司在80年代中期开始亏损大量资金,比尔·诺里斯则于1986年辞职。三年后,CDC放弃了大约9亿美元的累计投资,出售了Plato版权。[16]如果CDC没有为Plato测试站点提供巨额补贴,我们很难看出Plato在教育方面的商业意义,但许多首次于在线平台上尝试的应用程序产生的影响都不容小觑。

奠定因特网的基础

NLS和Plato都很先进,它们的工作方式都是将终端连接到一台为许多用户运行程序、保存数据的计算机。用户之间可以相互交流,但不能与外界连通,而扩展计算机通信更加依赖能够将计算机、程序和用户连接起来的新型网络基础设施。

与20世纪60年代和70年代计算机的许多其他领域一样,ARPA资助、指导了新型网络的开发。利克莱德在论文《作为通信设备的计算机》(The Computer as a Communications Device)中描述了他用NLS和视频会议主持项目经费申请评审会的早期经验。在1968年演示的结尾,恩格尔巴特谈到他的团队计划支持即将开始运营的新网络ARPANET。他估计,第二年在波士顿举行的会议就能在横贯北美大陆的ARPANET上操作NLS了。

分组交换

远程登录是最初建设ARPANET的目的。美国主要的计算机科学研究中心都部署了分时系统,供科研人员、教师和学生使用,而且许多都是用ARPA的资助购买的。每个中心都开发了自己的资源,例如语言编译器、建模工具和文本处理器。ARPA面临资助重复工作的风险,即一个中心重复开发其他中心已经实现的功能。ARPA资助的中心使用的计算机有很多种,大多数操作系统都经过定制或者深度修改,不能简单地交换程序代码。但如果计算机联了网,登录到麻省理工学院计算机的人就可以继续连接到加利福尼亚州SRI的计算机,访问它的独有资源。

从1967年开始,ARPA举办了一系列会议,讨论如何把美国范围内的计算机连接到一个网络(ARPANET)当中(图6.2)。[17]以前的网络主要是通过调制解调器将终端连接到远程计算机上,在少数场景下(如SAGE),专业应用程序的一部分会在计算机之间交换信息。ARPANET在不同计算机型号之间提供灵活的连接,允许计算机之间交换任何类型数据的数据包。

将数据打包分组本身就是个新颖的想法。传统的网络遵循电话系统的工作模式:在一次会话期间,自动交换机在两点(通常是计算机和终端)之间建立连接。ARPANET是对**分组交换**联网方法的第一次大规模试验。通信被分解为一系列独立的数据包,每个数据包都含有源地址和目的地址信息。兰德公司的巴兰(Paul Baran)于1960年提出了

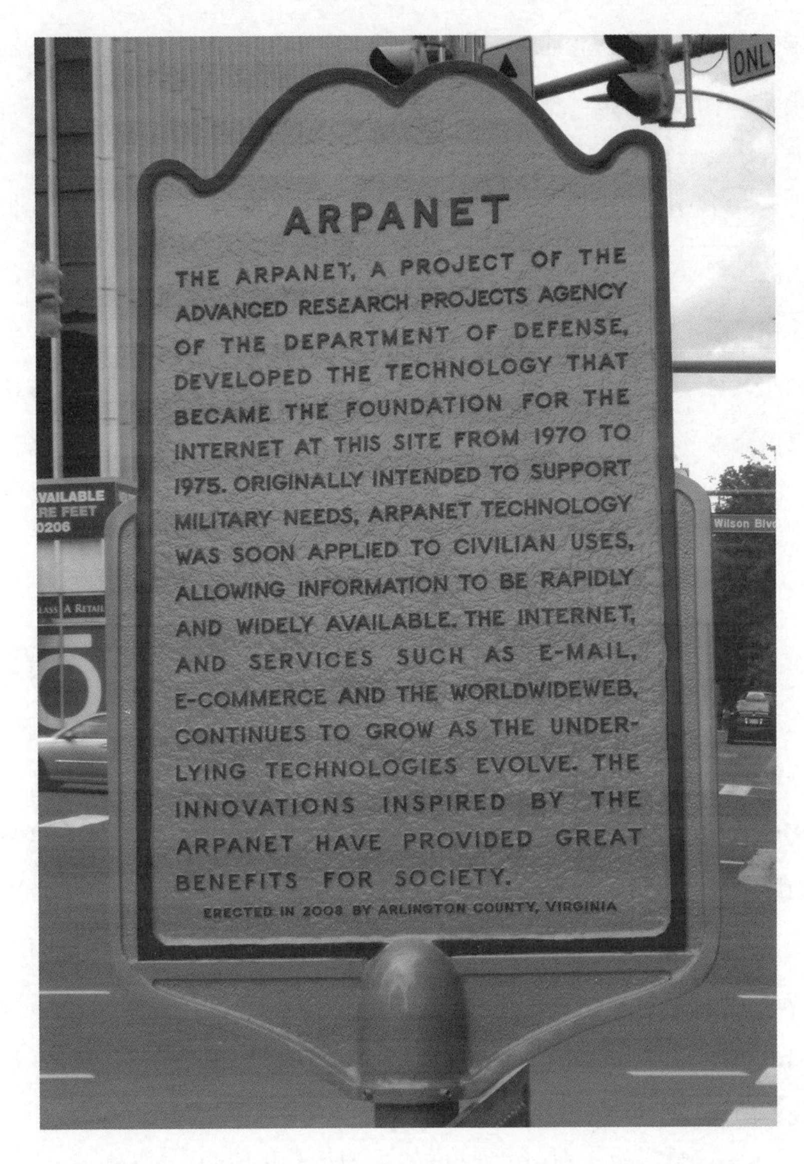

图6.2　纪念牌，弗吉尼亚州阿灵顿，威尔逊大道1401号。ARPANET最初是在五角大楼起草的，但信息处理技术办公室（IPTO）搬到了附近的办公楼。照片来自塞鲁齐

这个想法。1965年，英国国家物理实验室的戴维斯（Donald Davies）又独立重新发明了它，并提出了“数据包”一词。[18]每个数据包都会分别被发送到网络上，寻找到目的地的路径，并在远端重新按正确的序列组装起来。完整的路线不需要提前规划好。如果路径中的一个连接停止工

作,数据包被延迟,计算机会尝试在另一条路径上重新发送它们。这样建立起来的网络是可靠的,而且是分布式的,可以避免在对话期间一直占有从一方到另一方的连接,提高经济上的收益。

巴兰在原始的提议里强调了这种网络的军事优势:任何单个节点的破坏都不会导致整个网络崩溃,在危机期间也可以信赖。因特网能够在核战争中幸存下来,这种流行观点的根源就来自于此。事实并非如此,但分组交换后来在构建强大的战场网络里也用得很好。戴维斯提议建设一个遍布英国的全国性网络,不过英国缺乏资源,他的网络在实践中只能用来把计算机连接到终端。

ARPANET

早期的ARPANET是由BBN网络控制中心控制和管理的。实际连接建立在被称为接口报文处理机(IMP)的霍尼韦尔DDP-516小型计算机之间。加入ARPANET的大学要做的就是把分时计算机连接到IMP,并调整其操作系统。1969年12月,4个节点(即4个IMP)在落基山脉以西运行;一年后,全国有了10个IMP。1971年,ARPANET由连接了23台主机的15个节点组成,其中9台是PDP-10,5台是IBM System/360,其余是各种小型计算机和大型计算机。1972年10月,ARPANET在华盛顿特区的一家酒店举行揭幕式,面向公众演示了系统的功能。[19]

ARPA从AT&T租用电话线路,在计算机中心之间传输数字数据。即使这个网络只有33个计算机中心,建立一个连接也有1000多种可能。分组交换使用**存储转发**的方法进行通信,不需要为每个可能的连接租用一条线路。例如,从加利福尼亚大学洛杉矶分校发出的数据包,可能会经过包括南加利福尼亚州大学和俄亥俄州西部的凯斯站点在内的8个IMP,最后到达麻省理工学院。

按照今天的标准,ARPA 在计算机上的工作似乎充满了利益冲突:来自寥寥可数的几个大学的一小撮人,在学术休假期间,轮流将纳税人的钱花在彼此身上和像 BBN 这样的承包商身上。他们没有时间进行公开竞争、详细提案和外部同行评议。[20]然而,结果却不容置疑——从 20 世纪 60 年代初到 70 年代中期,ARPA 资助的项目在交互式计算、操作系统、网络和计算机图形方面都从根本上取得了突破。在此前后,没有任何计算机研究的资助者有过如此巨大的成就。

并非计算机网络中的所有好主意都来自 ARPA。法国一个实验性的分组交换网络 Cyclades 于 1974 年投入使用。设计者普赞(Louis Pouzin)让计算机主机负责路由分组,取消了昂贵的 IMP。尽管 Cyclades 的寿命很短,连接的计算机数量也从未超过 20 台,但普赞的方法后来被因特网采用。[21]

最初建设 ARPANET 的理由就是让用户能够远程登录超级计算机,但 IMP 和接口软件为用户和程序员提供了可以依赖的通用数据包传输基础设施,使他们不必关注数据传输方式的细节。最重要的是,用户们在 ARPANET 上发现了自己的应用程序——电子邮件。当时几乎所有的分时系统都有电子邮件功能。经过扩展,它可以在 ARPANET 上向其他计算机的用户传输消息了,而最初这只是一个快速的"黑客行为"。1971 年,当 BBN 的程序员汤姆林森发现已有的 ARPANET 文件传输功能(把文件从一台计算机复制到另一台计算机)也可以传输电子邮件的时候,为**网络邮件**定义复杂机制的讨论推进得非常缓慢。把文件传输代码拼接到 BBN 为 PDP-10 开发的流行邮件程序 Sndmsg 中,组成了一个简单有效的网络邮件系统。这样,电子邮件可以向 ARPANET 上的任何地方发送了,只要指定了收件人所在的分时系统主机以及他们的用户名即可。汤姆林森选择用符号@将两者分开,这是电传打字机键盘上的一个标准字符,但从未被充分利用过。[22]

历史学家安德鲁·罗素(Andrew Russell)强调,ARPANET 的设计过程基于"粗略的共识,以运行代码为目标"。[23]他们的思想是,与其让委员会花费数年时间讨论一个能够处理所有可能的系统,不如快速开发并使一部分功能开始工作,然后在使用过程中不断改进发展。汤姆林森最初开发的程序运行在 Tenex 操作系统上,而相当多的早期 ARPANET 站点都使用了 Tenex,这足以证明 Tenex 的可行性。ARPANET 使用的是通用协议,而不是通用代码。由于网络互连了很多种计算机型号和操作系统,用户不能要求邮件收件人正在使用的程序与发送者的相同。但如果两个系统都遵守通信**协议**来定义消息的地址、开始和结束传输的信号序列以及文本的编码方式,它们仍然可以交换消息。

ARPANET 发布网络协议的形式是一系列有编号的征求意见稿(RFC),这是 ARPANET 设置网络标准的非正式方法的核心。RFC 本身在网络上有存档。有的 RFC 令人捧腹;其他的 RFC 则提出新想法、公开讨论、提议规范或已经确定的标准。RFC 过程对所有人开放,不过在当时那个时代,对网络感兴趣的社区很小,但他们都武装了一个技术头脑,相当地同质。IBM 和 DEC 等供应商后来采用的方法与此形成了鲜明对比——承诺只要使用他们的标准化硬件和软件就能让联网变得简单。

根据历史学家阿巴特的描述,电子邮件出人意料地迅速成为 ARPANET 红极一时的"杀手级"应用(图 6.3)。到了 1973 年,网络上传输的大部分数据都是邮件。[24] ARPA 官员很欢迎电子邮件,用它与受资助者通信。很快,五角大楼的其他官僚们也安装了专门收发电子邮件的终端。1975 年,网络的监督和管理职责从 ARPA 转移到国防通信局,这反映出网络完成了从科学项目到核心基础设施的转变。[25]在 ARPANET 的用户中,电子邮件开始取代纸质备忘录和电话,这是计算机走向实用通用性道路上的又一步(图 6.4)。

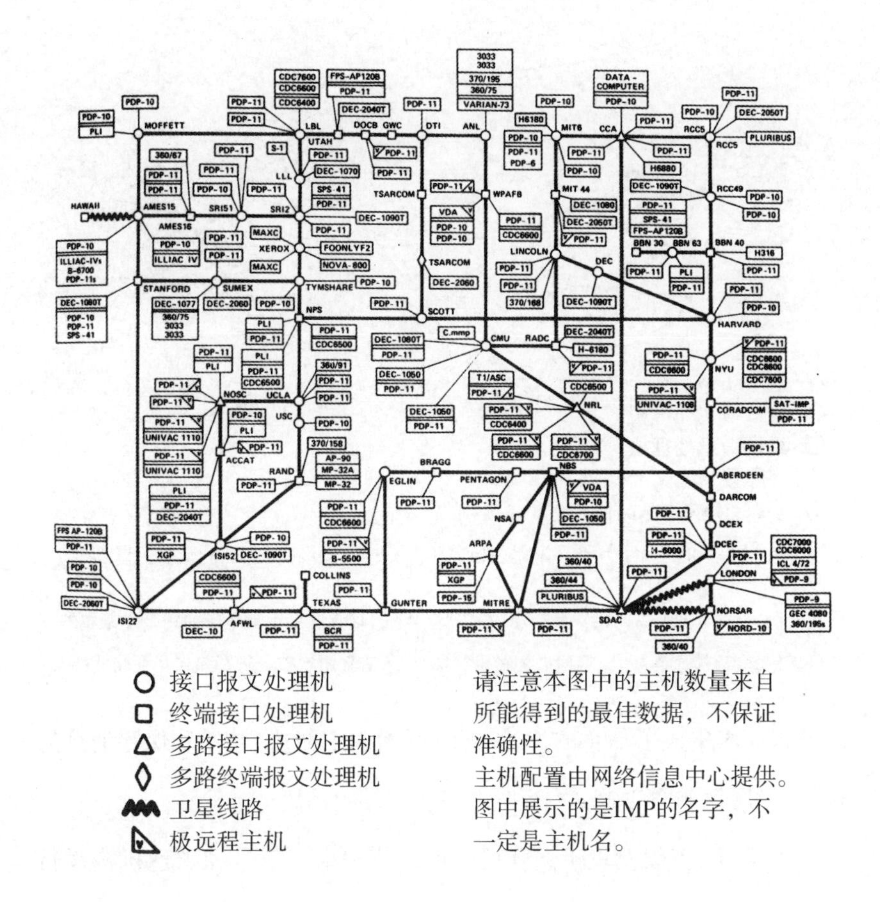

图 6.3　ARPANET 的逻辑图（约 1978 年）。DEC 的 PDP-11 是当时网络上的主要计算机型号，PDP-10、CDC 和 IBM 系统也有一些代表。注意连接到挪威、英国和夏威夷的三个卫星链接

电子邮件的功能发展得非常快。通过网络发送消息最初是文件传输的特殊实例，因而 1972 年的文件传输 RFC 385 中就包含了 Mail 命令。因为并不总是清楚消息来自何时何地，1973 年的 RFC 561 正式规范了电子邮件的头部，包括**发件人**、**日期**和**主题**。1975 年，RFC 680 增加了向多个用户传输消息的字段，包括 to、cc 和 bcc。除了支持不同计算机和操作系统用户之间的通信外，这种基于标准的方法还使电子邮件的客户端软件得到了快速发展。电子邮件程序无论怎样更新升级，只要遵循 RFC 的规则，与使用旧程序的同事交换消息就不会有问题。

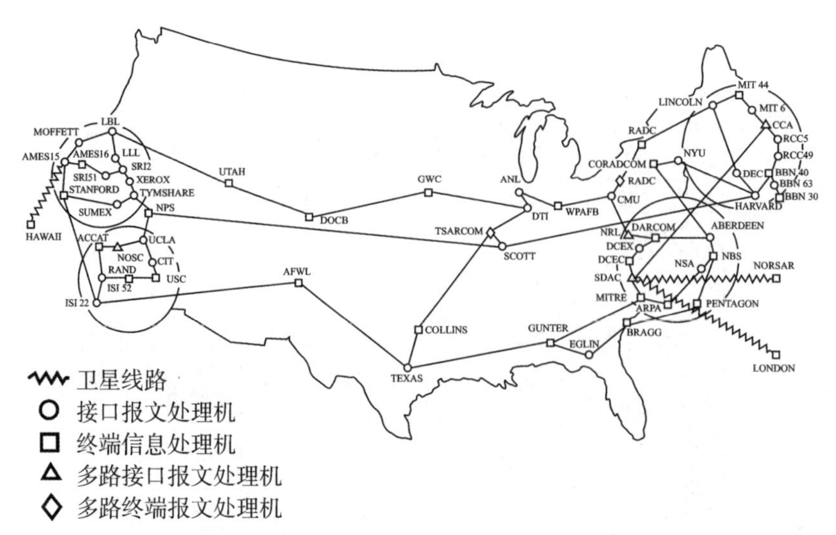

图 6.4 ARPANET 节点的地理分布图(约 1980 年)。这张图突出显示了网络节点集中的四个区域(每个都被高度放大):硅谷、洛杉矶盆地、马萨诸塞州坎布里奇和弗吉尼亚州北部

邮件程序内集成了消息的发送和阅读,增加了回复、转发和保存消息的选项,发展得非常迅速。[26]

1976 年,英国女王伊丽莎白二世在英国皇家信号和雷达机构举行的开幕典礼上,成了第一位发送电子邮件的国家元首。[27]两年后,DEC 过度热情的营销人员蒂尔克(Gary Thuerk)发送了第一条被大家认为是“垃圾”的邮件。蒂尔克当时准备邀请 600 名 ARPANET 用户参加最新的 VAX 系统演示,但他在 to 字段内塞了太多收件人,以至于消息溢出,创建了一条很长的主要由电子邮件地址组成的消息。蒂尔克受到了众多 ARPANET 用户的谴责。负责监管网络的国防通信局扎霍尔(Raymond Czahor)少校称这是“公然违反”该网络“仅限美国政府业务使用”的限制,而这个限制一直是松散和非正式地执行着的。[28]

许多 RFC 的内容是已有的实践,但也有一些定义了新方法。其中最重要的一个由波斯特尔(Jon Postel)于 1982 年发布,他所描述的电子邮件传输方法——简单邮件传送协议(SMTP),至今仍然是因特网标准。它的采用是从 ARPANET 时代向因特网时代转变的一部分。

网络互联

因特网(Internet)是从 20 世纪 70 年代末到 80 年代初的 ARPANET 演变而来的。它不是一个单一的网络,而是不同网络的集合,因此得名。20 世纪 70 年代初,ARPA 还资助研究了在特性非常不同的通信介质上进行网络互联的新协议,包括无线电链路、快速本地网络和长距离数据线等。这些都要在不可靠的链路上可靠地传输消息。夏威夷大学的 ALOHAnet 是个影响较大的系统,将分布在夏威夷群岛上的终端连接到学校的计算机中心。其他大学使用的电话线在这里行不通。在这里,终端用共享的无线电频率来发送和接收数据包,这是**分组无线电**通信的第一个应用。计算机能收到所有的数据包,但忽略那些发往其他计算机的。在发送数据之前,计算机首先侦听网络以确保当下没有数据包发送。如果两台计算机碰巧同时进行传输,导致冲突,则每台计算机都会等待一个随机的时间间隔并重试。旧金山地区的一个后续项目通过使用中继站在网络上路由流量,扩展了分组无线电的概念。另一个团队尝试用卫星线路传输数据包,可将卫星链路的高成本分摊给许多同时使用的用户。[29]

这些新的无线电网络彼此之间互不兼容,与快速发展的 ARPANET 也不兼容。这促使瑟夫(Vinton Cerf)和卡恩(Robert Kahn)领导的小组开始研究**网络互联**技术,将它们都连接起来。他们开发了一种新的**传输控制协议**(TCP),适用于不可靠的无线电网络以及 ARPANET 租用的电话线。TCP 的方法受到法国 Cyclades 系统的影响,它会把乱序到达的数据包再次组装起来,并要求重新传输被损坏或者丢失的数据包。这样就可以通过**网关**把新网络连接到 ARPANET 上,扩展 ARPANET 的规模。在 20 世纪 70 年代中期进行实验后,小组决定将 TCP 的一些功能拆分出来组成第二个协议,即**因特网协议**(IP)。这使网关(IP)执行的功能和网络节点(TCP)执行的功能更清晰地分开了。[30]

随着工作继续下去,TCP 和 IP 的开发不仅把 ARPA 的各种网络都连接到了一个单一的因特网中(Internet 的起源),而且逐渐代替了 ARPANET 报文处理机上运行的原始网络控制程序。20 世纪 70 年代到 80 年代初期,国防部越来越多地将 ARPANET 用于内部的管理工作。国防部希望把它的管理网络与计算研究社区的网络分开,但保留数据交换的能力。在 ARPANET 上实现的 TCP/IP 能够帮助做到这一点。TCP/IP 将网络功能分成独立的层,使它比早期方法更简单,并且可以在混合了许多不同通信介质的大型网络上扩展。[31]

TCP/IP 协议套件的第 4 版于 1980 年获得批准。在 1982 年截止日期的推动下,ARPANET 迅速转向新协议。ARPANET 用户最初实施新协议时困难重重,部分原因是他们的主计算机现在必须处理路由和传输可靠性问题,而这些问题以前是由报文处理机负责的。到了 20 世纪 80 年代中期,因特网由两个主要网络组成:面向研究的 ARPANET 和更安全的军事网络 MILNET。许多其他网络随后将陆陆续续增加进来。[32]

20 世纪 80 年代末和 90 年代初,许多最广泛使用的因特网应用程序都是 ARPANET 先驱程序的直接后代,包括电子邮件、文件传输(依照 FTP 协议)和远程登录(依照 Telnet 协议)。这个列表此时又加入了新的应用程序,例如因特网中继聊天(IRC)程序,它使一小群用户可以在共享的屏幕上同时输入自己的消息。

卡恩和瑟夫因他们的成就获得了 2004 年的图灵奖。归功于在谷歌公司担任的“首席因特网传播者”的角色,瑟夫一直是计算机研究界最杰出的代表之一。应对现代因特网挑战的第 6 版 TCP/IP 在几十年前就已经可以使用了,但直到 2020 年,大多数因特网流量仍然用第 4 版传输。[33]

其他学术网络

由于 ARPANET 是当今因特网的直接祖先,所以很容易假设它是 20 世纪 70 年代和 80 年代唯一的或者至少是使用最广泛的网络。但其实不是。在美国传输的网络数据中只有一小部分通过 ARPANET。ARPANET 甚至不是 20 世纪 80 年代使用最广泛的学术网络。其他三个网络——Usenet、CS Net 和 BITNET 服务的用户合起来更多。

新闻组(news)是早期因特网上最流行的服务之一,它最早是 Usenet 上一个分散的讨论组系统。Usenet 是个独立网络,没有采用因特网的互联技术。它于 1980 年建成,连接运行 Unix 操作系统的小型分时计算机,随着 Unix 一起迅速传播。ARPANET 为了保证自己的站点和大型计算机始终在线,付费使用专门的本地和主干连接、报文处理机和网络控制中心。但 Usenet 针对较小的系统,它的成员使用 UUCP(全称为 Unix to Unix Copy Protocol)程序,自愿加入退出,并进行其他的操作。到了晚上通话费更便宜的时候,Usenet 上的计算机通过调制解调器与邻近的计算机连接并交换信息。在这种连接方式下,交互式应用程序是无法运行的,但对于电子邮件却已经足够了。消息发送的路径由用户自己指定,路径上的相继站点之间用感叹号“!”(英文读作 bang)来分隔。指定消息路径需要了解最新的网络拓扑,例如 gway!tcol!canty!uoh!bigsite!foovax!barbox!user。路径上的每个名称都是一个 UUCP 站点,这意味着这条消息可能需要一周才能到达收件人那里。截止到 1984 年,Usenet 大约连接了 1000 个分时系统,与当时连接到 ARPANET 的主机数量大致相当。虽然今天已经很少有人记得了,但 Usenet 于 1986 年就在北美洲和欧洲西部之间建立了密集的连接,还延伸到了澳大利亚和日本。[34]

Usenet 开创了新闻组这种非凡的应用,到了 20 世纪 90 年代初,新闻组已经成了因特网的重要组成部分。它由几千个话题讨论组组成层次结构,每个讨论组都是一个论坛,类似 20 世纪 70 年代的计算机会议系统,但能访问的人范围更广。有些新闻组是本地的,可以张贴出售物品的布告,或者讨论大学的活动。许多网站还订阅了其他的新闻组包括聚集在 rec.arts.sf 下的科幻论坛。用户从他们本地的服务器读取消息副本。晚上,相邻计算机共享本地用户发布的帖子。与 Usenet 电子邮件一样,论坛帖子最终会传播到整个网络。除消息外,新闻组还能分发经过特殊编码的程序文件和图片。

20 世纪 80 年代,越来越多的 Unix 系统连接到了因特网,而新闻组服务还像以前一样工作,但此时的帖子是通过因特网在站点之间快速同步的。它与因特网的融合体现了因特网作为一种通过自组织网关在不同类型网络之间传输信息的手段,正在变得日益重要。新闻组的使用在 20 世纪 90 年代后期达到顶峰,但那时它的内容主要是色情信息和垃圾邮件。

另一个网络 CS Net 成立于 1981 年,连接了许多没有 ARPA 资助,无法直接连接到 ARPANET 的高校计算机科学系。CS Net 通过拨号连接到公共的分组交换网络,与 ARPANET 上的普渡大学往来交换 TCP/IP 数据包,继而与其他没有直接连接的大学通信。第一批连接的站点是普林斯顿大学、普渡大学和特拉华大学。到了 1985 年,CS Net 已向 100 多台主机提供调制解调器连接,使其用户能够享受到文件传送协议(FTP)和远程登录(telnet)等因特网服务。CS Net 用户还可以通过网关服务与 ARPANET 的用户交换电子邮件。这个例子展示了 TCP/IP 在原始意义上支持**网络互联**的力量:连接不同的物理网络。1991 年,CS Net 被 NSF Net 取代,后者直接将大学连接到了因特网。[35]

BITNET("because it's there network"的缩写)是另一个重要的服务,与 ARPANET 完全独立。它以纽约城市大学为中心,于 1981 年启动。BITNET 用租赁的电话线连接 IBM 的 System 370 大型计算机的学术用户。为了尽量减少干扰,它的创建者直接用了已有操作系统读取穿孔卡片输入的功能。

与 Usenet 一样,BITNET 发起的服务——listserv,到 20 世纪 90 年代已成为因特网的标准。listserv 是一个维护电子邮件讨论列表的程序,发送到列表地址的任何消息都会自动转发给所有订阅者,这使电子邮件从一对一的通信机制转变为有共同兴趣的在线社区的基础。1989 年,BITNET 与 CS Net 合并,朝着围绕因特网技术整合学术网络迈出了一步。

商业网络

我们在上一章描述了 20 世纪 60 年代后期分时服务商业化的繁荣。驱动分时服务商业化的思想就是,多个公司共享一台巨型计算机是最有效的做法。在实践中,随着 Unix 等分时操作系统在小型计算机(尤其是 PDP-11 系列)上流行,大中型组织发现在自己的计算机上安装分时系统更经济。20 世纪 70 年代初,分时系统公司在市场营销上更成功的不是通用的计算机时间,而是专业的产品和服务,包括专门的行业应用系统、独特的编程工具以及数据库访问等。例如 Tymshare 的房地产估价、铁路车辆记录保存和人事管理等应用程序。[36]

在线服务

有些新服务只提供数据库检索,而不提供通用账户。最成功的两个服务是 LEXIS 和 Dialog。LEXIS 为律师提供可检索的判决数据库和其他专业参考资源的访问。Dialog 直接来自 20 世纪 60 年代洛克希德公司为 NASA 开发的政府项目。20 世纪 70 年代中期,洛克希德公司基于 Dialog 的搜索和索引功能,推出了一项访问专利、期刊、报纸和其他电子文本的公共服务。

电子邮件是商业分时服务中流行的功能之一。例如科学分时公司(STSC)运营的大型计算机,它的主要卖点是神秘而强大的编程语言

APL,但 STSC 还为用户提供了好用的电子邮件工具。1976 年,卡特(Jimmy Carter)的总统竞选活动大量使用这项服务与现场活动保持联系。同年,《商业周刊》在一篇题为《办公室间邮件电子化》(When the Interoffice Mail Goes Electronic)的文章中,预测电子邮件的商业使用将快速增长。20 世纪 80 年代初,AT&T 和 MCI(微波通信公司)等电信公司都运营了自己的电子邮件服务,不过每个月的订阅费,以及发送、接收和存储消息的额外费用,吓跑了只是偶尔使用的用户。到 1987 年,MCI Mail 吸引了 10 万名订阅者,它在美国境内发送一条消息只要一美元,被认为是一种廉价服务。它的创始人之一瑟夫(他也是 TCP/IP 的发明者),将其作为 ARPANET 功能商业化的早期尝试。

大规模的商业分时业务最初是利用非工作时间的容量向家庭用户提供低价访问。最有影响的是 CompuServe,它的起源在前一章讨论过。CompuServe 提供的消费者服务包括邮件、新闻、天气、股票市场价格、体育比赛的比分和中奖彩票号码。CompuServe 的电子邮件服务非常流行,它用订阅用户账号的八进制(基数为 8)表示作为地址,体现了从 PDP-10 操作系统继承下来的传统。

CompuServe 还有一项不同寻常的功能——模拟 CB(民用波段)收音机,它支持用户通过民用波段收音机(Citizens Band radio)相互聊天,而民用波段收音机用户数量暴增的部分原因是在 1973 年施行的高速公路 55 英里每小时的限速令。* CompuServe 产品用了 CB 收音机的隐喻,用频道和昵称组成**句柄**(handle)来隐藏参与者的身份。1983 年的广告(图 6.5)里展示了一对穿着浴袍的夫妇:“昨晚我们和妈妈交换了信件,然后和住在 9 个州的 11 个人聚会,最后只要洗一个玻璃杯。”给

---

* 1973 年,为了应对石油危机,尼克松政府在全国发布了 55 英里每小时的限速令。当时 CB 收音机在卡车司机中非常流行,他们用它来定位服务站,交流路况信息,互相通知检查车速的交警位置,或者聊天消磨时间。——译者

妈妈的"信件"是 CompuServe 的电子邮件系统(我们称之为 Email™)发送的。CompuServe 没有为 Email 申请商标,但它的电子邮件系统的普及使 Email 成了现在**电子邮件**的标准缩写。

LAST NIGHT WE EXCHANGED LETTERS WITH MOM, THEN HAD A PARTY FOR ELEVEN PEOPLE IN NINE DIFFERENT STATES AND ONLY HAD TO WASH ONE GLASS...

That's CompuServe, The Personal Communications Network For Every Computer Owner

And it doesn't matter what kind of computer you own. You'll use CompuServe's Electronic Mail system (we call it Email™) to compose, edit and send letters to friends or business associates. The system delivers any number of messages to other users anywhere in North America.

CompuServe's multi-channel CB simulator brings distant friends together and gets new friendships started. You can even use a scrambler if you have a secret you don't want to share. Special interest groups meet regularly to trade information on hardware, software and hobbies from photography to cooking and you can sell, swap and post personal notices on the bulletin board.

There's all this and much more on the CompuServe Information Service. All you need is a computer, a modem, and CompuServe. CompuServe connects with almost any type or brand of personal computer or terminal and many communicating word processors.

To receive an illustrated guide to CompuServe and learn how you can subscribe, contact or call:

CompuServe

Information Service Division, P.O. Box 20212
5000 Arlington Centre Blvd., Columbus, OH 43220
800-848-8990
In Ohio call 614-457-8650

An H&R Block Company

图 6.5　1983 年 CompuServe 向北美洲地区的家用计算机用户推广其专有聊天("CB 模拟器")和电子邮件("Email")系统

个人和小型公司可以通过在线服务访问电子邮件，但大型公司越来越倾向于建立自己的内部数据网络。推动企业内部网络建设的关键因素就是电子邮件通信，此外还有一些其他好处，例如访问在线应用程序、共享数据库。IBM 和 DEC 等计算机制造商也提供了各自的电子邮件系统和网络技术，鼓励大型公司在它们的产品上进行标准化。

Videotex

人们通常认为，在 20 世纪 90 年代因特网向商业用途开放之前，没有人能够预见到一个普通人可以发送电子邮件、有网上银行、在网上购物、在线阅读新闻的新世界。事实并非如此。20 世纪 70 年代后期的计算机爱好者都会惊讶，这些活动竟然在将近 20 年之后才普及开来。《微型千年》(*The Micro Millennium*)、《网络国家》(*Network Nation*)和《第三次浪潮》(*The Third Wave*)等书都曾自信地预言过，律师将会被计算机取代，工人可以在家里使用终端远程工作。[37]

资金充足的 Plato 系统展示了那个年代最先进的技术所能达到的高度。它的大型计算机和定制的图形终端太过昂贵，得不到广泛使用。在 20 世纪 70 年代中期迅速扩张的计算机世界里，它的几万名用户是少数拥有技术特权的精英。其他项目则相反，在线系统使用的都是那个时代成熟的技术，可以大规模生产几百万个中产家庭只愿意花几百美元购买的终端。

电信公司开始设计基于芯片的低价新型终端和在线系统，它们是实现愿景的基础。美国的电话设备传统上不是从 AT&T 购买而是租用的，不允许改动。20 世纪 70 年代到 80 年代发生的这些变化，导致美国和许多其他国家开放电话网络供数据服务使用。AT&T 做了两个影响很大的决策，第一个是不区分在线路上发送的语音和数据。语音和调制解调器信号都在音频范围内，原则上没有什么不同，尽管对于在线收听的人来说,数据听起来可能很可笑。第二个是引入 RJ11 插口。无需公司技术人员上门,用户就可以将调制解调器直接连接到电话网络,而不必拨打号码,并等待指示连接的高音调,然后把电话听筒放在声学耦合器的支架上。*

但是普通人应该在电话插孔里插入什么样的终端呢?在英国,广播服务和邮政局(运营电话网络)一致同意 Videotex(可视图文)标准,该标准提供 25 行彩色文本,每行 40 个字符。特殊字符都是厚实的图形。低分辨率使页面可以显示在当时还很模糊的小电视机上,减少了所需的昂贵内存,并使页面可以快速下载。英国广播公司被称为 Ceefax 的相关服务还利用电视节目图像帧之间没有使用的带宽,将页面无线传输到电视机。

英国邮政局的在线服务被称为 Prestel。它提供配备调制解调器的廉价电视连接终端,供浏览使用。调制解调器以每秒 75 位的速度缓慢上传(发送文本的速度比熟练的打字员快一点),但下载速度为每秒 1200 位。通过电话拨入邮局小型计算机的用户分散在全国各地。如果支付一些额外费用,用户可以访问各公司在 Prestel 上发布的信息。根据历史学家利恩(Tom Lean)的说法,这些信息“范围广泛,包括新闻、商业信息、体育、电影评论、智力游戏、园艺建议和食谱,还有来自大型零售商、银行和建筑协会、旅游公司以及慈善机构救助儿童会的页面”。许多其他国家也买了相同的硬件和软件以建立自己的国家网络。但就像 Prestel 本身一样,用户的使用与预测相去甚远。截止到 1982 年底,即 Prestel 推出 3 年多后,它只有大约 18 000 名用户。绝大

---

* 声学耦合器的作用是将来自电话线的电信号转换为声音,再把声音转换成调制解调器可以接收的电信号。早年美国电话通信还被贝尔系统(Bell System)公司垄断的时候,不允许用户使用任何非贝尔系统公司制造的设备连接到网络,而且很多家庭的电话是硬连接在墙上的。声学耦合器就是在这种背景下出现的。——译者

多数是企业而不是它的目标家庭用户。Prestel 在 20 世纪 80 年代后期达到顶峰,大约有 90 000 名用户——但也远低于其设计目标的数百万用户。[38]

美国的运营模式不同——没有政府运营的单一国家服务,而是几个私有的数据视图(viewdata)服务。* 目标最宏大的是 Viewtron,它由 AT&T 与奈特-里德(Knight-Ridder)报业集团合作提供。Viewtron 服务于 1980 年开始测试,于 1985 年在全国首次推出,但只吸引了 2 万名订户,并于 1986 年被放弃。[39]那时,包括 Prestel 在内的家庭使用项目的重点已经转移到了基于家用计算机的系统(我们将在下一章讨论)。1994 年,英国邮政局的继任者英国电信(British Telecom)公司关闭了大部分 Prestel 服务,服务的剩余部分则被出售。[40]

Minitel

只有法国打破了这种失望和失败的模式。法国电信(France Telecom)公司廉价的小型 Minitel 终端渗透了整个法国,每个终端都有一个小型单色屏幕和一个简单的键盘,克服了其他数据视图系统注定要面对的低使用率问题。赠送终端极大促进了电话线的使用,并且由于 Minitel 包含可搜索的电话簿,也省去了印刷和分发电话簿的成本。Minitel 符合战后的法国要通过核电、协和式超音速客机和高铁等引人注目的高科技项目建设伟大国家的模式。Minitel 于 1980 年开始实验性试用,并于 1983 年底在巴黎推出。到了 1987 年,在法国每个地方都可以使用它。Minitel 在 1993 年年中达到使用率的顶峰,提供大约 650 万个终端、9000 万小时的连接时间。[41]

---

* viewdata 是一种信息检索服务,订户通过公共运营商提供的信道访问远程数据库、请求数据,并通过单独的频道在视频显示器上接收所请求的数据。——译者

20 世纪 80 年代后期,在线上使用银行、购物、新闻和电子邮件服务的法国人比世界其他地区用户的总和还多。法国电信是通往几千家其他公司的服务的门户,其中许多公司用自己的计算机来运行这些服务。附加费和标准的连接费会自动增加到用户的电话账单。Minitel 的名字在广告牌以及报纸和杂志广告中占据了显著位置。它最臭名昭著的应用是高价的性爱聊天文本服务,与当时其他国家流行的同类语音服务相当。法国电信将大部分附加费都让给了服务提供商,意味着 Minitel(与因特网不同)有内置的支付机制,使电子发布变得可行。在 20 世纪 90 年代的大部分时间里,Minitel 与面向个人计算机的因特网服务成功共存,最后在 2012 年关闭。

商业分组交换网络

部分归功于 ARPANET 的成功,计算机公司、政府和电信公司在 20 世纪 70 年代中期就认识到了分组交换网络的潜力。但它们并没有打算采用基于因特网的技术。相反,国际电信联盟从电报时代以来就一直在谈判国际标准,并于 1976 年完成了第一个版本的 X.25 标准。

X.25 承诺数据通信可以成为另一种电信服务,使得接入这个兼容网络的计算机可以跨越国家线路彼此交换数据。直接连接到 X.25 网络的终端可以访问世界上任何地方的主机。由于 X.25 的目标是商业用途,因此包含了因特网技术中缺少的一些功能,其中最明显的是计费机制——根据每个数据包的路由路径向客户收费。[42]

尽管 X.25 数据传输从未像电话那样普及,但它确实支撑了 20 世纪 70 年代和 80 年代最广泛使用的分组交换网络。甚至建设 ARPANET 的 BBN 公司也有一个分支公司,用与 X.25 密切相关的协议运营公共数据网络 Telenet。Telenet 从 1975 年开始运营,它的主要竞争对手是 Tymnet,后者起初是 Tymshare 的内部网络,其作用是将

Tymshare 数据中心与远程接入点连接起来，方便较小市场的客户通过拨打本地电话来连接数据中心。1972 年，Tymnet 连接了 40 多个城市。[43]1976 年，它被拆分出来，成了一家独立的电信公司，并面向公众销售网络服务，后来这项服务的价值超过了 Tymshare 早期销售计算机机时的价值。Telenet 和 Tymnet 都提供 X. 25 接口，可以与其他网络互连，包括法国的 Transpac。Minitel 用户拨打一些特殊电话号码就能使用某些 X.25 服务，例如电子电话簿，也可以拨打 3615 以使用 Transpac 上几千个已经被批准的服务，甚至可以拨打 3619 通过国际网关来使用因特网服务。[44]

建立数据中心和接入点网络使美国的分时业务与受到严格监管的电信行业相抗衡。传统电信运营商要将监管范围扩大到所有通过电话线提供公共服务的公司，分时系统企业不得不与之斗争。Comshare 的创始人克兰德尔（Rick Crandall）回忆说，要在多个接入的调制解调器之间合法共享公司数据中心的一条长途线路，必须增加一个**存储转发**设备。使用标准复用器共享电话线属于非法转售电信容量的行为，而让所有数据都通过一个微小的缓冲区，就使线路共享设备变成了合法的计算机。[45]这种荒谬的区别导致 20 世纪 80 年代初期一系列的政策审查，促成了对电信管制的广泛放松。

到了 20 世纪 80 年代中期，X.25 已经成为一整套国际认可的数据通信协议——开放系统互连（OSI）协议的基础。其中包括用于电子邮件的 X.400 和用于电子目录服务的 X.500，以及网络会话管理和图像编码这样更模糊的任务标准。OSI 的应用滞后，可用的产品出现得很慢，但当时大多数从事电信业的人都认为，由于有政府、电信公司和计算机公司的支持，OSI 标准终将成为大多数计算机通信的基础，他们甚至还制定了将因特网转换为 X.25 和其他 OSI 协议的计划。当然，这种事情没有发生。相反，TCP/IP 和其他因特网技术出乎意料地突破了它们在20世纪80年代主导的小众市场,完成了OSI的目标:在非专有标准的基础上构建标准化数据通信。

因特网的商业化

1981年,大约有200台主机连接到因特网。接下来5年,这个数字上升到了大约5000台,并在20世纪80年代末达到了16万台左右。[46]因特网的兴起与TCP/IP网络协议的采用密切相关。由于Unix可以移植到多个制造商生产的计算机上,1980年,ARPA向其所有客户推荐通用的操作系统——Unix的伯克利标准发行版(BSD)。TCP/IP协议与4.2版本以后的BSD捆绑在一起,把Unix永久地连接到了因特网。[47]这导致主要由因特网"黑客"组成的开发社区从运行Tenex衍生产品的PDP-10,转向更小的运行Unix的PDP-11系列机器。

运行Unix的VAX机器最终成了最常见的连接因特网的机器。Unix诞生于大学环境,使文件共享变得轻松;这也使Unix系统容易受到病毒和黑客未经授权的入侵。1988年,康奈尔大学的一名学生编写并释放了一个以VAX机器为目标的**因特网蠕虫**程序。这个"蠕虫"利用Unix的缺陷感染了几千台主机,使因特网瘫痪了数日。[48]广泛的宣传让世界各地的报纸读者都接触到了两个以前没有了解过的新技术:计算机蠕虫和因特网。

NSFNET

与此同时,因特网本身也在迅速变化。通过对横贯大陆的骨干网的积极升级,因特网快速扩张。美国国家科学基金会(NSF)的NSFNET于1986年开始运作,规模迅速扩大,系统也不断升级。第二年,NSF在有超级计算中心的大学之间架设了高带宽T1线路,将带宽从每秒56 000比特提高到每秒150万比特。1989年,它再次扩容,T3

线路的带宽达到了每秒4500万比特。[49]

这个时期,其他美国学术网络迅速整合了因特网技术。1987年,BITNET与NSF的CSNET合并,而CSNET又于1990年并入NSFNET。20世纪80年代末,通过与国家级学术网络[例如1989年的英国JANET(联合学术网络)]的互连,因特网朝着真正的全球网络迈进。最远的节点是通过卫星连接的澳大利亚和新西兰节点。

凭借高速连接和国际覆盖面,NSFNET迅速取代ARPANET成为因特网的枢纽,连接到骨干网的网络也从1988年年中的300个扩展到1992年初的5000多个。1990年,NSF重新接管了因特网,最初的ARPANET正式退役。

NSFNET容量的重大升级也是政治推动的一部分,目的是建设当时称为信息高速公路的网络。副总统戈尔(Al Gore Jr.)在1999年3月接受CNN(美国有线电视新闻网)的布利策(Wolf Blitzer)采访时称自己发明了因特网,遭到人们的嘲笑。他的原话其实更保守一点:"任国会议员期间,我启动了创建因特网的计划。"戈尔的设想类似早期为大型计算机提供远程登录的ARPANET。他希望联邦政府出资建设一个高速网络,让研究人员能够使用昂贵的超级计算机。1991年担任参议员期间,戈尔提出了《高性能计算法案》(High Performance Computing Act),提议创建他说的国家信息基础设施,以便美国各地的科学家能够推动物理、化学和生物医学的前沿研究。

可接受使用政策

这些升级使因特网足够大、足够快,吸引了商业和公司的研究实验室,以及传统的学术和政府用户。1989年左右,因特网第一次面向更多的公众开放,不是通过直接访问,而是通过"实验性"网关的授权,在商业网络(如MCI Mail和CompuServe)之间传输电子邮件。由于

Usenet 和业余网络 FidoNet 之间已经有网关，因特网成了不同电子邮件服务的数据交换场所。其他在线服务和企业网络也紧随其后。通过电子邮件，用户可以访问因特网资源，例如 listserv 讨论组和文件传输站点，这些站点通过电子邮件派发文件。

大约在同一时间，创业公司首次尝试销售因特网的接入服务。最早的两个因特网服务提供商 PSINet 和 UUNET 是由经验丰富的网络用户建立的。最初的客户是大学和州政府。但两者立刻就与 IBM 发生了冲突，因为 IBM 有自己的从因特网中获利的计划。1991 年，因特网服务提供商同意将自己正在建设的网络都连接到商业因特网交换中心(CIX)，后者也成了快速发展的私有因特网行业枢纽。[50]

商业公司如何连接和使用由联邦政府规划、控制和支付的网络呢？NSF 现在必须解决这个问题了。它拿出了一个 NSFNet 的可接受使用政策，其中一部分是这样写的：

> NSF 骨干网服务的目的是支持美国研究和教学机构内部及相互之间的开放研究和教育，以及从事开放学术交流和研究的营利性公司的研究部门。不能用于其他目的。[51]

这个政策允许在因特网上“发布新产品和活动，但不能是广告”，明确“广泛用于私人和个人业务”是不可接受的。这听起来不像是因特网商业化的基础，但由于 1992 年 10 月 NSF 自身章程的法律变更，这条政策的含义也发生了改变——允许专用网络的流量通过骨干网，只要这“倾向于提高网络整体支持科研教育的能力”。[52] NSFNET 本身仍旧是学术研究的避风港，但 CIX 可以把数据传递到 NSFNET 和更广泛的因特网上，并在商业网络之间进行交换。这些因特网服务提供商的客户可以是企业，也可以是个人。

因特网上的流量快速增长，而且增长得越来越快——从 1992 年 1 月的每月 1 万亿字节增加到 1994 年的每月 10 万亿字节。这种流量正越来越多地从 NSFNET 本身转移到快速增长的商业骨干网,以及斯普林特(Sprint)、阿默利泰克(Ameritech)和太平洋贝尔(Pacific Bell)等公司设置的接入点。1995 年,NSFNET 解散,因为它的学术用户已经可以在其他地方购买网络访问权限。因特网此时已经私有化了。[53]在此期间,戈尔于 1993 年 1 月离开参议院成为副总统。作为副总统的他继续支持因特网的使用,并坚持说联邦机构应该为大众提供在线信息。

域名系统(DNS)

因特网协议(IP)引入了 21 世纪初仍在使用的数字地址的基本系统。129.89.43.3 这样的地址既标识了数据包应该发送到的计算机,也标识了可以找到它的网络。但是,ARPANET 的用户习惯于通过名称(例如 ucbvax 或 fred@princeton)而不是数字来指定计算机和关联的电子邮件地址。1983 年,一个新的分层域名系统和相关的名称解析协议,取代了网络信息中心维护的越来越笨重的 ARPANET 连接计算机列表。顶级域有国家代码(例如.uk)或功能代码(例如.mil、.gov 和.edu)。机构用诸如 ibm.com 或 mit.edu 之类的域名来代表分配给它们的数字地址块。每个机构都有责任把这些地址分配给内部的计算机,并负责操作维护将域内名称转换为数字的电子目录。[54]

域名系统需要一个中央机构来创建新的域名,并为它们分配地址。多年来,波斯特尔负责管理的机构后来被称为因特网号码分配局。随着 20 世纪 90 年代因特网的商业化,这个过程更加正规,在控制顶级域名和管理提供域名注册服务的公司方面,政府发挥了更大作用。因特网的商业化过程还引发了许多法律纠纷,既有关于"sex.com"等高价值域名所有权的,也有关于机会主义的"域名抢注者"将公司名称注册为域名的。域名解析仍是因特网中央控制最集中的部分,**根域名服务器**的故障(有些是因为受到了黑客攻击)曾多次造成大片网络的关闭。

学术因特网的遗产

因特网的商业化看起来似乎势不可挡,但这种转变需要跨越许多社会、政治和技术上的障碍。因特网把大部分与鲁棒性相关的设计放在了计算机和路由器上,使技术障碍比较容易清除。这种鲁棒性的设计使它在几年内从 56 kb 线路连接的几千个节点,发展到了由更快的光纤线路连接的几百万个节点。

因特网取代商业用途网络的速度,更多地与传统电信公司 OSI 网络工作进展的缓慢有关,而不是因为因特网技术天然适用现在使用它们的任务。因特网从其学术根源继承了一系列特征,既有优点,也有劣势,这些特征的共同作用不仅可以解释商业因特网的迅速成功,还能解释它一直存在的问题和弱点。

1. 与为商业用途设计的网络不同,因特网技术既没有根据用户消耗的网络资源进行计费的手段,也没有补偿网络服务提供者的方式。因此,网络提供商不会因为因特网用户使用了洲际互连,或者浏览了在线的付费内容而对其收费。

2. 因特网只负责传输数据包而不关心其内容(通常称为**端到端原理**)。这种灵活性对于为研究社区服务的网络至关重要,对执行特定任务的网络则没那么重要。

3. 因特网是为受过高等教育的同质人群设计的,这些人通过雇主或大学获得访问因特网的权限。它更多地依赖社会机制而不是技术机制来提供安全性,消除麻烦制造者,这就是为什么在因特网商业化之后,垃圾邮件和黑客攻击等问题如此难处理的原因。

4. 因特网的设计支持多种类型的机器,通过协商一致的协议而不是共享代码来实现兼容。

5. 任何连接到因特网的计算机都可以发送和接收数据。这种对等操作意味着只需运行一个新程序,计算机就可以变成文件服务器、电子邮件服务器或后来的万维网(Web)服务器。因特网上的所有用户都可以发布在线信息,互相提供服务,而不是只能依靠单一的中央资源集合。

6. 因特网整合了多种不同的通信介质。TCP/IP是抽象化的特定通信介质,使蜂窝电话、Wi-Fi 和光纤电缆等新技术都可以扩展因特网。

我们关于通信的话题将在这里结束。1992年的因特网在速度、覆盖面和用户数量方面迅速增长,并新开放了商业用途。大约有100万台计算机直接连接到因特网,但众多的小型企业和家庭用户还没有被包括在内。连接到因特网,浏览各种站点、协议和服务都不是一件容易的事。[55]

因特网快速增长的原因之一是局域网的使用更加普及。大学和研究实验室现在不需要通过报文处理机将单个大型分时计算机连接到ARPANET,而是运行本地网络来互连许多小型计算机和个人工作站。使用TCP/IP可以将整个本地网络连接到因特网。域名系统使区分特定机构网络内的不同主机变得容易。例如,麻省理工学院在1977年有两个ARPANET报文处理机,总共连接了7台计算机;10年后,采用TCP/IP和本地网络后,几千台MIT工作站和个人计算机就都可以发送和接收因特网数据包;再过10年,万维网将使因特网成为个人计算的核心体验。我们将在后续章节中讲述这些故事,但在那之前,必须首先回到20世纪70年代来解释这些个人计算机、局域网和工作站是从哪里来的。

第七章

计算机成为个人玩具

1974年11月,在圣迭戈喜来登港岛酒店的会议室里,一套流行编程教科书的作者麦克拉肯(Daniel D. McCracken)与一群受邀的计算机专家在这里开了一天会。虽然年龄还没超过中年,但是按照行业的标准,这些头发花白的男人都已经是长者了。这次会议是被称为兰德公司座谈会的系列会议之一,该座谈会最初是由兰德公司于20世纪50年代主办的。当参会者们正在思考"程序员的未来"时,麦克拉肯戏剧性地打断了他们,宣布"他带来了一台计算机",并且是以微处理器芯片的形式。"有史以来制造的所有处理器的90%,"他告诉同事们,"都是过去两年从英特尔(Intel)公司出货的。"[1]

座谈会大部分时间都在讨论一份有争议的报告,该报告预测1985年全世界将有375 000台计算机(1970年为70 000台),以及640 000名编写软件的程序员。到目前为止,我们所讨论的计算机价格都很高,有的是几千美元,有的是几百万美元。虽然黑客、研究人员和学生有时能把计算机时间用在娱乐和自己的工作上,但很少有个人购买计算机,而实际上也没有供个人使用的计算机。与行业中的其他人一样,麦克拉肯的朋友们完全没有想到,到20世纪80年代初他们将会看到这样的现实:每个计算机型号的销量都超过100万台,另外,由于廉价的软件包的出现,计算机的数量大大超过了全职程序员的数量。

新电子设备

由于芯片技术的改进降低了数字电子产品的尺寸和成本,拥有一台供个人使用的计算机这一梦想到20世纪70年代中期终于变成现实。但正如麦克拉肯所说,英特尔及其竞争对手在芯片密度方面的进步已经撼动了计算器行业。几十年来,可以执行四种算术运算的机器的市场虽然很小,但一直都存在。最强大的计算器还可以算平方根。在20世纪50年代和60年代,计算器行业由美国的弗里登、马钱特(Marchant)以及欧洲的奥德纳(Odhner)等公司主导。它们的产品复杂、笨重而且昂贵。很少有机械计算器公司能够在电子化的转变中生存下来。

电子计算器

1964年,曾在哈佛大学与艾肯共事的华裔移民王安创办了王安计算机公司(Wang Laboratories),推出了功能更多、售价更低的LOCI电子计算器。它的后继产品Wang 300比它更便宜、更好用。[2]几年后,以生产示波器和电子测试设备而闻名的惠普(HP)公司推出了价格不到5000美元的HP-9100A计算器。为了显示数字,Wang系列产品使用Burroughs公司于1957年发明的一种巧妙的数码管,而惠普公司将小型阴极射线管用于显示器,这正符合人们对制造示波器的公司的期望。

1970年出现的平装书大小的计算器要便宜得多。它们采用了新的芯片技术——金属氧化物半导体(MOS)。MOS芯片比当时主导市场的双极芯片慢,但生产成本更低,并且可以容纳更多组件。MOS芯片的一种变体CMOS(互补金属氧化物半导体)只需要很少的电力,非常适合电池供电的设备,例如20世纪70年代热销的另一款产品——

数字手表。

计算器是源自20世纪60年代“民兵”导弹和“阿波罗”计划的第一个对应民用产品，它创造的市场能够保证芯片供应商长期生产，实现规模经济。1971年圣诞节期间，鲍马尔（Bowmar）公司以低于250美元的价格宣传袖珍计算器“鲍马尔之脑”（Bowmar Brain），计算器就此进入了公众视野。之后它的价格就一直在暴跌：1972年，低于150美元；1973年，不到100美元；1976年，不到50美元；最后便宜到可以作为促销礼品免费赠送。[3]精通消费者营销的两个日本公司卡西欧（Casio）和夏普（Sharp）很快就抢占了市场的主导地位。各家计算器先驱公司要么像王安计算机公司一样停止生产计算器，要么像鲍马尔公司一样破产（德州仪器公司通过大幅削减成本幸存了下来）。

1972年初，惠普公司推出的HP-35震惊了市场，这是一款价值400美元的袖珍计算器，可以计算工程师和科学家需要的全部对数和三角函数。几年后，计算尺就和机械计算器一起被摆在了博物馆的架子上。曾经参与过惠普公司早期计算器研制的工程师豪斯（Chuck House）说：“不客气地说，我们其实什么都没发明，只是采用了摆在那里的想法，找出如何经济有效地实施它们的办法。”[4]

第一台可编程袖珍计算器是惠普公司的HP-65，1974年初推出时它的价格是795美元。德州仪器和其他公司很快跟上。这些计算器可以计算对数和三角函数，并以10位十进制数字的精度执行浮点运算。很多没有定制软件的大型计算机都做不到这一点。它们还可以存储和执行短程序，这对那些开始把计算器带回家玩的用户来说很有吸引力。这些人大多已经成年，是有实际计算需求的专业人士，包括土木和电气工程师、律师、财务人员、飞行员等（图7.1）。他们不是流行文化里的青少年黑客形象：“衣服皱巴巴的，不洗脸，不刮胡子，不梳头发……”[5]但他们的热情与麻省理工学院的编程爱好者不相上下。随着计算器价格下降,这类用户的数量逐渐增加,这是个人计算真正成为大众现象的第一个迹象。有幸能在 PDP-10 这样的计算机上"破解"的人数可能永远也不会超过几百人,但到了 1975 年,有超过 25 000 台 HP-65 可编程计算器在使用。[6]

图 7.1 1983 年乘坐"挑战者"号执行 STS-7 任务的航天飞机宇航员赖德(Sally Ride)。注意她旁边漂浮着的 3 个惠普可编程计算器。NASA 在休斯敦的一家百货公司买了这些计算器,只做了很少的修改。尽管航天飞机上有一套 IBM 4-pi 计算机用于引导、导航和控制任务,但机组人员仍然大量使用 HP 计算器。图片来自 NASA

尽管可编程计算器功能强大,尽管惠普公司早在 1968 年就在广告里使用了"**个人计算机**"这个词,但商业媒体还是不愿意称其为**计算机**。[7]惠普和德州仪器两家公司将这些机器当作日用品出售;它们养不起能帮助用户经过复杂的学习过程获得最有效知识的销售队伍。所以计算器都设计得足够好用,好用到不需要帮助,至少在基本任务中是如此。一些客户还想做更多的事情,由于从供应商那里得不到支持,他们就互相帮助,用户组、俱乐部、组内简讯和出版物的数量迅速增加。

微处理器

早在 1965 年,当时在仙童公司负责研发工作的摩尔(Gordon Moore)在方格纸上绘制了考虑价格因素后,单个集成电路可以容纳的最多的元件数量的变化图。摩尔指出,这个数值每年都会翻倍,他推测到 20 世纪 70 年代中期,单个芯片的逻辑复杂度将与 20 世纪 50 年代的整台计算机相当。10 年间,摩尔频繁更新的图表表明,这种指数级增长确实持续了下来。这个现象被称为**摩尔定律**,但正如摩尔本人讽刺地观察到的那样,摩尔定律适用于"几乎所有与半导体行业相关的现象,这些数值在被绘制在半对数方格纸上时,都近似一条直线"。[8]

摩尔定律持续了很长时间,以至于许多人认为它是芯片技术发展的自然规律,但摩尔本人认为,这个过程需要不断地投入人力、资金和创造力才能维持下去。[9]他和诺伊斯离开仙童公司并创办了英特尔公司,这是硅谷发展的关键时刻。英特尔公司热情"拥抱"了 MOS 芯片技术。它瞄准计算机内存市场,于 1970 年推出了爆款 1103 芯片。与当时已有的双极计算机逻辑相比,MOS 芯片速度较慢,但即使是慢速晶体管也能比磁芯更快地翻转内存里的位,而且多亏了英特尔,MOS 很快就变便宜了。[10]

起初,每个 1103 芯片只能存储 1024 比特数据,但如果 RAM 芯片延续之前的发展轨迹,是能够保证晶体管变得更小、容量更大的。由于开发了基于 MOS 的**硅栅极**变体,早期的英特尔公司在高密度芯片生产方面占有优势。市场上存在对更大内存芯片和其他复杂设备的需求,使英特尔公司有机会利用其优势,逐步增加销售量和销售额。但计算器市场不同,历史学家巴西特(Ross Bassett)指出,由于芯片成为廉价商品,即使计算器的销量上升,实际的收入也会下降。[11]

计算机工程师戈登・贝尔说:"半导体密度是计算机发展的真实驱动力,在不同的密度水平上会适时地产生不同的机器。"[12] MOS 使片上计算机的概念引起了关注——在一组集成电路,甚至一个集成电路上包含通用存储程序计算机的基本体系结构。1971 年,这个想法在硅芯片上实现了。英特尔公司的客户必兹康(Busicom)公司计划生产一系列有不同功能的计算器,需要一组包含高级数学函数逻辑的定制芯片。英特尔公司安排霍夫(Marcian E. Hoff)与 Busicom 公司合作完成这项工作。霍夫于 1968 年加入英特尔公司,是第 12 号员工。同一时期,德州仪器公司的布恩(Gary Boone)也设计了类似的电路。[13]

英特尔公司专注的一直都是有巨大潜在市场的通用芯片,但霍夫意识到,英特尔公司可以通过设计更少、更灵活的芯片来满足 Busicom 公司和许多其他潜在客户的需求。他提出了一种实现通用计算机体系结构的逻辑芯片。霍夫受到了 PDP-8 的启发——PDP-8 的指令集非常小,但它已经证明这对控制类应用程序很有用。芯片计算机可以更简单一些,但霍夫为它配备了一个堆栈,以便它可以高效地跳转到子程序,以执行更复杂的功能,用程序代码代替专门的数学运算硬件。就算程序代码的速度比较慢,但人按计算器键盘的速度无论如何也没有那么快。霍夫的想法是早期用计算机技术“溶解”其他设备内部的一个例子。新计算器看起来像是老式机械计算器的缩小版本,但它们用处理器和代码来模拟专用数字逻辑的功能,这又取代了传统计算器的连杆和齿轮。

4004 芯片的详细设计由马佐尔(Stan Mazor)完成。法金(Federico Faggin)对这个概念的实现至关重要,他于 1974 年离开英特尔公司并创立了其竞争对手齐洛格(Zilog)公司。Busicom 公司的代表嶋正利(Masatoshi Shima)对 4004 芯片也有贡献。诺伊斯与 Busicom 公司谈判并达成了一项协议,即英特尔公司以较低的价格为其供应芯片,而作为回报,英特尔公司有权利向其他客户销售用于非计算器应用的芯片。

最后,英特尔公司生产了一组四块芯片,它于 1971 年底第一次出现在商业杂志上的广告里,其中包括:“芯片上的微程序计算机!”[14]那就是 4004,在这块芯片上可以找到通用存储程序微型计算机的所有基本寄存器和控制功能。另外三块芯片是只读存储器(ROM)、随机存取存储器(RAM)和处理输出功能的芯片。当时英特尔公司还没有弄清楚这个发明到底是什么,而公司的专利律师也不同意霍夫用“计算机”申请这项发明的专利。英特尔公司的工作模式是工业客户购买微处理器,并自己编写专门软件烧录到只读存储器中,从而提供这个嵌入式控制器系统所需的功能。

弗罗曼(Dov Frohman)领导的另一个英特尔公司团队开发了一种ROM 芯片,当暴露在紫外线下时可以很容易地重新编程和擦除。有了1971 年推出的这种可擦可编程只读存储器(EPROM),开发基于微处理器的控制系统变得容易了。[15]在 20 世纪 80 年代中期之前,EPROM 一直都是英特尔公司最赚钱的产品线。[16]

4004 一次处理 4 位——正好编码一个十进制数字。在与 Busicom 公司合作的同时,英特尔公司还有一个类似的项目:为大型计算机终端生产一套芯片。为了处理终端的逻辑,马佐尔和霍夫提出了 8 位微处理器的设想,一次能够处理一个完整的字节,因而可以同时处理文本和数字。虽然目标客户决定还是使用传统的 TTL 芯片,但英特尔公司依然在 1972 年 4 月推出了 8008 微处理器产品。[17]

微处理器供应商提供了计算机系统的开发包。开发包基本上是完整的计算机,有微处理器、RAM 和 ROM,支持安装在印刷电路板上的芯片,并附有关于系统编程的教程手册。这组套件以 200 美元左右的价格出售,或者赠送给日后有可能批量购买的工程师。[18]

英特尔公司还构建了完全组装的开发系统,客户可以在上面测试应用软件,售价约为 1 万美元。公司聘请了加利福尼亚州蒙特雷海军研究生院的讲师基尔多尔(Gary Kildall)开发基于 IBM PL/I 的语言。[19]他将其称之为 PL/M。到了 1974 年,英特尔公司的两个开发系统 Intellec 4 和 Intellec 8 都包含了各自的常驻 PL/M 编译器。根据一部摩尔传记中的记录,负责营销英特尔公司微处理器的团队"毫不怀疑这就是英特尔公司的未来",但是摩尔脸涨得通红,坚持说:"这些系统绝对**不能**当作计算机来讨论。"摩尔担心,如果英特尔公司把这样的开发系统卖给最终用户,它就得与自己的客户竞争。[20]

小型公司真的开始用英特尔公司的新芯片制造计算机了。1973年出现了第一台基于微处理器的通用计算机,这要归功于从越南移民到法国的张仲诗(Truong T. Thi)。他的 Micral 基于英特尔 8008 微处理器,是一款坚固耐用、设计精良的计算机,电路板上还有内部插槽可以扩展。Micral 基本型号的价格不到 2000 美元,在接下来的两年内售出了大约 2000 台,取代了用于控制操作的小型计算机。[21]第二年,加拿大开始销售有两个内置盒式录音机的小型机器 MCM/70。它有内置的 APL 编程语言,这是大型计算机分时系统用户的最爱,但它的单行显示最适合数值计算。MCM/70 只生产了几百台。这两家公司都没有找到释放微处理器技术商业潜力的办法。[22]

早期的套件计算机

电子爱好者和发烧友在技术创新方面有着悠久的历史——例如,正是无线电爱好者在第一次世界大战后为远程无线电通信开辟了高频无线电频谱。二战后,美国陆军通信兵团的大量战争剩余装备流入了普通人手里。[23]他们的爱好从业余无线电扩展到了高保真音乐复制、自动控制和简单的机器人技术。业余爱好者这个社区为个人计算机建立起技术支持的基础设施,让计算机公司和芯片制造商都无法与之相比。这些基础设施还包括各种电子杂志,其中留下了爱好者们从模拟设计转向数字设计的痕迹。每一期通常都至少有一个实际项目。杂志还与小型电子公司达成协议,让它们提供刻蚀好的、钻孔的印刷电路板,以及其他任何难找的元件。

1973 年 9 月刊登在《无线电电子》(*Radio-Electronics*)上的“电视打字机”(TV-Typewriter)业余爱好者项目,由兰开斯特(Don Lancaster)设计,影响较大。该设备在普通电视机上显示 ASCII 编码的字母和数字字符。它预示着视频显示器和键盘将成为个人计算机的主要输入输出设备。[24]

Scelbi-8H 出现在 1974 年 3 月出版的 *QST* 期刊(无线电爱好者杂志)封底的一个小广告中,而这就算是它的发布了。它使用英特尔 8008 处理器,因此可能是第一台销售给电子爱好者的基于微处理器的计算机。套件的起价为 440 美元。[25]那年 7 月,《无线电电子》展示了另一台由布莱克斯堡的弗吉尼亚理工学院的泰特斯(Jonathan Titus)设计的套件计算机,杂志封面的标题是《建造 Mark-8:你自己的小型计算机》(Build the Mark-8: Your Personal Minicomputer)。[26]几千名读者寄出 5 美元购买一本使用说明书,然后被告知需要购买包括定制电路板在内的组件(47.5 美元),还得自己联系英特尔公司购买 8008 芯片(120 美元)。丹佛就出现了不止一个 Mark-8 用户俱乐部。

其他文章描述了用廉价 TTL 芯片制作的更简单的数字设备:定时器、游戏、时钟、键盘和测量仪器。它们反映了社区的共同努力——把虽然复杂但是前景光明的数字电子技术,带给熟悉更简单的无线电和音频设备的业余爱好者。

个人计算

1974 年是个人计算的奇迹年。当年 1 月,惠普公司推出了 HP-65 可编程计算器。那年夏天,英特尔公司发布了改进型微处理器 8080。7 月,《无线电电子》杂志介绍了 Mark-8。12 月下旬,《大众电子》(*Popular Electronics*)的订阅者收到了 1975 年 1 月刊,封面上有“牛郎星”(Altair)小型计算机的原型。这是新墨西哥州阿尔伯克基火箭模型业余爱好商店的罗伯茨(Henry Edward Roberts)设计的,他在销售计算器套件方面取得了短暂的成功。罗伯茨希望计算机套件更受欢迎。

微型仪器与遥测系统(MITS)公司的 Altair 计算机

《大众电子》的封面称 Altair(图 7.2)是“世界上第一个小型计算机套件”。它甚至看起来也很像通用数据公司的 Nova 计算机。Nova 是一款快速、紧凑且价格合理的小型计算机,它震撼了整个行业:长方形的金属外壳,控制内部寄存器的开关面板,以及表示二进制 1 或 0 的小灯。然而,Altair 的价格只有 1969 年推出的 Nova 基本型号的 1/10。罗伯茨和耶茨(William Yates)撰写的这篇文章指出,它是“一台成熟完整的计算机,可以与复杂的小型计算机相媲美”,而“不是‘演示机’或者增强型的计算器”。[27]不久之后,记者们在介绍 Altair 时称这些机器为“微型计算机”,这反映了它们的小尺寸和对微处理器的依赖。

图 7.2　Altair 8800 的外观模仿了小型计算机,但它的体系结构基于微处理器,成本低很多。除去安装额外的扩展卡,面板上的这些灯是其唯一的通信方式。感谢史密森学会美国国家历史博物馆医学和科学部供图

《大众电子》杂志提供的 Altair 套件价格低于 400 美元,已经组装好的整机则要贵几百美元。低价的主要原因是它用了英特尔公司的新型 8080 微处理器,这是第一个指令集和内存寻址能力接近当时的小型计算机的处理器。8080 的指令比 8008 更多,且速度更快,堆栈更大。它可以处理更多内存——高达 64 000 字节——但只需要 6 个支持芯片(而不是 20 个)就能组成可操作的系统。[28] 8080 的定价是 360 美元,而罗伯茨的小公司 MITS 买进的价格是每个仅 75 美元。[29]

Altair 的机箱里是一台由 TTL 集成电路构成的机器(除了 MOS 器件的微处理器),采用双列直插封装技术焊接在电路板上。Altair 使用集成电路而非磁芯作主存储器。相比其他电子组件,比如希思公司(Heath Company)出售的电子组件,Altair 要难组装得多。MITS 公司以 498 美元的价格出售"完全组装并经过测试"的计算机,但由于积压了大量的订单,用户们面临两种选择:要么订购套件,几个月后就能得到;要么订购组装好的计算机,或许还要等上一年甚至更长的时间。大多数人都选择了订购套件。

《大众电子》这篇文章面向的读者是电子爱好者,在他们看来,Altair 不是简单的组装套件,而是从零开始制造计算机。至少有一个组织,即成立于 1966 年的业余计算机协会,多年来一直试图帮助成员设计和制造自己的小型计算机,但只有少数业余爱好者具备实现这一壮举的动力和技能。[30] 相比之下,Altair 更像宜家(Ikea)的抽屉柜:设计已经做好了,所有的部件都在盒子里,任何人只要有相关的技能和合适的工具,最后都能把这些东西拼在一起。购买了套件的顾客们互相帮助,找到制作过程中不可避免的布线错误和焊接不良的连接。设计计算机很困难,大多数半导体公司也没有单件或零售的分销渠道。从这个角度看,顾客们理所当然感觉捡了一个大便宜。

顾客们把机器组装好并运行起来之后的第一件事就是玩游戏。但是罗伯茨本来是想把它当作一台严肃的工作机器出售的。在《大众电子》那篇文章里,他列了一个包括23个应用的清单:"多通道数据采集系统""机器控制器""供暖、空气调节、除湿自动控制器"和"机器人大脑"等。

当一台计算机仅售400美元时,用户是得不到生产小型计算机和大型计算机的公司所提供的广泛支持和基础设施的,技术上的支持只能来自用户组、非正式通讯、商业杂志、当地俱乐部、专业图书出版商、会议,甚至零售店。这种提供支持的基础设施对于个人计算的成功至关重要。历史学家经常提到的20世纪70年代中期在斯坦福大学校园附近聚会的自制计算机俱乐部(Homebrew Computer Club)尤为重要。[31] 已经存在的计算器用户组对个人计算也很重要。他们的时事通讯讨论了计算器和个人计算机两种技术的优缺点:一种能够轻松计算复杂的数学表达式;另一种更原始,但能做更多事情的**潜力**更大。可是许多成员都被个人计算机的各种错误所困扰。

自从分时系统和小型计算机成为大型计算机之外的另一种选择后,就有预言家和布道者开始攻击穿孔卡片和计算机机房的世界,承诺有着真正交互工具的数字天堂已经触手可及。最著名的是特德·纳尔逊(Ted Nelson),他在自己出版的《计算机解放/梦想机器》(*Computer Lib/Dream Machines*)里呼喊(封面是一个举起的拳头):"你**现在**能够并且必须了解计算机。"[32] 在特德·纳尔逊眼里,计算机是荣耀的"梦想机器",但是随着计算机越来越普及,清醒的用户发现它带来的乐趣更加真实,提出的挑战也更加艰巨。

可扩展性和模块化

把计算机作为裸机套件来销售,为成千上万的人提供了一个以自己(而不是计算机公司)可以控制的速度进入计算机时代的途径。与其前辈相比,Altair 体系结构的优势之一是使用了 8080 微处理器。它的开放总线也同样重要。计算机元件分布在几个被称为“卡”的小型电路板上。机箱底部的插槽相互连接,在机器的不同部分之间传输信号和电流,而电路板卡就插在这些插槽之中。

组装好之后的 Altair 最初也是空的,只有两张卡(一张卡上是 CPU,另一张上是内存)。MITS 曾经承诺为用户提供额外功能的卡,包括增加的内存、输入输出和其他功能,但由于对 Altair 本身的需求太大,为了早点出货,MITS 不能分身生产任何板卡。没有这些额外的板卡,Altair 能做的不外乎就是让前面板上的灯泡按某种模式闪光。但这个也不容易:在每个程序步骤都得拨动开关,把数字写进内存,重复下一步,再下一步——希望这段时间电源没有切断——直到整个程序(小于 256 个字节!)都存在内存当中。拨动小小的开关让手指受伤只是最小的挫败。当 MITS 生产的计算机有更大内存的时候,事实证明这种输入方式极其不可靠。

Altair 有 16 个空的插槽可以增加额外的电路板,有能力的用户等不及 MITS,他们自己设计并且构建了计算机其余有用的部分。其中一些做成功的人甚至自己开了公司,把做好的电路板卡卖给那些因动手失败而沮丧的 MITS 客户。有一种板通过串口把机器连接到电传打字机的终端或纸带阅读器,或者电视机和键盘。另一种板可以连接到打印机,向它并行发送数据。Altair 的电源关闭之后数据就会丢失,但没过多久,MITS 就设计了一个接口,可以把数据作为音频输出并存储在廉价的盒式磁带上。盒式磁带的存储速度很慢而且操作很烦琐——用户通常要制作好几份拷贝,经过几次尝试后才能成功地把数据加载到计算机。

信息管理服务联合公司(IMSAI)和其他几家公司改进了 Altair 机器,如果没有它们和其他出售插件卡的公司,Altair 的影响不会比之前的 Mark-8 更大。IMSAI 为小型企业用户制造了更坚固、更完善的计算机。后来,罗伯茨把 MITS 卖给了一家更大的公司。1977 年,MITS 开始衰败。

Altair 成为个人计算机行业的第一个标准。里德(Lou Reed)* 曾经对伊诺(Brian Eno)**发表过一个著名的评论——虽然他的实验摇滚乐队"地下丝绒"的第一张专辑只卖出了三万张,但每个听了这张专辑的人据说都组建了自己的乐队。[33]"地下丝绒"乐队最终于 1973 年解散,几乎没有人报道这件事,但它的影响超过了同时代在传统意义上更成功的摇滚歌手和组合,如"猫王"(Elvis Presley)、"齐柏林飞艇"(Led Zeppelin)和"海滩男孩"(the Beach Boys)。[34]同样默默无闻的 MITS 在其生涯中售出的计算机数量也差不多。与 IBM 和 DEC 相比,MITS 的收入微不足道,但它的用户里有像比尔·盖茨这样的人,他们创建了各个公司和整个行业,MITS 通过这些人间接地对历史产生了巨大影响。

微软公司的 BASIC 语言

让 Altair 做任何事用户都要编写程序,即使是最兴奋的用户也会厌倦拨动开关输入机器指令,于是 MITS 需要提供一种编程语言。BASIC 并不是罗伯茨可以为 Altair 选择的唯一编程语言。在许多计算机科学教授眼里,BASIC 语言只是个培养了糟糕编程习惯的低级玩具。还有其他更体面的选择:仍在科学工作中广泛使用的 Fortran;20 世纪 60 年代早期 IBM 的艾弗森(Kenneth Iverson)发明的一种交互式语言 APL(1973 年,它用在了一台失败的 IBM 个人计算机上);基尔多尔为英特尔微处理器开发套件开发的 PL/I 的一个子集。罗伯茨考虑过

---

* "地下丝绒"(The Velvet Underground)乐队的创始成员。——译者

** 英国作曲家、音乐制作人和音乐理论家。——译者

Fortran 和 APL,但最终选择了 BASIC,因为它简单易学,而且曾经在内存有限的计算机上运行过。[35]

这个选择使比尔·盖茨走上了成为世界首富的道路。当 Altair 出现在《大众电子》封面上的时候,盖茨是哈佛大学的学生,已经有多年的编程经历。盖茨的朋友艾伦(Paul Allen)看到了这本杂志,两人当即决定动手为这台机器编写 BASIC 编译器。[36]他们的 BASIC 以盖茨在 DEC 计算机上编程时了解的 BASIC 语言扩展为参考原型,而不是基于达特茅斯学院原始的 BASIC 语言。DEC 的资源共享分时操作系统(RSTS-11)专为只有 56 KB 内存的 PDP-11 型号 20 设计,通过这个系统,PDP-11 向被其汇编语言吓坏了的用户"敞开怀抱"。根据戈登·贝尔的说法,PDP-11"最初是一台难以理解的机器,只适合卖给具有丰富计算机经验的人"。[37]在达特茅斯学院的引领下,PDP-11 的创造者用 BASIC 作为主要的系统界面和编程语言。他们用 BASIC 编写了许多系统功能,例如用户登录和注销例程。这些功能需要扩展语言,直接访问硬件和内存。他们添加的命令,例如 SYS、PEEK 和 POKE,改变了 BASIC 的原始特征,让凯梅尼和库尔茨感到不悦。

由于盖茨的工作,BASIC 在早期个人计算机的编程语言和用户界面中都扮演了类似的核心角色。他和同学达维多夫(Monte Davidoff)根据英特尔 8080 的说明书在哈佛大学的 PDP-10 上编写 BASIC 语言。1975 年初,艾伦飞往阿尔伯克基给罗伯茨和耶茨演示。演示很成功。他们向 Altair 的客户承诺,将于 1975 年 6 月推出只占 4 KB 内存的 BASIC 版本。其他早期微型计算机上也有一些 BASIC 实现,但是都没有盖茨和艾伦的好。BASIC 卖给 Altair 用户的价格是 60 美元。盖茨坚称自己永远不会成为 MITS 的职员(艾伦在 1976 年前一直都是 MITS 的员工),他和艾伦用微软(Micro Soft)这个名字保留了 BASIC 的知识产权。

在1976年初发布的那封现在看起来颇有传奇色彩的《致业余爱好者的公开信》(Open Letter to Hobbyists)中,比尔·盖茨抱怨有人用纸带非法复制了他们的BASIC(图7.3)。为开发BASIC语言,他们支付的机时费就超过了四万美元。如果他和手下的程序员没有得到报酬,就会失去为个人计算机开发更多软件的动力。非法复制使所有个人计算都面临危险。他在信中说:"没有什么比雇10个程序员,用好用的软件淹没电子爱好者市场更让我高兴的了。"[38]到了1978年,他的公司——此时称为微软(Microsoft)公司(图7.4),已经切断了与MITS的关系,搬到西雅图的贝尔维郊区。在那里,从编程语言和系统构建工具开始,盖茨最终实现了他的诺言:雇佣足够多的程序员开发软件,"淹没"了市场。

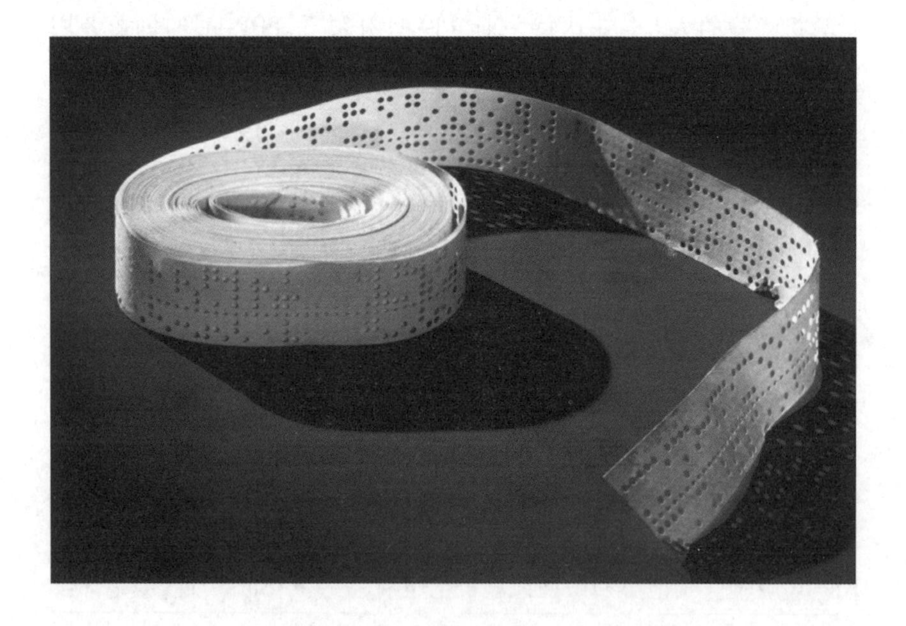

图7.3 包含Altair上用的微软公司BASIC程序的纸带。这种纸带非常容易复制和流传,用户也无需向微软公司付款,导致比尔·盖茨给业余爱好者写了一封著名的《公开信》。感谢史密森学会美国国家历史博物馆医学和科学部供图

图 7.4 1978 年从阿尔伯克基搬到西雅图之前，微软公司员工的集体照。前排左起：比尔·盖茨（联合创始人）、安德烈娅·刘易斯（Andrea Lewis，技术文档工程师）、玛丽亚·伍德（Maria Wood，簿记员）、保罗·艾伦（联合创始人）。中排：奥里尔（Bob O'Rear，数学程序员）、格林伯格（Bob Greenberg，程序员）、麦克唐纳（Marc McDonald，第一位受薪员工）、莱特温（Gordon Letwin，程序员）。后排：史蒂夫·伍德（Steve Wood）、华莱士（Bob Wallace）、莱恩（Jim Lane，项目经理）。图片经微软许可使用[39]

个人计算机操作系统 CP/M

软盘[学究们和 IBM 称之为磁碟(diskette)]是 20 世纪 70 年代后期到 80 年代这段时间个人计算的象征。但是 IBM 的诺布尔(David L. Noble)发明它的初衷却完全不同。IBM 推出的 System/370 使用了半导体存储器，它需要一种方法来存储计算机初始控制程序以及机器的微程序。IBM 于 1971 年发布了直径 8 英寸的软盘。[40]不久人们认识到，除了这个极其有限的用途之外，软盘还可以用在其他方面。特别是曾在 IBM 工作过的舒加特(Alan Shugart)，他认为软盘简单、便宜，是低成本计算机系统理想的存储介质。[41]尽管如此，软盘驱动器在个人计算发展的头几年还很少见。光有 IBM 的硬件创新还不够，为了使软盘实用，必须在系统软件方面有同样的创新。

在为英特尔公司开发 PL/M 编译器的同时，基尔多尔为自己编写了一个小型程序套件，管理进出软盘驱动器的信息。“结果证明，”他解释说，“这个操作系统，也就是微控制程序（Control Program for Micros），简称 CP/M，也很有用。”[42]基尔多尔还为其他客户编写它的变体。基尔多尔在加利福尼亚州蒙特雷的海军研究生院担任讲师期间，与妻子麦克尤恩（Dorothy McEwen）开始涉足软件行业。沃伦（Jim Warren）在那个有着古怪名字的《多布博士的计算机健美操和正畸杂志》（*Dr. Dobb's Journal of Computer Calisthenics and Orthodontia*）上发表了一篇文章介绍 CP/M，强调它的小型计算机“血统”，他的文章标题是《类似 DECSYSTEM-10 的命令语言和设施》（Command languages and facilities similar to DECSYSTEM-10）——DECSYSTEM-10 是我们之前讨论过的 TOPS 系统衍生出来的产品。沃伦总结说，CP/M“基于已经存在了 10 年（DECade）的好学易用的操作系统，设计得很好”。[43]

软盘的建议零售价远低于 100 美元。完整的软盘系统包括驱动器和控制器，大约 800 美元，虽不便宜，但磁盘存储比磁带快得多，并且可以更轻松地修改内容，因为用户不必遍历整个磁带卷轴来获取特定数据。CP/M 的销量很好，这让基尔多尔把所有精力都投入到了他的数字研究公司［Digital Research, Inc.，它起初的名字是星系际数字研究（Intergalactic Digital Research）公司］。[44]

第二年，也就是 1977 年，基尔多尔开发了一个有重要改变的 CP/M 版本。当时，推出了 Altair 的“克隆版”计算机的 IMSAI，希望获得 CP/M 的使用许可。基尔多尔重新编写了 CP/M，仅根据 IMSAI 计算机的具体情况定制了其中的一小部分，其余的是通用代码，不必在每次出现新计算机或磁盘驱动器的时候重写。他把定制的那部分代码称作 BIOS——基本输入输出系统。IMSAI 计算机系统的销售情况很快就超过了最初的 Altair,这要归功于其可靠的电源、可扩展的空间和对 CP/M 的支持。

CP/M 是最后一块拼图,组装完成后,个人计算机变成了现实。个人计算机的 DOS 与 Multics 这样的大型计算机操作系统几乎没有关系。Altair 只有一个用户,不需要安排和协调多个用户的任务。没有必要用链式打印机、穿孔卡片机和磁带驱动器塞满屋子,用户只需要关心个人计算机的几个端口。那时用户需要的是在软盘上快速、准确地存储和检索文件。通常,一个文件会被分成若干片段,插入磁盘上任何可以使用的空闲空间。操作系统的工作就是找到这些空闲空间,把数据片存放在那里,需要的时候寻找目标数据并重新组装。所有这些都给用户一种错觉,磁盘就像装满了纸质文件的传统文件柜。

个人计算机的大众市场

老牌计算机公司花了一段时间才认识到微型计算机的潜力,甚至连 DEC 也是这样。20 世纪 70 年代,它继续销售封装尺寸更小的小型计算机,价格还在不断降低,比如 1975 年的 PDP-8/A,其价格还不到 3000 美元。[45]当英特尔公司发布包含小型计算机基本要素的 8080 芯片时,DEC 正在做什么?领导了 VAX 初始设计的戈登·贝尔说:“我们当时正处在制造 VAX 的关键时刻”。[46]与 VAX 相比,20 世纪 70 年代后期的个人计算机看起来就像是玩具。围绕标准处理器构建计算机,意味着将体系结构的决策权交给半导体公司——DEC 怎么能允许自己这样做呢?

这使个人计算机市场对以前没有计算机行业经验的公司开放了。1977 年,康懋达(Commodore)、苹果和坦迪(Tandy)三家公司开始生产价格相对低廉且精美的个人计算机,希望把受众从电子爱好者扩大到对计算机产生了好奇心的消费者。每台计算机都包括驱动电视机或显示器的视频电路、盒式磁带接口和键盘。这种对标准硬件的集成，以及向新的更便宜、更高容量的**动态** RAM 芯片的转变，大大降低了计算机系统的成本。把 BASIC 烧录到 ROM 芯片上，使用户可以在开机后更快速轻松地开始使用计算机。

这些计算机中最成功的是 Tandy 公司的 TRS-80，部分原因是它作为公司自家的商店品牌计算机，在当时美国领先的电子连锁商店 Radio Shack（睿侠）* 广泛销售。起售价 400 美元的 TRS-80 使用 Zilog Z-80 芯片，后者比 Intel 8080 芯片更先进。Radio Shack 的营销队伍加上遍布全国的商铺，使这个产品一推出就大受欢迎。像 TRS-80 这样的机器是任何有钱且有兴趣的人都可以用来玩游戏或学习计算基础的设备。举个例子：几年后，在许多小型企业的记账和仓储管理系统中，人们都能看到 TRS-80 的身影，用户们从磁带或者软盘上加载 BASIC 编写程序。TRS-80 的成功标志着个人计算的价格昂贵的实验阶段结束了，开始进入相对的成熟期。[47]

TRS-80 最初的主要竞争对手是 Commodore PET 2001，它配有显示器、键盘和盒式磁带机，是一个未来主义风格的棱角分明的组合体。设计这台机器的是佩德尔（Chuck Peddle），他在几年前自己与他人共同创造的 MOS Technology 6502 微处理器的基础上构建了它。Commodore 公司于 1976 年收购了 MOS。原始 PET 计算机的主要劣势是计算器风格的键盘；它的主要优势是强大的 BASIC 内置版本。接下来的 5 年，公司推出了几代改进的 PET。

这三台计算机中的第三个——Apple Ⅱ 比 TRS-80 和 PET 都贵，但在市场上延续的时间比它们都长久，并最终卖得比它们更好（图 7.5）。这台诞生在硅谷车库里的机器，加上创造它的两个理想主义青年——

---

* 美国老牌电子产品零售商，曾于 2015 年宣布破产，几经收购后获得重生。——译者

乔布斯(Steve Jobs)和沃兹尼亚克(Steve Wozniak),成了硅谷不朽传奇的一部分。沃兹尼亚克在高中时接触过 DEC 的 PDP-8 的模块图,从那之后,他的爱好就一直是使用更少的组件重新设计小型计算机。1975 年,他在参加自制计算机俱乐部的第一次会议时看到了把这项技能付诸实践的机会——这个俱乐部成立的目的就是让电子爱好者有机会试用该地区的第一台 Altair。之后,俱乐部开始定期在斯坦福大学校园的一个大厅开会,有志向的计算机设计师在那里分享想法和原型系统。沃兹尼亚克为自己的项目选择了 6502 处理器(主要是因为它更便宜),迫切地想给同行留下深刻印象。他之前设计过"电视打字机",基于这个经验,他把处理器、内存、视频显示硬件和键盘接口都集成到一个紧凑的电路板上。乔布斯说服了沃兹尼亚克,这两位好友共同创办了苹果计算机(Apple Computers)公司生产并销售这些主板,以及包含沃兹尼亚克自己设计的一盒紧凑型 BASIC 磁带。[48]

图 7.5 三台预先组装好的微型计算机,于 1977 年建立了消费计算市场。每台计算机都有一个塑料外壳,内置键盘,至少 4 KB 的 RAM,并将 BASIC 烧录到 ROM 芯片以便即时访问。图片从左到右:Commodore PET 2001;Apple Ⅱ(与次年推出的 Disk Ⅱ 软驱一起展示);原始的 TRS-80 微型计算机系统(后来称为型号 1),它连接了一个可选的扩展接口(显示器下的盒子,于 1978 年推出)。起初最成功的产品是 TRS-80。图片来自科尔格罗夫(Timothy Colegrove)

沃兹尼亚克的后续产品 Apple Ⅱ的灵活性几乎与 Altair 计算机相当,又结合了 TRS-80 和 PET 的好用性。Apple Ⅱ是电路设计的杰作,用的芯片比同类型的竞争者所用的还少,但性能却超过它们。它的彩色图形能力极为出色,比大多数大型计算机和小型计算机都好,非常适合需要快速反应的交互式游戏,而运行游戏是大家公认的个人计算机最适合做的事情之一。Apple Ⅱ装在漂亮的塑料盒里,很有吸引力,不像 Apple Ⅰ那样只有一块光秃秃的电路板,没有键盘、电源,也没有外壳。它的名字也不是神秘冷漠的技术词汇,不那么吓人。

由于沃兹尼亚克的 BASIC 不支持浮点数,Apple Ⅱ捆绑了 Applesoft BASIC 磁带,而后者是在微软公司授权的代码基础上修改得到的。据说,1977 年 8 月苹果公司支付给微软公司的 10 500 美元版权费,在微软公司历史的关键时刻把它从破产的边缘拯救了出来。[49]

Apple Ⅱ与 Altair 一样,采用总线结构,上面有插槽可供扩展。沃兹尼亚克强烈推荐总线结构,这可能是因为他曾经在通用数据公司的 Nova 计算机上见过这种结构的好处。[50]总线结构使苹果公司和其他公司能够扩展苹果计算机的功能,保证其生存下来并进入 20 世纪 80 年代。微软公司曾经卖过一块非常畅销的电路卡 SoftCard,其功能就是将 Z80 处理器插入 Apple Ⅱ的扩展槽以运行 CP/M。

许多个人计算机公司,包括 MITS 和 IMSAI,都开始销售昂贵的软盘驱动器。沃兹尼亚克也开始设计有类似功能的磁盘控制器。苹果公司从舒加特联合(Shugart Associates)公司购买了驱动器(尺寸为全新的 5.25 英寸)。Shugart 设备有自己的控制板,但经过研究,沃兹尼亚克发现“其中 22 个芯片里大约有 20 个是不需要的”。他将少量芯片与在 Apple Ⅱ主处理器上运行的精确定时代码相结合,这种设计是效率的奇迹。[51]它比标准方法更快、更便宜,而且存储的数据更多(图 7.6)。

图7.6　沃兹尼亚克(昵称"沃兹")2002年在美国计算机博物馆拿着Apple Ⅱ和两个软盘驱动器。照片来自塞鲁齐

苹果公司的5.25英寸软盘可以存放113 KB数据,包括操作系统软件和插在计算机内部插槽的控制器在内售价共495美元。[52]改进后的控制器很快就把存储容量提高到了140 KB。苹果公司的销售数据开始上升,并在1982年超过了Radio Shack TRS-80系列。大多数购买者都选择了有磁盘驱动器和48 KB RAM的扩展系统。苹果计算机逐渐成了复杂游戏和应用程序的首选开发平台。这些应用程序就包括VisiCalc电子表格——我们将在下一章与微处理器技术的其他商业应用程序一起讨论。

Apple Ⅱ在教育市场特别成功。苹果公司向学校打折出售计算机,使中产阶级的父母可以买相同的计算机型号在家里使用。为 Apple Ⅱ开发的游戏《俄勒冈之旅》(*The Oregon Trail*)今天仍然是美国小学课堂的主要内容。于1978年发布的《俄勒冈之旅》,最初是20世纪70年代初期明尼苏达州教育计算联盟为分时系统开发的游戏,后来经过改进在苹果计算机上重新实现。游戏里的玩家带领一辆装满补给的马车和五个家庭成员跨过河流山川,穿越数千英里。玩家可以在游戏中做生意、找食物,(在1985年的改进版中)还可以游览风景优美的地标。游戏中1847年恶劣的生存环境给人留下深刻的印象——当马车到达目的地时,家庭成员里至少有一个会被响尾蛇咬伤,或者四肢骨折,或者经历了溺水和痢疾。[53]

公告板

除了类似 Minitel 系统的专用视频终端,配有调制解调器的个人计算机是另一种可行的上网方案。个人计算机通常运行免费或廉价的"终端仿真"软件,例如克里斯滕森(Ward Christensen)开发的 Xmodem,这些软件复制了传统终端的功能,使个人计算机用户不用购买单独的终端硬件就能访问各种在线服务。

用个人计算机上网,让寻求在线体验的用户形成了一个新的社区。计算机爱好者们发现自己的机器也可以提供业余的在线服务,或者连接到这些系统。公告板系统(BBS)以大学校园里常见的张贴各种主题字条的软木板命名。第一个计算机公告板系统于1978年在芝加哥上线,"目的是为计算机俱乐部的时事通讯提供内容"。[54]它用了一台运行 CP/M 的 S-100 系统。BBS 是典型的草根活动,一般由小型企业或计算机爱好者建立。公告板系统通常托管在个人计算机系统上,而不像商业在线服务那样运行在小型计算机上。BBS 的内容根据 sysop(系统操作员)的心血来潮而有所不同。购物中心 BBS 的内容可能是商店列表、电话号码和电影放映时间等。小型企业张贴的是有关服务、营业时间、位置的信息。成人主题的站点和色情交流区也很常见。计算机维修店或电子维修店建的 BBS 有多条电话线连接,这些 BBS 逐渐演变成社区的网络中心,人们可以发送和接收简单的文本消息。

BBS 对硬件的要求最低,通常一条额外的电话线和一台配有硬盘驱动器的个人计算机就够了。大多数 BBS 都用了佐治亚州海斯微型计算机产品(Hayes Microcomputer Products)公司的新产品——所谓的智能调制解调器,它可以自动连通和断开计算机与电信线路的连接,无需人工干预。这样,公告牌软件就能保持免费或者较低的价格。

BBS 为普通的个人计算机拥有者提供了一条途径,让他们得以进入直到那时只有军事基地和大学用户才能访问的世界,并在用户中创造了一种真正的社区意识。只要网络连接用的是本地电话,美国的个人计算机用户就可以没有顾虑地想连多长时间就连多长时间。电话网络是受监管的垄断行业,它的收费策略受到政治和技术决策的双重影响。本地电话不按时计费,只收统一费用的一部分。长途电话按分钟计费,价格更高,用来补贴本地电话。

BBS 操作员发明了一种逃避长途电话费的方法,在电话费用很低的深夜收集信息,并发送到各个遥远的目的地。因为消息是成批的,所以电话呼叫可以很快完成。最受欢迎的存储转发软件的开发者把自己的作品叫作 FidoNet,意思是一只尽职尽责从前门草坪捡报纸的狗。20 世纪 80 年代中期,与 FidoNet 连接的本地公告板为那些没有连接因特网的用户提供了在全球传递电子消息的潜力。FidoNet 只需要间歇性的连接,在电信基础设施不太可靠的发展中国家影响尤其大。

1983 年的电影《战争游戏》(*WarGames*)的文化基础就是电子公告板。电影里的一个高中生书呆子差点引起核战争,他在自己的 IMSAI 计算机上编程,自动拨打指定地区里的每个电话号码,希望找到某个电子游戏公司的内部系统,故事就此开始了。这个高中生没有找到游戏公司的系统,却偶然碰到一台想跟他玩游戏的孤独的国防部大型计算机。这部电影帮助建立了一种新的黑客的刻板印象,这群年轻人拥有几乎神秘的力量来绕过计算机安全防护,病态地渴望窜改或窃取计算机系统里的信息。新的黑客角色根源于麻省理工学院原始的黑客含义,但总体来说更有威胁性。[55]

实际上,相比在现实生活中成为黑客的受害者,人们在电影里看到黑客的可能性更大。媒体历史学家德里斯科尔(Kevin Driscoll)估计,从 BBS 出现的 1977 年到之后的 1998 年,美国累计的电子公告板用户数量大约是 250 万。这是一个相当大的在线人口,但只占个人计算机用户总数的一小部分。1989 年,美国人口普查局发现,在拥有个人计算机的家庭中只有不到 6% 的家庭用计算机访问过电子公告板。[56]

电子游戏

许多人第一次长时间与计算机交互都不是在键盘上打字,而是在游戏厅里疯狂拍打按钮,摇动操纵杆。年轻人聚在游戏厅里投币娱乐有着悠久的历史。[57]美国的政客并不信任赌博机——它们在拉斯维加斯赌场外是禁止出现的,甚至在第二次世界大战不久后以现代形式出现的弹球,在纽约、洛杉矶和芝加哥也都属于被禁之列。20 世纪 80 年代初,投币式电子游戏取代弹球机成为游戏厅最主要的吸引力,它们在酒吧和快餐店等其他公共场所也无处不在。游戏厅是许多成长于美国和其他发达国家的人们童年经历的重要部分,仅在美国运营的游戏厅就超过了一万家。

早期的街机游戏

第一台电子游戏街机是在微处理器使通用计算机技术便宜到可以使用之前出现的。于 1971 年推出的《计算机太空》(*Computer Space*)实现了流行的计算机游戏《太空大战》的基本功能。它相当成功,销量超过了1000台,但对于大多数从未见过电子游戏的潜在玩家来说,这款游戏太复杂了。1972年发布的一款简单的双人网球电子游戏《乓》(*Pong*),是这个新兴行业的第一个热门产品。它是新公司雅达利(Atari)的首款游戏[雅达利公司是《计算机太空》背后的团队成员布什内尔(Nolan Bushnell)和达布尼(Ted Dabney)创立的]。《乓》简单易学而且非常好玩,在安装了许多机器的酒吧里,这个特点非常重要。两台机器都用数字电子设备而不是微处理器和代码来实现游戏逻辑。[58]《乓》的灵感来自米罗华奥德赛(Magnavox Odyssey)家庭视频游戏系统中的一款游戏。它又启发了一系列家用《乓》游戏机,在一家日本公司开始出售集成了游戏核心功能的芯片后,这种游戏机就更容易制造了。20世纪70年代中期,大多数家用游戏机都是体育主题,《乓》经过调整后也有了网球双打、足球、壁球等种类。

另一款热门的雅达利游戏《打砖块》(*Breakout*)把"球拍"移到了屏幕底部,并增加了一堵"砖墙"让玩家拆除。与《乓》不同,它是一个单人游戏。在它的单色屏幕上方,有一道道像玻璃纸一样的彩色条带,使《打砖块》和那个时代其他游戏的简单图形界面变得生动起来。这款街机游戏也因为其电子设计的效率而被记住:乔布斯和他的朋友沃兹尼亚克刚开始合作的时候,当时在雅达利公司工作的乔布斯提交了一个非常高效的硬件设计,而这是沃兹尼亚克设计的。[59]几年后,沃兹尼亚克在Apple Ⅱ原型机上编写了软件《打砖块》,用来试验Apple Ⅱ的彩色图形功能,沃兹尼亚克说"这是有史以来最伟大、最惊天动地的尤里卡*时刻",因为"与硬连线的游戏相比,软件游戏将更加先进"。[60]

---

* Eureka,意为我发现了!相传是阿基米德测出金子纯度时所说的话;现用作因重大发现而发出的惊叹语。——译者

《打砖块》的代码印在Apple Ⅱ手册里，而最初几年的每台Apple Ⅱ都配备了游戏手柄。

基于微处理器的游戏

20世纪70年代后期，计算机部件的价格下降，加上烧录进ROM芯片的计算机代码，使制作出更精细的电子街机游戏成为可能。热潮始于由西角友宏（Tomohiro Nishikado）为日本太东（Taito）公司设计的《太空侵略者》（*Space Invaders*）。它的组件大多是标准的，包括英特尔8080处理器和德州仪器公司的音频芯片。游戏中的外星侵略者组成一堵墙，列队从屏幕一边向另一边行进，一点点靠近玩家的激光炮。它们投掷炸弹；玩家则用激光炮反击。在处理能力有限的游戏机上，主力侵略者起步缓慢，在它们被解决掉一部分后，幸存的侵略者移动得更快一些，音频的节奏也加快了。游戏中的侵略者最终总是能征服地球，但得分最高的玩家可以输入自己名字的首字母来嘲讽他人。在游戏于1978年发布后的几年里，Taito公司卖出了几十万台《太空侵略者》游戏机，而这些客户又从不断投币的狂热的玩家身上，赚到了几十亿美元。

由于《太空侵略者》的成功，在接下来几年里轰击外星人的主题主宰了街机游戏。市场角逐也推动了竞争对手游戏的快速发展，例如《小蜜蜂》（*Galaxians*）、《大蜜蜂》（*Galaga*）、《银河号太空船》（*Astro Blaster*）、《不死鸟》（*Phoenix*）、《紧急起飞》（*Scramble*）、《月球战车》（*Moon Patrol*）和《太空火鸟》（*Space Firebirds*）：彩色图形、语音、跳动的音乐、盘旋在空中而不是成群列队行进的外星人、可供飞越的行星表面、不同级别而不是无休止重复的任务。玩家的游戏水平进步很快，有些人可以用一个硬币玩很长时间。作为回应，游戏变得越来越难、越来越复杂，最终在来自威廉斯电子（Williams Electronics）公司的游戏《防卫者》（*Defender*）中难度达到巅峰。这款游戏速度快得惊人，里面有一群致命的外星人,玩家则要应付包含五个动作按钮和一个操纵杆的控制系统,操作难度很大。一般的玩家通常在几秒内就死了,而他们会把下一枚硬币留给另一个不那么令人生畏的机器去玩其他游戏,但是高手在玩这个游戏时总是能吸引一大群人围观。

随着行业的蓬勃发展,游戏机的基本硬件都变得差不多——操纵杆、一两个开火按钮、屏幕、处理器、内存、音频芯片等,但游戏里的场景更古怪了,例如在《青蛙过河》(*Frogger*)中,青蛙要穿过繁忙的道路和危险的河流,或者在《Q 伯特》(*Q*Bert*)中,有着巨大鼻子的粉红色外星人在金字塔周围跳跃,改变自己的颜色。威廉斯电子公司的另一个爆款游戏《鸵鸟骑士》(*Joust*),其主角是骑着鸵鸟飞行的骑士,而被击败的敌人会变回鸡蛋。

1980 年的《吃豆人》(*Pac-Man*)是日本南梦宫(Namco)公司有史以来最火爆的游戏。据报道,这款游戏的设计目的在于吸引女性玩家(市场预计,相比以射击为主题的游戏,女性对以“吃”为主题的游戏反应更好)。[61]“大嘴团”在迷宫中奔跑,吃掉屏幕上的小圆点。自 20 世纪 70 年代以来,迷宫游戏一直是电子游戏的主流。在吃掉屏幕角落四个闪烁的点之一后,吃豆人在游戏中猎物的身份会发生短暂的逆转,正常情况下要躲避的鬼魂变成了它可以追逐的猎物,在这个短暂的时间里它甚至可以吃掉鬼魂。《吃豆人》有许多续作,游戏中的主要形象被广泛授权给各种商品使用,一直是极具识别度的流行文化符号。

《吃豆人》和《太空侵略者》游戏机与 Apple Ⅱ 等个人计算机类似,也使用了位图图形显示技术。20 世纪 70 年代末和 80 年代初的街机还有另一种不同的显示技术:矢量图形。与当时许多小型计算机使用的显示器一样,这些街机显示器的射线管直接打出电子束绘制图形中的细线。最初的《太空大战》游戏就用了矢量图形显示器。雅达利公司对矢量图形游戏十分内行,它的经典作品包括:《月球着陆》(*Lunar*

Lander，直接复制了 DEC 用于展示自己图形处理能力的热门游戏）；《爆破彗星》（*Asteroids*，有史以来最畅销的游戏之一，见图 7.7）；《暴风射击》（*Tempest*）；《星球大战》（*Star Wars*）。稀疏、清晰的图形最适合展示太空景观。1980 年，雅达利公司发布的坦克决斗游戏《战争地带》（*Battlezone*）首次在街机游戏中使用了真实的透视图形。在位图显示技术改进之后的 1985 年左右，矢量图形游戏的开发就停止了。

图 7.7　这个《爆破彗星》街机游戏，每 25 美分能换取 3 条"命"。早期街机依靠机柜上和屏幕边缘周围醒目的彩色补充其有限的图形能力。受《太空大战》的启发，《爆破彗星》采用的矢量显示很清晰，但是只有一种颜色

雅达利公司的 VCS 家用游戏机

1977 年,雅达利公司推出新的家庭电子游戏系统,要建立家庭电子游戏的模式,把美国家庭的客厅和地下室变成令人疯狂的游戏《太空侵略者》和《导弹指令》(*Missile Command*)的场所。电子视频计算机系统(VCS)并不是第一款家用游戏机,而是第一个广泛使用的插卡式游戏机。此后游戏机的销售模式都相同:推出的游戏机本身定价很低,但每款游戏的销售利润很高,通过这样收回成本。游戏机作为电视机的外围设备出售,使电视从一种被动的体验变成了参与性的新型家庭体验。[62]

这台机器的售价是 199 美元,在那个时代的标准下很便宜(虽然相当于今天的 800 多美元)。为了达到这个价格,雅达利公司不得不做一些重大的折中处理。VCS 是真正的计算机,有一个 Mostek 6507 微处理器(这是许多家用计算机用的 6502 微处理器的一个稍微便宜点的版本)和处理图形和声音的定制芯片。雅达利公司给游戏机规划的 RAM 只有 128 字节,远低于任何个人计算机。程序代码被烧录到盒带内容量相对大一点的 2 KB 或 4 KB 的 ROM 芯片上。

VCS 的像素分辨率是 160 × 192,但即使是这样小得可怜的分辨率,那个只有 128 字节的 RAM 也无法容纳完整屏幕的图形信息。VCS 硬件设计针对的是简单的游戏。特殊的设施能够显示两个细节相对丰富一些的“精灵”(sprite)*,每个玩家控制一个。在 VCS 系统的《战斗任务》(*Combat*)游戏(图 7.8)里,精灵是坦克或飞机之类的东西。硬件跟踪“球”和“导弹”精灵的位置,把它们绘制到合适的点上。屏幕上的其他一切都是背景图形,绘制的分辨率较低,代表早期游戏中的云或

---

* “精灵”是计算机图形学中的概念,指被集成到更大场景中的二维位图。街机时代的“精灵”指有背景的由硬件拼合在一起的固定大小对象。——译者

迷宫墙之类的东西。由于内存不够大，存不下整个背景，程序员必须了解在电视机屏幕上扫描的电子束位置，对代码进行计时。例如，电视机每 0.000 13 秒画一行像素线。在画完一行到开始画下一行的那段时间，程序必须把背景图形下一行的位加载到驱动图形硬件的 20 位寄存器中。背景的宽是 40 个像素，在默认情况下 VCS 绘制的是对称图案，当光束扫过屏幕，画面上的任何东西都要在精确的时间点更新寄存器。计算机输出一个完整的视频帧之后，在再次开始绘制屏幕之前有一个相对长的时间间隔（几乎是 0.01 秒），程序在此期间要完成所有其他工作。[63]

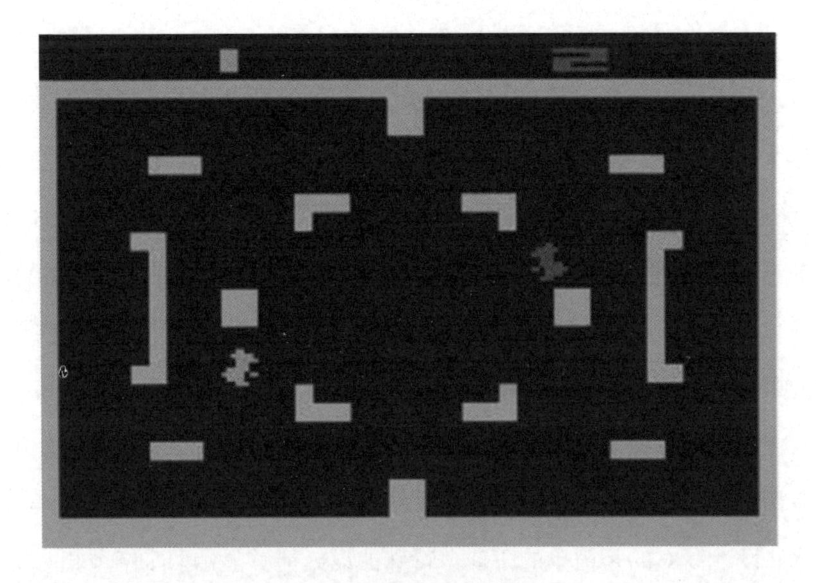

图 7.8　许多 VCS 游戏机都捆绑销售的《战斗任务》游戏（1977 年），按设计的方式使用硬件：对称的方形游戏场、两个玩家控制的精灵和两个相互射击的"导弹"。后来有些游戏用相同元素绘制出令人惊讶的复杂屏幕

大多数早期 VCS 游戏都按设计预期来使用硬件——两辆坦克、赛车或者球拍在原本静止的屏幕上移动。从 1980 年开始，当 VCS 的程序员想到办法用这些不怎么有趣的元素复制了流行的街机游戏，VCS 才真正开始起飞——它忠实再现了《太空侵略者》，这个游戏的销量达

到了数百万份。VCS 的窍门是,在绘制屏幕时修改玩家、球和导弹精灵的位置,使它们可以在同一帧中重复使用。玩家以前在游戏中用激光炮射击单个侵略者,现在则可以与整个外星人舰队作战。[64]绘制背景的寄存器能够被精确地定时更新,屏幕底部堆积了被炮弹炸得满是弹痕的防御盾牌。

正如博戈斯特(Ian Bogost)和蒙特福特(Nick Montfort)所言,程序员把这个过程称为"与光束赛跑",因为他们必须在电视机的电子束到达屏幕某个位置时处理数据。雅达利公司的《吃豆人》里,绘制四个"鬼魂"的精灵要在视频帧之间移动,每个鬼魂只出现在 1/4 帧中*,导致它们疯狂地闪烁。尽管如此,《吃豆人》的 VCS 版本仍然大卖了 700 万个拷贝,是销售量最大的 VCS 游戏。由于编程技术的进步,次年发布的《吃豆小姐》(*Ms. Pac-Man*) VCS 版本要出色得多,动画更流畅,更接近街机游戏。在 VCS 的整个生命过程中,程序员的创造力越来越旺盛,他们在《探宝奇兵 2》(*Pitfall Ⅱ*,1984)等游戏中只用很少几个可以控制的图形对象,就能绘制出满是移动形状的复杂景观。[65]

虽然技术更先进,但后来喜欢 VCS 游戏的人数要少得多。尽管雅达利公司和竞争对手都增加了产量,但公众对新电子游戏的热情已经开始减弱。雅达利公司还把电影《E. T. 外星人》(*E. T.*)改编成游戏,在 1982 年底的假期推出,希望复制此前的成功。不幸的是,这个游戏的制作甚至比第一部《吃豆人》的改编版更匆忙、更没意思。玩家在游戏中总是会掉进洞里出不来。因此,大多数拷贝仍然卖不出去。这预示了下一年的行业崩溃。民间传说,雅达利公司在新墨西哥州阿拉莫戈多的一个土地填埋场秘密掩埋了几十万个没有卖掉的盒带,其中就包括许多《E. T. 外星人》游戏。雅达利公司的巨额亏损甚至影响到了

---

* 四个"鬼魂"共用一个精灵,每个"鬼魂"每四帧才更新一次。——译者

其母公司华纳通信(Warner Communications)的财务状况。第二年,华纳公司以低价将雅达利的游戏机和家用计算机部门卖给了 Commodore 公司,精明而务实的 Commodore 公司创始人特拉梅尔(Jack Trameil)大刀阔斧地砍去了雅达利的大部分部门,并把剩余部分稳定了下来。

雅达利公司曾多次努力推出更新的游戏机来取代 VCS,其最后一次尝试是 1993 年推出的 Jaguar 游戏机,但这些努力都没能复制曾经的成功。VCS 最后改名为 2600,又持续生产了 15 年,在全球销售了大约 3000 万台,这是个了不起的成绩。近年来,雅达利 VCS 以授权产品的形式在怀旧游戏中频繁"复活",例如非常不舒服但经典的雅达利游戏手柄复制品,里面有一个用单芯片再创造的 VCS 和一个模拟游戏库。一个活跃的小型程序员社区仍然在继续探索 VCS 硬件的极限——在模拟器上编写、运行新游戏,或者将其加载到原始硬件中运行。

计算机进入家庭

第一波成功的个人计算机是众多在设计上仿照了 Altair 计算机的 S-100 总线机器,其销售的对象是那些电子"修补匠",而吸引他们的就是组装系统的挑战和乐趣。下一波成功的个人计算机,如 Apple Ⅱ 和 TRS-80,其完整的系统包括内存扩展、一两个软盘驱动器、打印机和显示器,售价几千美元。高档配置的系统可能和新车一样贵,这意味着即使这些计算机面向的是"大众市场",也主要销售给对新技术有着异常热情的中上阶层家庭。

几年后,出现了一种短暂的计算机类型——家用计算机,这促使了真正的大众市场的诞生。市场上有几十种家用计算机,大多数与竞争对手的机器完全不兼容,甚至同一家公司的计算机型号之间也互不兼容。买一台计算机相当于全身心投入了一个由独特硬件、软件、用户群和杂志组成的生态系统。忠诚的用户拒绝其他机器,坚决捍卫他们所选机器的荣誉，并围绕它建立自我的一部分。这段时期的历史讨论大多也类似，有关家用计算机的书都是与某个平台有情感联系的人针对单一平台专门撰写的。[一个由多家日本公司组成的团体曾与微软公司合作，尝试了计算机标准型号的想法，但失败了——它们于 1983 年推出 MSX 家用计算机标准，希望复制 VHS（家用录像系统）录像带标准的成功。至少有 20 家消费电子公司生产了 MSX 标准的兼容机，虽然日本、巴西和韩国的本地制造商的产品销售情况良好，但这些机器大多数很快就消失了。]

个人计算机和家用计算机之间的分界线最初是由营销策略和客户反应决定的。Atari 800 个人计算机于 1979 年作为 Apple Ⅱ 的竞争对手推出，虽然它可供扩展的空间较小，但构造更好、速度更快，有更多的标准功能。然而由于苹果在小型企业和教育用户中的领先优势，以及雅达利计算机卓越的声音和动画图形芯片，Atari 800 被当作游戏机，几乎只卖给家庭用户。

我们希望展示主要家用计算机的独特之处和魅力，但从历史的角度来看，它们之间的共同点比区别更重要。与出售给企业、学校和富裕家庭的苹果机器不同，这些机器设计的成本只比雅达利 VCS 游戏机高一点。家用计算机配有烧录在 ROM 中的 BASIC，被定位为计算机时代经济实惠的入门级产品。普通家庭的一些电器可以当作计算机外围设备使用，例如用电视机代替专用的显示器，还可以用盒式磁带机加载和保存程序。大多数附加硬件（如磁盘驱动器和内存扩展单元）都是密封的，可以从外部插入计算机。

然而在实际使用中，家用计算机的主要用途就是玩游戏。商业游戏通常用机器语言编写，比 BASIC 更快、更紧凑，并且还能调用对 BASIC 程序员隐藏的硬件功能。20 世纪 80 年代中期，软件公司发展壮大，开始在更强大的平台上开发系统，编写和组装游戏代码，使游戏生产实现了专业化。但早期的游戏主要还是那些被称为"卧室程序员"的人开发的,他们在家里的计算机上工作,并将成果交给游戏发行商。

充分利用微型计算机

在提高"计算机素养"的旗帜下,政府资助了很多能够激发民众对计算机技术的兴趣、传播使用和编程技能的活动。这一代儿童在学校或家里都广泛地接触到编程,与在他们前后出生的孩子都不同。BASIC 仍然是到那时为止使用最广泛的语言,受 Lisp(表处理语言)影响的 Logo 语言(用于通过在屏幕上绘制对象来教授编程)也很受欢迎。计算机"扫盲"是真正的国际运动——即使在当时个人计算机非常稀少的苏联也有这样的运动,但侧重于对控制论思维的培养。[66]

这场运动在撒切尔时代的英国尤为剧烈,那时政府希望新的高科技兴起,希望更传统、工会化程度更高的行业逐渐消亡。《微型千年》这样的书,以及 BBC(英国广播公司)的《充分利用微型计算机》(Making the Most of the Micro)等节目,都试图描绘新机器重新打造的世界,预言家庭、学校和小型企业将使用计算机开展主要的日常活动。[67]

家庭和计算机都有各自的悠久历史,而且几乎完全没有关联。一方面,为了让"家用计算机"这个新理念更合理,计算机显然必须做出改变,向更便宜、更小、更不那么令人生畏的方向发展。另一方面,不那么明显的是,家庭必须被重新设想为一个需要计算机的地方。计算机爱好者和广告商都尽力编织合乎逻辑的计算机化的家庭生活方式。比较早的一个想法是,把在工业和实验室环境里验证过的计算机数字控制功能应用到家庭当中:给计算机增加一些额外的硬件,使其可以控制供暖系统、开灯关灯,以及打开车库门。不过这样的项目只能吸引电子爱好者。

计算机制造商试图想象出更有普遍吸引力的应用程序。家是家庭成员互动的中心,广告和建议书经常强调计算机可以为所有家庭成员带来好处——帮助孩子完成学业,帮助父亲处理个人财务,帮助母亲使用“食谱”“食品储藏室清单”和“购物”等程序。[68]图 7.9 中的德州仪器广告借用了情景喜剧里完美的异性恋白人家庭刻板形象——他们住在郊区宽敞的大房子里,而家用计算机把家庭成员聚集在一起。1977 年有一个著名的 Apple Ⅱ广告——男子用计算机绘制股价图,手边放着《华尔街日报》(*Wall Street Journal*),在厨房台面上准备食物的妻子停下来看着他,并露出安心的微笑。[69]信息技术驱使新的社会秩序形成,而计算机被包装成为新秩序做准备的工具,但讽刺的是,在离婚更加普遍、更多女性走出家庭并迈进职场的 20 世纪 70 年代,它的营销方式却是加倍宣扬已经被新的社会趋势侵蚀的保守观念。甚至向幼儿介绍这些机器的图画书《魔法机器》(*The Magic Machine*)也延续了传统性别角色的固有模式(图 7.10)。[70]

早期家用计算机

第一批真正成功的家用计算机是于 1981 年推出的:美国的 Commodore VIC-20 和德州仪器 TI-99/4A,以及英国的 Sinclair ZX81。Sinclair 计算机针对英国可支配收入较低人群的需求设计,在一个楔子形状的小塑料壳里包装了全部组件,是最纯粹的低成本极简主义表达。[71]组装好的 ZX81 成品售价只有 70 英镑(如果是未组装的套件则价格更低),大约相当于当时的 140 美元(图 7.11)。

ZX81 的低价得益于芯片技术的进步:它只用了 4 个芯片。其中 3 个分别是 ROM、RAM 和处理器,第 4 个是 Ferranti 公司生产的专用集成电路(ASIC)芯片,取代了辛克莱(Sinclair)公司之前的计算机型号使用的 17 个成品芯片。这是一个**自由逻辑阵列**(uncommitted logic

图7.9　像德州仪器家用计算机这样的广告，试图表明计算机将会成为小家庭的新聚集地。计算机屏幕上突出显示的应用包括编程、个人财务、教育和娱乐。感谢德州仪器供图，图片由罗波洛(Bryan Roppolo)扫描

图7.10 对《魔法机器》的宣传是:“一本有趣且具有教育意义的图画书,向最年轻的家庭成员介绍家用计算机。”左上角图片下的描述文字是:“妈妈笑着说魔法机器可以从做饭开始。”引自《字节》(*Byte*),1983年1月,第444页。感谢英富曼(Informa)公司供图

图 7.11 ZX81 在英国卖得很好，它超低的价格弥补了内存容量只有 1 KB 的限制。W. H. 史密斯（W. H. Smith）是英国一家全国性连锁店，不仅为计算机做广告，还为与它一起使用的程序、杂志和空白磁带做广告。引自《计算机和电子游戏》（*Computer & Video Games*）第 1 期，1981 年 11 月，第 38 页。感谢 W. H. 史密斯（W. H. Smith）供图

array),在标准逻辑组件的网格上面叠加了一层自定义连接。ASIC 最初对电子设备和大众市场计算机的影响最大,而这些领域的生产量足够大,能够预付定制芯片的生产费用,单片的利润很低。

ZX81 的组件包括一个没有实际按键的触控薄膜键盘和粗糙的单色显示屏,没有声音输出(图 7.12)。标准内存只有 1 KB,甚至不够容纳显示器的内容,于是用文本填充屏幕就会导致内存不足的错误。在计算机唯一的扩展槽上插入 16 KB 的 RAM 卡可以解决这个问题,但由于 ZX81 的背部有一个倾斜的角度,而扩展槽是一个直边,触碰时计算机可能会被重置。* 这个问题被称为"RAM 卡摇晃"(RAM pack wobble)。两年后,Sinclair ZX81 的价格进一步下降到 40 英镑,据称售出超过 100 万台。生产这款机器的天美时(Timex)公司在美国以自己的品牌又另外卖出了 50 万台。

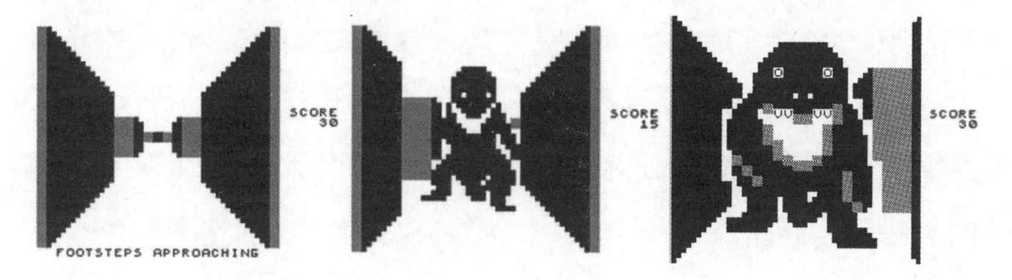

图 7.12　家用计算机的程序员表现出极大的创造力。ZX81 有一个基于文本的显示器,用特殊字符表示块形状和阴影。马尔科姆·埃文斯(Malcolm Evans)于 1981 年开发的《三维怪物迷宫》(*3D Monster Maze*),用这些平淡无奇的元素制作了三维迷宫动画——狂暴霸王龙的家园

Sinclair 计算机的后续产品"光谱"(Spectrum)于 1982 年推出,因其能够显示彩色图形而得名。为了克服 ZX81 最明显的缺陷,Sinclair 公司还把大多数型号的内置内存提高到 48 KB,增加了一个蜂鸣器,并

---

* ZX81 的形状是个楔子,扩展槽在较短的那条边上,而 RAM 卡通常比较重,插进扩展槽后连接不紧密,容易松动,引起数据丢失。——译者

在薄膜传感器上放了一些与键盘按钮相似的小橡胶块。[72] Spectrum 主导了英国的家用计算机市场,在这个人口只有美国人口 1/5 的国家销售超过了 500 万套,并开启了充满活力的本地电子游戏产业。[73]它极端简单,吸引了西班牙和葡萄牙这样的当时低收入水平国家,而东欧的部分国家也生产了未经许可的复制品。归功于巴西为鼓励国内生产而设置的强大贸易壁垒,微数字电子公司(Microdigital Electrônica)于 1985 年推出了巴西第一台普通家庭负担得起的计算机——Spectrum 克隆机。

英国中产阶级家庭和学校更愿意选择 Spectrum 的竞争对手——BBC 的 Micro 计算机。当时,英国政府正陷入与工会绵延不绝的斗争,特别积极地宣传微处理器加速了向后工业"信息社会"的过渡。BBC 作为英国的公共服务广播公司,制作了几个教育系列节目,帮助人们掌握新技术。BBC 的节目没有用现成的计算机型号,相反,BBC 资助橡子计算机(Acorn Computers)公司开发了拥有全部必需功能的计算机 Micro。这台机器的端口和扩展选项种类繁多,可连接打印机、调制解调器、游戏机手柄、附加处理器、磁盘驱动器、模拟仪器,以及装有应用程序或附加编程语言的 ROM 芯片。它还有一个可选的连接到 BBC 图文广播的硬件套件,包括可下载的软件。BBC Micro 的成本比 Sinclair 计算机高很多(虽然远低于 Apple Ⅱ),但它质量好,十分灵活,是黑客和"电子修补匠"喜欢的选择。[74]

美国的家用计算机虽然不像 Sinclair 公司的产品那么简陋,但也同样是为低价出售而设计的。为了与雅达利 VCS 争夺电视机,TI-99/4A 和 VIC-20 都有颜色、声音、游戏机手柄的端口和卡带连接器。它们为喜欢编程的用户提供了真正的键盘和内置 BASIC,但两种机型都不适合文字处理这样的应用程序。VIC 计算机屏幕上的一行只能显示 22 个字符(要确保这些字符在电视机上都能看得见),而且只有 5 KB 的内存。[75]尽管如此,Commodore 公司还是向父母们宣传 VIC-20,说它比雅达利游戏机更适合痴迷电子游戏的孩子。在 VIC 的一个广告里，身着西装、表情威严的经理问求职者，为什么他的简历提到"击落20亿来自蒙多星球的外星人"？"你很擅长计算机游戏，"男人问道，"但你对计算机了解多少？"广告语是："一台只有玩具价格的真正的计算机。"[76]

德州仪器公司的计算机产品最初定价是 525 美元，但来自 Commodore 公司的激烈竞争迫使双方机器的价格不断下降。1982 年，两家公司的计算机售价是 200 美元，而次年年初的零售价就都跌破了 100 美元。[77]德州仪器公司有两个主要问题。首先，其计算机结构坚固，原本规划以更高的价格出售；而 Commodore 公司自己生产微处理器和其他芯片，通过使用定制芯片降低了计算机生产成本，在香港组装则省了更多钱（这也预示着 20 世纪 80 年代后期的计算机制造普遍转向了亚洲）。其次，德州仪器公司总是避免其普遍质量平庸的软件产品面对外部竞争，而 Commodore 公司则鼓励其他公司为 VIC 计算机制作游戏。1983 年 10 月，由于在家用计算机市场上的失误导致每年损失超过 1 亿美元，德州仪器公司宣布放弃这项业务。[78]

Commodore 64

Commodore 公司在 20 世纪 80 年代美国家用计算机的市场上可以说独占鳌头，击败了许多挑战者（图 7.13）。它的 VIC 计算机仍在销售中，就像 ZX81 一样，也被称为第一台销量过百万的计算机，但公司的新支柱是 Commodore 64。

单从规格来看，Commodore 64 似乎是 Apple Ⅱ 强有力的竞争对手，它沿用了 VIC 计算机的机箱，但 RAM 的成本下降很快，使整个 64 KB 内存都被塞了进去。定制的音频和图形芯片使之有流畅的移动图形和卓越的音乐处理能力。实际上，Commodore 64 和 Apple Ⅱ各自面向不同的市场。Commodore 64 比较粗糙、不可靠但非常便宜——对家庭用户来

图7.13　最终售价不到200美元的Commodore 64是历史上最畅销的台式计算机型号。Commodore公司强调，与内存容量相当但更好的竞争产品相比，它的计算机为用户节省了许多资金。请注意图中的家庭成员围着电视机挤在一起

说,这是最有吸引力的特点组合。为了节省资金并加快开发速度,它使用了与 VIC-20 相同的精简 BASIC,使访问磁盘存储、使用声音和高级图形功能的难度较大。Commodore 64 的价格下降很快,在 1982 年推出时它的标价是 595 美元,而到 1983 年年中它的零售价还不到 200 美元。Commodore 公司一味关注成本,导致产品没有经过仔细测试就被推向市场,然后又为了降低制造成本而反复重新设计。《华尔街日报》报道说,30% 的 Commodore 64 因为无法正常工作而在售出后立刻就被退回。[79] 至于没有被退货的那些产品,随着工作时间增长,出现了更多失效的例子。

Commodore 计算机的磁盘驱动器原本每个售价 400 美元,质量更差。磁盘经常会卡在里面,驱动器会因为读写磁头偏离而出现故障。控制器芯片中仍有错误,即使完美运行,传输数据的速度也慢得无与伦比,加载一个程序需要两分钟。[80] 这比苹果计算机的磁盘驱动器慢了大约 30 倍,只比其他计算机的磁带快一点。但另一方面,基于磁盘的 Commodore 计算机系统价格只有同类的 Apple Ⅱ 系统的 1/3。欧洲的 Commodore 计算机用户大多继续使用磁带,但其美国的绝大多数用户买了磁盘驱动器,使磁盘存储首次成为家用计算的标准功能。

Commodore 64 的销量在 1984 年达到顶峰,10 年后 Commodore 公司宣布破产的时候该型号仍在制造。它的产量超过了 1200 万台,是历史上最畅销的台式计算机机型。1984 年,Commodore 公司发布了第一批后续产品,客户对这些产品的定位感到迷惑,而它们很快就被撤回了。Commodore 16 和 Commodore 116 的设计更便宜且不兼容,但当它们推出的时候,低价的 Commodore 64 使发达国家的用户几乎没有动力再买更差的产品。Commodore Plus 4 内置了针对小型企业用户的商业应用程序,但这个型号并没有明显地优于 Commodore 64,还无法运行相同的程序。Commodore 公司后来还是生产了一系列兼容替代机,最引人注目的是 Commodore 128,它的 RAM 更大,支持 80 列显示器,并且由于增加了额外的第二个处理器,它支持 CP/M 模式。但是很少有程序会利用这个新功能,大多数购买者还是使用更便宜的原版。[81]

家用计算机游戏

实际上,家用计算机最吸引人、最火爆的应用是电子游戏。许多热门的个人计算机程序都是流行的街机游戏(如《太空侵略者》《青蛙过河》和《爆破彗星》等)的再创造。起初,这些都是没有得到授权的复制品,只是名称略有改动。后来街机公司通过法律手段加强了对知识产权的控制,开始销售经过授权的电子游戏。

在家用计算机上制作了一些出色的街机游戏后,游戏设计师利用新平台解放了思路,发明出许多新的游戏种类。街机游戏必须让新玩家容易上手,但很快就变难,变得更有挑战性,而游戏的平均时长被控制在几分钟,确保稳定的投币量。每个流行平台上都有几款经典游戏,它们的设计利用了平台独特的优势,同时最大限度地减少其弱点的影响。于 1984 年推出的《太空精英》(*Elite*)是一款影响极大的三维透视太空模拟和交易游戏,它让玩家可以自由地在充满行星、海盗、小行星和空间站的 8 个星系中漫游(图 7.14)。《太空精英》中流畅的高分辨率图形利用了 BBC Micro 的快速处理器和灵活的图形模式。[82] Commodore 64 擅长在平滑滚动的厚实背景上移动色彩鲜艳的精灵,激发了许多经典的格斗、射击和跳跃游戏的灵感,还配有充满活力的音乐。Atari 800 有类似的优势,但处理器速度更快,对基于透视的游戏非常有用,例如《异星救援》(*Rescue on Fractalus!*)中的外星山景。Spectrum 计算机的大内存和相对高分辨率的图形与低分辨率颜色这一不同寻常的组合,激发了许多复杂的、有俯视视角的单色游戏的开发,例如游戏中有狼人在城堡周围跳跃的《魔域之狼》(*Knight Lore*)和风景渲染精美的幻想战争游戏《午夜领主》(*Lords of Midnight*)。[83] 热门游戏不可避免地被移植到竞争对手的平台，但效果通常都比较差。

图7.14 《太空精英》是8位时代最复杂的游戏之一，它在32 KB内存中塞进了一个能够进行贸易、探索和太空战斗的开放宇宙，受到人们的喜爱。这里的原始BBC Micro版本使用了独特的分辨率分割技术，屏幕的上半部分是高分辨率的单色图形，用于流畅的三维线框空间动画，屏幕底部展示仪器和雷达范围，图形是彩色的但比较笨重

分时系统上流行的冒险游戏非常受欢迎。最有名的是与麻省理工学院黑客社区关系密切的信息通信(Infocom)公司制作的。Infocom公司的游戏制作者用软盘保存文本量相对比较大的对游戏世界的描述。它的第一个，也是最热门的产品《魔域大冒险》(*Zork*)起源于麻省理工学院的不兼容分时系统。《魔域大冒险》在微型计算机上被重新实现，从1980年TRS-80上的版本开始，总共销售了大约40万份。Infocom公司将游戏打包成Z代码文件，其中包含了针对冒险游戏优化的虚拟机的说明。要将整个游戏库迁移到新机器，只须编写一个解释器来模拟这台机器。于是，Infocom公司的游戏可以在从PDP-11到苹果麦金塔(Macintosh)的几乎所有带磁盘驱动器的计算机系统上运行。[84]

Apple Ⅱ并不是动作游戏的绝佳选择——1978年，苹果公司为了追求彩色效果，在图形设计上做出的取舍令人费解，而且Apple Ⅱ的扬声器还会发出哔哔的蜂鸣声。但是，它的快速磁盘驱动器使其成为20世纪80年代初期文本冒险游戏的首选平台。Apple Ⅱ游戏，包括《巫术》(*Wizardry*,它本身的灵感来自几个流行的 Plato 游戏)、《创世纪》(*Ultima*)系列和《冰城传奇》(*Bard's Tale*),创造了另一个非常受欢迎的计算机游戏类型——角色扮演游戏。这些游戏直接以《龙与地下城》为蓝本,玩家在游戏中把数据分配给冒险者队伍,引导他们通过隧道,穿越风景,与怪物作战,收集武器和宝藏。[85]随着游戏变得越来越大,它们扩展到了好几个磁盘上,并告诉用户要插进或取走哪一张磁盘。1985 年的《创世纪 4:圣者传奇》(*Ultima Ⅳ-Quest of the Avatar*)要求苹果计算机玩家在游戏中寻找"神圣美德"的过程中,在四个磁盘之间来回切换。Commodore 64 的内存充足,磁盘存储虽然慢但价格合理,成为预算较少的角色扮演和文本冒险游戏爱好者的热门选择。

由于家用计算机的普及,人们初次接触计算机技术的方式发生了改变。20 世纪 40 年代和 50 年代,大多数受聘的程序员都是在工作中才有了第一次使用计算机的经验。20 世纪 60 年代后期,随着计算机科学在大学里发展为一个学科领域,学生的第一次编程可能发生在科学或工程课程里,然后有人决定主修计算机。20 世纪 70 年代,更多学生在高中时代就接触到了编程(通常在分时系统上)。在这些情况下,个人访问计算机有很多限制,而且都发生在家庭之外。20 世纪 80 年代中期之前,与其他技术和专业学科的模式一致,计算机科学专业女性学生的比例一直在上升。然而到了 20 世纪 80 年代中后期,计算机领域性别比例的趋势发生了逆转。一些学者认为这与儿童经常接触家用计算机有关,这些活动向女孩们传达了一个语言之外的信息,即计算机要么使人陷入黑客式的对编程的痴迷,要么就是玩电子游戏的设备。男孩们从事这两项活动的比例相当高,使他们在进大学攻读计算机课程之前就积累了一定的经验和动力。[86]家庭内部空间和技术往往有强烈的性别倾向,还有人认为父母更可能鼓励男孩而不是女孩学会使用新购买的家用计算机。[87]

家用计算机在线服务

我们在上一章讨论的视频文本系统,例如Prestel,起初是为廉价的视频终端开发的,但很快就受到家用计算机用户的欢迎。例如,Prestel最受欢迎的部分是Micronet 800,这是一项针对家用计算机用户的补充服务,到1985年已经吸引了18 000名用户。这项服务可以看作是一个在线杂志,用户能在线聊天、下载软件、多人游戏、浏览个人计算机的新闻,还可以发布自己的内容。[88]

20世纪80年代中期,在大多数视频文本系统失败之后,下一代在线系统从终端完全转向针对个人计算机用户的项目。家用计算机用户可以用自己的计算机进行股票交易、准备税务材料、做家庭预算等操作。他们还可以收发电子邮件、预订机票、下载软件。20世纪80年代末,越来越受业余爱好者和小型企业欢迎的CompuServe信息服务有大约50万用户。一些最大的美国公司则大力推广在线购物和银行业务,而软件公司开始提供在线支持服务。奇才(Prodigy)公司由IBM、零售商Sears和广播公司CBS(哥伦比亚广播公司)于1984年成立的合资企业发展而来,主要提供在线新闻和购物服务。因为它是为家用计算机而不是为终端设计的,所以它可以利用本地的处理能力显示从磁盘加载的更复杂的用户界面和图形。[89]这些系统的用户数量稳步增长,不过没有一个能与Minitel的普及程度相提并论。

位于加利福尼亚州索萨利托的WELL(全称为Whole Earth 'Lectronic Link)是一种有公告板精神的名义上的商业在线服务。它成立于1984年末,是《全球目录》(Whole Earth Catalog)的电子版。布兰德(Stewart Brand)帮助创立了WELL并为其命名,他是将计算机技术与反文化价值观融合的关键人物。从一开始,WELL就以湾区特有的反文化风格著称,成员之间讨论的质量和社区意识也很有名。它吸引了许多专业作家,其中包括莱因戈尔德(Howard Rheingold),他在WELL上有过美好的体验,因而强烈支持在线互动的虚拟社区。[90]

个人计算和在线服务最终在 20 世纪 90 年代中期成了主流,它们的吸引力取决于几个相互关联的因素的发展,我们会在接下来的章节讨论。随着从 IBM PC(个人计算机)演变而来的商业型号为家用计算和办公室工作设定了新标准,计算机变得更加强大和实惠。图形用户界面使复杂的计算任务更容易控制。因特网和万维网取代了 Prodigy 等自包含的在线服务,为商业和通信创建了统一的在线平台。

向游戏机的过渡

随着价格的下降,家用计算机的销量在 1983 年达到顶峰;第二年市场饱和,销售额就下降了。普通用户发现这些机器并不是非常有用,也没有将其更新换代的理由。当时,电子游戏爱好者正在放弃街机游戏厅和家用计算机,向游戏机回归。Commodore 64 的价格更低,还提供更好的游戏,一直是雅达利 VCS 游戏机的有力替代品。实际上,游戏通常是免费的,因为家庭用户可以复制磁带和磁盘(与 ROM 盒式磁带不同)。1985 年,任天堂(Nintendo)娱乐系统在美国推出(此前的 1983 年,它在日本作为家用计算机推出),游戏机市场随之开始复苏。游戏机的售价不到 100 美元,但它的游戏质量始终如一(得益于任天堂公司实施的审查制度),并引入了许多至今仍是最畅销的游戏系列和角色,包括《马里奥赛车》(*Mario Kart*)、《塞尔达传说》(*The Legend of Zelda*)、《最终幻想》(*Final Fantasy*)和《超级马里奥兄弟》(*Super Mario Brothers*)系列。[91]任天堂公司及其更前卫的竞争对手世嘉(Sega)公司将美国家庭电子游戏的主导模式重新转向了游戏机。超级任天堂娱乐系统(于 1991 年在美国推出)再次巩固了任天堂公司的统治地位。[92]

随着游戏机的不断改进,街机最终在图形和声音方面失去了优势,虽然新一波流行的格斗游戏使街机有了一个短暂的复兴。到了 20 世纪 90 年代后期,新街机重点推出了在家里难以复制的配置:带踏板和方向盘的赛车游戏、用大型枪械玩的狩猎或战斗游戏,以及玩家在小型舞池中跳跃的节奏游戏。但这些仍不足以改变命运。2001 年,街机游戏黄金时代背后的公司,包括世嘉、雅达利、威廉斯电子和中途岛(Midway),都已经停止制造街机了。

家用计算机市场进一步崩溃,速度越来越快,到了 20 世纪 80 年代中期,家用计算机再也不能被当作一个独立的机器类别来看待了。当 20 世纪 90 年代初期个人计算机在美国国内的销售真正再次起飞时,人们开始购买专为商业用途设计的廉价计算机。

第八章

计算机成为办公设备

1981 年 8 月,IBM 个人计算机发布,这是有史以来最重要的计算机发布——当今大多数台式计算机、笔记本计算机和服务器都发端于它。IBM 估计总共能卖出 25 万台机器,这严重低估了它的销售情况:"事实上,我们几个**月**就生产并且卖出了这么多系统。"[1]这台新机器非常成功,以至于后来几年 PC 这个词被理解为专指 IBM 个人计算机或者它的兼容机型号。(我们在本书中遵循这种用法——**个人计算机**指的是一类机型,包括 Apple、Atari 和 Commodore 等与 IBM 不兼容的型号,而缩写 PC 则不然。)如果把 IBM 的 PC 部门当作独立的公司,1984 年它将在行业中排名第三,仅次于 IBM 的剩余部分和 DEC。它催生了整个行业,并为微软和英特尔两家公司崛起而占据战略主导地位奠定了基础。

但矛盾的是,IBM PC 也是一个保守的设计,几乎没有新的建树。没有人预见到它会如此成功,也没有人意识到其他人会复制它的体系结构,使其成为接下来 10 年及更久之后的标准。为了解释这个明显的悖论,我们需要回到 20 世纪 70 年代中期,看看计算机最初进入办公室时的情况。在行政工作中使用计算机技术并不是什么新鲜事,但在 20 世纪 50 年代和 60 年代,计算机化意味着工作将从办公室转移到数据处理中心。大多数上班族甚至从未见过计算机。办公室把纸质表格发送给数据处理部门。每周、每月、每个季度,他们都会收到一堆堆打印出来的折叠纸,其中包含有关销售、账户的信息,以及计算机正在跟踪的所有其他信息。

随着实时系统和交互式分时应用越来越普遍,计算机终端逐渐开始出现在办公室中。有时,是办公室职员而不是按键操作员将信息输入计算机。但是大型计算机和分时系统仍然过于昂贵,无法取代桌面计算器和打字机等办公工具。20 世纪 70 年代中期,这种情况开始改变。使用电子发烧友和家用计算机中的微处理器、RAM 芯片、视频接口、小型打印机和软盘驱动器,同样能生产出足够便宜的计算机放在办公室职员桌子上。有两个应用领域为 IBM 推出自己的通用个人计算机奠定了基础。第一个是文字处理,它结合了没有多少新意的办公机器所采用的相同技术,而不是发烧友制造的个人计算机;第二个是电子表格的发明,这是第一个用在普通个人计算机上的引人注目的商业应用程序。两者都有助于改变对个人计算机的理解,并将个人计算机的主要市场从电子发烧友和家庭用户转移到了办公室职员。

商用个人计算机

Apple Ⅱ这样装配好的、对消费者十分友好的计算机,拓宽了个人计算机的市场,但并没有取代 CP/M 操作系统和仿照原始 Altair 设计的模块化 S-100 总线计算机。相反,在整个 20 世纪 70 年代和 80 年代初,CP/M 一直是面向商业的个人计算机标准。

CP/M 计算机可以配备高质量的视频终端和键盘,能够显示一行文本完整的 80 个字符。这使它们对文字处理应用程序越来越有吸引力。一些业余爱好者计算机(例如 IMSAI 系列)的使用者经常运行商业程序。其他 CP/M 系统制造商,如克罗梅科(Cromemco)公司,专门生产高端计算机。它们将软盘驱动器(有时还有硬盘)装入主计算机箱。20 世纪 80 年代初,美国空军和芝加哥商品交易所都在使用 Cromemco 计算机。

文字处理

文字处理这个概念有着复杂的历史。在文字处理器成为软件(如微软公司的 Word)之前,它是一类特殊的计算机。但在更早之前,文字处理员是办公室的工作人员,文字处理是建立像工厂装配线那样的打字设备池的想法。在美国管理协会和一本不起眼的出版物《行政管理》(*Administrative Management*)开始宣传它之后,这种想法得到了关注。企业会投入大量资金购买专业设备以提高制造业工人的生产力。相比之下,办公室工作的效率仍然很低。美国管理协会认为,文字处理可以解决这个问题。私人秘书将被淘汰,而他们的工作转移给中央打字设备池里的文字处理员。更大的工作量将证明对昂贵技术的投资是合理的,从而进一步提高生产力。[2]

文字处理的想法与机器有关,但最初并没有与计算机联系在一起。1971 年,IBM 在广告里将它的听写机和自动打字机称为"文字处理机"。当时 IBM 最先进的办公设备是 MTST(磁带 Selectric 打字机)——它与 Selectric 打字机相似,可以把按键的序列存储在盒式磁带上,再从磁带上调用。"文字处理"这个词来自前德国战斗机飞行员施泰因希尔珀(Ulrich Steinhilper),他后来成为 IBM 打字机的推销员。施泰因希尔珀称他于 20 世纪 50 年代提出了"文字处理"这个词,当时他发现 IBM 新的数据处理部门正在抢走他的办公机器的风头。[3]

"文字处理"这个词在 20 世纪 70 年代初之后才被广泛使用,恰逢美膳雅(Cuisinart)公司的**食品加工机**(food processor)开始出现在美国人的厨房中。当时交互式计算机的成本下降,用计算机存储、编辑和打印各种文本更加划算了。从麻省理工学院的黑客使用“昂贵的打字机”程序开始,程序员们都喜欢在线编辑程序。这些技术还支持交互地编辑信件和报告。但20世纪60年代,办公室职员使用计算机在经济上并不可行。这是理论上的通用性与实践之间的距离的另一个例证。不是每个人都能预见到这也会发生改变,ASCⅡ标准工作委员会的一些成员还曾经认为小写字母的代码纯粹是浪费空间。[4]

计算机文本编辑的第一个大市场是法律文件,因为这些文本很复杂,要经过许多版修改,并且还与大量资金密切相关。回想一下,贝尔实验室就是为了支持其专利组的工作才资助了 Unix 的开发。专为办公室工作设计的文本编辑系统的市场与个人计算机发烧友的市场是分开的,但它们平行发展。由前惠普公司工程师领导的初创公司维德克(Vydec)于1973年树立了一个模板,它是第一个能在屏幕上显示整页文本、将其存储在软盘上并打印的系统。它使用新发明的一种小型且相对实惠的菊瓣字轮打印机(以通过旋转打出正确字母的圆盘命名)。这使得打印输出的质量跟打字机输出的一样高,虽然速度很慢而且声音嘈杂。

Vydec 计算机使用小型计算机式的电路构建中央处理器,售价18 000美元,价格昂贵。由于微处理器的出现和 RAM 芯片成本的迅速下降,1977年,许多其他公司进入了屏幕文字处理器市场,包括科罗拉多州的 NBI 公司*、亚特兰大的雷立(Lanier)公司和明尼阿波利斯的 CPT 公司。早期 Lanier 公司最成功,但王安计算机公司最终占据了企业文字处理市场的最大份额。

王安对于什么时候退出一个市场,以及什么时候进入即将开发的新市场,有非常敏锐的感觉。1971年,王安计算机公司认识到电子计

---

* 其创始人称公司的名字“只是字母组合,没有其他含义”(Nothing But Intials)。——译者

算器正在逐渐成为日用商品,并且更依赖于包装而不是技术创新,利润极其微薄。公司随即推出型号2200"**超级计算器**"(computing calculator),向小型计算机转型。[5]王安为公司选择的下一个方向是办公自动化。他手下的工程师们发现当时的文字处理系统总是使用户迷惑。1981年,前总统卡特(Jimmy Carter)在价值12 000美元的Lanier"没问题"(No Problem)文字处理系统上按错了键,弄丢了几页备忘录,他说:"我为这几页已经忙了几天了。"一通焦虑的电话打到Lanier公司,于是公司给他做了一张工具磁盘,从原始磁盘上把数据恢复了出来。[6]吸取了这次事件的教训,王安计算机公司的工程师提出的设计使这种事故几乎不可能再出现。用户只能通过显示器上的简单菜单发出命令。[7]

为了使成本适用于办公室工作,Wang系列机器需要在多个用户之间共享昂贵的硬盘驱动器和打印机。分时的小型计算机就可以解决这个问题,但另一个要求是始终如一的快速响应。当分时系统变得忙碌,反应就会滞后。解决方法是将处理能力放在终端本身,而中央计算机主要用来存储数据——在1975年,这是一个很激进的方案。如图8.1所示,Wang文字处理系统(WPS)于1976年6月在纽约的一个商业展览上亮相,根据某些记载,激动的观众几乎引起了骚乱。[8]

Wang集群包括硬盘存储在内,售价为30 000美元——通过把打字工作集中起来节省的劳动力和改进的服务证明这个价格是合理的。它精美的包装和好用的菜单系统,与同一时代的电子发烧友自己组装的个人计算机套件截然不同。1976年,王安计算机公司的数据处理收入排在第45位,并于1983年排到第8位,仅次于IBM、DEC和其他大型计算机公司。一位分析师称它是"办公自动化的东方快车",他预测,到1990年它将成为行业的第三名。[9]

图8.1 使用中的Wang文字处理系统。它的屏幕可以显示完整的80个字符的文本行。照片来自明尼苏达大学查尔斯·巴贝奇研究所

文字之星(WordStar)

在个人计算机上运行的文字处理程序很快就出现了,但最初肯定不能与专用系统的功能和精美相匹敌。1979年6月,巴纳比(Rob Barnaby)编写的WordStar面世,情况就不一样了。WordStar有引导用户操作的内置帮助,能在屏幕上显示分页信息,还有对齐(以生成整齐的右边距)的功能。即便如此,从屏幕上显示的文本中几乎看不出最

终打印输出的格式。为了最大限度地扩大潜在市场,WordStar 被设计为只依赖标准的 CP/M 功能。WordStar 没有用光标键,而是使用了诸如 Control-E 和 Control-D 之类的组合键,这些组合保证在所有键盘上都存在。CP/M 支持多种硬件配置,但这带来的不足之处是 WordStar 和其他应用程序需要反复配置。[10]

基尔申鲍姆在文学文字处理史《跟踪修订》(*Track Changes*)中指出,科幻作家最热衷于使用文字处理系统。他们必须多产才能谋生,并且对新技术有天生的偏爱。[11]他们当中的一位名为普尔内勒(Jerry Pournelle),他在为《字节》杂志撰写"混沌庄园"(Chaos Manor)栏目,作为自己的第二职业。这个栏目成长为一本大型杂志中的小杂志,有自己的读者来信、评论和八卦页面。阅读它是体验这个时期个人计算机带来的兴奋和挫折的最直接方式之一。让打印机、计算机和软件包的各种组合在一起协同工作,会变成一项史诗般的任务,需要好几页纸、许多通电话和大量专家来解决。

普尔内勒把他的计算机变成了故事里家庭宠物的角色。他最喜欢的是一台 CP/M 机器,他以 Z-80 处理器的名字为它命名为泽凯(Zeke),据说这是第一台用来写科幻小说的计算机。直到 1983 年 5 月,普尔内勒还这样写道:"你可以'用 IBM 机器的价格得到一个好的 S-100 系统',而我喜欢更灵活的系统……只用更少的钱就能升级。"[12]普尔内勒最后还是换了机器,而 Zeke 被放在史密森博物馆展出。但同为科幻作家的马丁(George R. R. Martin)——《权力的游戏》(*Game of Thrones*)的作者——于 2014 年透露,为了避免现代计算机的视觉干扰,他仍用老版本的 WordStar 写作。这件事还成了那年轰动一时的头条新闻。马丁说,WordStar"刚刚好做了我想让文字处理程序做的所有事情,一点也不多,一点也不少"。[13]

CP/M 一直流行到 20 世纪 80 年代,用在更便宜的个人计算机上,尤其是便携式系统。第一款成功的便携式产品是1981年的Osborne 1。它看起来很像缝纫机,一端有把手,盒子还很笨重(图8.2)。松开把手后,键盘就会分离出来,露出两个软盘驱动器和一个5英寸的小屏幕。它的便携性很有限。《字节》的评论员写道:“我怀疑是否会像带公文包一样带着Osborne 1……[它]大约重24磅,除了最有运动能力的旅行者,其他人都会筋疲力尽。”营销人员说它“可以放在飞机座位底下”,他对此也表示怀疑。这台机器不是特别强大,却是一笔很合算的买卖,因为最早的1795美元售价里包括了WordStar和Supercalc电子表格程序。《字节》总结道:“换个角度说,你买的是软件,再(几乎)免费得到一台计算机。”[14]

图8.2 **便携性**是一个相对的概念。Osborne 1是早期的一款价格合理的便携式计算机,重约24磅,屏幕只有5英寸。图片由维基媒体(Wikimedia)用户“Biby”创建,根据知识共享署名3.0未移植许可协议转载

奥斯本(Osborne)计算机公司于1983年破产。它犯了一个错误,对外宣布了更优越的替代品,但过了很久才准备好开始出售,同代人把

这类错误称为**奥斯本效应**(Osborne effect)。过早宣布未来产品扼杀了当时的计算机销售,但这是否是奥斯本破产的主要原因一直存有争议。

最广泛使用的CP/M产品线是在PC市场的高端产品转移之后很久才发布的。于1985年推出的Amstrad PCW 256将计算机、软盘驱动器和打印机控制电路都集成进一个矮胖的绿屏小显示器中。阿姆斯特拉德(Amstrad)是一家英国消费电子公司,其斗志旺盛的创始人休格(Alan Sugar)信奉街头的市场交易员精神:“我们的工作理念是——把它们堆得很高,卖得很便宜。”[15]Amstrad公司将电视机显示管用于显示器,而它生产的键盘用一位记者的话来说就是“我用过的最讨厌的键盘”。[16]

PCW 256把许多功能都集成到了单一的专用集成电路(ASIC)芯片上,大大降低了办公计算机的制造成本,类似几年前Commodore和Sinclair两家公司为家用计算机所做的工作。此时,半导体行业按照摩尔定律,已经实现了所谓的超大规模集成电路(VLSI),在一块芯片上集成了几万个甚至几十万个晶体管。施乐公司帕洛阿尔托研究中心(PARC)的研究员康韦(Lynn Conway)和加利福尼亚理工学院的米德(Carver Mead)于20世纪70年代开发的方法使复杂芯片的设计更加容易。他们的教科书《超大规模集成电路系统导论》(*Introduction to VLSI Systems*)是历史上最有影响的计算机科学出版物之一。[17]这些新的生产技术、计算机化工具和设计规则在专用芯片的生产中尤为重要。

Amstrad公司以399英镑的价格推出PCW 256(包括打印机),这个价格大约只有当时文字处理系统一般售价的1/5,一共卖出了几百万套。Amstrad PCW 256的文字处理程序很古怪,但可以运行标准的CP/M程序,包括WordStar。Amstrad公司的一支产品广告展示了一个堆满废弃打字机的垃圾堆,另一支广告则使用了“比打字机便宜,比文字处理器强大”的口号。两支广告都暗示了计算机技术最终会便宜到足以终结打字机而不是补充它。很早就被预言的 CP/M 作为商业计算平台的结束,在 1998 年 Amstrad PCW 产品线退出时才真正来到。

VisiCalc

计算机爱好者们喜欢 Apple Ⅱ,但它却是文字处理的糟糕选择。Apple Ⅱ的标准显示器只能显示半行文本,40 个字符,而且全部是大写字母。有时间也有钱并喜欢摆弄计算机的用户,可以安装扩展板来突破这些限制。即便如此,输入大写字母的唯一方法是在输入之前连续按两次 Shift 按钮,输入后再按两次回到小写输入的状态。打印商业质量的文档意味着要添加一台高质量的菊瓣字轮打印机和串行卡,至少需要 3000 美元。一位计算机发烧友承认:“经过一番折腾,Apple Ⅱ可以变成体面的文字处理器——但花费巨大。”[18]总支出可能会超过买一台其他更好品牌的计算机。有些苹果计算机的用户增加了 CP/M 扩展卡,这本质上是只为了运行 WordStar 软件而将另一台小型化计算机塞进了苹果计算机的机箱。[19]

对于商业用户来说,有一个很好的购买苹果机的理由。1979 年 10 月,出现了一款为 Apple Ⅱ开发的软件 VisiCalc,作者是布里克林(Daniel Bricklin)和弗兰克斯顿(Robert Frankston),两人在 MIT 参与 MAC 项目时相识。布里克林曾经在 DEC 工作,并于 20 世纪 70 年代末进入哈佛商学院学习。在那里他遇到了每一代商学院学生都必须掌握的计算问题:在**数据表格**的行和列上进行运算,这些表格通常记录了公司每个月、每个季度或者年度运营的数据。他回忆到,他的教授助理在上课前一天晚上把需要的数字手工计算出来,而教授上课时在黑板上展示、修改、分析这些表格。[20]

布里克林设计了一个可以自动处理这些数据表格的程序。弗兰克斯顿答应帮忙编写软件。1979 年 1 月,在弗兰克斯顿位于马萨诸塞州阿灵顿的小阁楼里,他们成立了软件艺术(Software Arts)公司。当年春天,两人在MIT的Multics系统上租了机时,程序初步成型。他们找到哈佛大学二年级学生弗莱斯特拉(Dan Flystra),后者经营着自己的个人软件(Personal Software)公司,从事软件出版。两位个人计算机爱好者编写的程序为弗莱斯特拉和他的竞争对手提供了第一批产品。这是一个与大型计算机软件公司完全不同的新行业。一些软件出版商的工作方式跟图书出版商一样,向程序作者支付版税,而另一些则以固定费用购买版权。开始只是小打小闹——复制磁盘,装进带拉链的袋子里,然后在专业杂志上刊登广告,或者通过新机器的经销商网络销售。

Personal Software公司发布了大量程序目录,其中最成功的是一个国际象棋程序,但VisiCalc几乎立即就超越了其他产品。1981年年中,VisiCalc的售价是200美元,销量突破了10万大关。利维在1984年的文章《知识的电子表格方式》(A Spreadsheet Way of Knowledge)中记录了其最初的影响。

> 唐·杰克逊(Don Jackson)是辛辛那提的注册会计师。他有四五十个客户,主要是小型企业。在三年前买了苹果计算机之前,他都在浅绿色带阴影的分类账簿上痛苦地计算。每位客户都要制定一个计费程序,在唐·杰克逊把相关的数字写在一张纸上后(用浅色铅笔,这样容易擦除),各种各样的问题就会冒出来。例如,如果计费程序是基于15%的利率计算,那么当利率上升到18%时会发生什么?要找出答案,必须重新计算整张纸上的数据。每个数字都必须在手动计算器上打孔,然后由唐·杰克逊手下的一名员工检查。"本来我得工作20小时,"唐·杰克逊说,"使用电子表格后,我只需要15分钟。"[21]

VisiCalc出色地发挥了苹果计算机的优势,并最大限度地隐藏了其劣势。弗莱斯特拉指出:“Apple Ⅱ对 VisiCalc 至关重要。”[22]电子表格不像数据库,它很小,因此苹果计算机有限的内存和磁盘存储并不妨碍工作。文本主要用作标签,所以全大写显示也不是问题(图 8.3)。处理更大电子表格的时候,屏幕是滚动的窗口,因此 40 列显示对于电子表格而言比文字处理要好得多。由于苹果计算机直接驱动显示器,而不是像 CP/M 机器或分时系统那样将文本发送到终端显示,因此它的电子表格体验比更贵的平台还流畅。这种流畅鼓励用户使用模型和数据来回答各种**假设**的问题。利维指出,他观察到用户越来越痴迷于尝试创建“终极模型,即像实际业务一样的电子表格”。有人把自己的模型称为:“我的宠物,在某种程度上,我会挠它的耳朵,‘刷’它的代码……我为它痴迷。”

图 8.3 VisiCalc(1979),最早的电子表格程序,在配备单色显示器和双 Disc Ⅱ驱动器的 Apple Ⅱe(1983)上运行。VisiCalc 非常适合 Apple Ⅱ的低分辨率、40 列显示和快速滚动的特点。在屏幕顶部的编辑区域中可以看到,“/”键触发了神秘的主命令菜单 BCDEFGIMPRSTUW。照片来自黑格

看似客观的计算机输出和吸引人的图表使电子表格用户能够强有力地展示自己的想法，但正如利维指出的，电子表格与早期的建模软件有一个重要区别：它隐藏了用户创建的公式。打印输出显示了模型生成的数字，却没有显示用于生成它们的假设，因此可以轻松调整公式获得需要的结果。"垃圾债券之王"米尔肯[Michael Milken，电影《华尔街》(*Wall Street*)中的角色——盖科(Gordon Gecko)的灵感来源]具备的超人能力——对表现不佳的公司部门进行估值，为由高风险债券组成的投资组合的安全性辩护——通常要归功于他的团队对电子表格的熟练掌握。《纽约时报》报道了对他的内幕交易的起诉，称米尔肯创造了一个新的华尔街，在那里"锋利的肘部*和计算机电子表格的知识突然变得比能够闻出干雪利酒的鼻子和骷髅会**的会员资格更重要"。[23]

弗莱斯特拉还指出与同时销售硬件和软件的专业商店网络合作的重要性，例如快速发展的计算机世界(Computerland)连锁店。他称，在VisiCalc推出之前，已经有大约500家经销商在销售Personal Software公司的产品。[24] VisiCalc炙手可热的火爆现象催生了"**杀手级应用**"(killer application)这个词，专指非常引人注目的软件包，大量用户为了使用它而去买一台计算机。[25] VisiCalc促进苹果计算机销售的方式与《太空侵略者》和《吃豆人》促进雅达利VCS游戏机销售的方式相同。人们走进计算机商店买VisiCalc，然后带着运行它所需要的Apple Ⅱ离开。这些计算机足够便宜，经理和分析师可以用部门级的预算购买，不必通过正式的批准流程或与中央数据处理部门合作。

---

* sharp elbows，指争强好胜很难对付。政治上指在追求立法或推动自己观点时表现出来的侵略性和自信。——译者

** 耶鲁大学校园内最古老的秘密社团，始建于1832年，由当时的耶鲁大学学生拉塞尔(William Russell)和塔夫脱(Alphonso Taft)共同创立。从这个社团中曾走出三位美国前总统。——译者

VisiCalc 象征着商业应用软件转变为个人计算背后的驱动力。与大型计算机用户不同,购买个人计算机的公司通常不会雇用一批程序员为其编写定制软件。大多数用户也无法自己编写 BASIC 程序来满足实际需求。硬件一直在变得更便宜,但程序员只会更贵。未来,这样的商业软件可以销售几十万份甚至几百万份,从而将开发成本分摊给庞大的用户群。

IBM 的个人计算机系列

个人计算机始于 IBM 在佛罗里达州博卡拉顿的一个部门启动的代号为"象棋"(Chess)的项目。看到个人计算机领域如火如荼的发展,这个部门认识到再拖延下去将是致命的错误。为了加快研发速度,"象棋"团队开始在 IBM 外部寻找这台计算机的几乎每个部件(包括软件)。软盘驱动器、键盘和屏幕都是以前使用过的组件的变体。[26]

第一台 IBM PC

当 IBM 于 1981 年推出个人计算机时,它在高端个人计算机市场的主要竞争来自 CP/M 计算机和苹果公司日益流行的 Apple Ⅱ Plus。Apple Ⅱ Plus 将个人计算机的核心组件(包括图形硬件)封装在一块板子上,放在紧凑型机箱的底部,给电源和扩展板留出空间。键盘是机箱的一部分,但磁盘驱动器是单独的盒子。与之相反,IMSAI 这样的 CP/M 计算机大多是 Altair 计算机的样式。坚固的金属盒子底部放一块主板,其实也就是总线连接器。计算机逻辑分布在处理器、存储芯片、终端接口、打印机接口等不同的电路板上。

IBM PC 是两者的折中:与 CP/M 机器一样,它是一个厚实的金属盒子,有外部键盘(图 8.4),但它也和 Apple Ⅱ一样,主板上包含核心的计算机组件,例如处理器、磁带接口和内存芯片。IBM 公司将 BASIC

烧录到 ROM 芯片上,方便那些精打细算的、没有软驱或 RAM 很小的用户使用,这一点跟 Apple Ⅱ相同。与 CP/M 机器一样,它依靠附加卡来提供视频接口。它的可扩展性与 CP/M 和苹果计算机一样好,需要额外的卡来实现常用功能,例如连接调制解调器或打印机所需的串行和并行端口。

图 8.4 IBM PC 于 1981 年推出,为整个行业树立了标准。米色盒子里装有磁盘驱动器和扩展卡。感谢史密森学会美国国家历史博物馆医学和科学部供图

评论家认为 IBM PC 是当时市面上计算机最佳特性的组合,而不是革命性的进步。《字节》上有一篇评论的开头是这样的:"哪一种微型计算机有 Apple Ⅱ的彩色图形,TRS-80 Model Ⅱ的 80 列显示器,Atari 800 的可重定义字符集,德州仪器公司 TI 99/4 的 16 位微处理器,Apple Ⅲ的扩展内存空间,TRS-80 Model Ⅲ的全功能大小写键盘,以及 TRS-80 彩色计算机的 BASIC 彩色图形?答案是——IBM 个人计算机,

它综合了迄今为止微型计算机行业所能提供的最佳功能。"[27]

IBM PC 有五个扩展槽。除了键盘和磁带连接器,每个接口都是一个选项,所以它的扩展槽很快就被卡插满了。即便是连接显示器(计算机如果没有显示器就毫无用处)也得安装一个扩展卡。用户可以在两个选项中选择——为商业用途提供清晰的纯文本输出的 IBM 绿屏显示器,或者显示普通彩色图形的电视或彩色显示器。

IBM PC 最便宜的配置是 16 KB 的计算机,有连接电视机的彩色图形适配器,但没有磁盘驱动器,标价是 1565 美元。《字节》预测,由于 PC 与电子爱好者的计算机之间有很强的连续性,"大多数人"会选择这种最低配置。然而事实并非如此——大多数实际客户想要磁盘存储和足够的内存。在主板上再安装 32 KB 的 RAM,增加两个内部磁盘驱动器,再拧入软盘控制器卡、两个 64 KB 内存扩展卡(总共 176 KB)和一个打印机接口卡,于是花销增加了一倍多,达到 3405 美元——还不包括屏幕和打印机。这已经填满了所有五个扩展槽,没有空间留给连接调制解调器所需的串行接口卡和游戏操纵杆接口卡了。正如《字节》观察到的,"你不能把所有想要的东西都放进 IBM 微型计算机",因为"扩展槽很快就会被填满"。[28]

PC-DOS

1980 年夏天,IBM 的代表找到盖茨,请微软公司开发一个可以在 Intel 8088 上运行的 BASIC 版本。[29] IBM 原本计划用 CP/M 的某个版本——CP/M 是标准的个人计算机操作系统,就像当时微软 BASIC 是标准的编程语言一样。数字研究公司早先已经承诺开发 CP/M 的 16 位扩展,但当 IBM 代表来访时基尔多尔不在,而当时负责公司管理工作的基尔多尔的妻子拒绝在 IBM 的保密协议上签字。

微软公司为 IBM 开发了一个替代的 16 位操作系统 PC-DOS。PC-

DOS 的基础是西雅图计算机产品(Seattle Computer Products)公司的佩特森(Tim Paterson)为 Intel 8086 开发的操作系统 86-DOS。佩特森最初花了两个月开发 86-DOS,代码大约占 6 KB 内存。西雅图计算机产品公司内部把这个产品叫作 QDOS,即"又快又脏的操作系统"(quick and dirty operating system)。[30]它的直接灵感就是 CP/M。佩特森没有 CP/M 的源代码,但他的 DOS 里有些函数调用与 CP/M 相同,并保留了一些相同的命令名称。与 CP/M 一样,PC-DOS 也体现了极简主义的美学。一些命令是内置的,其他命令在需要的时候从磁盘加载。用户输入命令的程序名来运行它们。这些命令可以执行诸如复制文件、显示其内容、准备(**格式化**)新磁盘以供使用,以及自定义显示等操作。PC-DOS 的命令和错误信息总体上比 CP/M 和苹果 DOS 的更好理解,对用户更加宽容。与之相反,如果在 CP/M 系统中把错误的磁盘插进了驱动器,经常会导致系统重新启动。

1981 年,用户使用 IBM PC 的感受大概是这样的:拨动机箱背面的一个红色大开关,计算机就开机了,电源发出令人满意的砰砰声和柔和的嗖嗖声,直到计算机关闭这声音才会安静下来。计算机检查 RAM 和其他组件是否正常的时候,屏幕上的光标一直在闪烁。这大概要花掉 10—15 秒;几年之后,一台完全扩展的 PC 自检的时间超过了 1 分钟。当 PC 确定可以继续安全操作之后,它快速地转动软盘,发出摩擦的声音,然后是一声响亮的蜂鸣。接着出现闪烁的光标,第一个驱动器开始以每分钟 300 转的速度旋转。在 BIOS 识别出这是 PC-DOS 1.0 **启动盘**后,驱动器发出轻柔的声响,它的读磁头从一个磁道移动到另一个磁道,读取系统文件,前后持续大约 5 秒钟。整个操作系统和大量的演示程序安装在一张 160 KB 的软盘上。(其中包括 Donkey,这是盖茨跟别人合写的演示游戏,也是出了名的糟糕程序。)

DOS 接管了计算机,要求用户输入当前日期,然后打印版权信息,显示 A>命令提示符。IBM 为用户提供了一款出色的全尺寸分离式键盘,并采用打字员熟悉的布局。计算机做任何事情都需要用户从键盘敲入命令,而后来的 PC 键盘既便宜又脆弱,人们深情地怀念每一次按键都如此满意的 IBM 键盘。现在,翻新的 IBM 键盘或者复制品的售价达到几百美元。加载 DOS 命令时磁盘驱动器频繁地嗡嗡作响——RAM 太宝贵了,不能在整个会话过程中把全部修改屏幕模式或格式化磁盘的代码一直保存在内存里。拥有两个驱动器的好处是,从一个磁盘加载 BASIC 代码或运行应用程序的时候,DOS 磁盘可以一直放在另一个驱动器里。

在商业市场上击败苹果计算机

最初,IBM PC 相对苹果计算机的优势在于精巧而不是计算能力。IBM PC 的 Intel 8088 处理器是 16 位 8086 处理器的精简版,理论上比早期个人计算机的 8 位处理器更强大,但《字节》观察到,在实践中"所有数据必须经过 8 位的通路,降低了 8088 的性能,以至于它更像是带有扩展指令集的快速 8 位微处理器,而不是 16 位微处理器"。[31]

IBM PC 的最大成功来自商业市场。与 IBM 关系密切的大型公司的数据处理部门通常都对苹果公司持怀疑态度。IBM PC 的售价与大型计算机的视频终端相当。IBM 甚至推出了配置有特殊硬件和软件的,能够模拟其 3270 系列大型计算机视频终端的 PC 特别版。[32]但许多企业购买 PC 的行为是个人发起的,而非官方的决策。"献身"给 Wang 文字处理器或 IBM 大型计算机的数据处理人员对此也渐渐失去控制。1982 年 12 月,《时代》(*Time*)杂志将"年度机器"的称号授予了 IBM PC。[33]

苹果计算机几乎没有给 IBM PC 造成威胁。当时,Apple Ⅱ面世已有四年,只针对计算机发烧友的需求做过优化。例如,IBM PC 能显示完整的80列大小写文本，而苹果公司并没有在Apple Ⅱ上增加类似的功能，只是将它们集成到了于1980年推出的更贵且不兼容的Apple Ⅲ中。苹果公司急于把这台机器推向市场，加上它想把新功能都挤进一个小主板，导致第一批Apple Ⅲ非常不可靠。最终苹果公司叫停了Apple Ⅲ的生产，将产品召回，并更换了整个生产环节。[34]

这场惨败扼杀了Apple Ⅲ的前景，但直到1983年苹果公司才发布了对Apple Ⅱ的重大升级——Apple Ⅱe。沃兹尼亚克后来写道（不过有点夸大其词）："1980年到1983年期间，苹果公司在Apple Ⅱ上开出的唯一薪水，大约就是给那个打印价格单的人。"[35]在Apple Ⅱe 10年的生命周期里，它一共售出了几百万台，是早期型号销量的许多倍。新设计降低了制造成本，让苹果公司在20世纪80年代中期家庭和教育的核心市场上继续生存，不过这些作用有限的改进对IBM PC在商业应用上的地位几乎没有构成挑战。

8087和IEEE浮点数

与大型计算机或分时系统相比，使用Apple Ⅱ等个人计算机进行工程计算或财务建模的成本要低得多。但是由于内存有限，只能装入小型作业，运行的速度也只能说尚可接受，复杂的模型仍然需要大型计算机。随着IBM PC的出现，这种情况开始改变。即使是最早的IBM PC，其内存容量也可以扩展到比苹果计算机的更大。

另一个很大的区别是对浮点运算的支持。自20世纪50年代以来，强大的浮点硬件一直是面向科学的大型计算机的关键特征。初代PC的8088处理器芯片不支持浮点，技术计算的表现很一般。但是每台PC都有空的插槽，可以增加新的8087**浮点协处理器**芯片。8087是第一个用卡亨提出的新方法实现浮点运算的芯片，这种方法后来形成了正式的IEEE 754标准。包括DEC和IBM在内的大型公司采用

IEEE 754 标准是科学计算的重大进步,为此卡亨获得了图灵奖。即使是用 Fortran 这样的标准语言写出的代码,以前在不同的计算机上运行也会产生不一致的浮点运算结果。负责早期 Macintosh 软件开发管理的库南(Jerome Coonen)是卡亨的学生,他说这种非常稳健的浮点运算机制的标准化是从之前的“惨淡局面”向前迈出的“巨大一步,由于卡亨的成就,40 年来人们都认为浮点运算是非常自然的事情”。[36]

8087 于 1980 年发布,但因为突破了英特尔公司生产工艺的极限,它是逐渐进入市场的。弗里德(Steven S. Fried)在《字节》的文章里称它是“成熟的 80 位处理器,执行数值运算的速度快了 100 倍,与一个中等规模的小型计算机速度相当,但是精度比大多数大型计算机还高”。[37] 8088 本身只有 29 000 个晶体管,而它的协处理器需要 45 000 个晶体管实现寄存器和堆栈。

要使用这些特殊的浮点指令,必须重新编写汇编语言代码和语言编译器,并使协处理器要做的操作能与主处理器并行执行。科学计算用户很快就接受了 8087,使 PC 成为小型计算机可靠的替代品。弗里德曾承诺“8087 还可以在商业应用程序中创造奇迹”,但它对应用软件的支持很有限,就连只为处理数字而存在的应用程序 Lotus-1-2-3 也没有用它。弗里德创办了一家公司开始销售补丁,用于在此类软件中增加对协处理器的支持。[38] 随着时间推移,IEEE 风格的浮点操作成了所有处理器的核心部分。1989 年,当英特尔公司推出 80486 时,它的工厂刚好有能力造出这款内置了协处理器、有 100 万个晶体管的芯片。软件开发人员,尤其是电子游戏程序员,开始使用浮点指令。到了 20 世纪 90 年代末,PC 处理器之间的竞争主要围绕浮点功能的强弱展开。

PC XT 和 PCjr

PC 的发展反映了其作为高端商业机器的成功。1983 年,IBM 推出 PC XT,放弃了卡带接口和针对家庭用户的其他功能。“贪心”的 PC 使用者很快就用完了 PC 的扩展槽。XT 又增加了三个扩展槽,以及一个可以插进完整 256 KB RAM 的插槽,这释放了更多扩展槽。它最大的新功能是一个标准的 10 MB 硬盘驱动器。新增的硬盘驱动器改变了 PC 的使用体验,使其更接近小型计算机和工作站的使用感觉。新的应用程序被复制到硬盘上运行。即使是最慢的硬盘驱动器,它传输数据的速度也远比软盘驱动器快,可以保存大多数用户完整的程序和工作数据。随着价格下降和容量增加,硬盘很快就成为所有个人计算机(除了最便宜的型号)的标准设备。1986 年,旧型号的升级套件售价还不到 500 美元。硬盘给个人计算机增加了新的复杂性,要求用户管理自己的目录结构,开辟了用户数据备份软硬件的新市场。彼得·诺顿(Peter Norton)创建了流行的诺顿工具(Norton Utilities),这个工具软件包里含有恢复意外删除的文件、浏览目录结构和优化硬盘性能等程序。

比较于 1983 年生产的 PC XT 和 Apple Ⅱe,可以深入了解两家公司的生产文化。IBM 的彩色图形适配器电路板包含 69 块芯片,贯穿整个机箱。Apple Ⅱe 则遵循了沃兹尼亚克的高效特殊工程的传统。苹果公司的整台机器,包括一块可以提升内存访问速度、与 IBM 高分辨率图形卡相当的扩展板,只有 41 块芯片。它的颜色生成机制是对美国电视使用的 NCSA 系统的“破解”,对信号脉冲进行计时以触发彩色显示。苹果计算机小巧的软盘驱动器和控制器卡总共只有 12 个芯片,而 IBM PC 有 51 个芯片。基德尔讲过一个很有名的故事:一名通用数据公司的工程师偷看了 DEC VAX 处理器机柜的内部,只见全部功能清晰地分布在 27 个电路板上,他“感觉像看到了 DEC 的公司组织图”,这种布局“表现了这家非常成功的公司的风格——谨慎、等级森严”。[39] IBM PC 的设计同样保守得惊人,但可靠稳定,它无与伦比的可扩展性足以战胜苹果公司陈旧设计的古怪效率。

XT 为 20 世纪 80 年代中期的办公计算机设定了模板,但 IBM 并没有放弃家用市场。在推出 XT 之后大概 7 个月,IBM 发布了 PC 的精简版 PCjr,它体积更小,主板上内置的设备更多,但内部的可扩展性较差。它有加载电子游戏和编程语言的 ROM 卡带端口,以及可以在沙发上用的无线键盘。在推出之前,IBM 预计 PCjr 将主导家庭计算市场,但事实证明,对于想要更便宜的 IBM PC 的人来说,它的功能太有限了,而对于电子游戏玩家来说,与 Commodore 64 相比它又太贵。《纽约时报》的评论文章吐槽它的键盘"太奇怪,像一只有橡胶膝盖的蜈蚣"。"敲了两页手稿,"评论文章说,"我就想找纸和笔来写剩下的部分了。"[40]

PCjr 是商业史上最著名的失败产品之一,可以与福特 Edsel 汽车这样的企业灾难相提并论。然而,它确实推出了一种新的 16 色 PC 视频模式,使电子游戏更有吸引力。软件公司雪乐山在线(Sierra On-Line)与 IBM 共同制作了一款炫耀新图形的游戏。公司联合创始人罗伯塔·威廉斯(Roberta Williams)设计的《国王密使》(*Kings Quest*),是第一个广受欢迎的"图形冒险"游戏。Sierra 公司的冒险游戏,包括幽默的科幻系列《宇宙传奇》(*Space Quest*)和有伤风化的《花花公子拉瑞》(*Leisure Suit Larry*),使用了电子游戏控制和键盘命令的混合控制方式。[41]这几款游戏主要靠图片来描述玩家冒险之旅的环境,与之相比,Infocom 游戏迅速暗淡下来。PCjr 的视频模式被称为"坦迪图形"(Tandy graphics),因为它被睿侠公司复制了过去,用在流行的低成本 PC 兼容机里,取代过时的 TRS-80 系列,在 IBM 未能将 PC 技术带入家用计算机市场的地方取得了成功。

Lotus 1-2-3

IBM PC 为快速发展的微型计算机应用软件行业开辟了新的机遇。

在企业的办公室里，先是从 Apple Ⅱ开始，出现了个人计算机的涓涓细流，后来变成了运行 Lotus 1-2-3、文字处理软件 WordPerfect 和数据库软件 dBase Ⅱ的 IBM PC 的洪流。

由于使用个人计算机的人数急速增长，在 20 世纪 80 年代末，最大的 PC 软件公司的收入有几亿美元，员工数量也达到了上千名。PC 软件的价格远低于大型计算机软件包，但这类产品中最成功的那些销量高达几百万套而不是几千套。领先的 PC 软件包每个售价约 500 美元，装在坚固的硬纸板夹盒里，有专业制作的手册，不再用以前那些单薄的拉链袋了。

IBM PC 发布之后，IBM 还宣布推出文字处理、会计、游戏软件和 VisiCalc 的新版本。曾经开发过 VisiCalc 插件的考波尔（Mitch Kapor）知道如何改进它，他与经验丰富的程序员萨克斯（Jonathan Sachs）联合创办了莲花开发公司（Lotus Development Corporation），与 IBM 展开竞争。

Lotus 1-2-3 的功能类似 VisiCalc，但在核心的电子表格中增加了图形和数据库功能（Lotus 1-2-3 中的 2 和 3 表示的功能）。它标志着 PC 软件行业向更专业的新商业模式转变。Lotus 1-2-3 是专门为 IBM PC 实现的，为获得更高的性能用了汇编语言，所以它的运行速度比包括 VisiCalc 的 PC 版本在内的其他电子表格程序要快得多。考波尔销售自己早期其他程序的收入和从风险投资那里得到的一共几百万美元资金，资助了这套程序的开发和发布。Lotus 在 1983 年 1 月大放异彩，它不仅有精美而完整的程序，还包括专业手册和教程磁盘。[42]

Lotus 1-2-3 上市的第一年底，销售额就达到了 5300 万美元。它最受欢迎的一个功能是**宏**系统，可以记录命令序列并重放。这些序列与简单的程序代码混合，决定要执行的操作。考波尔说："这是我们在市场上获胜的原因之一，它完全释放了终端用户的力量。"[43]

Lotus 1-2-3 如此流行,以至于出现了几个完全相同的克隆软件,它们复制了 Lotus 的菜单结构和宏命令语言。这引出一个新的法律问题:版权法的保护范围是否可以从软件的实际代码延伸到程序的**外观和界面布局**? Lotus 公司最初起诉一个名叫双生子(The Twin)的制造商公然复制自己的程序,取得了胜利。但另一起对宝蓝(Borland)公司的诉讼它却失败了,这个判决明确规定命令菜单不在受版权保护的范围之内。[44]

WordPerfect

在 IBM PC 发布后的最初几年里,WordStar 是 IBM PC 上最流行的文字处理程序。与 VisiCalc 一样,它直接从 CP/M 上的版本转换而来,在这种情况下没能充分利用 PC 机的功能。多年来积累的新功能使它的用户界面越来越笨拙。1983 年的一篇评论对 WordStar 3.0 版的描述是这样的:"几千个鲁布·戈德堡(Rube Goldberg)*式的带子和绳索把功能连接在一起,没有任何整体统一的概念(或者有十几个这样的概念)。"[45]竞争对手复制了流行的文字处理系统界面,把客户吸引到更便宜的 PC 硬件上。MultiMate 复制了 Wang 系统,使用户可以轻松地迁移到更便宜的 PC 系统。IBM 的软件 Displaywrite 模仿了 IBM 自己的 Displaywriter 文字处理系统。[46]

WordStar 最终被卫星软件(Satellite Software)公司的 WordPerfect 所取代,后者于 1982 年末首次出现在 PC 上。它在杨百翰大学的 Data General 小型计算机上开始使用,比 WordStar 更适合强大的 PC 平台。WordPerfect 的运行速度快(像 Lotus 1-2-3 一样用汇编语言实现,可以

---

* 美国著名漫画家,以其作品中用复杂机械完成简单任务的诸多设计而闻名。之后,人们用"鲁布·戈德堡机器"形容被设计得过度复杂的机械组合,以迂回曲折的方法完成其实非常简单的工作,例如倒一杯茶,或打一颗蛋等。——译者

直接操作 PC 的显示硬件),功能强大。它的命令基于 Shift、Control 和功能键的组合,十分简洁。借助放在键盘上方的纸膜的提示,新手需要一段时间学习才能都记住,但有经验的用户立刻就能使用每个功能。用户可以在干净的文本显示和用特殊标签标记所有格式代码的视图之间进行切换。一篇早期评论的标题反映了人们对它的看法:《不完美,但肯定是一流的》(Not Quite Perfect, But Certainly Superb)。[47]《PC 杂志》(*PC Magazine*)称它是"文字处理冠军的有力竞争者"。评论者宣称"在 WordPerfect 中移动是一种乐趣",因为 Page Up、Page Down 和光标键的功能都很直观,这提醒我们,在 PC 时代刚开始的阶段,用户对好用性的期望是多么低。[48]

高版本 WordPerfect 的功能更多,支持多种打印机,并内置自动执行复杂的格式化和编辑操作的宏语言。1986 年的 WordPerfect 4.2 版为剩余的 20 世纪 80 年代设立了标杆,最终在销量上超过了 WordStar。WordPerfect 在 1990 年左右达到顶峰,控制了大约一半的文字处理软件市场。[49]卫星软件公司的总部设在犹他州,由于当地许多居民曾在海外执行摩门教任务,公司在国际销售和支持方面有特殊的优势。

dBASE

PC 三大应用领域的最后一个是数据库软件。这需要最大的折中。IBM PC 的电子表格程序比任何分时小型计算机上的更灵敏,IBM PC 还忠实地再现了专用文字处理系统的体验。可是 PC 缺乏存储空间、可靠性、网络功能和处理能力,无法复制大型计算机和大的小型计算机上运行的数据库管理系统。但 PC 数据库对于使用配有硬盘驱动器的 PC 的小型企业来说仍然有用。一个标准的 20 MB 硬盘驱动器能存储数万条记录,足够处理企业的销售、客户和库存的数据了。

IBM PC 上最流行的数据库软件是阿什顿-泰特(Ashton-Tate)公司

的 dBASE,它是从 CP/M 上的版本移植过来的。dBASE 不是办公室职员平常使用的工具,而是一个编程系统,但比 Pascal 等通用语言更简单高效,能在小型企业可以负担得起的便宜的硬件上运行。dBASE 包含多组工具,既可以在输入和展示数据时在屏幕上创建表格,还可以管理结构化数据文件。它的编程语言针对文件操作进行了优化,可以轻松地在文件中搜索符合特定条件的记录。它还包括一个报告模块,为打印输出创建模板。围绕这些工具,一个定制 dBase 应用程序的承包商社区应运而生,并蓬勃发展起来。此外,还诞生了一些小型软件公司,它们为某些特定行业的用户(如汽车修理厂)生产 dBase 应用程序,并与硬件一起销售。[50]

与 WordStar 一样,dBase Ⅱ也是 IBM PC 的首发软件之一。不过,与 WordStar 不同的是,dBase 在进入 PC 时代后仍保持了主导地位。于 1985 年发布的 dBASE Ⅲ Plus 巩固了它作为 PC 的标准数据库软件的地位,而且一直保持了下来,直到 1988 年推出 dBASE Ⅳ。dBASE Ⅳ版本有很多错误,还去掉了开发人员非常依赖的一些功能。[51]于是开发人员转向了使用相同编程语言的 FoxBase 和 Clipper 等系统。阿什顿-泰特公司解雇了许多员工,把自己卖给了竞争对手。dBASE 语言在 20 世纪 90 年代逐渐萎缩,但这样广泛使用的语言没有很快消失。即使在今天,还有相当多的开发者社区在继续支持和增强 dBASE 应用程序。

共享软件

PC 把应用软件变成了一个快速增长的行业,但并不是每个 PC 用户都愿意在 Lotus 1-2-3 或者 WordPerfect 上花费 500 美元。有些用户选择无视版权法,从朋友那儿复制安装盘。软件公司展开了打击盗版的活动。一些公司准备了随软件附带详尽的使用手册,并为注册用户提供电话支持,希望这些举措能够阻止盗版行为。但是随后就出现了大量独立印刷的用户指南,加上复印机日益普及,导致这些举措对解决盗版无能为力。Lotus 和其他几家领先的公司转而使用复制保护,故意引入软盘复制错误,使用户不能像复制普通磁盘那样拷贝这张软盘。即使从硬盘驱动器加载程序,也需要这张软盘。用户不喜欢这样的做法——特殊磁盘有时候也会失效,如果它们丢失或者被损坏,程序就无法运行了。面对来自管理几千个密钥磁盘的大公司的抱怨,软件公司的这个方案最后被放弃了。[52]

同时,软件行业日益专业化也让程序变成金钱更加困难。用漂亮的盒子和手册包装一个程序,给它做广告,再送到商店出售的过程是非常昂贵的。1983 年出现了一种新的商业模式:共享软件。这个词的流行是从前微软公司程序员沃利斯(Bob Wallis)编写并销售的文字处理软件 PC-Write 开始的。沃利斯鼓励用户们在朋友之间复制这个软件,如果觉得有用,邮寄 75 美元就可以得到印刷的手册和技术支持。两个更早一点而且被广泛使用的软件——通信软件 PC-Talk 和数据库程序 PC-File,也有类似的商业模式。

这三个软件都是完善的程序,大多数试用过它们的人都很好地完成了工作。一位评论员称 PC-Write"确实非常好",尽管有一些古怪的地方,例如每次打印文档的时候都强迫用户退出一个程序并加载另一个程序。[53]不是所有的用户都付费,但那些没有掏钱的用户至少帮助将软件传播给了其他可能付费的人。软件作者有了几百万美元收入,还从传统软件公司必须完成的大部分任务中解脱出来,比如电话推广和销售。他们只需要很少的工作人员负责回答用户问题,并将支票存入银行。

另一个共享软件产品——压缩文件的 ZIP 格式,今天仍在广泛使用。"PKZIP"以其创建者、来自密尔沃基的卡茨(Phil Katz)的名字命名,于 1989 年作为共享软件包推出。它可以免费用于"非商业"用途,不过卡茨建议对其满意的用户捐赠 25 美元。ZIP 迅速取代了以前为了分发而采用的压缩文件方法，随着程序文件越来越大，软盘容量和调制解调器连接的带宽变得紧张，ZIP 的重要作用就逐渐凸显出来了。

共享软件程序以 ZIP 文件的形式传播，通过 BBS、计算机用户组和公共领域的软件库在用户中共享。“软件库”是发行磁盘目录的企业，这些磁盘花几美元就能复制和邮寄。目录中还包括真正的公共领域程序，这些程序的作者都已经放弃版权。最大的休斯敦公共软件库拥有几千张磁盘。

用户付了注册费用之后，一些共享软件会解锁附加功能，比如电子游戏里额外的关卡。20 世纪 80 年代后期，基于捐赠的共享软件模型不再那么普遍，而这种变体有时被称为“功能不全的共享软件”（crippleware）或者“免费增值”模式。随着因特网逐渐普及、软件向移动设备转移，这种模式的软件数量激增。今天，大多数商业软件都可以免费下载，但用户必须支付注册费（有时是在应用程序内部支付）才能使用全部功能。

IBM PC 成为一个行业

当今几乎所有的个人计算机和大多数服务器都是 IBM PC 的直系“后代”，但在 2015 年至 2019 年期间销售的大约 10 亿台 IBM 兼容机器中，没有一台是 IBM 制造的。IBM PC 从 1981 年作为一台专有机器起步，到 20 世纪 80 年代后期已经成为行业内全球几千家公司的基础，而这些公司每年生产几百万台 PC。一个不起眼的米色盒子成了行业标准。IBM 是如何失去了对自己所创造的世界的控制？我们将在本章的其余部分解释这个转变和过程。

扩展卡

IBM 推出的 PC 只有少量扩展卡，但它把接口信息公开在文档里，其他公司可以根据说明生产附加硬件。很快,为 PC 提供扩展卡的行业就蓬勃发展起来——就像为 MITS 的 Altair 和苹果公司的 Apple Ⅱ 提供板卡一样。聪明的消费者找到了省钱的办法:从 IBM 买来一台 PC 的裸系统,再从别处购买需要的扩展卡。1983 年 11 月,《字节》列出了 107 家 PC 扩展卡制造商。除了价格更低之外,它们相对 IBM 设备的优势还包括内存容量更大、一张卡上浓缩了多个功能(如串行和并行连接器),以及 IBM 完全忽略的功能,例如假脱机打印和语音合成等。[54]

为了节省 IBM PC 有限的插槽,AST 公司专门在其扩展板上塞进了多种功能。PC 用户需要的大部分内容都被压缩到了一块 SixPak 卡上,而这块卡成了业界最畅销的卡——内存扩展到完整的 640 KB;支持串行、操纵杆和并行端口;还有一个电池供电的时钟,用于维持时间和日期的设置。

配备齐全的 PC 还需要的其他卡是磁盘和显示控制器。需要清晰文本显示的 PC 用户选择 IBM 的绿屏显示器。官方提供的 IBM 显示适配器不能显示除文本之外的任何其他内容。海格立斯(Hercules)公司生产了一种替代适配器,除了生成文本还能生成高分辨率的图形。**海格立斯图形**成了第一个没有 IBM 支持的非官方 PC 标准。

随着更多插槽被空出来,PC 卡生产商为用户提供了全新的功能。PC 内置的扬声器除了发出蜂鸣声或咔嗒声之外,还能干点别的了。于 1987 年推出的 AdLib 声卡增加了音乐功能。它的软件界面被另一家硬件制造商创意实验室(Creative Labs)复制,后者的 SoundBlaster 卡在 20 世纪 90 年代一直主导着市场,成了另一个非官方标准。

MS-DOS 计算机

根据与 IBM 的协议,微软公司可以用 MS-DOS 的名字向其他计算机制造商出售大部分相同的代码,也可以直接向消费者出售。它的应用是如此普遍,以至于人们大都只称其为 DOS(我们在这里使用的这个术语包括 PC-DOS 和 MS-DOS)。即使按照 20 世纪 80 年代中期的标准,DOS 也不是一个"有追求"的操作系统。它只支持单用户,一次只能运行一个程序。尽管如此,在 DOS 的加持下,微软公司从一家主要销售 BASIC 的公司逐渐向个人计算机软件市场的主导者转变。

大多数 IBM PC 的部件,包括 8088 微处理器,都是可以从商品目录中订购的标准部件。1982 年,其他公司在看到 IBM PC 的成功后,也开始构建自己的计算机,订购类似的部件,购买 MS-DOS 许可。这采用了与 CP/M 相同的模式:操作系统授权给不同的硬件制造商,可以在各种硬件上使用。

MS-DOS 的早期版本缺少 PC-DOS 的一些重要功能,这意味着与 CP/M 一样,取得使用许可的用户必须自己编写代码来复制 IBM 添加的功能(例如配置硬盘驱动器的 FDISK 命令),使源代码适应他们的硬件。第一批 MS-DOS 机器制造商试图改进 IBM-PC,而不仅仅是照原样复制。例如,由创造 Commodore PET 的佩德尔设计的 Victor 9000 于 1982 年推出。《字节》的评论员说,他将"用 Victor"取代有同等配置的 IBM PC,因为它"在显示质量、标准内存容量、I/O 端口数和多功能性,以及可用的扩展槽数量上,都有明显的优势"。[55]

由于主导 CP/M 计算机市场的公司不止一家,像 WordStar 这样的应用必须通过操作系统提供的软件接口访问屏幕等硬件设备。MS-DOS 市场的发展方式则不同。这两个系统都提供了程序可以调用的处理磁盘文件、管理外围设备和在屏幕上显示文本的接口。但由于 IBM PC 大受欢迎,甚至在微软公司开始授权 MS-DOS 之前,DOS 计算机就有了一个事实上的标准硬件平台。通过 DOS 与硬件交互意味着放弃 PC 的大多数高级功能(例如图形)。即使是连接调制解调器和打印机的 IBM PC 串行端口,在 DOS 控制下也无法满负荷工作。构建专业应用程序的程序员倾向于绕过 DOS 直接使用 PC 硬件。像 Lotus 1-2-3 这样直接操作 PC 硬件的程序,性能大大优于那些不这么做的程序。

Victor 无疑是更好的计算机,但大多数考虑使用 MS-DOS 计算机的客户都是为了运行 IBM PC 上的软件。同年,面对新的竞争,开始在低端市场挣扎的 DEC 推出了三款个人计算机。它们不仅与 VAX 不兼容,而且尽管采用了 MS-DOS,它们也与 IBM PC 不完全兼容。其中的 Rainbow 计算机虽然取得了一定成功,但也没有减缓 IBM 兼容机这辆“重型卡车”的前进速度。[56]

克隆 IBM PC

Victor 9000、DEC Rainbow 和其他早期的 MS-DOS 计算机还不够成功,软件公司还不会为这些高级但不兼容的硬件定制程序。从长远来看,只有与 IBM PC 完全兼容的 MS-DOS 计算机才能生存。生产兼容的 PC 比授权 MS-DOS 更难。使计算机成为 IBM PC 的核心因素是存储在 ROM 芯片上的 BIOS 代码。这部分代码的所有者是 IBM。它依靠保护书面作品的版权而不是保护发明的专利来防止对其 PC 的复制。

在 PC 发布前后,德州仪器公司的三名员工辞去工作,创办了康柏(Compaq)公司。传说卡尼翁(Rod Canion)、吉姆·哈里斯(Jim Harris)和穆尔托(Bill Murto)三人在休斯敦一家餐厅的餐巾纸上勾勒出一台完全兼容 IBM 的 PC。为了绕过 IBM 对 BIOS 代码的控制,他们使用了**逆向工程**。一个团队仔细研究了 BIOS,并根据其行为编写了详细的功能规范。这些规范列出了 BIOS 的“内容”而不是“如何”实现它,然后被交给完全独立的**净室**(clean room)团队,再由净室团队编写新代码完成所有同样的事情。这种方法昂贵但却是合法的。

康柏计算机于 1983 年交付,它的便携性与早期的 Osborne 计算机大致相同——重 25 磅,“给‘举铁’这个词赋予了新含义”。[57]它真正的吸引力在于与 IBM PC 兼容,但价格却更低。康柏公司成为第一家在第一年营业额就超过一亿美元的初创公司。

在兼容系统开发的早期,《PC 杂志》在多台机器上做了兼容性测试,发表了专题报道。它的结论是:这些机器的兼容性从“接近但还没有完全兼容[康柏计算机],到连接近也算不上”。[58]在从计算机科学家转为行业分析师的艾萨克森(Portia Isaacson)的领导下,商业杂志做了两个非正式的兼容性测试:机器能否运行 Lotus 1-2-3？能否运行由微软公司授权阿特威克(Bruce Artwick)编写的游戏《飞行模拟器》(*Flight Simulator*,图 8.5)？这款游戏用到了 IBM 硬件的每一个角落和缝隙,实现了《字节》所说的“梦幻般的图形和真实感”。如果两个答案都是肯定的,那么这台机器就是对 IBM PC 真正的**克隆**。[59]《飞行模拟器》是一项特别残酷的测试。运行它的时候必须重新启动 PC,不经过 DOS 直接加载游戏代码。加载时它会显示出奇怪的图形,因为阿特威克为了把游戏压缩塞进只有 64 KB 的 RAM 中,把显示器当工作内存使用。

图 8.5　为了快速重绘三维图形,《飞行模拟器》取消 MS-DOS 并绕过 BIOS,直接使用 IBM 彩色图形硬件的内部功能,是 IBM 完全兼容性测试的有力工具

现成可用的 PC 视频卡、磁盘控制器和其他组件都可以从商品目录中订购,无需设计,也不用委托生产,这使得进入兼容机业务更加容易。AST 公司从 1986 年开始涉足这一行业,制造了它的 SixPak 多功能卡可以插入的主板。它开始销售完全组装好的计算机,最终成为十大

供应商之一。AST 公司还重新编写了自己的 BIOS,但在凤凰科技(Phoenix Technologies)公司对 IBM BIOS 进行了逆向工程,并开始销售成为标准部件的兼容芯片之后,这样做也没有必要了。十多家不同供应商提供的另一种商品是 PC 主板。PC 克隆的“闸门”打开了。业界最成功的期刊《PC 杂志》报道了这些变化,1986 年,它将副标题从“IBM 个人计算机独立指南”更改为“IBM 标准的个人计算机独立指南”。

IBM PC 兼容机的价格不断下降,其市场从公司和富人扩展到了小型企业、学校和中等收入的电脑爱好者。这种转变在英国最为显著,在那里,低收入水平和高价格使 IBM PC 最初的市场局限在企业买主里。

1986 年,Amstrad 公司在其成功的文字处理器基础上推出了 PC 1512(图 8.6)。那些降低家用计算机成本的技术,Amstrad 公司又

图 8.6 Amstrad 公司的 IBM PC 克隆机利用大规模生产和高度集成的设计来降低制造成本。请注意口号:“你知道兼容谁。只有我们知道如何定价。”PC 1512 的售价略高于家用计算机,并配有鼠标、显示器和 GEM 图形环境

用了一遍。一位工程师回忆说，打开一台 IBM PC 就会发现："到处都是分立的设备，整个机器里没有一个定制设备，巨大的电路板上塞满了芯片。所以我们认为，如果自己设计门阵列会节省很多钱。"[60]他们将图形和打印机端口等功能集成到主板上以减少扩展卡和插槽。这种集成大大降低了成本，但也牺牲了标准 PC 的一些可定制性。在亚洲进行大规模生产创造了更多经济效益。[61]

PC 1512 比高端机器的功能和健壮性要落后一些，但售价很低，只要 399 英镑，还包括一个屏幕、键盘和软盘驱动器。这使它进入到家用计算机的领域，价格比英国以前最便宜的 PC 克隆机售价的一半还低。丘尼（Guy Kewney）在检查了机器之后总结道："就我的生活而言，我不知道您为什么还需要任何其他版本的标准 PC……这台机器的速度很快，比其他个人计算机都更好用，比任何相同规格的产品都更便宜。"[62]在接下来的两年中，Amstrad 公司销售的个人计算机数量远远超过 IBM PC 在英国和德国的销量。它在德国销售的型号被重新命名为施耐德型号。在美国，家用计算机生产商 Commodore 公司和雅达利公司都推出了价格低廉的 PC 兼容机产品线。[63]

新标准 PC AT

IBM PC 的每个新型号都设定了个人计算机事实上的新标准，但很快就被声称"百分百兼容"的克隆机复制了。于 1984 年发布的 IBM PC AT 最有影响力，也是现代个人计算机发展的起点。IBM PC AT 以更快的 16 位英特尔处理器 80286 为核心制造。原始的没有屏幕但其他配置良好的 PC 型号每台售价 5795 美元，AT 的价格比这个高，但包含更多标准设备。它有 16 位扩展槽和足足 1.2 MB 容量的软盘，可以存储更多信息，处理更大的文件。IBM 做了许多小调整——更改了键盘布局，添加了内置时钟，还提供电池供电的存储器，用于在计算机关闭时保存时间和系统配置的详细信息。

AT 是**先进技术**(advanced technology)的英文首字母缩写。它的性能更接近小型计算机而不是电脑爱好者的 PC。AT 的新处理器可以处理高达 16 MB 的 RAM,有强大的新指令模式,专为多任务多用户的操作系统设计。然而在实践中,大多数用户仍然继续使用 MS-DOS,意味着他们只把 AT 当作一台快一点的原始 PC 使用。

AT 受到了热烈的追捧。《PC 杂志》称其是“超高性能的技术奇迹”,很快就会让克隆机的制造商没事可干。“这台创新机器太好了,”它惊叹道,“IBM 正在用大炮向桶里打鱼。”只有 AT&T 和“深谙管理之道的康柏公司也许”有机会与之抗衡。[64]设计 AT 克隆机对于某一家公司来说确实是一项颇有挑战的任务,但在新兴的 PC 部件制造商生态系统中,这只是一个小小的困难。一年之中,AT 的每一部分都被好几家供应商复制了,克隆机公司比以往任何时候都多。

克隆制造商的“turbo AT”比真正的 AT 还要快。PC AT 的设计运行频率虽然是 8 MHz,但由于公司担心 AT 会与更大的 IBM 计算机抢夺市场,最初只用了 6 MHz 的时钟晶振。克隆机制造商可没有这样的顾虑。接下来几年里,由它们推动的性能进步甚至超越了原始的 IBM 系统。例如 IBM 有一款增强型显卡,可以生成更高的分辨率和更多色彩。原始卡的速度很慢而且价格昂贵,但到了 1987 年,许多 PC 用户都开始用廉价的克隆卡(包括图形专家 ATI 公司的第一批产品)升级系统,获得更高的性能、更大的灵活性和更高的分辨率。

以太网

20 世纪 80 年代中期,PC 作为标准的办公设备已经普遍被企业的计算机部门接受,无论员工喜欢与否。为了让 PC 更有用并连接到更大的系统,企业开始利用**局域网**(LAN)将它们连接在一起。1984 年,已经有20多个用于IBM PC的LAN项目在做广告,[65]其中许多都依赖速度较慢、成本较低的串行连接,而最快、最有效的连接机制是以太网。

梅特卡夫(Robert Metcalfe)和博格斯(David Boggs)于1973年构想了以太网。他们在位于硅谷的施乐公司帕洛阿尔托研究中心(PARC)工作,我们将在下一章详细介绍。梅特卡夫曾经是麻省理工学院MAC项目的成员,曾帮助将MIT的PDP-10连接到ARPANET。1972年,他成了"PARC的网络专家",用他的经验把PARC的PDP-10克隆机MAXC连接到了ARPANET。[66]

施乐公司真正关注的是大楼内部的网络,单用户的计算机相互连接,并连接到高质量打印机。ARPANET模式及其昂贵的IMP显然不合适。PARC以星形拓扑将几台通用数据公司的小型计算机联网,但梅特卡夫发现这不适合办公室里机器频繁连接和断开的情况。[67]他想起了夏威夷群岛上用无线电信号连接计算机的ALOHAnet系统。[68]梅特卡夫在办公网络里使用了相同的方法,但用廉价的同轴电缆代替在ALOHAnet中传输无线电信号的"以太"。只要接入电缆就可以把计算机添加到**以太网**中。1973年5月,他表示这样的系统可以处理大量流量而不会过载。梅特卡夫与博格斯一起工作,第二年网络就运行起来了。他回忆说,每秒300万比特的速度在当时闻所未闻,"对ARPANET来说,每秒5万比特的电话线已经很快了"。[69]以太网的第一次商业成功发生在1979年,当时DEC、英特尔和施乐三家公司联合,将更快的每秒1000万比特的以太网确立为标准。

在高性能局域网市场,以太网的主要对手是IBM的**令牌环**技术。它与以太网不同的地方是,即使网络使用量激增也能保证最低性能水平。为了防止冲突,通道由持有虚拟令牌的计算机控制,就像早期的铁路工程师进入无信号轨道时必须持有物理令牌一样。

20世纪80年代后期,联网的个人计算机没有连接到因特网。PC

网络提供两种基本服务:文件共享和打印机共享。通过文件共享,部门中的每个人都可以访问共享的硬盘驱动器,这个硬盘对内部开放,而且经常备份,用户在这里进行协作、存储数据。有了打印机共享,企业可以只买少量快速、昂贵的打印机,而不需要为每台 PC 安装一台。与 20 世纪 70 年代通过“哑终端”或“玻璃电传打字机”访问的分时大型计算机相比,这些联网的 PC 为用户提供了更多的自主性和独立性。

1989 年,一半以上的联网业务属于盐湖城的诺韦尔(Novell)公司。Novell 公司的 Netware 是一个复杂的操作系统,可以把 PC 变成以太网的交换机。它在**文件服务器**上几乎完全取代了 MS-DOS。Novell 公司最初把软件当作以太网硬件业务的附加组件,在这个市场上与 3Com 公司*有激烈的竞争。在公司的新战略转向软件之后,Novell 公司的业务开始起飞。Netware 286 的设计目标就是要充分利用 PC AT 兼容机的强大功能,它包含一个实用工具,可以针对特定的网卡和计算机配置编译出高效运行的驱动程序。市场竞争激烈,很快使以太网卡成了廉价商品,而 Netware 仍然很贵。为确保有充足的网络技术人员供应,Novell 公司推出一项很受欢迎的认证计划。获得认证的 Novell 工程师很容易找工作。类似的方案后来也被包括微软公司在内的其他供应商采用。

尽管现在 Netware 已经不再使用了,但以太网仍然是有线局域网的主要标准。自 20 世纪 90 年代中期以来,大多数 PC 主板都内置了以太网连接器。今天,典型的连接速率是每秒 1 GB,比在 20 世纪 80 年代初首次商业化的版本快 100 倍。

20 世纪 80 年代末的 PC AT

IBM 完全没有预料到 IBM PC 会取得如此巨大的成功,也没有想

---

* 作为联合创始人之一,梅特卡夫解释说,公司名称是“计算机通信兼容性”(Computer Communication Compatibility)的缩略形式。——译者

到克隆机行业发展得如此迅速,但 IBM 没有办法强制向生产克隆机的厂商征收专利费。20 世纪 80 年代中期,IBM 在规划 PC 系列后继产品的时候决心纠正这个错误。

PS/2:IBM 失去控制

新的 PS/2 系列于 1987 年 4 月推出,全部采用有专利保护的 IBM 专有技术。它的目的是,就像 System/360 取代 IBM 所有的计算机和外围设备一样,扫除整个 IBM PC 家族及其模仿者。克隆机制造商必须支付许可使用费。

新机器设计精美,不用螺丝刀就能拆开。IBM 在主板上构建了更多功能,包括图形。设计者将电源开关移到机器前部,更换了键盘连接器,增加了鼠标接口。与早期 PC 使用 5.25 英寸软盘不同,所有 PS/2 机器都用 3.5 英寸磁盘(封装在硬塑料外壳中,不再是软盘,用 IBM 的术语,它被称为**微型软盘**)。以前的 PC 图形表现一般,而新的视频图形阵列(VGA)能输出清晰的文本和细致的图形,色彩生动逼真。这激发了企业界制作各种商业演示和漂亮的图表,最后还使 PC 被确立为首选的电子游戏平台。

高端一些的型号上发生的修改更基本。原来 PC AT 中的 16 位扩展槽是直接连接到处理器的,当处理器加速时会产生兼容性问题。IBM 用一种新的有专利保护的 32 位**微通道体系结构**(MCA)替代方案取代了它。MCA 也用在一些更大的计算机上,其强大的功能让人联想到经典 IBM 大型计算机内置的通道。两个设备之间,譬如网卡和磁盘驱动器控制器,可以在不占用中央处理器的情况下交换数据,其速度比处理器本身还快。新的 MCA 卡应该更容易配置。传统的 PC 卡需要花费数小时摆弄开关、驱动程序和操作系统文件来确定设置。相比之下,MCA 卡将配置保存在一种特殊的存储器中,操作系统可以自动设置。

IBM 预计克隆机制造商,甚至扩展卡制造商,会开始支付专利使用费以复制 MCA 总线。这是有道理的。克隆行业疯狂地追逐低成本,但它在 PC 早期最大的创新只是在机箱上装了一个把手,使其便于携带。可想而知,它的客户肯定会想要 IBM 最新型号的复制品。一位高德纳集团(Gartner Group)分析师说:"如果 IBM 克隆机公司希望在企业市场保持份额,就必须与 IBM 新的个人计算机体系结构相匹配。"[70] IBM 心知肚明,它针对克隆机制造商制定了一些惩罚性条款。制造商必须为每台与 PS/2 兼容的计算机向 IBM 缴纳最高 5% 销售价格的专利费,才能使用 IBM 的新技术。据报道,IBM 甚至要求对已经售出的个人计算机也要补交,对于坦迪和康柏这样的公司,这个费用将达到数百万美元。[71]

OS/2

与 System/360 一样,IBM 在新产品系列发布的同时也推出了新操作系统。OS/2 由 IBM 和微软公司联合开发。相比 MS-DOS,它承诺有真正的优势,包括多任务程序和访问兆字节内存的能力。《纽约时报》报道这次发布时援引了一位微软公司高管的话:PS/2 是"短暂的个人计算机历史上最重要的计算机",它确立了"未来 10 年的计算机体系结构"。[72] OS/2 也可以在其他公司制造的计算机上使用,但 IBM 夸大了扩展版本的优点,该版本里有大量与 IBM 数据库和大型计算机网络的连接。最初的 IBM PC 只是一个边缘项目,几乎没有 IBM 高级管理层参与。但 PS/2 在 IBM 宏大的**系统应用体系结构**(SAA)战略中发挥了关键作用。没有其他哪一家公司同时是领先的大型计算机、小型计算机、文字处理器和个人计算机供应商。如果客户能互联各种尺寸的 IBM 计算机,从中获得切实利益,就能证明其高价是合理的,特别是对于竞争更激烈的小型计算机来说。SAA 应该为整个 IBM 产品系列提供通用的用户界面、编程界面、网络协议和办公软件。

与之前的 OS/360 一样,在新硬件开始交付的时候 OS/2 还没有准备好。最初版本的发布晚了整整 8 个月,还缺少一些关键功能,包括承诺的被称为"演示管理者"(Presentation Manager)的图形用户界面。第一个完整版本于 1988 年 10 月问世。IBM 曾预测内存价格会下降,但产量不足反而导致 20 世纪 80 年代后期全球范围内的 RAM 价格都在飙升,这意味着运行 OS/2 所需要的额外 3 MB 内存把 PC 的价格提高了大约 1000 美元。这影响了 OS/2 的采用,即使在高端 PS/2 计算机的购买者当中也是如此。

新型计算机公司

虽然克隆机制造商模仿了 PS/2 机器的一些功能,但他们大多不愿意付钱给 IBM 以使用其专利元素。例如,机箱制造商开始为新的 3.5 英寸磁盘驱动器配备托架。显卡制造商生产的显卡复制了 IBM 新 VGA 输出的功能,还做了改进。PC 行业并没有获得 IBM 的微通道体系结构许可,而是采取了一个意想不到的策略:共同努力将 PC AT 发展成可以与 PS/2 竞争的产品。朝这个方向最初的第一步在 PS/2 发布前一年就迈出了。康柏公司厌倦了总是等待 IBM 造出新东西来再复制,它自己推出了 Deskpro 386,把英特尔公司最新的处理器硬塞到了现有的 PC 体系结构中。[73]这在当时看起来像是个临时的应急方案,没有充分利用新芯片的能力。有人得出结论,即便"采用 80386 拥有无限自由,一个称职的工程师也不会这样设计",但康柏公司"取得的性能比现有标准硬件的更好"。[74]《新闻周刊》(*Newsweek*)称这样做的"风险是可以预见得到的",并警告"用户可能会担心新的计算机体系结构与 IBM PC 机不兼容,而选择等待 IBM”。[75]但实际上 Deskpro 386 大受欢迎,很快其他克隆机制造商就纷纷开始效仿康柏公司的做法。

得克萨斯州有一群芯片和个人计算机公司,康柏公司是当中的一个,它是第一批 PC 兼容机生产商的典型代表。它做的事情与 IBM 的 PC 部门相同,方式也相同,但成本更低,更主动。选择康柏公司而不是 IBM 的客户知道,自己以更少的钱得到了顶级质量的机器。康柏公司以其工程人才而自豪,这让它能够先于其他克隆机制造商推出新功能。小型计算机陷入困境后,康柏公司收购了 DEC,进一步增强了技术能力。与 IBM 一样,康柏公司自己编写 BIOS,在自己的工厂大规模生产计算机。与 IBM 一样,它通过经销商网络销售产品,这些经销商为了支付自己的成本,把价格抬高了不少。事实上,康柏公司决定只通过已经得到 IBM 授权的经销商销售自己的个人计算机,甚至把整合了 IBM 个人计算机经销商网络的高管也挖了过来。[76]创办一家像康柏这样的公司需要大量投资来设计计算机、购买工厂或者安排合同制造商,并建立经销商网络。

IBM 的键盘、机箱、主板和扩展卡都是定制的。康柏公司的产品也是如此。随着 PC 组件行业的发展,像磁盘、内存芯片和处理器这样的硬件都成了可以从商品目录里订购的标准部件。知识渊博的计算机用户自己构建计算机,能节省不少资金,而且用几个小时就能完成,使用的工具也不比十字头螺丝刀更奇特。一些更有商业头脑的人接了朋友们的订单,为他们组装个人计算机,有的最后还发展起了计算机业务。在全国范围内,每个小镇或城市社区都至少有一家 PC“螺丝刀店”的店面,为旧机器提供服务和支持,也按订单制造新机器。有些人通过使用盗版 DOS 来省钱。生产方式向组装标准部件的转变,促使部件的制造大量流向亚洲,而供应商只需要专注于低成本的利基市场,不用设计或销售整台计算机。

20 世纪 80 年代末,典型的主流商用 PC 是几个标准部件组装起来的 IBM PC AT 兼容机。这些部件中包括插了处理器和内存芯片的主板。主板与电源一起,用螺丝固定在机箱里。典型的配置会占用三个插槽:显示适配器、驱动打印机与调制解调器的并行和串行卡,以及磁盘控制器卡。硬盘和软盘占据了两个标准尺寸的驱动器托架。PC 克隆机制造商只需要定制一个部件:一个与 IBM 徽章大小和形状相同的徽章,卡在机箱上标准的凹陷处。

这些新型计算机公司中最成功的是迈克尔·戴尔(Michael Dell)于 1984 年在得克萨斯州奥斯汀大学的宿舍里创立的戴尔(Dell)公司。随着订单的增长,他从学校退学,开始在全国做广告。1988 年,戴尔计算机公司首次公开募股,成为美国发展最快的企业之一。[77]像戴尔这种公司的兴衰不在于工程人才(戴尔公司几乎没有工程人才),而在于购买或直接进口零部件方面的成功、销售服务运营的高质量,以及分销系统的高效。与康柏公司不同,戴尔公司直接向客户销售产品,省去了经销商和分销商的开销,也减少了未售出计算机的仓储成本。戴尔公司在客户下了订单确定配置并付款后才开始组装计算机,几天内就能将其送达用户手里。除处理器外,每个 PC 硬件的组件都可以从几十家硬件供应商中选择。竞争、规模经济和专业化以惊人的速度压低了零部件价格。一台计算机在从生产到销售的几个月时间内将会损失很大一部分价值。

由于用户和软件供应商对 PC 平台的忠诚度越来越高,他们离开平台的成本增加了,而留下来的好处也增加了。甚至连数字研究公司最后也放弃了 CP/M 系统,试图销售与 MS-DOS 兼容的操作系统。在大多数 PC 中都能发现其身影的只有标准操作系统的制造商微软公司,以及在很大程度上成功阻止其他公司克隆其处理器的英特尔公司。

由于个人计算机价格暴跌，每卖出一台 PC，微软公司赚到的钱比制造计算机的公司还多。微软公司于 1986 年首次公开募股，当时公司约有 1000 名员工。18 个月后，这个数字翻了一倍，然后又翻了一倍。这种指数式的增长一直持续到 2001 年。微软公司有向程序员、经理、销售人员和其他长期雇员授予股票期权的惯例，因而创造了比历史上任何其他公司都多的百万富翁。授予股票期权的做法始于硅谷的芯片公司，但却是微软公司树立了编程工作可作为一条通向财富的可靠途径这一理念。7 年后，员工可以拿着他们的"意外之财"退休或者创办自己的公司。

便携式 PC

到了 20 世纪 80 年代后期，便携式 PC 变得更加实用。奥斯本和康柏两家公司的早期便携式计算机都是带有手柄和微型内置显示器的全尺寸计算机。它们可以从办公室拖到家里或工作现场。可编程计算器真正便携，可以使用电池，但屏幕和键盘很小。最便携而且有真正键盘的计算机是日本京瓷（Kyocera）公司开发的 Radio Shack 的 TRS-80 型号 100（图 8.7）。它使用标准电池可以运行约 20 小时，重量只有 3 磅。实现这些目标需要做一些重大的舍弃——没有内置磁盘驱动器，只有 8—32 KB 的内存，以及只能显示 8 行文本的屏幕。它最热情的使用者是记者，他们以前通过电话线口述稿件，现在可以用型号 100 在现场写报道，用内置的调制解调器发送。除了文本编辑器，它的 ROM 芯片上还有待办事项列表和地址簿程序，以及微软公司的 BASIC 语言，能够支持定制的应用程序（例如数据记录和工业控制）。型号 100 获得了信息世界（InfoWorld）1983 年的"最佳新硬件"奖，总销量超过了 600 万台。

图 8.7　Radio Shack 的 TRS-80 型号 100 是 20 世纪 80 年代初期最成功的便携式计算机，虽然屏幕很小，但特别受记者欢迎。感谢史密森学会美国国家历史博物馆档案中心计算历史供图

使用类似的技术导致很快就出现了用电池供电的 PC 兼容机。东芝(Toshiba)公司的 T1100 于 1985 年推出，包括内置的 3.5 英寸软盘驱动器和完整的 IBM 兼容单色显示器。通常它被称为第一台膝上计算机。[网格(GRiD)公司于此前几年就率先采用了这种翻盖式的设计(图 8.8)，但其机器与 IBM 个人计算机不兼容。]T1100 及其功能逐渐增强的后继产品将重量控制在 9 磅左右。1989 年，东芝公司推出了有硬盘驱动器、80286 处理器和可更换电池组的高端产品。

生产更小更轻的个人计算机是有可能的，但前提是要放弃一些重要的功能。1989 年，雅达利公司推出了价值 400 美元的 Portfolio——重量只有 1 磅的计算机，其功能类似最初的 IBM PC。它包括一个与英特尔处理器兼容的低功耗处理器、与 Lotus 1-2-3 兼容的电子表格程序，以及与 MS-DOS 兼容且支持可移动存储卡的操作系统。Portfolio 被誉为"雅皮士的终极装备",是小型化的壮举,但它的屏幕太小难以阅读、存储空间有限,其不好操作的小巧键盘也损害了它作为商务工具的实用性。[78]

图 8.8　GRiD Compass 膝上计算机开创了"蚌壳式翻盖"设计,采用橙色电致发光显示器和磁泡存储器,没有移动部件。照片来自埃里克·朗(Eric Long),史密森国家航空航天博物馆(TMS A19890006000_PS01)

PC 的胜利

个人计算机在 20 世纪 80 年代末的地位是无懈可击的。IBM PC 已经从一个型号演变成一类新型计算机的基础。要了解原因,我们需要考虑价格和性能的变化。考虑了通货膨胀的因素之后,1981 年一台有两个软盘、单色屏幕和 176 KB 内存的 PC 价格是 5000 美元。同样的预算在1989年末能买到什么？

1989年末，与最早的IBM PC相当的产品都已经消失了。应用数据仓库技术的产品以两倍的性能扫荡了PC/XT克隆机。5000美元可以买5个完整的系统，还包括屏幕和硬盘驱动器——足够一家小型企业运营使用了。5000美元还可以买3个戴尔公司的Turbo AT系统，每个系统的处理器能力接近原始PC处理器的10倍。它们的图形性能更好，其硬盘驱动器把用户从无休止地交换软盘的体验中解放出来。如果把这5000美元全都花在一台机器上，会买到更精彩的东西。1989年12月，《字节》在封面内页的显著位置展示了戴尔公司正在宣传的旗舰产品System 325(图8.9)：运行频率为25 MHz、配有100 MB硬盘驱动器和SuperVGA彩色屏幕的386。根据一个广泛使用的基准测试的结果，这个配置的性能是原始IBM PC的25倍以上。[79]《PC杂志》对它的评价是“价格很有竞争力、保修期很长的完整套件”，并列入“编辑推荐”——它的价格是康柏同等型号的计算机一半，只有一个缺点，戴尔公司使用了廉价外壳导致一些边缘有点粗糙。[80]

性能和价格的显著改进使PC成为美国办公室的标准配置。然而，即便是1000美元的最低价PC系统，加上几百美元的打印机和更多的软件和支持，对于在家里做文字处理和电子表格工作的人来说也是一笔不小的开支。1990年，只有15%的美国家庭拥有计算机。在非洲裔美国家庭中，这个数字是7%。即使在最富有的20%的家庭中，也有2/3尚未购买。[81]

20世纪80年代末，DOS增加了一些新功能，例如更好的BASIC和全屏文本编辑器，以及对更大内存的有限支持，但它的局限性阻碍了越来越强大的PC硬件发挥潜力。戴尔System 325的处理器能够支持多用户、虚拟内存和强大的多任务处理。但在DOS环境下这些它都做不了，只能充当更快的原始IBM PC，而PC本身就是20世纪70年代微型

THE DELL SYSTEM® 310
20 MHz 386.

The best combination of performance and value available in its class.

STANDARD FEATURES:

- Intel 80386 microprocessor running at 20 MHz.
- Choice of 1 MB, 2 MB, or 4 MB of RAM* expandable to 16 MB (using a dedicated high-speed 32-bit memory slot).
- Advanced Intel 82385 Cache Memory Controller with 32 KB of high speed static RAM cache.
- Page mode interleaved memory architecture.
- VGA systems include a high performance 16-bit video adapter.
- Socket for 20 MHz Intel 80387 or 20 MHz WEITEK 3167 math coprocessor.
- 5.25" 1.2 MB or 3.5" 1.44 MB diskette drive.
- Dual diskette and hard drive controller.
- Enhanced 101-key keyboard.
- 1 parallel and 2 serial ports.
- 200-watt power supply.
- 8 industry standard expansion slots (6 available).

***Lease for as low as $131/month.*
△ Extended Service Plan pricing starts at $251.

40 MB TTL Monochrome System	$3,599
40 MB VGA Color Plus System	$4,099
100 MB VGA Color Plus System	$4,699
100 MB Super VGA Color System (800x600)	$4,799

Prices listed reflect 1 MB of RAM. 150 and 322 MB hard drive configurations also available.

**Performance Enhancements (Systems 325, 310, 316 and 220): within the first megabyte of memory, 384 KB of memory is reserved for use by the system to enhance performance. 4 MB configurations available on all systems. Call for pricing.*

THE DELL SYSTEM® 316
16 MHz 386SX.™

Expandable, affordable access to 386 architecture.

STANDARD FEATURES:

- Intel 80386SX microprocessor running at 16 MHz.
- Choice of 1 MB, 2 MB, or 4 MB of RAM* expandable to 16 MB (8 MB on the system board).
- Page mode interleaved memory architecture.
- VGA systems include a high performance 16-bit video adapter.
- LIM 4.0 support for memory over 1 MB.
- Socket for 16 MHz Intel 80387SX math coprocessor.
- 5.25" 1.2 MB or 3.5" 1.44 MB diskette drive.
- Integrated high performance hard disk drive interface and diskette controller on system board. (ESDI based systems include a hard disk controller.)
- Enhanced 101-key keyboard.
- 1 parallel and 2 serial ports.
- 200-watt power supply.
- 8 industry standard expansion slots (7 available).

***Lease for as low as $98/month.*
△ Extended Service Plan pricing starts at $234.

40 MB TTL Monochrome System	$2,699
40 MB VGA Color Plus System	$3,199
100 MB VGA Color Plus System	$3,799
100 MB Super VGA Color System (800x600)	$3,899

Prices listed reflect 1 MB of RAM. 150 and 322 MB hard drive configurations also available.

THE DELL SYSTEM® 220
20 MHz 286.

It's faster than many 386 computers, and has a smaller footprint.

STANDARD FEATURES:

- 80286 microprocessor running at 20 MHz.
- Choice of 1 MB, 2 MB, or 4 MB of RAM* expandable to 16 MB (8 MB on system board).
- Page mode interleaved memory architecture.
- LIM 4.0 support for memory over 1 MB.
- Integrated diskette and VGA video controller on system board.
- Socket for Intel 80287 math coprocessor.
- One 3.5" 1.44 MB diskette drive.
- Integrated high performance hard disk interface on system board.
- Enhanced 101-key keyboard.
- 1 parallel and 2 serial ports (integrated on system board).
- 3 full-sized 16-bit AT expansion slots available.

***Lease for as low as $109/month.*
△ Extended Service Plan pricing starts at $264.

40 MB VGA Monochrome System	$2,999
40 MB VGA Color Plus System	$3,299
100 MB VGA Monochrome System	$3,599
100 MB VGA Color Plus System	$3,899

Prices listed reflect 1 MB of RAM. External 5.25" 1.2 MB diskette drive available.

THE NEW DELL SYSTEM® 210
12.5 MHz 286.

The price says this is an entry-level system. The performance says it's a lot more.

STANDARD FEATURES:

- 80286 microprocessor running at 12.5 MHz.
- Choice of 512 KB, 640 KB,†† 1 MB, or 2 MB of RAM expandable to 16 MB (6 MB on system board).
- Page mode interleaved memory architecture.
- LIM 4.0 support for memory over 640 KB.
- Integrated diskette and high performance 16-bit VGA video controller on system board.
- Socket for Intel 80287 math coprocessor.
- 5.25" 1.2 MB or 3.5" 1.44 MB diskette drive.
- Integrated high performance hard disk interface on system board.
- Enhanced 101-key keyboard.
- 1 parallel and 2 serial ports.
- 3 full-sized 16-bit AT expansion slots available.

***Lease for as low as $64/month.*
△ Extended Service Plan pricing starts at $190.

20 MB VGA Monochrome System	$1,699
20 MB VGA Color Plus System	$1,999
40 MB VGA Monochrome System	$1,899
40 MB VGA Color Plus System	$2,199

Prices listed reflect 512 KB of RAM. **††640 KB versions of the above systems are available for an additional $80.** 100 MB hard drive configurations also available.

All prices and specifications are subject to change without notice. Dell cannot be responsible for errors in typography or photography. **Payments based on a 36-month open-end lease. †Leasing arranged by Leasing Group, Inc. In Canada, configurations and prices will vary. DELL SYSTEM is a registered trademark of Dell Computer Corporation. Microsoft, MS, MS-DOS and XENIX are registered trademarks owned by Microsoft Corp. Intel is a registered trademark; 386 and 386SX are trademarks of Intel Corporation. UNIX is a registered trademark of AT&T. Dell UNIX System V is based on INTERACTIVE Systems Corporation's 386/ix.™ ˚Signifies trademarks of entities other than Dell Computer Corporation. △Service provided by Xerox Corporation. Service in remote locations will incur additional travel charges. ©1989 Dell Computer Corporation. All rights reserved.

SAVE NOW ON THE DELL SYSTEM® 325 25 MHz 386.
AN EVEN BETTER VALUE AT THESE NEW LOW PRICES.

STANDARD FEATURES:

- Intel 80386 microprocessor running at 25 MHz.
- Choice of 1 MB, 2 MB, or 4 MB of RAM* expandable to 16 MB (using a dedicated high-speed 32-bit memory slot).
- Advanced Intel 82385 Cache Memory Controller with 32 KB of high speed static RAM cache.
- Page mode interleaved memory architecture.
- VGA systems include a high performance 16-bit video adapter.
- Socket for 25 MHz Intel 80387 or 25 MHz WEITEK 3167 math coprocessor.
- 5.25" 1.2 MB or 3.5" 1.44 MB diskette drive.
- Dual diskette and hard drive controller.
- Enhanced 101-key keyboard.
- 1 parallel and 2 serial ports.
- 200-watt power supply.
- 8 industry standard expansion slots (6 available).

***Lease for as low as $178/month.*
△ Extended Service Plan pricing starts at $370.

40 MB VGA Monochrome System	$4,899
100 MB VGA Color Plus System	$5,799
100 MB Super VGA Color System (800x600)	$5,899
150 MB Super VGA Color System (800x600)	$6,399

Prices listed reflect 1 MB of RAM. 322 MB hard drive configurations also available.

All systems are photographed with optional extras.

AD CODE NO. 11EL9

图8.9　到20世纪80年代末，大多数PC公司都购买了标准部件，并把它们组装在一起。这一页摘自《字节》1989年11月号封面内页的4页戴尔公司广告，用密密麻麻的小字介绍了几乎所有技术规格和价格。潜在客户会把戴尔公司提供的组件和价格与它的许多竞争对手进行比较。在12月号的《字节》上，戴尔公司的旗舰产品System 325的基础价格又下降了800美元

计算机技术的演变。微软公司官方给出的方案是使用 OS/2 而非 DOS,但几乎没有人这样做。我们将在第十章看到 20 世纪 90 年代 PC 的进一步发展以及 DOS 最终的替代者——不是 OS/2,而是微软公司的 Windows。然而,在讲述这个故事之前,我们再次让时间倒流,看看在个人计算机不断发展的过程中,计算机研究人员、小型计算机生产商和 Unix 工作站公司都在做什么。您将看到,为现代个人计算机提供动力的处理器和操作系统对这些领域发展的影响,与对原始 IBM PC 的影响一样大。

第九章

计算机成为图形工具

1984年1月24日,乔布斯身穿海军蓝双排扣西装外套,戴了一个花哨的绿色领结,走上迪安萨学院(靠近苹果公司总部)的舞台,从包里拿出一台Macintosh微型计算机。计算机突然活跃起来,在清晰的单色屏幕上它炫耀自己"酷毙了",然后才开始播放幻灯片,展示新的图形用户界面(GUI)。在大众的认识中,这一刻把个人计算机的历史划分成了两个截然不同的时代:从分时系统继承下来的基于文本的黑暗时代,以及窗口和图形的明亮的彩色世界。

传统的个人计算机既可以显示图形也可以显示文本,虽然电子游戏和图表软件等程序利用了这种能力,但MS-DOS却完全忽略了它。现在计算机彻底放弃了纯文本的工作方式。我们通过视觉选择事物,用鼠标、膝上计算机的触摸板或触摸屏来控制计算机。控件通常由小图片或文字表示,有时候图片还完全代替了文字。我们用拖拽的方式重新排列页面上的图标和屏幕上的窗口。文本也以各种字体和样式的图形方式呈现。如同神话般的奇迹,伟大的创新者的才华在1984年改变了一切。

读到这里,你可能不会惊讶接下来的现实要复杂曲折得多。大家都认为交付的Macintosh只是个昂贵的玩具,对它不屑一顾,它的销量完全比不上 IBM PC 和 Apple Ⅱe，甚至比声名狼藉的失败产品 PCjr 还差。在推出 Macintosh 18 个月之后，乔布斯失去了苹果董事会的信任，离开了公司。Macintosh 大部分重要的新功能在另一台苹果机器 Lisa 上已经可用了，其背后的大部分工作并非来自苹果，而是来自施乐公司。在整个 20 世纪 80 年代，有图形用户界面的计算机在市场上的份额很小，而且比主流的个人计算机贵得多，这就是我们在讲述 1989 年主流办公计算机的时候可以不提它们的原因。

Macintosh 最突出的新功能是图形用户界面。它的一系列关键元素是独立研究机构——施乐公司帕洛阿尔托研究中心（PARC）的一个小团队在 20 世纪 70 年代中期那几年陆陆续续发明的。但不那么容易看出来的是，PARC 开发的图形计算要依赖新的硬件能力——强大的处理器、大内存（第一台 Macintosh 由于内存太小，运行得很不流畅）和高分辨率的屏幕。为了理解图形用户界面的传播，必须先了解这些硬件功能的传播，我们首先看看新一代基于微处理器的个人计算机——**图形工作站**。

施乐公司发明图形计算

施乐公司以其突破性的发明"静电复印"工艺命名*，这种工艺能用于在普通纸张上快速准确地复印。20 世纪 70 年代初，静电复印工艺的原始专利早已失效，施乐公司通过新专利将竞争对手拒之门外，引发了对它的反垄断调查，最后它签署了和解令**。[1]施乐复印机仍然是最受认可的领先品牌，但复印机市场竞争加剧，施乐公司热衷于研究能够主导未来的高科技办公产品。除去收购了前面讨论过的科学数据系

---

* 静电复印的英文是 xerography copying，而施乐公司的英文名字是 Xerox。——译者

** 1975 年，施乐公司按联邦贸易委员会的要求签署了一份协议，协议规定施乐公司必须向一切需要静电复印专利的企业提供专利许可证。——译者

统公司,施乐公司还于 1970 年在帕洛阿尔托山麓建立了帕洛阿尔托研究中心。研究中心的使命就是为屏幕上的信息技术(而不是纸的技术)给企业办公室带来的深刻变化预先做好准备。[2]

施乐公司的 PARC

有两件事使 PARC 的成立对计算机的发展具有重要意义。第一件事是将帕洛阿尔托作为选址。施乐公司研究部主任戈德曼(Jacob Goldman)喜欢康涅狄格州的纽黑文,但他请来负责建立实验室的佩克(George Pake)喜欢帕洛阿尔托。虽然帕洛阿尔托远离位于美国东北部的施乐公司总部,但佩克还是赢了。

体现 PARC 重要性的第二件事发生在国会大厅。当时在校园里发生了抗议美国卷入越战的活动,国会里也有一个相应的关于学校应不应该接受国防部资助从事与战争有关的研究的讨论。国会议员富布赖特(J. William Fulbright)警告说,面对庞大的"军工业联合体"*,科学研究正在失去自己的独立性。在 1970 年的《军事采购授权法案》(Military Procurement Authorization Bill)修正案中,参议员曼斯菲尔德(Mike Mansfield)主持的委员会插进了一段话:"所有经授权的资金……不得用于任何项目或研究,除非该研究与特定军事职能或行动有直接和明显的关系"。[3]委员会想把基础研究和应用研究分开,那些研究资助来自美国国防部高级研究计划局(ARPA)的先进计算机技术研究人员感觉自己身处危险之中。[4]一些成员认为国家科学基金会应该取代国防部资助基础研究,但国家科学基金会从未获得过资源来填补这一空白。

就在那个时候,佩克正在全国的大学里为施乐公司的 PARC 物色

* 美国前总统艾森豪威尔于 1961 年创造的一个词。——译者

研究人才。他发现了一批有才华、有抱负的人愿意搬到帕洛阿尔托。ARPA 的资助主要集中在几个大学——麻省理工学院、卡内基梅隆大学、斯坦福大学、加利福尼亚大学伯克利分校、加利福尼亚大学洛杉矶分校和犹他大学。几乎每所学校都有研究人员最终去了帕洛阿尔托研究中心,包括犹他大学的艾伦·凯(Alan Kay)和泰勒(Robert Taylor),麻省理工学院的埃尔金德(Jerome Elkind)和梅特卡夫。梅特卡夫实际上是在哈佛大学获得了博士学位,但在被 PARC 招募时,他在麻省理工学院有一份 ARPA 资助的工作。泰勒是 ARPA 信息处理技术办公室的负责人。撒克(Chuck Thacker)和兰普森是伯克利计算机公司(Berkeley Computer Corporation)的同事,他们一起加入了帕洛阿尔托研究中心。此时施乐公司刚刚收购了 SDS 公司,因而鼓励 PARC 员工使用 SDS 公司的技术。但是 PARC 的研究人员很抵触,不愿意用,他们自己复制了一台 PDP-10,称其为施乐的多道程序计算机——简称 MAXC,这也是 SDS 创始人马克斯·帕列夫斯基的名字的双关语。[5]

PARC 团队决心开发一种新型的交互式计算体验,而不是完美的分时系统。从 1972 年开始,为新计算机 Alto 开发硬件和软件一直是实验室工作的中心。兰普森提出了新计算机的体系结构,而撒克是首席硬件设计师。撒克后来因为这项工作获得了图灵奖。个人计算机的体系结构已经强大到足以支持图形用户界面,这个体系结构的大部分都来自诸如 DEC VAX 之类的小型计算机。但即使配备了专门的图形硬件,VAX 机器也从未打算供个人使用。施乐公司的 PARC 团队从设计和制造个人小型计算机的关键技术开始。每台 Alto 都有高分辨率图形硬件,直接连接到强大的处理器,还有(按照当时标准)大得离谱的内存。

Alto 与 20 世纪 80 年代中期最先进的个人计算机有很多共同之

处，但在20世纪70年代初期实现这些功能需要不同的技术。Alto使用集成电路，但与小型计算机一样，处理器太强大，无法挤在单个芯片上。事实上，Alto的体系结构很新颖，处理器的功能分布在整个机器内部，没有集中在一个电路板上。每台Alto的硬盘驱动器都有可移动盘片，跟IBM大型计算机用的盘片一样。

每台Alto都配备了一个鼠标。恩格尔巴特*没有加入施乐公司的PARC，但他的许多同事都去了，包括设计了最初鼠标细节的比尔·英格利希(Bill English)。PARC的研究人员改进了鼠标，将其与独特的高分辨率屏幕相结合，后者按纵向排列以模仿一张纸。屏幕是位图映射的，可以通过修改内存中的位来操作近50万个像素。新出的RAM芯片足够支持这个实现，至少有128 KB内存被塞进了Alto。[6]考虑到要满足办公室工作的需求，实验室用前一章讨论的梅特卡夫发明的以太网支持Alto计算机共享文件和打印机。

第一台Alto于1973年投入使用，不久之后，施乐公司生产的Alto计算机就能满足PARC内部的计算需求了。20世纪70年代后期，改进的Alto型号有了更广泛的使用，包括卡特执政期间白宫的一个试点项目。由于这些硬件上的创新，Alto的制造成本大约是18 000美元，比几年后的个人计算机贵多了。在20世纪80年代，制造成本下降到使其系统可行之后，PARC利用施乐公司的财富探索了未来潜在的计算机形态。

Smalltalk和面向对象编程

年轻而又富有人格魅力的研究员艾伦·凯领导的小组设计开发了Smalltalk编程环境。阿黛尔·戈德堡（Adele Goldberg）在其中发挥了

---

* 鼠标的发明人。——译者

重要作用。新兴的 Alto 给了艾伦·凯一个创造他在其 1968 年博士论文里首次描述的东西，后来叫作 Dynabook 的"临时"版本的机会。Dynabook 有点像今天的平板电脑：一种轻薄、便携、由电池供电的设备，有高分辨率屏幕和键盘（与大多数平板电脑不同）。名字里的 book 反映了这样一种理念，即该设备坚固、便携，且对教育至关重要。[7]艾伦·凯深受佩珀特（Seymour Papert）教学理论的影响，即儿童需要通过实验来学习。与普通书籍不同，Dynabook 是**动态的**，艾伦·凯说这意味着它必须高度可交互，同时还得简单又有趣，这与恩格尔巴特的 NLS 等系统有所不同。

为了把不同类型的图形对象放在屏幕上并与之交互，Smalltalk 的设计兼具灵活性和交互性。传统编程语言采用基于文本的用户界面，编写出的应用程序由键盘输入的命令或文本菜单中的选项控制。程序打印出选项列表，等待用户按键选择一个。艾伦·凯希望 Dynabook 有一种互动和个人的感觉，能显示与用户交互需要的图片。那时没有人知道到底什么样的图形界面最有效——诸如下拉菜单和图标之类的想法还没有实现。在犹他大学读博士期间，艾伦·凯曾与萨瑟兰一起工作，而萨瑟兰的画板系统使用了图形技术，支持剪切和滚动窗口，还能处理尺寸过大不能完全显示在屏幕上的对象，这些都对 Smalltalk 有重大影响。

除了新的用户界面，Smalltalk 编程语言还使用并传播了一种新的**面向对象编程**方法。艾伦·凯从 Simula 67 中汲取了一些想法——后者是挪威的达尔（Ole-Johan Dahl）和尼高（Kristen Nygaard）开发的计算机建模和仿真语言。[8]传统语言里数据结构的定义与它们的操作代码是分开的。面向对象新方法生成的代码高度模块化，包含数据结构以及访问和更新数据内容的操作。艾伦·凯把这些数据和代码的混合体称为**对象**。每个对象都是一个标准**类**的**实例**。新的类可以定义为在现有类上增加额外功能或特性的特殊情况。

计算机模拟现实世界需要在计算机里定义现实对象的表示,定义对象交互所需的规则,Smalltalk 的这些功能对此有巨大的价值,对那段时间研究新的编程语言、研究使小团队和个人更容易创建复杂可靠软件的开发方法学的许多人也很有吸引力。我们已经讨论了所谓的软件危机,以及应对软件危机的方法,例如结构化编程。面向对象是沃思和安东尼·霍尔等计算机科学家提出的关于变量作用域和代码模块化思想的扩展。所有的数据都保存在对象中,只能用显式定义在相应类中的**方法**来操作。这加强了模块化,使重用代码和维护系统更加容易。Smalltalk 将对象之间的交互抽象成通过交换消息实现的对话概念,这也反映了艾伦·凯给 Smalltalk 编程语言如此命名的背后的思想。

这些新的语言特性不仅适合模拟语言,对图形用户界面来说,也是一样地充满希望(图 9.1)。图形用户界面比基于文本的菜单复杂得多,程序员必须管理位图映射的屏幕,上面有点击按钮、滚动面板和选择菜单的选项。用由艾伦·凯推广开来的面向对象术语来说就是传统接口方法是模态的。在模态方法中,用户发出的命令使系统进入一种模式,对下一个输入的响应取决于当前的模式。例如,在**删除**模式下选择一个文件,文件将被删除。在**编辑**模式下,同样的操作将打开文件进行编辑。艾伦·凯喜欢一种不同的界面风格,用户首先选择要处理的对象,然后进行操作。用传统编程语言实现这种开放式的交互令人沮丧,而且效率不高——必须构建一个循环结构的程序,不停地检查用户是否刚刚执行了大量可能的操作中的某一个。在 Smalltalk 中,程序员可以指定当屏幕、按钮或滚动条的特定区域被触发时要运行的代码,然后系统本身会确定应该向哪些对象发出通知以响应特定的点击。这就是**事件驱动式**的程序。

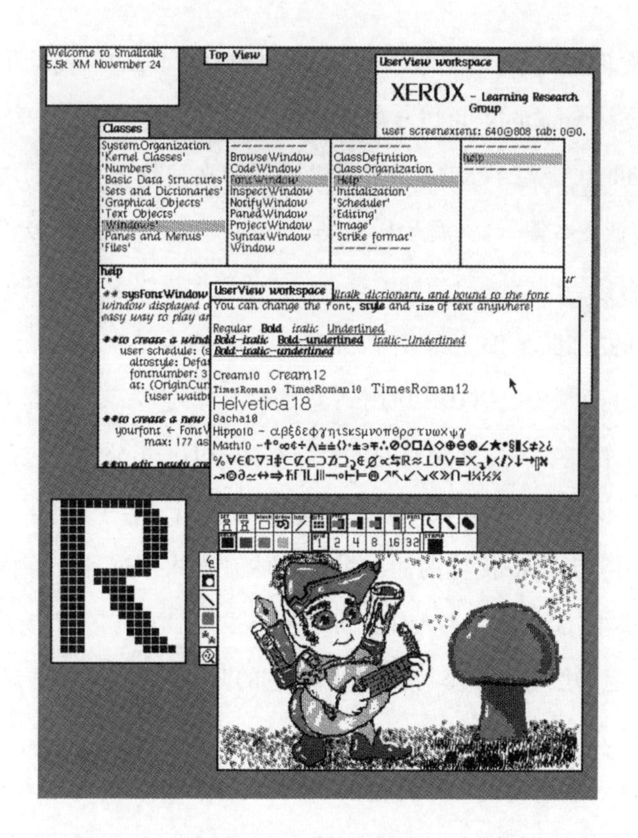

图9.1 施乐公司的研究人员开创了图形用户界面。图形用户界面的起源不是作为操作系统的功能,而是作为Smalltalk编程环境的一部分,包括自己的绘图工具(图底部)和编辑事件驱动代码的工具(定义了用户单击图形对象时所采取的操作)。图片来自维基媒体用户“SUMIM.ST”,根据知识共享署名-相同方式共享4.0国际许可使用

艾伦·凯提到一长串影响了Smalltalk的系统,其中最重要的是Lisp编程语言。艾伦·凯后来说,他“简直不敢相信Lisp的**想法**是如此美好和奇妙”。[9]计算机科学家往往喜欢极简主义和灵活的语言,几乎全都讨厌那些被设计委员会塞进无数功能,以满足想象出来的各种类型用户需求的语言(如PL/I、COBOL和更加保守的Ada)。Smalltalk和Lisp一样,有一个非常简单的核心,但允许用户代码对其扩充,在对象的基础上分层叠加。Smalltalk的大部分代码都是用Smalltalk自己实现的,即使在程序运行时,系统的每个方面都可以用代码操作。这是由它

的结构实现的:实现早期版本的英戈尔斯(Dan Ingalls)设计了一个虚拟机来支持 Smalltalk,可以高效地解释代码。

Smalltalk 超越了 Lisp,为用户提供了后来被称为 IDE 的集成开发环境,包括文本编辑器、展示代码类层次结构的浏览器,以及程序执行时检查对象当前状态的调试工具。IDE 的概念最终也成为其他语言软件开发的标准部件。新柏利克斯(Symbolics)和 Lisp 机器(Lisp Machines)两家公司把 IDE 应用到了 Lisp 本身,这两家公司是麻省理工学院人工智能实验室两派对立的"黑客"在 1979 年分别创立的。它们都售出了少量极其昂贵的单用户计算机,每台售价约 70 000 美元,处理器采用了为 Lisp 优化的面向堆栈的体系结构。这种计算机的市场本来就很小,随着通用个人计算机越来越强大,此时它的市场几乎萎缩到零了,但仍然有用户坚持使用,因为它的开发环境为程序员提供了巨大的生产力优势。

面向对象编程比 Alto 其他的新特性(例如鼠标和图形控件)更难掌握,也传播得更慢。在 20 世纪 70 年代后期有一些备受瞩目的语言,例如沃思继承自 Pascal 的 Modula-2 语言就增强了模块化支持,但完整的面向对象方法在 PARC 之外鲜为人知,直到 1981 年 8 月《字节》杂志刊登了一篇关于它的文章。[10] Smalltalk 自己也吸引了很多热情的用户,例如华尔街的公司,在那里为熟练的应用程序开发人员带来的速度提升平衡了高昂的入门成本。

20 世纪 90 年代,流行多年的编程语言中添加了面向对象特性,最著名的是贝尔实验室的计算机科学家斯特劳斯特鲁普(Bjarne Stroustrup)在 1985 年出版的《C++ 编程语言》(*The C++ Programming Language*)中对 C 扩展的描述,直到此时面向对象编程才成为主流。[11] C++ 是 C 的超集,这意味着已有的 C 代码仍然可以正常工作,程序员可以自己选择接受或者忽略新的面向对象特性。这使艾伦·凯("对象是一个激进的想法,然而现在它们正在倒退")和其他纯粹主义者感到震惊,但它帮助 C++ 迅速成为一种广泛使用的语言和计算机科学教学者的最爱。[12]

所见即所得

Smalltalk 不是操作系统。它的开发环境有一个图形界面,其最主要的元素就是单击鼠标按钮时弹出(出现)的菜单,但 Smalltalk 是利用图形用户界面支持快速开发应用程序原型的工具包,而不是标准化这些界面的手段。作为在 Alto 上运行的第一个主要图形软件,Smalltalk 对在 Alto 上开发的其他程序产生了重大影响。

其中之一是由特斯勒(Larry Tesler)和莫特(Timothy Mott)于 1976 年制作的 Gypsy 文本编辑器。Gypsy 的功能与先前的程序 Bravo 相同,后者由包括兰普森和希莫尼(Charles Simonyi)在内的一个小组开发。Gypsy 经过重新设计,第一个采用了与现在微软 Word 这样的标准系统相类似的图形用户界面。例如,要添加文本,用户只需用鼠标设置一个插入点,然后键入即可。要复制文本,可以用鼠标突出显示它,然后按下复制键。施乐公司的研究人员跟艾伦·凯一样,称这种操作方式是**无状态的**,因为触发功能的结果并不依赖于先前选择的命令模式,每次都是一致的。[13]

与 Bravo 一样,Gypsy 利用 Alto 的图形屏幕显示的文本有很多格式特征,例如不同的字体、准确的字母间距、嵌入图形,以及粗体和斜体文本等。计算机出版专家西博尔德(Jonathan Seybold)称这些特点是**所见即所得**(WYSIWYG),这是弗利普·威尔逊(Flip Wilson)的一句口头禅。弗利普·威尔逊是第一位频繁在电视上露面的非洲裔美国喜剧演员,他在反串扮演一个傲慢自大的女人琼斯(Geraldine Jones)时常这么说,暗示了他的跨性别表演和琼斯的粗鲁率直之间的反差。PARC 研究人员借用它定义了一种更简单的视觉表达的真实性:打印输出应该尽可能与屏幕的视觉内容保持一致。

PARC 的另一项发明——激光打印机——使所见即所得成为可能。高端施乐复印机的打印和纸张处理机制,结合强大的嵌入式计算机,用激光把高分辨率图像绘制到复印机的感光鼓上,取代了常用的从源文件创建图像的光学机制。这个想法来自 1971 年进入 PARC 的工程师斯塔克韦瑟(Gary Starkweather)。计算机控制系统由包括兰普森在内的团队构建,依靠 PARC 独特的以太网基础设施将大量数据从 Alto 快速移动到打印机控制器。20 世纪 70 年代后期,IBM 和佳能(Canon)公司获得了施乐公司的技术授权而推出了激光打印机。施乐公司通过授权专利许可和销售激光打印机得到的收入,是对 PARC 全部投资的好几倍。[14]

客户-服务器应用程序

施乐公司的研究人员发明的以太网(在前一章讨论过)提供了一种在本地环境中计算机相互连接的有效方法。格罗施定律认为单台昂贵的大型计算机比多台小型计算机更有成本效益,PARC 对以太网技术的使用令人信服地反驳了这一观点。[15]在 20 世纪 70 年代后期出现了一个新的流行词——**分布式计算**,描述了大型计算机和小型计算机通过网络协同工作的想法,例如用小型计算机或个人计算机检查数据、更新应用程序的用户界面,用大型主机或其他大型计算机维护安全的共享数据库。

新方法还需要大量的软件创新。PARC 的一个例子是将仿照 PDP-10 自制的 MAXC 重新用作 Alto 的服务器。MAXC 原来是用来与 ARPANET 相连的,PARC 用户的电子邮件在那里接收发送。1978 年,一个名叫 Laurel 的程序被开发用于 Alto。这变成了后来使用电子邮件的标准方式:用户将消息下载到自己的个人计算机上归档阅读。回复的电子邮件再上传回服务器发送。Laurel 在 Alto 上运行,它使用了图形界面,将屏幕分成两个窗格:一个显示当前消息文件夹的标题信息,方便用户用鼠标选择,另一个显示所选消息的文本。

这种方式被称为**客户-服务器**计算——运行在一台计算机(客户机)上的程序请求另一台计算机(服务器)上的另一个程序来做某事,即提供服务。IBM 和其他计算机公司为分布式计算设计了复杂的网络策略,包括我们前面提到的 OSI 七层模型。然而,许多实际系统依赖于一种简单但灵活的机制:远程过程调用(RPC),让运行在一台计算机上的程序启动另一台计算机上的处理作业。这个想法是 1981 年左右布鲁斯·纳尔逊(Bruce Nelson)在 PARC 提出的,并被复制到其他操作系统中,几年后成了 Unix 的标准功能。[16]

商业化 Alto

对 PARC 故事略知一二的人经常批评施乐公司的一大错误是没有将它的创新商业化。事实上,正如希尔齐克(Michael A. Hiltzik)在细节丰富的历史著作《闪电经销商》(*Dealers of Lightning*)中所展示的,施乐公司曾认真尝试过将 Alto 技术作为与文字处理器和个人计算机竞争的产品直接推向市场。[17] 如果说有什么错误的话,应该是它将 PARC 的创新过于直接和急迫地转变为商业化产品,而此时的客户还没有做好准备,价格合理、性能可以接受的硬件也还要数年才能出现。

PARC 员工向施乐公司管理层高调展示了他们的成就,称这将是公司主宰未来办公室的基础。接下来的 5 年里,施乐公司努力将 PARC 的原型变成可以销售的产品。与他们最初的发明相比,这需要更多的时间、人员(280 名开发人员组成的团队)和资金。施乐公司于 1981 年推出了 Star 计算机(正式名称是 8010 信息系统),这是 Alto 的直接商业改进版(图 9.2)。这台工作站的售价为 16 000 美元,还不包括使用它所需的服务器、激光打印机和以太网。Star 在各方面都优于 Alto。它的显示器分辨率更高,以太网速度更快,其新处理器系列基于兰普森提出的体系结构,针对虚拟内存和虚拟机进行了优化。它有功能强大而且还很精美的办公软件,支持复合文档(例如,在报告中嵌入可编辑的电子表格图表)。

图 9.2 Xerox Star 是第一台有基于桌面隐喻的标准化图形用户界面的计算机(屏幕右下角的打印机和文件夹图标)。这张照片炫耀了其独特的混合多种字体和语言的图形及文本的能力,在屏幕上显示文档的外观与打印的结果一样。微软和苹果两家公司花了很多年才使自己的产品实现了这些功能。感谢施乐公司供图,图片由 DigiBarn 计算机博物馆扫描

与 Alto 不同,Star 的操作系统有标准化的图形用户界面,引入了计算机桌面的概念。[18] 正如其设计师戴维 · 坎菲尔德 · 史密斯(David

Canfield Smith)所描述的:"每个用户对 Star 的第一印象都是桌面,类似于实际的办公桌表面,以及周围的家具和设备。它代表了一个工作环境,当前的项目和可访问的资源驻留在其中。屏幕上显示熟悉的办公物品图片,例如文件、文件夹、文件抽屉、收件箱和发件箱。这些对象显示为小图片或图标……鼓励 Star 用户把桌面上的对象当作物理上的实物,可以随意移动图标来整理桌面。"[19]

施乐公司的 Star 是一个技术奇迹,但很难与出售给企业用于办公的价格适当且灵活的 IBM PC 系统抗衡。PC 的图形功能没有 Star 强大,也没有它优雅,但更便宜,执行基本任务(例如滚动页面或加载文档)速度更快。尽管 Star 功能强大,但其复杂的操作系统使硬件不堪重负,特别是在最早的 Dandelion 处理器上。与之相比,PC 也更加灵活。施乐公司没有把 Star 当作个人计算机进行营销,而是把它定位为办公自动化机器,就像 20 世纪 70 年代的专用文字处理器一样。施乐公司从未发布过支持 Star 其他应用程序的开发工具。

Star 后来的版本价格更低,处理器速度更快,但整个系列只售出了大约 25 000 台。到了 20 世纪 80 年代末,它已经被放弃了。正如一本畅销书的书名所说,施乐公司"摸索着未来"。[20]其他公司将窗口、图标、鼠标和下拉菜单(所谓的 WIMP 界面)和以太网的概念引入大众市场。事实证明,施乐公司不如苹果和微软两家公司灵活,但出于公平考虑,人们应该将施乐公司与它的同行公司进行比较:有微型计算机和交互式操作系统的 DEC,有 Multics 分时系统的霍尼韦尔,以及有 Plato 的控制数据公司。这些企业最终都衰落或者失败了,但它们为计算机的发展共同奠定了新的基础。

图形界面进入个人计算机

类似 Alto 的计算机在以前使用 VAX 终端的人群中取得了更大的

成功,这些人包括设计汽车、飞机和计算机芯片的工程师,运行密集计算和模拟的科学家,以及技术预算充足并且需要快速结果的华尔街公司。**图形工作站**的外形跟个人计算机一样,是一个有主板的小盒子。从功能上讲,它是一台功能强大的小型计算机,供个人使用。大多数工作站都使用 Unix 操作系统,反映了它们继承的小型计算机体系结构的特点。**工作站**是 20 世纪 80 年代办公自动化的流行词,而**图形**指的是图片和文字。

图形工作站

在实验室和工程中心看来,工作站不是代替 PC 的另一个昂贵的选择,而是捆绑了图形硬件的更便宜的 VAX 替代品。VAX 把科学计算大型主机的强大功能带进了公司的工程部门,而工作站又把这种力量带给了个人桌面。

Star 延续了 Alto 的做法,用多个芯片构建定制处理器。与之不同,大多数工作站用的是摩托罗拉(Motorola)公司于 1979 年推出的新型微处理器芯片 68000。68000 的设计者们在《字节》上发表了一系列文章,文章的开头都向读者说明,摩托罗拉公司选择了与较旧的 8 位芯片不兼容的全新设计(这也是英特尔公司选择的路径),生产"最快、最灵活而且可用的处理器",它专为"程序员设计,使他们的工作更轻松"。[21] 68000 的指令集和其体系结构的其余部分,与 VAX 小型计算机的共同点比与早期微处理器的共同点要多。与那个时代英特尔处理器使用的复杂的分段内存不同,68000 使用 32 位内存地址,使程序员可以方便地在最多 16 MB 的连续内存区域进行寻址。虽然处理器移动 16 位数据块的速度更慢,但 68000 有大量寄存器可以保存、操作 32 位数字。它提供了多种寻址模式,并且通过广泛使用微代码实现了更大的指令集,并具有支持多任务处理的功能。68000 系列的后期成员,例如全 32

位的 68020,支持虚拟内存和更大的地址空间。

马萨诸塞州切姆斯福德的阿波罗(Apollo)公司第一个推出基于 68000 处理器的工作站。它的创始人波杜斯卡(Bill Poduska)之前曾与他人联合创办了 32 位小型计算机的先驱普赖姆(Prime)计算机公司。1981 年,阿波罗公司推出有自己的操作系统和网络的工作站。单个工作站的起价是 4 万美元。它很快就面临来自太阳微系统(Sun Microsystems)公司的激烈竞争,后者成立于 1982 年初,目的是把为斯坦福大学网络(Standford University Network, 公司因此得名)开发的工作站商业化,延续了当地将技术从公共资助的大学项目转移到盈利公司的传统。贝希托尔斯海姆(Andy Bechtolsheim)有在斯坦福大学做硬件的经验,另一位联合创始人乔伊有在 BSD 上开发的专业知识。[22]硅谷图形公司(Silicon Graphics Incorporated)是另一家主要的工作站供应商,它强调强大的图形硬件,并在电影制片厂中占据主导地位。

工作站公司的目标是那些无法承受新技术开发成本的小市场。他们依赖另一种相反的所谓开放系统方法——使用标准的处理器、内存芯片、网络标准和外围设备连接等。相对于小型计算机,基于微处理器的系统有着天然的性能价格比优势,因而工作站公司也相应地有了这种巨大的优势。于 1984 年问世的 Sun-2 支持虚拟内存。实验室或交易大厅现在不用再把十几个昂贵的图形终端连接到高端的 VAX 小型计算机上了,而是安装十几个配备强大处理器的工作站就可以了。对于《字节》所说的"VAX 类的机器"[23],价格在 20 000 美元以内都很划算。基于 Unix 的服务器很快也取代了 DEC 设备,运行企业电子邮件和数据库这样的其他应用程序。

Sun 公司的口号是"网络就是计算机"。它的工作站通常都联了网,还配有一个更强大的文件存储服务器。Unix 可以集中存储用户的配置文件,因而个人的配置文件在网络上任何计算机都能生效。Unix

程序可以在另一台计算机（例如强大的服务器）上运行，而在本地窗口显示结果。到了20世纪80年代后期，这些本地网络都已经桥接到因特网或企业骨干网，提供对建筑物以外的资源的无缝访问。

尽管DEC的研发能力强大，但它的管理风格、对VAX产品线的坚守，以及尽可能多设计制造自有组件的决心，是工作站销售的致命障碍。到20世纪80年代后期，VAX系统的未来市场开始变得危险。DEC仍然是计算机行业的第二大公司，它要努力扭转颓势。1992年，DEC宣布季度亏损28亿美元，罢免了长期担任首席执行官的肯尼思·奥尔森。DEC再也没能恢复持续盈利的能力。

苹果Lisa计算机

据说是为了弄明白施乐公司的Star在商业上的失败究竟是实施的问题还是战略的宿命，苹果公司做了一项实验，于1983年推出Lisa的时候采取了与施乐公司相同的策略。Lisa的规格类似于那个时代的图形工作站：摩托罗拉68000处理器、清晰的单色屏幕、硬盘驱动器、扩展槽、能同时运行多个应用程序的操作系统以及1 MB的内存。它上市时标价为9995美元——相对还算便宜。与Star一样，Lisa也用在行政任务，还附带了一套界面精美的办公应用程序。与Star不同的是，开发用于Lisa的软件是可行的，但苹果公司把这个过程弄得很麻烦。用户每次编译代码都得重新启动Lisa，加载一个不同的、基于文本的操作系统才能操作。

和Star一样，Lisa直接源自PARC的工作。苹果从PARC聘请了特斯勒来领导Lisa的系统软件开发。Lisa的系统软件比那个时代Unix工作站上可用的任何东西都要精美得多。特斯勒开发了面向对象的Lisa工具集，帮助用户创建图形应用程序，但如果用户对这种编程风格不熟悉，反而面临额外的挑战。Lisa复制了Star的功能，包括用模拟桌面来表示文件,但苹果公司还是努力尝试改进并简化施乐公司的方法。例如:苹果机器的鼠标只有一个按钮;苹果机器用桌面隐喻范围内的动作描述触发复杂任务的鼠标行为,比如把文件从一个文件夹拖到另一个。Sun 工作站的鼠标三个按钮中的每一个都会触发不同的操作,延续了原始 Alto 的定义。甚至第一个用了桌面隐喻的 Star 工作站的鼠标也有两个按钮和许多用于删除、复制和移动等操作的特殊键。

《字节》热情地称赞说,就市场影响而言,"Lisa 系统是过去 5 年计算机领域最重要的发展,轻松超过 IBM 的个人计算机"。[24] Lisa 有一些不幸的局限性。它的软盘驱动器不可靠,操作系统运行缓慢,还经常崩溃。苹果公司照搬了施乐公司的视觉方向,但没有复制它的激光打印机,导致在屏幕上创建的精美文档还不能正确地打印出来。尽管有这些缺点,Lisa 完全拥有此后 10 年最强大的个人计算机的核心功能:硬盘、网络、图形用户界面和扩展插槽。用户可以同时加载多个应用程序,在窗口之间剪切和粘贴。这还不是多任务处理,因为后台应用程序其实是被挂起了,但操作系统已经能够防止应用程序之间相互覆盖写。

Lisa 的成本比阿波罗工作站低,销售速度快得多(各自上市后第一年,Lisa 大约卖出了 10 万台,而阿波罗工作站只卖了几百台),不过阿波罗只是一家面向利基市场的初创公司。[25] 1983 年,阿波罗公司首次公开募股,在投资者看来,它的表现是一个巨大的成功。苹果公司瞄准文档准备的庞大市场,斥巨资试图制定下一代个人计算机的标准。在期望值如此之高的背景下,Lisa 的开局令人失望。

麦金塔计算机

Lisa 的组件成本更低、软件经过改进,还有新的激光打印机和更快的处理器,在人们的想象中,以后的 Lisa 型号肯定能逐渐从 IBM 那里赢得市场份额。20 世纪 90 年代苹果公司的实际经验表明,突破机器既定体系结构的局限性比提高硬件性能要困难得多。但在我们的宇宙中,历史发生了不可预测的转变。

苹果公司发展迅速,但它仍然是一家内部斗争激烈的年轻公司。回到 1979 年,计算机科学教授拉斯金(Jef Raskin)曾经启动了一个有内置调制解调器的简单易用的低价个人计算机项目。乔布斯接手了这个项目,但只保留了低价个人机器的想法和机器的名字 Macintosh(简称 Mac)。他梦想有一台独立的功能完善的小型机器,供个人而不是公司使用。乔布斯想把 Lisa 的用户界面移到这款价格低廉的个人计算机上,他跟 Lisa 的项目经理在这件事上发生了争执。为了实现这个不可能的目标,他给 Macintosh 团队施加了巨大的压力,创造了编码和设计的奇迹。

Macintosh 的外观是一个非常小的普通盒子,基本上是个立方体,背面有一个缺口,可以当把手用(图 9.3)。盒子里有一个软盘驱动器[使用索尼(Sony)公司新的 3.5 英寸格式]、9 英寸的高分辨率黑白显示器和 128 KB 内存。这个内存容量只有 Lisa 内存的 1/8,但为了降低成本,乔布斯强制决定使用这个小得离谱的内存。操作系统的大部分都被烧录到了 ROM 芯片中,腾出 RAM 空间给应用,但团队仍然不得不去掉 Lisa 的一些核心功能。与 Apple Ⅱ 和 IBM PC 不同,Macintosh 是封闭的,用户不能增加板卡,甚至开机箱也是不被提倡的行为。由于没有扩展槽和内存插槽,用户没有正规的方法增加硬盘驱动器、连接到网络或者扩展内存(不过工程师确实绕过乔布斯,偷偷地增加了之后焊接更高容量芯片所需的额外线路)。[26]除了省钱之外,这些限制也反映了乔布斯的信念,即他为用户做出的决定比他们自己做的更好,他可以交付一台像独立家电那样工作的计算机。

图9.3 虽然苹果 Macintosh 的用户界面赢得了很多人的喜爱，但最初几乎没有让人眼前一亮的应用程序。在增加了几乎必不可少的第二个软驱之后，这台小型计算机的标价接近 3000 美元。感谢史密森学会美国国家历史博物馆医学和科学部提供照片

乔布斯控制价格的措施已经严重削弱了 Macintosh 的功能，但苹果公司仍然将有两个软盘驱动器的系统定价为 3000 美元。机器在发布几个月后才可以安装第二个驱动器，如果没有这个额外的驱动器，用户必须不断地交换磁盘。复制 1 片软盘至少要交换 5 次，有时需要 20 次。早期用户利维说这是“一种新的高科技酷刑”，还有人开玩笑说这导致出现了一种新的医学症状“Macintosh 肘”。[27]

苹果公司在 1984 年“超级碗”期间播放了一段传奇的商业广告，隆重推出 Macintosh。这广告夸张地把 IBM 和它单调的 PC 产品比作奥威尔小说里的独裁者“老大哥”。Macintosh 小组的成员说乔布斯简直

就是个"现实扭曲场",他有能力说服人们相信任何事情,但如果他不在场,这些事情就显得不可思议。Macintosh 在现实扭曲场之外发布,它轰然落地。Macintosh 系统屏幕小、内存小、不能扩展,跟同时推出的改进版 Lisa 2 相比也便宜不了多少。1984 年,Macintosh 售出了 25 万台左右,最初的销售狂潮过去之后,苹果公司很快就发现 Macintosh 每个月的交付量只有 5000 台。[28] 乔布斯对此做出的回应是关闭 Lisa 部门,确保 Macintosh 是苹果公司前进的唯一途径。

第一批购买 Macintosh 的那些人有一种狂热的忠诚,他们极为欣赏乔布斯对新机器的物理设计和用户界面各个方面的迫切关注。整个系统,包括可拆卸的键盘和鼠标,都非常便携;早期的型号还配有一个小手提箱。Mac 的处理器更快,操作系统也被精简了,所以它能比 Lisa 和施乐公司的计算机更快地响应用户输入。优雅的用户界面是它最大的成就。当文件被打开或关闭时,它的图标在屏幕上放大或缩小的幅度非常平滑细腻——对于粉丝来说,这感觉非常享受。

Macintosh 计算机有简单的文字处理和绘画程序,但其他应用程序上市的速度很慢。使用 Mac 最早的开发系统需要买一台 Lisa。开发图形程序的工具很少,可用的编程语言和方法也不合适。1986 年,特斯勒与 Pascal 的发明者沃思协商,推出了新语言 Object Pascal 和对象框架 MacApp,利用了面向对象编程与图形用户界面的天然亲和力。后来又出现了其他工具和语言,但这种转变对程序员来说还是很有挑战性的。[29]

在 1984 年显示出巨大希望的一个 Macintosh 市场是教育。德雷克塞尔大学很快在 Mac 上实现标准化,将其作为图形化、交互式教育计算的理想工具。给学生的协商价低于零售价的一半,所有新生都必须买一台。[30]

1985 年春天,苹果公司董事会赶走了乔布斯。Macintosh 计算机又演化回可扩展的、类似 Lisa 的系统。连乔布斯都承认最初的 Macintosh 根本无法使用,所以苹果公司的第一步就是匆忙开始生产 512 KB 内存的版本。1985 年,好用的网络系统 AppleTalk 推出,而在 1986 年推出的 Macintosh Plus 和 Lisa 一样有 1 MB 内存和硬盘接口。

桌面出版

Macintosh Plus 面世的时候,人们发现它有一个非常吸引人的用途。桌面出版行业是在推出了布雷纳德(Paul Brainerd)设计的 Aldus PageMaker(图 9.4)的 1985 年开始的。布雷纳德以前开发过报纸的计算机化生产系统,他认识到个人计算机完全具备版面设计所需要的功能,已经打开了一个潜在的巨大市场。[31] PageMaker 使业余爱好者可以修补字体和图形,直到他们的简讯或海报看起来恰到好处(只是对业余爱好者来说,而不是对训练有素的设计师)。专业人士可以比以往任何时候都更快地制作外观漂亮的页面。

PageMaker 使用苹果公司新的 LaserWriter 激光打印机。这台打印机的价格是 6995 美元,远高于它所连接的 Macintosh 电脑,但按照苹果公司的标准,这个价格仍然非常低,因为用奥多比(Adobe)公司的新 PostScript 语言描述的渲染页面要求打印机拥有比计算机更强大的处理器和更多的内存。[32]

一位评论员总结说:“我已记不清有多少次我展示 Macintosh 的时候,人们说:‘但它只是个玩具。’现在我至少可以给他们看 PageMaker 了,还可以说:‘让我们看看你的 IBM 做得怎么样。’”[33]有了 PageMaker,Macintosh 为一个虽然小但定义明确的用户群体提供了引人注目的商业案例,这就是它与 Lisa 和 Star 的不同。图形计算对于一般的办公用途来说仍过于昂贵,但对于需要高质量打印输出的人来说,如果它消除了与传统印刷厂合作的成本和延迟,就成了一笔划算的买卖。[34]

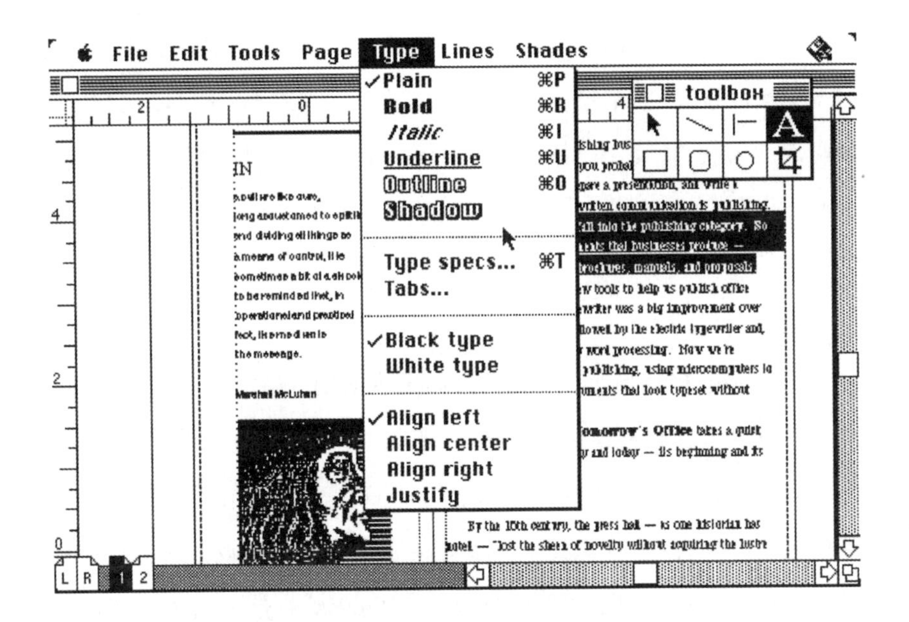

图 9.4　Aldus PageMaker 是第一个引人注目的 Macintosh 应用程序，为桌面出版创造了新市场。结合激光打印机，它可以发布清晰的文本和图形，而成本只有传统排版技术的一点点。Macintosh 标准化了屏幕顶部的菜单标题，单击菜单会下拉显示控制的选项

Macintosh 在更多的学校中传播开来，并成为富人和成功作家的最爱，这个市场支撑了苹果公司在 20 世纪 80 年代中期的生存。随着 Adobe 公司的 Illustrator 绘图软件包和 Photoshop 图像处理软件包的出现，Macintosh 在图形设计和出版市场的主导地位得到了加强。

苹果公司重新把它的产品定位为专业用途。于 1987 年推出的 Macintosh Ⅱ 系列把被乔布斯取消的扩展槽又放了回去，并且和 Lisa 一样可以与全尺寸显示器一起使用。在 20 世纪 80 年代剩下的几年中，高端 Macintosh 的硬件规格大致相当于或略好于最贵的 PC 兼容系统。Macintosh 价格更高，但它的硬件使用更有效，提供的体验更美好。

Macintosh 的竞争对手

挑战 IBM PC 主导地位的新平台不止 Macintosh 一个。20 世纪 80 年代中期,每台与 IBM 不兼容的计算机最后都用了摩托罗拉 68000 系列处理器,这个说法只是略微有点夸张。甚至希望用更强大的商业型号继承 Spectrum 家用计算机系列的 Sinclair 公司也选择了一款 68000 处理器,还乐观地给在 1984 年推出的这个型号命名为 Quantum Leap。但这是一个戏剧性的失败。

除了 Macintosh,在 1985 年推出的最成功的两个新贵平台是 Commodore Amiga 和 Atari ST。两者都是功能强大的计算机,内存至少有 512 KB,配有 3.5 英寸软盘驱动器和摩托罗拉 68000 处理器。雅达利公司的广告语是"无价之力量"。它的 ST 售价只有同类 Macintosh 的一半,并增加了彩色图形功能。雅达利公司从 Digital Research 公司得到了使用图形环境管理器(GEM)窗口系统和一个 CP/M 变体的许可。与苹果公司相比,雅达利公司的硬件,特别是软件,非常笨拙,但《字节》称在可预见的未来它将是"性价比明显的领导者"。[35] Amiga 刚开始要贵得多,但包含独特而强大的声音和图形芯片,是最适合视频制作和游戏的机型。

Amiga 和 ST 在 20 世纪 80 年代中期的销售额可以与 Macintosh 以及其他几乎所有机器相比,除了当时最大的 PC 兼容机公司(例如康柏公司和 IBM 本身)的机器。它们在欧洲卖得特别好,对于欧洲的小企业和计算机爱好者来说,兼容性和优雅不会比价值更重要。与早期的家用计算机一样,它们在资金有限的电子游戏玩家中很受欢迎,一部分原因就是磁盘比游戏卡带更容易复制。

虽然便携式和电池供电的 DOS 计算机在 20 世纪 80 年代后期越来越实用,但 Macintosh 这一类计算机所使用的芯片、屏幕和硬盘耗电太快,当时的电池技术无法供应那么多电力。1989 年,苹果公司推出了定价 7000 美元的便携式 Macintosh。它的规格引起人们极大的兴奋:包含 Macintosh 的全部功能和电池供电的硬盘驱动器。它的屏幕相对较大(9.8 英寸),第一次在显示移动对象(如鼠标指针)的时候不会出现可怕的模糊现象。一篇评论"试图描述"新型的"矩阵"显示面板的性能,称这是"不可能完成的任务——你必须亲眼看到才能相信"。[36] 但它的便携性受到 16 磅重量的严重限制,而这个重量主要来自苹果公司要求保证几小时电力的铅酸电池。[37] 竞争对手 Atari ST 的便携式版本更不实用:半小时就耗光了 12 块金霸王(Duracell)一次性电池的电量。[38] 当时的技术水平迫使人们做出诸多折中选择,在接下来几年里,图形用户界面仍然被牢牢地限制在桌面上。

Commodore 公司成了苹果公司最成功的竞争对手,20 世纪 80 年代后期,它仅在英国和德国就卖出了几百万台 Amiga,其中大多数是低成本的家用 A500 型号。[39] 但雅达利和 Commodore 两家公司获得的收益都不够复制苹果公司精美的操作系统,也没能从降低 PC 组件成本、提高性能的规模经济中受益而增大市场份额。两家公司在提高机器的处理器速度和图形功能方面进展缓慢。到了 1991 年,它们在快速发展的 PC 平台中,即使对电子游戏玩家或图形工作,也已经不再有明显的优势。

NeXT 公司是在 1985 年乔布斯被苹果公司解雇后创立的,同样提供基于 68000 芯片的高端图形工作站系列。他注意到苹果公司在教育领域取得的成功,于是最初将销售限制在大学。[40] NeXT 公司的商业路径比 Commodore 公司更加稳健:1990 年,它推出了第二代机型并开始在高等教育市场之外推广 NeXT 工作站,但它的销售额从一开始就很小,后来一直维持着这种状态。NeXT 计算机总共售出了大约 5 万台,其中许多都卖给了需要快速软件开发功能的华尔街公司和国家安全机构。

1993 年,ST 系列停产,而 NeXT 公司放弃销售计算机,并将重点转向开发它的强大操作系统在标准 PC 硬件上运行的版本。次年,Commodore 公司宣布破产。Macintosh 成了 PC 硬件标准主导地位唯一的挑战者。但此时微软公司新流行的 Windows 操作系统已经为普通 PC 提供了可靠的图形用户界面。新功能正在进入计算机的主流,随之而来的是计算机实际通用性的进一步扩展。

第十章

PC 成为小型计算机

自从 IBM 尝试用 PS/2 系列设定新的行业标准但以失败告终，在这之后的几十年是一个有非凡连续性的时期：1990 年，英特尔和微软两家公司控制了 PC 行业，直到今天它们仍然控制着这个行业。21 世纪 10 年代的个人计算机，包括苹果公司的 Macintosh 机型，都是 PC AT 的直系后代。PC 从台式计算机演变成服务器、工作站和笔记本计算机，但在每次一点点的改进中，它们一直保持着兼容性。计算机不再指"IBM PC 兼容机"，而只是 PC，或者更确切地说是 Wintel 计算机，因为现代计算机的关键特征就是：英特尔公司的硬件和 Windows 操作系统。

20 世纪 90 年代后期，PC 终结了小型计算机和图形工作站的存在。然而，从技术和体系结构的角度来看，情况恰恰相反：我们今天所熟知的个人计算机是在 20 世纪 90 年代发明的，而不是 1981 年 IBM 的第一款机型或 1977 年的苹果机器。与运行 MS-DOS 和 CP/M 的机器相比，21 世纪头 10 年的 PC 的体系结构与 20 世纪 80 年代的小型计算机的共同点更多。自 2000 年以来，Windows 的基础一直是前 DEC 工程师仿照小型计算机系统设计的操作系统。从这个角度来说，小型计算机从未消亡。相反，用户几乎没有意识到，是小型计算机在逐渐变小并最终取代了个人计算机。

最初的IBM PC与Apple Ⅱ没有太大区别。甚至1990年典型的MS-DOS计算机在本质上也是同一种机器,只是更快一些。在20世纪90年代,硬件持续的快速增量改进,使PC的功能比前身IBM机器强大数百倍。当新千年到来时,高端的PC配置有一两个800 MHz的Pentium Ⅲ处理器、一个80 GB硬盘驱动器、512 MB的RAM和分辨率为1600×1200的21英寸屏幕。笔记本计算机几乎同样强大,并且正在取代台式计算机成为最受欢迎的计算平台。然而,更根本的变化发生在软件和体系结构上。新机器运行Windows 2000——这是一个强大的32位多任务操作系统,带有图形用户界面。它自动识别和配置新硬件。电子游戏和电影都有很高的分辨率,而且播放得还很流畅。至此用户可以忘记MS-DOS的640 KB内存限制了——新的操作系统能管理以GB计算的整个内存。它能同时处理数十个程序,使其相互隔离,即使其中一个崩溃,其他的也不受影响。

并非所有计算机都运行Windows。Macintosh笔记本计算机和Linux服务器中的小型计算机基因更加强大,它们都运行仿照Unix模式的软件。与DOS不同,现代PC操作系统管理着应用程序与硬件之间的每一次交互。不同用户的文件和进程受到安全机制的保护。来自磁盘的数据在高容量通道上流入流出,不会阻塞处理器。当物理内存不够用的时候,可以启动硬盘驱动器,作为虚拟内存进行补充。

超越DOS

20世纪80年代中期,DOS的缺陷已经尽人皆知,连微软公司都认为它不会有未来,只是一直没有能够成功取代它的产品。但DOS没有被放弃,微软和IBM两家公司还在不断地一点点修改它,发布改进的新版本——自动释放更多可用内存的工具、鼠标驱动但基于文本控制的屏幕、更好的BASIC、对更大硬盘驱动器的支持等。

DOS有一个为人诟病的明显限制：想要利用PC日益强大的图形功能的程序员必须绕过DOS直接处理底层硬件。如果要打印的内容不仅仅是基本的文本输出，程序员必须自己编写控制某种打印机的代码，打印格式化文本或图形。WordPerfect和Lotus 1-2-3等软件包的生产商投入了大量资金为各种打印机和图形卡编写设备驱动程序。像其他DOS程序一样，它们主要是基于文本的，运行速度令人满意。

内存处理是在20世纪90年代使用PC另一个令人沮丧的方面。处理器芯片虽然比较新，但在DOS看来仍然是原始IBM PC中的8088处理器，只不过速度更快一些。虽然保持了兼容性，但应用程序开发人员必须以64 KB的内存块（称为**段**）为基础编写程序。应用程序必须与DOS本身及设备驱动程序一起放进**基本内存**，即RAM的前640 KB。一些需要大内存的程序，比如Lotus 1-2-3，会跳出这个内存区域把数据存储在别处，但是DOS对这一点的阻碍远大于帮助。如果无法为程序提供足够的基本内存，即使计算机还有若干兆内存未被使用，也仍然可能出现内存不足的错误。Ashton-Tate公司的dBase Ⅳ就是一个臭名远扬的犯规者，因为最新的DOS（4.0版本）占了更多基本内存满足自身的需要，DOS上的dBase Ⅳ几乎完全不能使用。这两个产品都失败了，Ashton-Tate公司也倒闭了。内存优化是DOS后来版本的一个主要卖点，但用户仍然得花几个小时折腾AUTOEXEC.BAT和CONFIG.SYS文件以释放基本内存。DOS造成的困惑启发了谷金（Dan Gookin），他于1991年出版了《DOS傻瓜书》（*DOS for Dummies*），里面充满了漫画和幽默，以及能让人看得懂的解释。其惊人的销售量开创了"傻瓜"书的新流派。[1]

DOS的早期替代品

DOS最根本的弱点是缺乏对多用户和多任务处理的支持。微软公司也有自己的Unix版本，称为Xenix，作为MS-DOS的强大替代向计算机制造商出售。Xenix 在 286 个人计算机上运行,可以驱动多个附属终端。微软公司认为 Xenix 是个人计算的未来,而 MS-DOS 则是临时的过渡。当 MS-DOS 2 推出时,微软公司承诺其中的功能(如分层目录和管道)与 Xenix 兼容,使向 Xenix 过渡更容易。[2] DOS 3.0 版本最初被认为是一个非常接近 Xenix 的多用户多任务操作系统。这个梦想破灭了,部分是因为 1984 年贝尔系统公司从 AT&T 中分离出来,开始销售 Unix,与微软公司竞争,还有部分原因是 Xenix 无法运行起初吸引大多数用户使用 PC 的各种应用程序。微软公司最后只好把 Xenix 交给了名为圣克鲁斯行动(The Santa Cruz Operation)的小公司。

DOS 的另一个缺点是没有图形用户界面。甚至在 Macintosh 发布之前,就有公司尝试在 IBM PC 上实现类似施乐机器的界面。1982 年,VisiCalc 的创建者发布了 IBM PC 上的 VisiOn 产品,这个产品在市场上惨败,摧毁了公司。IBM 为 DOS 开发了被称为 TopView 的基于文本的窗口系统。1985 年, Digital Research 公司推出了拥有类似 Macintosh GEM 界面的 PC 版本。微软公司自己的等价产品是运行在 MS-DOS 上的 Windows。Windows 可以执行为多任务处理专门编写的图形应用程序,但不是很流畅。于 1985 年末发布的第 1 版 Windows 几乎完全没用,它附带的黑白棋(Reversi)游戏倒是颇有些难度,但除了玩玩游戏之外,大多数用户几乎没有理由再启动它。

这 5 个 PC 窗口系统的应用都不是很广泛。1983 年,记者马尔科夫(John Markoff)在对这些产品的综述中得出结论说,它们“实际上是在呼唤更快的硬件”。[3] GEM、Windows、TopView 和 VisiOn 也在不同程度上受到缺乏支持、与流行应用程序不兼容、来自苹果公司的虚假但分散注意力的法律挑战,以及过于复杂的困扰。[4] Windows 和 GEM 的设计目的是运行类似 Macintosh 的应用程序,这引发了另外一个问题:因为程序是为 DOS 编写的,所以很少有用户运行 Windows 或 GEM;但正是因为很少有用户运行 Windows 或 GEM,导致大多数程序都是为 DOS 编写的。

对于用英特尔 386 处理器构建高端 PC 的用户而言,DOS 的局限尤其令人沮丧。386 是从 286 芯片向前迈出的一大步,它有两种运行模式,一种是运行旧代码的兼容模式,另一种是访问更多内存和运行多任务程序的新模式,但两种机制无法结合起来。可是 DOS 完全忽略了英特尔公司为原来(用于原始 PC 的)处理器上的多任务程序添加的新功能。

OS/2 本应该同时取代 DOS 和 Windows,但也没有完全解决问题。IBM 坚持让 OS/2 在 286 上运行,这意味着放弃 386 的优点。1989 年,当 OS/2 第一个合理实用的版本发布时,人们就能看出来这是个错误的决定。OS/2 需要大量内存和处理器能力,没有 386 或更好处理器的用户根本就不会尝试使用它。WordPerfect 和 Lotus 1-2-3 这样的流行软件还没有 OS/2 版本,支持 286 的决定意味着 OS/2 每次只能加载一个 MS-DOS 程序。对于大多数潜在用户来说,它的优势只是理论上的而不是实际的。

Windows 3.0

1990 年 5 月 22 日,微软公司发布了 Windows 3.0。它在纽约市举办了一场盛大的发布会,大肆宣传,但除了计算机行业内部人士,这并不是一件特别有新闻价值的事。Windows 之前的各种版本来去匆匆,赢得的用户群却从来没有超出过 MS-DOS 用户的一小部分。Macintosh 的用户对其平台的卓越稳定性、优雅和性能赞不绝口。微软公司自己仍然公开坚持 OS/2 路径,把 Windows 定位为功能较弱计算机用户的临时解决方案。

与微软公司对其的定位相反,Windows 3.0 是一个突破性的产品,把主流计算机的用户最终领进了图形用户界面的时代(图 10.1)。Windows 仍然没有 Macintosh 系统那么优雅,但苹果公司收取的溢价也很高。选择运行 Windows 的计算机则可以得到更大的硬盘驱动器、更大的屏幕和更多内存,使个人计算机的面貌为之一新。Windows 运行良好,越来越多与 Macintosh 同类程序非常相似的功能强大的应用能够在 Windows 平台上完成工作。到了 1991 年,微软公司自己的 Word 和 Excel,以及 CorelDraw!(类似 Macintosh 上最受欢迎的图形程序 Adobe Illustrator)和奥尔德斯(Aldus)公司的 PageMaker 也能在 Windows 上运行了。需要高保真复制的专业杂志出版商和图形艺术家坚持使用 Macintosh,但使用普通计算机的上班族和家庭用户现在能够享受到图形计算的主要好处了:在文档中混合文本和图形,在应用程序之间剪切和粘贴,查看与输出一致的打印预览。

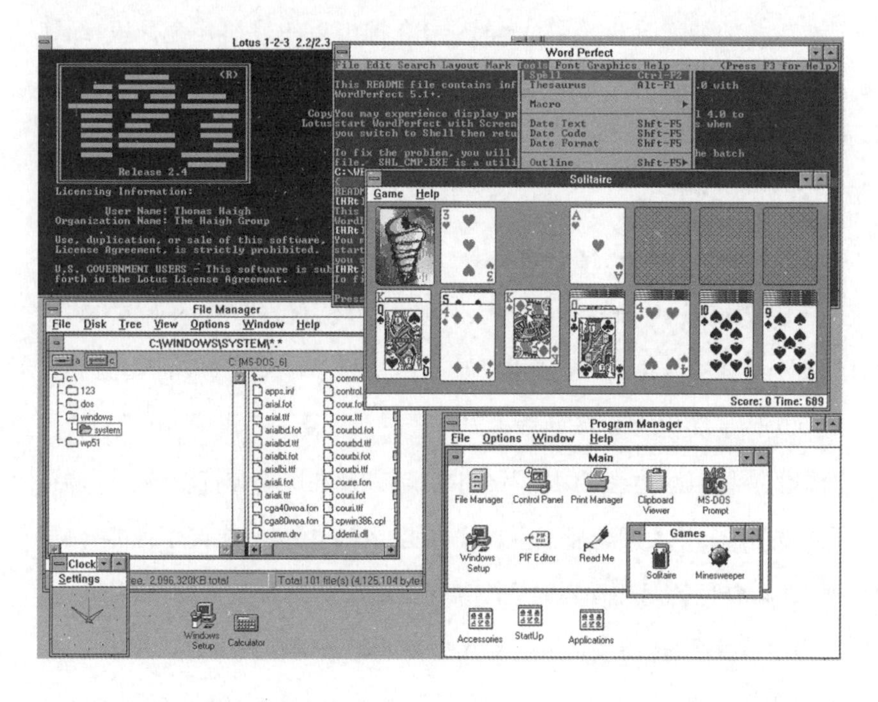

图 10.1 Windows 3.0 可以同时运行多个 DOS 应用程序,例如 Lotus 1-2-3 和 WordPerfect,但捆绑的纸牌(Solitaire)游戏给办公效率带来了威胁。Windows 3.0 的界面将 Macintosh 桌面功能分为程序管理器(用于启动程序)和文件管理器(通过目录结构操作文件)。最小化的窗口在桌面上显示为图标。与 Macintosh 不同的是,Windows 将每个应用程序的下拉菜单放在窗口的顶部,而不是屏幕顶部。1990 年,图中显示的 1024×768 分辨率只适用于有最新显卡的昂贵显示器

更重要的是,运行 Windows 的 PC 仍然是 PC。数以千计的 DOS 程序满足了所有可能的需求,包括业余爱好者喜欢的占星表生成器、小众的 IBM 仿真终端,以及无数为某些组织机构编写或定制的应用程序。大多数这些程序在 Windows 上的替代品要等到几年后才能使用,但是已有的 DOS 代码通常可以在 Windows 下正常运行,有时还可以利用 386 处理器的新功能顺利地进行多任务处理。退出 Windows 进入标准 DOS 命令行,仍然可以使用根本无法在 Windows 中运行的激进编码的 MS-DOS 程序。许多用户继续将大部分时间花在 DOS 上,他们启动 Windows 只是为了使用图形程序,或者更经常的是在午休时间玩一轮让人上瘾的纸牌游戏。在 Windows 3.0 推出后的最初几个月里,纸牌游戏是使用最多的原生应用程序,使用户熟悉了 Windows 的界面并说服他们继续使用 Windows。

Windows 开始占据主导地位

1992 年年中,微软公司已售出超过 1000 万份的 Windows 3.0。[5] 受到这个成功的鼓舞,微软公司发布了一系列 Windows 3.0 的更新和针对 Windows 优化的 DOS 新版本。这些更新修复了错误,平滑了用户界面中的一些粗糙边缘,添加了网络功能,以及在屏幕和打印机上可调整大小的字体,并大大增强了多媒体功能。它们还显著提高了性能,例如 Windows 访问磁盘驱动器时完全绕过了 DOS。结合大量的 Windows 应用程序,这种微调使 Windows 对大型企业越来越有吸引力。几年之内,大多数公司的台式计算机都开始运行 Windows,而且计算机制造商在大多数新机器上也都预装了 DOS 和 Windows。

Windows 的成功结束了 IBM 和微软公司在 OS/2 上已经紧张的合作。IBM 投入巨资开发了 OS/2 的 2.0 版本,于 1992 年发布。认识到当时大多数软件还没有 OS/2 上的版本,IBM 增加了对多任务 DOS 程序和运行 Windows 程序的支持。它的营销口号是“比 DOS 更好的 DOS,比 Windows 更好的 Windows”。但是,无论是增加对 DOS 和 Windows 程序的支持,还是在 1994 年为了提高性能而推出 OS/2 Warp 版本,都没能减慢 Windows 崛起的步伐。

针对那些开发增强 DOS 功能的附加产品的软件公司,微软公司毫不留情地做出回应,把这些功能都纳入了新版本的 MS-DOS 或 Windows。例如,在 1990 年斯塔克(Stac)公司推出了 Stacker,它通过压缩内容有效地将硬盘容量增加了一倍。Windows 占用的硬盘空间比 DOS 多得多,Stacker 的出现恰逢其时。1993 年,微软公司开始在 MS-DOS 6.0 中提供相同的技术,摧毁了 Stacker 的市场。微软公司在专利侵权官司中败诉,向 Stac 公司支付了专利使用费,但成功阻止了新软件市场的出现。

随着 Windows 越来越强大,普及程度越来越高,它对 MS-DOS 的依赖开始显得更像是一种障碍而不是优势了。例如,用户在安装声卡和 CD-ROM 驱动器时,必须手动移动声卡上微小的塑料跳线来设置它应该使用的中断请求(IRQ)和内存范围。前几个设置可能会使声卡静音,导致其他一些硬件停止工作,或使计算机完全无法运行。然后用户还需要配置 DOS 和 Windows 以使用新硬件,这是一个复杂的过程,涉及驱动程序的磁盘和实用配置工具。使用 CD-ROM 的驱动器需要编辑 CONFIG.SYS 和 AUTOEXEC.BAT 文件,插入一段莫名其妙的代码,比如“DEVICEHIGH=C:\DOS\aspicd. sys/d:mscd0000”和“MSCDEX/D:mscd0000/l:k”。

Windows 3.0 的其他限制源自工程师在 Windows 第 1 版做的决定。最大的限制是每个当前运行程序的用户界面组件信息必须存储在单个 64 KB 的内存段中。对只有一两兆内存的计算机,用户永远不会打开足够多的程序使这种情况成为一个问题,但使用 Windows 多任务处理促使用户为更多内存付费，当计算机宣布“系统资源”已经用完，拒绝打开更多程序时，实际上仍有大部分内存未被使用，这使用户感到十分沮丧。

微软办公软件（Office）

早期微软公司的产品范围很广泛，从 Fortran、COBOL 和 Pascal 等编程语言，到一些游戏。然而它利润的主要来源是两件产品——公司早期的成功建立在 BASIC 之上，到了 20 世纪 80 年代中期其大部分收入来自 DOS。与 Lotus 1-2-3 等竞争对手相比，MS-DOS 的电子表格软件包销量不佳。DOS 文字处理器 Word 由早前在 PARC 开发了 Bravo 编辑器的希莫尼设计，有坚实的基础和干净的用户界面，但与 WordPerfect 相比没有太大的竞争力。

转向 Windows 改变了这一切。1991 年，微软公司超过 50% 的收入来自应用程序。早在 Windows 3.0 发布之前，微软公司就已经开发了这些应用程序的 Windows 版本，但除了 Excel 电子表格，其他程序用得很少。当 Windows 突然被广为接受，Word（图 10.2）和 Excel 也开始大量销售。竞争对手花了数年时间才开发出相当水准的 Windows 软件。

微软公司能够为 Windows 开发一套强大、成熟且好用的办公应用程序，很大程度上得益于它早年在 Macintosh 上的开发经验。通常人们都认为盖茨和乔布斯是死敌，但其实他们的公司经常合作。Mac 在 1984 年刚出现时几乎没有应用软件。苹果公司的文字处理软件只有 MacWrite，它展示了 Mac 的图形界面，但文字处理能力远远落后于领先的 PC 软件包。比如，它无法处理超过 10 页的文档。[6]微软公司最初为 Macintosh 设计的 Excel 和 Word 的图形版本，两者都是一流的软件，使公司在开发 Windows 应用程序时有了一个良好的开端。

Windows 给办公软件的用户带来的好处引人注目。更一致的界面

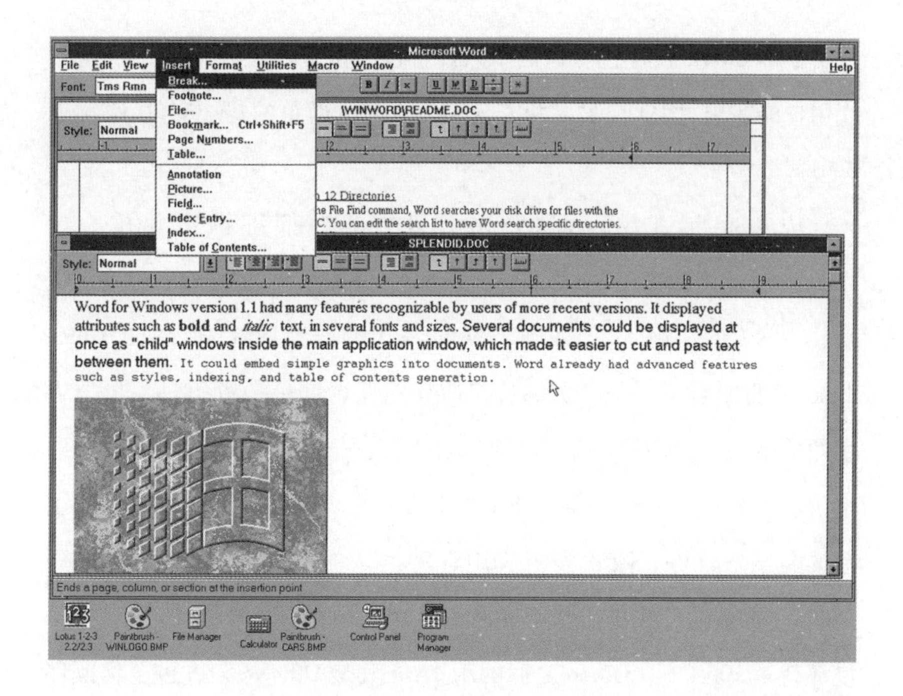

图 10.2　Windows 上的 Word，基于历史悠久的 Macintosh 软件。由于 Windows 3.0 突然成功，产生了不断增长的 Windows 文字处理软件市场，而 Word 主导了这个市场。Windows 与 Macintosh 界面的广泛相似在这里非常明显，包括一排排的控制图标、下拉菜单和滚动条等

使用户更容易学会使用新程序。在程序之间移动数据或图片也更容易了，例如，在电子表格程序中创建图表，再发布在报告中。在 DOS 环境下，这意味着先打开一个程序，导出数据，关闭该程序，然后再启动另一个程序。Windows 让用户在屏幕上并排运行程序，从一个程序里剪切一部分粘贴到另一个程序中。所见即所得的操作方式使得用户在屏幕上操作图形、字体和其他格式变容易了，而不是被神秘的控制代码弄糊涂，然后反复打印测试。这种方法比早期开发的“集成”MS-DOS 办公软件的工作效果更好——“集成”的方法将电子表格、数据库和文字处理功能都组合进一个程序。Lotus 公司为 IBM PC 开发了一个这样的软件包 Symphony，并将当时正在开发的 Mac 版命名为 Jazz。在 Ashton-Tate 公司，一位前施乐公司 PARC 员工罗伯特 · 卡尔（Robert Carr）开

发了 Framework 软件包。这两个软件都没有被广泛使用。为了满足家庭用户的需求,微软和苹果两家公司还生产了简单的集成套件,都称为 Works。

从 1989 年开始,微软公司一直在尝试捆绑销售其核心的 Macintosh 应用程序 Word、Mail、Excel(电子表格)和 PowerPoint(演示文稿)。1992 年,捆绑包扩展到了 Windows,标记为品牌 Microsoft Office Suite,并重新定了一个激进的价格 500 美元。这只是竞争对手单个程序的价格,喜欢 Excel 超过 Lotus 1-2-3 的人肯定会选择整个 Office 捆绑包,这也剥夺了 WordPerfect 可能的销售机会。[7]在大公司里,Office 成了标准的办公软件。微软公司应用程序团队的负责人梅普尔斯(Mike Maples)吹嘘说:"我的工作是在软件应用市场获得公平的份额,对我来说那就是 100%。"[8] Office 之后的版本,尤其是 Office 95,改进了集成环境,包含了在各种不同版本捆绑包中出现的应用程序。

PowerPoint 最初是 Office 产品中最弱的一款,是微软公司在 1987 年收购的 Macintosh 应用程序基础上开发的。因此,捆绑策略特别有利于它——谁会在收到一大堆免费的软件包之后,再花几百美元买一个竞争对手的产品,即便它很优秀? PowerPoint 作为演示工具简直无孔不入,首先是公司会议,最后进入到小学课堂,它对人类思维和交流方式的影响经常受到批评。谷歌公司的诺维格(Peter Norvig)说,PowerPoint"使演示者和观众之间的公开交流更加困难,难以传达大纲格式之外的想法,也无法进行真正鼓舞人心的演讲"。他用 ppt 模仿林肯(Abraham Lincoln)的葛底斯堡演说,就是想证明最后这一点。[9]

微软公司逐步扩大 Windows 软件的范围,在一些领域,比如小型企业会计、绘图和桌面出版等,针对竞争对手每一个特别成功的应用,都推出了势均力敌的竞争产品。并非所有的都成功了,但它的快速发展和无处不在的产品使微软公司成为那个时代美国最杰出的公司之一。

盖茨则成了无情的商业竞争和年轻、自大、痴迷的计算机文化的象征。热爱 Unix 的计算机科学教授和尊崇设计的苹果粉丝看不起 DOS 和 Windows，但微软公司的财务成绩却不能忽视，其利润和股价年复一年地上涨，制造了一批又一批手握期权的百万富翁。

1994 年，以最新文化趋势观察家闻名的年轻小说家科普兰（Douglas Copeland）在《连线》（*Wired*）杂志上发表了一篇文章，这篇文章后来成了他的小说《微型农奴》（*Microserfs*）的开头。他对微软公司的刻画令人难忘：这家公司的文化单调乏味，一群孤独的书呆子住在合租的公寓，痴迷最新的流行文化，开着马自达 Miatas *，玩命工作，赚大钱参加“分红派对”，他们还有一个共同点就是都很害怕盖茨。科普兰文中的主人公喃喃自语：“这是怪异的科幻小说，没有一个人看起来不是 31.2 岁**，这很压抑。好像就在上周，公司员工都还在为盖璞（Gap）圆领 T 恤衫发狂——现在又一窝蜂在柯克兰买了同样的有三个卧室和两个浴室的鸽灰色公寓。”[10]不论准确与否，这本书佐证了大众对这家公司的文化的猎奇心理。

Windows 在操作系统供应商中超越了 IBM 和 Digital Research 公司的产品，而 Office 则挑战了曾经占主导地位的 PC 应用程序供应商，如 Lotus、Aston-Tate 和 WordPerfect 等公司。到了 20 世纪 90 年代中期，微软公司面对的竞争集中在两个办公套件：IBM 收购了 Lotus 公司，添加了一些没有多少人知道的软件完善其捆绑包；专业的图形软件公司科雷尔（Corel）以 WordPerfect 为基础推出了一个套件。两者都无法阻挡用户源源不断地涌向微软公司的产品。1999 年，IBM 发布了 Lotus 最后一个主要版本，而 Corel 公司继续为日益减少的 WordPerfect 死忠用

---

* 马自达（Mazda）公司设计制造的双门双座敞篷跑车，是当时还没有结婚生子的年轻人喜欢的车型。——译者

** 当时微软公司员工的平均年龄。——译者

户提供更新。

新的开发技术

技术的不断变化要求程序员必须不停地学习新技术和新方法。20世纪90年代,微软Windows成为行业的主导平台,这个转变在很大程度上驱动着新开发工具和技术的交替特别迅速。1998年,软件开发人员厄尔曼(Ellen Ullman)写到,从她开始第一份编程工作后的20年里:

> 我自学了6种高级编程语言、3种汇编语言、2种数据检索语言、8种作业处理语言、17种脚本语言、10种类型的宏、2种对象定义语言、86个编程库接口、5种网络和8种操作环境……鉴于计算改变的速度,这段时间的任何编程人员都能列出这样的清单……UNIX程序员过去常常嘲笑COBOL是一架无人操作的飞机,年复一年地困在企业大型计算机的荒地上。然而就在去年,连UNIX也过时了,现在的新环境是Windows NT,我们必须得再次前进。不要贪图安逸,不要念旧,不要和某种技术绑定。[11]

向Windows的转移与专业程序员转而使用面向对象语言有关。20世纪90年代中期,面向对象已经从其发端的Smalltalk发展成了强大的营销口号,适用于操作系统和用户界面设计、数据库管理系统,以及通过网络将企业内部应用程序划分为相互通信的协作进程群组。

在炒作的背后,变化其实是渐进发生的。最明显的转变是C++取代C成为个人计算机软件开发的首选语言。软件开发逐渐转向大量使用面向对象的应用程序框架和库。20世纪90年代初,C++逐渐超越Pascal,成为大学计算机科学教学中最常用的语言。

C++很强大,但与C一样对新手来说总是神秘莫测,而且调试起来也很困难。BASIC仍然是MS-DOS的标准部分;微软公司于1991年在 DOS 5 里对它进行了重大升级。虽然 BASIC 是当时使用最广泛的编程语言，但它从未受到过计算机科学家的青睐。即使在 BASIC 的鼎盛时期，为了从小型机器中榨取更多的速度和功能，微型计算机软件的商业开发人员通常使用的也是汇编语言，后来转向 C。很难想象不适合 Windows 软件开发的语言会有什么样的命运。

然而也正是由于 Windows，BASIC 令人惊讶地获得了第二次生命。微软公司于 1991 年发布了 Visual Basic。它成了 20 世纪 90 年代的 COBOL，在企业内部被广泛地用于开发定制应用程序。这个成功与 BASIC 的内在优点没有多少关系，而在很大程度上归功于它的开发环境的便利——该环境基于 Windows 编程系统，由自由开发人员库珀(Alan Cooper)在 1988 年卖给了微软公司。[12]开发人员将界面元素(例如滚动条、控制按钮和数据库字段等)从托盘拖动到屏幕上需要的位置，通过这样的操作构建应用程序。一旦界面看起来正确，开发人员就编写代码片段来指定在按钮被点击或文本框中的值被更新时会发生的动作。面向对象的框架使程序员能够以编程方式修改视觉元素并控制应用程序的其他方面，例如下拉菜单。集成开发环境使程序运行时的调试变得容易一些。

微软公司甚至在其核心的 Office 应用程序中也嵌入了 Visual Basic。Office 用户也可以使用编程系统，成倍提高了开发人员的能力。例如，用微软公司的 Access 数据库程序编写的数据库应用可以包含代码，用于导出数据、启动 Word、调用 Word 的邮件合并功能而将数据插入到正式信函中，然后传真、发送电子邮件或打印这些信件。

个人计算机系统日益增加的复杂性带来了新的安全问题。计算机**病毒**是可以自我复制的代码片段，它们把自己附着在其他文件上，起到**感染**的作用。(在网络上传播的自主式恶意程序严格来说叫作**蠕虫**，不过也经常被称为病毒。)第一个侵害 PC 的病毒是在 20 世纪 80 年代中期出现的。它们感染了计算机从软盘启动时运行的代码，通过这种途径进行传播，由此创建了扫描磁盘发现被感染文件的防病毒软件市场。微软公司在 Office 应用程序中嵌入的编程工具，拱手送给病毒新的感染媒介，Word 文档里隐藏的代码可以控制计算机复制或删除文件，并感染其他文档。一旦计算机连接到因特网，病毒就开始自动发送被感染的电子邮件。有一些病毒传播得非常迅速，感染了数百万台计算机。

如果按照微软公司的意愿，开发人员全部使用微软的工具、操作系统和数据库管理系统，那么微软的操作系统、编程工具、开发环境和对象框架的组合将会非常强大。微软的开发工具后来被捆绑在一起，集成进了 Visual Studio 套件里。套件里的工具一起使用，使工作非常顺畅，而微软公司可以很好地支持开发人员。正如厄尔曼描述的："CD-ROM 持续泛滥。每个季度、每个月……UPS（美国联合包裹服务运送公司）定期把一堆堆新碟片放在我的门口。操作系统、数据库软件、开发库、开发工具、设备驱动程序工具包，新版本层出不穷，包括与微软公司保持同步所需要了解的一切。"[13]

关系数据库管理系统

20 世纪 90 年代中期，一些定制的 PC 应用程序使用了新的数据库管理系统，这类数据库系统的基础不是从 CP/M 微型计算机时代继承的简单 dBASE 技术，而是在计算机研究实验室里构建的复杂小型计算机系统。20 世纪 70 年代和 80 年代初期，领先的数据库管理系统运行在大型计算机上，在硬件成本极高的时代提供非常高的数据处理吞吐量。我们之前解释过，大多数使用了后来被称为数据组织的**网络模型**，也称为 CODASYL 方法。

到了 20 世纪 80 年代后期，软件行业的兴奋点转移到一种基于数据组织**关系模型**的新型数据库管理系统。IBM 研究员科德在其 1970

年的论文《大型共享数据库的数据关系模型》(A Relational Model of Data for Large Shared Databanks)中定义了关系方法。[14]这个模型以一种简单的但概念上非常优雅的方式组织数据,科德因此获得了图灵奖。它的主要优势是灵活性:不同数据表之间的连接(如客户、订单和产品之间的连接),不需要在创建表的时候就硬编码到数据在磁盘上的存储方式里,而是在每次检索数据时指定。它的主要缺点是实现起来非常复杂:高效执行用户随机输入的任何查询,比执行固定查询要复杂得多。

两个研究的原型系统证明关系的方法是可行的。IBM 大型主机上的 System R 是软件工程的巨大成就。它在 1978—1979 年的现场测试有力地支持了新方法。[15]由于 IBM 和客户已经在既有的数据处理系统上投入了巨额资金,System R 的商业版本 SQL/DSS(DSS 代表决策支持系统)最初推向市场的定位是查询分析应用,而不是常规数据处理。一直到了 20 世纪 90 年代,将 System R 更名为 DB/2 后,IBM 才把关系型数据管理技术定位为其早期大型计算机数据库软件的替代品。[16]

另一个早期系统最初的影响更大。20 世纪 70 年代中期,CODASYL 式系统一直还没有在 DEC 机器和其他 Unix 小型计算机上广泛使用,加利福尼亚大学伯克利分校的斯通布雷克(Michael Stonebraker)领导开发了一个基于 Unix 的强大的关系数据库管理系统 INGRES。研究生们完成了大部分开发工作,他们带着开发经验(很多时候还带着代码)成立了一批数据库管理系统的初创公司。赛贝斯(Sybase)公司就是其中一个,它开发的系统最后授权给微软公司以 SQL Server 的品牌用在 Windows NT 上。[17]另一家公司——关系技术(Relational Technology)由斯通布雷克本人于 1980 年创立,目的是将 INGRES 商业化。[18]几年后,甲骨文(Oracle)公司成立,在 20 世纪 80 年代末就占据了市场的领先地位。在很大程度上这要归功于其创始人埃利森(Larry Ellison)树立的激进的销售文化。[19]到了 20 世纪末,Oracle

公司已经把其他商业数据库管理系统的生产商边缘化，与它的同行——软件生产商微软和SAP两家公司一起跻身于世界上最大、最有价值的公司之列。

客户-服务器应用程序

也许Oracle公司历史上最重要的里程碑是于1992年发布的数据库管理系统7.0版。它利用了对客户-服务器应用程序日益增长的兴趣。[20]在20世纪90年代后期的计算机行业中，很少有流行词能逃脱**客户-服务器**的范围（前一章讨论了客户-服务器起源于施乐公司PARC）。Windows PC新增的图形用户界面和网络功能，很自然地就成了构建企业数据库应用程序的界面。

在商业计算领域，客户-服务器体系结构特别适合在个人计算机上运行的定制企业应用程序，这些应用程序将数据存储在服务器上的关系数据库管理系统中。这是个人计算机和传统分时系统最佳功能的结合。与传统的通过模拟终端登录到大型主机或小型计算机，使用基于文本的应用程序相比，Windows应用程序更容易使用，也更加方便。围绕数据库管理系统而不是文件存储构建应用程序，可以更轻松地备份和保护数据，并让应用程序共享数据。开发人员还可以将规则编码到DBMS中，在更改存储数据时生效。

客户-服务器系统的技术仍不够成熟，而且还在快速变化，要精心配置才能使系统实际运行起来。厄尔曼描述了IT（信息技术）工作中一个典型的配置系统的时刻：三个人，都是生产该系统的公司的前雇员，被一个拒绝按规定工作的系统为难了好几个小时。

> 有那么一会儿，我感觉到“内疚”。一小时只能进展一点点，我为客户感到很遗憾：专家真贵。我们应该知道这一点。我想象其他更好的专家应该可以更快地完成这项工作。内疚

过去了。我干这一行已经够久了，虽然很遗憾，但我们就是专家。我们三个人努力在新操作系统上运行这个数据库，查阅不完整的文档，用各种选项试错，反复设置——这就是我们行业的所谓专业技能。[21]

企业计算机化的过程已经历了几十年，每次转化一个职能或一个部门，其结果就是系统和技术错综复杂，有些是内部开发的，有些是从软件公司购买的。完成任何事情都要编写程序将数据从一个系统迁移到另一个系统。1996 年，有一篇文章的题目是《集成系统的噩梦》(The Integration Nightmare)，根据这篇文章的描述，"那些连接通常是临时拼凑在一起的，以响应当下的需求——是一种用口香糖和钢丝绳构建系统体系结构的方法"，导致"每次系统更改时，都必须将这堆纠缠在一起的数据连接拆开，然后重建"。据估计，公司 IT 部门程序员"35%—40%"的时间都用在了保持文件和数据库一致上。这势必会阻碍公司改变经营方式、升级系统或探索新的机遇。[22]

这种混乱可以用单一的企业管理集成软件系统来消除，该系统的模块可以满足几乎所有能想象出来的需求。我们在第三章中讨论的集成管理软件公司 SAP 占据了这个市场的最大份额。20 世纪 90 年代，越来越多的大公司不再需要为制作工资单、会计和生产调度等业务流程定制软件，也不再购买只有单一功能的软件包。这些公司签署了数千万或数亿美元的合同委托 IT 服务公司来处理大规模的转换工作，IT 服务行业因此而蓬勃发展。

IT 服务业成长的基础是从大型计算机到 PC 网络的技术转变。新客户没有采用原始的集中式大型计算机模型，而是蜂拥去使用**三层**模型的 SAP R/3(于 1992 年推出)。最常见的配置是在台式计算机上运行 Windows 客户端程序，客户端程序与部署在强大的 Unix 服务器上的 SAP **业务逻辑**层通信，而第三层是数据库管理软件(通常采用 Oracle

系列产品),用于维护支撑公司运营的大规模集成数据库。

发明 Wintel PC

PC 生态系统比任何一家公司都要大。当 IBM 为了不兼容的 PS/2 系列而放弃 PC 时,市场上并没有哪家公司能够占据主导地位。虽然早期一些没有 IBM 参与的产品扩展了 PC 平台,如 Hercules 显卡和 Ad Lib 声卡,但 IBM 对核心元素,如处理器、主板和扩展槽标准的控制,并没有受到挑战。

IBM 之后的 PC 标准

20 世纪 80 年代末和 90 年代,PC 行业的常态是以极小的步伐快速发展。如果一家韩国公司生产的新显卡比 PC 制造商目前在机器上安装的中国台湾生产的型号快 20% 而且便宜 10%,那么就没有理由不订购几千份用在接下来几个月的生产里。这两种卡都兼容 IBM 的标准,大多数客户永远也注意不到它们的差别。

Windows 的出现暴露了这种方法的局限性。即使在 1990 年可以买到的最强大的 PC 上,Windows 3.0 通常也都很笨重,运行起来很慢,容易崩溃。但在 20 世纪 90 年代中期,Windows 快速被市场接受,这激发 PC 软硬件发生了根本性的变革,重新塑造了个人计算机和个人计算机行业。

这种极端的去中心化把标准分散在部件中,使得某个组件改进后可以被轻松采用,而改变整体平台变得更加困难。PC 不是由它的某个部件定义的,而是由将部件组合在一起的连接器定义。将所有这些部件组装在一起的唯一方法是每个部件都遵循原始 PC AT 的设计。想在更基本的层次上改进 PC,需要生产企业共同努力就新的连接器达成一致。

这里有一个在没有 IBM 参与的情况下企业联合起来扩展 PC 最大内存容量的例子。电子表格的用户构建的模型越来越大,但个人计算机的内存不够容纳大模型。新的 RAM 芯片容量更高,可以将更多内存挤进 PC。但是 PC 的原始设计限制内存最大只能为 640 KB。1985 年,Lotus、Intel 和微软三家公司联合发布了**扩展内存**的标准,以便硬件供应商生产更高容量的附加板。扩展内存采用分页技术,将块从较大的内存池切换到处理器可访问的地址范围。

IBM 转向采用 PS/2* 标准的 PC 后,推动 PC 体系结构发展的唯一途径就是这些企业的联合行动。IBM PC AT 用了一个复杂的硬盘控制器。这设定了事实上的标准(称为 ST-506),许多公司开始生产符合这个标准的更好、更便宜的兼容驱动器和控制器。然而到了 20 世纪 80 年代末,PC 克隆机转向新的集成驱动器电子线路(IDE)连接器,将控制电子线路都放在驱动器里。这能够降低成本,提高性能,还支持更高的存储容量。驱动器制造商联合了主板生产商(以及提供芯片组和 BIOS 组件的生产商)、计算机组装商,当然还有微软公司,对产品做了必要的修改。

PC 生产商面临的最大挑战是 IBM 新的微通道体系结构。若要保持标准 PC 体系结构的活力,生产商最终必须支持这个功能。康柏公司发起的 EISA 标准组织率先尝试这样做,标志着 PC 行业的新动态。EISA 集团设计了一种改进的但向后兼容 AT 的扩展总线(它本身也是标准),称为扩充的工业标准结构(EISA)。EISA 比较少见,主要用于将高性能磁盘驱动器和网卡连接到服务器,但展示了 PC 行业摆脱 IBM 独立发展平台的决心。[23]

另一个行业联盟,视频电子标准协会(VESA)成立于 1989 年。

---

* IBM 提出的输入装置接口,主要用于鼠标和键盘,多年后被 USB 接口取代。——译者

IBM 的 VGA 图形芯片能够支持 640 ×480 像素,16 种颜色,而几十家公司当时正在生产与 VGA 几乎完美兼容的低价显卡。这些公司联合起来,在有更多颜色和更高分辨率模式的标准上达成一致,其中包括许多 Windows 3.0 用户广泛使用的超级 VGA(SVGA)模式。重新定义 VGA 开放标准,而不是模仿过时的 IBM 设计,使显示器和显卡的制造商在 20 世纪 90 年代大大提高了自己产品的分辨率。IBM 所放弃的 PC 标准此时看起来似乎有了独立的未来。没有单独哪一家公司可以指望控制标准,但有些专门的小组会负责平台的不同部分,并就其连接标准达成一致。今天,VESA 更为人知的是另一个重要标准化举措:统一了平板电视背面的安装孔位置。

Windows 暴露的其他弱点需要更根本的改变。一个问题是已有图形硬件重新绘制屏幕的速度非常慢。PC 的模块化特性既是祝福又是诅咒。想象一下,有人在 Windows 3.0 推出时买了一台快速的新 PC 来运行它。这台机器可以在眨眼间计算复杂的电子表格,但在 Word 中滚动浏览文档的速度却如此缓慢,屏幕从上到下明显地波动,使用户感到沮丧。每次点击滚动箭头,处理器都必须通过 1984 年为 PC AT 设计的低容量连接器将窗口的全部内容汇集到图形卡上。

显卡制造商的首要任务是取得更好的 Windows 性能。1991 年,初出茅庐的硬件公司 S3 发布了 911 图形芯片,这是第一个广泛使用的专门用作 Windows **加速器**的硬件。图形卡上的专用处理器处理绘制直线或滚动窗口所需的繁重工作,减少了通过连接器瓶颈传输的数据量。Windows 令人痛苦的缓慢图形性能也给了业界消除连接瓶颈的强大动力。这需要包括主板、扩展卡和控制插槽的芯片组制造商在内的公司做出协调一致的改变。VESA 联盟继续其在 VGA 方面的工作,为显卡提供更快的连接器,显著提高了性能。它与旧插槽的高度和间距相匹配,能够用在已有的机箱里。[24]

英特尔公司包揽一切

在从原始 PC AT 继承的所有功能中,最难改变的是机箱设计——如果 PC 标准由一家公司控制,那么修改起来微不足道,但实际情况不是这样。20 世纪 90 年代早期,PC 的机箱和主板由不同的公司生产。10 年之后,作为 PC 的竞争对手,更强大的工作站的机箱已经缩小到了时尚的"比萨盒"大小,而 PC 看起来仍然很笨重。主板不能缩小太多,因为它必须够得着原来 IBM 主板用的安装孔,扩展槽和键盘连接器也必须与机箱上的切口对齐。这使得机箱必须这么宽。扩展卡必须符合 1981 年原始 PC 设定的尺寸。这又使得机箱必须这么高。电源在右后角,就像 IBM 原版的一样,开关从另一个标准孔中伸出,位置很不方便。即使是 20 世纪 90 年代初期流行的"迷你塔"样式,也只是缩短了传统台式计算机机箱的长度,把它竖起来了。

限制不仅仅是美学上的。它们损害了 PC 生产商利用新芯片技术的能力。图形、网络和声音控制器很少像在 Macintosh 和工作站计算机里一样集成到 PC 主板上。为什么?不是因为任何技术限制,而仅仅是因为标准机箱上没有洞,不能在主板上安装额外的连接器。洞是不能被模拟的,不能实现向后兼容,也不能作为不同的模式被包含在内。机箱上要么有这个洞,要么没有。

20 世纪 80 年代,英特尔公司允许其他公司设计搭载 Intel 处理器的主板,并制造非常重要的处理与内存芯片和扩展卡接口之类任务的芯片和芯片组。在 1993 年奔腾处理器(本章随后讨论)推出后,这种情况发生了变化。新处理器搭配了同样由英特尔公司设计的高速扩展插槽 PCI(外围部件互连)。PCI 最初用在最需要额外带宽的显卡,后来扩展到网络和声卡等其他组件,逐渐取代了从 PC AT 继承下来的旧式插槽。

英特尔公司开始销售整块主板,利用自身对 PC 设计的日益控制,成为其他主板生产商的主要芯片组供应商。1996 年,英特尔公司有了提出全新标准格式,并让主板和机箱生产商遵从的影响力。它于 1996 年推出的 ATX 主板格式,标志着 PC 标准中最后一个直接源自实际 IBM 机器的重要元素的消失。ATX 修改了机箱、电源连接和系统板布局的设计,在机箱上增加了一个大的开口,为主板提供了许多新的插口空间。声音和网络功能由英特尔芯片组提供,无需单独的卡。

1998 年,英特尔公司曾尝试销售显卡。这个计划虽然失败了,但第二年,它把图形功能集成到了芯片组中,出售给主板制造商。这足以"杀死"大多数笔记本计算机和更便宜的台式计算机上的独立显卡的市场。客户为 PC 支付的费用减少了,但英特尔公司挣到了更多的钱。

20 世纪末,几乎与 20 世纪 80 年代中期的 IBM 一样,英特尔公司控制了 PC 硬件平台的演变。它利用其新的主导地位,将通用串行总线(USB)等一些新技术嵌入到其芯片组中,加快了这些技术的采用。USB 对计算机用户来说是一个福音,它紧凑而灵活的插座取代了外围设备(如扫描仪、打印机、键盘、鼠标和外部磁盘驱动器)的定制连接器和控制器。USB 的强大还阻止了其他技术的采用,例如高速 IEEE 1394[别名"火线"(FireWire)]* 外围连接。

图形笔记本计算机

对于笔记本计算机用户来说,迁移到 Windows 很有挑战性。Windows 机器需要更多内存、更多硬盘存储空间,以及响应迅速的高分辨率彩色屏幕。在 1990 年,这些要求使大多数台式计算机和已经完全可以与 DOS 配合使用的笔记本计算机不堪重负。

然而在几年之内,通过更高程度的小型化和集成化,计算机硬件跳

---

* 一种高速通信和等时、实时数据传送的串行总线接口标准,由苹果公司与其他多家公司合作开发。——译者

跃地向前发展,已经能放进公文包,重量只有 7 磅,还能提供强大的 Windows 机器所需的全部功能。在少数支持芯片上集成更多功能对台式计算机很有好处,这样它就可以用更小的主板和更少的扩展槽来生产。对于笔记本计算机来说,体积小、重量轻且节能至关重要。笔记本计算机只能装下一两个信用卡大小的小型附件,例如以太网适配器。强大的图形、声音、网络端口、蓝牙无线和红外数据传送等功能,都必须集成到比台式计算机主板小得多的主板上。

例如,1996 年咨询和会计公司普华(Price Waterhouse)给到处出差的员工发放的东芝 Satellite Pro 420CDT 型号笔记本。它配备 11 英寸、分辨率为 800×600 的彩色屏幕,集成声音和 CD-ROM 驱动器,内置代替鼠标的指点杆和能够供电 3 小时的锂离子电池,以及员工回到办公室后连接全尺寸屏幕、键盘或打印机的全套端口。苹果的 PowerBooks 系列(图 10.3)将 Macintosh 包装得同样吸引人,键盘下方还配有跟踪球。

图 10.3　苹果公司的 PowerBooks 于 1991 年推出,是第一批有图形用户界面的实用的便携式笔记本计算机,占领了很大一部分笔记本市场。请注意,该型号采用机械跟踪球当作鼠标的移动替代品。此处展示的 PowerBook 180c 是 1993 年生产的配备 8.4 英寸彩色屏幕的顶级型号。感谢 diskdepot.co.uk 供图,根据知识共享署名-相同方式共享 3.0 未移植许可使用

IBM 的 ThinkPad 系列笔记本计算机于 1992 年推出，在企业市场上成功战胜了东芝计算机。它关闭时是个简约的黑盒子，打开后露出大屏幕和醒目的颜色，包括一个红色的指点杆。早期型号最引人注意的设计元素是蝶形键盘，屏幕抬起时它会展开至全宽。后来笔记本计算机的屏幕更大，键盘不再决定笔记本计算机折叠后的宽度，这种方法就被淘汰了。

从 20 世纪 90 年代中期到 2005 年前后，笔记本计算机发展迅速，呈增量式发展。显示器变得更薄、更亮，电池寿命更长，机器的内置功能更广泛。但用户仍然需要权衡取舍——制造商通常会为偏爱便携性的用户提供一个没有内置光驱的比较轻薄的范围，这是主流的配置，而为那些愿意承担额外重量的用户提供一个更大、更重、更强大的**替代台式计算机**的配置范围。这些数量上的变化累积起来最终会导致种类上的变化。随着与选择台式计算机相比，选择笔记本电脑所支付的溢价缩小，性能差距缩小，笔记本计算机从旅行专业人士的奢侈品，逐渐变成了家庭用户的默认选择，这些家庭不愿布置家具，为笨重的台式计算机重新腾出空间。

Wintel 面临的 RISC 挑战

20 世纪 90 年代初，工作站制造商希望尽快降低产品成本并扩大吸引力，以取代 PC 成为企业默认购买的产品。PC 无法与工作站复杂的操作系统、大屏幕、集成网络和窗口系统相匹配。这些功能肯定会普及开来的——但如何做到呢？工作站会变得便宜且用户友好，从而接管个人计算机市场吗？或者个人计算机能否发展出足以挑战工作站的功能和稳定性？20 世纪 80 年代的大多数工作站都使用摩托罗拉 68000 系列的处理器，这是个人计算机（如苹果公司的 Macintosh 系列）处理器的更强大版本。不过到了 1990 年，工作站普遍开始采用更高性能的根据精简指令集计算机(RISC)原理设计的处理器体系结构。

RISC 的起源

要理解这一挑战,我们必须及时回到 RISC 设计理念逐渐形成的 20 世纪 80 年代初。最早一批商业电子计算机的指令集非常简单,完成任何事情都需要很多条指令。每一代新产品的设计都会增加更复杂的寻址模式和指令格式,使单条指令变得愈加强大。当一条指令能完成的工作更多时,编写程序用的指令就更少。这节省了内存空间,降低了编译器的复杂性,汇编语言编程也不那么冗长了。20 世纪 70 年代中期,DEC 设计的 VAX 就是一个经典范例。VAX 给程序员提供了 250 多条指令,包括了几乎所有想得到的数据操作方式,还能以多种模式运行整数、浮点数、压缩十进制数和字符串的指令。[25] 即便是简单的加法操作也可以指定三个寄存器或主存储器位置的任意组合(两个源操作数,一个目的地来存储结果)。它还有一条用系数表计算多项式的浮点指令。20 世纪 60 年代以来,处理器用微代码实现复杂指令已经成了普遍做法。当程序员要求 VAX 计算多项式时,会触发一系列更简单的内部步骤。[26] 最重要的是,复杂的指令集应该使计算机运行得更快,部分原因是减少了执行新命令时计算机必须读出指令并解码的次数。

这些假设早已被广泛接受,但在 20 世纪 70 年代中期,IBM 的科克(John Cocke)认为,使用更多、更简单指令来完成给定任务的计算机,将胜过使用更少、更复杂指令的计算机。当时,磁芯已被半导体存储器取代,后者速度更快,降低了从存储器中获取新指令的时间成本。小沃森曾说过 IBM 内部需要一些“野鸭”——不满足于接受传统智慧的人。科克正好符合这种描述。[27] IBM 的一台实验机器 801 就是科克这个想法的实现,该机器于 1979 年在雷丁(George Radin)的指导下完成。[28]

RISC 背后的想法是,在一个内存又大又快、由编译器生成代码的时代,使硬件简单化而把编译器做得更智能是有意义的。把复杂指令优化成简单操作将是编译器的工作,而不用芯片负责。将指令集精简到只剩基本要素,使编译器的工作更轻松,硬件优化也更简单。芯片上可以设计多个寄存器,要处理的数据加载到这些寄存器中。从算术指令中去掉地址,则减少了等待内存访问的需要。更简单、更小的芯片不仅生产成本更低,还能以更高的时钟速度可靠运行。

RISC的商业化

1980年,加利福尼亚大学伯克利分校的帕特森(David Patterson)领导的小组听到"IBM 801的传言"后,启动了一个类似的项目。从这个项目里诞生了RISC这个名称。另一个项目MIPS,由斯坦福大学的亨尼西(John Hennessy)领导,在1981年也启动了。[29]

亨尼西和帕特森的定量测试证明,RISC设计可以从一块硅片中挤出更多的处理能力,这支持他们成为RISC坚定的倡导者。从袖珍计算器诞生的不起眼的微处理器很快就会在性能上超越小型计算机、大型计算机甚至超级计算机。两人在公开自己的工作时遭到了质疑,但不久商业芯片就开始证明RISC的力量。

商业RISC芯片所做的不仅仅是缩小了指令集。他们借鉴了两种已经在科学计算中得到证实的技术。第一个是**超标量**技术——在芯片内复制多个逻辑单元,使单个芯片拥有两个或多个可以并行工作的算术引擎。利用RISC设计更容易做到这一点,由于每个单元都非常紧凑,因而几个单元可以排列到一个芯片上。第二个是IBM的Stretch开创的**流水线**技术——用流水线技术重新设计的处理器,可以在执行当前指令时,让读指令和解码的电路忙碌起来处理后续的指令。这在RISC设计中也更实用,因为大多数操作都可以在固定的时间间隔内完成,如同工厂装配线上的任务。这两种方法都需要指令按照最佳顺序执行，增加了 RISC 对高级编译器的依赖程度。

帕特森基于在伯克利分校的研究成果，与 Sun 公司合作开发了可缩放处理机体系结构（SPARC）处理器。Sun 公司把 SPARC 的设计授权给其他公司，希望 SPARC 能够成为标准。[30]亨尼西的项目还催生了一家商业企业——MIPS 计算机系统（MIPS Computer Systems）公司。硅谷图形公司围绕 MIPS 芯片重新设计了其工作站系列。[31]惠普公司则提出了一种称为**精准指令集体系结构**的 RISC 设计。

大多数计算机行业的评论员在 20 世纪 90 年代初期认为，RISC 这项新技术毋庸置疑将取代传统的处理器设计，比如 PC 里的英特尔处理器。386 芯片设计精良，可以支持现代操作系统。但英特尔公司在提高其性能上步履维艰。1985 年 386 芯片推出时，其运行的最高频率是 16 MHz。1992 年，英特尔公司将时钟频率差不多翻了一倍（达到 33 MHz），而最快的 RISC 芯片运行频率则超过了 150 MHz。

于 1989 年推出的 486 似乎只是一个临时的过渡方案。高速缓存是 386 处理器最重要的特性之一。最初 PC AT 的 RAM 芯片和扩展槽的时钟频率与处理器相同。后来处理器的速度比用户能买得起的 RAM 芯片更快，但如果更快地处理指令只是意味着计算机会花更长时间等待来自 RAM 的下一条指令和数据，这么做也没什么好处。解决方案是增加一个以处理器速度运行的小型**高速缓存**，保存计算机当前正在使用的内存区域的副本。大多数数据读取来自缓存，这大大减少了因内存较慢而导致的性能损失。除了 386 处理器，英特尔公司还搭配出售专门设计的缓存控制器芯片和可选的 387 协处理器。

486 将所有三个芯片与高速缓存都集成到一个非常昂贵的封装中，使性能在 386 的基础上几乎翻了一番。486 的最终型号（DX2 和 DX4）芯片内部的运行速度是计算机其余部分的两三倍。这几乎是英特尔公司所能推动的体系结构的最大发展了。

与此同时,RISC 系统已经便宜得可以直接与最强大的 PC 竞争了。1989 年,Sun 公司迈出了重要的一步,推出安装在紧凑机箱中的 SPARCstation 1 工作站,并开始批量生产。这台工作站的起价约为 1 万美元。《字节》指出,Sun 公司的 SPARCstation 的浮点性能大约是配备协处理器芯片的传统工作站的 10 倍。[32] Sun 公司甚至开始吸引 Lotus 1-2-3 和 WordPerfect 这样的办公软件向工作站移植。基于 PC 的工作站并不是总有更好的价格。例如,1990 年 12 月,《字节》调查了一台 NCR 公司购买的首批基于 486 的高性能计算机,经测试其实际价格居然高达 31 600 美元。《字节》这一期封面的标题是《PC 价格的工作站》(PC-Priced Workstations),用嘲笑的语气介绍了价格低到 6000 美元的与 Sun 计算机兼容的 SPARC 机器。[33]

对英特尔公司在个人计算机市场的地位构成最大挑战的 RISC 体系结构来自 PowerPC。1990 年,IBM 在其强大的 RS/6000 服务器和工作站上推出 POWER 体系结构,而 PowerPC 是它的小型化单芯片版本。PowerPC 体系结构由 IBM、苹果和摩托罗拉三家公司共同开发,并作为计算机行业的下一代硬件标准进行推广。它本应取代英特尔公司的 PC 和摩托罗拉处理器驱动的 Macintosh 计算机。

第一个 PowerPC 处理器 601 于 1992 年推出。IBM 要等到操作系统准备好了之后才开始销售自己的硬件,于是苹果公司在 1994 年先推出了有可能成为对付英特尔 PC 撒手锏的首个 Power Mocintosh 型号。苹果公司只重写了老化的 MacOS 操作系统中最关键的部分,而保留大部分旧代码在模拟器*上运行,性能非常低。这使得苹果公司的软件迅速转向 PowerPC,但也"吃"掉了大部分性能提升。微软公司这样的应用软件生产商也没有彻底重写应用程序代码,而是依靠模拟器来运

* 指可以模拟摩托罗拉 68020 处理器芯片的模拟器。——译者

行旧代码。这给了英特尔公司一个关键的窗口期,在优化的软件能够充分利用 PowerPC 硬件优势之前迅速提高其芯片的性能。

微软公司的回应:Windows NT

在英特尔公司的硬件上,DOS 和 Windows 两个系统的执行交织在一起。如果 RISC 芯片能以更低成本提供更高性能,对微软公司来说这不是个好消息。1991 年,微软公司宣布了其下一代长期生存的操作系统 Windows NT。没有人知道哪个竞争对手的 RISC 设计(如果是 RISC 的话)可能会成为未来的标准,因此 NT 把所有与这个或那个处理器相关的代码都集中到了**硬件抽象层**。操作系统的其余代码可以在不同的处理器上重用。Windows NT 应用程序被禁止直接与硬件通信,它们通过软件接口让 Windows 执行操作,以此与磁盘、显示器及其他设备交互。由于这些接口在所有 NT 版本中都是标准的,应用程序在新处理器上只需要重新编译,不用大量重写代码。

Windows NT 与 MS-DOS 几乎没有共同点,但与 DEC 的小型计算机操作系统却有很多相似之处。这并非巧合。主持 Windows NT 开发的卡特勒(Dave Cutler)也是 20 世纪 70 年代 DEC 开发 VAX 期间的操作系统首席设计师之一。20 世纪 80 年代中期,他领导创建了 DEC 公司的 RISC 处理器。该项目于 1988 年被取消,而微软公司抓住了这个机会,引诱卡特勒和他的团队离开 DEC。在 NT 开发早期,微软公司和 IBM 仍然保持合作的期间,该项目被称为 OS/2 3.0,但后来 Windows 大获成功,与 OS/2 的联系就断开了。表面上看起来 NT 跟 Windows 3.1 差不多,它重新实现了传统 Windows 应用程序使用的软件接口,因而许多应用程序无需修改就可以运行。然而实际上,它是 DEC 的 VMS 操作系统的下一代版本,而不是微软公司在 MS-DOS 之上对一堆堆混乱代码的改造。有人开玩笑说,甚至 Windwos NT 这个名字也暗示了这一点：VMS 的每个字母在字母表里的下一个字母组合起来就是 W(indows)NT。[NT 的官方解释是**新技术**(new technology)。]

为了确保没有旧代码或以英特尔为中心的设计假设潜入 NT，卡特勒团队先基于 RISC 芯片进行开发，然后再在英特尔芯片上测试。于 1993 年推出时，Windows NT 包含了在 Intel、MIPS 和 DEC 的新处理器 Alpha 结构下可直接运行的版本。Alpha 处理器部分基于卡特勒离开时正在开发的芯片，是 DEC 试图超越 VAX 体系结构，收复市场失地的尝试。根据 Windows NT 测试的结果，英特尔公司更快的 486 芯片远远落后于最好的 RISC 产品。

NT 作为 32 位操作系统，可以处理有非常大内存需求的程序。它支持类似 Unix 的功能，如强大的多任务处理、远程过程调用和种类繁多的网络协议。卡特勒希望打败 Unix，平分秋色不会让他满足。NT 在管理用户访问资源的权限、保护文件免受损坏以及快速轻松地设置方面更加出色。

微软公司的程序员在每天结束时把自己的工作提交到一个中央文件，所有程序员的代码在夜里被编译成每日**构建**(build)。如果某人贡献的代码导致系统崩溃，他/她有责任修复它。然后，这个 build 成为第二天工作的基础。[34]此外，一旦某个 build 的功能初具模样，不管效率有多低，编程团队成员都必须使用它。这个要求使程序员的日子变得困难，特别是当软件还在开发的早期阶段，几乎不能平稳运行的时候，但它迫使程序员尽力提交高质量的产品代码。这个过程的名字也令人回味："吃自己的狗粮。"[35]

Windows NT 是网络服务器和个人计算机的坚实基础。这是 PC 的新发展。对于要在服务器端运行数据库软件或定制代码的客户-服务器应用程序来说，NT 比 Novell 公司专为文件和打印机共享而优化的服务器操作系统 Netware 要好得多。1997 年，微软公司提供了多个版本的 NT,从 4000 美元的企业版(支持 8 个处理器和服务器集群内的负载均衡)到单处理器工作站版(发布时为 319 美元)。实际上所有版本的代码都相同,但价格更便宜的软件包里禁用了对超大内存的支持等功能。

英特尔与 RISC 之战

英特尔处理器没有新生代竞争对手(如 DEC 的 Alpha 芯片)优雅的体系结构,但英特尔公司确实有出色的生产能力,而且投入的开发预算比许多竞争对手的全部收入还要多。它准备好好地战斗一场,守住市场的主导地位。1993 年,英特尔公司推出奔腾(Pentium)处理器。由于法院裁定数字(例如 586)不能作为商标受到保护,这款处理器芯片不再像以往那样用数字作产品代号,而是取了一个名字。

奔腾处理器结合了其竞争对手 RISC 处理器中常见的流水线和超标量技术,是自 1985 年以来英特尔公司对处理器内核第一次重大的设计修改。奔腾处理器的浮点性能大大提高,解决了英特尔处理器最大的一个弱点。两个奔腾处理器甚至可以并行运行。然而,第一批奔腾处理器并没有得到好评。评论者指出,它们价格昂贵,容易过热,而且对许多任务来说其性能只有很小的提升。《字节》首次摘要报道了基于奔腾处理器的 PC(每台的价格至少是 8500 美元),称其特点是"咆哮的风扇、特殊的冷却硬件和坚固的罐状机箱,其中机箱**必须**一直关着,否则电子设备就会融化"。[36] 1994 年,一个可能导致除法结果不正确的设计缺陷被披露,但英特尔公司迟迟没有承诺免费更换,激起了用户的愤怒。

英特尔公司拯救奔腾处理器的办法是发布更快的版本,以及比早期芯片更快地降低价格。其中还包括可以集成到小型节能的笔记本计算机中的低功耗版本。作为主流处理器,奔腾很受欢迎,但作为工作站处理器,它的表现还不够好。RISC 结构简单,可以以更高的时钟频率驱动芯片。1995 年 3 月,《字节》杂志评测了一组 Windows NT 工作站。奔腾芯片的运行频率只有 90 MHz,而有更简单 RISC 设计的 Alpha 则在 275 MHz 频率下高速运行。由于这个缺陷,即使是双奔腾处理器工作站,其性能也只有 MIPS 机器的一半左右,比 DEC 的 Alpha 落后得就更多了。[37]

英特尔公司以同年晚些时候发布的 Pentium Pro 进行反击。Pentium Pro 有一个类似 RISC 的内核,能够解释执行现有指令,是这款复杂的芯片的高性能核心。高达 1024 KB 的高速缓存被压缩到一两个额外的硅芯片中,与处理器一起被封装在陶瓷外壳内,把英特尔公司的工程优势推到了极限。这比访问主板上的内存更快,大大提高了 32 位操作系统(如 Windows NT)的运行性能。由于制造过程复杂,新芯片仍然很昂贵,但它使英特尔公司重新回到了工作站和服务器的竞争中。基于英特尔处理器的 Windows NT 工作站性能仍然落后于 Alpha 工作站,但出乎人们的意料,差距明显地缩小了。

1996 年,桑迪亚国家实验室制造的 ASCI Red 超级计算机成为第一台在标准基准上测试得到的性能超过每秒钟 1 万亿次浮点运算的计算机,Pentium Pro 的公共形象突然得到了巨大的提升。与 Cray 计算机采用特殊部件和定制结构不同,新一代超级计算机使用了大量并行的标准处理器,以及其他在大众市场上可以买到的组件。至此,为台式工作站和世界一流的超级计算机提供计算动力的居然是相同的处理器。ASCI Red 共有 9298 个处理器并行,它保持**世界上最快计算机**的称号长达四年。

英特尔公司于 1997 年推出 Pentium Ⅱ系列,其新的体系结构成了主流。Pentium Ⅱ调整了 Pentium Pro 的高性能内核,把高速缓存和处理器的其余部分转移到了同一个封装里,提高了仍然很常见的传统 16

位 Windows 版本代码的性能。“PC 行业正在发生的巨大转变不容忽视，”《字节》指出，“传统的基于英特尔的 Windows 系统正在积极进入以前由 Unix 工作站主导的市场。”[38] Pentium Ⅱ和稍微改进的 Pentium Ⅲ，在 2003 年之前都是英特尔公司产品线的支柱。正如《字节》曾经指出的，它们使普通的个人计算机达到了工作站级别的性能，同时也没有牺牲与标准应用程序和操作系统的兼容性。

Windows 95

英特尔公司大多数新的高速处理器都运行微软公司的新主流操作系统。Windows 95 结束了 Window 3 系列的 5 年运行，标志着 MS-DOS 作为独立产品的终结。它于 1995 年推出，估计耗资 3 亿美元进行营销推广。根据包装盒上的说明，Windows 95 只需要 4 MB 的 RAM，是 NT 最低要求的 1/3。不过，你如果相信这个的话，等它切换程序就会等到老。

作为操作系统，Windows 95 不如 Windows NT 先进。作为产品，Windows 95 的目标更加大胆：为性能较弱的计算机提供 NT 的大部分先进功能，增加强大的多媒体功能，与已有应用程序保持几乎完美的兼容性。它的网络性能得到很大改善，内置了对因特网 TCP/IP 协议、拨号访问因特网，以及因特网应用程序（如 telnet 和 FTP）的支持。与 NT 一样，Windows 95 提供**抢占式**多任务处理，支持多个程序流畅地同时运行，并且用户无需重新启动计算机即可终止错误的程序。从纯粹主义者的角度来看，这些功能的实现还有很多不足之处。运行旧的应用程序，以及在性能较弱的计算机上工作的需要，产生了 32 位 NT 风格的功能与 16 位的老式 Windows 和残留的 DOS 功能的复杂混合。这种组合牺牲了稳定性换取兼容性：一个旧的或写得不好的驱动程序，比如网卡驱动，可能会使整个系统崩溃。微软公司很清楚，Windows NT 是

"工业实力"的选择,而 Windows 95 则是为钱包比较瘪的消费者和企业准备的。

新的用户界面设计得比前任产品更有吸引力、更一致、更强大。它引入了开始菜单、系统托盘和运行程序的图标,这些图标从此装饰在屏幕边缘。为了在电视广告里宣传新系统,微软公司花几百万美元买了"滚石"(The Rolling Stones)乐队的歌曲《现在出发》(Start Me Up)的一部分授权。质疑者们讥讽说,只有微软公司才能造出用"开始"(Start)按钮关闭计算机的操作系统。Windows 95 几乎具有 Unix 的全部功能,但在自动化系统配置上与 Unix 的风格绝对不同。新的**即插即用**功能据说可以自动识别新硬件并安装正确的驱动程序。起初,新硬件的识别好像是在碰运气。重新设计主板并扩展硬件适应自动配置后,这个功能终于开始按照设想的样子工作了。Windows 95 还改进了对笔记本计算机的支持。

微软公司只用了 4 天时间就销售了 100 万份 Windows 95 升级包,许多热切的客户在午夜发布活动时就开始排队。[39]5 周内,它的销量就达到了 700 万。然而,微软公司在市场上占主导地位的真正原因是,它的产品是预装在新计算机上的操作系统。Windows 95 足够强大,大多数用户几乎没有理由将其换成 IBM 的 OS/2。OS/2 保留了一些理论上的优势,但也有自己的怪异和局限之处。IBM 放弃了 OS/2,它此时只是个人计算机市场中众多的普通参与者之一。几年后,IBM 从硬件转向计算机服务,其战略的一部分就是退出台式计算机的销售。2004 年,IBM 将其成功的 ThinkPad 笔记本计算机系列出售给了中国的新贵公司联想,彻底退出了 23 年前它自己创建的个人计算机业务。[40]

通过小幅升级,Windows 95 在这 10 年的剩余时间中仍然是标准的 PC 操作系统。连续不断的更新和改进版本使它在市场上一直保持热度。据 Gartner 集团称,截至 2002 年 4 月,一共出货了 10 亿台个人计算机。[41]这些计算机中大多数使用的都是 Windows 95 变体，世界上很大一部分计算机用户完全没有使用其他操作系统的经验。

英特尔和微软的胜利

Windows 95 推出时，RISC 对英特尔的威胁已经开始瓦解。1996 年，硅谷图形公司未能说服其他公司使用其处理器构建工作站。1997 年，很明显其他电脑制造商也不再跟随苹果公司继续使用 PowerPC，这之后，微软公司的 Windows NT 就不再支持 MIPS 和 PowerPC 了。20 世纪 90 年代后期，DEC 的 Alpha 芯片在工作站用户中赢得了忠实的追随者，但 DEC 无法快速提高性能，因而在基于英特尔的竞争对手面前失去了吸引人的速度优势。康柏公司于 1998 年接管 DEC，第二年关闭了在 Alpha 芯片上支持 Windows NT 的部门。在工作站和个人计算机领域，RISC 对英特尔的挑战正式结束。

苹果公司对 PowerPC 的依赖后来变成了弱点而不是优势。即使在 PowerPC 上重新实现了一遍，MacOS 操作系统也仍然缺少一些关键功能，比如强大的多任务处理和对多处理器的支持。这似乎只是个过渡产品。苹果公司和 IBM 的联盟还开发了面向对象的共享操作系统 Taligent，但很快就沦为企业政治和技术挑战的牺牲品。苹果公司将希望转向新项目 Copeland，开发能够运行旧程序的现代操作系统。但这个计划也被放弃了。MacOS 的基础本来就摇摇欲坠，还总有新要求，它变得越来越不稳定。苹果公司陷入困境，在 1993 年至 1997 年间解雇了三名首席执行官。最后的阿梅利奥（Gill Amelio）只干了一年多。他写了一本引人入胜的《火线：我在苹果的 500 天》（*On the Firing Line*），书中描述的苹果公司功能失常，积重难返，传统的管理措施对此毫无办法。[42] Macintosh 的市场份额继续缩小，从 1991 年 12% 的高位下降到了 1998 年的 2.7%。

1998 年 10 月,微软公司宣布即将推出的 Windows NT 5.0 将充分支持消费者硬件和软件,足以为每个人工作。它更名为 Windows 2000。最终,微软公司又推出了一个版本。2001 年 10 月,微软公司将 Windows 2000 和 Windows Millennium Edition(Windows 95 系列的最后一个)替换为 Windows XP,这是微软最可靠、寿命最长的操作系统之一。在 cmd 窗口中键入 ver 命令,得到的结果显示 Windows XP 的版本其实是 NT 5.2。从那时起,微软公司推出了许多新版本的 Windows(其中一些比其他版本更成功),但从未确定过一致的编号方案。有个笑话说,通过微软学习从 1 数到 10 的人在生活里会很挣扎——2、286、386、3.0、3.1、3.11、3.5、95、4.0、98、ME、2000、XP、Vista、7、8 和 8.2,然后跳过了 9,最后到 10。不过,实际上自 2001 年以来,Windows 的每个新版本都是 Windows NT 的演变。

苹果公司在生产向后兼容的强大新操作系统方面一直比不过微软公司。鉴于它对 Macintosh 硬件控制得很严格,兼容本应该容易,这也悲观地反应了它的管理水平和工程能力。直到 1997 年乔布斯重新执掌苹果公司之后,它的战略才相对稳定下来,能坚持足够长的时间以推出新操作系统。2001 年,OS X 发布,苹果公司剩余的客户大大松了口气。OS X 在乔布斯失败的 NeXT 工作站(也是 BSD Unix 的衍生产品)基础上重建了人们熟悉的 Macintosh 界面。加上微软公司推出的 Windows XP,整个个人计算机行业完成了向稳健而强大的类似小型计算机操作系统的转换。

4 年后,苹果公司宣布所有未来的 Macintosh 机型都将使用标准的英特尔处理器。从那时起,绝大多数个人计算机都使用了英特尔芯片。其余的也大多使用其他公司的兼容芯片,这一挑战在过去这些年里时起时落。1999 年,超威半导体(AMD)公司推出的速龙(Athlon)处理器在性能和价格上足以击败英特尔最强大的芯片。在这次和其他看起来很危险的局势下,英特尔公司凭借强大的工程和制造优势,在一两年内就重新夺回了主动权。

2000年8月,历史上的第一次,大多数美国家庭据报道都拥有了一台个人计算机。对于年收入超过75 000美元的家庭来说,计算机实际上成了必需品,88%的家庭都有一台。[43]由于引入了新的体系结构和操作系统,背后还有强大的联盟支持,20世纪90年代是个人计算机行业激动人心的时期。当这10年结束的时候,微软和英特尔两家公司对行业的统治比以往任何时候都更稳固。这听起来很轻松,但为了解除在这个过程中遇到的威胁,双方都从内到外彻底改造了自己的技术。微软公司放弃了DOS和Windows 3.0的每一个部分,小心翼翼地用小型计算机操作系统取而代之,以至于大多数用户都没有注意到。英特尔公司将工作站式RISC芯片的核心嵌在其新处理器中,用它运行旧代码的速度比以前都快。这两种情况都证明,高性能和向后兼容策略的结合坚不可摧。

英特尔公司在台式计算机、笔记本计算机和服务器计算机上的成功并没有在所有类型的计算机上复现。RISC芯片从台式计算机中消失,但传播到了其他地方。20世纪90年代后期,MIPS为早期的Nintendo 64游戏机供应处理器,取得了成功。从2006年到2012年,源自IBM PowerPC体系结构的定制芯片为三个主要电子游戏机生产商的所有旗舰机型提供计算动力:微软的Xbox 360、任天堂的Wii和索尼的PlayStation 3。PowerPC芯片也广泛用在汽车里。当今使用最广泛的处理器体系结构ARM也是一种RISC设计,绝大多数智能手机和平板电脑都在使用它,在个人计算机市场上已经对英特尔构成了威胁。我们将在后续章节中讲述这些故事。

第十一章

计算机成为通用媒体设备

在本书的这一部分，给**计算机**下个定义会更加困难。如果你的卧室里意外出现了IBM 650、Altair、PDP-8或IBM PC，你可能会喊："那台奇怪的旧计算机是怎么进来的?"这几台机器中的每一个都符合我们对计算机的定义：一个金属盒子，上面布满了灯、开关和连接器。我们也讨论过嵌入到其他系统中的计算机。20世纪60年代，小型计算机被内置到导弹、太空探测器、照明系统、飞机，甚至拖拉机中。它们开始脱离容易辨认的外壳，与其他类型的设备融合在一起。在20世纪70年代出现的为袖珍计算器和雅达利游戏机提供算力的廉价微处理器加速了这个过程。

从20世纪80年代到21世纪初，有两个进程在同时推进。一方面，个人计算机增加了很多新功能。有了它们，PC更接近通用的媒体设备——拨打电话、播放和存储音频文件、播放电影、存储和编辑照片，以及玩游戏。另一个不太明显的方面，计算机正在进入音乐播放器、电视机、照相机和乐器。它们融合了这些设备的内部技术，但保留了外壳的原样。

根据摩尔对未来趋势的勾画，在20世纪80年代和90年代，电路板将会变得足够小也足够便宜，得以成为消费类电子设备的部件，而在电路板上构建的处理能力、RAM 和存储器会迅速增加。新一代的消费设备(从微波炉到数码相机)以廉价的微处理器为基础,被设计成运行固定软件的微型计算机。我们现在倾向于认为这些东西不是计算机,但它们的创造者在市场上推广的时候经常将其当作计算机或者是包含计算机的设备进行营销。计算机科学家克里斯托弗·埃文斯(Christopher Evans)于 1979 年出版的《微型千年》一书,探讨了在汽车、信用卡、游戏和工作等领域里计算机化可能导致的场景。他确信:“未来家里的浴室秤会说话,冰箱会通知你要补货,炊具能判断食物的烹饪情况,电话可以记录你不在时有多少来电……”[1]他预言,在更远一些的未来,“印刷文字将消亡”,纸币会终结,在智能机器接管工人的职责后,人类将过上休闲的生活。10 年后,施乐公司 PARC 的韦泽(Mark Weiser)创造了“泛在计算”这个词,用来描述电子白板、ID 卡和平板电脑等新的计算形式的潜力,这些新的计算形式将取代个人计算机,占据市场的主导地位。[2]

数字媒体的起源

嵌入式计算机在改变人们对音乐、电影和电视的体验方式上尤为重要。数字信号处理的进步使 MP3 音乐播放器和高清电视等成为可能。信号的来源有多种形式:语音、音乐、视频、雷达信号、来自地面仪器的科学数据、深空探测器信号,等等。20 世纪中叶,信号由复杂的模拟电路处理,这些电路要根据输入信号的具体情况定制。比模拟信号处理更进一步则需要计算和信息理论的进步。

模拟/数字转换器电路对数据进行采样并将其转换为数字位流。采样借鉴了贝尔实验室工程师尼奎斯特(Harry Nyquist)于 1928 年发表的一项分析,以及香农(Claude Shannon)于 20 世纪 40 年代后期的论文工作。1965 年出现了一项理论突破:库利(James Cooley)和图基

(John Tukey)提出一种信号变换的新方法——傅里叶变换,比经典方法更快,因而更实用。[3]用计算机科学家纽厄尔(Allen Newell)的话来说,快速傅里叶变换的发明"开创了数字信号处理领域,攻克了模拟计算的主要堡垒"。[4]快速傅里叶变换用于将复杂信号分解为基础的周期性频率的组合,就像在钢琴上弹奏的音乐是音锤敲击多根琴弦以及它们发出泛音的结果。信号分解之后,计算机就可以以多种方式处理。随着时间推移,这些技术从昂贵的大型计算机(如处理与太空探测器通信的计算机)转移到了廉价的个人计算机和消费电子产品当中。

20 世纪 90 年代,个人计算机在集成图形和声音方面做得好多了。到了 20 世纪末,一台高档配置的 PC 已经可以播放 DVD 上的高质量电影,其硬盘驱动器上能保存几百张音乐 CD 的内容,还能通过因特网播放来自世界各地的广播节目。

早期多媒体

这些新功能的专业术语是"**多媒体**"。这个词和这个思想都不是新生事物。几十年来,艺术家们一直在利用各种媒体进行艺术创作。在探索创造性过程中使用的新技术的团队里,最有影响的是于 1985 年成立的麻省理工学院媒体实验室。它不是来自麻省理工学院的计算机科学团队,而是内格罗蓬特(Nicholas Negroponte)创立的建筑机器组。内格罗蓬特作为一名建筑师,关注的重点却是人类与信息、媒体技术的互动。这个研究组在 1978 年到 1979 年间有过一个早期项目——阿斯彭电影地图(图 11.1)。研究组驾驶的汽车安装了电影摄像机,在科罗拉多州阿斯彭附近四处拍摄,图像序列被传输到小型计算机控制的激光盘(一种模拟视频系统)。用户可以放大缩小地图,在街道间虚拟穿行,改变视角和行进方向,还能进入一些建筑物自由探索。对虚拟培训环境感兴趣的 ARPA 支付了这个项目可观的经费。

这时的小型计算机还做不到以数字方式存储视频序列——它只能从磁盘播放。自1978年以来,能够播放激光唱片(密纹唱片大小的光盘)的视频播放器就开始销售了,但由于它们比磁带录像机贵,而且不能录制,所以从未吸引过大众市场。这些光盘存储的是模拟视频,后来的版本结合了数字音频,但仍然不是数字视频。

图11.1 左图:李普曼(Andrew Lippman,项目负责人)和博伦(John Boren,设计这台装置的人)在卡车顶部调整1978年秋季麻省理工学院媒体实验室的前身所使用的四路相机组件,使其平衡,并以10英尺为间隔拍摄阿斯彭电影地图的图像。感谢李普曼提供照片。右图:街景汽车上类似的相机组合,由维基媒体用户"Kowloonese"于2010年在谷歌园区拍摄

建筑机器组还尝试制作城镇的数字模型,并用它创建逼真的3D视图,不过还不能实时完成。在《创》(*Tron*,1982,图11.2)、《星际旅行2:可汗怒吼》(*Star Trek Ⅱ: The Wrath of Khan*,1982)和《最后的星空战士》(*The Last Starfighter*,1984)这些电影里首次出现了有实体、有光照和阴影的相对真实的计算机画面序列。这需要大量的计算能力。对电影中的每一帧计算机画面,专业公司数字制作(Digital Productions)都要在Cray X-MP超级计算机上花10秒钟时间进行渲染。数字制作公司为《最后的星空战士》27分钟的数字镜头工作了好几个月,占用了

Cray 超级计算机很长时间,以致公司在这期间不得不暂时放弃利润丰厚的动画广告生意。[5]

图 11.2　1982 年迪士尼(Disney)的电影《创》里的图像。电影中包含超过 15 分钟完全由计算机生成的动画,还在一个镜头里(如图所示)混合了实际拍摄和计算机生成的元素,从而显得别出心裁,开辟了一片新天地。迪士尼的这部电影需要尖端的计算机能力和专业知识,计算机科学家艾伦·凯提供了不少建议。[艾伦·凯后来与作家麦克伯德(Bonnie MacBird)结婚,后者是电影《创》原始剧本的作者,并在施乐公司 PARC 的 Alto 计算机上编辑。]透过窗户可以看到的太阳帆由 1962 年弗雷德金(Ed Fredkin)创立的信息国际公司(Information International, Inc.)制作动画,他是最早使用 DEC 计算机的人之一,后来担任了麻省理工学院计算机科学实验室的主任。在为电影制作图形的四家公司中,国际信息公司的能力最强。它的计算设备是独特的 Foonly F1,也是功能最强大的 PDP-10 兼容计算机,由斯坦福大学人工智能实验室的前成员于 20 世纪 70 年代中期定制。照片来自 Moviestore Collection Ltd / Alamy Stock Photo

音乐和语音的计算机化

以电子方式生成语音和音乐比创建逼真的图像容易得多。语音由少量被称为音素的不同声音组成。英语只有不到 50 个音素。用电子方式产生这些声音的想法可以追溯到1928年授权的贝尔实验室专利，这个专利最初的动机是为了安全传输，把语音用数字的形式压缩并加密。达德利(Homer Dudley)在1939年的世界博览会上展示了键盘驱动的语音合成器。20世纪60年代，研究人员已经研制出能够将文本自动转换成可识别语音的计算机语音合成器。1978年，德州仪器公司推出了一款“说话拼写”(Speak & Spell)玩具，使用者在键盘上按下字母，它就能发出单词的声音，以此教孩子们拼写。贝尔实验室的一位工程师说，电气工程师们对这款玩具的兴趣和孩子们的一样大。[6]这个50美元的玩具标志着实验室里出现了数字信号处理技术，并进入到大众视野。它由新芯片TMS5100实现，这款芯片小型化了合成语音所需的全部电路。TMS5100及其后继产品逐渐进入了电子游戏、计算机和其他电子设备。

音乐可以用类似的技术合成，不过第一批合成器是复杂的模拟电子设备。它们有的是实验室项目的成果，有的是生产商小批量生产的。这些合成器的声音干净、超凡脱俗，20世纪60年代的几首热门歌曲，包括受第一颗电信卫星启发的单曲《电星》(Telstar)和卡洛斯(Wendy Carlos)1968年的专辑《电音巴赫》(*Switched-On Bach*)，就是在这些合成器基础上完成的。[7]如雷鸣般的美乐特朗*或者甜蜜的哈蒙德(Hammond)B-3管风琴，加上机械的莱斯利(Leslie)旋转扬声器，这些模拟设备需要电子技师不断校准，从一个演出场地搬到另一个时，还需要一辆半挂车和大量工作人员。到了20世纪70年代，模拟合成器已经成为“是”(Yes)、“创世纪”(Genesis)、“埃默森、莱克和帕尔默”(Emerson, Lake & Palmer)等流行前卫摇滚乐队的固定配置，并定义了

---

* 英文是Mellotron，1963年在英国伯明翰发明的一种机电乐器，外表看起来像原始的电子琴。——译者

德国电子音乐先驱“发电站”(Kraftwerk)乐队的审美。1977 年,萨默(Donna Summer)令人叹为观止的单曲《我感受到爱》(I Feel Love)把未来派的穆格(Moog)合成器的声音带进了迪斯科舞厅,激发了整个电子舞曲流派的灵感。[8]

用能够将输入数据转换为声音的标准芯片构建的数字合成器,更容易演奏,需要的修补更少。最早使用的一种 FM(调频)合成技术能够将少量的输入参数转换为音符。它明亮、清澈的声音仿佛唤醒了远离历史纠缠的超凡脱俗的世界。廉价的 FM 合成器里有许多事先合成好的**声音**,被乐观地贴上某些乐器的标签,它们听起来跟这些乐器几乎完全不同,但差别似乎也不是特别大。

20 世纪 80 年代,数字合成器已经足够便宜,有追求的音乐家和青少年爱好者都有能力购买。1983 年,雅马哈(Yamaha)DX7 推出,之后四年的销量超过了 16 万台。雅马哈公司开发了一种新接口——乐器数字接口(MIDI),它支持用键盘、音序器(专用控制计算机)或常规计算机自动控制电子乐器。Atari ST 是少数将 MIDI 接口作为标准配置的计算机之一,在 20 世纪 80 年代后期的舞台上很常见。那个时代的流行音乐大部分都使用了合成器,特别是在英国,活泼的“人类联盟”(Human League)、忧郁的“赶时髦”(Depeche Mode)、夸张的“软细胞”(Soft Cell)、具有东方色彩的“日本”(Japan)和奇妙俏皮的“宠物店男孩”(Pet Shop Boys)几支乐队探索了合成器的各种可能性。并不是每个人都喜欢这种新声音——一位心怀不满的作家创造了“卡西欧效应”这个词,用这个领先的低价键盘乐器生产商的名字描述一种技术被方便的但不是最好的竞争对手所取代的现象。[9]

键盘合成器与电子鼓机相结合,演奏出人类根本无法复制的机器人节奏。标志性的鼓机 Roland TR-808 被称为“电脑控制的节奏作曲家”(图 11.3),它由嵌入式微控制器(由计算机控制)驱动,运行烧录在 ROM 中的程序，把数字音序和模拟的合成鼓点混在一起。微控制器就像是一种万能的技术溶剂，是大多数计算机技术力量的来源。在撰写本文时，微控制器的批发价格只要每片几美分，远比微控制器所融合的各种机械控制器——从洗衣机里旋转滚筒的机械编程器到防盗报警器中硬连线的数字逻辑——更便宜、更灵活。

图 11.3 贴着“电脑控制的节奏作曲家”标签的 Roland TR-808 鼓机在炫耀其数字音序能力。（图片来自维基媒体用户“Brandon Daniel”，根据知识共享署名-相同方式共享 2.0 通用许可使用）

TR-808 产生的声音，尤其是低音效果，与真正的鼓完全不同，但这使它们比昂贵的竞争对手更有趣，更容易识别，也更能冒充人类鼓手。在歌曲《变态杀手》（Psycho Killer）中，“传声头像”（Talking Heads）乐队利用它们与枪声的相似来唤起一个紧张的精神病患者的形象。[10]在其短暂的生命周期结束几十年之后，TR-808 仍有狂热的追随者，韦斯特（Kanye West）2008 年的专辑《心碎节拍》（*808s & Heartbreak*）就是证明。

对很多新的音乐流派，包括嘻哈音乐和“电子舞曲”这个广义标签下的诸多音乐手段,电子鼓的节拍成为它们的支柱。媒体学者杰克·汉密尔顿(Jack Hamilton)写到,20 世纪后期流行音乐的特点是,"思考音乐的角度从和声音级和传统的歌曲结构,转变为根据**模进**、声音的离散片段和时间来思考,可以**无限次地**重复和修改"。按照这个定义,音乐制作变成了计算机编程。"与当时任何其他乐器相比,"杰克·汉密尔顿说,"TR-808 支持并且迎合了这一转变。"[11]

采样和数字录音

使数字乐器听起来更逼真要采取不同的用数字记录真实乐器的方法。音乐的录制和播放只捕获了一个属性:响度。我们的耳朵在说话或音乐中听到的不同音调来自不同频率的振动,从 20 Hz,即每秒重复 20 次,到 20 000 Hz。

记录介质越准确地捕捉到音量的变化,就越能忠实地再现这些振动。模拟的介质把音量变化表示成其他物理量按比例的变化。麦克风用电阻的变化表示音量的变化。连接到录音机上,这些就成了磁带上磁性的变化。留声机唱盘上的唱针在唱片沟槽里上下移动时,晶体唱针产生的电流大小与音乐的响度成正比。

数字媒体以不同的方式给音频编码。计算机一直用数字来表示程序和数据。用比特表示声音在概念上很简单,但在实践上和经济上都很有挑战性。贝尔实验室在 20 世纪 40 年代后期率先将声音数字化,希望以加密形式进行数字传输(见图 11.4)。麻省理工学院的斯托克姆(Thomas Stockham)第一个在 TX-0 上做了实验,成功地把音频当作计算机数据进行存储和操作。接着他创办了从事商业化数字录音和重新灌制唱片业务的 Soundstream 公司。该公司于 1976 年首次公开发行了已故歌剧男高音卡鲁索(Enrico Caruso)的一组唱片,用算法校正了旧的声学录音过程中产生的噪音和失真。[12]

语音合成,包括之前描述的 Speak & Spell 玩具使用的技术,是数字化音频最早的应用之一:每个音素持续的时间不到一秒钟,因此把不到一分钟的音频数字化就能产生合成语音需要的所有音素。1982 年,新闻播音员肯德尔(Kenneth Kendell)的声音被采了样,用于升级 BBC 微型计算机的语音合成。它由两个芯片组成:一个芯片是德州仪器公司生产的合成器,另一个 ROM 芯片保存了一些常用词和肯德尔优雅的音素。

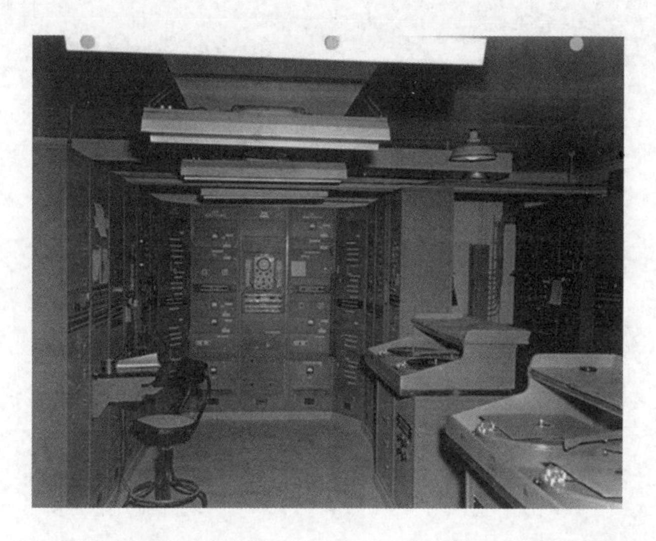

图 11.4　1943 年左右的 SIGSALY 系统。该设备在二战期间用于加密美英两国之间的语音通信。美国国家安全局称这是声音数字革命的开始。请注意两个转盘,让人联想到 20 世纪 80 年代的嘻哈唱片。资料来源:美国国家安全局

波表合成器采用了一个类似于音素的录音库,在弹奏某个琴键时,根据需要对录音库进行操作,创造出需要的音符和效果。该技术被费尔莱特(Fairlight)公司商业化,后者的第一台计算机乐器(CMI)于 1979 年推出,定价数万美元(图 11.5)。这台机器包含两个摩托罗拉处理器,通过光笔触摸屏幕来编辑波形,可以被归在**计算机**分类之下。

采样并不是只能用来模仿传统乐器。任何声音,从瓶子的破碎声到婴儿的哭声,都可以被当作新乐器进行采样和使用。大量经典乐曲

(尤其是灵魂乐)中的鼓声和人声元素被采样后,又重新出现在众多音乐当中。音乐家还把电影或政治演讲中的片段通过采样合成到自己的录音里。

图 11.5　1979 年的 Fairlight 计算机乐器是电子管风琴和计算机工作站的混合体,有双处理器、一个屏幕、两个磁盘驱动器以及计算机和音乐键盘。感谢黑魔法设计(Blackmagic Design)公司供图

21 世纪初,大部分传统的家用钢琴已经被不需要调音的数码钢琴取代了。数码钢琴有全尺寸的键盘,但没有能发出声音的琴弦和音锤,

而是通过波表合成器来制作音乐。只有最好的真正的钢琴还能保有再次出售的价值，其他的只能算是自己花钱买的垃圾了。

数字化音乐

数字化的声音需要大量非常昂贵的内存来存储。第一台售价低于1万美元的采样器是1981年发布的E-mu模拟器，它只有128 KB内存用来保存正在操作的声音，处理完成的声音可以复制到软盘上供以后使用。128 KB的内存几乎装不下一首完整的高质量立体声歌曲。即使是20世纪80年代初期个人计算机的硬盘驱动器也很难做到这一点。

把声音变成磁性的微小变化记录在磁带上，不可避免地再次引入了噪声和失真。在编辑过程中用模拟方法复制录音的次数越多，质量就越差。数字编辑系统基于小型计算机，配有大型硬盘驱动器和数字备份磁带，为了保证混音的质量，专业录音室投资这样的设备是非常有意义的。但在整个20世纪70年代，数字编辑仍游离于主流规则之外。

CD光盘

销售数字音乐唱片需要一种新的介质，它能存储几十个IBM PC AT硬盘驱动器的数据，但又足够便宜，只比黑胶唱片的价格略高一点。CD光盘集这些不太可能的属性组合于一身，是第一个进入普通家庭的数字媒体设备。每张闪亮的塑料光盘都包含几百万个小坑，能够编码一个多小时的音乐。光盘旋转过程中，扫描光盘的激光束形成向外螺旋的轨迹。光盘上的凹坑把声音编码成一系列的16位数，每个16位数有超过65 000种可能的取值。光盘每秒钟被采样44 100次，可以再现高达人类听力极限22 000Hz的音频频率。目录数据对曲目的位置进行编码，听众几乎可以立即跳到特定歌曲。

第一台CD光盘播放器是索尼公司生产的，售价约900美元。最初的销售对象是技术爱好者和高保真发烧友。为了最大限度地减少声音复制过程中固有的失真，高保真发烧友投入大量资金改进各种技术：唱盘用了更好的磁铁和更平滑的电机，放大器用了品质优良的电子设备，磁带用了卓越的磁性材料，甚至将电流输入扬声器的电缆也是顶级的。与这些相比，升级到CD播放器还是非常划算的。1983年，美国人一共买了大约3万台CD播放器。《音响专家》（*Stereophile*）对播放器的评论是这样说的："我们收到的有遥控器的型号将于1983年3月开始在商店出售，售价为1000美元。这对于普通的唱片买家来说是一笔惊人的费用，但对那些习惯于花1000美元买一个磁带盒，然后在1000美元的唱盘上安装1000美元的唱臂，再配一个1000美元的前置放大器的发烧友来说，这笔支出就很少了。"[13]评论者们也感到惊讶，因为它没有一点背景噪声："每一个认真听了这个系统的音乐人都会立刻爱上它的声音。"

这台机器最新颖的部分是由四个定制索尼芯片处理的数模转换。大多数CD播放器的操作都由微处理器控制——将处理器与少量内存和其他必要功能集成到一个单一封装的芯片中——运行烧录在ROM芯片上的控制程序。

1985年，第一张销量达到100万张的光盘是英国摇滚乐队"恐怖海峡"（Dire Straits）的《手足情深》（*Brothers in Arms*）。随着CD播放器逐渐成为家庭娱乐中心的固定装置，它的设计也从20世纪70年代的木质和金属装饰，变为黑色塑料和闪烁LED灯条的新美学。立体声系统上出现了粗体字母和装饰方框，看起来像是低成本科幻剧中的道具。1988年，CD的销量超过了黑胶唱片的销量。

数字编码

由于CD光盘的数字性质,商家以它不受划痕、灰尘和侵蚀的影响作为卖点,这些划痕、灰尘和侵蚀会逐渐降低黑胶唱片的质量。1981年,BBC的节目《明日世界》(*Tomorrow's World*)把CD光盘介绍给了英国人,节目中的一个场景让人印象深刻:主持人用一块锋利的石头剐蹭CD光盘,试图证明它的坚韧。另一个早餐电视节目的主持人在光盘上涂抹蜂蜜,然后把咖啡倒在上面。这些做法都太过夸张——事实上,一个指纹或者小小的划痕就可能会让光盘无法播放。

然而,CD光盘的失效模式确实与传统的模拟媒体不同,原因有二。首先是**阈值处理**:激光传感机制只需要判断光盘上的每个位置是否存在凹坑。即使凹坑比预期的更深或更浅,或者激光的频率稍微偏离一点,只要每个凹坑可以与平面区分开来,光盘仍然可以被完美地读取。相比之下,即使是最昂贵的唱盘,在将唱片的凹槽转换为电脉冲时也会有一些失真。

其次是**冗余**。数字化并没有什么神奇之处可以避免划痕、制造缺陷或灰尘颗粒造成的影响。某些位也会被读错或者根本读不出来。这些错误必须得到纠正。严格按照标准制作的音频CD光盘可以记录72分钟长度的数字音乐。如果把音乐数据以一系列位的形式直接写入CD光盘,大约会占到数据总量的1/3。另外2/3的数据提供冗余。音乐数据被分成24字节的块,每个块用交叉交织里德-所罗门码(CIRC)方案填充到33字节。另有一些额外信息可以检测错误,自动纠正误读位。数据存储采用凹坑-平面(pit-land)的模式,又增加了更多的冗余,能够被更可靠地读取:每个字节(8位数据)被编码成14位(加上3个间隔位)。最终结果是192位的音乐需要588个凹坑和平面来存储。大多数其他数字媒体也都使用了类似的技术,这解释了数字媒体通常都很可靠的原因。

音乐家反对数字化

CD 光盘品牌喜欢炫耀它们的数字技术。每个播放器上都要求标有"Compact Disc Digital Audio"(数字音频光盘)的字样。早期的唱片,尤其是古典音乐唱片,通常印有字母"AAD""ADD"或"DDD"。第一个字母表示音乐最初的录制格式是模拟的还是数字的,第二个字母表示混音的方式。由于每次模拟操作都会带来咝咝的噪声和失真,更多数字操作在当时意味着音乐的品质更高。[14]

许多早期的 CD 光盘混音和编码效果很差,远达不到音频质量的理论限制,从主观感受的角度来说,缺乏"温暖"和"深度"这样的品质。尼尔·扬(Neil Young)是婴儿潮一代最成功的表演艺术家之一,他尤其挑剔。他组织了一个"音乐家反对数字化"的组织,这显然是对戴蒙德(Neil Diamond)的"音乐家反对毒品"的模仿。尼尔·扬抱怨说:"这听起来不对……第一次听的时候,'嘿——没有噪声,哇,太棒了。'但过了一会儿,你才意识到根本没有**声音**。"[15]这是科学与浪漫的冲突。正如尼尔·扬所说:"头脑被欺骗了,但心灵是悲伤的。"在 20 世纪 90 年代末出现了更高分辨率的数字音频光盘格式,但很少有人问津。2014 年,尼尔·扬自己推出的无压缩数字音频播放器也一样不受欢迎。

我们接下来讨论的却正相反:21 世纪头 10 年的主流音乐消费转向了听起来比 CD 光盘糟糕得多的高度压缩的数据文件。在扬声器线材上花费数千美元的音响发烧友自然感到特别震惊。许多人仍然迷恋模拟音频。现代高保真设备最昂贵的部分都是以古老技术为基础的,从有显微镜级别精度的极简唱盘,到使用真空管而不是晶体管的放大器,它们像精美的首饰盒中的宝石一样被人炫耀。

只读存储光盘(CD-ROM)

作为在 CD 上存储数据的格式,CD-ROM 商业化的时间比原先预期的要长。CD 光盘能够存储数字数据,但在立体声音响设备的连接器上只装这种数字输出还不够。计算机读数据时,每个字节要么全部正确读出,要么压根就不读出。与之相反,音乐 CD 光盘播放器要处理瞬时的读取错误,根据在这个错误之前和之后存储的声音计算并插入数据填补空位。CD-ROM 需要额外的冗余和纠错数据。CD-ROM 最后在 1988 年标准化的时候,最大的数据存储量约为 680 MB,而当时 PC 的硬盘能存储的数据量连这个值的 1/10 都很难达到。[16]

技术的进步很快。早期的 CD-ROM 播放器比较笨重,是通过特殊接口卡连接的计算机外部设备。它面向专业用户——需要访问大型数据库的学校、图书馆和公司。20 世纪 90 年代中期,有内置光盘驱动器的台式计算机逐渐成为标准,但售价只增加了一点点。90 年代后期,光驱的体积已经缩小到可以装进笔记本计算机中了。最早 CD-ROM 驱动器旋转光盘的速度与音频 CD 光盘播放器的相同,它们检索数据的速度比硬盘驱动器慢很多。对于播放一首 10 分钟的交响乐来说,转速更快没有太大意义,但是对于数据,检索当然越快越好。1994 年,驱动器的转速达到了初期的 4 倍。

很明显,数据库和庞大的工具书是新光盘的用途。《大英百科全书》(*Encyclopedia Britannica*)一共 32 卷,全都写满了小小的文字,重量达到 130 多磅。买这么一套工具书显得相当有抱负,但多半是受到了上门的推销员的蛊惑,很少有家庭能够理性地拿出 1400 美元,外加 5 英尺的书架空间存放它。1989 年,大英百科全书公司推出了不太知名的《康普顿百科全书》(*Compton's Encyclopedia*)的多媒体 CD-ROM 版本,在一张光盘上包含了所有 26 卷文字和图片,以及条目、动画和声音之间的超链接。它的竞争对手——微软公司的数字多媒体百科全书 Encarta 在晦涩难懂的芬克与韦格诺尔(Funk & Wagnall)公司出版的百科全书基础上做了华丽的更新,1993 年作为新微软家庭 CD-ROM 产品阵容的一部分首次亮相,以395美元的价格上市。与印刷书籍不同,光盘的生产成本几乎为零,于是价格很快就被压低了,竞争非常激烈。不到两年,Encarta 就作为赠品随出售的 CD-ROM 驱动器和新 PC 一起送给用户了。

光盘这么大的容量,另一个明显的用途是视频。Windows 95 内置了视频解压缩和播放功能,为了展示它,CD 光盘中包含了来自"威瑟"(Weezer)乐队、克罗(Sheryl Crow)和布里克尔(Edie Brickell)的高质量音乐视频。数字视频也开始出现在 PC 和游戏机上的电子游戏中。世嘉公司率先为其1992年在美国推出的广受欢迎的 Genesis 游戏机配备了附加的 CD 光盘播放器。1995年,CD-ROM 驱动器成了游戏机的标准功能,这样游戏就可以通过便宜的大容量光盘而不是数量有限而且昂贵的游戏卡带来发行了。游戏还将拍摄的视频用于过场。1994年底发布的史诗级太空战斗游戏——《银河飞将3:猛虎之心》(*Wing Commander Ⅲ: Heart of the Tiger*),包含的视频超过3.5小时,分布在4张光盘上。《娱乐周刊》(*Entertainment Weekly*)称:"就像《星球大战》超越了所有的科幻电影,《银河飞将》超越了之前所有的 CD-ROM 游戏。"这也是对哈米尔(Mark Hamill)在两者中扮演的角色的赞誉。[17] CD 光盘数字视频的另一个热门用途是色情行业。

CD 光盘驱动器的使用越来越普遍,成了分发程序的默认介质,取代了存储复杂软件所需的不断增加的软盘堆。软盘驱动器的使用越来越少,在21世纪初的新计算机上就不见踪影了。Windows 95 是第一个主要通过 CD 光盘发行的版本。如果用软盘复制,就需要13张特殊高容量格式的软盘。20世纪90年代后期流行的大容量软盘替代品主要是 Iomega ZIP 驱动器,但很快就被能将数据写入(**刻录**)到光盘并读取的新型 CD 光盘驱动器淘汰了。

数字化图像

计算机把屏幕图像对应的位图存储在特殊的内存区域(帧缓冲器)中,直接驱动图形硬件,把它们显示在屏幕上。系统程序修改保存在这个特殊区域里的数字,从而更新屏幕上的图像。相机和扫描仪做的事情正相反,它们把拍摄的图像转换成数字的集合。

用传真传输文件

今天,文件通常以计算机文档的形式传输。早在20世纪80年代,在公司内部网络或者公共在线服务就可以上传和下载文件了,电子文档传输的技术已经就位。但实际上,接收者不太可能都具备检索文件所需要的硬件、软件和技能。

企业里传输文件的设备是传真机:把扫描仪、调制解调器和打印机结合在一起的廉价专用计算机。这些机器的工作方式类似复印机,但要拷贝的纸张可能在世界的另一端。传真机利用了已有的电话基础设施和大家对拨打电话号码的熟悉。大多数企业都会接入一条额外的电话线,然后把传真机打开,设置为接听电话的状态。用户要为电话付费,但用传真发送信件或销售订单比用邮政服务快得多,也比联邦快递(FedEx)的隔夜递送服务便宜得多。传真对于扩大国际贸易尤为重要,例如小型PC组装商可以直接从中国台湾订购组件。

图片的电子传输并不是新鲜事。20世纪20年代以来,摄影记者一直使用**有线传输**,通过公共电话线,把图像从报社传入传出。那些模拟的机器把照片固定在鼓上并以螺旋模式扫描。历史学家库珀史密斯(Jonathan Coopersmith)说,企业家一直努力想把传真传输变成通用的商业文件传递方法。20世纪60年代,施乐公司有了一项可行的服务,但由于其模拟机器的组件精度很高,过于昂贵,无法真正得到广泛使用。[18]

相比之下,20 世纪 80 年代的大众市场传真机采用与家用计算机和电子游戏机相同的模块:微处理器、烧录了软件的 ROM 芯片,以及 RAM 芯片。这些组件被包装成电话(有键盘和听筒)和复印机的混合体。新机器大多用便宜且安静的热敏打印将图像加热印刷到闪亮的卷纸上。

传真机拨出一个号码,试图与接听的机器协商,发出第一声尖叫和哔哔声,以便用户验证该呼叫不是被一个愤怒的人接听的。然后噪音停止了,它开始把文件慢慢拖过扫描仪的头。这台传真机器用国际电信联盟定义的标准方法进行编码和传输,确保接收的机器能够理解传输。Group 3 数字编码方案是 1977 年在日本围绕低价微处理器的潜力设计的传真标准。库珀史密斯说这是"1843 年以来传真发展历史上最重要的事件"。Group 3 编码方案压缩了每个扫描页面,使之可以在短短 15 秒内以数字方式传输,这比早期模拟的传真机需要的最长的 6 分钟快得多。1980 年,传真机被正式接受,当时美国大约有 25 万台在使用。1990 年,这个数字达到了 500 万。[19]在日本,传真的使用更为广泛,因为书面日语很难用电报、电传或电子邮件表示,但用图像传输则很容易。

由于这些机器的机械部分都很简单,它们的定价取决于计算机芯片和电子扫描仪的价格,而这些部件的售价在迅速下降。电子器件的创新、基于标准的竞争和规模经济将一台基本机器的售价从 1983 年的 7000 多美元降低至 1985 年底的不到 1000 美元。[20]

当计算机和调制解调器当中内置了传真功能,后者就更加便宜了。20 世纪 80 年代后期首次出现了 PC 上的传真扩展板,当时的价格是几百美元。但几年内,调制解调器生产商购买的芯片组里就把传真作为标准功能包含在内了。于 1990 年推出的 WinFax 软件添加了一个虚拟传真机，任何 Windows 程序可以通过打印机选项来使用它。WinFax 卖得很好，直到微软公司将基本的传真传输应用作为 Windows 95 标准功能的一部分。企业里安装了传真服务器，整个办公室可以通过局域网共享一两个传真调制解调器。因特网流行起来之后，公众也可以享受类似的服务，例如，文档的收件人列表可以包括电子邮件地址和传真号码。传真功能也被添加到了高速数字复印机中，与消费者传真机一样，高速数字复印机是有打印和扫描功能的计算机。

21 世纪初期，电子邮件附件和文件上传开始取代传真的使用，但传真仍未完全消失。2018 年，英国政府宣布自 2020 年起禁止在国民健康服务中使用传真机。当时英国国民健康服务系统里的 9000 台传真机都没有受到监控，对于发送紧急医疗信息的任何人来说这都是一个问题，不能指望这些机器保护患者隐私。[21]

扫描仪

实现低价传真机的相同技术也进入了廉价扫描仪。有些型号是手持式的，像超大鼠标一样在纸上拖来拖去，而另一些则像传真机中的扫描仪一样用鼓工作。不过大多数是平板扫描仪——纸放在一块玻璃上不动，扫描装置在玻璃下方移动。

20 世纪 80 年代后期，扫描仪与 Macintosh 计算机、PageMaker 软件和激光打印机一起，是流行但昂贵的桌面出版业务的一部分。90 年代中期，彩色扫描仪的价格已降至几百美元，而硬盘驱动器的容量也足以容纳大量的图像集了。扫描仪成为流行的消费者附加组件，普通家庭开始把家里的相册数字化。

工业级扫描仪可以扫描文书，用户将其转换为电子图像后再把纸质文书销毁。互联网档案馆和谷歌图书项目等团体使用的专业扫描仪还有翻页设备，能够将整个图书馆的馆藏图书都数字化。

从扫描仪输出的是文档的数字化图片。使用光学字符识别(OCR)软件可以把这些图片再转换回可搜索和编辑的文本。20 世纪 60 年代以来,银行账户和支票上的分类代码采用了一种放大数字之间差异的特殊字体,并用磁性墨水印刷,所以银行的机器一直都可以直接读出这些代码。

朗读不同字体的普通印刷品是一个更难的挑战。20 世纪 70 年代中期,库兹韦尔(Raymond Kurzweil)发明的阅读机首次在商业上做到了这一点。这台机器在计算机上连接了一个平板扫描仪和语音合成器。这台设备体积庞大、价格昂贵,但为视障用户提供了以前以任何代价都无法获得的独立性。这只是利用计算机技术使残障用户受益的一个例子。历史学家佩特里克(Elizabeth R. Petrick)曾指出,早期个人计算机的修补文化里还包括了使计算机适应各种环境的改造,例如为无法使用传统键盘的用户提供替代的控制方法。计算机也可以用程序控制其他像轮椅这样的设备。[22]

与许多其他首先由残障用户采用的类似技术一样,OCR 被证明对更广泛的人群都有用。20 世纪 80 年代后期的 OCR 软件,例如苹果 Macintosh 的 OmniPage,依然运行缓慢,使用烦琐,需要许多手动修正。[23]随着计算机越来越强大,OCR 功能也越来越有用,最后被内置到 Adobe 公司流行的 Acrobat 软件中,扫描出的文档可以轻松转换为可检索的 PDF 文件。

数码相机

用点的网格表示图片并不是新思想。早期的电视摄像机把光聚焦到集光元件的网格(或马赛克)上,然后用电子束扫描来捕获图像。在 1945 年撰写 EDVAC 设计初稿的时候,冯·诺伊曼对于把光电摄像管用作存储设备的潜力非常着迷——这种电子管当时用在电视摄像机中。甚至随着向数字图像过渡而引入的术语“**像素**”(pixel)也是**图像元素**(picture element)的缩写,后者是在电视的早期实验时就开始使用的术语。

然而,在传输中电视每个点的强度是模拟值,再现的时候是一条连续的线的一部分,效果是模糊的。计算机处理视频时,用一种被称为帧抓取器的奇特设备将每个点的强度转换为数字,从视频输入中捕获单个帧,并将其转换为位图图像。帧抓取器用于视频制作,内置在专业视频处理硬件中用于创建特殊效果。这些设备价格昂贵,主要由视频制作公司购买,为音乐视频、广告、带有标题和特效的婚礼镜头增添活力。另一个相关的硬件——同步器,将计算机显示与其他视频源同步,以便可以添加计算机生成的标题和图形。[24]

如今,数字视频传感器无处不在。最关键的发展是结合了半导体和光敏层的电荷耦合器件(CCD)。仙童半导体公司于 1974 年开始销售 100×100 像素分辨率的光传感器,为柯达(Kodak)公司的实验性数码相机奠定了基础。当光线聚焦到传感器矩阵上时,可以从芯片上读出数字。太空任务要创建可以传回地球的图片,特别需要微小可靠的数字成像技术。这项技术是在 20 世纪 60 年代发展起来的,最初用在间谍卫星,它先曝光底片,然后扫描,将图像以数字方式传回地球。直接拍摄高质量的数字静止图像更简单快捷。1978 年,间谍卫星 KH-11 使用的 CCD 据说分辨率达到了 800×800。[25] 1986 年* 发射的哈勃太空望远镜用了与 KH-11 类似尺寸的镜子,但使分辨率更高的 CCD 传感器得到了很高的关注。[26]

回到地球上,第一个大市场是更便宜的能够扫描单条线的线性传

---

* 疑有误。哈勃望远镜原定于 1983 年发射,但由于经费、技术的各种原因,最重要的是 1986 年“挑战者”号失败的影响,导致发射一再延期,最终是在 1990 年发射的。——译者

感器。平板扫描仪和传真机里的扫描仪在页面上来回移动，逐行捕获整个图像。（“维京”系列火星着陆器的光电二极管相机率先采用了类似的数字扫描方法。它运行良好，不过速度很慢，因为平台和景观都没有移动。）

CCD 出现在 20 世纪 80 年代的一些模拟摄像机中，后者是一种把盒式磁带录像机和电视摄像机组合在一起的笨重设备。1987 年，CCD 在玩具公司费雪（Fisher Price）生产的 PXL-2000 PixelVision 相机里有过短暂的亮相，高度像素化的视频被录制到标准的录音带上，后来的时髦艺术家很喜欢这种方式。[27]

数码相机的商业化需要更长的时间，因为想一次就捕获整个图像需要许多传感器元件。20 世纪 90 年代中期，分辨率更高的传感器、处理数码相机产生的大型文件的芯片和内存都越来越便宜。于是发展出两类相关的产品。数字摄像机可以在特殊磁带上存储 1 小时清晰的高分辨率镜头，大约是 13 GB 计算机数据。计算机用“火线”接口连接到数字摄像机提取数字视频，对其进行编辑，将结果写回磁带，整个过程不会降低质量。

另一种数码相机仿照传统相机设计，相机制造商在传感器元件能够处理几百万像素方面展开竞争。20 世纪 90 年代末，大多数相机只有一两百万像素，捕获的图像在屏幕上看起来不错，但打印出来会出现锯齿。

由于针对静止图像进行了优化，需要的空间比视频少，因此大多数相机使用闪存芯片卡而不是磁带（但有一些早期型号使用软盘或 CD 光盘）。闪存在断电时也能保留数据，但数据可以快速且有选择地被重写。闪存是东芝公司于 1987 年推出的，早期在计算机中的用途是保存计算机配置，并以易于更新的形式保存 BIOS 代码。早期数码相机使用的存储卡只有几兆字节（MB）空间，但与其他存储芯片一样，随着晶体管的缩小,它们的容量增加到了吉字节(GB)。由于非常紧凑而且节能,大容量闪存是促使新型便携式设备得以实现的关键技术。能够存储数百 GB 的半导体存储器最终取代了大多数 PC 中的硬盘,不过花费的时间比预期的要长,因为从 20 世纪 90 年代到 21 世纪初期,磁盘容量增长的速度甚至超过了芯片密度增长的速度。

20 世纪 90 年代后期的数码相机体积很大,屏幕很小,拍完几十张照片后就会耗尽电池的电量,存储卡也被塞满了。与几年后的型号相比它们很糟糕,但作为消费品的胶卷相机是更合理的比较对象。传统的胶卷暗盒只能装 24 张或者 36 张照片。想看到这些照片至少要再花 10 美元,而且通常要去三趟商店——买胶卷,把拍完的胶卷送去冲洗,然后拿回照片。使用者眯着眼睛从袖珍相机的塑料小窗口看过去,可以粗略地知道照片可能的样子。单反相机能拍出更好的照片,还能显示照片是否对焦,但它个头更大,价格更高,所以难怪大多数人只在假期旅行和特殊场合才拿出相机。

新出现的数码相机虽然原始,但建立起了新的摄影实践。对于需要拍摄图像并立即使用的业务,例如用于房地产销售、公司新闻通讯或身份证件的图像,数码相机最受青睐。它们的直接竞争对手是宝丽来(Polaroid)即时相机,但宝丽来相机的使用成本高,拍摄的主要是小照片。数码相机的图像质量逐渐提高,同时价格却在下降,于是消费者们开始购买数码相机,他们拍摄的照片比以往任何时候都多。用户此时在一个假期就能拍几百张照片,绝不是一两个胶卷就能满足的。青少年们模仿时尚摄影师的做法,给朋友拍上几十张照片,从中挑选出最好的。21 世纪初以来,日常生活以前所未有的规模在视觉上被记录下来,这种现象被称为**泛在摄影**(ubiquitous photography)。[28]

早期的存储卡只有几兆字节空间,十几张图像要经过高比例压缩才能放下。图像格式 JPEG(以联合图像专家组命名)提供了这种压缩能力。1991 年,广泛使用的压缩 JPEG 文件的开源代码模块 libjpeg 发布时,需要功能强大的 PC 才能运行它。到了 20 世纪 90 年代末,这种必要的计算能力已经可以放进相机中了,不过早期的相机比较慢,需要好几秒钟才能处理一张图像。一旦存储卡存满,使用者会把照片转移到计算机上。随着大多数中产家庭都购买了有大容量硬盘的个人计算机,数码摄影成了另一种流行的实践活动。照片仍然可以去药店打印*,人们也可以买到价格合适的小型彩色打印机,但越来越多的人倾向于只在屏幕上看照片。他们通过电子邮件与朋友、家人分享照片,或者把照片拷贝到 Zip 磁盘上、刻录到 CD 上,不会再拿出塞满照片的信封互相传阅。

屏幕变大,图像变清晰,电池寿命变长,相机机身变小,传感器变灵敏。21 世纪初,传感器的像素已经达到 1000 多万,这意味着图像的质量主要受相机光学质量的限制。照相机开始使用一种不同的传感器技术 CMOS——以它所基于的芯片技术命名。CMOS 成像是在喷气推进实验室(JPL)制作的原型,用于深空探测器。新技术生产的相机传感器比基于 CCD 的传感器更便宜、更小、功耗更低。2006 年,售价几百美元的相机十分小巧,可以装在裤兜里,无需更换电池和存储卡就能拍摄几百张图像,而且图像质量比任何紧凑型胶片消费相机都更好。相机在弱光条件下的改进——在夜间或室内不使用闪光灯拍摄——特别引人注目。

数字视频

相机并不是唯一一个在内部悄悄变成计算机的消费电子产品。同

* 在美国,许多连锁药店除销售药品、生活用品、食品以外,还提供照片打印等服务。——译者

样的事情也发生在电视和视频播放器上。自20世纪50年代以来,在美国,传输的电视画面被分成483条扫描线的图像,水平排列在屏幕上。与此同时,电视变得越来越大。20世纪60年代,25英寸的彩色屏幕是起居室的核心装饰品。到了90年代中期,屏幕尺寸已攀升至40英寸。希望与朋友一起观看体育赛事的人们选择了更大的重达数百磅的背投型号。从豪宅起居室的远端就可以看清楚每一个细节——适合举办"超级碗"派对,但如果坐得再近一点,图像就会变得模糊不清。

录制的视频看起来特别糟糕,因为VHS录像机只能捕获这个分辨率的一半。数字影碟(DVD)播放器于1997年问世,最初的售价大约是1000美元,成为美国历史上最快被用户接受的消费设备。2003年,美国有一半的家庭都拥有DVD播放器,其价格低到了50美元。DVD实际上是CD光盘技术的延伸,可以播放数字视频和音频。由于光盘大小相同,DVD播放器也可以处理CD光盘。

DVD的视频质量比VHS磁带好得多。每张DVD光盘可容纳的数据是6张CD光盘的总和。但这根本不够存储未经压缩的分辨率高达720×480像素的电影,因此播放器要使用定制芯片,以便从部分数据重建清晰流畅的运动图像。廉价播放器的表现更差,尤其是屏幕暗区的细微变化。播放器是伪装的计算机,因此光盘里也包括交互式菜单甚至简单的游戏。

光盘的制造成本比磁带低。几年之中光盘的价格不断降低,人们自然更乐意收藏CD和录音带,而不是从音像店租借电影录像带。2004年,VHS录像机的销售终告崩溃,从电子零售商的货架上突然消失,但直到2016年才完全停止生产。[29]

DVD驱动器迅速取代了高端个人计算机中的CD-ROM驱动器。对于拥有大型显示器的用户来说,这比把播放器连接到普通电视更好。它们对电子游戏也很有吸引力——CD光盘的存储空间看似庞大,但很快就被视频内容吞没了,导致玩游戏时必须频繁更换光盘。

数字电视

DVD 的采用使传统电视糟糕的图像质量愈加难以忍受。20 世纪 80 年代,向高清过渡已经在国际上达成一致,但要使其成为现实,从拍摄到播放的整个生产链都必须进行改造和重塑。一帧图像最多有 1080 行,每行 1920 个像素,传播这样的图像需要强大的视频压缩能力。北美洲和欧洲都采用与 MP3 和 JPEG 格式密切相关的 MPEG-2 压缩。1998 年 8 月的《纽约时报》报道说,第一台真正的高清电视至少要 8000 美元,其中 2000 美元用在解压缩视频的计算机芯片上。[30]实际上,大多数早期的高清电视机只能处理较低的分辨率。

2009 年 6 月 12 日,美国结束了常规的电视模拟信号广播,正式向数字信号转换。这是《1996 年电信法案》(Telecommunications Act of 1996)规定的日期,但由于高清电视普及的速度比预期的要慢,国会又多次推迟了最后的期限。为了帮助希望在旧电视上观看广播的观众(大多是较贫困的消费者),该法案资助了数字转换盒。政府把以前被电视台占用的无线电频率拍卖给了威瑞森无线(Verizon Wireless)和 AT&T 移动(AT&T Mobility)等公司,用于高速数据服务。政府从拍卖中收到了 200 亿美元,数字转换盒只花了其中的一小部分资金。

高清图像就跟电影屏幕一样,具有更宽的纵横比。当高清电视开始成为现实,电视显示技术也在发生变化。传统电视,包括第一批高清型号,通过电子管发射电子,使屏幕发光。更大的屏幕意味着管子更长,机箱也更大更重。索尼公司最大型号的电视屏幕达到 40 英寸,重量超过 300 磅。

20 世纪 70 年代,克里斯托弗 · 埃文斯曾预测,“90 年代,超高清的平面屏幕显示器‘将达到’一面墙壁那么大,能够提供生动而引人注目的逼真图像”。[31]从计算机显示器借鉴的两种新技术使创造轻薄的大屏幕电视成为可能。其中一种是1997年在美国首次可用的等离子体技术,它适用于较大的电视屏幕,有出色的色彩再现。21世纪10年代,另一种技术——液晶显示(LCD)开始占据主导地位。从本质上讲,这些电视都是20世纪90年代的笔记本计算机和21世纪初台式计算机显示器的巨型版本。

计算机和电视技术的融合已经完成。电视与计算机显示器有相同的数字信号输入范围,显示分辨率相似,制造技术也相同。事实上,电视本身就是计算机。随着功能强大的计算机芯片成本下降,即使是低价的电视机也开始加入**智能电视**的功能。电视的USB端口可以播放硬盘驱动器上的视频和音乐,还有以太网端口和Wi-Fi连接用于访问计算机网络,让用户能够下载和运行应用程序。

即使有DVD播放器,用户有时候也可能需要用录像带录制广播电视。这项任务落在了另一类隐形的计算机身上,即数字录像设备(DVR)。迈克尔·刘易斯(Michael Lewis)在2000年写到,这意味着传统大众市场电视广告的终结,因为用户会跳过广告,他们看的节目与广播时间表完全没有关系。每个用户“都会根据自己的兴趣非常精准地定制本质上只属于自己的私人电视频道,存储在黑盒子里的硬盘驱动器上”。[32]最成功的是于1999年推出的TiVo计算机,它基于PowerPC,有至少14 GB用来存储视频的硬盘驱动器、检索节目时间表的调制解调器,以及电视调谐器和从输入的有线电视节目中提取视频的MPEG-2数字化芯片。使用者会用TiVo录制某个节目或者整季节目。TiVo根据这些选择猜测使用者可能喜欢什么节目,并将这些节目也记录下来。很多喜剧小品都把这当作笑话的素材,其中有一个说的是:“我家的TiVo认为我是同性恋。”这种技术狂热与脆弱的阳刚之气的结合,准确刻画了特定的文化时代背景。TiVo的好日子很短,很快互联网上的流式视频传输服务就取代了传统的广播电视模式。

模拟的机顶盒让位于基于计算机的数字替代品,后者有的会内置类似 Tivo 的功能。模拟的有线电视已经提供了大约 60 个画面模糊的频道,但换了机顶盒使用数字压缩后可以收看几百个更高清晰度的频道和视频点播服务。21 世纪初期,媒体爱好者客厅的角落里可能藏着 6 台功能强大的计算机:高清电视、DVD 播放器、Tivo、数字机顶盒和 2 个游戏机。

自从数字视频技术被首次采用以来,分辨率一直在不断提高。蓝光光盘本质上是容量更大(50 GB)的 DVD,能够播放全高清电影,不会因为压缩而损失图像质量。4K 电视和超高清蓝光光盘的像素数是普通高清电视的 4 倍。新格式改进了颜色编码,使电视能够显示更生动逼真的图像,但是 4K 的额外细节只有坐在超大电视附近的人才能看到。

下载音乐

音乐行业青睐 CD 光盘的原因之一是,最早的时候它们是无法复制的。CD 光盘上的音乐可以录制到磁带上,但这会影响音乐的品质,还没法使用 CD 光盘的特殊功能。CD-ROM(只读存储光盘)播放器可以提取完美的数字音频数据,但这并没有威胁到音乐的销售。即使在 1997 年,4 GB 的大硬盘驱动器只能装下 8 张音乐专辑,而购买它们的 CD 光盘要便宜得多。

MP3 格式

随着有效的压缩技术的传播,用户真的可以开始建立自己的音乐库了。MP3 文件格式可以将一张音乐 CD 光盘压缩到大约 20 MB。虽然牺牲了一点音频质量,但听起来仍然比磁带的音质好。MP3 文件扩展名是 MPEG Audio Layer Ⅲ的缩写。MPEG 代表的是运动图像专家组(Motion Picture Experts Group),后者是德国伊尔默瑙的弗劳恩霍费尔数字媒体技术研究所(Fraunhofer Institute for Digital Media Technology)资助的一个机构。20 世纪 90 年代初,ISDN 数字电话线有望取代传统的电话线和调制解调器。它每秒可以传输 128 千比特数据,即 16 KB,只要开发出非常高效的压缩技术,这个速度足够以数字方式传输视频。用 CD 光盘播放高质量电影是激励弗劳恩霍夫费尔研究人员的另一个目标。[33]

20 世纪 90 年代初 MPEG 提出的视频压缩技术后来有了广泛应用,但一开始首先流行的是其提出的算法中最复杂(第 3 层)的音频压缩技术。此时,几百首 MP3 歌曲都能放进硬盘驱动器,还能留出空间给其他程序和数据。处理器的性能提高得很快,对于播放音频文件时需要大量计算的解压缩工作,个人计算机完全可以轻松处理。Windows 95 可以在后台流畅地播放音乐。1997 年,共享软件播放器 WinAmp 首次发布,用户可以轻松地从大量的个人收藏中挑选曲目播放。WinAmp 高度模块化,还支持用户下载各种视觉效果和插件来播放其他格式的音频。

音乐行业没有接纳这项新技术,MP3 最早是在大学生和盗版音乐的商业分销商中流行起来的。[34]学生是流行音乐的重度消费者,可是他们一般没有钱买唱片,也没有存放唱片的空间。但他们宿舍里的个人计算机通过高速以太网连接到了校园里的资源和更广泛的互联网。

学生们通过临时的本地网络与朋友共享音乐文件。1999 年,19 岁的企业家肖恩·帕克(Sean Parker)和东北大学的本科生范宁(Shawn Fanning)创建了 Napster 程序,实现了音乐文件的自动共享。一年之中,数以千万计的人都开始使用它。Napster 程序扫描本地的音乐文件夹,把内容添加到 Napster 管理的分类目录中。当使用者查看目录并单击下载歌曲时,计算机会直接从提供歌曲的用户的计算机下载(图11.6)。帕克希望这种**对等**(P2P)机制能够保护 Napster 免受版权侵权索赔。[35]

图 11.6 2001 年的 Napster 客户端。搜索结果(顶部面板)来自 Napster 自己的服务器,但底部窗口中同时进行的 7 个下载任务则是在直接从其他 Napster 用户的硬盘中复制歌曲。下载过程经常变慢或失败,这可能就是歌曲《你可以叫我阿尔》(You Can Call Me Al)被下载了 3 份的原因。图片来自维基媒体用户"Njahnke",根据知识共享署名-相同方式共享 4.0 国际许可共享

然而音乐行业来势汹汹的诉讼还是消灭了 Napster,这之后它的位置被其他真正的分散系统取代。从 2005 年开始,美国唱片业协会对相关系统的用户发起的一系列诉讼尽人皆知。在一个案例中,一位女士因为提供了 24 首歌曲让他人下载而被罚款 192 万美元。[36]但这没能阻止共享文件系统的发展,因为它们不仅比合法购买音乐更便宜,而且更快、更方便。

音乐播放器

虽然用 MP3 文件构建的音乐收藏比装满光盘的架子更方便,但它需要一台高端 PC 来存储和播放,适合用户在宿舍里工作时听音乐,或者携带笔记本计算机旅行时在酒店房间里听。在街上走路或者开车时它就不太方便了,而这些使用场景都是重要的市场。早在 20 世纪 50 年代,用电池供电的小型便携式收音机就是晶体管的第一个大型消费应用。20 世纪 80 年代,在世界各地都能看到腰带上挂着一台索尼随身听磁带播放器的青少年。

到了 2000 年,低价、节能的处理器已经强大到可以处理 MP3 解码。第一批能装进口袋的袖珍播放器,例如 Diamond Rio 和 Creative Labs Nomad 系列,可以存储大约 64 MB——大概相当于三张高度压缩专辑的音乐。用户选择适合他们心情的歌曲并下载,然后摆弄笨拙的控件来播放。为了维护高端消费电子公司的身份,索尼公司推出了一款价格高出一倍的更漂亮的记忆棒随身听作为回击。作为 CBS 唱片公司的所有者,索尼公司希望保护音乐销售。由于 MP3 格式的文件很容易被共享,唱片公司起初不愿意采用。因此,索尼公司选择了专有的文件格式和存储卡设计,限制用户共享在线购买的音乐的能力。

这些播放器很快就被新的闯入者——苹果公司的 iPod(图 11.7)淘汰了。乔布斯于 2001 年推出 iPod 的第一个版本,它的宣传口号是“口袋里有一千首歌”。此言不虚,因为 iPod 的核心就是一个新的小型化 1.8 英寸硬盘驱动器,能够存储 5 GB 数据。用户界面被简化得只剩以旋转轮为中心的基本要素。四个按钮的作用是开始/停止播放、切换前一首或后一首歌曲,以及返回上一屏幕。iPod 的用户界面与 1984 年最初的 Macintosh 一样,都是石破天惊之作。但与 Macintosh 不同,iPod 非常适合它的预期任务。

图 11.7 苹果公司最初的 iPod 由 4 个按钮控制,1 个机械的控制轮来回转动,在菜单和歌曲列表之间移动。它的微型硬盘驱动器上最多可保存 3000 首歌曲,容量是 IBM 最早的 RAMAC 单元的 1000 多倍。图片由维基媒体用户"Migue-lon756-5303"提供,根据知识共享署名-相同方式共享 4.0 国际许可使用

在 iPod 出现之前已经有其他公司用硬盘驱动器构建播放器,但苹果公司拥有的工业设计和优雅简约的设计美学的确是世界一流的。《华尔街日报》的莫斯伯格(Walter Mossberg)评论这款设备时称它是"解决了所有问题的出色的数字音乐播放器",与之相比,竞争对手创意实验室(Creative Labs)公司于前一年推出的 Nomad Jukebox 等基于硬盘的播放器看起来就像是一个臃肿廉价的 CD 光盘播放器。[37]利维用一整本《完美之物》(*The Perfect Thing*)来介绍 iPod,称其是"21 世纪最为人熟知、当然也是最令人向往的新产品"。[38]它握在手中的感觉恰到

好处,小巧但重量令人放心,它像有生命的物体一样振动,随着硬盘驱动器旋转,发出轻柔的呜呜声和几乎察觉不到的颤抖。

完美总是在不断改进中实现的。每年苹果公司都会发布新版本的iPod。它增加了对 Windows PC 和 USB 连接的支持。按钮被移动了几次,最后消失在轮子里。轮子从旋转的圆盘变成了可触摸的屏幕。屏幕变得更大、更清晰,从黑白变成彩色,之前显示的是照片,后来还可以播放视频。电池寿命也得到改善。硬盘驱动器的容量增加了——2007年 9 月的最后一代 iPod 达到了 160 GB 容量的高峰。这个型号发布时,乔布斯吹嘘苹果公司已经售出了 1.1 亿台 iPod。[39]它是苹果公司最受欢迎的计算机,销量超过所有 Macintosh 型号总和的 10 倍。iPod 显眼的白色耳塞成了富裕社区的标志,有 iPod 连接器的时钟收音机则成了连锁酒店的标准配置。

iPod 改变了人们购买和消费音乐的方式,结束了 100 年来在商店买唱片的做法。MP3 播放器首先吸引的是那些硬盘驱动器已经装满音乐文件的人。新软件可以更轻松地将 CD 光盘中的音频“翻录”成 MP3 文件,但非法下载音乐文件仍然是获取新音乐最快、最方便的方式。当苹果公司于 2003 年推出 iTunes 在线音乐商店时,情况发生了变化。它不是第一个在线音乐市场,但它卖的音乐价格合理,使用方便,用户还有大量的选择。每首歌的价格仅为 99 美分。2010 年,iTunes 成了世界上最大的音乐零售商,推动了从专辑向独立流行歌曲的转变。iTunes 还发行独立的广播节目,一种被称为**播客**(podcast)的节目多年来一直保持繁荣。

苹果公司推出了一系列其他 iPod 型号,没有一款有常规 iPod 的标志性特点——稳定。常规型号的基本形状相对固定,每年的改头换面也只是变得更厚或者更轻。iPod Nano 型号于 2005 年首次推出,用了闪存而非硬盘驱动器,早期型号只能容纳 1 GB 的音乐。它们的形状年复一年发生着巨大的变化。有些年份的型号像名片一样宽,有些时候又高又瘦。还有一个型号是方形的,可以像手表一样佩戴。附带的照相机、麦克风和收音机来来去去,令人眼花缭乱。

iPod 的功能任何台式计算机和笔记本计算机都能做到,但它可以装在口袋里,在用户散步、慢跑或者在飞行旅途时,连续数小时播放音乐,而且十分优雅。个人计算机很灵活,但相比于它在物理上所受的限制,用户更喜欢这个把通用计算技术隐藏起来的专用盒子。唱片虽然已经消失,但音乐收藏(即使以数字的形式)仍能保留一份使人安心的重量。一台旧 iPod 是过去的自我留下的痕迹。2017 年的电影《极盗车神》(*Baby Driver*)的情节就是被这种情感纽带推动的,电影中的那个所谓盗车贼几乎一直在听偷来的播放器里的收藏。苹果公司与 iPod 的联系是如此紧密,以至于 2009 年《洋葱报》(*The Onion*)发布了一篇关于"MacBook Wheel"笔记本计算机的讽刺报道,声称它使用的是巨大的控制轮而不是键盘。"任何事情,"报道中冒牌的苹果公司发言人吹嘘道,"只要点几百次就能做到。"视频里的一位顾客还说:"只要是苹果公司造的闪闪发光的东西,我都会买。"[40]

ARM 处理器体系结构

iPod 的处理器——双核 PP 5002 芯片的处理能力相当于 20 世纪 90 年代中期的台式 PC,但 iPod 的一块小电池可以支撑它运行好几个小时。便携播放器(PortalPlayer)是一家小公司,专门为苹果公司生产芯片。与大多数其他制造类似产品的公司一样,它的产品并不是从零开始设计的。PortalPlayer 公司从一家名为 ARM 的英国公司获得了处理器设计的许可。简单的传统控制应用使用的微控制器通常基于旧的 8 位处理器,以标准芯片的形式出售,而 ARM 设计使用的是现代 RISC 体系结构,能提供更多的计算能力。ARM 的客户将处理器和其他所需的功能合并在一起,生产所谓的单片系统(SoC),降低了控制板的成本和尺寸。PortalPlayer 公司没有自己的工厂。它使用计算机设计工具来集成 SoC 的组件，将生成的设计数据文件发送到芯片工厂用于生产。

ARM 始于 1983 年的橡子计算机(Acorn Computers)公司，后者是 BBC 出品的个人计算机 Micro 的生产商，一直与从事计算机科学研究的学术界有密切联系。受 RISC 学术成果的影响，公司的两名工程师弗伯(Steve Furber)和索菲·威尔逊(Sophie Wilson)受到启发，创建了自己的简洁快速的处理器。Acorn RISC Machine(ARM)处理器首先出现在 1987 年 Acorn 公司的"阿基米德"(Archimedes)计算机中。人们称赞这台计算机是"所用过的最快的计算机，而且遥遥领先，你所做的一切几乎都会立即发生"，但 Acorn 公司缺乏与日益占主导地位的 IBM PC 和 Macintosh 平台竞争的资源。[41]它认识到，高效处理器的潜在市场比它所驱动的计算机整机市场更大，并于 1990 年分拆成立了 ARM 股份有限公司，出售用于其他设备的 ARM 技术。ARM 设计开始出现在各种产品中，从激光打印机、磁盘驱动器到手机和网络路由器。21 世纪初，ARM 主导了嵌入式 32 位处理器市场，是英国最成功的计算机硬件案例。ARM 甚至已经被用在超级计算机中。

许多移动设备都是在获得许可的 ARM 处理器内核基础上构建的。由于另一种技术——针对特定应用进行电子编程的通用现场可编程门阵列(FPGA)芯片的成熟，移动设备的构建变得更加容易。这个过程比生产定制硅片更便宜，非常适合原型设备或小批量生产的设备，而传统的 ASIC 芯片在这些情况下是不可行的。

3D 图形和游戏

我们已经提过萨瑟兰开创的 Sketchpad 计算机绘图系统。后来，他与戴维·埃文斯(David Evans)联合创办了计算机图形公司 Evans & Sutherland，以在特殊硬件上定制飞行模拟器装置作为公司业务。如果一台价值100万美元的模拟器能避免一次飞机失事,它得到的回报可不止好几倍。[42] 20世纪70年代,Evans & Sutherland公司为DEC小型计算机提供通用**图形设备盒**——与小型计算机连接的装满电子设备的机柜,用于驱动高质量的交互式矢量图形显示。图形设备盒中的硬件减轻了主处理器从某些特定角度模拟物体外观所需要的复杂矩阵计算的负担。虽然图像不是按字面意思以三维形式呈现的,但也被称为3D图形。当时这种处理器的价格超过125 000美元,安装的数量不到200个,大部分用于研究、建模和计算机辅助设计。有了它们,计算机就有能力实时绘制旋转的分子,还能模拟航空母舰上飞机的着陆。

20世纪70年代后期VAX的成功扩大了图形设备盒的市场。Evans & Sutherland公司的Picture System系列能够制作线框图形,VAX用户还可以选择输出电视风格位图图像的光栅图形设备盒。除了模拟透视物体,它们还可以为对象着色,并根据虚拟的光照条件为对象增加真实的阴影。先进的图形设备盒大大加快了模拟3D视图的渲染速度,是从20世纪90年代中期开始出现在个人计算机和游戏机中的图形硬件的发端。[43]

虚拟现实(VR)

20世纪80年代后期,逼真的交互式图形的兴起与人们对**虚拟现实**的热情密切相关。戴上头盔,用户每只眼睛前面会显示不同的视图,创造出真正的3D体验。转动头部会改变视图,特殊的手套会控制虚拟手拿起和处理物体(图11.8)。这是NASA为空间模拟开发的技术。从长远来看,爱好者们期待全身感官的沉浸。[44]他们希望实现作家吉布森(William Gibson)*曾经许诺过的网络空间的互动,他在描述赛博朋

* 美裔加拿大推想小说家、散文家,被公认为科幻小说分支艺术形式赛博朋克的创始人。摘自维基百科。——译者

克世界的小说中做出的这种预测令人兴奋,但在技术上是模糊的。[45]

Unix 工作站的高级图形功能支持虚拟现实,在这一点上个人计算机无法与之相比。20 世纪 90 年代初期发展最快的工作站公司 Silicon Graphics 引领了这一潮流。Silicon Graphics 公司(SGI)的计算机为早期 VR 头盔提供计算动力,还在 1993 年的电影《侏罗纪公园》(*Jurassic Park*)里有一个漂亮的亮相——SGI 实现的恐龙的逼真程度前所未有,这是对它的认可。SGI 的产品成了电影制作和需要实现交互式 3D 可视化的工程和建筑应用的标准设备。

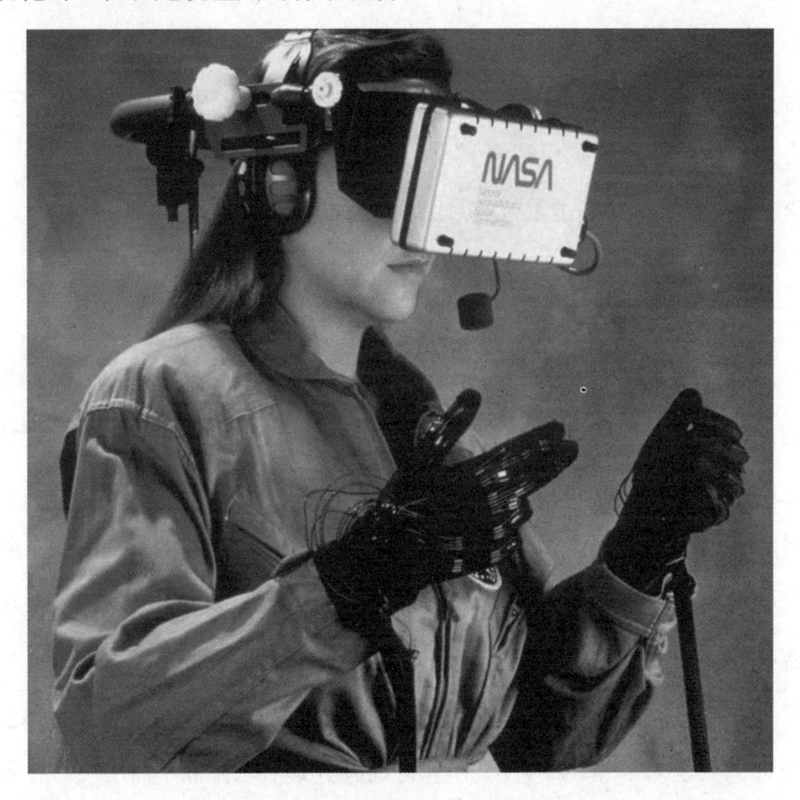

图 11.8 位于硅谷的 NASA 埃姆斯研究中心是 20 世纪 80 年代中期虚拟现实早期工作最重要的场所。请注意数据手套、立体声耳机和头戴式运动传感器。照片来自 NASA

1991 年,基于 RISC 的 Indigo 工作站推出,支持用**几何引擎**图形处理器加速 3D 图形的渲染。SGI 还创建了标准的 OpenGL(开放式图形库)编程接口描述 3D 世界。这提供了抽象性和可移植性——应用程序用 OpenGL 提供的工具描述环境,如何真实呈现则留给操作系统和图形系统。1996 年,SGI 在成功的巅峰时期收购了克雷研究公司。这反映出非常逼真的图形需要巨大的计算能力,以及 SGI 成为高性能计算其他领域领导者的决心。

结果证明 SGI 的自大有点盲目,收购没有产生预期的利润,该技术也没有实现炒作的虚拟现实。任天堂和世嘉等公司确实有一些消费品进入市场,但都没有成功。这些产品显示很迟钝,让人有恶心的感觉,因为感知的变化跟不上头部运动。更根本的是,沉浸式界面非常不适合实际任务。从数据库中飞过、在分类账中漫步,或者通过扩展和重新排列其组成部分来操纵财务模型的想法看起来令人兴奋,但在实践中,至少到目前为止,点击鼠标、敲键盘才是更有效的。[46]

3D 游戏

来自 SGI 机器的 3D 技术没有用特殊的耳机和数据手套,但却真切地改变了电子游戏。电子游戏通常采用类似卡通的平面视图或者固定的俯视图,而 3D 意味着玩家似乎在与一个以真实透视视角绘制的世界互动。这些技术首先广泛应用在模拟游戏中,比如 20 世纪 80 年代中期的热门游戏《太空精英》。游戏中的对象只要画出线框轮廓,但流畅的动画需要的计算则是编程上的壮举。20 世纪 80 年代后期的 16 位处理器可以处理更复杂的形状,为模拟的实体对象着色。即便如此,通常也只是对屏幕的一小部分进行动画处理,其余部分则用飞行控制器、地图或方向盘填充。

20 世纪 90 年代初,高速 PC 可以用相对精细的图形填满整个屏幕。《毁灭战士》(*Doom*)系列最初于 1993 年发布的时候还是免费软件。PC 能够成为动作游戏青睐的平台,《毁灭战士》的作用比任何其他游戏都大。游戏中的星际战士穿越一系列迷宫的关卡,开门,收集更强大的武器,并摧毁大量越来越致命的掠食恶魔。它的图形令人惊讶。虽然《毁灭战士》里的对象形状很简单,但所有东西都有纹理,比如墙壁拼砖的图案或恶魔身上的红色鳞片,让人仿佛感受到真实的细节。它模拟的光明和黑暗区域增加了玩家恐惧的情绪。粉丝们开始组织局域网上的"派对",把电脑临时联网,在游戏中互相对抗。[47]

《毁灭战士》引入了**游戏引擎**的概念,把管理游戏事件并将其呈现给玩家的代码,与存储在数据文件中的"资产"(如对象、怪物、隧道等)分开。[48] Infocom 和 Sierra On-Line 两家公司在探险游戏上也采取了类似的做法,而在此前的高性能动作游戏里,这些功能是紧密结合在一起的。《毁灭战士》需要精细的图形代码,重用率很高。这使得软件工程中的引擎方法(已经在专家系统、数据库和图形渲染等领域应用起来)非常有效。用户利用这一点来创建数据文件,保存他们自己的地图和变体,让玩家在打完原版游戏后很长一段时间里仍然沉迷其中。《毁灭战士》的创建者 id 软件(id Software)公司可以把引擎授权卖给其他开发游戏的公司使用。今天的游戏引擎是所有软件技术中最复杂也最昂贵的。

3D 图形加速器

PC 游戏市场快速增长,受到鼓励的硬件设计师复制了工作站上的 3D 渲染技术。由 Silicon Graphics 公司的前员工成立的初创公司 3dfx 开创了这项技术。它的 Voodoo Graphics 芯片组在不占用主处理器的情况下就可以处理最费力的任务,例如在几何形状上映射纹理。于 1996 年推出的 Voodoo 扩展卡与传统 VGA 卡一起运行,提高了 3D 的性能。

《毁灭战士》的重磅续作《雷神之锤》(*Quake*)为游戏玩家提供了强

大的升级案例。早期的评论指出,它“设定了一个真正的3D世界”,可以从任意角度查看建筑物、攻击敌人。游戏里的怪物“病态、扭曲且荒谬”,而“令人信服的动画”强化了其“血腥的鬼脸和熵生物的形态”。一个评论员说:“我第一次被敌人用钩子攻击的时候,真的吓得放下鼠标赶紧远离了电脑。”[49]

1997年2月,id软件公司发布了《雷神之锤》引擎的OpenGL版本,使用户从3D加速器中受益。加速器成了图形硬件事实上的基准。如果没有额外硬件,即使是最强大的奔腾芯片也只能用320×200像素的低分辨率和不够真实的256色调色板描绘《雷神之锤》里的怪物。微软Windows在同样的计算机系统上使用的像素是它的7倍多,但3D图形对像素的要求更高,所以这就是处理器可以流畅地制作动画以使玩家保持“幻觉”的极限了。使用了3dfx显卡之后,分辨率提高为之前的4倍,游戏中可怕的生物能够以65 536种血腥的色调显示。这是游戏历史上视频质量最令人震惊的飞跃。一位评论者说:“没有用过Voodoo芯片的GLQuake端口的玩家就不算真正玩过《雷神之锤》。它使游戏看起来好太多了,几乎让人感觉这不真实。”[50]

一场生产更强大加速器,提供更高分辨率,让游戏设计师创造出更精致的世界、更逼真的纹理和更复杂形状的比赛开始了。几年来,3dfx芯片主宰了严肃游戏*玩家的市场,而竞争对手则专注于那些不愿买两张显卡的客户。到了20世纪90年代末,电子游戏玩家开始转投另外两家公司的产品:英伟达(Nvidia,2000年收购了3dfx的剩余部分)和ATI。

随着时间的推移,图形芯片从主处理器接过来的任务越来越复杂。

* 指设计目的并非纯粹娱乐的游戏,也叫功能游戏。“严肃”指将电子游戏用于防卫、教育、科学探索、应急管理、城市规划、工程、政治等行业,这类游戏与模拟游戏相似,但更强调趣味与竞争性带来的教育价值。摘自维基百科。——译者

例如，英伟达公司于1999年发布的GeForce芯片，接管了原先由CPU负责的几何变换和光照条件计算。新芯片被称为图形处理单元（GPU）。计算机制造商为高端型号配备了巨大的降温系统、吵闹的风扇，以及更可靠的电源来满足这些部件的用电需求。就连英特尔公司的新PCI连接器也不够快，无法满足对数据的需求。1997年，主板制造商添加了一个新的连接器，即加速图形端口（AGP）。

21世纪初，计算能力快速增长，一方面，普通的计算机用户不再需要频繁升级，在旧的计算机上处理文字、浏览Web也不会感觉慢。可另一方面，游戏玩家总是需要更多的计算能力，用去年的显卡玩今年的游戏就不够了。于是相关社区逐渐形成，开始修补游戏PC，对它们进行性能调整，例如增加低温冷却系统，防止芯片因为远远超出额定速度运行而高温熔化。制造商则相应推出了专为这些调整而设计的高级卡和主板。就像特别版跑车一样，它们的价钱高得多，而性能提高却有限。高端PC组件的视觉美感也变了，颜色鲜艳的电路板、灯和透明外壳，都引起了其他游戏玩家的羡慕。

在高端PC整体成本大幅下降的同时，高端显卡的价格继续上涨。基于英伟达GeForce 8800 GTX的显卡于2006年推出，售价约为600美元，是当时大多数配备它的计算机中最昂贵的部分，但它也拥有最强的处理能力。显卡消耗的电量比计算机其他部分的总和还要多。如果为获得最佳性能，同时运行两个显卡，一台PC需要配备800瓦电源（大约是IBM原始型号的12倍）。[51]

如果普通用户只是偶尔娱乐一下，愿意忍受在低分辨率下玩旧游戏，内置在普通显卡、游戏机和笔记本计算机中的日益强大的功能就足够了。从Windows 95开始，微软公司的DirectX接口包含了对3D图形的广泛支持，这意味着电子游戏玩家不需要再退出到DOS，在命令行设置高性能游戏。

PC显卡公司的规模经济给专业工作站公司的“棺材”敲上了最后一颗钉子。Silicon Graphics公司于2009年破产。Sun公司则聪明地转战因特网服务器市场。但在那里，PC平台的竞争对手最终还是追上了它，它也于2010年被甲骨文公司收购。

3D进入游戏机

游戏机使3D图形普及得非常广。一台游戏机的生命周期至少是5年，公司投入巨资设计机器，并生产了几百万台，期望收回这些成本。于1996年推出的有3D图形功能的第一代游戏机包括Nintendo 64，它基于Silicon Graphics处理器和图形芯片。玩家熟悉的任天堂游戏角色，如马里奥和林克（Link，“塞尔达”系列的英雄），突然改为在3D场景里移动，这需要彻底重新考虑游戏的机制和在平台上跳跃或瞄准怪物的控制系统。索尼公司的第一款游戏机PlayStation也有同样的影响力。

这个时期的热门游戏确立了至今仍然主导电子游戏行业的类型、惯例和品牌。《古墓丽影》（*Tomb Raider*，1996）模仿了印第安纳·琼斯（Indiana Jones）系列电影的情节逻辑，但是主角换了性别，并由此诞生了一系列续集和大成本电影。这些游戏和电影讲述了劳拉·克罗夫特（Lara Croft）的故事，她的体格与芭比娃娃令人难以置信地相似。《生化危机》（*Resident Evil*，1996）结合了僵尸杀戮与解谜和惊悚，建立了“生存恐怖”类型。这个类型产出了一系列绝对平庸的电影，票房收入总计超过10亿美元。《半衰期》（*Half Life*，1998）将《毁灭战士》和《雷神之锤》的第一人称射击游戏机制与更复杂的谜题和强烈的叙事风格融合在一起，激发了许多模仿者的灵感。类似的技术应用到了《彩虹六号》（*Rainbow Six*）系列游戏（也是在1998年发行）里真实的战术战斗，激发了长期运行的《战地风云》（*Battlefield*，2002）和《使命召唤》（*Call of Duty*，2003）特许经营权。《侠盗猎车手3》（*Grand Theft*

Auto Ⅲ, 2001)带领玩家迷失在以纽约为蓝本、细节精美的虚构城市中。游戏里有各种任务和强大的故事情节,但玩家记住的是自由探索繁忙的城市,像逍遥法外的罪犯,随心所欲地碾压无辜者、偷盗车辆、射杀妓女。

那个时期并非所有的热门游戏都是3D的。暴雪娱乐(Blizzard Entertainment)公司创造了非常成功的《魔兽争霸》(*WarCraft*, 1994)和《星际争霸》(*StarCraft*, 1998)系列游戏。游戏里的战略要素——研究技术、收集资源、建造设施与即时战斗相结合。《星际争霸》在最初发布时是当年轰动一时的PC游戏,但接下来10年它的销量更高,对电子游戏来说这很不寻常。《星际争霸》有强大的剧本故事情节,但它独特的成功之处是多人游戏模式,这要归功于全新的因特网上的"对战"及一直流行的局域网"派对"。韩国建立了第一个职业的电子游戏玩家社区,这些玩家通过参加电视比赛谋生。

随着时间推移,游戏机进化得更接近个人计算机。发行游戏使用的介质从卡带变成了光盘,游戏机用的图形芯片也与PC用的相同。2001年微软公司推出的Xbox就是一个例证(图11.9)。它基于Pentium Ⅲ处理器,有一个硬盘驱动器、英伟达图形单元和DVD-ROM播放器——这是当时游戏PC的典型配置。Xbox运行在基于Windows基本元素的定制操作系统上。就连Xbox这个名字——DirectX Box的缩写,也是作为一种Windows游戏技术宣传的。许多用户发现,把这个黑盒子放在电视机下面,人坐在沙发上用游戏手柄打游戏,比坐在显示器前摆弄计算机方便放松多了。

如果愿意投入足够的时间和金钱,大多数游戏都可以在有更好图形功能的普通PC上运行,但Xbox为开发人员提供了一个标准平台,他们可以充满信心地将平台能力用到极致。最成功的Xbox游戏《光环:战斗进化》(*Halo: Combat Evolved*),是第一批成功地将《雷神之锤》

等第一人称射击游戏里精确的鼠标控制改造成游戏机控制杆的游戏之一。玩家在游戏里时而激烈打斗,时而驾驶车辆,两者被简单粗暴地结合在一起,也在一系列续集中得以延续。

图 11.9　Xbox 盖子下面的部件主要都是标准的台式 PC 组件,包括东芝公司的 DVD-ROM 和西部数据(Western Digital)公司的硬盘驱动器。它的价格最初是由微软公司补贴的,这使 Xbox 成为黑客们寻找廉价但功能强大的计算机来重新利用的诱人目标。图片来自维基媒体用户"Evan-Amos"

Xbox 既没有引起轰动,也不能算失败,但从 Office 和 Windows 获得的现金流让微软公司在没有立刻得到回报的情况下投资了它。在 Xbox 诞生之初,微软公司愿意将其以低于其部件成本的价格出售,以期在之后几年随着部件价格下降而减少损失。游戏的售价高达每个 60 美元,其高利润率进一步抵消了硬件补贴。为了防止用户买回 Xbox 将其清理干净当作廉价的计算机使用,微软公司安装了数字签名执行芯片。于是用户定制自己的硬件就变成非法的行为了,这也引起了围绕 Xbox 和后续几代游戏机的争议和诉讼。不过最终还是 Linux 黑客击败了公司的保护措施。[52]

2006 年,微软公司用改进过的 Xbox 360 取代最早的 Xbox 时,它已经远远落后于当时的 PC 型号。此后这个循环一再重演,四代 Xbox 和 PlayStation 都在争夺硬核游戏玩家的喜爱。任天堂公司的做法则不同,它用更有创意的方式把功能较弱的技术包装起来。2006 年任天堂公司推出的 Wii 游戏机有独特的动作感应无线控制器,可以像棒球棒一样摆动,像枪一样射击,或者像方向盘一样转动,由此扩大了市场。任天堂公司许多最受欢迎的游戏都以运动和健身为基础,邀请用户站起来在起居室里跳舞,而不是瘫倒在沙发上。[53]

数字媒体的胜利

接下来 10 年将会发生更多的破坏性创新。为了解释数字融合的下一步,我们先要探讨同一时期发生的以新的在线通信系统——万维网为基础的因特网商业化。因特网与苹果公司 2007 年推出的 iPhone 一起,将开始取代本章描述的许多基于计算机的数字设备,包括音乐播放器、影碟播放器和照相机,形成一个永远在线的单一平台。

甚至在 iPhone 推出之前,有一些成熟行业就已经被数字化转型打击成碎片了。例如,音乐行业以前销售大量整张专辑,利润丰厚,现在不得不转变为通过苹果公司的 iTunes 服务销售单曲,而且数量也变少了。摄影受到的冲击更大。柯达公司是美国领先的摄影胶片及相关产品供应商,在新技术的研发上投入过巨资。20 世纪 70 年代,柯达公司的研究人员开创了数码摄影的先河,它还是 20 世纪 90 年代首批销售个人数码相机的公司之一。1992 年,柯达公司开始大力推广 PhotoCD 格式:消费者把自己的胶片送到药店,过几天会收到高清的数字扫描副本和印刷出来的传统照片。它甚至还出售特殊的能把图片显示在电视机上的 CD 光盘播放器。1996 年,它推出一种新的混合胶片格式,在模拟图像旁边的磁条上记录曝光细节。它还开辟了向家庭计算机用户销售照片打印机的新业务。但这些都没有任何效果。消费者都希望避免处理胶片的成本和不便,而胶片是柯达公司唯一有独特优势的业务。2012 年,柯达公司宣布破产,并计划作为一家专注于为企业提供数字成像服务的小型公司东山再起。

1977 年,第一台 Apple Ⅱ或 TRS-80 电脑被人带回家,计算机由此隆重地进入了人们的生活。在电视、唱机、电话和相机等模拟媒体机器主导的个人技术世界中,这些数字设备是很特别、很显眼的存在。30 年之后,很多模拟设备都悄无声息地被隐藏的处理数字数据的计算机取代了。那将是一个崭新的世界。

第十二章

计算机成为内容发布平台

1995年,在学术圈里默默无闻的万维网(World Wide Web,简称Web)突然异军突起,占据了头版新闻,紧接着诸多企业开始争先恐后地开发浏览器、搭建网站和销售服务,万维网成了新的技术淘金热的对象。它是新的"杀手级应用",受到热烈的欢迎,用户购买全新的计算机系统只是为了访问它。盖茨突然意识到,万维网引发的技术浪潮将打破桌面计算的垄断,很可能会把微软公司"杀死"。这一次对计算机革命的大肆宣传是有道理的,只想从中牟利的普通公司的商业计划根本无法与之相比。2001年,超过一半的美国家庭订阅了因特网服务。许多人购买计算机就是为了在网络上冲浪和使用电子邮件服务。[1]

与我们迄今为止所写的内容不同,Web在过去几十年里对世界发展的重要作用很容易被观察到,而且早已广为讨论。几乎所有行业(从流行音乐到性工作)历史的研究者,都必须处理20世纪90年代或21世纪初的某个时刻因特网在行业历史中扮演的角色。我们的目标与其说是揭示未知的Web历史,不如说是将这段历史牢牢地置于更广泛的因特网和计算机背景当中。

在20世纪90年代初刚出现时,Web是一种电子发布系统,与之前讨论的系统(Minitel、Prestel和Plato)有一些相似之处。因此,我们有必要先研究商业在线系统的发展，了解人们如何上网，以及是什么使Web和因特网成为如此有吸引力的选择。

20世纪90年代初期，普通人开始上网，但并不是通过连接因特网。在那个时代，人们使用最广泛的系统是美国在线(AOL)。美国在线发源于1985年之后推出的一系列在线服务，最著名的是为商业计算机Commodore 64服务的Quantum Link。用于访问这些服务的客户端软件有图形和交互功能，提供的用户体验比竞争对手的终端更加丰富。[2]

1991年，Quantum Link改名为AOL，开始把为特定机器提供的服务合并到新品牌下，并将重点转移到了PC上的客户端，首先是DOS平台，然后从1993年开始是Windows。用户支付少量订阅费，外加每连接1小时的额外费用。用户可以访问AOL服务器上托管的许多服务，包括新闻、游戏、购物、旅行预订和聊天室。与其他在线服务一样，AOL有电子邮件系统，但只能用于给其他AOL账户发送消息。1992年，AOL增加了一个可以与因特网用户交换消息的网关。这些互联改变了因特网的特征。一位脾气暴躁的记者抱怨说："用aol.com结尾的电子邮件地址真是一个倒霉的招牌，好像在说你太愚蠢不配被认真对待。"1993年，Usenet新闻组首次面向Delphi在线服务的用户开放，老用户们说"那一年的9月似乎永远也过不完"。每年9月都会有大量新的本科生用户涌入，他们必须学会适当的**网络礼仪**。更多其他商业在线服务的新用户也跟了进来，"吞没"了旧的在线文化和社区。[3]

AOL上的很多内容来自其他公司，这些公司会收到用户为访问它们的内容而支付费用的分成。譬如，投资理财网站Motley Fool在转向Web之前就是AOL的网站。从1993年起，AOL开始大力推广其服务，寄出了几百万张AOL软件光盘，还赠送一个月的免费订阅服务。AOL的增长非常迅速，到1994年8月其用户的数量已经达到了100万(图12.1)。[4]

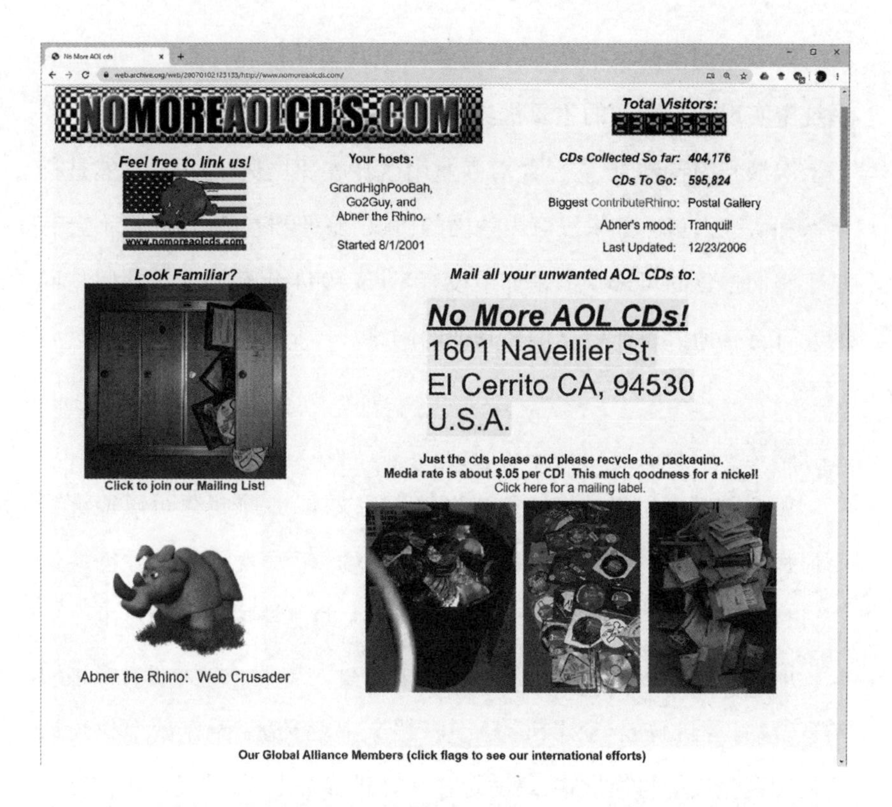

图 12.1　NoMoreAOLCDs.com 网站。2001 年,AOL 继续大量发放包含软件和试用版的光盘,加利福尼亚州的麦克纳(Jim McKenna)和利伯曼(John Lieberman)开始收集这些没用的 CD 光盘,目的是把 100 万张 CD 光盘倒在 AOL 总部的门前。在 2007 年该运动结束时,CD 光盘的数量达到了 410 176 张

万维网

看起来普通人最终很可能将用 AOL 的电子方式进行消费和交流。Windows 95 发布的时候,微软公司自己也推出了类似的在线服务——微软网络(MSN),它是 Windows 95 最引人注目的功能之一。但在 Windows 95 推出时,公众却对连接到因特网更感兴趣。这意想不到的转折的起因是一个极为流行的因特网新应用——万维网,发明它的地方也同样出乎意料:瑞士和法国边境的欧洲核子研究中心(CERN)高能物理实验室。

Web 采用了超文本技术,但这些技术其实已经在几个广泛使用的系统中实现了。Web 的主要优势很简单,就是它在因特网上运行。我们上次谈到因特网时,它已经对商业用途开放,但主要的用户仍然是科学家和研究人员。如果没有因特网的协议、服务和基础设施,就不会有基于它们构建的 Web。但是如果没有 Web,1994 年开始连接到因特网的几百万普通人可能就会偏爱其他的网络。

超文本

Web 的基本思想是将信息结构化为**超文本**,这个概念可以追溯到万尼瓦尔·布什(Vannevar Bush),他于 1945 年发表了一篇开创性论文,讨论了用缩微胶卷和电子产品构建庞大的能够按链接浏览的个人文档库的潜力。[5]这对特德·纳尔逊产生了重大影响。[6]后者在自己出版的宣言《计算机解放/梦想机器》中将超文本定义为“根据要求执行或者跳转到分支的写作形式,最适合在计算机屏幕上展示”。[7]他还称赞了恩格尔巴特的在线系统(NLS)——NLS 系统主要用层次型大纲将数据结构化,但也包括链接机制。[8]特德·纳尔逊在整个 20 世纪 70 年代和 80 年代都在埋头开发目标宏大的在线超文本发布系统 Xanadu,但一直没有成功。他总是游离于学术界之外,但仍然对其有影响力,激励着一个活跃的超文本研究社区。[9]

帮助系统和参考手册这样的技术文档适合用超文本发布。然而,创建超文本内容很困难。1987 年,苹果公司的阿特金森(Bill Atkinson)通过 Macintosh 上的 Hypercard 程序向更广大的用户和应用程序开放了这项技术。Hypercard 很容易掌握,即使是计算机新手也可以编写简单的游戏或教育材料。1990 年,Windows 3.0 自带的为用户提供操作系统和应用程序电子文档的 Windows 在线帮助系统,让更多人接触到了超文本。CD-ROM 参考书也是超文本格式,包括流行的

Encarta 百科全书。对这些应用程序来说,主题之间能够交叉链接至关重要,但与 Web 上的链接不同,它们的链接只能指向同一电子书中的其他页面。

Gopher 和 WAIS

20 世纪 90 年代初期的因特网发展得如此迅速,即使是专家也很难掌握其不断扩充的工具、协议、文件传输站点、telnet 服务和新闻组。刚开始,因特网给人的感觉是一个没有索引和目录的大型图书馆。明尼苏达大学的程序员创建了 Gopher,想解决这个问题。[10] Gopher 让学生和教职员工轻松找到课程安排、行政政策和体育赛事等信息。Gopher 是个双关语,它既是明尼苏达大学的吉祥物——黄鼠,又用到了一个努力寻找*数据然后检索的程序身上。Gopher 用层次型的树状菜单显示信息。当信息扩展到其他组织时,用户可以从一个 Gopher 系统跳转到另一个。1991 年 4 月,Gopher 发布。到了 1994 年 4 月,大约有 7000 个 Gopher 服务器在线。

超级计算机公司思维机器(Thinking Machines)的布鲁斯特·卡尔(Brewster Kahle)和同事开发了广域信息服务(WAIS)系统,支持用户搜索文件内容。WAIS 在因特网上搜索文档并将其内容编入索引,展示了 Thinking Machines 超级计算机极强的处理能力。WAIS 的使用方法不太好掌握,但是当它发挥作用、准确检索到用户想要的东西时,效果令人叹为观止。Veronica 是一个类似的服务,它为"gopherspace"建索引,使用户可以按词语搜索,或者按层次结构浏览信息。Veronica 建立后,Gopher 增长的速度也大大加快了。

---

* Gopher 的发音接近 go for(寻找)。——译者

Web 的起源

因特网上出现了管理网络资源的新界面——一个被称为万维网的超文本系统,使 Gopher 和 WAIS 因过时而被淘汰。Web 远未达到特德·纳尔逊对超文本的设想,但与那个时代的其他超文本系统相比,向前迈出了一大步:由于它运行在因特网上,链接指向另一台计算机上的页面与指向同一台计算机上的一样容易。伯纳斯-李(Berners-Lee,图 12.2)于 1990 年末编写了最初的 Web 原型,他说:"Web 的主要目标是成为共享的信息空间,人与机器可以利用它进行通信。"[11]它组织了现有的因特网资源,例如新闻组和文件传输站点等。

伯纳斯-李与 CERN 办公室计算系统小组的负责人卡约(Robert Cailliau)合作,开发和推广了定义 Web 的三个简单有效的标准。**通用资源标识符**——后来称为**统一资源定位符**(URL),可以"指向信息世界中的任何文档(或任何其他类型的资源)"。[12] Web 链接是因特网上两种指定位置的方式的简单组合:计算机名称(用 DNS 的约定表示)和文件位置(用 Unix 风格的路径表示)。为了将信息从 Web 服务器传输到 Web 浏览器,伯纳斯-李和卡约创建了简单的**超文本传送协议**(HTTP),它依赖已有的因特网协议。最后,他们定义了**超文本标记语言**(HTML)来标记具有超文本功能(如链接和标题)的文档。这也基于已有的技术,即用元数据标记文本的**标准通用标记语言**(SGML)方法。

万维网起初发展缓慢,因为 Gopher 占有先机,仍然更受欢迎。人们用一种叫作浏览器的程序查看 Web 资料。伯纳斯-李自己的浏览器是一个基于鼠标的能够显示图形的应用程序,用户可以创建和更新 Web 页面并查看它们,这是他最初的 Web 愿景的核心部分。他使用的平台是 NeXT 工作站,利用 NeXT 上的面向对象工具进行快速应用程序开发。他依靠 NeXT 的软件快速开发出了浏览器原型,但同时这也限制了浏览器的潜在用户数量只有使用 NeXT 工作站的那几千人。早期

图 12.2 伯纳斯-李(右)与电子邮件先驱汤姆林森在美国计算机博物馆,2000 年 4 月。照片由塞鲁齐拍摄

使用最广泛的 Web 浏览器(包括名为 Lynx 的文本模式浏览器)的显示界面类似于 Gopher,菜单选项都带有数字编号。[13] 这些软件都基于 CERN 的代码,传播的目的也是为了方便访问 Web 的资源。

图形 Web 浏览器

Web 开发者社区人数不多,但大家都知道,若网络平台希望得到广泛使用,需要强大的图形浏览器。伊利诺伊大学的学生安德里森(Marc Andreessen)就是其中之一,他在 NSF 资助的国家超级计算应用中心(NCSA)工作,该中心的目标是帮助用户通过因特网使用超级计算机。1993 年 6 月,安德里森和中心的 Unix 专家比纳(Eric Bina)发布了一个浏览器的测试版本,他们后来将其命名为 Mosaic。Mosaic 对文本和图像的无缝集成使得 Web 的潜力立刻就显现了出来(图 12.3)。[14] Mosaic 的第一批用户是已经拥有强大的 Unix 工作站和快速因特网连接的人,他们大多在大学和研究实验室。Mosaic 的可用性加速了 Web 的发展。麻省理工学院学生开发的网络爬虫程序在 1993 年年中只发现了 130 个活跃的 Web 服务器,而程序于当年底再次运行时,这个数字就增长到了 623 个。[15]

NCSA 的领导者斯马(Larry Smarr)利用 NCSA 的资源推广 Mosaic,很快就开发出了 Windows 和 Macintosh 计算机上的版本,极大地扩展了潜在的用户群体。《连线》杂志热情地说:"Prodigy、AOL 和 CompuServe 突然都过时了——而 Mosaic 正在朝着成为世界标准界面的方向发展……全球超文本网络不再只是一个很酷的想法。"[16]

1994 年初,从 Silicon Graphics 公司离任不久的创始人吉姆·克拉克(Jim Clark)找到了安德里森。他们一起创立了后来的网景通信公司(Netscape Communications Corporation),并决定第一款产品就是类似 Mosaic 的浏览器。吉姆·克拉克和安德里森聘请了许多在大学从事软件开发的程序员。网景通信公司于 1994 年 9 月推出 Navigator 浏览器。它迅速取代 Mosaic 成了最常用的 Web 浏览器,还能利用 Web 本身,将其作为商业软件分发的新渠道。[17]

网景通信公司帮助 Web 发布保持了指数级增长,到 1994 年底共有 10 000 多台 Web 服务器。接下来 6 个月,这个数字又翻了一番,在 1995 年 6 月达到 23 500 台。随后,内置 TCP/IP 协议栈、拨号网络和多任务处理的 Windows 95 面世。价格合理的个人计算机此时可以轻松地在彩色大屏幕上运行 Netscape 系列浏览器,通过电话线得到的网速还是可以接受的。因特网变成了另一回事。它不再只是计算技术的一个展示,而是娱乐、消费和流行文化的一部分。第 100 万台 Web 服务器大约在 1997 年 3 月上线,到 2000 年 12 月,第 1000 万台服务器上线。[18]

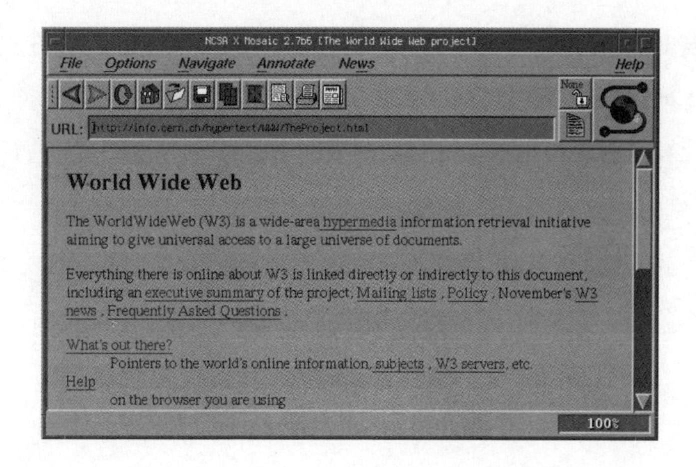

图 12.3 第一个广泛使用的图形 Web 浏览器是 1993 年初的 xMosaic，这里看到的是访问 CERN 网站的页面。图中的浏览器运行在使用 X Window 系统的 Unix 工作站上。前进和后退按钮、URL 栏和超链接下划线等功能在当今的浏览器中仍然很常见。接收数据时，图标里的大“地球”在不停地旋转

互联网服务提供商

随着 Web 将越来越多的用户吸引到因特网，因特网服务提供商的数量几乎以同样的速度增长。AT&T 的 Worldnet 服务于 1995 年推出，为因特网接入设定了事实上的收费标准——每月 20 美元的无限制调制解调器接入。Worldnet 在全国都设了接入点，使大多数潜在客户可以通过拨打本地电话访问该服务。AOL 和 MSN 急忙也把自己改造成因特网服务公司，除了各自的专有内容外，还为用户提供 Web 浏览和其他因特网服务。

1996 年 6 月，AOL 的用户达到了 620 万，成了最大的在线服务提供商，但面对低价因特网公司的竞争，其增长势头开始放缓。那年年底，AOL 的收费模式转为固定月费 20 美元，与许多因特网服务提供商的价格持平。AOL 的使用量激增，一度使接入点不堪重负，但增长率

再次跃升。[19]到了1999年6月,AOL拥有2000万活跃客户。[20]许多用户几乎不明白AOL和因特网之间的区别。

虽然多数客户选择了大的因特网服务提供商(ISP),例如AT&T或AOL,但大多数ISP的运营规模要小得多,只为当地社区服务。其中一些已经转成了公告板服务。在高峰期的2000年3月,《公告板观察》(*Boardwatch*)杂志列出了7000多家为美国公众提供因特网接入的公司。[21]

其他应用

20世纪90年代中期,大多数新的因特网用户主要使用Web应用,以至于大家几乎都没有意识到这个新应用程序和支撑它运行的因特网之间的区别。因特网公司通常会将用户引向一些站点,在那里可以下载90年代中期因特网的其他工具:Usenet新闻阅读器、电子邮件客户端、聊天程序、telnet终端式客户端等。在**聊天室**中交换实时消息的因特网聊天系统(IRC)很受欢迎,但其他面向消费者的消息传递系统也应运而生。

短消息的传递速度比传统电子邮件更快,非常适合以对话方式交换消息。作为电话聊天的替代方式,这些服务特别受青少年欢迎。其中最受欢迎的是AOL Instant Messenger(AIM),它集成在AOL软件中,很快就被广泛使用。AOL公司为各种平台制作了免费的通信软件,包括早期的手持计算机,供那些在别处上网的人使用。它于1998年收购了最成功的独立竞争对手——以色列的消息平台ICQ("我找你"),而雅虎(Yahoo)和微软两家公司都经营着自己成功的消息服务。

游戏公司的动作也很迅速,开始挖掘快速增长的因特网用户群体的潜力。尽管20世纪80年代的一些在线服务提供了在线游戏,但与其他用户一起玩常规 PC 游戏则需要用串行电缆连接计算机,或者用我们前面讲《毁灭战士》时提到的局域网。在用因特网连接起来的 PC 上运行游戏,可以使用户与几十万玩家共享游戏世界。这种新模式由《网络创世纪》(*Ultima Online*)于 1997 年推出。该游戏从一系列可以追溯到 Apple Ⅱ 的角色扮演游戏衍生而来,由于游戏世界是数据中心维护的,玩家可以相互交流来完成交易,或者合作执行任务,这增加了面对面角色扮演游戏的社交元素。无论玩家是否上线,游戏都在向前进行,而角色的行动,例如建造城堡,也会成为游戏世界永久的组成部分。

这款游戏在巅峰时期有大约 25 万个玩家,每个人都按月支付订阅费。玩家用几百万美元的真钱交易在线游戏经济中的物品,而某些低收入的"淘金者"花很长时间点击游戏中令人麻木的无聊任务以获得游戏里的货币,再在易贝网(eBay)上卖给其他玩家。即使是为了娱乐,玩游戏的人也会进入一种全神贯注的日常工作状态,每周花几十个小时提升在线角色的虚拟力量和财富。记者迪贝尔(Julian Dibbell,一位早期的多人在线文本游戏老手)讲述了一件事,关于一名玩家决心在游戏里挣到足够的游戏货币买一大片想象中的土地:"他必须将游戏中尼尔斯·汉森(Nils Hansen)的锻造技能提高到大师级别。为了达到这个水平,斯托勒(Stolle)在 6 个月的时间里只做锻造这一件事:点击山坡开采矿石,前往锻造厂将矿石点击成钢锭,再点击钢锭把它变成武器和盔甲,然后返回山丘重新开始,每次尼尔斯的技能水平都能提高 1 个百分点的一小部分……每一天,这个人结束用锤子和钉子的重复性工作,精疲力竭地回到家里,再用'锤子'和'铁砧'做一整夜让手指麻木的重复性工作——还为这特权每月支付 9.95 美元。"[22]

Web 发布

随着 Web 快速发展，许多爱好者将其视为乌托邦式的创新，只要政府不干涉，它就有可能使人类生活变得更好。巴洛(John Perry Barlow)是 WELL* 的用户和“感恩而死”(Grateful Dead)乐队的作词人。1990 年，他与因 Lotus 公司成名的考波尔和自由软件爱好者吉尔摩(John Gilmore)共同创立了电子前沿基金会。1996 年，巴洛在因特网上发表了《网络空间独立宣言》(Declaration of the Independence of Cyberspace)。文章是这样开篇的：“工业世界的政府们，你们这些令人厌恶的铁血巨人，我来自网络空间，心灵的崭新家园。我代表未来，要求来自过去的你们远离，在我们中间你们不受欢迎，我们聚集的地方没有你们的主权。”[23]

在吉布森的小说里，网络空间是一个沉浸式的虚拟环境，如此逼真，以至于如果某人被迫从中抽离，遭受的精神创伤可能会导致其在现实生活中的死亡。这与早期 Web 的实情不怎么相符，但网络空间的这个隐喻表明，因特网是一个独立于自然地理学之外的存在。它不仅是交流媒介，也不仅仅是生活方式，而是真正的生活和工作的场所。

我们从巴洛尖锐的语气里能捕捉到因特网推崇者们的信念——信息技术将使传统的政治机构过时。这信念建立在一个分布更广泛但主要在加利福尼亚州的亚文化网络之上，他们相信信息技术将在诸如延长寿命、低温冷冻和将人的身体上传到机器里等项目当中有重要的应用。1993 年创办的花哨的新杂志《连线》将其中一些思想介绍给了主

---

* 全名为“全球电子链接”(Whole Earth 'Lectronic Link)，于 1985 年成立，是最古老的虚拟社区之一。——译者

流文化。[24]

1991 年冷战的结束和苏联的解体有时被归因为苏联所掌握的微电子、个人计算机和网络方面的技术无法与西方相抗衡。现在,技术即将使西方政府变得同样无关紧要。因特网爱好者们开设了配备联网计算机的**网吧**,出版了《网络空间地图集》(*Atlas of Cyberspace*),而美国政府同意对跨州的网上购物不征收销售税。[25]因特网乌托邦式的变革教育和创造新商业机会的能力令人兴奋,克林顿(Bill Clinton)政府甚至担心因特网接入带来的**数字鸿沟**会加剧现有的种族和地域不平等。[26]政府为学校和图书馆提供了公共的网络接入,但学校在能够得到的机会和资助方面存在着巨大的结构性差异,在这个差异面前,接入网络的举措显得力量如此渺小。

Web 的局限性

Web 在刚开始时是一个非常简单的系统。鉴于 CERN 可用的资源有限,并且 Web 最初的用处就是对因特网已有的资源进行编目,这是不可避免的。伯纳斯-李与特德·纳尔逊不同的是,他没有试图打造一个在经济上可行的在线发布商业系统。他与超文本的学术研究社区也不同,没有试图解决随着时间推移保持超链接最新和准确所涉及的棘手问题。

Web 只是因特网既有基础设施之上薄薄的一层。因为超链接没有中央数据库,所以用户可以从网页跟踪指向外部的链接,但不能查看链接到该网页的所有内容。在一个链接从创建出来到被点击的这段时间里,它指向的页面可能已经被编辑,删除了相关信息或被完全删除。网页上的大多数外部链接最终都会停止工作。特德·纳尔逊和恩格尔巴特是 Web 最严厉的批评者,前者甚至认为 Web 不是真正的超文本,而 Xanadu 应该永远保留旧版本的页面,以便链接的材料始终可用。甚至伯纳斯-李也抱怨说,在类似 Netscape 系列这样的商业浏览器上,他的愿景只实现了一半。他最初想要的是一个既容易编写又方便浏览的 Web。[27]

Web 还缺乏内置的搜索功能。Web 之前的早期电子发布平台,像 LEXIS-NEXIS 这样的数据库服务和 AOL,用的都是集中式服务器。发布的内容必须打上正确的标注,并以标准化格式向外提供。这使得在线发布比较困难,但搜索和索引相对容易。Web 上的情况恰好相反。发布非常简单——只需在连接了因特网的计算机上启动一个小型 Web 服务器**守护程序**(daemon),然后把一些 HTML 文件放进目录即可。也由于这个原因,搜索和索引 Web 的挑战性非常大。

同样重要的是缺乏支付系统。特德·纳尔逊曾想象作者和出版商从书籍和报纸转向他的 Xanadu 系统。为了在经济上可行,他设计了一种机制——读者为每页阅读完成微支付,其中一部分作为稿酬转给作者。AOL 和 Minitel 等在线服务向用户收取连接时间和高级服务的费用,将收益与通过其平台发布信息的外部公司分享。Web 使发布变得容易,但使支付变得很难。CERN 和其他物理研究中心在 Web 上免费发布使用公共资金制作的内容。《纽约时报》和 CNN 等新闻出版商被 Web 的流行所吸引,也开始免费发布信息,但从长远来看,这种做法可能会摧毁它们的业务。

为了克服这些缺点,人们提出许多不同的举措,但由于 Web 是围绕既有的因特网技术构建的,这些提议都需要全面重新设计整个因特网(而不仅仅是 Web)。出现的解决方案既复杂又不完整。例如,WAIS 的创建者布鲁斯特·卡尔针对的就是链接失效或指向很久没有更新的页面的问题。2001 年,他的因特网档案小组推出了 Wayback Machine,用于提供保存网站静态页面副本的访问。给 Web 存档是一项了不起的工程壮举,输入一个旧链接,有时可以检索到你曾经访问的页面。但档案是零散的:它包含某些站点而不包含另一些,包含某些页面而不包含别的,即使在一个网站内也是如此。对于不那么热门的网站,快照之间会间隔数月甚至数年。

搜索—— Web 中缺失的链接

浏览器(browser)这个词反映了伯纳斯-李期望人们使用他创造的方式:点击从一个页面到另一个页面的链接,就像在市场上从一个摊位溜达到另一个摊位。目录页面使用超文本来构建临时目录。随着 Web 规模的扩展,这变得不那么可行了。在 Web 上的任何尝试都可能"炸出"各种深奥话题,但找到某个具体问题的答案却非常困难。一位科学作家沮丧地放弃了因特网:"我曾短暂地注册了一些因特网接入服务,结果被网络让人疯狂的随机性激怒了。"他抱怨说:"搜索太复杂……感觉是在浪费时间。"[28]

Web 就像一个规模不断增长却没有管理员的图书馆,也没有质量控制和目录卡片。解决这个问题最自然的方法是创建包含其他站点链接的站点:有索引和分层主题标题的虚拟图书馆目录。雅虎公司(品牌名为"Yahoo!")是其中最成功的一家,它由斯坦福大学的学生菲洛(David Filo)和杨致远(Jerry Yang)于 1994 年创立,开始的时候叫"杰里与戴维的万维网指南"。他们自己建立网站的索引,雇更多人跟踪 Web 的扩张。雅虎免费供用户访问。1995 年 8 月,网站开始投放广告以增加收入,有些用户对此表示不满,但雅虎的服务仍然很受欢迎。[29] Netscape 公司在自己的网站上放了雅虎的链接,使雅虎的早期使用量得到了迅速的增长。1996 年 4 月,雅虎公司首次公开募股,最早的那批投资者迅速得到了巨大的回报,雅虎也巩固了其领先的因特网公司的地位(图 12.4)。当时雅虎公司雇用了 50 名全职员工在 Web 上冲浪,更新目录,但还是很难跟上网站的激增。[30]

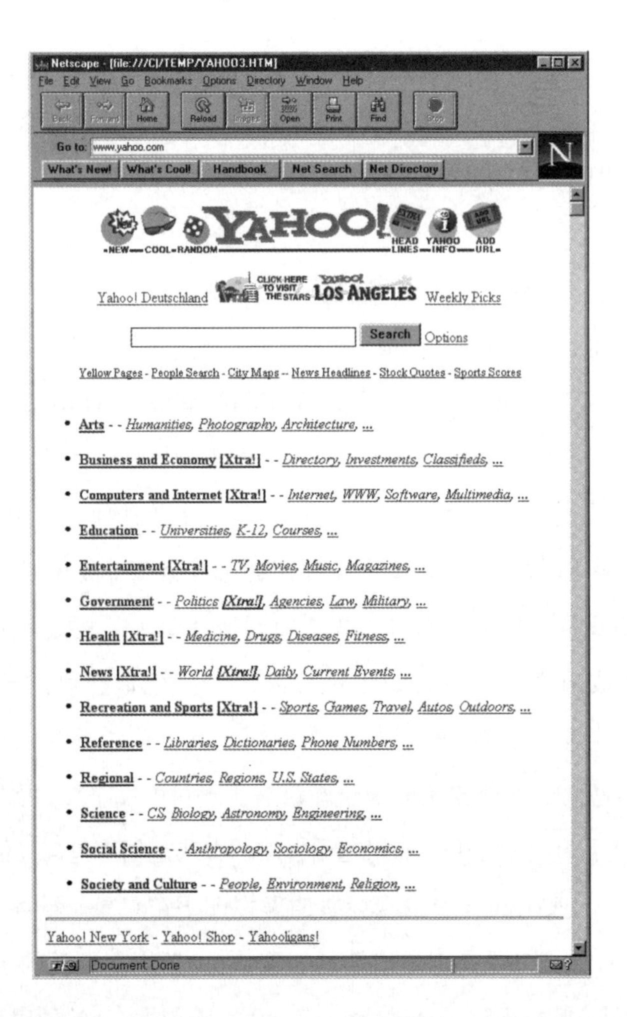

图 12.4　1996 年 10 月的雅虎主页，当时仍主要是 Web 的分层目录。点击首页上的顶级标题会进入一个副标题页面，依次类推。图中的雅虎主页在 Windows 95 的 Netscape Navigator 浏览器 2.0 版上展示。左下角损坏的钥匙暗示增加了加密技术以支持信用卡交易

随着 Web 的发展，雅虎方法的局限性很快就显现出来。用户必须点击多个级别的主题标题才能找到他们感兴趣的站点。雅虎对整个站点而不是页面进行编目——如果用户正在找一个热门话题的网站［例如"小甜甜"布兰妮·斯皮尔斯（Britney Spears）的最佳粉丝站点］，那就很合适。但如果用户搜索的是提及某一本书的页面，就不太有用了。

雅虎这样的目录网站面临搜索引擎日益激烈的竞争，后者使用软

件**机器人程序**[bot,即 robot(机器人)的缩写]**抓取**万维网站,并索引每个页面上的内容。只有尽可能多地抓取 Web 内容,搜索引擎才能对用户有实际用处。它通过链接从一个站点跟踪到另一个站点,对用户未知的页面进行索引。它还必须通过该索引提供闪电般的快速搜索,筛选出所有包含搜索词的页面,并决定页面展示的顺序。

早期搜索引擎的领导者是数字设备公司硅谷实验室创立的 Altavista。Altavista 擅长查找包含搜索词的页面,但在决定先向用户显示哪些页面方面却很糟糕。譬如它假设搜索词在页面代码中出现的频率越高,页面的相关性就越高。其结果是产生了大量的搜索引擎垃圾:一些卑鄙的 Web 发布者不择手段,在只有搜索引擎能读懂的文本中——比如在黑色背景上用黑色小字体写的文本里——重复搜索词几百次,为他们的页面吸引流量。Altavista 和雅虎一样,没有对搜索结果进行改进,而是立足于成为一个**门户网站**,主页上包含从天气到星座的各种信息和服务,这使它的页面臃肿难看,而且加载缓慢。

搜索引擎似乎被垃圾制造者打败了。1999 年,搜索引擎分析师沙利文(Danny Sullivan)大胆宣布:"这是人类获胜的一年。[之前]只有一个大的搜索服务——雅虎,用人工对网站进行分类,而其他网站试图用技术做同样的事情。但现在排名前 10 的服务中有 6 个,你使用后得到的主要结果是人工做的。"[31]就在他这样写的时候,搜索机器人正在对人类索引者发起决定性的反攻。Altavista 的用户正在转向新的竞争对手——谷歌,后者由当时还是斯坦福大学计算机科学系研究生的布林(Sergei Brin)和佩奇(Larry Page)创立。谷歌的一大优势是擅长对包含搜索词的页面进行排名,它偏爱大量其他网站链接到的网站。垃圾页面不太可能被链接到,于是排名自然就跌落到了最后。

这个方法的灵感来自加菲尔德(Eugene Garfield)开发的科学信息检索系统——**科学引文索引**(Science Citation Index)。它为科学论文编制索引,根据被多少其他论文引用对该论文的影响力进行排名。这个方法以及上千个旨在提高搜索相关性、消除垃圾页面的其他算法,使谷歌给出的前几个搜索结果里很可能就有用户想要的信息。谷歌的主页是非常激进的简洁风格,只有一个搜索词的输入框和两个按钮——“Google 搜索”和“手气不错”,这样的主页引人注目,而且加载速度很快。[32]

像谷歌和雅虎这样的 Web 搜索和目录公司,还有那些不太成功的竞争对手,都是规模最大、实力最强的因特网公司。在 Web 上发布内容很简单,而且是分散的,这个性质使 Web 成了因特网上最重要的应用。Web 网页不必用作者或主题这样的元数据标记来识别,它们可以出现在因特网上的任何地方,无需报告给任何中央目录或数据库。世界上有几百万个 Web 服务器,许多服务器每隔几分钟就更新一次内容。一切容易发布到 Web 上的东西都很难索引或编目。无论是像过去雅虎那样使用人工,还是像现在谷歌这样使用算法,都是一项耗费大量资金和人力的艰巨任务。

Web 支付

从亚马逊(Amazon)到齐洛(Zillow),这些公司通过将人际互动的方方面面计算机化来赚钱,Web 的兴起与它们的努力密不可分。我们在这里不能讲述所有故事,因此将重点放在因特网和 Web 如何发展成可以支持各种活动的通用平台。早期的 Web 主要是一个电子发布系统,用于发布和查看静态页面。Minitel 和 AOL 可以向读者账户发送账单,并与发布商分享收益。由于因特网不是为商业用途设计的,它和 Web 都没有为网站提供任何向读者收费的机制。传统出版的经济学相对简单:出版商从出售的每本书或每张唱片中获利。销售的数量越多意味着赚钱越多,因此每次成功都会抵消许多失败的成本。相比之下，受欢迎的网站为网络带宽和服务器支付巨额费用，却不能从读者那里获得任何收入来支付这笔费用。吸引更多读者意味着更大的损失，而不是更高的利润。

几家公司应运而生，开始创建**电子现金**(electronic cash)系统，将特德·纳尔逊的微支付方案应用于 Web，为商业 Web 发布提供坚实的基础。这种基于加密技术创建的安全高效的计费系统，支持非常小额的交易。这种技术已然存在，但要使其成为一项商业业务，还需要浏览器制造商、因特网用户和因特网发布商同时进行调整。即使在 1995 年，这样的“跳跃”也做不到。加密技术终于让 Web 浏览器能够安全地传输信用卡详细信息——但即使是愿意输入信用卡的详细信息买一双鞋的用户，也不愿这样付 5 美分读一篇新闻报道。无论如何，由于交易费用的缘故，信用卡无法用在非常小额的支付上。

网站也尝试销售一段时间的订阅而不是单篇文章，这种做法最初在两个领域很有效果。一类是色情内容，它像推动早期录像和电影的商业化一样，推动了因特网的大部分商业化。[33]举例来说，如果网上冲浪者想去白宫的网站，但输入了某个错误网址而不是 www.whitehouse.gov，他们就会被带到一个色情网站，这个网站通过让读者订阅色情内容，每个月都能赚到几百万美元。人们愿意付钱的另一类 Web 内容是财务信息。比如《金融时报》(*Financial Times*)就从来都不给非订阅者看一篇完整的报道。

缺乏支付机制并没有减缓 Web 发布内容的增长。业余爱好者喜欢创造吸引眼球内容的想法，已发布的内容希望成为 Web 革命的一部分并吸引新的来访者，而财力雄厚的风险投资家和技术公司决定先积累用户，以后再考虑经济问题。1996 年，微软公司用于支持 MSN 的《页岩》(*Slate*)杂志项目将政治文化杂志转移到了网上。《页岩》当时的领导者是前《新共和》(*New Republic*)编辑金斯利(Michael

Kinsley)。有一段时间,它甚至有了印刷版,在星巴克(Starbucks)咖啡店出售。

广告

Web 发布的经济效益不是来自订阅或微支付,而是围绕广告产生的。发布内容的人会为每个显示页面收取少量费用,但交钱的人是广告商而不是读者。[34]经济效益偏向广告有利于大型商业万维网站的成长,这些网站更能吸引广告商的兴趣并且部署广告服务器技术。相比之下,业余的网络发布者没有简单的方法从自己的网站获利,无论它多受欢迎。

在微软公司停止资助之后,《页岩》就依靠广告支撑自己。1998年,《页岩》曾实验性地只允许订阅者访问,但只留住了 2 万读者,因而放弃了这个做法。它经历过几次革新,一直很受欢迎,还因其新闻报道而获奖。不过在线广告给出的待遇远不及成功的印刷杂志,它最成功的作者经常会跳槽到别的地方。(2020 年,《页岩》的付费墙*又出现了,这段时期广告收入下降,使许多在线出版物要求经常访问的读者为订阅付费。)

谷歌和搜索广告

Web 目录和搜索引擎的使用模式特别适合吸引广告。据估计,20世纪 90 年代后期,AOL、雅虎和微软三家公司获得了所有在线广告收入的 43%。[35]因特网导航公司有明显的商业优势:在任何时刻它们都知道访问者的想法。谷歌公司最有效地利用了这些信息,2000 年,它开始采用一种叫 AdWords 的方法销售广告。谷歌公司意识到用户不喜

---

* 付费墙是一种限制访问内容的方法,通过要求访问者购买或付费订阅来实现。——译者

欢分散注意力的大块广告，而且不信任仅仅因为付了费就出现在搜索结果前几位的服务。与这样的做法相反，谷歌公司把付费结果分组，单独展示在屏幕的某些位置，并清楚地标记为“赞助商链接”，里面有一些简单的广告，每个广告只有三行短文本。[36]

广告商在网上竞价，以便当用户搜索某些特定词汇时展示它们的广告。谷歌公司从因特网广告先驱 Overture.com 那里复制了这个想法和按点击付费的模式，在这种模式下，只有广告被点击后，广告商才需要付费。在决定展示哪些广告时，谷歌的算法会考虑广告的点击频率以及广告商的出价金额。谷歌越来越受欢迎，它展示的广告与用户搜索的内容直接相关，这种能力使广告非常赚钱。事实上它的广告数量很少，减少供应反而提高了它们的价值。

2006 年，谷歌公司的广告销量远远超过了其他互联网公司，还超越了传统媒体巨头，如广播电视网络和甘尼特公司[Gannett Company，拥有包括《今日美国》(*USA Today*)在内的 100 多家日报、23 家电视台和 1000 多种其他期刊]。[37]收入的大部分来自在其他网站而不是在 Google.com 上投放的广告。从 20 世纪 90 年代中期起，专业的 Web 广告公司开始批量出售广告空间。Web 发布商不用修改浏览器就能在网站上部署广告服务器程序，在每个被用户看到的 Web 网页中都打上横幅广告和弹出式广告。广告公司控制了哪些广告可以展示以及它们的位置。谷歌的 AdSense 系统完善了这个概念，提供了与谷歌网站相同的竞价系统和按点击付费的模式。[38]谷歌公司和展示广告的网站运营商共享收入。这有助于小型业余和半专业企业也能享受到 Web 发布的经济效益。(由此还创造了一个利润巨大的新产业——把一些只包含谷歌广告链接的网站，放在像 clothes.com 这样有吸引力但空置的域名上，或者放在像 nytomes.com、yagoo.com、ebey.com 这样拼写错误的热门域名上。)

动态页面生成

很多早期网站的结构就是把杂志、报纸、书籍或者展览搬到了线上，它们遵循了Web最初的设计思想，把Web当作一个超文本的发布系统。有些网站通过销售商品来赚钱，它们更像邮购目录——用户浏览商品页面，选择感兴趣的商品，然后填写表格用信用卡付款。正如我们之前所讨论的，专家们认为Web缺少所有公共超文本系统都必不可少的功能，例如搜索、微支付和永久链接等。作为在线业务平台，它的能力更差。任何支持在线销售的网站都必须有根据购物者需求自定义至少部分页面的能力，让购物者能够选择商品，确认订单，输入收货和付款信息，接收收据。按名称搜索产品的功能也有帮助。

不过，很快就出现了**电子商务**网站，推动Web朝更商业的方向发展。第一个也是最受欢迎的网站是亚马逊，它于1994年成立的时候是一家在线书店。亚马逊网站与其他几家在线商店先驱网站一样，用程序代码跟踪客户的购物过程，在**购物车**页面上累计他们选择的物品。这很快就成了在线销售几乎通用的模型。[39]添加此类功能的工作量很大，需要扩展Web浏览器和Web服务器，支持安全的数据输入和动态页面生成。Web从一开始就有供用户输入数据的表单功能。这个功能第一次是用在访问CERN电话目录上。用户向Web服务器提交要搜索的名称。服务器返回的页面不是存储在磁盘上的现成文件，而是将查询传递给检索数据库的脚本，找到匹配的记录，再将结果转换为浏览器可以理解的HTML格式。[40] Web浏览器的工作方式有点像大型计算机的终端——把用户输入传送给远程的计算机，并显示响应。

随着时间推移，越来越多针对用户定制的Web页面都是动态生成的。例如，亚马逊用每个客户感兴趣的和与先前搜索相关的商品填充主页。引入Cookie后这就更容易了——Cookie是存储在Web浏览器中的数据片段,方便网站识别回头客,并轻松跟踪访问者从一个屏幕显示到下一个屏幕显示的路径。[41]

每次用户与服务器交互都要重新加载整个页面。Web 用户通过在文本框里输入、点击单选按钮或者从列表里选择某个值来填充预定义的字段。与大型计算机系统一样,从用户提交数据到收到包含结果的定制页面,存在明显的延迟。点击一个按钮把商品加到购物车,再点击另一个按钮启动结账过程,这个过程需要输入好几个屏幕的数据,填写地址和信用卡的详细信息。

早期的 Web 服务器靠一种简单的机制来动态生成页面:URL 末尾的文件扩展名让服务器知道是从磁盘获取页面,还是启动另一个程序来生成用户所请求的 HTML 数据。早期这个扩展名通常是.pl,它标记的是由 Perl 程序解释的脚本。Perl 是系统管理员沃尔(Larry Wall)于 1987 年开发的,是一种在 Unix 系统上自动执行任务的方式,由于它的便捷迅速而广为传播。大多数早期的 Web 服务器都运行在 Unix 机器上,根据 CERN 电话目录生成网页这类任务的自然选择就是 Perl。Perl 语言借鉴了许多其他编程语言的功能,非常灵活,它的特殊优势在于从输入文本中获取信息并处理。Perl 的设计目标是快速编程,而不是执行高效,也不是形式优雅。它的普及书《Perl 编程》(*Programming Perl*)开头写到"Perl 是用来完成工作的语言",然后承诺它会帮助读者"培养程序员的三大美德:懒惰、不耐烦和傲慢"。[42] 1998 年,记者伦纳德(Andrew Leonard)说,Perl 是"不可缺少的胶带或胶水,将整个 Web 连接在一起"。[43]许多大型网站,包括 Craigslist、Yahoo 和 Priceline.com 都主要用 Perl 编码。

加密

除了动态页面生成,亚马逊等在线购物网站还依赖一种安全的方式把数据从浏览器传输到服务器。网络流量,就像因特网上的其他一切一样,被分解成 TCP/IP 数据包。由于因特网的非商业起源,这些数据包没有加密,在去往服务器途中经过的任何网络里,都可能会被人筛选出信用卡号或密码。

在因特网的底层协议和基础设施中增加加密功能为时已晚,但 HTTP 是一个很年轻的协议。它运行在 TCP/IP 之上,不需要修改网络设备就能扩展。1994 年, Netscape 公司为其浏览器首次部署了 HTTPS,在应用程序和因特网之间添加了新的代码层:**安全套接字层**(SSL)。

SSL 包含了 20 世纪 70 年代和 80 年代**公钥加密**技术取得的一系列供公众使用的突破性结果。SSL 技术的基础是 RSA 算法[以里韦斯特(Ron Rivest)、沙米尔(Adi Shamir)和阿德尔曼(Leonard Adelman)三人名字的首字母命名]。早期的一个应用是用于电子邮件的**颇好保密性**(PGP)系统。希望接收安全消息的人共享公钥,用于加密发送给他们的消息,这些消息只能用由接收者保密的相应私钥解密。由于数据包需要双向加密,Web 加密方案比 PGP 复杂,需要另一种技术——迪菲-赫尔曼密钥交换[Diffie-Hellman key exchange,以迪菲(Whitfield Diffie)和赫尔曼(Martin Hellman)的名字命名],用于在加密之前安全协商会话的加密密钥。网站必须通过共享**数字证书**来证明自己提供的密钥的真实所有权。数字证书由威瑞信(Verisign)公司颁发,后者是为此目的从 RSA 安全(RSA Security)公司分拆出来的。RSA 和 Diffie-Hellman 的团队由于在保护电子通信方面的成就而获得了图灵奖。美国政府一直在努力限制强大的加密技术的供应和出口,导致了与网络自由主义社区的反复冲突。其中一个是针对强制使用执法人员可以修复其密钥的 Clipper 芯片,这次争吵在 1994 年 Web 开始蓬勃发展时达到顶峰。[44] 自始至终,大多数在线用户都觉得对于保护电子邮件而言,用这些加密技术实在过于复杂。

要实现 Web 上的安全支付,必须找到一种在浏览器和服务器中无缝加密的方法。这件事开始时非常艰难。美国政府最初禁止出口使用更难破解的 128 位密钥的 Netscape 版本;数字证书常使用户困惑;早期证书存在严重的安全漏洞,需要快速更换;网站运营商的证书经常过期,发出的警告令人困惑。然而随着时间的推移,SSL 及其后继者成了因特网无缝体验的一部分,扩展到了银行和购物应用之外,帮助像《纽约时报》和维基百科这样不太敏感的网站保护用户隐私,防止窜改信息。随着用户从有线连接转移到非常容易被窃听的无线网络,这一点变得尤为重要。

浏览器大战

20 世纪 90 年代的后半期,计算机行业最重要、最受媒体关注的一场竞争是发生在 Netscape 和微软两家公司之间的"浏览器大战"。对于现在的 Web 用户,这看起来可能很奇怪。今天有好几种流行的浏览器可供选择,它们的功能基本相同,在效率、稳定性和用户界面等细节上展开竞争。用户选择的似乎是对品牌的忠诚度,而不是竞争价值,就像在可口可乐与百事可乐之间做的选择一样。最后虽然微软击败了 Netscape,但它的 Internet Explorer 浏览器最终也失去了主导地位。那么这次战争到底重要吗? 我们的回答是确实如此,不过出于一些不同的原因,它可能不像当时看起来那么严重。

Netscape 公司的早期领先地位

任何装备齐全的个人计算机都会安装微软 Windows、微软 Office 套件和防病毒程序。1995 年,Web 浏览器似乎即将成为每个计算机用户都必须购买的第四款软件。Netscape 公司采用了一种经典的共享软件商业模式:Navigator 浏览器可以免费下载,但商业用户要在试用期结束后注册并支付软件使用费。基本价格是每份 99 美元,企业许可有折扣。[45]用户在计算机商店可以买到作为套装软件出售的版本。[46] Navigator 锁定了 80% 的浏览器软件市场,使 Mosaic 浏览器和数十个还销售浏览器的小公司黯然失色。

8 月 9 日,Netscape 公司上市,股价飙升,在记者和投资者中掀起一阵狂潮。投资者相信,它将成为因特网时代的微软——向 Web 发布商出售服务器软件,向公司和个人出售浏览器软件,赚取巨额利润。它的软件存在于两个世界的交汇处:代码免费发放的因特网学术研究世界,以及个人计算机软件的商业世界——其中大多数桌面或服务器软件都以套装盒形式出售。Netscape 的支持者曾期望找到适用于 Web 浏览器的商业模式。但结果证明他们错了,我们为税务软件付费而不为网络浏览器付费,这事看起来还改变不了。[47]

微软公司的回应

微软公司想要表明自己才是因特网时代的微软。它是一家极具竞争力的公司,已经在文字处理、电子表格、商业演示、编译器和数据库软件市场上击败了曾经占据主导地位的敌人。此时它正在推广自己的图形、桌面出版、多媒体和个人财务软件,挑战所剩不多的独立 PC 软件公司可以赚取可观利润的大众市场。

微软公司开发 Windows 95 时考虑到了因特网,借用了 BSD Unix 中 TCP/IP 数据包的可靠代码,集成了通过调制解调器拨号的链路传输数据包所需的功能。它可以流畅地进行多任务处理,运行电子邮件或终端仿真的捆绑软件,同时用户还可以处理自己的其他工作。事实上,Windows 95 的 CD 里包含所有基本的因特网工具,除了 Web 浏览器。此时微软公司正在大力推广自己的 MSN 在线服务。它得到

Mosaic 代码的授权,以此为基础开发了简单的浏览器 Internet Explorer (IE)。但 IE 只是 Microsoft Plus 的一部分,后者是赠送给额外花 49.95 美元的热心客户的光碟,包含一些有趣的附加功能,比如弹球游戏和桌面主题壁纸等。

突然之间,Web 似乎成了最大的机会。1995 年 5 月,盖茨给微软公司的高管发送了一份现在非常出名的备忘录,题为《因特网浪潮》(The Internet Tidal Wave)。他警告说:"因特网对我们业务的每个部分都至关重要……是自 IBM PC 以来最重要的开发。"微软公司正是在 IBM PC 的基础上建立了自己的业务。作为第一步,盖茨下令:"所有因特网增值功能尽快从 Plus 包转移到 Windows 95。"[48] 改进的 Web 功能将成为所有新版本微软应用程序中"最重要的元素",将使"每个产品计划都热情地投入因特网功能"。盖茨甚至推迟了他的书《未来之路》(*The Road Ahead*)的出版,以便在"信息高速公路"那一节的长篇讨论中加入因特网的内容。[49]

Internet Explorer 从 Microsoft Plus 的"死水"中一跃进入了公司的核心产品计划。经过大约 100 名程序员的努力,IE 3.0 版在 Windows 95 推出仅一年之后就发布了,使 Netscape 公司第一次面对真正的竞争。IE 免费供个人和企业使用,同时微软公司也开始免费分发 Windows 上的 Web 服务器软件。这加强了微软公司在操作系统市场的主导地位,同时威胁到 Netscape 公司最大的收入来源,影响了它的盈利计划。微软公司甚至开始给客户赠送 Macintosh 和 Unix 计算机上的 Internet Explorer,想让浏览器软件的商业市场永远不再出现。[50]

浏览器的新功能

微软和 Netscape 两家公司之间展开的浏览器大战规模空前。据报道,1999 年微软公司投入 1000 多人开发 Internet Explorer。当一支程序员队伍为浏览器增加了一个新功能,另一支队伍就赶紧开发一个相匹配的功能。[51]伯纳斯-李 1994 年离开 CERN 到 MIT 工作后,创立了万维网联盟,HTML 标准一直由该联盟维护。20 世纪 90 年代中期它发展迅速,经常把微软或 Netscape 已经增加的新功能标准化。利用新功能的网站上会有一个"本站点用 Netscape Navigator 浏览效果最佳"(或 Internet Explorer)的徽章,单击徽章就能下载最新版本的浏览器。这些新增功能使网站更好地控制网页的外观:字体、文本大小、颜色、图形的位置等。

浏览器集成了新功能。超链接一直能够链接到其他类型的 Web 资源,例如 FTP 站点、Usenet 新闻组和电子邮件地址。早期浏览器经过配置,可以在用户单击超链接的时候打开其他软件,但微软和 Netscape 两家公司都不想向其他软件公司开放这样的口子,它们直接把这些功能加到了浏览器里,或者把程序加进捆绑的软件包当中。

这两个主要的浏览器都有**插件**功能,别的公司可以聚焦于浏览器的扩展软件,用不着开发完整独立的替代软件。这段时期是为 Web 大量增加功能的实验阶段。有一些令人短暂兴奋的功能被制造出来,但最后还是失败了。Silicon Graphics 公司大力推动在网页上添加 3D 元素。作为未来的 Web 交互技术,它确实吸引了一阵热情,但转瞬即逝,被证明是个笨拙的新鲜事物。虚拟现实建模语言(VRML)一直没能成为浏览器的标准功能。相比之下,流媒体音频迅速从新奇事物变成了因特网的核心用途。于 1995 年推出的开创性软件 RealAudio Player,用于从广播电台和体育赛场流式传输音频。在网页上单击指向音频流的超链接就会触发瑞尔视科技(RealNetworks)公司的免费客户端软件执行。RealNetworks 公司通过销售给音频流编码的服务器软件赚钱。20 世纪 90 年代后期,它的技术主导了因特网流媒体,还扩展到了音频之外的视频。但在微软和苹果两家公司生产了自己的编码器而不需要用户额外付费之后,它的市场就逐渐消失了。

微软公司不满足于构建更好的浏览器,还想方设法利用其主导市场的 Windows 和 Office 产品击败 Netscape 公司。微软公司在每台计算机上都预装了 Internet Explorer,使 IE 成了用户的默认选择。它迫使 PC 公司停止在其生产的计算机上安装 Netscape 浏览器。它还与 AOL 公司达成协议,使 Internet Explorer 成为 AOL 用户的默认浏览器。[52]微软公司将 IE 软件集成进了 Windows,从 Web 渠道下载的内容可以直接放在计算机桌面,用户用类似 Web 的界面浏览本地驱动器上的文件。一位科技记者表示,它"将卷须伸进了操作系统的每个部分,每隔30 分钟就崩溃一次的恶习对计算机造成严重的破坏"。[53]微软公司随后坚称 Internet Explorer 集成的程度如此之深,在技术上不可能让用户删除它或者换成另一个浏览器。公司外部很少有人相信这种说法。

微软公司在 Office 软件中增加了只能与 Internet Explorer 配合使用的功能,希望想用这些功能的公司切换到微软的浏览器。Word、Excel 和 PowerPoint 将文档输出为网页的功能成了下一版 Office 的主要卖点。微软公司还收购了独立的 Web 页面编辑器程序 FrontPage。许多新功能需要使用微软服务器才能正常运行,利用其桌面软件的普及,微软公司在蓬勃发展的企业内联网(基于因特网技术的内部网络)市场建立了更强大的地位。微软公司推动接受和扩展因特网技术的这部分策略,逐渐把它们从开放标准变成了由自己控制的专有系统。

Netscape 公司的失败

Netscape 公司犯了一些重大错误,使它在猛烈的反攻之前就衰败了。它为多种平台生产浏览器,把精力投入到鲜为人知的 Unix 版本,却没有将资源用于改进核心产品。它把浏览器打包成含有电子邮件和编辑软件的套件,增加的新功能降低了加载速度。新版本没有经过足够测试就匆忙推出,臃肿笨拙,错误很多。1997 年 Netscape 4 与 IE 4 对抗时,评论员注意到 IE 已经比 Netscape Navigator 更快、更稳定了。Netscape 公司在浏览器大战中败下阵来,并开始裁员,不过 AOL 公司仍然在 1999 年 3 月以价值超过 100 亿美元的股票收购了它。[54]

AOL 公司积极扩张,收购 Netscape 公司只是整体战略中的一部分。2001 年,它的扩张达到了高潮。这一年 AOL 公司收购了世界上最大的媒体公司时代华纳(Time Warner),控制了从家庭影院(HBO)频道、CNN 到华纳兄弟(Warner Brothers)电影、《时代》杂志和《体育画报》(*Sports Illustrated*)等知名的媒体品牌。这标志着与因特网相关的股票中的网络公司(有以.com 结尾的 URL)热潮达到了高峰。投资者对任何与因特网有关的事物都有持续的兴趣,不仅使 AOL 和微软等老牌公司的股价被推到了居高不下的水平,还为默默无闻的初创公司首次公开募股创造了现成的有利市场。如果一家公司的想法看似合理,风险资本就会资助,根本不关心它能否盈利。只要它利用资金快速扩张(通过免费服务或者亏本销售产品),一年内就可以首次公开募股,使资本获得丰厚的投资回报。这种典型的投机泡沫在谈论"新经济"的时代被合理化,传统的商业惯例和股票估值方法已经不可挽回地过时了。股票市场于 2000 年年中开始动荡,并在第二年 AOL 和时代华纳两家公司合并完成的时候崩溃。在合并后的公司里,AOL 管理团队、收入和声誉的崩溃是技术股票市场更普遍的崩塌的体现。[55] 2002 年,公司遭受了惊人的 987 亿美元亏损,这至今仍是有史以来最大的企业年度亏损,几乎抵消了 AOL 账簿上全部资产的价值。

AOL 的混乱无法帮助已经陷入困境的 Netscape 浏览器重新振作。AOL 公司终于在 2003 年解散了 Netscape 部门,承认失败,而此时 IE 拥有的市场份额已经超过了 90%。微软公司在实现这个目标的过程中不惜铤而走险。1998 年,美国政府和 20 个州以非法阻挠竞争为由起诉微软公司。微软针对 Netscape 采取的行动是此案的主要部分。行业内的高级管理人员(来自包括 Sun 和 Intel 等公司),排着队作证微软公司滥用非正当竞争手段,使后者的公共形象严重受损。公司的几位高层显得傲慢或不可信任,而事实证明它确实窜改了一些证据。最糟糕的是,盖茨本人在作证时顾左右而言他,一再称不记得他自己在电子邮件中提到的事情,显得很不诚实。[56]1995 年以来,盖茨一直是世界上最富有的人,这次审判成了他人生的转折点。[57]事后,盖茨退出了微软公司的实际管理工作,转向开辟了第二职业,管理世界上最大的慈善基金会。

2000 年,托马斯·彭菲尔德·杰克逊(Thomas Penfeld Jackson)法官裁定微软公司使用反竞争手段维持其个人计算机操作系统市场的垄断地位。它非法地将 IE 与 Windows 垄断捆绑在一起销售,用掠夺性定价破坏了浏览器市场:“微软公司支付巨额资金,每年还放弃数百万美元收入,诱导企业选择 IE,以牺牲 Navigator 为代价提高 IE 在浏览器市场的份额。”[58]鉴于微软公司承诺其浏览器永远不会收费,法官继续说到,如果其目的是保护 Windows 垄断,防止出现竞争对手的应用平台,只能说这看起来“是个理性的投资”。[59]他下令将微软公司分拆成两个独立的公司,一个经营 Windows,另一个经营 Office 和其他应用程序,防止它利用第一个公司在操作系统市场上的垄断地位为第二个公司碾压竞争对手。微软公司提出上诉。诉讼过程还没有结束,克林顿政府已经换成了更保守的乔治·布什(George W. Bush)政府。微软公司与政府达成和解,同意开放应用程序编程接口与其他公司共享,这样其应用程序就不能利用保密的 Windows 功能从中受益。欧盟则没有手下留情,在 2006 年至 2013 年的一系列判决中,对微软公司处以创纪录的总额高达数十亿美元的罚款。

赢得浏览器大战后,微软公司就宣布停止发布新的浏览器版本,转而将其作为 Windows 新版本中包含的功能。在与 Netscape 公司斗争的 6 年中,它曾发布过 8 个主要 IE 版本,最后的版本是 2001 年的 IE6。[60] 整整 5 年之后,由于出现了意外的新竞争,才有了下一次重大升级。

开放源码的胜利

微软公司赢得了浏览器大战,但它从未能真正把 Web 重新定义成封闭系统。这与 HTTP 连接的另一端——Web 服务器——发生的事情有很大关系。在网络服务器市场,微软公司从未能复制,甚至接近复制它在个人计算机、办公服务器和 Web 浏览器软件市场中的强垄断地位。这与新的类 Unix 操作系统——Linux 的流行有很大关系,后者集成了大量斯托曼(Richard Stallman)的 GNU 项目的软件。

GNU Is Not Unix(GNU 不是 Unix)

斯托曼的冒险之旅始于麻省理工学院的人工智能实验室,它是不兼容分时系统的诞生地,也是为 Lisp 优化机器体系结构的地方。20 世纪 80 年代初期,斯托曼觉得"程序员自由分享工作"的实验室伦理正在被一家商业化其 Lisp 机器的公司的成立所破坏(图 12.5)。[61]

斯托曼决心生产免费软件。他在 1983 年 9 月的 Usenet 帖子里写道:"从这个感恩节开始,我要写一个完整的与 Unix 兼容的软件系统,称为 GNU(Gnu's Not Unix 的缩写),免费提供给所有愿意使用的人。我非常需要时间、金钱、程序和设备等方面的贡献。"他在这篇帖子里还阐述了自己的自由软件哲学:"我认为的黄金法则是,如果喜欢一个程序,就必须与其他喜欢它的人分享,不能昧着良心签署保密协议或软件许可协议。为了在不违反原则的情况下继续使用计算机,我决定将足够多的自由软件放在一起,这样就可以在没有任何非免费软件的情况下工作生活了。"[62]

图 12.5 斯托曼,麻省理工学院黑客,GNU 项目的创始人。图片来自奥赖利(O'Reilly)出版社的《若为自由故:自由软件之父理查德·斯托曼传》(*Free as in Freedom: Richard Stallman's Crusade for Free Software*)一书的封面,根据知识共享署名-相同方式共享 3.0 未移植的许可使用

由于现实中对 Unix 使用的限制越来越多,人们对 GNU 项目的兴趣越来越高。1984 年,法院强制贝尔系统公司分拆。AT&T 牺牲了它作为本地电话公司的垄断地位,得到了直接参与计算机业务竞争的准许。它计划从基于 Unix 的系统中赚钱。AT&T 要求支付高额的 Unix 使用许可费,还喜欢起诉涉嫌使用其代码的供应商,这减缓了 Unix 的传播,使 Unix 的采用比较零碎,没有形成规模。

斯托曼发现 Unix 系统的某些组件已经免费了,包括在终端上显示图形的 X Window 系统和高德纳的 TeX 排版程序,等等。斯托曼为这个列表增加了自己为 Unix 重写的被广泛使用的 Emacs 文本编辑器。[63] 在几位同事的帮助下,他开始一个接一个地开发 Unix 工具的替代品,构建了一组高质量的自由软件,能够与商业或学术界大型团队所创造的软件相媲美,甚至更好。麻省理工学院慷慨地借给斯托曼办公室,他在这间办公室里亲自完成了大部分工作。有一段时间,那里也是他睡觉的地方。斯托曼出色的 Gnu C 编译器取代了标准的 Unix 版本,为 C 编程语言建立了事实上的标准。

同样重要的是斯托曼为分发 GNU 软件而制定的法律协议。在律师的帮助下,他开发了 GNU 通用公共许可证(GPL)。用他的话来说:"这是一份正式的法律文件,传播程序必须包括使用、修改和重新分发代码的权利;代码和自由在法律上是不可分割的。"[64]许可证不仅规定 GNU 软件可以自由使用和修改,而且要求对它的改进也应以相同的条款开放。这最后一条最为激进。免费程序和源代码并不是新鲜事。如第二章所述,在 20 世纪 50 年代,类似 SHARE 的团体和 IBM 这样的公司一直都是这么做的。对于 GNU 爱好者来说,免费提供软件不仅是务实的分发选择,还是一种观念意识上的承诺。斯托曼坚持认为,**自由软件**(free software)中的 free 并不仅仅意味着免费,比如"免费啤酒",这个词还包含另外的含义,即该软件是"自由的",因为用户有研究、修改和重新利用代码的权利。

Linux 几乎是 Unix

斯托曼在开发操作系统内核时遇到了困难,而它正是 GNU 完全替代 Unix 所需的最重要的组件。它最后的来源出乎人们的意料。1991 年,时年 22 岁的托瓦尔兹(Linus Torvalds)分期付款买了一台功能强大的基于 386 微处理器的 PC。他在赫尔辛基大学的一门课里熟悉了 Unix。阿姆斯特丹自由大学的塔嫩鲍姆(Andrew Tanenbaum)开发的用于教学的简化类 Unix 系统——Minix,是托瓦尔兹不用花很多钱就能得到的东西中最接近 Unix 的。[65]托瓦尔兹把 Minix 运行起来之后很快就发现有一个要求它不能满足，具体来说就是一个能访问大学软件资源和在线讨论组的终端仿真程序。[66]在 1991 年 8 月发布在 Usenet 讨论组的帖子中，他解释说："我正在做一个（免费的）386（486）AT 克隆机上的操作系统（只是业余爱好，不像 Gnu 那样大而专业）……我希望大家告诉我，你喜欢或不喜欢 Minix 中的哪些东西，因为我的操作系统与它有些相似。"[67]接下来的那个月，他在网上发布了这个工作。为他的文件提供托管空间的莱姆克（Ari Lemmke）建议给这个程序取名为 Linux。随着工作取得进展，托瓦尔兹开始认为 Linux 完全可以代替 Unix 本身，而不再只是 Minix 的衍生物。这导致了他与塔嫩鲍姆的决裂——1992 年初，塔嫩鲍姆在 comp.os.minix 新闻组的帖子里表达了他对托瓦尔兹方法的反对。在与塔嫩鲍姆激烈交锋之后，Linux 的讨论转移到了自己的新闻组。

Linux 在一个全球性的、自发的爱好者团体中迅速发展。托瓦尔兹利用因特网分发自己的工作，几乎没有什么成本，而且立刻就能从用户那里得到反馈。他逐渐将项目的一部分移交给自己信任的团队成员。Linux 的成功建立在 GNU 团队已经生产的所有开源工具之上。（几十年来斯托曼一直提醒人们，这个操作系统应该被称为 GNU/Linux，而不仅仅是 Linux。）因为 Linux 是免费的，所以出现了许多不同的版本，按照 Unix 的伯克利标准发行版的传统，这些版本应该叫作**发行版**。

雷蒙德（Eric Raymond）是看到了这种软件开发模式优点的程序员之一。他在那篇影响巨大的文章《大教堂和集市》（The Cathedral and the Bazaar）中说，让人们查看和修改源代码可以比在闭源系统中更快地发现和修复错误。正如雷蒙德所说（解释托瓦尔兹的话）："只要眼珠足够多，所有的虫子（bugs，错误）都跑不掉。"[68]雷蒙德把这种方法称为**开放源码**开发方法，强调它的实用性优势，没有像斯托曼那样为摆脱软件所有权而进行意识形态上的斗争。虽然正如人类学家凯尔蒂

(Chris Kelty)指出的,双方采用的实践方法和许可内容几乎完全相同,但他们之间的区别仍引起了激烈的讨论。[69]

很快就有计算机软硬件公司的员工加入了早期自由软件运动志愿者的行列。IBM 用 Linux 代替其专有的大型计算机操作系统是其中最引人注目的转变信号。这始于 IBM 德国伯布林根实验室的“臭鼬工厂”(skunk works)项目。1999 年底,一群年轻的程序员成功地把 Linux 移植到了 IBM 390 大型计算机上。IBM 宣布:“Linux 已经到来,为商业业务、电子商务和企业都做好了准备。”有个广告里出现了一只企鹅(Linux 吉祥物)模糊的黑白身影,从如高塔般的大型计算机装置中穿过。

发行 Linux 的公司能收取的费用只是一个很小的数目,仅仅足以支付成本,但它们可以通过销售支持和服务合同赚更多的钱。最著名的 Linux 公司红帽(Red Hat)于 1999 年上市。其股价在交易的第一天就上涨了两倍,按收盘价计算,这家刚刚起步的公司市值达到了 30 亿美元。Unix 公司多年来一直在努力协调不同的 Unix 系统,希望为一个版本写的程序可以在其他版本上运行,形成统一的平台挑战微软公司。这个目标从来没有实现过,但 Linux 承诺的是标准化的核心操作系统。不花钱是另一个好处。以图形软件闻名的 Corel 公司认为 Linux 作为标准桌面操作系统,有机会挑战 Windows。Unix 的安装、配置和使用要困难得多,但 Linux 可以根据需要进行修改。Corel 公司在使 Linux 更易于使用和安装方面投资了几百万美元,并于 1999 年发布了它的第一个公共版本。2001 年成立的林多斯(Lindows)公司也有类似的目标,它承诺推出可以轻松运行 Windows 程序的 Linux 版本。

Linux 在台式计算机对 Windows 的挑战以失败告终,不过 Linux 的威胁确实迫使微软公司更加积极地为 Windows 定价。特别是,无论客户是否愿意,微软公司都强迫授权 Windows 给 PC 制造商销售的每台计算机,所以选择 Linux 并没有为消费者节省很多钱。普通用户想用的大多数程序都只有 Windows 的版本,没有 Linux 版本。Linux 仍然令人生畏。例如,用户在文件管理系统和桌面环境等方面的选择太多,软件公司很难开发出可以在所有 Linux 版本上运行的应用程序。只有软件开发人员和开源爱好者才愿意在自己的个人计算机上运行 Linux,导致 21 世纪初 Linux 可能只占市场的 1% 或 2%,这比 10 年前用于技术计算和金融建模的昂贵的 Unix 工作站的市场份额还小。

LAMP 开源软件栈

对于服务器来说,情况则完全不同。1994 年,随着 Web 的兴起,Windows NT 蓄势开始挑战办公用途的 Novell 服务器和执行更高要求任务的 Unix 服务器。尽管 Windows NT 可以通过廉价的标准 PC 硬件提供网页服务,但它从来没能像在桌面操作系统中那样主导服务器市场。大多数早期的网站都运行在 Unix 服务器或 BSD 上,而 BSD 已经从升级版 Unix 演变为没有 AT&T 代码的独立软件。Unix 系统价格昂贵,提高了运营因特网站点的成本。Web 公司并没有为了降低成本而转向 Windows 和 PC 硬件,它们靠免费的 Linux 操作系统省的钱更多。

21 世纪初,Web 应用服务器其他关键软件组件里的免费软件也越来越多。第一个获得主导地位的是 Apache,自 1996 年以来它一直是使用最广泛的 Web 服务器。Apache 这个名字是个文字游戏:它本身基于 CERN 的代码,最初是扩展 NCSA Web 服务器的软件补丁(patches)集合。很快,Apache 凭借自身力量成了一个强大且可扩展的软件,在商业 Web 服务器软件市场尚未形成之前就扼杀了它。[70]

Web 应用服务器需要数据库管理系统来存储有关用户、产品和订单的信息。Oracle 数据库在商业 Web 的早期很流行,但就像运行它的专有 Unix 服务器一样,它很贵。1995 年推出的 MySQL 数据库管理系统是一个免费的可选项。它由一家瑞典公司开发，基础版是免费的，为大公司设计的扩展版则是收费的。MySQL 的第一个版本只适合简单的应用程序，对于通常与公司主要数据库分开开发的 Web 系统是个很自然的搭配。在接下来的 15 年里，MySQL 逐渐减小了在功能上与 Oracle 的差距，增加了触发器和存储过程等功能。2010 年，甲骨文公司收购 Sun 公司，而后者此前收购了 MySQL，在这之后 MySQL 一直归甲骨文公司所有。这说明自由软件在很大程度上加强而不是削弱了甲骨文和 IBM 等强大的技术公司的实力。

大多数 Web 应用程序运行在被称为 LAMP 的软件栈上。LAMP 代表 Linux、Apache、MySQL 和 PHP。PHP 是专为 Web 创建的最流行的编程语言，它逐渐取代 Perl 成为 Web 应用程序编码的默认选择。Web 应用服务器（如 PHP 应用服务器）处理的代码片段与网页中的常规 HTML 内容交错，服务器将运行这些代码片段的结果填回 HTML 页面，再将其发送到 Web 浏览器。

应用服务器集成了在数据库管理系统上运行 SQL（结构化查询语言）语句的能力，提供了一种从数据库中提取信息并按网页格式组织的简单方法。这是大多数 Web 应用程序的关键需求。应用服务器还克服了 Web 服务器独立处理每个页面请求时带来的挑战。对于简单的静态页面，这种方式没有问题，但要执行诸如跟踪添加到在线购物车中的产品之类的操作，网站必须跟踪客户从一个页面到另一个页面。Web 应用程序编码人员为每个用户**会话**保存单独的一组变量，并根据发起会话的用户跟踪页面请求。Web 应用服务器自动完成了这两件事，简化了编码工作。

企业发现，为每台大型服务器要花费 5000 美元才能得到 ColdFusion 这样的商业应用服务器软件的使用许可，但由于 ColdFusion 能加快应用程序开发，减少错误，企业很快就可以收回成本。与

MySQL 一样,PHP 最初也是粗糙的免费替代品。2001 年,《PC 杂志》给 PHP 的打分只有 2 分(满分 5 分),落后于微软、Borland 和 IBM 等公司的商业方案。[71]尽管 PHP 被认为“对于高流量业务环境来说太不成熟”,但 PHP 仍然在为小型、低预算的任务服务——正如它的名字最初所表示的是**个人主页**(personal home page)。PHP 向代码库不断添加缺失功能,稳步扩展,正在成为一个可靠的竞争对手。不过由于开发路径不同,它的核心语言和代码库令人沮丧地不一致。21 世纪 10 年代,PHP 已成为大多数 Web 系统的标准部分,支持大量流行的网站和应用程序。例如,流行的 Web 发布系统 WordPress、Joomla 和 Drupal 都是用 PHP 编写的,它们加在一起,为全球超过 1/3 的网站提供了支持。

这里更重要的一点是,微软公司无法将 Web 变成一个专有系统,因为它对生成网页的服务器的控制,永远无法达到它对 Web 浏览器的统治水平。如果微软公司在因特网信息服务器的市场份额也超过 90%,它当然可以逐渐将 Web 从基于开放标准的系统变成使用全微软软件栈就足够的系统。但由于大多数网站都使用免费软件,即使是 IE 的成功也没能赋予微软公司单方面的权力,为其自身的利益制定 Web 标准。

火狐(Firefox)浏览器

Web 的持续开放对 IE 构成了新的挑战。它还降低了微软公司为捍卫其地位而斗争的战略利益。2003 年,微软公司停止向苹果公司付费,使 IE 不再是 Macintosh 计算机上默认的浏览器了。

1998 年,Netscape 公司的浏览器业务分崩离析,其企业战略转向了 Web 门户市场。随着 Netscape 浏览器套件的完整源代码被开放出来,公司冒着风险将开源开发作为利用其有限资源对抗微软公司的一种方式,希望这能促成大量改进的变体。由此产生的 Mozilla 浏览器有大量无关的功能,用起来很笨重,只赢得了最忠实的开源支持者的青睐。

然后,似乎是在2004年,《华尔街日报》和《纽约时报》等国家级出版物突然注意到了一个新的浏览器Firefox。[72] Firefox 1.0版于同年11月发布,此前该程序已经有了大批忠实的追随者。2002年,一名Netscape公司的程序员和一名少年实习生决定创建新版本的Mozilla,把它的功能精简到只剩基本要素。[73]该项目迅速发展,招募了有经验的开发人员,最终成了Mozilla项目的旗舰产品。它出现的时候恰逢IE由于与Windows深度集成而遭受了一系列安全攻击,为用户转向Firefox提供了令人信服的理由。Firefox拥有IE缺少的一些简单有用的功能,特别是在单个窗口中以**选项卡**形式打开多个页面并在它们之间快速切换的能力。很快又出现了几十个附加程序迅速扩展了它的功能,使Firefox有了阻止因特网广告这样的能力。

在正式发布后的一年里,Firefox占据了全球浏览器市场的1/10还多。在2009年到2010年Firefox达到顶峰时,它几乎占了1/3的市场份额。这些收益侵蚀了微软公司的地位,它的市场份额已经下降到所有浏览器用户的一半左右。Firefox是第一个同时被Windows和Macintosh用户广泛使用的开源桌面计算机应用程序。它的胜利标志着计算机市场版图的改变。微软公司仍然稳稳地控制着桌面操作系统和办公应用程序市场,但它主宰和封闭因特网的企图显然正在瓦解。

第十三章

计算机成为网络

本书的作者之一有一个12岁的儿子。一点也不奇怪,这个男孩和其他同年龄的孩子一样,他精通技术,可以老练地摆弄他的安卓(Android)手机、我们的iPad和Roku*、学校的Chromebook计算机和几个游戏机。他还精通Windows,用双屏PC打游戏、写作文,用Adobe公司的创意套件制作音频和视频。但是,他与父亲不同的地方是从来没有用过微软Word和任何其他桌面办公软件。他用Google Docs编写和编辑文本,不理解为什么老一代坚持使用微软的应用程序。到了写作时间,他就启动Chrome浏览器,打开云文档存储。他还用这个浏览器观看YouTube视频、玩令人反感的卡通类视频游戏,或者登录学校账户。

21世纪10年代后期,当这个男孩开始使用PC时,Web早已经不再只是前一章描述的超文本发布系统了。除了在存储为静态文件的页面上检索信息并显示,浏览器已经成为在**云**中运行在线应用程序的通用界面——“云”是由包含数千台计算机的巨大数据中心组成的分布式网络。成年人也发现只用Web浏览器这一个程序,就能阅读电子邮件、访问公司功能(如工作报告)、寻找约会对象、买书或与朋友保持联系。

---

* 美国罗库(Roku)公司生产的网络机顶盒,提供各种流媒体内容,输出到电视屏幕上。——译者

现代的 Web 把前几章探讨的各种计算模式都连接了起来。大型计算机的大容量在线应用程序每秒钟可以处理数千个事务,并管理巨大的数据库,但它们非常昂贵。在大型计算机上处理这些任务意味着使用笨拙的文本终端界面。个人计算机的用户得到的处理能力更多,还有快速、色彩丰富的图形和交互式应用程序。但 20 世纪 80 年代的个人计算机很少联网,用户只能生活在自己的数据孤岛上。这些模式的结合是一个长期的目标,曾经被称为**分布式计算**。Sun 公司的口号“网络就是计算机”野心勃勃,强调它的工作站就是为了与服务器联网而设计的。20 世纪 90 年代初,客户-服务器应用越来越普遍,但通常用在组织内部,而不是公开访问的服务。

Web 改变了这一切,用户逐渐又回到了个人计算模式,用安装在计算机上的应用程序来处理保存在硬盘驱动器里的数据。让客户在 Web 浏览器上自己输入数据,免去了数据输入员(主要是穿孔操作员的后继者)和呼叫中心员工的大部分工作。人们可以用 Web 应用程序查看和更新自己的数据,在用户和数据所在的公司数据库之间没有任何人存在。在这之前,从 20 世纪 50 年代开始,企业在计算机上的投资并没有产生明显的生产效益。事实上,在 20 世纪 70 年代信息技术逐渐成为整体商业投资的重要组成部分,而整个经济体的生产力提高却在放缓。计算机化对个别企业的明显好处与缓慢的经济增长速度之间的脱节被称为**生产力悖论**。[1]然而,美国经济在 20 世纪 90 年代后期到 2005 年经历了生产力的飞跃,大多数经济学家主要将其归因于互联网技术的应用提高了生产效率。

数据中心和云

早期的互联网公司依赖昂贵的 Unix 服务器,这些服务器有多个处理器、高可靠性的定制磁盘存储和内存芯片,在有大量空调设备的数据中心运行。为了避免服务中断，企业给硬盘**做了镜像**，维护复制的副本和**集群**服务器，以便在需要的时候准备好同步的备份。20 世纪 90 年代，许多大型计算机和小型计算机公司，如 Unisys（Univac 的继承者）和 Data General，把自己重新定位在销售基于标准处理器芯片的强大服务器。因特网的传播扩大了这个市场。一些大型网站很快就超出了单独任何一台服务器的能力极限，即便是 20 世纪 90 年代后期 32 路英特尔处理器的 Unisys 旗舰服务器也无法支撑。为应对大型 Web 应用程序的需求，企业建立了服务器**场**，利用**负载平衡**机制为每个新请求找到最不繁忙的服务器。存储区域网络提供了服务器和磁盘池之间的超高速连接。区分大型计算机、小型计算机和个人计算机的技术界限开始变得模糊。

安腾（Itanium）——未兑现的未来

基于 PC 的服务器能够达到的性能和可靠性可以与传统大型计算机相媲美，但与后者一样需要昂贵的组件。大多数服务器使用英特尔奔腾芯片特殊的至强（Xeon）品牌。英特尔和惠普两家公司联合开发的基于全新体系结构的安腾芯片耗资数十亿美元，进度落后了数年，于 2001 年开始销售。按计划，安腾将首先取代高端服务器的处理器，然后取代工作站的处理器，最后取代普通 PC 的处理器。它的 64 位体系结构支持非常大的内存，可以更有效地运行复杂计算。

安腾从未流行起来，部分原因是技术上的薄弱。与英特尔公司已有的处理器相比，安腾芯片的优势远低于预期。只有惠普公司自己广泛使用该芯片，用在价值几十万美元的服务器里。然而，更根本的是，安腾所瞄准的高性能服务器市场变得不那么重要了。互联网公司通过大量连接在一起的普通计算机板卡，得到了数量惊人的存储和处理能力，而不像以前那样花巨额资金只能买到连接了奇怪的存储和内存系统的少量专用处理器。

谷歌公司的数据中心

这种新方法是谷歌公司开创的。由于在 Web 搜索和 Web 广告两个领域取得的结果比竞争对手更好，它成为世界上最有价值的公司之一。它的成功通常归功于卓越的算法，尤其是其创始人在研究生期间创建的 PageRank 算法。但这也只给出了整个图景的一部分。谷歌公司的算法为用户提供了更好的搜索结果，广告系统展示的相关广告更能吸引用户点击，这使它赚取了更多收入。但与竞争对手更简单的方法相比，运行聪明的算法会消耗更多的处理器周期和 RAM。

谷歌公司的搜索引擎起初是斯坦福大学的学术项目，使用了昂贵的双处理器 Sun 服务器。它的商业模式为用户提供的服务需要消耗大量计算能力。为了有机会盈利，它需要大幅降低计算成本。利维在《谷歌内幕》(*In the Plex*)这本书里讲到，谷歌公司离开校园后开始自己搭建服务器。1999 年，它聘请了赫尔茨勒(Urs Hölzle)，在他的安排之下买了 2000 块廉价的 PC 主板，公司员工将这些组装成低价服务器(图 13.1)。随着谷歌公司的发展，它使用几十万甚至几百万台这样的计算机一起运行，节省了显卡和机箱的成本。2004 年，谷歌公司推出 Gmail(谷歌邮箱)服务，对外界来说规模的差异很显著——Gmail 服务提供 1 GB 免费存储空间，是市场领先的雅虎电子邮件服务所提供存储空间的 250 倍。

传统服务器的价格昂贵，因为它们使用更可靠、性能更高的组件。谷歌公司通过额外的软件层实现了可靠性和性能，尽管计算机主板和磁盘驱动器一直都有故障，但用户从来没有感觉到过。谷歌文件系统通过冗余地保存数据来提供可靠的存储。谷歌开发平台的核心功能被命名为神秘的“映射归约”(MapReduce)，让程序员以一种便于在许多处理器上分布的方式执行大型任务。它自动将工作分成小块并组合计算的结果,如果某个处理器突然出现故障,这部分工作就由其他单元执行。谷歌公司开发的其他服务也在代码中利用 MapReduce 的优势,目标是“将数据中心本身视为一台大型的仓库级计算机”。[2]当谷歌公司逐渐壮大,有能力建设自己的数据中心时,其架构师也同样富有创造力。例如,当数据中心变热,谷歌公司使用水而不是空气调节来带走热量,大大降低了冷却成本。(许多公司还尝试将数据中心设备装入标准集装箱,使数据中心可以轻松地搬迁或者扩展。)

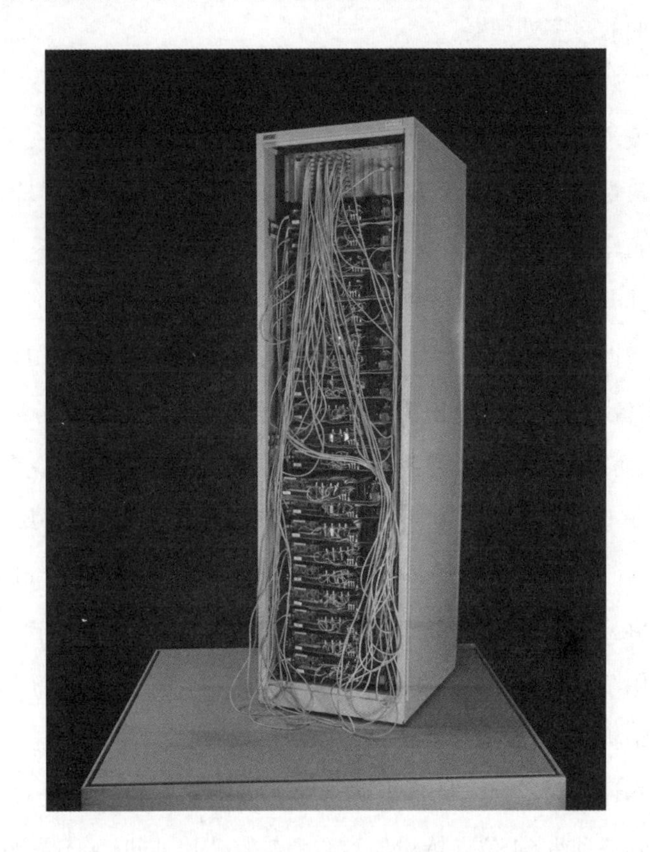

图 13.1　谷歌“软木板”(corkboard)服务器,1999 年由佩奇和布林在公司历史早期建造的 30 台服务器之一,建立了廉价自制硬件的传统。机架的每一排有 4 个主板和 8 个硬盘驱动器,放在一块软木上。感谢谷歌公司供图。图片来自史密森学会美国国家历史博物馆

当时为雅虎公司工作的软件设计师卡廷(Doug Cutting)和计算机科学研究生卡法雷拉(Mike Cafarella)把 MapReduce 概念应用到了他们负责的新开源项目 Apache Hadoop 当中。2006 年,Hadoop 第一版立即就被雅虎公司使用了——雅虎公司当时试图在 Web 搜索方面超过谷歌公司。2008 年初,雅虎公司运行的 Hadoop 集群有 1 万多个处理器内核。Facebook、领英(LinkedIn)和 eBay 三家公司紧随其后,围绕 Hadoop 重建了服务,并各自改进了代码。用户,甚至程序员,都不知道散布在世界各地的几千台计算机中,哪台存储了他们的电子邮件或托管了他们的文字处理器。

新方法推动了一个吸引人的术语的流行:云计算(图 13.2)。这个比喻隐藏了数据中心所有的混乱、能源消耗和人力成本,与之相反,人们的印象是数据仿佛失去了重量,在纯粹的信息空间中漂浮着。[3]微软、IBM 和亚马逊三家公司都开发了大规模的云服务,可以与企业签订合同托管其电子邮件系统或 Web 应用程序。企业维护自己的服务器场需要花费大量资金,其中大部分不是用于硬件,而是用在了 IT 人员开销、数据备份和灾难恢复能力等。云服务可以将这些成本分摊给许多用户,从而提高计算的效率和可管理性。领先的云计算供应商——亚马逊 Web 服务(Amazon Web Services)公司通过为宝马(BMW)、大韩航空(Korean Air)、三星(Samsung)、通用电气和联合利华(Unilever)等公司提供云基础设施,于 2019 年创造了超过 350 亿美元的年收入。

从用于原始 IBM PC 的不起眼的 8088 芯片,一路演变而来的处理器体系结构,已经成为云计算集群、高性能服务器、甚至大型计算机以及笔记本计算机和台式计算机的引擎。英特尔公司的竞争对手 AMD 公司找到一种将 64 位支持添加到奔腾兼容芯片,同时又不影响现有代码运行的方法*,于是安腾的标志性功能——64 位计算也进入了主流芯

---

* AMD 公司提出的 x86-64 体系结构支持 64 位计算,同时兼容 x86 体系结构。——译者

图 13.2 上图:位于弗吉尼亚州阿什本的数据中心。云服务器位于世界各地。弗吉尼亚州劳登县杜勒斯机场以北的阿什本数据中心可能是云存储的中心,但从外观几乎看不出来。照片来自塞鲁齐。下图:2014 年,在德国比雷的 T-Systems(德国电信)数据中心内。一位技术人员从机柜中取出一个标准尺寸的机架安装单元,服务器、网络交换机、备用电源和存储阵列都安装在机柜里。这些机架式服务器的 PC 主板、驱动器和扩展卡都放在紧凑、易于更换的机箱里。照片来自特鲁特谢(Thomas Trutschel),盖蒂图片社

片。2004 年,英特尔公司在其处理器里复制了 AMD 公司的方法*,64 位计算从此成了行业的标准。

多核处理器

通过并行运行处理器提高性能的方法不仅在数据中心存在,在单个计算机里也有。从 20 世纪 70 年代到 21 世纪初,几乎所有的个人计算机都有一个处理器芯片。遵循摩尔定律,在三个主要转变的推动下,处理器芯片的能力迅速且持续地提高。

首先,处理器的运行周期更短了。1984 年,IBM 最快的个人计算机 PC AT 的处理器运行频率为 6 MHz。20 年后,英特尔公司推出的 Pentium 4,其时钟频率是这个值的 600 多倍。

其次,处理器在每个周期中做的工作更多。例如,从 8 位转变到 64 位体系结构,处理器处理的数据块更大,因而提高了性能。处理器流水线中的不同单元同时处理不同指令的各个部分,能够更高效地利用处理器资源。

再次,系统设计人员将处理器的核心与系统的其余部分分离。由于 RAM 芯片访问速度仍然落后于处理器速度,需要更大、更复杂的缓存系统保持处理器高效工作。

所有这三个变化都是由于晶体管和互连机制能够做得更小而实现的。更小的晶体管用电更少,驱动得更快,散发出来的热量也不至于把芯片熔化。单个芯片上能压缩进更多内容,能放得下实现流水线的逻辑电路和提高性能的高速缓存。

21 世纪初,英特尔公司这种方法的发展遇到了限制。在高时钟速度下,量子力学开始发挥作用,晶体管会通过绝缘材料泄漏电荷。处理

---

* 英特尔公司取得了 AMD 公司的 x86-64 授权,在自己的处理器中改名为 EM64T。——译者

器消耗的电力更多,需要更复杂的冷却系统。Pentium 4 比 Pentium 3 更复杂,但为了实现非常高的时钟速率而进行权衡,每个周期完成的工作较少。Pentium 4 某些版本的指令流水线有多达 31 个阶段。如果意外分支需要清空并重新填充流水线,提前执行指令反而会损害性能。

英特尔公司没有按预期过渡到 4 GHz 和更高频率,而是改变了战略。更新的处理器通过用更少的时钟周期来执行通常指令,而不是通过更快的周期来提高性能。考虑到笔记本计算机的日益普及以及 ARM 公司超高效体系结构的威胁,能耗的效率此时与性能一样重要。2006 年,英特尔公司推出了酷睿(Core)品牌,旧的赛扬(Celeron)和奔腾被降级为低价芯片品牌。酷睿微体系结构提高了整体性能,同时降低了时钟速度。计算机的营销开始不再强调时钟频率,而时钟频率以前是大多数 PC 广告的最大卖点。这其实一直是一种误导——就像根据发动机的最大转速而不是由此实现的加速度来营销一辆跑车。

酷睿最重要的性能特点是每个 Duo 芯片上都有两个完整的处理器内核,于 2008 年推出的酷睿 2 Quad 型号增加到四个内核。自 20 世纪 90 年代以来,英特尔芯片经常被用在双处理器工作站里。但是两个高性能处理器以及装载它们的特殊主板的成本,意味着这种方法不适合普通的计算机用户。将两个或更多内核压缩到一个芯片上成了常态。

自 2010 年以来,英特尔公司的品牌就不再像奔腾 MMX 和酷睿 2 Quad 之类的标签那样,向消费者透露处理器有多少内核或使用什么微体系结构这样的信息。它的产品编号完全是相对的:酷睿 i3 处理器提供了良好的性能价格比,酷睿 i5 处理器在更贵的计算机上提供更高的性能,酷睿 i7 型号适用于以前的工作站市场——用户心甘情愿地为更快、有时也更耗电的芯片支付溢价(图 13.3)。新技术和新功能通常出现在高端型号,然后逐渐向下渗透。i3、i5 或 i7 等主要名称后面跟的数字使专业人员可以大致了解特定芯片的相对性能。这种命名方式好像是从宝马公司借鉴来的——人们不需要专业知识,通过数字就能了解邻居的汽车到底有多厉害。一辆有540标志的宝马汽车显然比停在街上的320型号更强大、更昂贵,而且功能更齐全。

图13.3　家庭自制游戏PC。限量版外壳(2019年)由艾必威(iBuyPower)公司设计,庆祝《辐射》(*Fallout*)系列的角色扮演电子游戏。它侧面的玻璃挡板能够展示内部组件,两个海盗船(Corsair)风扇在旋转时发出一系列颜色的光。紧凑的Micro ATX级主板几乎只占可用面积的一半,装饰有赛车风格的红色和黑色饰边。主板上主要是发光的Sapphire Nitro+RX Vega 64显卡(2017),挡住了四个扩展插槽中的三个,重达3.5磅。现代PC专为散热而打造:液体冷却系统将热量从隐藏在核子可乐瓶盖*下的四核4 GHz英特尔处理器(2015年第六代酷睿i7的变体)输送到机器后部的散热器。显卡底部的三个大风扇和集成散热器可带走数千个图形处理单元产生的热量。其他曾经由板卡完成的功能都内置在了主板上,包括以太网和声音。机箱与原始IBM PC的尺寸接近,在早期PC安装软盘、硬盘或光驱的前部空间放了一个装饰性的摇头玩偶。固定在主板上的小型三星Evo固态驱动器提供了1 TB的超快存储。电源、大部分布线和传统硬盘都隐藏在分区后面。照片来自黑格

* 电子游戏《辐射》中的元素。——译者

同一个芯片品牌的桌面版和移动版可能会大不相同。例如，2018年推出的第八代酷睿芯片涵盖了从只有两个内核的移动版 i3-8130U，到新的多达 18 个内核、标价 2000 美元的 i9-9980XE 台式计算机芯片。后者只有 3 GHz 的基本时钟速度，比英特尔公司 10 年前的旗舰产品还慢，但性能大为提高。

英特尔芯片甚至进入了大型计算机。为大型计算机市场设计、定制处理器在经济上已经不再可行了。Unisys 公司用了相当长的时间把它从 Univac 和 Burroughs 这两个组成部分分别继承来的独特的大型计算机操作系统，迁移到了一系列新的英特尔硬件上。英特尔的虚拟化功能被广泛使用，提供了可靠的高性能计算，这是硬件模拟的胜利。该项目负责人称："我们不能指望客户重新编译程序。"这意味着 1972 年编译的可执行程序必须不加修改就能运行。现代芯片的能力足以弥补模拟旧硬件而损失的性能。2013 年，一位"每天处理总计 2 万亿美元交易（可能是 SWIFT 银行中心）"的客户，"一夜之间从专用的 Libra 系统无缝过渡到了基于英特尔至强技术的系统——没有人注意到系统发生了什么改变"。[4]

一块有 18 个处理器内核的巨型芯片，赋予台式计算机惊人的并行处理程度。然而，这几乎不能与最新的图形硬件相比。2019 年初，英伟达公司公布了旗舰产品 Titan V 显卡的价格，即使最专注的游戏玩家听到这个价格也可能会停下来：3000 美元。不过，它所拥有的 5750 个处理器内核，相比容纳大型计算机的大机房，可以说是非常实惠的替代了。英伟达公司将 Titan 的市场定位在"深度学习"应用程序，按照其声称所取得的吞吐量，它将是 15 年前世界上最强大的超级计算机。类似的芯片驱动着世界上最快的超级计算机，包括克雷公司 2012 年为橡树岭国家实验室建造的 Titan 系统和它的后续产品，以及 IBM 于 2018年交付的 Summit 计算机。Summit 超级计算机拥有 9216 个 IBM 的 Power 处理器和 27 648 个类似 Titan V 卡上的英伟达处理器的芯片。

台式计算机有了超级计算机的性能的必然结果就是，有一部分用户继续使用旧的而且功能较弱的硬件。20 世纪 90 年代，Windows 运行的最好情况也只能说十分缓慢，这促使用户每隔一两年就升级到最新的硬件——如果可以的话。新版本软件在旧硬件上运行的速度慢到无法使用。有一句话模仿了《圣经》的说法："英特尔给予的，微软拿走。"为了自己的利益，英特尔公司可能做得太好了。今天，即使是 10 年前的计算机也可以相当好地运行最新版本的 Office 和 Windows。PC 的销量在 2011 年达到顶峰，接下来的 6 年中在不需要频繁更换的情况下每年的销量都在下降。世界上仍然有很多个人计算机——大约 20 亿台，每年销售约 2.5 亿台。

虚拟化

21 世纪初期，划分计算机的构成变得越来越困难。正如我们在讨论云计算时看到的，谷歌或 Facebook 等公司的程序员所针对的平台是一个软件层，而不是单个服务器。他们的代码在数千台单独计算机的池中同时运行，以至于整个数据中心，甚至是全球的数据中心网络，都可以像一台巨型计算机一样进行编程。

这种计算方式的另一面是虚拟化：能够在单个硬件上同时运行多个独立操作系统的实例。结合这两种趋势，IT 人员可以通过添加或删除分配给虚拟计算机的处理器数量和内存量来改变它的硬件资源，而用户甚至程序员都不知道这些更改。

虚拟化始于 20 世纪 70 年代的 IBM 大型计算机。虚拟内存对现代计算的重要性我们已经讨论过：为每个软件进程提供自己的私有内存空间，使其免受其他程序的干扰。当程序需要比可用内存更多的存储时，操作系统根据需要将内存块交换到磁盘存储，给用户和应用程序造成一种错觉，即他们在自己的**虚拟**私人计算机上运行。维持这种错觉是操作系统的沉重负担。

比虚拟内存更进一步的是创建强大且忠实于底层硬件的虚拟机，使它们可以运行整个操作系统以及应用程序。虚拟机首先是在IBM的系统中实现的。IBM为了应对在开发System 360/67大型计算机TSS分时操作系统时遇到的困难，于1968年至1972年在坎布里奇科学中心开发了控制程序/坎布里奇监控系统（CP/CMS）。在单个处理器上支持数百个并发用户需要极其复杂的操作系统来管理任务和资源。克里斯（Robert Creasy）领导的研究小组发明了一种不同的方法：为每个用户提供一个在虚拟处理器上运行的非常简单的操作系统（CMS）。控制程序的工作是使用单个物理处理器模拟多个虚拟处理器。CP/CMS可以支持的用户比TSS更多，并且性能更好。

IBM抓住了虚拟机的机会，这成为其System/370系列的标志。它的虚拟机（VM）操作系统以控制程序为中心，管理虚拟机并为其分配资源。每个虚拟机都可以运行常规的OS/360系列批处理操作系统、高性能交互式CMS或任何其他软件（包括另一个虚拟机）。这使20世纪70年代后期的IBM大型计算机有了无与伦比的灵活性。花同样数目的钱，一间满是小型计算机的房间提供的处理能力更高，但大型计算机可以在需要时将全部处理能力集中在一项庞大的工作上。管理员会为白天运行交互式应用程序的虚拟机分配更多资源，并在夜间将资源转移给批处理任务使用。一台大型计算机可以同时支持开发和生产系统，将它们完全隔离开来。随着时间推移，虚拟机作为一种为旧应用程序和操作系统提供向后兼容的手段而身价倍增。

与许多其他的体系结构功能一样，虚拟机从大型计算机通过小型计算机最终发展到了台式计算机上。虚拟化和仿真之间的区别在于，仿真会对性能造成显著影响，而虚拟化使用处理器本身的指令集和硬件功能。威睿（VMWare）公司于1999年推出了支持英特尔芯片的虚拟机的软件,使用巧妙的技术来弥补硬件支持的不足。英特尔和 AMD 两家公司于 2005 年开始添加硬件指令支持虚拟化,不断改进技术,并在接下来 10 年中将其推广到它们的全系列处理器中。普通计算机用户可能在没有意识到的情况下体验过虚拟化:最近版本的 Windows 用虚拟机支持那些依赖操作系统中已经删除的不安全功能的旧软件。

虚拟化对服务器的影响最大。企业的不同部门会积累大量的服务器,其中一些服务器运行专门功能的软件。较新的硬件可以支持每台服务器上的大量工作负载,但是将不相关的任务合并到同一台服务器上可能会带来安全风险,进程之间也可能发生不可预测的交互。相反,系统管理员可以将过时的服务器转换为虚拟机。随着工作负载的转移,虚拟机可能会从一台物理服务器转移到另一台物理服务器,而用户甚至意识不到这种转移。整个虚拟服务器作为单个文件进行备份,发生灾难时可以轻松恢复。虚拟化使计算机实用程序的旧愿景更接近了,组织可以享受自己配置(虚拟)服务器的灵活性,同时无需构建数据中心网络并配备人员。

流媒体视频

现在,传输和解压缩流媒体视频所占用的处理器能力和网络带宽比任何其他任务都多。我们已经讨论过从模拟电视到高清数字电视的转变,以及从模拟录像带到 DVD 和蓝光光盘的转变。那些电视和磁盘播放器其实都是专用的计算机。

在数字视频的早期,只有光盘或广播信号才能将足够的数据传送到计算机以产生高质量图像。即使采用激进的压缩方式,拨号连接上的视频流传输效果也很差,而且主要被色情网站占用。这种情况在 21 世纪初期开始发生变化,因特网访问的主要形式从拨号的调制解调器连接变成高速数字用户线(DSL)和电缆调制解调器。因特网骨干网在光缆基础上升级到了更有效的光通信形式。

但一个不太明显的事实是,向流媒体视频的过渡依赖于高效的云计算基础设施。大多数视频都有广告支持,或者要求用户每个月都支付较低的订阅费。YouTube 是领先的视频网站,普通人和企业都可以上传视频,免费供人观看,视频的数量有几百万个。YouTube 于 2005 年推出,发展非常迅速,仅仅 18 个月后,谷歌公司就用价值超过 16 亿美元的股票收购了它。在当时看来这是一笔巨款,但事实证明这是一项伟大的投资。YouTube 的视频质量和使用量迅速增长,而谷歌公司的基础设施有能力处理流量的大幅增长。YouTube 成了观看音乐视频、与朋友分享家庭电影或直播活动的最常见方式。谷歌公司开始与上传视频的 YouTube 用户分享广告收入,这些上传者一边聊天一边玩电子游戏、录制喜剧小品或提供美容秘诀,其中的一些明星成了富有的名人。2013 年,YouTube 每月的独立访问数超过 10 亿。许多亚文化都发展出了自己的笑话和行为方式,比如通过重新编排标准的视频序列或图像来制作表情包、短视频等**迷因**(meme)内容。

最受欢迎的视频订阅服务来自奈飞(Netflix)公司。Netflix 最早是邮寄 DVD 的租赁服务,从 2007 年开始转型到流媒体视频。与其庞大的磁盘库相比,起初 Netflix 上供用户观看的流媒体电影和电视节目非常有限,视频质量也比较差。但观众很喜欢流媒体视频的便利和低廉的价格。2011 年,奈飞公司不再强调其 DVD 租赁业务,将流媒体服务单独营销。随着时间推移,奈飞公司提高了视频质量,增加了高清视频,以及之后的超高清内容。由于电视和电影制片厂越来越不愿意把流媒体许可授权给竞争对手,奈飞公司开始制作自己的独家内容,制作了数百部电视节目和电影。到 2016 年,它已经在世界上许多国家展开了业务,为其中大多数国家提供当地视频。到 2020 年底,每年大约有 2 亿订阅者观看数十亿小时的视频。

在高峰时期,视频流量约占美国因特网上传输的所有数据的 1/3。这需要大量的服务器,但自 2016 年以来,奈飞公司连一个数据中心也没有。相反,它的系统由亚马逊 Web 服务公司托管,使它在全球快速扩张成为可能。它还与互联网公司合作,在这些公司的数据中心放置自主设备,使视频的传输无需通过网络之间的因特网骨干网。

Netflix 与 Hulu、Amazon Prime Video 等竞争对手一起改变了人们看电视的方式。有线电视的订阅量在 2012 年达到顶峰,然后开始逐渐下降,而光盘销量下降得更快。[5]对于年轻人来说,必须在某个时间点回家看电视这件事看起来很奇怪。流媒体视频最初在有特殊插件的 Web 浏览器上播放,运行在功能强大的 PC 上。这种设备不太可能出现在客厅里,因为传统上客厅是看电视的地方,所以奈飞公司与光盘播放器的生产商合作,在光盘播放器上增加 Netflix 的功能和特殊的遥控器按钮,以便在电视上更容易观看。奈飞公司还制作了可供平板电脑、手机和游戏机下载的应用程序,以便几乎任何有屏幕的或者能插进电视的东西都可以流式传输 Netflix 的内容。在 21 世纪 10 年代初期,这为许多任天堂 Wii 游戏机带来了第二次生命。后来观看 Netflix 变得更加容易,因为更贵的电视已经有了**智能**功能,无需额外硬件即可下载应用程序,并流式传输视频,而旧款电视及更便宜的型号通过流行的 Roku 和 Amazon Fire 流媒体机顶盒、电视棒增加了这些功能。

观看 Netflix 节目变得很简单,而且随时可以进行,人们经常会在一两天里"狂看"整季电视节目。既可以一个人单独看,也可以与朋友们一起打发时间。但到了 2015 年,经过互联网语言某种神秘的演变,"Netflix and chill"(看 Netflix 放松一下)在美国通常被理解为一种委婉的性行为邀请。

社交媒体

Web 2.0 一词在 21 世纪初期由技术出版商奥赖利(Tim O'Reilly)普及。根据他的定义,Web 2.0 站点将关注用户社区,后者从成员共享的内容以及其他成员的互动交流中获取价值。例如,新出现的**博客**服务让潜在的记者和出版商可以快速将材料放到网上,而不会陷在 HTML 编辑软件、文件上传和 Unix 命令行当中把自己弄晕。[6]博客[blog,即 Web 日志(Web log)的缩写]可以被当作公共日记、发表个人散文的场所,或者是政治、文化或技术等方面的专业报纸和杂志。[7]

维基百科同样展示了社区协作创造优质内容的力量,而亚马逊的吸引力来自大量的用户评论,也来自其低廉的商品价格和丰富的商品选择。在技术层面,Web 2.0 站点是动态生成的,它们使用 Ajax 等技术来提供响应更及时的体验。

早期社交媒体

Web 2.0 概念很快就与另一个新词——**社交媒体**纠缠在了一起。一大批为网站和博客提供基于 Web 的编辑工具(例如 GeoCities 和 LiveJournal)的公司,正在让位给这种创造和共享在线内容的新模式。社交媒体结合了博客的内容发布功能,但重点是树立个人的形象和资料,从关系更紧密的社交网站(如 Classmates.com)“借来”老朋友建立社交网络。这些网站的代表是 2002 年建立的 Friendster.com。它一推出就取得了成功,几个月内吸引了 300 万用户注册,报纸和电视都广泛报道了它。据《纽约时报》报道,Friendster 的创建者“设想它是一个约会网站,但人们的社会好奇心把它变成了另一种地方,在那里每个人都成了正在上演的人际关系戏剧(或喜剧)的中心”。“色情女王、风险投资家,”《泰晤士报》(*Times*)惊叹道,“与新纳粹分子和普通的时髦人士都在这个网站上。”[8]

2005 年,Friendster 被竞争对手 Myspace 超越,后者在青少年和音乐家中特别受欢迎。Myspace 中的个人介绍页面高度可定制,充满了冲突的色彩,能自动播放音乐和动画图形。它是第一个吸引用户过亿的社交网络。几年来,在这个网站上出名的用户,他们的个性与网站愉快的“垃圾”美学很是般配,拥有一种另类的新名气。其中最著名的是裸体模特特基拉(Tila Tequila),她也是位有抱负的音乐家,凭借自己在 Myspace 的成功成为 MTV 真人秀节目《与蒂拉·特基拉谈恋爱》(*A Shot at Love with Tila Tequila*)的主角。但就像 Myspace 本身一样,特基拉的成功只是昙花一现。后来几年,媒体对她的报道逐渐减少,又重新开始关注她自称的对希特勒(Adolf Hitler)的钦佩,以及她相信地球是平的。

社交媒体服务、播客、博客,以及像 Tumblr 这样可以让用户分享和标注照片的平台,模糊了内容生产者、消费者和发布者之间的界限。如同采样对音乐的影响,用户分享内容时可以打乱结构重新混合、加上讽刺的标题,或者重新诠释。在封闭的亚文化(例如科幻迷)中发展起来的实践,现在可以以数字的方式传播,达到以前大众媒体的专业产品才能有的规模。媒体学者伯吉斯(Jean Burgess)称之为“民间创造力”,是一种让普通人的声音被听到的方式。[9]

Facebook

2009 年,Facebook 取代 Myspace 成为领先的社交网络,它从哈佛大学的学生项目起步,迅速扩展到其他的精英校园。从大学生开始是有道理的,因为他们对新技术有开放的态度,因特网接入的情况良好,并且能很快了解自己的同学在用什么。Facebook 公司于 2004 年夏天成立。2006 年,网站向学校外部开放了会员资格。尽管比第一批商业网站晚了 10 年,但它出现的时机被证明是相当完美的。只有当一大群朋友和熟人都准备加入时,社交网络的概念才有效。在 2006 年时,公众的网络连接更快,可以快速加载大型图形页面,用户在网上花费的时间更多。[10]

Facebook 最早是用 PHP 编码的,随着系统发展,它的大部分核心平台仍使用 PHP。公司为 PHP 开发了许多扩展,包括转换成 C++ 代码并编译进而提高性能的模块。Facebook 应用程序以其首席执行官扎克伯格(Mark Zuckerberg)所说的**社交图谱**(social graph)巨大数据库为中心。"**图**"是来自数学的术语,它表明公司的重点在事物之间的联系。"喜欢"、帖子、页面和消息的数据都与平台用户相链接——Facebook 收集有世界上最广泛的关于个人习惯和品位的数据集合。与谷歌服务一样,Facebook 运行在数千台个人计算机上,而不是在一台巨大的大型计算机上。

Facebook 迅速成了网络和现实之间的黏合剂,其海量用户的网络生活代表了美国文化的重要组成部分。在它推出 6 年后,热门电影《社交网络》(*The Social Network*)讲述了 Facebook 创立和早期发展的故事,获得了几项奥斯卡奖。扎克伯格 20 多岁就已经在纸面上成了亿万富翁,这部电影巩固了他的"新比尔·盖茨"的地位。与同样从哈佛大学辍学的盖茨一样,扎克伯格无情的书呆子梦想家形象被嘲笑,也被颂扬,在追逐权力和难以置信的财富的过程中,他不断碾压粉碎他的敌人和前合伙人。2012 年,Facebook 公司首次公开募股,市值创纪录地超过了 1000 亿美元,达到这个数字的基础就是其超过 8 亿的活跃用户和每年超过 10 亿美元的广告利润。Facebook 公司的进一步发展得益于移动互联网平台的普及,用户能够从任何地方访问 Facebook,发送消息、浏览新闻和发布图片。

随着时间推移,Facebook 的设计和最受欢迎的功能发生了根本性的变化。举例来说,2009 年,它宣传自己是一个平台,其他公司可以在这个平台上利用用户之间的联系构建应用程序。《开心农场》(*FarmVille*)游戏是这些应用程序中最受欢迎的一款,它的要点就是反复点击奶牛、母鸡和土地,完成挤奶、收集鸡蛋、犁地、播种和收获等工作。一年之中,超过 8000 万人玩了这个游戏,游戏评论家博戈斯特还模仿它创作了《点奶牛》(*Cow Clicker*)游戏,事实证明也非常受欢迎。[11]

Facebook 鼓励其他网站在页面里嵌入按钮,用于在 Facebook 分享内容并显示收到的"喜欢"数。Facebook 用户积累了如此多的朋友,**喜欢**了如此多的页面,以至于每隔几秒钟就有更新的个性化新闻提要。2008 年,Facebook 公司聘请前谷歌广告团队负责人桑德伯格(Sheryl Sandberg)担任首席运营官。随后发生了一系列变化。Twitter 异军突起——这是一个用户可以公开发布消息的平台,但消息的长度限制在简要的 140 个字符以内。为了应对 Twitter,Facebook 重新设计了确定更新优先级的算法,也就是哪些消息突出显示,哪些隐藏起来。新系统不再强调来自密友的更新,而是偏爱付费广告、名人帖子以及在网络其他地方有可能疯狂传播的分享内容。[12]随着移动互联网设备更加普及,Facebook 越来越重视消息传递和聊天的功能。

Facebook 的成功削弱了博客对临时用户的吸引力——Facebook 的帖子比博客内容更容易被分享和评论。相比之下,吸引了大量访问者和评论的成功博客演变成了媒体公司。它们聘请了工作人员,使编辑和制作专业化,通过用户订阅维持自己的运营。例如,2000 年 11 月,当佛罗里达州的总统选票统计发生争议,造成激烈讨论的时候,从历史学家转为 Web 出版商的马歇尔(Josh Marshall)推出了政论博客 Talking Points Memo。作为博主,他的个人技能吸引了相当多的读者,足够聘请一支不断壮大的记者团队。其他领域的博客,例如技术法

(Techdirt)、名人八卦(PerezHilton.com)、消费者技术评论(Engadget)和个人生产力(LifeHacker)等,也有类似的发展轨迹。

广告的胜利

Facebook 一直坚称它是一个通信平台而不是媒体公司,但 Facebook 吸引的注意力比任何一家报纸或电视网络都多。合作公司抱怨说,Facebook 突然调整界面或者算法可能会破坏它们的项目的未来。例如,2015 年 Facebook 开始大力宣传自己是视频发布平台,鼓励媒体公司"转向视频",并希望 Facebook 带来观众和广告收入。但后来有人指责 Facebook 伪造了观看数据,这些数字短暂地使它们的创作看起来像是网络出版在经济上可行的最佳选择,之后,Facebook 又突然不再强调共享视频了。

所有这些真真假假的战术结合起来是一个统一的战略目标,即鼓励用户在 Facebook 上花更多时间,分享更多的个人信息。除了搜索或浏览网络、发送电子邮件,以及使用诸如共享图片、发邀请之类的各种服务,用户应该在 Facebook 上完成所有的事情。这样 Facebook 可以销售更多广告,并且可能更重要的是,通过交叉引用用户所有在线活动的线索,收集更多关于用户的数据。

几乎所有世界上访问量最大的网站都是靠广告维持的,Facebook 是这个更大的现象的极端例子。这种模式从 Web 发布商蔓延到新型的 Web 服务,包括社交媒体网站、视频共享,甚至是色情内容。在 21 世纪 10 年代中期的某些国家,很大程度上是个别免费色情网站使曾经盈利的色情订阅网站和 DVD 销售业务都消失了。网站免费播放用户上传的视频,其中许多是盗版的,没有给表演者或版权所有者付版税。[13]今天,那些国家的表演者的大部分收入来自在脱衣舞俱乐部的客串表演和录制个性化视频。

也并非所有网站都采用这种运营方式。克雷格列表(Craigslist)和维基百科这两个最流行的互联网平台,一直以社区服务而不是利润最大化为目标运行。维基百科由一个非营利基金会所有,与美国国家公共广播电台一样,主要通过用户捐款来维持。它的发展,尤其是协作在线编辑工具 wiki,受到自由软件运动意识形态的影响。[14] Craigslist 是在线的分类广告网站,在很大程度上抢了当地报纸的主要收入来源。Craigslist 是一家私营企业,但一直没有上市,创始人纽马克(Craig Newmark)发现,只要向发布职位空缺的公司收取少量费用,他就可以赚到足够多的钱过上好日子。网站保留了顽固的老式设计,自 20 世纪 90 年代以来几乎没有明显的变化。Craigslist 网站不显示任何广告(除了人们前来访问的分类广告),大多数卖家无需支付任何陈列商品和服务的费用。[15] Craigslist 和维基百科的成功证明,互联网上如此泛滥的商业主义只是一种选择而不是必然的结果。

面向 Web 的应用程序

客户-服务器应用程序需要大量的维护工作。PC 端的 IT 人员必须安装客户端程序、使 Windows 保持最新,并建立必要的网络和数据库连接。这意味着要在看不见的房间里运行各种文件、应用程序和数据库服务器。公司必须购买、安装、配置和维护应用程序。大公司部署一个像 SAP 系列产品这样的大软件包,轻轻松松就能花掉数亿美元。

Java 和网络计算机

将 Web 浏览器变成高度交互式在线应用程序平台的第一次大推动是 20 世纪 90 年代中期的 Java 带来的。从 1991 年开始,Sun 公司的戈斯林(James Gosling)与其他程序员组成的小团队开发了一种语言,支持将交互式应用程序下载到数字有线电视盒。在 1995 年 3 月发布的时候，它更名为 Java。[16]

Sun 公司的理念是“一次编写，随处运行”，承诺 Java 程序可以在任何计算机上运行，无论大小，无需修改。这是一个古老想法的重现。具体来说，IBM PC 于 1981 年发布的时候有三个操作系统可选：MS-DOS、CP/M 86（发布太晚，价格太高），以及加利福尼亚大学圣地亚哥分校的 p-system。p-system 来自实现 Pascal 语言的技术（与在 Apple Ⅱ 上出售的 Apple Pascal 采用的技术相同，后者也取代了通常的操作系统）。p-system 的应用程序不是可执行的机器代码，而是一个假想的**伪机器**上的中间代码。当应用程序运行时，中间代码被解释为实际的计算机指令。它的优点是可移植性好，只需重写 p 代码的解释器，应用程序即可在特定的计算机上工作。该系统从未流行的一个原因是 IBM PC 迅速成了标准，后者的应用程序直接运行在硬件之上，性能更高，能够访问硬件的全部功能，这样做更有意义。

十几年后，互联网连接了各种计算机，还计划扩展到电视、手持设备和手机。Java 的出现恰逢 Netscape 公司的兴起，后者利用 Java 为网页设计者提供了赋予页面动画、运动和交互性的方式。HTML 定义的是静态页面：在用户单击按钮或链接，加载另一个页面之前，浏览器显示的内容不会有任何变化。Java 小应用程序用交互式控件填充了网页的一部分。用户点击页面，PC 端运行的代码会立即应答，无需花时间等待 Web 服务器生成新页面，再由浏览器加载的过程。

企业都开始急切地在设备和操作系统中增加对 Java 的支持，让程序员学习 Java，软件工具公司则开始生产 Java 开发辅助工具。人们期待 Java 能够打破微软公司对个人计算的控制。如果人们通过互联网可以访问所需的任何软件，谁还会买微软 Office？如果这些程序都是用 Java 编写的，谁又会在乎计算机是否运行 Windows？Netscape 公司的安德里森说，他的公司将使 Windows 看上去不过是“一堆错误百出的设备驱动程序集合”,仅有的功能就是运行他公司的浏览器和 Sun 公司的 Java 引擎——这样一来 Java 的威胁就非常明确了。[17]

微软公司的对手在与 Windows 的竞争中取得的胜利微不足道,但 Java 增加了击败个人计算机本身的可能性。Sun、Oracle 和 IBM 三家公司联手发布了**网络计算机**的新标准。这是个人计算机和终端的混合体。像终端一样,它只有在连接到网络时才能工作,而且没有自己的磁盘驱动器。就像个人计算机一样,它有一个能够在本地运行 Java 程序的处理器,而不像终端那样完全依赖服务器的处理器能力。网络计算机用 Gartner 集团提出的总拥有成本(TCO)概念进行推广。Gartner 分析师指出,对于企业而言,PC 的购买价格只是其业务实际成本的一小部分。1996 年,Gartner 集团估计每台 PC 5 年的总成本约为 44 000 美元,是 10 年前一台 DOS PC 的总拥有成本的 2 倍多。[18] Windows 系统烦琐复杂。大部分开销来自 IT 支持、网络基础设施、软件、升级,以及用户鼓捣屏幕保护和寻找无法打印文档的原因而导致的工作时间损失。在企业环境里尤其如此。每台 PC 上必须安装自定义的客户端应用程序,保持最新版本,并保持与服务器组件通信所需的网络配置和数据库连接。网络计算机真正节省的是用户和支持人员花在每台计算机上的时间,能够削减 IT 支持的成本。

以绘图软件闻名的 Corel 公司,于 1996 年抢购了 WordPerfect 和其他应用程序软件,为的是与微软公司的 Office 套件竞争。它赶上了 Java 的潮流,计划用 Java 重写其办公套件,以便可以在 Windows、Macintosh、Unix 以及网络计算机和其他新兴平台上运行。这个策略令人兴奋,但 Corel 公司生产的软件使 Java 的局限性暴露无遗:运行速度慢得让人恼火、容易挂起,还缺少 Windows 版本的许多功能。Java 虚拟机不允许本地打印和保存文件,也不能在应用程序之间剪切和粘贴。[19] 经过几个预览版本,Corel 公司还没有发布过实际产品,就放弃了这个

Java 计划。

网络计算机主要由 Oracle 公司销售,最终在 2000 年被放弃。由于可用的 Java 应用程序很少,网络计算机主要还是用作 Unix 图形终端,所有的处理都在服务器上完成。当时访问互联网的速度仍然很慢,尤其是在家里,这种必须下载所有程序和数据的设备的实用性受到了限制。PC 成本迅速下降,缩小了全功能 PC 与网络计算机之间的成本差距。微软公司为了应对这种威胁,在 Windows 里实现了集中管理功能,使系统管理员可以自动更新并锁定系统防止用户修改。

Java 小应用程序也失败了。它们尴尬地坐落在网页中,就像屏幕中的屏幕。通过缓慢的电话连接等待加载笨重的 Java 页面,这种体验令人厌烦。但最大的问题是兼容性。Java 本应该基于标准的虚拟机,但实际上存在多种不同的实现而且都在不断更新。有的程序只能在有某个 Java 版本的某个浏览器版本上运行,更新 Java 或者浏览器都会导致程序突然失败。人们对小应用程序的兴趣迅速消退,尤其是因为黑客还学会了利用 Sun 公司 Java 平台的安全漏洞。21 世纪 10 年代初,专家敦促在浏览器中禁用 Java。

Java 在更受控制的环境中更成功一些,例如它最初的设计目的——交互式电缆盒。21 世纪初期的手机开始用 Java 运行应用程序。但它最大的成功是在两个意想不到的领域。一个是作为教学语言:计算机科学系用 Java 代替 C++ 和 Pascal 进行教学。它面向对象,但比 C++ 更容易学,并且由于运行在虚拟机上,它还能捕捉和诊断导致程序崩溃的问题。另一个是作为编写代码片段在服务器上运行的语言,包括 Web 服务器上的小应用程序 Servlet 和其他工具(如数据库管理系统)里运行的代码。Java 仍然是世界上使用最广泛的编程语言之一。

软件即服务

21 世纪初期,计算机行业都在热烈地讨论一个令人兴奋的新概念:**软件即服务**(SaaS)。企业付钱订阅应用程序,并通过 Web 浏览器使用。无需安装其他软件,浏览器就可以当作通用的客户端。数据存储在云中的某个地方,企业不需要负担备份和保护数据的责任。新功能直接出现在应用程序里,无需将服务器升级到新版本,或者安装更新的客户端软件。

这在早期推动 Java 和网络计算机失败的地方取得了成功。新模式的第一个重大成功是 Salesforce.com,它成立于 1999,核心产品是**客户关系管理**应用程序,该应用整合了销售人员需要的所有功能,例如记录实际和潜在客户信息、跟踪预约、记录需要服务人员跟进的问题,等等。虽然已经有很多软件可以满足这些需求,但销售人员大部分时间都在办公室之外,只有 Salesforce 与 Web 完美契合。SaaS 在小企业里也很受欢迎。例如,大多数健身房没有服务器和现场 IT 人员,因此这类行业迅速转向基于订阅的服务,其中包括记录访客、送交会员续订和小额购买账单等所有需要的功能。到了 21 世纪 10 年代,新模式已扩展到更大的公司和更复杂的应用程序。甚至 SAP 公司也开始为其企业应用程序推广云模式。

历史学家的记忆很长,喜欢争论这种模式到底有多新。[20] 例如,20 世纪 70 年代,分时系统公司提供了对在线应用程序的访问,而不是简单地登录交互式计算机,因而更受欢迎。终端上不需要安装任何软件。从更长远的角度来看,20 世纪 80 年代对独立式个人计算机、90 年代对客户-服务器应用程序的热情可能看起来奇怪地背离了历史规范。但正如 Java 的故事所示,把 Web 浏览器改造成功能强大且流畅的在线应用程序界面,使其能够成为 20 世纪 70 年代文本终端的现代替代品,需要付出巨大的努力。

Ajax——浏览器窗口中的交互式应用程序

20 世纪 90 年代中期,基于 Web 的应用有两种相互冲突的开发方法。一种是快速加载没有交互性的 HTML 页面,响应用户的选择需要生成和传输一个全新的页面。另一种方法是交互式的 Java 小应用程序或 Shockwave 动画,可以立即响应输入,但加载速度很慢,而且用户在此之前必须正确安装了处理插件,它才能正常工作。

Netscape 公司于 1995 年末推出的一种被称为 JavaScript 的语言提供了第三种方式。它与 Java 没有真正的联系——这个名字是利用 Java 炒作的营销手段。JavaScript 是一门笨拙的语言,只用 10 天时间就设计好了,一开始有很多错误。但是它做的事情非常有用:开发人员在网页中嵌入代码片段,在输入框中的值被更新或者用户单击按钮的时候运行。这些小程序可以检查日期格式是否正确,隐藏不需要的控件,或者警告用户数据尚未保存。微软公司很快就在 Internet Explorer 中模仿 JavaScript 开发了类似语言,而到了 1997 年,JavaScript 成了业内标准。

2005 年前后,Web 开发人员发现了利用现有技术创建更复杂、更高效的交互式页面的创造性方法。关键是在不重新加载整个页面的情况下从服务器获取新数据。许多人第一次在谷歌邮箱(可以在动态页面中撰写和过滤消息)和谷歌地图(可以用鼠标滚动和缩放地图,填充地图的空白部分,而无需重新加载页面)中看到了这种模式的能力。这些功能适用于不同的浏览器和操作系统,不需要任何插件,也不用下载任何软件。该技术结合了 JavaScript 和一种数据格式化方法 XML。Web 设计师加勒特(Jesse James Garrett)在 2005 年一篇描述这种新方法的文章里称其为 Ajax,这个词表示异步(asynchronous)的 JavaScript 加 XML。[21]

Ajax 这个名字和方法都延续了下来。它支持流畅且强大的 Web

应用程序,摆脱了 Flash 和 Java。Facebook 和 Instagram 等新平台用这些技术实现了新平台的交互式 Web 界面。随着 HTML 和相关技术[如串联样式表(CSS)]的改进,Ajax 的功能不断提高。[22]

在线办公应用

20 世纪 70 年代以来,文字处理和电子表格程序一直都是使用最广泛的计算机应用程序。两者都重视交互性而非处理能力,因此非常适合 PC。但是随着用于 Web 应用程序的 Ajax 技术的兴起,即使这些任务用户也可以通过 Web 浏览器执行了。

Google Docs 是第一个广泛使用的在线办公套件,它的基础是谷歌公司在 2006 年和 2007 年收购的产品。Google Docs 功能有限,特别是在早期。例如,文字处理器最初不支持脚注或邮件合并——自 20 世纪 80 年代以来高端软件常见的功能。相反,云模式的优势在于,在公共计算机(如校园计算机实验室里的或图书馆里的计算机)上编辑文档,或者位于不同地点的人们之间协作编辑文档。团队成员无需交换文件即可访问最新版本,并且可以轻松地跟踪修订。这实现了 1968 年恩格尔巴特的 NLS 系统展示的协作编辑的愿景。其他系统,包括微软公司自己的 Office 产品的在线版本,紧随其后,陆续推出。这些系统通常免费供个人使用,收入主要依赖广告商,以及高级账户为获得更多功能或在线存储空间而支付的订阅费。互联网发布的广告支持模式已经扩展到了个人计算机软件市场的传统核心当中。

浏览器现在获得了安装扩展的能力——浏览器扩展就是能够执行特定任务或加速特定云应用程序性能的小代码包。当浏览器技术发展到能够下载部分云应用,使用户在暂时离线的情况下还可以继续编辑文档时,在线办公套件就变得更有用了。如果安装一个非常流行的打开关闭本地文档的扩展,Google Docs 套件就能完全离线运行。由于认识到了向云应用转变的趋势,HTML 本身也从简单的页面描述语言扩展成为交互式应用程序优化的平台。

Chrome 和 Chromebook

Firefox 的流行表明微软公司对浏览器市场的垄断被逆转了,但对 IE 的致命一击来自谷歌公司。谷歌公司的一系列新 Web 应用(如 Gmail、Google Maps 和 Google Docs 等)严重依赖 Ajax 编程技术,而现有的浏览器运行复杂的 JavaScript 代码速度很慢而且不可靠。谷歌公司内部的 Firefox 开发小组开始组装一个针对交互式应用程序进行了优化的新浏览器。谷歌 Chrome 浏览器于 2008 年推出,有着极简主义的视觉设计和无与伦比的稳定性和高性能。2012 年,它已经超过 IE 成为使用最广泛的浏览器。在我们撰写本书时,Chrome 占有大约 70% 的浏览器市场,而微软系列浏览器和 Firefox 各占 10% 左右。微软公司于 2019 年放弃了这场斗争,宣布其浏览器今后将基于 Chrome 技术,不再试图自己生产更快但可能不兼容的页面渲染引擎。

谷歌公司利用 Chrome 的成功,以及 Web 浏览器可被用作交互式应用程序强大的客户端,重新启动了网络计算机的概念。它于 2011 年宣布的 Chromebook 设计被联想、三星和惠普等公司采用,作为廉价、易管理的笔记本计算机的基础。这些计算机运行从 Linux 衍生出来的、针对 Web 进行了精简和优化的 Chrome 操作系统。用户登录自己的谷歌账户,用谷歌应用程序处理安全保存在谷歌服务器中的在线数据。Gmail 和 Google 日历等应用程序即使在用户离线时也可以处理下载的数据,但 Chromebook 被设计为几乎只能在连接到互联网的情况下使用。学校热烈地采用了 Chromebook,因为与传统笔记本计算机相比,它们的强大优势在于购买和拥有成本低、安全,还能控制学生使用的应用程序的范围。

新的编程系统

PHP、Perl 和 Java 仍然广泛用于在线应用的服务器端编码，但现在新加入了两个非常流行的语言：Python 和 Ruby。两者都是个人设计的面向对象解释性语言，但（与 Perl 不同）它们都被许多不同的团体实现并且标准化了。Python 由荷兰系统程序员范罗瑟姆（Guido van Rossum）发明，而 Ruby 是日本计算机科学家松本行弘（Yukihiro Matsumoto）创建的。Python 和 Ruby 是通用语言，但在快速开发和修改在线系统方面有特殊的优势。Python 对新人特别友好，经常在为没有计算机科学经验的学生开设的编程课程中使用。拥趸们常常花几小时争论每种语言的优点。Ruby 因其设计的内部一致性而受到称赞，对被 PHP 和 Perl 随意混乱的语法搅得头脑发晕的计算机科学家很有吸引力。

然而，对于大多数项目来说最有决定性的选择是**应用程序框架**，语言的选择是次要的。交互式 Web 应用程序涉及浏览器和服务器之间极其复杂的软件技术集合。从头开发所有代码非常昂贵。与用于云计算的 Hadoop 一样，应用程序框架把在线应用程序所需的代码库和常用功能（如身份验证）捆绑在一起。Ruby 能在学术界之外传播主要是因为 Rails 应用程序框架大行其道，支撑了 Hulu、Airbnb 和 Groupon 等主要网站。其他流行的框架依赖于 Python、PHP 和 Java。

这些新工具使得大型交互式网站的开发在 21 世纪 10 年代比在 20 世纪 90 年代便宜得多，速度也快很多，尽管现代网站更加复杂。这就迫切需要有能力使用项目所需的各种技术的程序员。初创企业尤其看重“全栈开发人员”，他们的技能覆盖从操作系统到数据库、服务器代码和浏览器的代码，再到界面设计、需求分析和项目管理。如此理想的程序员很少见——有人说几乎不存在——但寻找他们标志着从依赖大型专业团队的旧公司系统开发模式的转变。

伴随着这种转变的是熟练的程序员被称为**编码员**(coder),出现了一个新行业——**编码训练营**。早在20世纪50年代,编码就被认为是编程工作中最常规、收入最低的一个。这项工作很快就被软件工具自动化了,这个职位也在20世纪60年代就不再使用。随之而来的是头衔的膨胀——程序员被称为**分析师**或者**软件工程师**。谷歌等公司的编程人员通常被称为工程师,但这个头衔传统上是给那些**职业工程师**的(有四年认可的学历,通过了专业考试,然后是一段时间的实习经历,最后还要通过州立的专业水平测试)。[23]最终,系统开发的每个过程几乎都用了架构师这个词,可能是受到了设计专家诺曼(Don Norman)于1993年被高调任命为苹果用户体验架构师的刺激。这也同样激怒了真正的建筑师*。2010年的一份报告说:"经济不景气只会加剧他们的不满,数千名失业的和被大材小用的建筑师,正在满是软件架构师、系统架构师的、数据架构师和信息架构师的工作清单中筛选,简而言之,各种'架构师',除了他们自己的那类。"[24]

相比之下,**编码员**是一个积极谦逊的身份,他们的实际工作就是将计算机指令粘在一起。也许IT开发工作的薪酬已经达到了赢得人们尊重的水平,不再需要挪用更成熟职业中的职位。2014年,《纽约客》(*New Yorker*)的一篇文章说,精英开发者就像新的摇滚明星或职业运动员,通过狡猾的经纪人谈判赚大钱。[25]

订阅和云存储

无处不在的高速互联网接入也改变了传统的软件销售方式。20世纪90年代,客户买的是装着一张CD光盘或一组软盘的套装软件盒。这使他们能够永久使用软件,这也是为什么公司喜欢每隔几年发

* 架构师和建筑师的英文都是architect。——译者

布一次新版本程序。特别是微软公司，它大力向手里的软件已经过时的用户宣传新版本，并打折出售给他们。微软公司偶尔会免费发布一些小更新，通常包括错误修复和性能增强，但在互联网出现之前，大多数计算机用户并不会刻意取得并安装这些更新。

互联网出现后的第一个变化是软件更新的分发更加容易了。软件补丁更容易从互联网上获得，但连接互联网的计算机的安全漏洞也很容易被利用。微软公司在 Windows 98 里把这个过程自动化了，增加了 Windows Update 服务来快速分发更新，并开始以免费下载的形式提供对 Windows 的重大更改和改进，而不是将它们保留到下一次重大升级。

随着互联网连接速度的增长，越来越多的用户通过下载而不是光盘购买软件。软件公司最终完全摆脱了每隔几年销售一次主要版本的模式。微软公司表示，2015 年推出的 Windows 10 是 Windows 发行版本的最后一个编号，以后每年有两次重要更新。

虽然微软公司继续对 Office 的版本进行编号——最近的版本是 Office 2019，但实际上它的重心一直是通过 Office 365 计划销售年度订阅包。Adobe 和微软两家公司都推动用户登录自己创建的账户使用软件，并将文件默认放置在云存储中而不是本地硬盘上。停止付费的用户将完全无法访问应用程序和云数据。Adobe 公司在这个方向上走得更远。2013 年，它停止销售广受欢迎的 Creative Suite 应用程序包。任何需要该软件更新版本的人都必须订阅 Creative Cloud 服务。最初这引起了很多抱怨，尤其是在黑客窃取并共享了所有 Adobe 账户的密码之后。然而，愿意付款的用户越来越多，Adobe 公司的收入在接下来 5 年里翻了一番。用户几乎没有可以代替 Adobe 软件的好选择。

随着微软和 Adobe 这两家最大的 PC 软件公司向订阅计划和云存储过渡，两种不同的计算模式几乎完成了融合。一种模式起源于个人计算机世界，另一种起源于分时系统行业。20 世纪 90 年代中期，当网络计算机和Java被首次提出时,自动下载的应用程序、互联网文件存储和集中计算机管理相结合的想法似乎是一个从根本上取代个人计算的方案。但渐渐地,两种模式彼此越发接近。Chromebook和离线助手可以让人们在暂时离线时使用云应用程序和文件。Windows会自动更新,还包括了管理功能,使IT人员可以远程控制PC的各个方面。用户下载应用程序,通过订阅付费,并将文件保存在遥远的数据中心。PC已经成为网络计算机,而网络最终成为计算机——正如Sun公司在20世纪80年代所承诺的那样。

第十四章

计算机无处不在又无迹可寻

经过了40年的连续增长,21世纪10年代个人计算机的销量开始下滑。人们使用互联网比以往任何时候都多,但用笔记本计算机和台式计算机访问互联网的频率却越来越低,更多的上网设备是智能手机和平板电脑。对于低收入的消费者和国家来说,随着价格下降,这些方便的辅助设备凭借低价和灵活代替了传统的计算机。全世界有几十亿人从未拥有过(可能永远也不会拥有)个人计算机,但他们却通过新设备获得了计算的经验。

2007年iPhone的推出,是否使在这之前的整个计算机历史变得无关紧要了呢?与互联网一样,把智能手机放在更长、更广泛的计算背景中,有助于我们更深入地了解它。高速蜂窝数据网络使智能手机成为可能,但智能手机的普及是我们在上一章讨论的云计算和在线应用程序支持的结果。用户习惯于将文档和照片保存在云中,用Web应用程序处理电子邮件和客户数据,轻巧的便携式设备越来越可靠,值得依赖。然而,在计算机的历史和几乎所有其他事物的历史中,新旧事物总是并存的。就像20世纪70年代的大型计算机和80年代的小型计算机一样,个人计算机并没有在2007年消失。

专用移动设备

21 世纪初,技术爱好者外出旅行时可能会背上满满一包便携式设备。除了膝上计算机之外,还有手机、电子个人记事本、数码相机、数字音乐播放器和 GPS 装置。幸运的是,当时正流行的实用主义木工牛仔裤和工装短裤,提供了大量口袋来装这些小玩意儿。10 年后,这些技术爱好者发现只要有放一部智能手机的空间就够了。智能手机集成了本书讨论的所有计算和媒体技术,把那些为个人计算机不方便执行的任务而专门开发的设备,重新吸收到了一个更通用的新型计算平台当中。

手持计算机

自微处理器问世以来,手持计算机就出现了。可以装在口袋里随身携带的计算机总是有一些神奇之处,但是由于按键小、屏幕小和非常有限的存储空间等这些限制,真正成功的早期型号只有用在金融和工程领域的可编程计算器。

20 世纪 80 年代后期,续航时间很长的小型计算机出现了第二种用途:电子地址簿和日记。**雅皮士**——当时出现的新词,指有抱负的年轻专业人士,他们都在使用斐来仕(Filofax)备忘记事本,这是一种活页夹,里面夹的活页纸可以是日记、联系信息、笔记,也可以夹进一些地铁地图、费用记录和名片等。如果有功能相同、尺寸类似的计算机,Filofax 用户将是一个巨大的潜在市场。1986 年推出的 Psion Organiser Ⅱ便携式计算机是最早可以代替 Filofax 备忘记事本的电子产品之一。它看起来有点像计算器,小键盘上方的 LCD 屏幕能显示两行字符。公司可以对它进行编程,让员工访问定制的移动应用程序,但它也有内置的日记和地址簿功能。它的 RAM 最小只有 8 KB,由电池供电保存数据。Psion 公司于 1991 年推出了 Series 3 系列记事本,它们可以像微型笔记本计算机一样折叠起来,支持更大的屏幕和键盘,内置的程序集更丰富。Psion 公司总共销售了超过 100 万个这样的电子记事本。

笔式计算机

小型计算机的大问题是键盘太小。如果去掉键盘直接在屏幕上书写会怎样?笔也可以代替鼠标。这是艾伦·凯对 Dynabook 计算机硬件梦想的自然延伸,后者推动了他在 Smalltalk 编程语言上的工作,也为施乐计算机图形用户界面的开发提供了想法。他对 Dynabook 计算机的设想是带有薄键盘的板岩式屏幕。去掉键盘进一步缩小了尺寸,消除了用户潜在的受惊吓的来源,因为更多人习惯用普通的笔。20 世纪 90 年代初,将计算机和屏幕封装成可以单手拿着的"板岩"的技术似乎终于来到了。卡普兰(Jerry Kaplan)在他的《初创企业》(*Startup*)里讲了这个故事。[1] 1987 年,卡普兰与他人共同创立了 GO 公司,产品是 PenPoint 操作系统,在计算机行业掀起了一股对**笔式计算**的热情。GO 公司的产品超出当时的硬件能力好几年,但卡普兰还是将它的失败归咎于微软公司对基于 Windows 的模糊替代方案的炒作。

早期进入市场的系统中最有希望的是苹果公司 1993 年推出的牛顿(Newton)平台 MessagePad 系列。被乔布斯从百事可乐(Pepsi)公司引诱来的苹果公司负责人斯卡利(John Sculley)试图用这个产品系列兑现自己的承诺。斯卡利曾在 1987 年推广知识导航器(Knowledge Navigator)的华而不实的视频里将自己确立为技术远见者。知识导航器是一种假想的智能设备,可以像行政助理一样工作,与人类老板对话,根据要求查找信息、发送消息,并预约。这个想法推动了智能软件代理等领域的研究。1992 年,苹果公司为 Newton 选择了**个人数字助理**(PDA)的标签,暗示它可以履行这一角色的职责(图 14.1)。

与GO公司的系统不同,Newton的市场定位是传统计算机的辅助而非替代品。它的大小和重量(约为1磅)与塞满的Filofax相当,不过699美元的价格要高出不少。单色屏幕占据了MessagePad正面的大部分,底部的控制条用于启动常用功能,如记笔记、地址和预约。插入调制解调器的卡,它就可以发送和接收传真。

图14.1　这三个手写笔控制的个人数字助理试图取代Filofax活页夹记事本(前面;最左侧的是超薄版)。1995年苹果公司的Newton MessagePad 100(右侧,有教程视频)尺寸最大,功能最多。袖珍型Palm系列(中间是1999年价格更低的Palm Ⅲe)更小、更便宜,在商业上更成功。2004年的戴尔Axim 50v(左侧)代表了最后一代主要的PDA。它的功能要强大许多,有明亮的彩色屏幕、Wi-Fi和624 MHz的ARM处理器(MessagePad的处理器主频是20 MHz)。它用的是微软操作系统,试图把Windows的各个方面,包括开始菜单和Excel电子表格程序都搬到这个小屏幕上

4个月约5万台的销量远低于预期,Newton平台的好用性也是如此。用户手写输入文本,MessagePad用内置了词典的手写识别软件猜测匹配的单词。这个目标野心太大,当时的技术还没有准备好。刚开始性能特别糟糕,机器和用户需要一段时间才能了解彼此。当时最受欢迎的《辛普森一家》(*The Simpsons*)和流行的《杜恩斯伯里》

(*Doonesbury*)连环漫画都嘲笑了 Newton 的手写识别。

MessagePad 后来的版本更加精致,功能有很大改进。它们把互联网电子邮件与简单的文字处理和电子表格功能集成在一起,比以前任何设备都要好用。甚至手写识别的效果也有改善。Newton 平台的用户社区虽然小但十分热情,使他们震惊的是,在 1998 年乔布斯重返苹果公司的最高职位后,Newton 系列产品突然被取消了。

那时出现了更小、更便宜的手持式计算机。1996 年发布的 Palm Pilot 在技术上的每个方面都不如 MessagePad,特别是手写识别功能。Newton 试图识别写在屏幕上任何地方的连笔字。Palm 则要求用户在输入框中一次输入一个字符,字母在左边,数字在右边。字母甚至也不是通常的写法,而是一种新字母表的风格化表示,这被称为 Graffiti 手写识别系统。一旦用户适应了这个系统,文本输入就是可靠的。

把辅助的配件去掉,Palm 的核心部分就只剩一个紧凑的重 6 盎司*的盒子。在低分辨率的小屏幕下方是触摸敏感区域,上面印有常用功能(如计算器应用程序)的图标。下面是内置的待办事项列表、笔记、日历和地址簿的按钮。Palm 设备必须定期与 Windows 计算机(后来与 Macintosh 也可以)同步,将其放在支架上,联系人、预约和电子邮件就会与微软 Outlook 等 Windows 应用程序同步。

在同步的时候新的应用程序会被传到 Palm 上。应用程序非常丰富,有上千种,如游戏、电子书阅读器和新闻阅读器等。最初的 Palm 设备使用基于摩托罗拉经典芯片 68000 的低功耗微控制器。从 2002 年起,后来的型号和所有 MessagePad 都使用 ARM 处理器。事实上,Newton 系列帮助 ARM 公司成长为有实力的竞争者。1991 年,苹果公司投资 250 万美元换取了这家新兴公司 43% 的股份。[2]当苹果公司清算

* 1 盎司约为 28 克。——译者

这笔投资时,它已经获得近 8 亿美元的利润,赚回了多年来对 Newton 系列的所有投入。

帕姆(Palm)公司赚钱更直接。1999 年初,它已售出超过 300 万台设备。[3]到了 20 世纪末,携带四四方方的 Palm Ⅲ,还是带有曲线金属外壳和充电电池的 Palm Ⅴ,似乎就是留给科技界的唯一可以选择的项目了。极客们通过 Palm 的红外线端口交换名片,他们还很欣赏 Graffiti 的高效,在白板上也开始用 Graffiti 识别的字体书写了。

手机和寻呼机

移动的双向无线电已经存在很长时间了,特别是在军事用途中。到 20 世纪 50 年代,警车和出租车通常都装有双向无线电系统。第一个无线电话的工作方式与之类似,将来自汽车的无线电信号通过基站桥接到电话网络中。这严重限制了可以在城市里使用的无线电话的数量。例如,纽约只有 12 个可用频率,因此只允许安装 730 台。[4]

蜂窝电话 1978 年在芝加哥开始技术试验,于 20 世纪 80 年代正式问世。“**蜂窝**”意味着电话自动连接到附近的地面站,穿过城市时从一个“蜂窝”移动到另一个“蜂窝”。信号不需要覆盖整个城市,因此可以使用功率较低的短程无线电,使电话缩小,电池供电变得可行,并开放了网络容量。尽管无线电信号是模拟的,但电话本身是数字电子设备,在嵌入式微处理器上运行程序来注册电话的位置、向外连接和接听来电。

当然,小巧和便携是相对的(图 14.2)。率先上市的摩托罗拉 DynaTAC 8000X 是过时技术的标志性产品,象征着移动电子产品的快速发展。它的价格是 4000 美元,重量接近 2 磅,提供的通话时间最多 1 小时。它出现在 1987 年的电影《华尔街》(*Wall Street*)里,被人叫作“砖头”(The Brick),垃圾债券大亨盖科(Gordon Gekko)一直把它贴在自己的耳朵边。20 世纪 80 年代末,手机已经缩小到可以轻松地挂在皮带上。很快,它们就被装进了口袋。摩托罗拉的 StarTAC 是 DynaTAC 的遥远后代,重量只有后者的 1/9。有些人把它们像珠宝一样戴在脖子上。这个产品生产了上千万台。

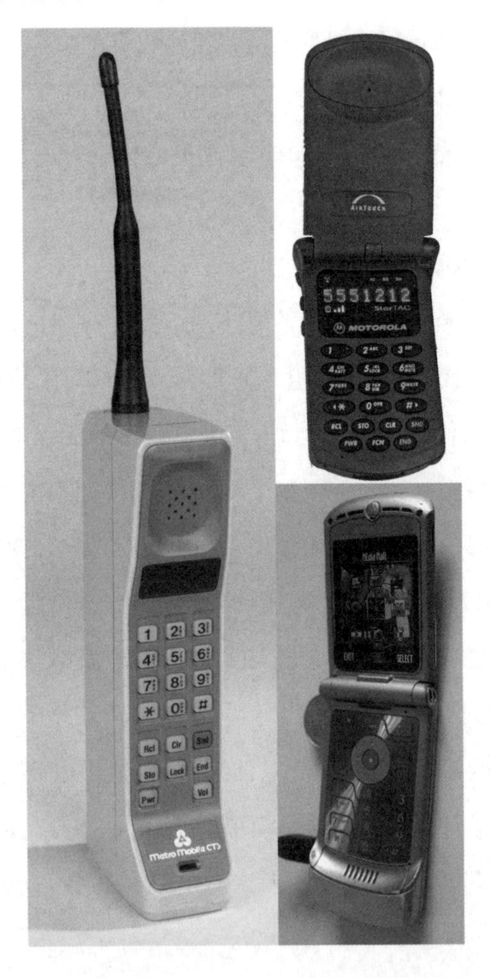

图 14.2　三代摩托罗拉手机。最初 1983 年的 DynaTAC"砖头"电话(左)重 28 盎司。它很快就被较小的型号取代,1996 年的 StarTAC(右上)最为小巧。StarTAC 重量仅为 3 盎司,非常紧凑,必须展开才能够到嘴巴和耳朵。2004 年推出的 RAZR V3(右下)是非常受欢迎的第二代手机,提供短信、移动电子邮件,甚至 Web 访问,但主要的吸引力是其纤薄的金属外壳。感谢史密森设计博物馆的休伊特(Cooper Hewitt)提供 DynaTAC 图片;StarTAC 图片来自维基媒体用户"Nkp911m500",根据知识共享署名-相同方式共享 3.0 未移植许可共享;RAZR 图片来自黑格

相同的蜂窝技术还支持另一种设备:寻呼机。寻呼机有一个小的数字显示屏,像计算器的屏幕一样大。有人打电话给寻呼机服务,留下的一串数字几乎立刻就会出现在寻呼机屏幕上。通常这串数字是要拨打的电话号码,但一些寻呼机用户则用密码进行更复杂的通信。典型的寻呼机用户是随叫随到的医生和毒贩——医生的雇主赞赏寻呼机传输的可靠性,后者则喜欢寻呼机的匿名性。

第二代(2G)网络和电话基于为数不多的几个标准,创造了巨大的国际市场。它们以数字方式对语音通话进行编码(这提高了安全性,延长了电池寿命),并更高效地使用无线电频谱。使用最广泛的标准 GSM 是从欧洲允许跨境漫游开始的。第二代电话的 SMS 文本消息服务包含并扩展了寻呼机的功能。在年轻人中,短信开始取代传统的电话——按照欧洲的模式,用户通常没有预付通话额度。

21 世纪初,手机技术开始与计算机通信融合。一些模拟电话里包含了连接到无线互联网的调制解调器,但它们的传输速度非常低。第二代手机已经是数字化的,增强的网络功能将互联网数据包从电话传入传出,发送数据的速度与固定电话的调制解调器相当,Web 浏览和电子邮件都成了标准功能。对移动 Web 的访问最早没有尝试在小屏幕上显示标准的 HTML 页面,而是需要网站支持特殊的网络协议。由于 1999 年推出的 iMode 服务的广泛使用,这些网络协议在日本也得到了广泛采用。[5]

手机行业确定了一种定价机制,既可以最大限度地提高销售额,又可以降低新客户的预付费用,使新手机得以迅速普及。移动电话公司每两年就会送给客户一部名义上免费的基本型手机,或一部有最新功能的折扣手机,都锁定在该电话运营商的网络上运行。硬件成本隐藏在每月膨胀的账单里。这种模式使移动电话运营商对新手机中包含的功能拥有否决权。

手机不能变得更小的主要原因是它需要同时够到嘴巴和耳朵。摩托罗拉 RAZR V3 是 2005 年前后的标志性手机,可对折存放。摩托罗拉公司 4 年内在全球销售了超过 1.3 亿部 RAZR V3,这要归功于它闪亮的铝制外壳、光滑的发光金属键盘以及外部的第二块屏幕——使它在折叠起来时也能显示时间和通话信息。它非常轻薄,但功能不是特别强大。内置应用包括粗糙的 Web 浏览器、计算器和地址簿,没有办法添加更多。下载铃声就是用户所能定制的极限了。

一些比 RAZR 体积更大、功能更强的第二代手机,给用户的感觉就像手持式计算机一样。它们有更多的标准应用程序,还可以安装新的应用程序。许多手机甚至可以运行 Java 程序。在这些**智能手机**中使用最广泛的操作系统是塞班(Symbian),它是 Psion 个人管理软件的后代。塞班手机可以运行数以千计的应用程序,发送接收电子邮件,以及浏览 Web——但大多数手机的屏幕和数字键盘都很小,使得这些操作对手的要求很高。2005 年左右,GSM 增强数据率演进(EDGE)等技术使移动数据更接近宽带,数据传输速率有所上升,但移动 Web 给用户的体验仍然很笨拙。

加拿大移动研究(Research in Motion,简称 RIM)公司于 1999 年推出了摩托罗拉手机的竞争对手——黑莓手机,它的键盘可以让用户用两个拇指高速打字,深受移动电子邮件用户的喜爱。黑莓手机的通信能一直保持畅通,这种体验使用户上瘾,他们称其为"瘾莓"(CrackBerry)。美国特勤局建议奥巴马就职总统后放弃他的黑莓手机,但奥巴马据理力争,成功保住了它。黑莓手机从寻呼机演变而来——RIM 公司早先开发了第一个能够发送和接收消息的型号。2003 年的黑莓手机可以用于浏览 Web、发送短信、拨打语音电话。RIM 公司的核心市场是企业,其设备连接到电子邮件服务器,提供安全的移动通信。

GPS 导航系统

20 世纪 90 年代后期,通过全球定位系统(GPS),豪华汽车的仪表板上出现了能引导驾驶员选择正确行驶路线去目的地的计算机。GPS 是一组导航卫星,不断传输星载原子钟的时间信号。接收四颗卫星的信号可以计算出精确到几米以内的位置。卫星发出的时间信息还用在运营商将手机电话从一个蜂窝转移到另一个蜂窝、金融员交易员记录金融交易的精确时间、电力公司协调网络上的电力传输等方面。

GPS 的系统结构设定于 20 世纪 70 年代初,当时 ARPANET 正在构建中。两者都起源于军事计划。GPS 由美国空军操作和控制。美国军方保留了一些功能自己使用,而常规的 GPS 服务对所有用户免费,为苹果、谷歌和优步(Uber)等公司对其的商业开发奠定了基础。从这个角度来说,GPS 像因特网一样,本身是政府资助的技术,但成了巨额私人财富的基础。欧盟、俄罗斯和中国都已经开发了类似的卫星系统(分别是伽利略、格洛纳斯和北斗)。

GPS 提供准确的位置和时间,仅此而已。这对军事单位、水手和徒步旅行者很有用,但是 GPS 大型商业市场的发展主要依赖于数字化地图(一项巨大的长期任务)、高效的路线寻找算法以及廉价的低功耗便携式硬件。在 GPS 出现之前,日本就率先建立了使用其他技术的导航系统。西方国家第一款内置导航计算机的汽车是 1994 年的宝马 7 系列,为后来的导航系统树立了模板:仪表板上的彩色屏幕、后备厢里的地图 CD,以及汽车音响播放的语音指令。在 1996 年本地地图数据准备好的时候,导航系统进入了美国,是宝马汽车一个 4000 美元的可选项,这是一款装饰有大灯清洗器等小工具的极其昂贵的汽车。[6]1998 年圣诞节那天,一名听话的德国驾驶员严格按照计算机指令,把被《汽车趋势》(*Motortrend*)杂志称为“资本主义诸神战车”的汽车直接驶入了哈弗尔河。原来是一条渡轮线路在数据库里被错误地当作了桥梁。记者们几乎掩饰不住自己幸灾乐祸的心情。此后类似的故事成了没什么重大新闻的日子里人们谈论的主要内容,但对这件事的全球报道让许多读者第一次认识了GPS导航。

最终,GPS导航装置从“神”变成了“凡人”,但对价格敏感的客户通常更喜欢在挡风玻璃上安装一个小盒子,不愿意为集成GPS支付额外的费用。领先的生产商之一——荷兰通腾(TomTom)公司,于2002年开始销售用于Windows PDA的GPS附加组件和软件。两年后,它开始卖有屏幕和CPU的一体式导航系统,售价约为600美元。接下来几年,TomTom公司和它的主要竞争对手——美国GPS先驱佳明(Garmin)公司一共卖出了几千万台导航设备。后来的型号可以利用蜂窝数据网络更新实时的交通信息。当GPS的价格跌到100多美元的时候,纸制的地图册就跟胶片相机一样被淘汰了。

iPhone的诞生

Palm的成功,就像后来iPod的成功一样,是人们想要一台能把一件有用的事情做好的袖珍计算机的证据。一位分析师观察到,Palm设备在功能和简单性之间“取得了良好的平衡”。Palm公司的营销主管坚持认为,客户“不希望手持式设备像Windows那么复杂,他们也不想要一个什么都能干的设备”。[7]然而这种专业化意味着用户得随身携带许多小的电子盒,这又创造了一个在不影响实用性的情况下整合其功能的重要机会。作为GPS装置、PDA、手机、数码相机和MP3播放器出售的微型计算机有很多共同点,它们的主要区别是烧录到ROM芯片和外围硬件上的软件。将两个或多个设备的功能组合到一个盒子里是可行的。

21 世纪初,手机已经开始配备相机,不过图像质量远低于独立式相机。一些手机有存储卡插槽,能播放 MP3 文件。PDA 也开始积累新功能。索尼公司取得了 Palm 操作系统的授权,利用其在消费电子产品方面的专业知识生产有更高分辨率屏幕、内置相机和 MP3 播放器的新型号。另一家基于 Palm 的汉德斯普林(Handspring)公司在它的 PDA 里包含了扩展槽,使用户可以根据需要更换额外的模块。这时很自然就出现了手机和 PDA 的全功能混合体,配有触摸屏、手写笔、键盘,还具备蜂窝互联网接入以及拨打语音电话的能力。首先进入市场的是 2002 年 Handspring 公司推出的 Treo 系列。

像往常一样,微软公司对一款成功的新产品做出反应,企图用 Windows 品牌的同类产品碾压它。微软公司于 1996 年推出的 Windows CE 操作系统启动非常慢。用户更喜欢 Palm 系统的简单,而微软公司坚持将 Windows 体验小型化,包括开始按钮和 Word、Excel 及其他 Office 应用程序的"袖珍"版本。但随着硬件变得更加强大,这种情况开始发生变化。Palm 公司还在努力为新的处理器更新操作系统,而惠普、康柏和戴尔三家公司则直接生产了功能强大的基于 Windows 操作系统的 PDA。随着市场从传统的 PDA 转向智能手机的混合系统,微软公司确立了主导地位。2006 年,甚至 Palm 公司也为一个 Treo 型号获得了 Windows CE 许可。

第一部 iPhone

似乎微软公司已经为智能手机有效地设定了标准,就像它为台式计算机设定了标准一样。但是今天很少还有人记得在 2007 年苹果公司推出 iPhone 之前,智能手机就早已经存在了。苹果公司试图进入一个拥挤的市场起初看起来很轻率,但最终苹果手机消灭了当时所有的智能手机硬件和软件生产商。在乔布斯准备推出 iPhone 时,他称其是:"革命性的产品……将改变一切。"这一次,这种习惯性的夸张是实至名归的。乔布斯提到"三样东西:带触摸控制的宽屏 iPod、革命性的手机和突破性的互联网通信设备",然后透露说它们都是"一个设备,我们称之为 iPhone"。[8]

对于当时的智能手机,乔布斯说"它们不那么聪明,也不怎么好用"。关键是"去掉所有按钮——只做一个巨大的屏幕"。iPhone 很小——不比 iPod 大多少——但没有键盘占据空间,它屏幕的对角线长 3.5 英寸,几乎占满了整个正面。与最初的 Macintosh 计算机一样,iPhone 是按乔布斯对其设计团队提出的毫不妥协的要求塑造的。乔布斯对两者有相同的愿景:设计精美的小盒子,内部不需要扩展能力,运行优雅的操作系统,成为用户忠实的伙伴。1984 年,乔布斯的要求几乎葬送了 Macintosh。到了 2007 年,权衡取舍有所不同。内存升级和扩展槽不再是关键因素,而便携和优雅比以往任何时候都更加重要。就像一个停了的时钟每天总有两次是正确的,乔布斯脑子里的优先事项也是固定的,幸运的是,世界的时钟终于来到让他正确的地方。(不过与时钟不同,乔布斯在短暂的余生一直都保持了正确的状态。)

iPhone 内置的存储空间高达 8 GB,有一个 400 MHz 的 ARM 处理器和后来称为 iOS 的操作系统——iOS 通过手指的滑动和捏合而不是按键和鼠标点击来控制。传统的 PDA 一次只能感应一个接触点,需要用手写笔精确点击。苹果公司围绕一种新的触摸屏技术设计了操作系统,能够感应多点接触。乔布斯说:"我们将使用与生俱来的点击设备——每个人天生就有十个。"放弃手写笔而牺牲的精确度可以用直观的手势来弥补,后者甚至更好用:两个手指靠近可以缩小显示;手指互相离开可以放大显示。这个非正统的界面是从苹果 Macintosh 的操作系统改造而来,其继承的遗产可以追溯到 BSD Unix。

第一部 iPhone 是 AT&T 公司与苹果公司合作开发的,它与苹果公司达成了独家协议。iPhone 的起价是 500 美元,对于手机来说很高,但真正的花费是一份为期两年的合同——用户每个月向 AT&T 公司支付 60 美元服务费。加上税和其他费用,总费用远远超过 2000 美元。用户得到的回报是以前花多少钱都买不到的:一部可以查看真正网页的便携式 Web 浏览设备,用起来很有趣,而且能放在口袋里。iPhone 变得如此流行,以至于各大网站都围绕它的功能重新设计了界面,去掉了 Adobe Flash 动画(乔布斯拒绝支持它),并根据用户手机屏幕的宽度自动重新调整页面的布局。

一年之后,乔布斯回到旧金山莫斯康中心舞台,发布修复了 iPhone 最严重缺陷的替代品。它的蜂窝数据传输速度快了很多,这要归功于以运行移动数据应用程序为目标的新的 3G 网络。苹果公司还在其中挤进了包括 GPS 在内的一组新传感器。第一个周末新产品的销量就超过了 100 万部。第二款 iPhone 比之前任何混合体都更彻底地取代了更多设备。作为 PDA,它的用户界面更优雅,尽管没有键盘,但在 Web 浏览、电子邮件和消息传递等方面均表现出色。它有一个性能异常出色的相机和基于 iPod 功能的出色的音乐播放器,还是一款出色的便携式游戏机。它也比任何专用导航装置都更小、更方便。

从那时起,每年都会有新的 iPhone 推出,它们的处理器速度更快,存储容量更大,相机和屏幕更清晰(图 14.3)。2010 年,iPhone 有了第二个摄像头,安装在前面,可以"自拍"。旧手机在几年内还可以使用新操作系统,但在日常的负担下运行速度会变慢。对于苹果产品最忠实的用户来说,购买新手机成了一个季节性事件,就像落叶和成群的蚂蚁一样。

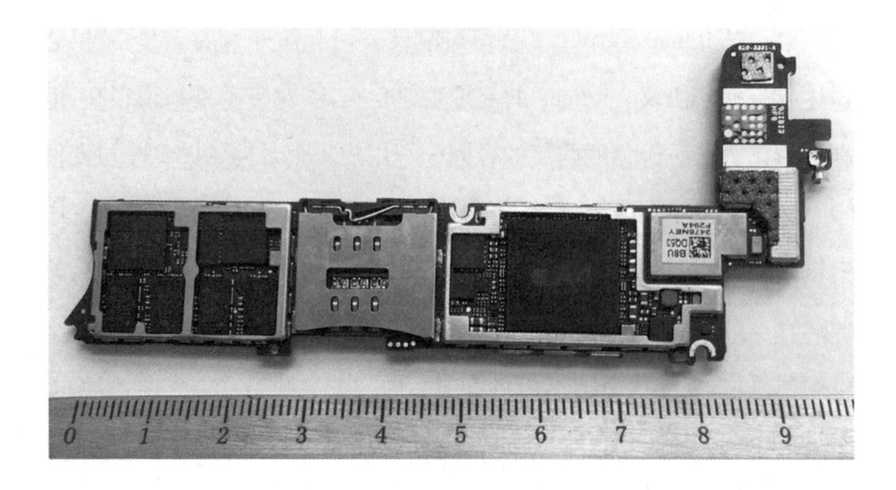

图 14.3 2010 年 iPhone 4 的电路板。第一代 iPad 也使用的大型 A4 片上系统(SOC),集成了基于 ARM 的微处理器与图形处理器,处理器上方第二层是 512 MB 的 RAM。其他芯片集成了最多可到 32 GB 的闪存、无线电接收器和发射器、GPS 接收器、加速度计和磁罗盘。整块电路板不到 10 厘米长。照片来自塞鲁齐

应用商店

iPhone 上预安装了不少应用,包括谷歌地图、天气信息、股票价格和记事本,但不能下载或安装更多程序。其他应用程序必须在 Web 浏览器中运行。像往常一样,乔布斯想控制用户用他的设备做什么和不做什么。一年后,苹果公司做了一点让步,为用户提供了开发工具,开发出的应用通过应用商店(仿照 iTunes 商店)发布。一些应用程序为 iPhone 的小屏幕重新包装了流行的网站和服务,其他一些则提供了在个人计算机上已经受到用户欢迎的社交媒体和通信服务,例如 Facebook、YouTube、Netflix 和 Skype 等。

在竞争对手生产的功能相同的平台可用之后,苹果手机由于其巨大的用户群和蓬勃发展的应用商店,仍然是智能手机开发者的主要目标。由于专业应用程序日益复杂,加上分发和宣传新产品需要大量资金,因此 PC 软件行业被集中到了几个大型发布商手里。20 世纪 90 年

代,企业家和投资者的注意力从商用软件转移到了网站。相比之下,iPhone 应用程序相对简单,现代开发工具让小团队更容易开发出精美的软件。

应用商店为这些小团队提供了将软件分发到大市场的机会。2016 年,应用商店有超过 200 万个应用程序可供下载,每周大约有 10 万个新的或更新的应用程序发布。[9]从应用商店下载比从互联网下载传统程序更安全,并且有 Web 所缺乏的内置支付系统。绝大多数应用在排行榜上下沉得无影无踪,但有足够多的作者从自行发布的程序中获得巨额收益的故事,激励着人们去试试自己的运气。

许多最受欢迎的应用都通俗易懂,它们利用了 iPhone 界面的新功能,譬如倾斜手机或轻弹手指。《愤怒的小鸟》(*Angry Birds*)系列游戏的主要情节是玩家用弹弓把小鸟打向肥猪,救出鸟蛋。它在前三年的下载量超过了 10 亿次。这种由小团队创作的热门作品,承担了雇用几百人或者上千人的大型开发工作室的工作。

随着时间推移,赚钱越来越难。早期的游戏售价仅为几美元。2012 年,马耳他开发商乐王(King)公司发布的《糖果传奇》(*Candy Crush Saga*)是所有 iPhone 游戏的最大热门。它普及了游戏的**免费增值**模式——免费下载,但玩家要反复花钱解锁新级别或者免去提升到新级别之前漫长的等待期。这种模式侵蚀了预先购买游戏的市场,对能够等待收入并不断向游戏添加新项目的大公司有利。King 公司后来也被最大的电子游戏公司动视暴雪(Activision Blizzard)收购。

苹果公司要从应用的购买价格中提成 30%,更有争议的是,它对应用程序内部的购买也要提成 30%。[10]苹果公司审查所有应用,禁止涉及色情或毒品的内容。它还阻止应用程序挑战苹果公司对平台的控制。例如,直到 2010 年,它都禁止应用程序使用蜂窝数据网络拨打电话,保护 AT&T 公司向 iPhone 用户收取通话时间费用的能力。

移动云

通过家庭、办公室或酒店里的快速 Wi-Fi，以及旅行期间速度较慢的蜂窝数据链接，iPhone 应用程序几乎可以持续地访问云数据中心。早期用户有时出国短途旅行几天后，会收到几千美元的账单，但在没有无限数据套餐的情况下购买手机已经是几年前的事情了。智能手机作为通用计算平台的成功在很大程度上要归功于这种灵活性：一些应用完全在手机上运行，但其他应用更像是分时程序，因为其大部分工作是云中处理巨大数据库的服务器场完成的。只有用户界面必须在手机上运行。

这些功能和内置的 GPS 定位设备结合起来，奠定了全新业务的基础，为那些曾经只在 PC 上可行的服务创造了新机会。例如，Facebook 现在可以直接从 iPhone 上传照片，并用拍摄地点标记照片。OpenTable 是一个餐厅预订网站，原来在 PC 上的 Web 浏览器里运行，而作为移动应用，它可以立即列出附近有空座位的餐厅，用手指轻点即可确认预订。

最重要的应用程序使用该平台创造了以前不存在的机会。Instagram 作为基于照片和视频共享的社交媒体网络，创建于 2010 年，是一款拍照、应用特效并立即上传的 iPhone 应用程序。2009 年推出的另一款 iPhone 原创产品，帮助男性寻找发生性关系的男性伙伴。它显示附近用户的照片和个人资料，最近的排在最前面，并允许用户交换消息。它在小城镇和机场等地方建立了用户间的联系，加上此前基于 Web 的在线约会网站的兴起，破坏了几十年来一直是"城市景观"的同性恋酒吧的地位。[11] 对于其他交友社区，这个模式需要一些调整，但 2012 年推出的 Tinder 成了最受欢迎的智能手机应用程序之一。照片和个人资料仍然存在，但用户必须在交换消息之前表明双方的兴趣——在对方照片上向右滑动就能表示，这创造了一个新的比喻方式。

据报道,2018 年 Tinder 上每天有 2600 万次匹配。传统约会服务根据用户自我描述的兴趣点寻找合适的对象,与此不同,Tinder 等应用程序利用 iPhone 的功能来模仿现实生活里对潜在伴侣的搜索:根据外表和相似度快速判断。

有了 GPS,iPhone 应用可以定位交通工具、恋人和食物。Uber **拼车服务**于 2009 年推出,随后来福车(Lyft)公司也于 2012 年推出了相同服务。它们提供了替代出租车的便捷方式。打开应用会显示附近的司机列表。根据用户搜索的目的地给出一个价格。同意价格后,应用会显示几分钟后到达的汽车的车牌号和实时位置。乘客到达目的地后,乘车费用会自动从信用卡中扣除。这些公司的工作就是作为经济学家所说的**双向**平台:司机也是应用程序的用户。他们登录进入应用,单击可以接受的行程订单。有些司机全职工作,其他人偶尔开一班帮助支付拥有汽车的成本。Uber 和 Lyft 两家公司把自己描述为将乘车的供需结合在一起的在线市场(部分是为了回避把司机作为员工管理的责任)。当发生重大事件或者恶劣天气导致需求激增时,算法会提高价格重新平衡供需。Uber 公司扩张迅速,无需担心当地法律对出租车服务的监管。它的低价是由于风险资本家和私募股权投资者给它补贴了前所未有的 240 亿美元。2014 年至 2019 年,Uber 公司的亏损超过了 160 亿美元。与 Lyft 公司一样,它的长期计划是完全取消人类司机以降低成本。

几百家初创企业试图成为 *X* 行业的 Uber,这里的 *X* 包括像遛狗、组装宜家家具或者在美国快递大麻这样的事情。它们相同的部分是让用户在智能手机上以预定的价格购买服务。愿意提供服务的人也必须登录才能接受工作。几年后马德里加尔(Alexis Madrigal)调查了这些公司,得出的结论是:其中大约一半公司仍在营业,但只有四家提供送货服务的公司非常成功。他总结了 21 世纪 10 年代“消费互联网”的发展:“风险资本家资助创建低薪工作的平台,为富人提供按需的仆人式服务,同时各方都受到更多监控。”[12]其他研究人员的结论是:这些服务增加的打“零工”的人数被报道夸大了。

2018 年,彭博新闻社(Bloomberg News)发表了一篇文章,标题是令人费解的《Bird 成为第一个滑板车独角兽》(Bird Races to Become the First Scooter Unicorn)。这反映出全球投资基金对互联网服务的热情重新燃起。商业记者开始称 Uber 这样估值超过 10 亿美元但尚未进行首次公开募股的公司为**独角兽**。伯德(Bird)公司是众多提供覆盖城市的**无桩**自行车和电动滑板车服务的公司中的一个(图 14.4)。在应用程序里租用后,车辆就自行解锁。到达目的地后用户可以扔下 Bird 滑板车离开。每天结束时,失业者通过为滑板车充电再将其送回统一安置

图 14.4 2018 年,**独角兽**初创公司 Bird 和当地竞争对手斯基普(Skip)公司拥有的无桩滑板车阻碍了华盛顿哥伦比亚特区的人行道。电子设备安装在车把上的盒子里,里面的计算机和蜂窝调制解调器向云服务器报告滑板车的位置,用户通过智能手机应用租借后,车子可以自行解锁。照片来自塞鲁齐

点,赚上几美元。无桩车是从中国兴起的,ofo 和摩拜单车服务也是从中国开始的,这些服务迅速扩展到了欧洲城市。考虑到当地人破坏车辆的趋势,这些业务能否持续下去还远未明确,但几百万辆自行车和滑板车突然堵塞了人行道,堆积在发达国家的运河中,都是围绕智能手机应用、无线数据、GPS 服务和云基础设施而调动起来的无形巨额资本的物证。

语音控制助手

早期设备并没有真正符合"个人数字助理"的品牌形象,真正的电子助理的一项必要技术——语音识别,在 20 世纪 90 年代迅速发展。20 世纪末,更好的算法和更快的芯片使普通 PC 可以实现语音控制和听写。但同样的技术在袖珍计算机上无法实现,它们的处理器速度较慢,电池寿命有限。

2011 年,iPhone 的年度发布将重点放在一项新的软件功能上:Siri,即"智能语音助手"。Siri 的名字(源自一个传统的挪威名字)由它的开发商 SRI 国际(SRI International)公司确定,后者是 DARPA(国防高级研究计划局,同 ARPA)资助的旨在开发军事指挥助理技术的研发机构。苹果公司在 2010 年收购了这项技术。当用户提问题时,Siri 会从他们的日历、电子邮件和 Web 中搜索信息得出答案。用户可能会要求 Siri 执行一些操作,例如预约、播放歌曲或开始导航。Siri 在苹果公司数据中心的云系统上运行,减轻了手机处理器的负载,其算法还能访问大量数据。早期评论者发现用户体验很不一致:Siri 的回应时而有一种令人吃惊的智能错觉,但在其他情况下,却被最简单的请求弄糊涂了。其他科技公司很快也推出了自己的语音助手:谷歌 Assistant、微软 Cortana 和亚马逊 Alexa。这些产品的功能——根据许多人的说法——在几年之中就追上并且超过了 Siri。

语音助手开始出现在其他地方。亚马逊公司把 Alexa 放进流行的 Fire TV 流媒体设备中,并开始销售电池供电的 Echo 音箱系列。音箱是没有屏幕和键盘的 Linux 计算机,通过家庭网络连接到互联网。亚马逊公司对其的定价非常激进,创造了庞大的用户群,也激发了开发人员在 Nest 温控器等家庭自动化设备中增加对 Alexa 的支持。谷歌公司的反击是推出了低至 30 美元的 Home 系列智能音箱。家庭音频成为科技巨头之间云服务之战的最新战线。

Siri 和其他语音助手的成功是所谓的**人工智能**(AI)巨大繁荣的一部分。20 世纪 50 年代以来,人工智能一直是计算机科学的主要研究领域,试图通过构建逻辑推理程序来兑现其复制人类思想的宏伟承诺。经历了几次炒作和失望之后,研究人员基本上放弃了形式逻辑,转而关注统计方法,用大量数据训练系统,选择最合适的响应。他们对最初的猜测打分然后改进,逐步提高性能。这种方法在 20 世纪 70 年代的自然语言处理领域被证明是成功的,也奠定了谷歌公司在确定哪些结果与查询最相关(以及用户打算搜索什么)方面取得成功的基础。它的支持者最初将其称为**机器学习**,以回避与人工智能相关的耻辱,但到了 21 世纪 10 年代中期,他们已经有足够的自信,可以按照自己的方式拥抱和重新定义人工智能。

苹果公司获胜

iPhone 引人注目且最初独特的大屏幕与手指控制相结合创造了一种新的个人计算模式。2011 年,进入手机行业 4 年后,苹果取代诺基亚(Nokia)成为销售智能手机最多的公司。以利润计算,诺基亚差得更远——苹果公司的收入已经超过了其他所有手机生产商收入的总和。[13] 2012 年,苹果是第一家市值达到 5000 亿美元(500 000 000 000 美元)的公司,在 2018 年它第一个达到 1 万亿市值。

苹果公司本身不制造任何手机,这对它是有利的。虽然所有的iPhone都贴有“加利福尼亚州苹果公司设计”的标签,但它们其实是其他公司根据合同制造的,主要来自中国台湾的跨国公司富士康的工厂。由于没有工厂和生产工人,苹果公司的大多数员工都在极简主义风格的精品店里工作。这些店每平方英尺的销售额在美国所有连锁店中是最高的。[14]苹果公司甚至把组装和测试过程也外包了,用集装箱装满组装好的手机跨越太平洋运回来,这意味着它完成了从20世纪80年代就开始的PC组件生产向亚洲转移的过程。

苹果公司的竞争对手花了数年时间才给自己重新定位,不再使用键盘和触控笔。诺基亚公司曾经是世界上最大的手机制造商,但它的塞班操作系统在iPhone面前毫无胜算。2011年,诺基亚公司的CEO把自己比作一名北海石油工人,工作平台着火了,他只能在被烧死和跳进冰冷的海水之间做出选择。诺基亚公司选择了与微软公司合作的绝望飞跃,后者正在将其突然就过时了的Windows CE改造成一款与iPhone类似的名为Windows Phone的新产品。许多评论家称赞这款移动操作系统设计简洁、功能强大,但复制iPhone上的大量应用比匹配苹果公司的操作系统更难。微软公司后来承诺斥资几十亿美元直接收购诺基亚公司陷入困境的手机业务,但仍无法取得进展。2016年,在市场份额仅剩不到1%的情况下,微软公司放弃了手机业务。

2011年,黑莓设备在美国智能手机市场的份额达到顶峰,超过了1/3,但之后迅速下滑。RIM公司开始裁员并宣布改用类似iPhone的触控操作系统。2013年新操作系统的到来没能阻止其用户的逃离。2016年,公司已经放弃了手机设计业务。Palm公司消失得更快。它开发了一个很有前途的基于Linux的新操作系统,但在2010年被惠普公司收购,并在次年公司领导层变动后解散。

iPhone 正在消灭整整一类产品以及它们的竞争产品。GPS 导航市场开始崩溃。iPhone 的成功也缩小了任天堂和索尼两家公司掌上游戏机的市场。这些游戏很贵;而智能手机游戏很便宜甚至免费。早已由苹果 iPod 主导的音乐播放器市场也开始消失。苹果公司后来的 iPod 是 Touch 的变体——基本上就是去掉了蜂窝连接的 iPhone。数码相机的销量在2010 年达到顶峰,接下来的6 年下降了80%。传统相机的镜头比智能手机的更好,图像传感器更大,但苹果公司有强大的处理器能力和庞大的开发预算来解决这个问题。很快,用 iPhone 拍摄的独立电影就在影院上映了。

平板电脑

在 iPhone 之后,苹果公司有一项新的、起初还更成功的相同技术的应用。iPad 平板电脑于 2010 年推出,它本质上是一款屏幕更大、分辨率更高的 iPhone,有相同的操作系统并运行相同的应用程序。虽然没有手写笔,但 iPad 终于实现了 20 年前对“平板电脑”的期望。它一次充电可以运行大约 10 个小时,是一款强大的书籍和文档阅读器、Web 浏览器和视频播放器。iPad 没有默认的电话功能(苹果公司将蜂窝数据版作为一种型号选择),因而并未将用户锁定在长期合同中。这使它更实惠。一年后发布的第二个版本更快、更轻,并配备前后摄像头用于视频聊天。第三次修订将屏幕分辨率提高了四倍,并使用了四核处理器。

自 2014 年达到顶峰以来,iPad 的销量迅速下滑。部分原因是更便宜的平板电脑的竞争。另一个因素是智能手机的屏幕越来越大,减少了用户携带额外设备的需要。然而大多数情况下 iPad 是其自身高质量的牺牲品,因为旧型号能够运行好多年。

苹果公司试图通过 iPad Pro 系列重振需求,该系列可以与精密的电子铅笔和可拆卸键盘配合使用(图 14.5)。它们的屏幕、处理器和最强大型号的存储容量,超过了大多数笔记本计算机,不过价格也是如此。评论者一致认为,苹果 iOS 对繁重工作的支持不足使出色的硬件黯淡不少。[15]随着时间推移,这台机器,或者竞争对手微软公司的有运行标准 PC 应用程序优势的 Surface 平板电脑,它们的后代肯定会取代传统的笔记本计算机。2020 年,苹果公司向融合又迈进了一步,它宣布将用从 iPhone 和 iPad 中的处理器衍生而来的更快、更节能的 ARM 芯片,替换 Macintosh 计算机里的英特尔处理器。

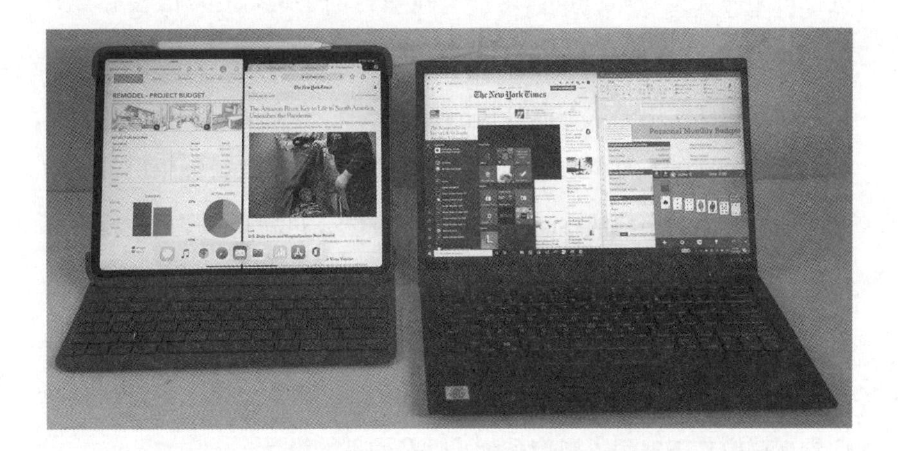

图 14.5　2020 年版的苹果 12.9 英寸 iPad Pro(左:可选苹果铅笔和罗技 Slim Folio Pro 可拆卸键盘套)和联想 X1 Carbon(右)——一款高端商务笔记本电脑。使用键盘时,iPad(3.0 磅)比 X1(2.6 磅)更厚重。这是一个趋同进化的例子,前者从智能手机变大,后者从台式计算机缩小。它们在中间相遇,价格和硬件都相当:大而生动的触摸屏、强大的处理器(六核 Intel i7 与八核定制苹果 ARM 体系结构芯片)和闪存存储。iPad 配有五个摄像头和四个麦克风,非常适合视频会议,强大的图形芯片使其在电子游戏方面具有优势。尽管两者都可以连接到全尺寸外围设备并运行办公应用程序,但联想计算机的 Windows 10 操作系统在大多数任务中都保持显著优势。例如,iPad 不能同时显示两个以上的应用程序。图片来自黑格

智能手机的发展

iPhone 唯一的有效竞争来自新的操作系统——谷歌公司的安卓(Android)。安卓始于2003年一家为移动设备开发操作系统的初创公司,2005年被谷歌公司收购,成为其内部构建基于Linux的手机平台的团队。iPhone的出现,使得这个手机平台的开发在中途发生了变化,从有按键的传统智能手机转向了类似苹果产品的硬件设计和用户界面。

安卓

谷歌公司开放了其手机软件和基于ARM的硬件设计样本,让手机公司无需从头开始就可以生产有竞争力的手机。安卓的核心是开源,手机制造商将其与专有软件(包括驱动程序)相结合,与各厂商的特定硬件配合使用。从谷歌公司的角度来看,为安卓投入资金是为了对抗苹果公司的长期威胁,防止苹果公司利用自己在智能手机市场的垄断地位来限制用户从移动互联网访问谷歌公司利润丰厚的在线服务(比如苹果公司突然禁用谷歌地图,用自研的竞争产品取而代之)。谷歌公司要求手机生产商在安卓设备上展示其全套应用程序和服务,导致欧盟对其处以巨额的反垄断罚款。实际上,谷歌公司已经将互联网广告支持模式扩展到了操作系统软件和硬件的设计。

某些知名品牌的安卓手机品质十分优秀。早期的典范是2009年的摩托罗拉Droid手机。它有滑出式键盘和大触摸屏。2011年,谷歌公司看中摩托罗拉公司在移动电子产品方面的专业技术和专利组合,收购了它。最成功的安卓系列来自三星公司,其精美的硬件经常有苹果尚不具备的功能。例如,三星Note系列集成了手写笔,可以替代手指控制。三星公司还制造了第一款弯曲屏幕环绕边缘的手机,并率先推出超大"平板手机",填补平板电脑与传统手机尺寸之间的空白。这个产品对于那些不能像苹果的富裕粉丝那样,同时拥有高端手机和平板电脑的用户,特别有吸引力。几年后,苹果公司推出了自己的超大型号作为回应。

苹果公司将其手机作为奢侈品进行营销和定价,与香奈儿(Chanel)香水一样,零售价没有大幅折扣。价格会随着时间推移而上涨,而不是下降。2017 年,苹果公司庆祝 iPhone 发布 10 周年时,造型奇特的 iPhone X 价格突破了 1000 美元大关。大多数安卓手机都装饰着陌生的亚洲品牌,类似于街头小贩出售的"闻起来像"的折扣仿制品。2015 年,不到 100 美元就可以买到一部能用的智能手机,虽然它比苹果的型号慢、功能差,而且屏幕褪色、摄像头模糊,但也能用,价格却只是苹果手机的一小部分。

手机制造商在调整安卓方面有很大的自由度。这被证明是喜忧参半的一件事。谷歌公司提供的安卓是一个优雅的系统。但是当加载了视觉小部件、个性化助手和各种功能(如摄影)的重复应用时,它就变得一团糟。这种定制也损害了安全性。苹果和谷歌两家公司都为各自的操作系统定期更新,打安全补丁。苹果公司直接把更新传给用户,而谷歌公司则传给手机制造商,这些制造商至少需要几个月测试、定制,再分发。便宜的手机可能永远也收不到一个更新。为了展示整洁、最新的安卓体验,谷歌公司开始品牌化并直接销售按照其规格生产的手机:Nexus 系列于 2010 年推出,其继任者 Pixel 系列于 2016 年推出。

发展中国家的智能手机

2011 年以来,安卓设备的销量一直超过 iPhone,尤其在美国以外的市场。对于世界上的大部分人来说,安卓手机是他们用的第一部电话,也是第一台计算机。在电力不可靠和固定电话基础设施很少的国家,这产生了变革性的影响。2018 年底,估计有 33 亿人拥有智能手机,占全球 15 岁及以上人口的一半以上。

这些人中约有 8 亿是中国人。iPhone“起飞”后,西方激进分子抗议苹果公司依赖亚洲代工制造。他们将苹果公司的巨额利润和 iPhone 用户的舒适生活,与制造它们的工人的低工资和令人不快的工作条件进行对比。这种对比虽然适合先前的运动鞋等昂贵商品,但完全没有捕捉到中国与发达国家之间不断变化的关系。截至 2015 年,苹果公司卖给中国快速增长的中产阶级的 iPhone 比卖给美国人的还多。[16]

在中国,微博相当于脸书,百度相当于谷歌,亚马逊的替代是阿里巴巴。现在这些公司都是世界上最成功的企业。2005 年,开拓性的美国互联网公司雅虎对阿里巴巴公司进行了重大投资。两家公司的命运迥然不同,2017 年这些股份超出了整个雅虎的价值,雅虎公司继续经营则会损害股东的利益。雅虎公司的管理者承认失败,把苦苦挣扎的核心业务卖给了 Verizon 公司,让开心的股东拥有纯粹的阿里巴巴。中国智能手机时代最大的成功是 2011 年发布的应用程序微信。分析家称它是“万能应用”,中国用户对它的依赖程度如此之高,以至于在安卓和 iOS 之间的选择几乎无关紧要。微信提供短信、语音和视频聊天、类似 Facebook 的社交功能以及账单支付服务。

用手机进行小额支付首先在低收入国家兴起,例如肯尼亚——2010 年,甚至在智能手机问世之前,就有几百万人通过短信进行支付。WhatsApp 是另一个受发展中国家的需求推动的巨大成功。由于发送国际短信很贵,WhatsApp 的免费短信服务很受国外有亲友的人们的欢迎。2014 年,WhatsApp 被 Facebook 公司以超过 190 亿美元的价格收购。截至 2018 年,它声称拥有超过 15 亿用户,每天发送 600 亿条消息。对于世界上大部分地区的人们,例如庞大的印度人口,它已经成为传播和分享新闻的重要工具。[17]

iPhone 之后?

2018 年底,苹果公司宣布不再在财务业绩中披露 iPhone 的销量。它向投资者发出盈利预警,人们担心这反映了销售开始显著放缓的迹象。iPhone 的销量从 2015 年开始一直在下降,每部手机的价格上涨已经无法弥补这一损失。分析师们把这称为"iPhone 峰值",借用了"石油峰值"* 里包含的担忧。

那一年,苹果公司面临着特殊的挑战,包括由于贸易战使客户开始疏远美国品牌,导致其在中国的销售疲软。不过,更根本的是这反映了智能手机的成熟。新款 iPhone 比以往任何时候都更加惊艳:屏幕上的像素小到无法用肉眼看清,六核主处理器搭配四核图形处理器,相机足以满足专业用途,以及高达 512 GB 的存储空间。问题在于,一两年前的旧款 iPhone 几乎同样出色,成了新款 iPhone 的竞争对手,售价却不到后者一半。与之前的个人计算机和平板电脑一样,一旦大多数用户不需要频繁升级,智能手机的销量就会下降。

现在的智能手机比 20 世纪 80 年代的超级计算机还强大,体积却小到可以放进钱包或者口袋里。同样,使手机变得体积小、重量轻而且更节能的技术给其他产品开辟了机会。设计团队有这样一个问题:在微型计算机近乎无限可能的形式中,哪一种可以补充或者最终取代闪亮的智能手机?第一个热门产品是 Fitbit,这是一款与智能手机同步的计步器。手机本身也可以跟踪步数,但不是每个人锻炼时都带着手机。Fitbit 为健身带来了社交元素,用户可以查看朋友的步数,发送几句嘲讽或者鼓励的信息。最初的 Fitbit 售价是 100 美元,于 2009 年面世。[18] 几年之内,最受欢迎的 Fitbit 型号已经发展出小屏幕,又变成了手表。

---

* "石油峰值"源于 1956 年美国著名石油地质学家哈伯特(M. King Hubbert)提出的矿物资源"钟形曲线"规律。哈伯特认为,作为不可再生资源,任何地区的石油产量都会有一个最高点,达到峰值后就不可避免地开始下降。——译者

这证明不断上涨的价格是合理的。即使增加了心率监测,200 美元对于计步器来说价格还是很高,但与豪华手表相比并不算贵。

同时,在另一个融合进化的例子中,**智能手表**增加了健身追踪功能。智能手表是手表形状的小计算机。手表的屏幕上显示时间和短信等其他内容。20 世纪 90 年代,微软公司推出了一款通过接收按一定模式闪烁的光线从 Windows PC 下载数据的天美时手表*。2004 年,微软公司再次尝试推出用内置的调频无线电接收数据的手表。福斯尔(Fossil)公司**将 Palm Pilot 小型化,推出了有微型触控笔的智能手表,这些小型化的成就证明它们都是寻找问题的解决方案。[19]

与手机一起随身携带的通常是手表而不是电脑,这意味着智能手表作为手机的外围设备而复兴。这始于 2013 年的 Pebble——一个非常成功的 Kickstarter 项目***,它也是一个警示故事,告诉我们围绕热门产品建立成功公司的难度。苹果手表于 2015 年大放异彩,价格从实用型号的 350 美元到欲与豪华手表相媲美的优雅金属版的 1000 美元。除了显示电话提醒外,这款手表显然没有什么用处:小屏幕非常不方便,用户在执行某些任务时发现还是从口袋里拿出手机更快。后来的版本经过改进,有了自己的蜂窝连接,用户无需携带手机即可保持在线状态。2017 年,苹果公司售出了约 60 亿美元的手表和配件,与 iPhone 本身相比令人失望,但足以取代劳力士(Rolex)成为手表行业的顶级品牌。因为人们已经习惯佩戴手表,所以智能手表最终可能会得到非常广泛的应用。

我们许多人习惯佩戴的另一种设备是眼镜。嵌入的微型显示器可

---

* 美国知名手表品牌。这里说的这款手表是 1994 年的 DataLink 系列。——译者

** 美国时尚品牌。——译者

*** Kickstarter 于 2009 年在美国纽约成立,是面向全球的产品募资平台,为人们的创意项目筹集资金,包括电影、音乐、舞台剧、漫画、新闻学、电子游戏以及与食物有关的项目,或者是一些科技产品等,形式包罗万象。——译者

以将信息叠加到现实世界上,给人一种巨大屏幕的错觉,这种技术被称为增强现实(AR)。2012 年,有消息传出谷歌公司正在开发有内置屏幕和摄像头、通过语音输入和小型触摸板进行控制的眼镜,令科技界兴奋不已。谷歌眼镜本来应该在医学、新闻和电影制作方面有所应用。被称为"眼镜探索者"的测试用户为开发版支付了 1500 美元。谷歌公司罗列了一长串令人印象深刻的合作伙伴,承诺提供应用程序、服务和设计框架。不知何故,谷歌眼镜甚至还没有向公众出售就崩溃了。有人认为谷歌眼镜本质上就是间谍相机,这种对侵犯隐私的担忧愈演愈烈,美国的电影院、医院、脱衣舞俱乐部和赌场等组织都开始禁止人们佩戴它。用户们发现最近风靡一时的极客时尚现在成了"戴眼镜的混蛋"的标记。[20]谷歌眼镜没有正式取消,但 2015 年谷歌公司承认将其转变为消费产品还不成熟,需要重新调整开发方向,寻找该技术的商业应用。在我们看来,其基本思想最终会以某一种形式出现,就像"笔计算"* 在成功之前反复失败一样。

眼镜和手表并不是唯一包含计算机并连接到互联网的东西。人们开始谈论**物联网**(Internet of Things)——这是一个奇怪的词,因为互联网总是将事物相互联系起来。实际上,这个词的意思是**无法识别为计算机的东西的联网**。企业连接了诸如电表、环境监测器和自动售货机之类的东西。用户建立了连接互联网的家庭自动化系统,重振了 20 世纪 80 年代流行的想法。基于日益流行的 Z-Wave 无线协议的产品,支持可编程家庭控制器,对来自控制面板、智能手机或电灯开关的输入做出反应,触发诸如开门锁、调暗灯光或发出警报的动作。这使用了网状网络,使每个设备都能作为增强器,在整个房屋内传播控制信号。配置

---

* 笔计算是指使用手写笔和平板电脑,而不是键盘或鼠标等输入设备的计算机用户界面。——译者

和编程这些系统需要大量的调试。

21 世纪 10 年代中期,Wi-Fi 和蓝牙芯片足够小而且便宜,企业可以把它们内置于灯泡之类的东西中,造福更多的普通用户。飞利浦(Philips)公司推出了流行的 Hue 系列变色灯泡,可以用智能手机控制;Nest 公司(已被谷歌公司收购)推出了时髦的电脑恒温器,能根据观察到的实际使用模式自动编程;Ring 公司(已被亚马逊公司收购)销售带摄像机的门铃,可以记录并拍摄访客。一个屡试屡败的想法是在冰箱上增加互联网连接——让用户在冰箱门上看电影或访问家庭日历,或者扫描食物并跟踪新鲜度。很少有潜在客户会被这些功能吸引,但智能冰箱赢得了垃圾邮件发送者的认可——冰箱成了他们的攻击目标,还被用来分发消息。[21]

相比之下,智能手机是现代世界的主流计算平台。它们的处理器体系结构可以追溯到一台不起眼的英国个人计算机,更一般地说,可以追溯到冯·诺伊曼 1945 年的《EDVAC 报告初稿》。对于计算机科学家来说,智能手机是计算机,但大多数用户并不这么认为,也不认为它们做的事情是计算。绝大多数计算机,比如那些取代了电话、电视和音乐播放器"内脏"的计算机,对用户是隐藏的。普通人认为他们在工作中使用的 PC 和架子上的旧笔记本计算机才是计算机,而平板电脑、Fitbit 和电视则不是。在我们的故事将要结束的时代,计算机已经无处不在又无迹可寻。

第十五章

结语：硅谷里的特斯拉

本书从计算机发展的黎明时代开始，那时人们对计算机的美好未来充满期待。从关于 ENIAC 发布的新闻稿、埃德蒙·伯克利的著作《巨型大脑：会思考的机器》，以及奥斯本在《哈佛商业评论》上发表的文章里对通用电气公司第一台 Univac 的赞誉，让我们看到计算机为人们许诺的宏伟蓝图，一个越来越多的人类活动被计算机自动化的新世界。从那时起，人们对计算机技术的关注和憧憬就没有停止过，一波又一波兴奋的浪潮起起伏伏。20 世纪 60 年代中期，对全集成管理信息系统的商业热情达到顶峰；20 世纪 70 年代后期，克里斯托弗·埃文斯在《微型千年》里承诺超智能机器即将到来，人类将从劳作中解脱，过上充满乐趣的悠闲生活；20 世纪 90 年代后期，金融市场对互联网股票报以非理性热情。人们勾勒出这些遥不可及的乌托邦未来，都在试图证明计算机革命性的重要意义。

面对迅速增长的个人计算爱好者群体，1977 年 1 月的《字节》杂志封面精彩地捕捉到了这种思潮（图 15.1）。巨大的窗外是灰暗的被污染的城市景观背景。铁轨、工厂和电线挡住了市中心的一部分摩天大楼。城市衰败的阴郁画面反映了时代的情绪——美国国家环境保护局和世界地球日在这 10 年的早些时候出现，富裕的白人居民逃往郊区，城市人口迅速减少。前景是许多《字节》读者梦想中的系统：一台配备软盘驱动器和视频终端的 Altair 微型计算机。Altair 计算机屏幕上的图像闪闪发光——晴朗的天空，连绵起伏的青翠山丘，上面泛着微光的白色几何形状的建筑，让人联想起早期科幻电影[如 1936 年的《未来之事》(*Things to Come*)]中经典的未来主义。《字节》的读者认为这张图暗示了计算机将有能力实现向**后工业**社会的过渡，会受到知识分子和政策制定者的追捧。20 世纪 60 年代的乌托邦思想与早些时候坚信技术是人类控制之外可以解决社会问题的力量的信念，交织在一起形成了硅谷文化中根深蒂固的自大——他们喜欢做的那些事会让世界更美好。

图 15.1　廷尼(Robert Tinney)为《字节》1977 年 1 月刊做的封面。在被污染的令人沮丧的城市景观前面，放着一台 Altair 8800 计算机(新兴的个人计算机行业的象征)与软盘和纸带。视频终端上的画面似乎预示了一种计算机乌托邦。感谢廷尼供图

在我们现在生活的时代中，几乎所有以前对计算机技术进步的预测都变成了现实（但类人智能是一个明显的失败）。计算机的乌托邦已经来到了吗？看一看今天《字节》的封面会发现，对这个问题的解读更黑暗一些。我们在电脑屏幕上观看虚拟世界的时间比以往任何时候都多，要么在玩电子游戏，要么沉浸在社交媒体为我们定制的屏蔽了一切不受欢迎的信息的世界中。屏幕上闪亮的世界分散了我们对窗外正在实际发生的社会、环境和政治灾难的注意力，无法兑现计算机技术将以某种方式解决这些灾难的承诺。所以，让我们把注意力从计算的演变拉回到用计算机技术重塑世界的实践当中。

在本书的最后几章，我们关注了计算机在其他消费设备（从电视到手表）中悄无声息的扩散，以及智能手机兴起而取代个人计算机成为使用最广泛的计算平台。然而，21 世纪 10 年代后期典型的美国中产阶级家庭拥有的大部分计算能力并不在书房里的笔记本计算机、儿童卧室的平板电脑、挂在墙上的大屏幕电视，或者家庭成员随身携带的智能手机中。尽管这些设备中每一个的性能都轻松超过了 Cray 1 的能力，但最大的超级计算机集群其实停在车库里。

20 世纪 70 年代，计算机开始出现在汽车里，用于控制防抱死制动系统，并管理向发动机喷射燃料以提高动力和效率。它们控制安全气囊、播放音乐、提供驾驶方向、监测轮胎压力。21 世纪 10 年代中期，汽车和计算机的融合在特斯拉 Model S 中最为明显——这是一款在硅谷制造的昂贵的电动汽车，像消费电子产品一样在商场的精品店出售，而不是通过传统的独立经销商网络销售。特斯拉（Tesla）公司首席执行官马斯克（Elon Musk）表示："Model S 被设计成非常复杂的带轮子的计算机。"马斯克吹嘘特斯拉"就像它是硬件公司一样，它也是硅谷的软件公司"。[1]

走进硅谷

此刻,硅谷不仅是个地理位置,它还仿佛成了全球新秩序的象征性中心。它代表了被互联网、智能手机和云计算的**颠覆性创新**改变的世界。早在20世纪40年代,全世界只有几百人使用电子计算机进行计算。在我们的故事结束之时,在发达国家和中等收入国家里,几乎所有人做的所有事情都离不开计算机。在1990年所有的计算机软硬件公司中,只有IBM跻身世界上最有价值的公司行列,与通用电气公司和埃克森美孚(ExxonMobil)公司排列在一起。2020年,全球化和减税提振了企业利润,市值达到1万亿美元的前四家公司分别是苹果、亚马逊、Alphabet(谷歌)和微软。甚至**技术**这个词也被重新定义为计算机和互联网,譬如eBay公司被认为是一家"科技公司",而福特公司和波音公司却不是。

在本书的大部分内容中,开发新的计算机技术和应用程序的团队都没有一个地理上的中心。开发工作最初集中在美国中大西洋地区和英国。IBM公司在纽约州北部蓬勃发展,它的实验室遍布世界各地;小型计算机和最早的工作站主要在波士顿地区生产;IBM PC是在佛罗里达州开发的,康柏公司在得克萨斯州克隆了它;英国廉价的个人计算机曾一度领先世界;法国上网的人数超过了世界其他地区;Web是在瑞士开发的;日本任天堂公司主导了家庭电子游戏的设计。

在本书最后几章,这种情况发生了改变。硅谷对微芯片以及密切相关的个人计算机发展的关注,建立起风险投资家、企业家和技术人才的网络,成为一波又一波新业务的中心——从生物技术和绿色能源,到个人计算机、智能手机软件和社交网络。硅谷与太平洋之间被一大片未经开发的山丘隔开,在这片山丘和旧金山湾之间只有几英里宽的土地上,聚集了我们最后几章讨论过的大多数公司。硅芯片和组装电子设备的工厂早已不复存在。21世纪10年代,特斯拉公司在废弃的通用汽车与丰田合资工厂里制造东西,在硅谷里显得不同寻常。

2月,一辆售价超过10万美元的高性能 Model S 型汽车,从位于海湾不太热闹的弗里蒙特一侧工厂附近的交付中心运来,第一次被开回家。这辆车的17英寸触摸屏,表明它效忠于硅谷,而不是底特律或巴伐利亚。它像一台巨大的平板电脑,用响应式触摸界面控制导航和娱乐选项,还有辅助的语音控制。当2012年 Model S 推出时,评论员用"滚动的平板电脑"之类的词来描述它。它与本书前几章讨论的趋势的联系是明确无误的。

但是这台17英寸有强大三核处理器的平板电脑只是一辆特斯拉汽车里60多个计算机中的一个。特斯拉汽车的大多数功能都有自己专用的计算机,例如空气悬架、驻车制动器、后视摄像头和电动座椅。雨刷器也由计算机控制,在有下雨迹象时启动。四扇门的每一扇都有一个计算机,接收来自智能手机的无线电信号,在车主靠近时弹出触摸感应门把手。

硅谷并不是很大,自20世纪70年代以来其范围已经大为扩展,包含了大部分旧金山湾区。在汽车导航系统里,如果交通没有堵塞,即使绕行海湾南部的较长路线也可以在1小时15分钟内从弗里蒙特到达旧金山赛富时大厦(Salesforce Tower)附近豪华公寓的车库。但世界各地为汽车开发投入的资金,为购买汽车提供的贷款,意味着这个用时根本不可能实现——高薪工作的快速增长,加上为了最大限度保持硅谷的郊区感、最大化现有房主的财富,对这片地区的限制所造成的永久性住房短缺,使得从加利福尼亚州内陆出发的两小时通勤和进出硅谷的交通拥堵变成了长期的现象。

这条路线途经圣何塞的 Adobe、贝宝(PayPal)和思科(Cisco)三家公司,到达洛斯加托斯的 Netflix 公司,然后向北转向101号州际公路,经过丘珀蒂诺的苹果和希捷(Seagate)两家公司的高速公路出口,以及去往英特尔、英伟达和 AMD 三家公司的圣克拉拉的出口,谷歌和赛门铁克(Symantec)两家公司的芒廷维尤出口,惠普公司的帕洛阿尔托出口,Facebook 公司的门洛帕克出口,甲骨文公司的雷德伍德城出口,基因泰克(Genentech)公司的南旧金山出口,优步和 Lyft 两家公司的旧金山出口。大多数保持主导地位的初创企业,如 Android、WhatsApp、Instagram 和 YouTube,也都在遍布硅谷的不起眼的低层建筑中。风险投资人扎堆挤在斯坦福大学校园外,而孵化器孵化着几十家初出茅庐的公司,希望其中的某一个可以成长为多重意义下的独角兽。

硅谷地区在根源上与政府和航空航天的密切关系的明显标志已经消失。几年前,曾经耸立在森尼韦尔的"蓝色立方体"——塞满计算机的空军军事卫星控制中心——被拆除。NASA 庞大的埃姆斯研究中心仍然不可能被错过,不过它所拥有的世界上最大的巨型风洞已经在很大程度上被计算机建模所取代,而且它的机场和机库也正在被谷歌公司租赁。

贯穿本书,计算机已经化身成许多新生的事物。跟随特斯拉汽车穿过山谷,我们可以看到所有这些计算模式共同运作。汽车在可以暂时避开拥堵的 SR 237 快车道上悄无声息地经过收费站,安装在仪表板上的转发器为收费站提供识别车主的代码。计费和付款由 FastTrak 收费系统、信用卡网络和车主的银行处理,使用的是第三章涉及的将计算机作为数据处理工具的批处理系统。这些系统大多数仍在大型计算机上运行,用的是 20 世纪 70 年代风格的 CODASYL 数据库管理系统。

在第四章里,计算机成了实时控制系统。NASA 使用嵌入式计算机来控制 Saturn V 火箭的发动机,解决了导致竞争对手苏联四次试飞都爆炸的问题。马斯克的另一家公司——美国太空探索技术公司(SpaceX)利用了那之后 40 年里计算机能力的巨大增长做了一件更困难的事情:对火箭安全降落在指定地点所需的推力做微小调整,通过重复使用运载火箭来降低航天成本。相同的控制和稳定技术可能很快就会使承诺已久的"飞行汽车"成为现实,只要用扩展的无人机技术制造电动机器人出租车,就不需要每个人都有一辆带翅膀的汽车。

特斯拉汽车里的大多数处理器都执行类似的实时控制功能。它的锂离子电池组重约1200磅,有16台计算机来管理它们的充电和放电。锂离子电池与笔记本计算机的电池技术相同,但特斯拉汽车需要的电池容量大约是笔记本计算机电池容量的1000倍,才能为当时首屈一指的几百英里行驶里程供电。锂离子电池拥有大量电力,但用电太快或过度充电都会缩短使用寿命,还可能引发火灾。廉价的嵌入式计算机使电动汽车变得可行,还能为家用汽车Model S配备在2.4秒内把速度从0提高到每小时60英里的"狂暴模式"。特斯拉汽车在直线加速赛中击败异国情调的跑车是庞大特斯拉粉丝群最爱看的一类视频。

在第五章中,分时技术的发展使计算机变成一种交互工具。这段叙事的高潮是Unix的开发,后来又重新实现为Linux,为控制特斯拉汽车和大多数其他现代汽车的主触摸屏系统提供动力。它的用户界面是第九章里20世纪80年代创新的计算机图形工具的遥远后代,在最近一章中讨论的智能手机跟它有同样的起源。

在第六章中,随着网络兴起,计算机成为通信平台。所有现代汽车都为车内的多台计算机配备了局域网。标准互连采用在20世纪80年代开发的CAN(控制器局域网)总线。与以太网不同,它没有针对吞吐量进行优化,而是保证一定的响应时间,因为来自踏板和方向盘的控制信号必须快速可靠地传送。随着需要更高带宽的应用(例如相机)的普及,车企被迫在车辆内布置其他类型的本地连接,如光纤。其他网络将汽车连接到外部世界。像这个时代的许多其他汽车一样,特斯拉汽车有一个内置的蜂窝数据连接,用于下载操作系统的更新和导航需要的实时交通信息。触摸屏背后的计算机运行的应用程序包括Web浏览器、日历和文本消息程序——使计算机成为发布平台的这些技术,在本书最后几章中使计算机融入了网络。给汽车增加互联网功能使汽车的内部网络暴露,容易遭受黑客的攻击。2014 年,研究人员展示了几个流行车型的安全漏洞,攻击者可以利用这些漏洞完全控制车辆,甚至能在行驶过程中关闭引擎。[2]

在第七章中,计算机成为个人的玩具。特斯拉公司甚至在 2018 年的 Model S 固件更新中加入了经典的雅达利电子游戏系列。很明显,出于安全原因,汽车所能做的个性化调整达不到早期个人计算机那样的程度,但特斯拉公司成功地建立了大型用户社区,热情的用户对其产品在情感上有高度的认同,对每一次变化都很着迷,并支持公司反对批评者。这种信徒般的热情让人联想到早期个人计算机的用户文化。

在第十一章中,计算机成了媒体设备。特斯拉汽车里充斥着数字媒体设备。在大多数汽车仍然装备 CD 光盘或 DVD 播放器的时代,特斯拉汽车太现代了,可以播放 USB 存储棒里的音频文件。主控制器可以使用 Spotify 等内置应用播放流式网络电台。智能手机通过蓝牙连接到汽车的本地网络,用汽车扬声器播放语音电话或有声读物,还可以在屏幕上弹出短信的内容。

除了数字音频,这辆车同样依赖数字视频。21 世纪 10 年代中期,倒车数码摄像头已经从豪华轿车扩展到经济型轿车,为 2018 年即将要实施的法律做准备——法律强制要求汽车的标准配置中必须包括倒车摄像头。价格更高的汽车在车的周身也安装了摄像头,用软件把它们的透视图结合在一起生成汽车及周围环境的俯视图。有些人安装了前置摄像头,可以从路标上读出限速,再加上雷达,这些功能可以让车辆自动与前车保持安全距离,在可能发生碰撞的时候自动制动。

特斯拉公司最初与以色列公司移动眼(Mobileye)合作为 Model S 开发了自动驾驶功能,大量使用了摄像头和计算机。最早的版本依靠单色相机、雷达系统和声呐传感器来检测停车时近处的障碍物。2015 年发布给客户的软件用这些传感器自动化了许多驾驶功能。除了自行停车,特斯拉汽车还可以自行沿着高速公路行驶,根据需要加速减速,甚至改变车道。

DARPA 从"战略计算计划"(Strategic Computing Initiative)开始,数十年来一直资助自动驾驶汽车的开发(图 15.2)。[3]它举办的竞赛使自动驾驶汽车成为高校里机器人团队的研究重点,这些团队的成员成了商业自动驾驶初创公司的核心力量。我们在第二章探讨了计算机如何发展成为核武器实验室和天气模拟的科学超级工具。视频处理需要大量的计算能力——在 20 世纪 80 年代,电影里的高分辨率画面需要 Cray 超级计算机来渲染。如今,中产阶层的个人交通工具需要实时解析图像和雷达数据,识别物体并辨别其轨迹,对计算能力的要求更加苛刻。慧摩(Waymo)公司起初是为谷歌地图服务的自动化街头摄影项目,在它的技术支持下,自动驾驶测试车多年来一直在芒廷维尤里游荡。

图 15.2 自动驾驶的大众汽车"斯坦利"(Stanley)赢得了 2005 年 DARPA 大挑战赛,斯坦福大学团队得到 200 万美元奖金。在没有人工干预的情况下,斯坦利借助 GPS 接收器、安装在车顶的激光雷达和摄像机,在沙漠地带行驶了 132 英里。照片来自阿维诺(Mark Avino),史密森国家航空航天博物馆(NASM 2012-01952)

用户们喜欢自动驾驶系统。他们在 YouTube 上发布自己在汽车长途行驶时看电影或者阅读的视频。海军老兵布朗(Joshua Brown)是其中的一位。[4] 2016 年 5 月,一辆大卡车在布朗驾驶的特斯拉汽车前面转弯,而他保持直行冲进了大卡车的下面,特斯拉汽车的车顶被掀掉,布朗因此毙命。调查显示,在整个行驶过程的 38 分钟里,特斯拉汽车几乎一直处于自动驾驶状态,布朗只接触了方向盘大约 30 秒,多次无视将双手放回方向盘的提醒。在一条有交叉交通的道路上(自动驾驶预设用于在高速公路上行驶),布朗将汽车的速度设置为每小时 74 英里,远远超过限速。[5]特斯拉公司对此事的回应是对系统设置做了更多限制。传统汽车制造商只在低速和短时间的情况下限制性地采用类似技术,它们更谨慎地将这些功能宣传为“交通拥堵辅助”“驾驶辅助增强版”或“超级巡航”,相比之下特斯拉公司仍然显得过于激进。[6]

2020 年 2 月,新生产的 Model S 配备了更多传感器,使系统可以访问 8 个摄像头的信号。它定制的 AI 芯片处理能力大大提高,上面运行的是内部开发的软件。从 2016 年开始,特斯拉公司就向轻信“完全自动驾驶”软件的客户收全额的预付款,但交付汽车的时间却一直在往后延。马斯克向这些等待的客户承诺,在他们工作或睡觉的时候,他们的车可以充当机器人出租车来获利。优步公司也热衷于部署自动驾驶汽车,想摆脱对人类司机的依赖,使出租车服务盈利。它于 2018 年在亚利桑那州匆忙成立了自己的测试车队,承诺将在几个月内搭载付费乘客。但是其中一辆车撞死了一名行人,公共测试计划被迫停止。

无论特斯拉公司能否为现有汽车提供真正的自动驾驶性能,2020 年 2 月,其 Model S 引发的整个行业的巨变已经不可逆转。现在,汽车制造商在软件工程和界面设计方面的竞争与机械工程方面的竞争同样激烈。廉价、小巧、可靠的计算机带来的可能性,使汽车发生了根本性的改变。越来越多以前由人类和机械控制系统承担的任务交给了软件和数字电子设备。这些系统在汽车的制造成本中占的比例越来越大，所需的设计人员也越来越多。

自20世纪70年代以来预测的计算和通信的融合，通过互联网、智能手机和流媒体视频等技术改变了我们的生活和工作方式。今天，同样重要的计算和交通的融合似乎正在进行中。与无人驾驶汽车、无人机和无桩滑板车一样，这也将极大幅度地降低太空飞行的成本，狂热者预言这将创造出新的太空旅游产业。

通往不确定未来的单程旅行

特斯拉汽车一路行驶着的这个国家繁荣兴旺，但却十分焦虑，而且日益分裂。在ENIAC诞生后的70年里，计算机技术取得了显著的进步。根据被奉为神谕的摩尔定律，芯片性能呈指数级增长，而尺寸和成本也以同样速度降低，这似乎是大自然馈赠给我们的丰盛礼物。这又制造了一种错觉，仿佛这是一个史无前例的创新的时代，技术变革会永远不断地加速。其他行业（如教育、医疗保健和新闻业等）被拿来与计算机技术取得的进步比较，显得乏善可陈。于是出现了一些技术处方，例如自动化的在线课程等。《连线》杂志的编辑出版了一本《技术想要什么》（*What Technology Wants*），书中有一种近乎宗教信仰的观念，即技术有其自身的进化过程，人类应该努力理解它内在的客观规律。[7]

21世纪10年代，硅谷最热门的初创公司之一是Theranos，它试图解决的问题是提高传统实验室低下的工作效率。Theranos公司开发了一个冰箱大小的自动化实验室，能够对单个拇指采集的血液进行几百项测试，而成本只是已有技术成本的一小部分。Theranos公司筹集了超过10亿美元的资金，估值大约是100亿美元，但从未透露其突破性**芯片上的实验室**是如何运作的。年轻的创始人霍姆斯（Elizabeth Holmes）身穿黑色高领毛衣，从大学辍学，不听工程师的建议（他们认为她的"魔术盒"不可行),以这些行为向乔布斯致敬。2015 年,有记者披露其突破性技术从未奏效,Theranos 公司开始崩塌。霍姆斯完全忽视物理学和化学的限制,在地下室里藏满了参观者和投资人看不到的传统测试机,以掩盖 Theranos 公司开发工作的失败。[8]她企图模仿乔布斯,想靠强大的意志扭曲宇宙,但最终的结局是公司首席科学家自杀、联邦政府以欺诈对她发起诉讼。

计算机技术的快速进步并没有带来相应巨大的社会进步和经济发展,Theranos 公司就是这个更广泛问题的一个戏剧化的实例。智能手机——这种与我们创造奇迹的能力相匹配的设备,它们的娱乐功能和转移注意力的能力,没能带来经济革命。事实上,2007 年 iPhone 推出的时间,恰好就是企业采用互联网技术后,高劳动生产率短暂爆发结束的时间。从 2008 年到 2018 年,美国的生产率年均增长仅为 1.3%,远低于 2000 年至 2007 年的 2.7%,也远低于美国经济从工业革命到 20 世纪 70 年代的平均增长率。拼车、视频流和在线约会改变了我们的日常生活,但与早期的技术相比(例如汽车的采用和由此产生的郊区化,以及抗生素、电气照明和电力、空调或制冷),它们的影响相形见绌。对于 1980 年已经富裕的社会而言,过去 40 年的特点就是经济和技术的停滞。

相比使社会更富裕方面,计算机化在重新分配财富上更加成功。去除通货膨胀的因素,2018 年普通美国工人的薪酬并不比 20 世纪 70 年代的普通美国工人的高。此前一直在下降的经济不平等在此期间大幅加剧。富裕的美国人(收入最高的 10% 的家庭),比他们的前辈生活得更好,在国民收入中占的比例明显增加。政治怨恨越来越集中在收入最高的 0.1% 的人群身上,他们的税后收入在 1980 年到 2018 年增长了 4 倍。[9]并非所有这些都可以用技术来解释——对投资者和高收入者减税以及工会衰落等政治因素起了重要作用。但经济学家布林约尔松

(Erik Brynjolfsson)和麦卡菲(Andrew McAfee)的解释很有说服力,他们认为,向自动化和在线市场的转变产生了**赢家通吃**的经济,其回报集中在非常成功的少数人手中。[10]

自动驾驶的小汽车和送货卡车预示着一个自动化的未来,在这个未来,机器人和人工智能领域的专家变得更加富有,但普通美国人却很难找到任何形式的工作。计算机技术现在不仅威胁到其他的机器,还要消解别的职业和工业。谷歌和 Facebook 等公司的权力越来越大,巨额财富集中在其早期投资者和创始人的小俱乐部,对此世界各地的记者和政界人士越来越感到担忧和警惕。

与此同时,幻想通过 Facebook 和 Twitter 上的在线交流带来民主、自由和宽容的未来的承诺并没有实现。Twitter 在 2011 年"阿拉伯之春"期间帮助激进分子推翻了政府。但事实证明,它和其他在线平台同样可以被新纳粹分子和白人至上主义者利用。推文如病毒般传播,创造了一种持续愤怒的暴民文化,这种文化迫害敢于评论电子游戏的女性,摧毁种族不敏感言论发表者的职业生涯。特朗普(Donald Trump)是有史以来最"成功"的 Twitter 用户,在作为美国总统时,他一天开始的几个小时大多在看福克斯新闻,在 Twitter 上发布煽动性信息、突然的政策变化以及罢免内阁成员的消息。

技术乌托邦主义已经名誉扫地。在整个发达国家世界,以民粹主义、反移民情绪或环境抗争为中心的反建制运动,盖过了长期占主导地位的政党的风头。对智能手机的讨论集中在它们对个人关系、民主制度和公民社会造成的伤害上。向在线话语转移、对传统媒体实践的侵蚀,似乎是所谓的**后真相**社会发展的关键因素。

发生这种情况的原因在很大程度上可以追溯到互联网缺乏的支付机制,导致网络发布要依赖广告获得收入。商业上最成功的公司是那些最有能力控制用户注意力,还会收集和挖掘用户数据的公司。

Facebook 因为缺乏保护用户控制其数据使用和共享的机制而受到隐私权运动者的抨击。在 2016 年美国大选和英国脱欧公投之后,批评的声音越来越大,影响越来越广。很明显,Facebook 的算法偏爱有煽动性的容易被点击和分享的假新闻,以至于所谓俄罗斯的宣传和极右翼阴谋论者居然能够对选举结果产生潜在的决定性影响。[11] 其他人则抱怨,隐藏的种族主义、阶级偏见和性别歧视,被内置到搜索结果、语音识别系统与其他重要性不断增加的算法中了。[12]

Facebook 收集的数据远远超出了它自己的社交网络,甚至扩展到了从未创建过 Facebook 账户的人。它会从许多流行的智能手机应用中购买用户数据,甚至还包括几百万女性的排卵周期。[13] 大量数据让 Facebook 能够非常精确地按用户不同教育水平、收入、职业、关系状态、种族、年龄、政治信仰、爱好和购物模式,将他们的关注点卖给广告商。它甚至可以向广告商出售用户的特定生活事件经历,例如离婚、成为新妈妈或度过结婚纪念日。这种做法引发了研究信息技术和组织的资深学者祖博夫(Shoshana Zuboff)所说的《监视资本主义的时代》(*The Age of Surveillance Capitalism*)的"技术冲击"。[14] 企业以低廉的价格获取信息,处理成价值非常高的数据库。流行的反乌托邦科幻小说则展示了充斥着电子媒体和企业监控的社会正在逼近的危险。

科技与大流行病

2020 年 4 月,美国 101 号公路上畅通无阻,但新的特斯拉汽车已经停放了一段时间:新型冠状病毒病(COVID-19)大流行期间,硅谷的办公室、学校、餐厅和大部分商店都被封锁了起来。就连特斯拉工厂也被当地政府强制关闭。整个欧洲和北美洲的失业率飙升到了创纪录的水平,股市暴跌。一些当地企业陷入困境。滑板车"独角兽们"和比萨机器人公司看起来已经很不健康了。现在,Uber 和爱彼迎(Airbnb)等巨头陷入了危机,因为投资者们怀疑这些让陌生人之间有密切身体接触的公司能否支撑下去。

然而,总体而言,COVID-19 的大流行正在加大世界对计算机技术的依赖。被限制在家里的人们从 Netflix 及其竞争对手那里传输的视频流比以往任何时候都多。办公室会议、大学课程和小学教育转向在线平台,视频会议取代了面对面的讨论。由于很多公司的业务流程已经用互联网技术重建,员工可以在家里继续接听客户电话、处理抵押贷款申请。纽约证券交易所交易大厅的关闭在华尔街几乎没有引起任何波澜。当工作室关着的时候,电视新闻和娱乐节目在客厅和地下室拍摄。约会和生日派对通过视频聊天直播,而几千个家庭通过苹果设备的 FaceTime 与医院里濒临死亡的亲人做了最后的告别。网络基础设施很好地应对了挑战,不过在欧洲,奈飞和亚马逊两家公司被迫降低视频质量,把带宽留给其他的需求。

技术使某些类型的工作可以在线完成,但对另一些工作不行。这进一步加剧了经济和种族的不平等。白领专业人士的房屋宽敞舒适,家庭办公室里设备齐全,很高兴从漫长的通勤中解放出来。硅谷公司建议一些员工永久地在家工作。2020 年,大量科技工作者涌出旧金山,使旧金山的租金下降了 1/4 还多——不过仍然是全美最高的。特斯拉、帕兰提尔(Palantir)和甲骨文等公司宣布将迁移到成本较低的州。甲骨文公司董事长兼创始人埃利森搬到了夏威夷,几乎把整个拉奈岛全都买了下来。

相比之下,全国各地餐厅的工作人员、酒店员工、理发师和店员中,有数百万人失去了工作,他们不得已和自己的孩子一起被封闭在不舒适的街区。在线购物和杂货配送激增,客户接触致命病毒的风险降低了,亚马逊公司的收入提高了,但同时却使低薪的仓库工作人员和送货工人的生命处于危险之中。

当美国国会准备立法要求各州为几千万新失业者发放微薄的失业救济金时,计算机代码的强大功能和超长寿命又受到了关注。大多数州政府用的还是古老而且很不灵活的 COBOL 程序,因此唯一能够被强制执行的快速变化就是:无论以前收入如何都每周领取固定的补助金。保守派政客抱怨这种做法不能鼓励低薪工人出去找工作。大量的新闻报道提醒人们,全世界的大型计算机上还有几十亿行 COBOL 代码在运行,而 IBM 公司又开始提供免费在线课程来培训下一代 COBOL 程序员了。

2020 年 6 月,明尼阿波利斯警方暴力对待弗洛伊德(George Floyd),使他缓慢窒息直至死亡,这是一系列杀害手无寸铁或已经受到约束的非裔美国人的事件之一,激起了人们的愤怒,引发了连续几个晚上的骚乱,接着是持续数周的全国性种族融合大规模抗议活动,这在美国是史无前例的。在美国,警察杀人并不新鲜,但智能手机的普及使事件被拍摄下来,相关视频在社交媒体上吸引了几百万人观看,人们还利用社交媒体组织了抗议活动。

与此同时,投资者们认为病毒创造的新世界将比以往任何时候都更加依赖 Zoom 和微软这样的公司,偏重技术类股票的纳斯达克股票指数创下新高。科技巨头报告的利润也创下了纪录——苹果公司成为第一家市值达到 2 万亿美元的公司。2020 年底,特斯拉公司的市值已超过全球 9 家销量最大的汽车制造商的市值总和,此后不久,马斯克取代亚马逊公司的贝佐斯(Jeff Bezos)成为世界首富。虽然病毒在美国肆虐,每天造成数千人死亡,失业率稳定在非常高的水平,而经济学家预测增长率将长期下降,但美国股市大盘指数仍然创下了历史新高。

分析人士把这种惊人的对立又并存的现象部分归因于在减税和刺激措施的推动下,大公司的财富与普通人之间的日益脱节。一些专家强调了智能手机技术在业余投资者手中的作用,特别是某一款投资应用,它有类似游戏的用户界面和社交媒体元素,把股票交易变成了有趣的消遣。由于无法进行体育博彩,赌场也关闭了,赌徒们于是操控社交网站 Reddit 上的消息,鼓吹陷入困境甚至破产公司股票的泡沫。狂热的投资者把中国房地产公司房多多(FangDD)误认为是受欢迎的 FANG(由 Facebook、亚马逊、Netflix 和谷歌四家公司组成)集团,致使其股价在两小时内飙升了 12 倍。[15]

21 世纪初,政治家和科技行业领袖有一个共同信念——互联网技术、自由贸易和人权的作用会互相加强,增强世界各地的自由民主。这个信念已经被 21 世纪 10 年代发生的事动摇了,在 COVID-19 大流行期间更是彻底崩溃。美国确立了自己在互联网时代的政治文化:言论自由、有限监管和结构性的权力分散。在 2020 年夏天,这些特点再加上一位自私自利的总统、无能的政府和被严重削弱的机构,导致在所有主要的工业化国家当中,美国的病毒遏制效率最低,死亡人数最高。随着疫情的蔓延,作为美国主要的所谓地缘政治对手,中国则成了有效使用计算机技术的样板。

智能手机、在云数据中心运行的数据挖掘算法和无处不在的摄像机有助于以更低的成本控制病毒传播。中国迅速采用了人脸识别、智能手机应用和电子支付等技术,使国家能够掌握个人的活动。中国建立了居民健康状况和活动的大数据平台,最近接触过确诊病例的人被标记为需要自我隔离。在人们进入公共场所时,需要一个强制性的智能手机应用程序显示代码,只有经过算法授权的人才能进入。由于采取了这些措施,中国在疫情暴发后,在死亡人数相对较少的情况下,几乎消除了病毒在国内的传播。

西方人倾向于将美国的互联网视为真正的互联网,但简单的数字表明这种假设不再可行。中国的智能手机用户远多于其他任何国家的用户,其国内电子商务市场的规模是美国和欧洲市场总和的两倍。自

COVID-19 大流行以来,中国似乎有望以比预期更快的速度超过美国成为世界最大经济体。

当您读到这本书的时候,世界上又发生了更多的事情,其中很大一部分是通过计算机技术实现的。然而,这可能是结束我们故事的好时机。21 世纪 20 年代初,现代计算机的故事已经进入尾声,现代主义技术进步最后一个姗姗来迟的伟大故事破裂成了后现代的混乱。计算与全球关系、经济、社会和文化的重要结构发展密切相关。只要不是世界末日,这些联系就只能不断加深。随着计算机成为真正通用的机器,计算的历史已成为万物历史的一部分。计算机技术并不能决定历史的方向,但它的存在确实创造了新的可能性,使某些选择优于其他选择,还重新调整了经济和政治的激励措施。我们从 1946 年《纽约时报》头版一台机器的首次亮相开始,讲述现代计算机的故事,追踪它的遗产,直到今天的发问——互联网上是否存在自由民主。这几乎不可能在本书给出答案。一旦计算机成为所有基础设施的一部分,它是不是 ENIAC 传统类型的通过编写新程序执行不同任务的自主机器,就不那么重要了。通用溶剂的概念性问题始终是:如果能炮制出来任何此类物质,世界上就没有可以容纳它的瓶子。我们的主角,在这个曾经看似永恒的世界里溶解了如此多的东西之后,最终连自己也消释了。

注　释

前言　从专业到普及:重构全新的计算机发展史

1. Brian McCullough, *How the Internet Happened: From Netscape to the iPhone* (New York: Liveright, 2018).

2. Thomas J. Misa, "Understanding 'How Computing Has Changed the World'," *IEEE Annals of the History of Computing* 29, no. 4 (October – December 2007): 52 – 63.

3. 用户与T型汽车互动的历史文献比与个人计算机互动的文献要丰富和深入得多。例如, Kathleen Franz, *Tinkering: Consumers Reinvent the Early Automobile* (Philadelphia: University of Pennsylvania Press, 2005)和 Ronald Kline and Trevor Pinch, "Users as Agents of Technological Change: The Social Construction of the Automobile in the Rural United States," *Technology and Culture* 37, no. 4 (October 1996): 763 – 795. 它是工业生产研究的核心,如 David Hounshell, *From the American System to Mass Production, 1800 – 1932: The Development of Manufacturing Technology in the United States* (Baltimore: Johns Hopkins University Press, 1984). 关于汽车在美国人生活中的作用已有许多广泛的研究,如 James J. Flink, *The Automobile Age* (Cambridge, MA: MIT Press, 1988)和 Clay McShane, *Down the Asphalt Path* (New York: Columbia University Press, 1994).

4. Liesbeth De Mol, "Turing Machines," Stanford Encyclopedia of Philosophy, September 24, 2018, https://plato.stanford.edu/entries/turing-machine/.

5. 在本书的撰写过程中,作者之一在这篇文章中更详细地阐述了新书的结构及动机: Thomas Haigh, *Finding a Story for the History of Computing* (Siegen, Germany: Media of Cooperation Working Paper Series, Siegen University, 2018).

6. Michael S. Mahoney and Thomas Haigh (ed.), *Histories of Computing* (Cambridge, MA: Harvard University Press, 2011), 64.

7. Herman H. Goldstine, *The Computer from Pascal to von Neumann* (Princeton, NJ: Princeton University Press, 1972); Michael R. Williams, *A History of Computing Technology* (Englewood Cliffs, NJ: Prentice Hall, 1985); Martin Campbell-Kelly and William Aspray, *Computer: A History of the Information Machine* (New York: Basic Books, 1996).

8. Thomas Haigh, "The Tears of Donald Knuth," *Communications of the ACM* 58, no. 1 (Jan 2015): 40 – 44. 虽然不是常规的历史,但可以在 Matti Tedre, *The Science of Computing: Shaping a Discipline* (New York: CRC Press, 2015)一书中很好地了解

计算机科学的发展。

9. 关于放在“第一”和“计算机”之间的形容词的作用的讨论,见 Michael R. Williams, “A Preview of Things to Come: Some Remarks on the First Generation of Computers,” in *The First Computers: History and Architectures*, ed. Raúl Rojas and Ulf Hashagen (Cambridge, MA: MIT Press, 2000), 1–16.

10. Alice R. Burks and Arthur W. Burks, *The First Electronic Computer: The Atanasoff Story* (Ann Arbor, MI: University of Michigan Press, 1989).

11. Thomas Haigh and Mark Priestley, “Colossus and Programmability,” *IEEE Annals of the History of Computing*.

第一章 计算机的发明

1. T. R. Kennedy Jr., “Electronic Computer Flashes Answers, May Speed Engineering,” *New York Times*, February 15, 1946.

2. 新闻稿在活页夹“Sperry Rand vs. Bell Telephone labs ... Goldstine Exhibits, 1943–46,” Herman Heine Goldstine papers, American Philosophical Society, Philadelphia, PA.

3. Thomas Haigh and Mark Priestley, “Where Code Comes From: Architectures of Automatic Control from Babbage to Algol,” *Communications of the ACM* 59, 1 (January 2016): 39–44.

4. *Computers and Their Future: Speeches Given at the World Computer Pioneer Conference* (Llandudno, Wales: Richard Williams and Partners, 1970), 7–3, 7–4.

5. 这里和本节关于 ENIAC 的详细信息摘自 Thomas Haigh, Mark Priestley, and Crispin Rope, *ENIAC in Action: Making and Remaking the Modern Computer* (Cambridge, MA: MIT Press, 2016).

6. John W. Mauchly, “Preparation of Problems for EDVAC-Type Machines,” in *Proceedings of a Symposium on Large-Scale Digital Calculating Machinery, 7–10 January 1947*, ed. William Aspray (Cambridge, MA: MIT Press, 1985), 203–207.

7. Haigh, Priestley, and Rope, *ENIAC in Action*, chap. 2.

8. Haigh, Priestley, and Rope, *ENIAC in Action*, chap. 2.

9. 延迟线最早是为雷达创造的,在雷达天线的单次旋转过程中保持脉冲。埃克脱第一个意识到,通过将输出的脉冲重新传送到输入端口,数据可以无限期地存储在延迟线中。

10.《初稿》已经在很多地方重新出版,最容易看到的是 John von Neumann, *First Draft of a Report on the EDVAC*, *IEEE Annals of the History of Computing* 15, no. 4 (October 1993): 27–75,或者线上的版本 https://library.si.edu/digital-library/book/firstdraftofrepo00vonn. 关于《初稿》的起源和接受的讨论见 Haigh, Priestley, and Rope, *ENIAC in Action*, 129–151. 关于 20 世纪 40 年代计算机存储器使用的分析见 Mark Priestley and Thomas Haigh, “The Media of Programming,” in *Exploring the Early Digital*, ed. Thomas Haigh (Cham, Switzerland: Springer, 2019): 135–158.

11. 三个范式的内容摘自 Haigh, Priestley, and Rope, *ENIAC in Action*, 142–149.

12. 关于控制论,见 Ronald Kline, *The Cybernetics Moment, Or Why We Call Our Age the Information Age* (Baltimore, MD: Johns Hopkins University Press, 2015).

13. Alan Perlis, "Epigrams on Programming," *ACM SIGPLAN Notices* 17, no. 9 (September 1982).

14. Martin Campbell-Kelly and Michael R. Williams, eds., *The Moore School Lectures: Theory and Techniques for Design of Electronic Digital Computers* (Cambridge, MA: MIT Press, 1985).

15. IAS 计算机团队在 1946 年至 1948 年期间发表的《电子计算机问题的规划和编码》(Planning and Coding of Problems for an Electronic Computer)系列报告被收录在 John von Neumann, *Papers of John von Neumann on Computing and Computer Theory* (eds. William Aspray and Arthur Burks) (Cambridge, MA: MIT Press, 1987).

16. Haigh, Priestley, and Rope, *ENIAC in Action*. 对克拉拉·冯·诺伊曼的生动描绘见 George Dyson, *Turing's Cathedral: The Origins of the Digital Universe* (New York: Pantheon Books, 2012). "ENIAC 的女人"这句话来自 W. Barkley Fritz, "The Women of ENIAC," *IEEE Annals of the History of Computing* 18, no. 3 (Fall 1996): 13-28, 对当时还很模糊的 6 名操作员地位的质疑见 Jennifer S. Light, "When Computers Were Women," *Technology and Culture* 40, no. 3 (July 1999): 455-483.

17. 电子管存储器项目的综述见 B. Jack Copeland et al., "Screen History: The Haeff Memory and Graphics Tube," *IEEE Annals of the History of Computing* 39, no. 1 (Jan-Mar 2017): 9-28.

18. Martin Campbell-Kelly, "The Evolution of Digital Computing Practice on the Cambridge University EDSAC, 1949-1951," in *Exploring the Early Digital*, ed. Thomas Haigh (Cham, Switzerland: Springer, 2019), 117-134.

19. Simon Lavington, *Early British Computers* (Bedford, MA: Digital Press, 1980).

20. F. C. Williams and T. Kilburn, "A Storage System for Use with Binary-Digital Computing Machines," *Institution of Electrical Engineers, Proc. Part Ⅲ* 96 (March 1949): 81-100.

21. 艾肯在设计 Mark Ⅰ的时候不知道巴贝奇的工作,见 I. Bernard Cohen, *Howard Aiken: Portrait of a Computer Pioneer* (Cambridge, MA: MIT Press, 1999), 61-72.

22. 见 Thomas Haigh and Mark Priestley, "Von Neumann Thought Turing's Universal Machine Was 'Simple and Neat.': But That Didn't Tell Him How to Design a Computer," *Communications of the ACM* 63, no. 1 (January 2020): 26-32. 一些有逻辑或哲学背景的作者认为图灵的理论工作对实际计算机的发明产生了重要影响,例如 Martin Davis, *Engines of Logic: Mathematicians and the Origin of the Computer* (New York: Norton, 2001). 相反,用第一手资料进行研究的历史学家却没有找到多少这种影响的证据,见 Simon Lavington, ed., *Alan Turing and His Contemporaries* (Swindon, UK: British Informatics Society, 2012)和 Thomas Haigh, "Actually, Turing Did Not Invent the Computer," *Communications of the ACM* 57, no. 1 (January 2014): 36-41.

23. Priestley and Haigh, "The Media of Programming." 关于 ACE 计算机及其相关机器的探讨见 B. Jack Copeland, ed., *Alan Turing's Automatic Computing Engine: The Master Codebreaker's Struggle to Build the Modern Computer* (New York: Oxford University Press, 2005).

24. Konrad Zuse, "Planfertigungsgeräte," 1944; Zuse Collection, Deutsches Museum Archives, Munich.

25. Maurice Wilkes, *Memoirs of a Computer Pioneer* (Cambridge, MA: MIT Press, 1985).

26. Martin Campbell-Kelly, "Programming the EDSAC: Early Programming Activity at the University of Cambridge," *Annals of the History of Computing* 2, no. 1 (October 1980): 7 – 36; Maurice V. Wilkes, David J. Wheeler, and Stanley Gill, *The Preparation of Programs for an Electronic Digital Computer* (Cambridge, MA: Addison-Wesley, 1951).

27. Haigh, Priestley, and Rope, *ENIAC in Action*, 238 – 243.

28. Franz L. Alt, "Fifteen Years ACM," *Communications of the ACM* 5, no. 6 (1962): 300 – 307. ACM 没有一个综合的历史,但它的故事的方方面面收录在 Thomas J. Misa, ed., *Communities of Computing: Computer Science and Society in the ACM* (San Rafael, CA: Morgan & Claypool [ACM Books], 2017). 埃德蒙·伯克利的故事见 Bernadette Longo, *Edmund Berkeley and the Social Responsibility of Computer Professionals* (San Rafael, CA: Morgan & Claypool [ACM Books], 2015).

29. Testimony by Cannon, Hagley Museum, Honeywell v. Sperry Rand papers, Series Ⅲ, box 140, p. 17,680.

30. Cohen, *Howard Aiken: Portrait of a Computer Pioneer*, 283 – 293.

31. 关于 EDVAC 命运的讨论见 Michael R. Williams, "The Origins, Uses, and Fate of the EDVAC," *IEEE Annals of the History of Computing* 15, no. 1 (Jan–Mar 1993): 22 – 38.

32. Mauchly to J. P. Eckert Jr. et al., 1/12/1948; Hagley Museum, Sperry Univac Company Records, Series Ⅰ, box 3.

33. Herman Luckoff, *From Dits to Bits: A Personal History of the Electronic Computer*; (Portland, OR: Robotics Press, 1979), chap. 9.

34. Luther A. Harr, *The Univac System*, *a* 1954 *Progress Report* (Remington Rand Corporation, 1954), 6.

35. James C. McPherson, "Census Experience Operating a UNIVAC System," in *Symposium on Managerial Aspects of Digital Computer Installations* (Washington, DC: US Office of Naval Research, 1953), 30 – 36.

36. Nancy Beth Stern, *From ENIAC to UNIVAC: An Appraisal of the Eckert-Mauchly Computers* (Bedford, MA: Digital Press, 1981), 148 – 151.

37. J. Presper Eckert, "Thoughts on the History of Computing," *IEEE Computer* 9, no. 12 (December 1976): 58 – 65.

38. I. Bernard Cohen and Gregory W. Welch, eds., *Makin' Numbers: Howard Aiken*

and the Computer (Cambridge, MA: MIT Press, 1999), 247.

39. Univac 磁带驱动器的开发是一个重大的工程挑战,见 Arthur L. Norberg, *Computers and Commerce: A Study of Technology and Management at Eckert-Mauchly Computer Company, Engineering Research Associates, and Remington Rand, 1946–1957* (Cambridge, MA: MIT Press, 2005), 186 – 192.

40. 要更广泛地了解技术在企业管理中的应用,见 JoAnne Yates, *Control Through Communication: The Rise of System in American Management* (Baltimore, MD: Johns Hopkins University Press, 1989).穿孔卡技术及其在商业中的应用,见 JoAnne Yates, *Structuring the Information Age* (Baltimore: Johns Hopkins University Press, 2005); Lars Heide, *Punched-Card Systems and the Early Information Explosion, 1880–1945* (Baltimore: Johns Hopkins University Press, 2009); Martin Campbell-Kelly, *ICL: A Technical and Business History* (New York: Oxford University Press, 1989).

41. Roddy F. Osborn, "GE and UNIVAC: Harnessing the High-Speed Computer," *Harvard Business Review* 32, no. 4 (July – August 1954): 99 – 107.

42. McPherson, "Census Experience Operating a UNIVAC System."

43. Remington Rand, *UNIVAC Fac-Tronic System* (brochure), archive.org, c. 1951, https://archive.org/details/UNIVACFacTronicSystemBrochure/mode/2up.

44. R. Dorfman, "The Discovery of Linear Programming," *Annals of the History of Computing* 6, no. 3 (July 1984): 283 – 295.

45. L. R. Johnson, "Installation of a Large Electronic Computer," *Proc. ACM Meeting, Toronto* (1952): 77 – 80.

46. Harr, *The Univac System.*

47. Lawrence Livermore Laboratory, *Computing at Lawrence Livermore Laboratory*, UCID Report 20079, 1984.

48. Osborn, "GE and UNIVAC."

49. Harr, *The Univac System.*

50. Univac Conference, OH 200. Oral history on 17 – 18 May 1990, Washington, DC. Charles Babbage Institute, University of Minnesota, Minneapolis, http://purl.umn.edu/104288.

51. John Diebold, *Automation, the Advent of the Automatic Factory* (New York: Van Nostrand, 1952).

52. 见 John Diebold, "Factories Without Men: New Industrial Revolution," *The Nation*, September 19, 1953. 又见 David F. Noble, *Forces of Production: A Social History of Industrial Automation* (New York: Alfred A. Knopf, 1984), chapter 4.

53. Osborn, "GE and UNIVAC,"引自 p. 103.

第二章 计算机成为科学的超级工具

1. Emerson W. Pugh, *Memories That Shaped an Industry: Decision Leading to IBM System/360* (Cambridge, MA: MIT Press, 1984), 30.

2. Cuthbert C. Hurd, "Early IBM Computers: Edited Testimony," *Annals of the*

History of Computing 3, no. 2 (April–June 1981): 163–182.

3. Katherine Davis Fishman, *The Computer Establishment* (New York: Harper & Row, 1981), 44.

4. Pugh, *Memories That Shaped an Industry*, chap. 2.

5. Kent C. Redmond and Thomas M. Smith, *Project Whirlwind: The History of a Pioneering Computer* (Bedford, MA: Digital Press, 1980), 206. 关于 ENIAC 磁芯存储器的讨论见 Thomas Haigh, Mark Priestley, and Crispin Rope, *ENIAC in Action: Making and Remaking the Modern Computer* (Cambridge, MA: MIT Press, 2016), 223–224.

6. Arthur W. Burks, Herman Heine Goldstine, and John von Neumann, *Preliminary Discussion of the Logical Design of an Electronic Computing Instrument* (Princeton, NJ: Institute for Advanced Studies, 1946), 14.

7. Herman H. Goldstine and John von Neumann, *Planning and Coding Problems for an Electronic Computing Instrument. Part II, Volume 1* (Princeton, NJ: Institute for Advanced Study, 1947), 33.

8. C. Gordon Bell, J. Craig Mudge, and John E. McNamara, *Computer Engineering: A DEC View of Hardware Systems Design* (Bedford, MA: Digital Press, 1978), 256–257.

9. Alice R. Burks and Arthur W. Burks, *The First Electronic Computer: The Atanasoff Story* (Ann Arbor, MI: University of Michigan Press, 1989), chap. 1; J. Presper Eckert, "A Survey of Digital Computer Memory Systems," *Proceedings of the IRE* 41, no. 10 (October 1953): 1393–1406.

10. Erwin Tomash and Arnold A. Cohen, "The Birth of an ERA: Engineering Research Associates, Inc., 1946–1955," *IEEE Annals of the History of Computing* 1, no. 2 (April–June 1979): 83–97.

11. ERA 的详细历史见 Arthur L. Norberg, *Computers and Commerce: A Study of Technology and Management at Eckert-Mauchly Computer Company, Engineering Research Associates, and Remington Rand, 1946–1957* (Cambridge, MA: MIT Press, 2005), chaps. 1 and 3. 关于磁鼓开发的描述在第 120—142 页。

12. Charles J. Murray, *The Supermen: The Story of Seymour Cray and the Technical Wizards Behind the Supercomputer* (New York: Wiley, 1997), 44–45.

13. Tomash and Cohen, "The Birth of an ERA,"引自 p. 90. 第一批 ERA 计算机的故事见 Norberg, *Computers and Commerce*, Atlas 的故事在第 142 页—150 页, ERA 1101 的故事在第 154 页—159 页。

14. Norberg, *Computers and Commerce*, 159–166.

15. Seymour R. Cray, "Computer-Programmed Preventative Maintenance for Internal Memory Sections of the ERA 1103 Computer System," in *Proceedings of the WESCON Computer Sessions* (New York: The Institute of Radio Engineers, 1954), 62–66.

16. Engineering Research Associates, *High-Speed Computing Devices* (New York:

McGraw-Hill, 1950), 322 - 339.

17. C. Gordon Bell and Allen Newell, *Computer Structures: Readings and Examples* (New York: McGraw-Hill, 1971).

18. Martin Campbell-Kelly, "Programming the Pilot Ace: Early Programming Activity at the National Physical Laboratory," *Annals of the History of Computing* 3, no. 2 (April 1981): 133 - 162.

19. R. Hunt Brown, "Computer Comparison and Census Chart," *Management and Business Automation* 4, no. 1 (August 1960): 34.

20. 关于早期埃克脱-莫奇利计算机公司在霍珀指导下进行的编程工作的描述见 Norberg, *Computers and Commerce*, 192 - 205.

21. Grace Hopper, "Compiling Routines," internal memorandum, Eckert-Mauchly Computer Corporation, Philadelphia, Dec. 31, 1953; box 6, folder 9, Grace Murray Hopper Collection, Archives Center, National Museum of American History.

22. Grace M. Hopper, "Compiling Routines," *Computers and Automation* 2 (May 1953): 1 - 5.

23. J. H. Laning and N. Zierler, "A Program for Translation of Mathematical Equations for Whirlwind Ⅰ," January 1954. Charles Babbage Institute, NBS Collection, box 39, folder 8.

24. Donald E. Knuth and Luis Trabb Pardo, "The Early Development of Programming Languages," in *A History of Computing in the Twentieth Century*, ed. N. Metropolis, J. Howlett, and Gian-Carlo Rota (New York: Academic Press, 1980), 197 - 273.

25. John Backus, "Programming in America in the 1950s—Some Personal Impressions," in *A History of Computing in the Twentieth Century*, ed. N. Metropolis, J. Howlett, and Gian-Carlo Rota (New York: Academic Press, 1980), 125 - 135.

26. Backus, "Programming in America," 130 - 131.

27. David Nofre, Mark Priestley, and Gerard Alberts, "When Technology Became Language: The Origins of the Linguistic Conception of Computer Programming, 1950 - 1960," *Technology and Culture* 55, no. 1 (January 2014): 40 - 75.

28. Grace Hopper, "Keynote Address," in *History of Programming Languages*, ed. Richard L. Wexelblat (New York: Academic Press, 1981), 7 - 20.

29. Paul Armer, "SHARE—A Eulogy to Cooperative Effort," *Annals of the History of Computing* 2, no. 2 (April 1980): 122 - 129. 阿默(Paul Armer)说 SHARE 没有任何意义;也有人说它代表"帮助避免多余努力的社团"(Society to Help Avoid Redundant Effort)。

30. Roy A. Larner, "FMS: The IBM FORTRAN Monitor System," in *Proceedings of the National Computer Conference* (AFIPS, 1987): 815 - 820.

31. G. F. Ryckman, "The Computer Operation Language," in *Proceedings of the Western Joint Computer Conference* (1960), 341 - 343.

32. 关于 SOS 的描述见 K. V. Hanford, "The SHARE Operating System for the

IBM 709," *Annual Review in Automatic Programming* 1 (1960):169 – 177. 关于早期操作系统开发的探讨见 Maarten Bullynck, "What Is an Operating System? A Historical Investigation (1954–1964)," in *Reflections on Programming Systems: Historical and Philosophical Aspects*, ed. Liesbeth de Mol and Giuseppe Primiero (Cham, Switzerland: Springer, 2019), 49 – 79.

33. Atsushi Akera, "Voluntarism and the Fruits of Collaboration," *Technology and Culture* 42, no. 4 (October 2001): 710 – 736.

34. 见 Ray Argyle, "25th Anniversary Issue," *University of Waterloo*, *Department of Computing Services Newsletter*, 1982. 又见 Scott Campbell, "'Wat For Ever:' Student-Oriented Computing at the University of Waterloo," *IEEE Annals of the History of Computing* 35, no. 1 (Jan–Mar 2013): 11 – 22.

35. "Industry Profile ... Wes Graham of Waterloo U," *Computer Data: The Canadian Computer Magazine*, May 1976.

36. Paul Cress, Paul Dirksen, and J. Wesley Graham, *Fortran IV with WATFOR and WATFIV* (Englewood Cliffs, NJ: Prentice Hall, 1970).

37. Thomas Haigh, "Jack Dongarra: Supercomputing Expert and Mathematical Software Specialist," *IEEE Annals of the History of Computing* 30, no. 2 (April – June 2008): 74 – 81.

38. BNF 有时被称为巴克斯–瑙尔范式,因为瑙尔编辑了它首次被使用的报告,还有一些技术理由反对称其为"标准范式"。

39. Gerald W. Brock, *The Telecommunications Industry: The Dynamics of Market Structure* (Cambridge, MA: Harvard University Press, 1981), 187 – 194.

40. Luckoff, *From Dits to Bits: A Personal History of the Electronic Computer*, J. L. Maddox, J. B. O'Toole, and S. Y. Wong, "The Transac S-1000 Computer," in *Proceedings of the 1956 Eastern Joint Computer Conference* (New York: Association for Computing Machinery, 1956), 13 – 16.

41. Simon Lavington, *A History of Manchester Computers* (Swindon, UK: The British Computer Society, 1998).

42. NASA, Ames Research Center, "A Justification of the Need to Replace the IBM 7040/7094 Direct Couple System," March 31, 1967, p. 8. NASA Ames History Archives.

43. NASA-Ames Research Center, "ADPE Acquisition Plan—Category A," memorandum Sept. 25, 1967.

44. Michael R. Williams, *A History of Computing Technology* (Englewood Cliffs, NJ: Prentice-Hall, 1985), 393 – 394.

45. Werner Buchholz, ed., *Planning a Computer System: Project Stretch* (New York: McGraw-Hill, 1962), 40 和 Werner Buchholz, "Anecdote: Origin of the Word Byte," *Annals of the History of Computing* 3, no. 1 (January 1981): 72.

46. Thomas Watson Jr. and Peter Petre, *Father, Son & Co: My Life at IBM and Beyond* (New York: Bantam, 1990), 282 – 283.

47. Simon Lavington, "The Manchester Mark Ⅰ and Atlas: A Historical Perspective," *Communications of the ACM* 21, no. 1 (January 1978): 4 – 12.

48. Bill Buzbee, "Oral History Interview by Thomas Haigh, 8 and 9 April, Westminster, CO," 2005, in Society for Industrial and Applied Mathematics.

49. James C. Worthy, "Control Data Corporation: The Norris Era," *IEEE Annals of the History of Computing* 17, no. 1 (January – March 1995): 47 – 53.

50. Jack Dongarra, "Oral History Interview by Thomas Haigh, 26 April, University of Tennessee, Knoxville, TN," 2005, in Society for Industrial and Applied Mathematics.

第三章　计算机成为数据处理设备

1. 关于LEO的讨论见G. Ferry, *A Computer Called LEO: Lyons Tea Shops and the World's First Office Computer* (London: Fourth Estate, 2003)和David Caminer et al., eds., *User Driven Innovation: The World's First Business Computer* (London: McGraw-Hill, 1996). 在英国,运筹学和工作方法是从行政部门率先开始的:Jon Agar, *The Government Machine: A Revolutionary History of the Computer* (Cambridge, MA: MIT Press, 2003).

2. Edmund C. Berkeley, *Giant Brains or Machines That Think* (New York: John Wiley & Sons, 1949), vii.

3. John M. Thesis, "Practical Application of Electronic Equipment," *Journal of Machine Accounting* 6, no. 3 (March 1955): 5, 7 – 8, 16 – 17.

4. Caminer et al., *User Driven Innovation*, 52.

5. John Aris, "The LEO Approach—An Evaluation," in *User Driven Innovation: The World's First Business Computer*, ed. David Caminer, et al. (London: McGraw-Hill Book Company, 1996), 320 – 326.

6. Charles J. Bashe et al., *IBM's Early Computers* (Cambridge, MA: MIT Press, 1986), 129, appendix B.

7. Bashe et al., *IBM's Early Computers*, 173 – 178.

8. Bashe et al., *IBM's Early Computers*, 168.

9. Erwin Tomash and Arnold A. Cohen, "The Birth of an ERA: Engineering Research Associates, Inc., 1946–1955," *IEEE Annals of the History of Computing* 1, no. 2 (April – June 1979).

10. Bashe et al., *IBM's Early Computers*, chaps. 3, 5.

11. Thomas Watson Jr. and Peter Petre, *Father, Son & Co: My Life at IBM and Beyond* (New York: Bantam, 1990), 224.

12. 高德纳详细描述了他在IBM 650上度过的愉快的夜晚,见Donald Knuth, "The IBM 650: An Appreciation from the Field," *Annals of the History of Computing* 8, no. 1 (January – March 1986): 50 – 55.

13. Bell and Newell, *Computer Structures: Readings and Examples*, chap. 18; Franklin M. Fisher, James W. McKie, and Richard B. Mancke, *IBM and the US Data*

Processing Industry: An Economic History (New York: Praeger, 1983), 53.

14. "六个月出货量突破4000大关",*Business Automation*, August 1966. 不包括像弗里登公司制造的那些售价不到10万美元的"小型"计算机系统,1400系列计算机占据了全球美国制造计算机安装量的近一半。

15. 第一个建议在计算机中使用磁盘的似乎是1944年的埃克脱,他建议将磁盘作为电子计算器控制系统的一部分。埃克脱希望,在磁盘上保存执行复杂运算(如乘法)所需步骤的代码,会比构建复杂的硬件便宜,从而降低成本来与台式机械计算器竞争。Thomas Haigh, Mark Priestley, and Crispin Rope, *ENIAC in Action: Making and Remaking the Modern Computer* (Cambridge, MA: MIT Press, 2016), 232 – 238.

16. Christopher Johnson, " Charlie Brown—Peanuts—Charles M. Schulz—Snoopy—Woodstock," ASCII Art, n. d., accessed June 2, 2020, https://asciiart.website/index. php?art=comics/peanuts.

17. Mitchell E Morris, "Professor RAMAC's Tenure," *Datamation*, April 1981.

18. 关于可行性的讨论见 Thomas Haigh, "The Chromium-Plated Tabulator: Institutionalizing an Electronic Revolution, 1954–1958," *IEEE Annals of the History of Computing* 23, no.4 (October–December 2001): 75 – 104.

19. Thomas Haigh, "Charles W. Bachman: Database Software Pioneer," *IEEE Annals of the History of Computing* 33, no.4 (October–December 2011): 70 – 80.

20. Thomas J. Watson, Jr, " Address by Thomas J. Watson, Jr., President, International Business Machines Corp.," in *Data Processing (1): 1958 Conference Proceedings*, ed. Charles H. Johnson (Chicago: National Machine Accountants Association, 1958), 15 – 19.

21. Haigh, "Chromium-Plated Tabulator."

22. Thomas J. Misa, " Gender Bias in Computing," in *Historical Studies in Computing, Information, and Society*, ed. William Aspray (Cham, Switzerland: Springer Nature, 2019), 113 – 133.

23. Thomas Haigh, "Masculinity and the Machine Man," in *Gender Codes: Why Women Are Leaving Computing*, ed. Thomas J. Misa (Hoboken, NJ: IEEE Computer Society Press, 2010): 51 – 71. 希克斯(Marie Hicks)在对英国公务员的案例研究中发现,在20世纪60年代期间,英国的领导人故意设置障碍,阻止职员从主要由女性担任的"机器级"操作岗位晋升到规划工作,以避免大量女性涌入高薪和高地位的岗位。Marie Hicks, *Programmed Inequality: How Britain Discarded Women Technologists and Lost Its Edge in Computing* (Cambridge, MA: MIT Press, 2017), 152 – 167 and 170 – 176.

24. John von Neumann, Letter to Herman Goldstine, May 8, 1945 in box 21 of the Herman H. Goldstine Papers, American Philosophical Society, Philadelphia. 关于冯·诺伊曼这段时期的工作,见 Mark Priestley, *Routines of Substitution: John von Neumann's Work on Software Development, 1945–1948* (Cham, Switzerland: Springer, 2018).

25. Donald Knuth, *The Art of Computer Programming Volume 3: Sorting and*

Searching (Reading, MA: Addison-Wesley, 1973), 386.

26. 关于广义的文件管理软件(包括9PAC)的讨论见 Thomas Haigh, "How Data Got its Base: Information Storage Software in the 1950s and 1960s," *IEEE Annals of the History of Computing* 31, no. 4 (October–December 2009): 6–25. 格伦伯格的引用来自巴贝奇研究所SHARE档案中的"Verbatim Transcript of the 9th Meeting of SHARE, Oct. 3, 1957"。

27. C. A. R. Hoare, "Quicksort," *Computer Journal* 5, no. 1 (1962): 10–15.

28. Juris Hartmanis and Richard E. Stearns, "On the Computational Complexity of Algorithms," *Transactions of the American Mathematical Society* 117 (1965): 285–306.

29. COBOL的工作由CODASYL(the COnference On DAta SYstems Languages)的两个委员会开展。见 Jean E. Sammet, *Programming Languages: History and Fundamentals* (Eaglewood Cliffs, NJ: Prentice Hall, 1969), section V. 3.

30. Jean E. Sammet, "The Early History of Cobol," in *History of Programming Languages*, ed. Richard L. Wexelblat (New York: Academic Press, 1981), 199–242.

31. 代码片段摘自 Sammet, *Programming Languages*, 337.

32. Bob O. Evans, "System/360: A Retrospective View," *Annals of the History of Computing* 8, no. 2 (April–June 1986): 155–179.

33. John W. Haanstra and Bob O. Evans, "Processor Products—Final Report of SPREAD Task Group, December 28, 1961," *Annals of the History of Computing* 5, no. 1 (January 1983): 6–26.

34. Various, "Discussion of the SPREAD Report, June 23, 1982," *Annals of the History of Computing* 5, no. 1 (January 1983): 27–44; 见第31页。

35. A. Padegs, "System/360 and Beyond," *IBM Journal of Research and Development* 25, no. 5 (September 1981): 377–390.

36. 转自 Maurice Wilkes, "The Best Way to Design an Automatic Calculating Machine," *Annals of the History of Computing* 8, no. 2 (April–June 1986): 118–121.

37. Various, "Discussion of the SPREAD Report, June 23, 1982"; 见第33页。

38. Wilkes, "The Best Way to Design an Automatic Calculating Machine." 虽然威尔克斯是第一个把这当作一种设计方法来阐述的人,但ENIAC用了同样的方法进行配置,运行现代代码。Haigh, Priestley, and Rope, *ENIAC in Action*.

39. Emerson W. Pugh, Lyle R. Johnson, and John H. Palmer, *IBM's 360 and Early 370 Systems* (Cambridge, MA: MIT Press, 1991), 163, 214–217.

40. 相比历史学家对其他早期语言的关注,PL/I的历史可以说是被忽略了,不过一位参与者对它做了介绍,见 George Radin, "The Early History and Characteristics of PL/1," in *History of Programming Languages*, ed. Richard L. Wexelblat (New York: Academic Press, 1981), 551–574.

41. Bob Evans, 转引自 T. A. Wise, "IBM's $5,000,000,000 Gamble," *Fortune*, September 1966.

42. Pugh, Johnson, and Palmer, *IBM's 360 and Early 370 Systems*, 169.

43. OS/360 的多个临时版本被非正式地称为 BOS、TOS、PCP 和 MFT。

44. Pugh, Johnson, and Palmer, *IBM's 360 and Early 370 Systems*, 321 – 331.

45. William Kahan, "Oral History Interview by Thomas Haigh, 5 – 8 August, 2005, Berkeley, California," 2005, in Society for Industrial and Applied Mathematics. 关于 IBM 做的一些改动的描述, 见 Harding, L. J., Jr. (1966), "Modifications of System/360 Floating Point," SHARE Secretary Distribution, pp. 11 – 27, SSD 157, C4470.

46. Pugh, Johnson, and Palmer, *IBM's 360 and Early 370 Systems*, chap. 7.

47. Pugh, Johnson, and Palmer, *IBM's 360 and Early 370 Systems*, 169 – 174.

48. Richard G. Canning and Roger L. Sisson, *The Management of Data Processing* (New York: John Wiley & Sons, 1967). Haigh, "Chromium-Plated Tabulator," 这篇文章的标题也来自这句话,它探索了计算机在美国商业中的最初应用。

49. Harold J. Leavitt and Thomas L. Whisler, "Management in the 1980s," *Harvard Business Review* 36, no. 6 (November – December 1958): 41 – 48.

50. W. Robert Widener, "New Concepts of Running a Business," *Business Automation* 13, no. 4 (April 1966): 38 – 43, 63.

51. *Datamation*, March 1967, 2 – 3.

52. McKinsey and Company, *Unlocking the Computer's Profit Potential* (New York: McKinsey, 1968).

53. Richard L. Nolan, ed., *Managing the Data Resource Function* (New York: West, 1974), 27.

54. Charles W. Bachman, "Integrated Data Store—The Information Processing Machine That We Need!" Charles W. Bachman Papers (CBI 123), box 1, folder 11, Charles Babbage Institute, University of Minnesota. 巴克曼在第 6 页回顾了 IDS 的起源,见 Charles W. Bachman, "The Origin of the Integrated Data Store (IDS): The First Direct-Access DBMS," *IEEE Annals of the History of Computing* 31, no. 4 (October – December 2009): 42 – 54.

55. 关于 CODASYL 组的工作总结, 见 T. William Olle, "Recent CODASYL Reports on Data Base Management," in *Data Base Systems*, ed. Randall Rustin (Englewood Cliffs, NJ: Prentice Hall, 1972), 175 – 184.

56. Charles W. Bachman, "The Programmer as Navigator," *Communications of the ACM* 16, no. 11 (November 1973): 653 – 658.

57. 关于 DBA 职位和 DBMS 行业发展的讨论, 见 Thomas J. Bergin and Thomas Haigh, "The Commercialization of Database Management Systems, 1969–1983," *IEEE Annals of the History of Computing* 31, no. 4 (October – December 2009): 26 – 41.

58. 美国国税局案例研究的材料来自美国国税局提供给作者的未发表的材料, 包括电影 "History of ADP in IRS Service Centers," IRS Austin, Texas Service Center, Dec. 11, 1991. 我们还参考了 Daniel Capozzoli, "The Early Years of Data Processing," *Computer Services Newsletter* (*Internal Revenue Service*), July 1987 和 "ADP-History," undated typescript (c. 1970), IRS, Washington, DC.

59. Comptroller General of the United States, *Safeguarding Taxpayer Information—An Evaluation of the Proposed Computerized Tax Administration System* (*LCD-76-115*) (Washington, DC: Department of the Treasury, 1977), 4.

60. "Proposed IRS System May Pose Threat to Privacy," *Computerworld*, February 21, 1977, 1-6.

61. 这个问题是俄亥俄州众议员米勒(Clarence Miller)提出的,他是众议院财政、邮政服务和一般政府拨款小组委员会的成员。

62. US House of Representatives, Hearings before a Subcommittee of the Committee on Appropriations, 95th Congress, March 12, 1978, p. 438.

63. 完整的故事见 David Burnham, *The Rise of the Computer State* (New York: Random House, 1983).

64. Burton Grad, "A Personal Recollection: IBM's Unbundling of Software and Services," *IEEE Annals of the History of Computing* 24, no. 1 (January-March 2002): 64-71. Martin Campbell-Kelly, *From Airline Reservations to Sonic the Hedgehog: A History of the Software Industry* (Cambridge, MA: MIT Press, 2003), 109-115.

65. Thomas Haigh, "Larry A. Welke—Biography," *IEEE Annals of the History of Computing* 26, no. 4 (October-December 2004): 85-91.

66. Campbell-Kelly, *From Airline Reservations*, 165, 167.

67. Haigh, "Charles W. Bachman: Database Software Pioneer."

68. Timo Leimbach, "The SAP Story: Evolution of SAP within the German Software Industry," *IEEE Annals of the History of Computing* 30, no. 4 (October-December 2008): 60-76.

第四章 计算机成为实时控制系统

1. 模拟计算的历史见 Charles Care, *Technology for Modelling: Electrical Analogies, Engineering Practice, and the Development of Analogue Computing* (Cham, Switzerland: Springer, 2010)和 Aristotle Tympas, *Calculation and Computation in the Pre-electronic Era* (Cham, Switzerland: Springer, 2017).

2. Nicholas Barr, "The History of the Phillips Machine," in *A. W. H. Phillips: Collected Works in Contemporary Perspective* (New York: Cambridge University Press, 2000), 89-114.

3. L. Searle, "The Bombsight War: Norden vs. Sperry," *IEEE Spectrum* 26, no. 9 (1989): 60-64.

4. Frederik Nebeker, *Signal Processing: The Emergence of a Discipline, 1948 to 1998* (New Brunswick, NJ: IEEE History Center, 1998); James S. Small, *The Analogue Alternative: The Electronic Analogue Computer in Britain and the USA, 1930-1975* (New York: Routledge, 2001).

5. Peter Galison, "The Ontology of the Enemy: Norbert Wiener and the Cybernetic Vision," *Critical Inquiry* 21, no. 1 (Autumn 1994): 228-266.

6. Norbert Wiener, *Cybernetics, or Control and Communication in the Animal and*

the Machine (Cambridge, MA: Technology Press, 1948).

7. Paul Ceruzzi, *Beyond the Limits: Flight Enters the Computer Age* (Cambridge, MA: MIT Press, 1989), chaps. 1 and 8.

8. Perry Orson Crawford Jr, "Automatic Control by Arithmetical Operations" (Massachusetts Institute of Technology, 1942).

9. Kent C. Redmond and Thomas M. Smith, *Project Whirlwind: The History of a Pioneer Computer* (Bedford, MA: Digital Press, 1980).

10. Atsushi Akera, *Calculating a Natural World: Scientists, Engineers, and Computers During the Rise of U. S. Cold War Research* (Cambridge, MA: MIT Press, 2007), chap. 5.

11. R. E. Everett and F. E. Swain, "Whirlwind I Computer Block Diagrams," Project Whirlwind Report mechanisms Laboratory, Massachusetts Institute of Technology, September 4, 1947.

12. Saul Rosen, "Programming Systems and Languages: A Historical Survey," in *Proceedings of the April 21 – 23, 1964 Spring Joint Computer Conference* (AFIPS, 1964), 1 – 15.

13. Paul N. Edwards, *The Closed World: Computers and the Politics of Discourse in Cold War America* (Cambridge, MA: MIT Press, 1996).

14. Edwards, *The Closed World*, 110.

15. IBM Corporation, "On Guard! The Story of SAGE," 1957.

16. Emerson W. Pugh, *Memories That Shaped an Industry: Decision Leading to IBM System/360* (Cambridge, MA: MIT Press, 1984), 102 – 117.

17. Edmund Van Deusen, "Electronics Goes Modern," *Fortune*, June 1955.

18. 例如, Nathan Ensmenger, *The Computer Boys Take Over: Computers, Programmers, and the Politics of Technical Expertise.* (Cambridge, MA: MIT Press, 2010), 60, 表明 SDC 的 700 名程序员在 1956 年占了美国劳动力的 60%,接下来 5 年 SDC 培训了 7000 多名程序员,使全国的程序员供应量翻了一番。

19. 对 IBM 培训计划的描述见"Business Week Reports to Readers On: Computers," *Business Week*, 21 June 1958. 关于 SDC 的数字来自 Claude Baum, *The System Builders: The Story of SDC* (Santa Monica: System Development Corporation, 1981), 47.

20. Duncan G. Copeland, Richard O. Mason, and James L. McKenney, "SABRE: The Development of Information-Based Competence and Execution of Information-Based Competition," *IEEE Annals of the History of Computing* 17, no. 3 (Fall 1995): 30 – 57.

21. Ceruzzi, *Beyond the Limits*, chap. 9.

22. S. E. James, "Evolution of Real Time Computer Systems for Manned Spaceflight," *IBM Journal of Research and Development* 25, no. 5 (September 1981): 417 – 428, 引自第 245 页。Saul I. Gass, "The Role of Digital Computers in Project Mercury," in *Proceedings of the Eastern Joint Computer Conference* (AFIPS, 1961),

33 -46.

23. Marilyn Scott and Robert Hoffman, "The Mercury Programming System," in *Proceedings of the Eastern Joint Computer Conference* (AFIPS, 1961), 47 -53.

24. IBM 系统在一本畅销书里得到了重点介绍,见 Margot Lee Shetterly, *Hidden Figures* (New York: Harper Collins, 2016). 由此改编的电影在叙事上有一些艺术的自由,但它正确展示了 7090 大型主机在载人航天计划早期阶段的重要性。

25. Jamie Parker Pearson, *Digital at Work: Snapshots from the First Fifty Years* (Burlington, MA: Digital Press, 1992), 6 -9.

26. C. Gordon Bell, J. Craig Mudge, and John E. McNamara, *Computer Engineering: A DEC View of Hardware Systems Design* (Bedford, MA: Digital Press, 1978), 125 -127.

27. Bell, Mudge, and McNamara, *Computer Engineering*, 129.

28. Bell, Mudge, and McNamara, *Computer Engineering*, 136 - 139; Pearson, *Digital at Work*, 16 -21.

29. Glenn Rifkin and George Harrar, *The Ultimate Entrepreneur: The Story of Ken Olsen and Digital Equipment Corporation* (Chicago: Contemporary Books, 1988).

30. Pearson, *Digital at Work*, 143.

31. C. Gordon Bell and Allen Newell, *Computer Structures: Readings and Examples* (New York: McGraw-Hill, 1971); Charles J. Bashe et al., *IBM's Early Computers* (Cambridge, MA: MIT Press, 1986), 448 -449.

32. Bell, Mudge, and McNamara, *Computer Engineering*, 64, 180, and 198 -199.

33. Bell, Mudge, and McNamara, *Computer Engineering*, 181.

34. "A Chorus Line: Computerized Lighting Control Comes to Broadway," *Theatre Crafts*, November/December 1975.

35. Emerson W. Pugh, Lyle R. Johnson, and John H. Palmer, *IBM's 360 and Early 370 Systems* (Cambridge, MA: MIT Press, 1991), 448 -451,引自第 451 页。

36. Thomas J. Misa, "Military Needs, Commercial Realities, and the Development of the Transistor, 1948-1958," in *Military Enterprise and Technological Change*, ed. Merritt Roe Smith (Cambridge, MA: MIT Press, 1985), 253 - 287; David C. Brock and David A. Laws, "The Early History of Microcircuitry: An Overview," *IEEE Annals of the History of Computing* 34, no. 1 (January -March 2012).

37. Mara Mills, "Hearing Aids and the History of Electronics Miniaturization," *IEEE Annals of the History of Computing* 33, no. 2 (April -June 2011): 24 -44.

38. Jack S. Kilby, "Invention of the Integrated Circuit," *IEEE Transactions on Electron Devices* 23, no. 7 (July 1976): 648 -654.

39. Charles Phipps, "The Early History of ICs at Texas Instruments: A Personal View," *IEEE Annals of the History of Computing* 34, no. 1 (2012): 37 -47.

40. Arnold Thackray, David Brock, and Rachel Jones, *Moore's Law: The Life of Gordon Moore, Silicon Valley's Quiet Revolutionary* (New York: Basic Books, 2015), chap. 5.

41. Martha Smith Parks, *Microelectronics in the* 1970s (Anaheim, CA: Rockwell International, 1974), 64.

42. "Minuteman Is Top Semiconductor User," *Aviation Week and Space Technology*, July 26, 1965.

43. Jack Kilby, letter to Gwen Bell, June 26, 1984, formerly in the Computer Museum Archives, Boston, MA.

44. "Nineteen Sixty-Four: The Year Microcircuits Grew Up," *Electronics*, March 13, 1964.

45. Robert Noyce, "Integrated Circuits in Military Equipment," *IEEE Spectrum* 1, no. 6 (June 1964): 71-72.

46. David Mindell, *Digital Apollo: Human and Machine in Spaceflight* (Cambridge, MA: MIT Press, 2008), 125-127.

47. A. Michal McMahon, "The Computer and the Complex: A Study of Technical Innovation in Postwar America," unpublished paper, October 1986, NASA History Office. 有关仙童公司积极降价的更广泛背景,见 Christophe Lécuyer, *Making Silicon Valley: Innovation and the Growth of High Tech, 1930-70* (Cambridge, MA: MIT Press, 2006), 235-248.

48. Mindell, *Digital Apollo: Human and Machine in Spaceflight*, 286, fn. 288.

49. John Haanstra, "Monolithics and IBM," report of September 1964, unpaginated; IBM Archives. 关于 SLT 技术和 IBM 芯片的初步工作,见 Ross Knox Bassett, *To the Digital Age: Research Labs, Start-Up Companies, and the Rise of MOS Technology* (Baltimore: Johns Hopkins University Press, 2002), 66-78.

50. Don Lancaster, *TTL Cookbook* (Indianapolis, IN: Howard Sams, 1974).

51. "The Minuteman High Reliability Component Parts Program: A History and Legacy," Rockwell International, Autonetics Strategic Systems Division, Anaheim, CA, Report C81-451/201, July 31, 1981; National Air and Space Museum Archives.

52. Larry Waller, "Clean-Room Inventor Whitfield Leaves a Spotless Legacy," *Electronics*, February 4, 1985.

53. Philip J. Klass, "Reliability Is Essential Minuteman Goal," *Aviation Week*, October 19, 1959.

54. 尽管有广泛的报道称,问题在于代码里少了一个连字符(这是官方对坠机事件的调查中提出的说法),但实际的问题是代码规范说明中包含的数学公式少了一个上划线。Ceruzzi, *Beyond the Limits*, 202-204.

55. Margaret Hamilton, interview with Paul Ceruzzi, unpublished.

56. MIT 工程师对德语并不精通。"眼球"的德文是 Augapfel, 从字面上翻译就是"眼睛苹果"(eye apple)。

57. Don Eyles, *Sunburst and Luminary: An Apollo Memoir* (Boston, MA: Fort Point Press, 2018).

58. Margaret Hamilton, interview with Paul Ceruzzi, unpublished. Samantha Shorey and Daniela K. Rosner, "A Voice of Process: Re-Presencing the Gendered Labor of

Apollo Innovation," *communication +1*, Vol. 7, no. 2 (2018): article 4.

59. Stephen Manes and Paul Andrews, *Gates: How Microsoft's Mogul Reinvented an Industry—And Made Himself the Richest Man in America* (New York: Touchstone, 2002), 52-55.

60. 关于航天飞机工程挑战的探讨,见 Wayne Hale et al., eds., *Wings in Orbit: Scientific and Engineering Legacies of the Space Shuttle, 1971–2010* (Washington, DC: NASA, 2011), 226-241.

61. Bashe et al., *IBM's Early Computers*, 306.

62. "Evolution of the Space Shuttle General Purpose Computer," n. d. document, IBM Archives.

第五章 计算机成为交互的工具

1. Maarten Bullynck and Liesbeth De Mol, "Setting-up Early Computer Programs: D. H. Lehmer's ENIAC Computation," *Archive of Mathematical Logic* 49 (2010): 123-146.

2. Steven Levy, *Hackers: Heroes of the Computer Revolution* (Garden City, NY: Anchor Press/Doubleday, 1984), 14.

3. Gordon Bell, "Towards a History of (Personal) Workstations," in *A History of Personal Workstations*, ed. Adele Goldberg (New York: ACM Press, 1988), 4-36.

4. Levy, *Hackers*.

5. Sherry Turkle, *The Second Self: Computers and the Human Spirit* (New York: Simon and Schuster, 1984), chap. 6.

6. Levy, *Hackers*.

7. 关于 LINC 全面历史的介绍见 Joseph November, *Biomedical Computing: Digitizing Life in the United States* (Baltimore, MD: Johns Hopkins, 2012); chap. 3. 销售最多的是 LINC-8/1,后来被更名为 PDP-12。克拉克讲述了自己的故事,见 Wesley Clark, "The LINC was Early and Small," in *A History of Personal Workstations*, ed. Adele Goldberg (New York: ACM Press, 1988), 345-400.

8. Jamie Parker Pearson, *Digital at Work: Snapshots from the First Thirty-Five Years* (Burlington, MA: Digital Press, 1992), 52.

9. John McCarthy, "John McCarthy's 1959 Memorandum," *IEEE Annals of the History of Computing* 14, no. 1 (January-March 1992): 19-23.

10. John McCarthy, "Time-Sharing Computer Systems," in *Computers and the World of Tomorrow*, ed. Martin Greenberger (Cambridge, MA: MIT Press, 1962), 221-248.

11. David Walden and Tom Van Vleck, eds., *The Compatible Time Sharing System (1961–1973)* (Washington, DC: IEEE Computer Society, 2011).

12. Arthur L. Norberg and Judy E. O'Neill, *Transforming Computer Technology: Information Processing for the Pentagon, 1962–1986* (Baltimore: Johns Hopkins University Press, 1996), 33-60.

13. November, *Biomedical Computing: Digitizing Life in the United States*, 136 – 137.

14. Fernando Corbató, Marjorie Merwin-Daggett, and Robert C. Caley, "An Experimental Timesharing System," in *Proceedings of the Spring Joint Computer Conference, Volume 21* (AFIPS, 1962).

15. Teletype Corporation, "Teletype, Model 33 Equipment for Fast, Economical 8-level Data Communications," product literature, c. 1966, AT&T archives.

16. John G. Kemeny, *Man and the Computer* (New York: Scribner, 1972), vii.

17. Thomas E. Kurtz, "BASIC Session," in *History of Programming Languages*, ed. Richard L. Wexelblat (New York: Academic Press, 1981), 515 – 549.

18. Joy Lisi Rankin, *A People's History of Computing in the United States* (Cambridge, MA: Harvard University Press, 2018), 94. 这本书用了三章详细介绍 BASIC 在达特茅斯学院的历史。

19. Thomas Haigh, "Cleve Moler: Mathematical Software Pioneer and Creator of Matlab," *IEEE Annals of the History of Computing* 30, no. 1 (January – March 2008): 87 – 91.

20. H. R. J. Grosch, "High Speed Arithmetic: The Digital Computer as a Research Tool," *Journal of the Optical Society of America* 43, no. 4 (1953): 306 – 310.

21. Emerson W. Pugh, Lyle R. Johnson, and John H. Palmer, *IBM's 360 and Early 370 Systems* (Cambridge, MA: MIT Press, 1991), 360 – 363.

22. Pugh, Johnson, and Palmer, *IBM's 360 and Early 370 Systems*, 362 – 365.

23. Akera, *Calculating a Natural World*; 其中第 320—335 页讲述了 MTS 所在的密歇根大学的早期工作。

24. *The Michigan Terminal System: Volume 1, Reference R1001* (Ann Arbor, MI: University of Michigan, Information Technology Division, 1991), 13.

25. Tom Van Vleck, ed., "PL/1," Multicians. org, n.d., accessed June 12, 2019, https://multicians.org/pl1.html#EPL.

26. Peter J. Denning, "The Working Set Model for Program Behavior," *Communications of the ACM* 11, no. 5 (May 1968): 323 – 333.

27. Peter J. Denning and Edward Grady Coffman, *Operating Systems Theory* (Englewood Cliffs, NJ: Prentice Hall, 1973).

28. Frederick P. Brooks, Jr, *The Mythical Man Month: Essays on Software Engineering* (Reading, MA: Addison-Wesley, 1975).

29. Max Palevsky, interview with R. Mapstone, February 15, 1973, Computer Oral History Collection, Archives Center, National Museum of American History, Smithsonian Institution, pp. 12 – 13.

30. Franklin M. Fisher, James W. McKie, and Richard B. Mancke, *IBM and the US Data Processing Industry: An Economic History* (New York: Praeger, 1983), 267.

31. Tymshare 公司是分时共享公司中记录最完整的，它的故事见 Jeffrey R. Yost, *Making IT Work: A History of the Computer Services Industry* (Cambridge, MA:

MIT Press, 2017), 159 – 172; 还有一个 20 世纪 70 年代后期公司发展参与者的记录,见 Nathan Gregory, *The Tym Before: The Untold Origins of Cloud Computing* (self-pub., 2018).

32. Richard L. Crandall, "Oral History Interview by Paul Ceruzzi, 3 May 2002, Washington, D. C.," 2002, in Charles Babbage Institute, University of Minnesota.

33. Ann Hardy, "OH 458: Oral History by Jeffrey Yost, 2 April, Palo Alto, California," 2012, in Charles Babbage Institute, University of Minnesota, 15. 哈迪的记录里有更多细节,见 Ann Hardy, Oral History by David C. Brock, Marc Weber, and Hansen Hsu, Mountain View, July 11, 2016, Computer History Museum.

34. Dennis Ritchie, "An Incomplete History of the QED Text Editor," Bell Labs, n.d., accessed December 20, 2018, https://archive.org/stream/incomplete-history-qed/Image071517121025_djvu.txt.

35. Levy, *Hackers*, 121.

36. 具体来说,DECsystem-2020 是 PDP-10 的小型化版本,可以安装在单个机柜中。"Digital Computing Timeline: 1978," VT100.net, n.d., https://vt100.net/timeline/1978.html.

37. Michael A. Banks, *On the Way to the Web* (Berkeley, CA: Apress, 2008), chap. 3.

38. Yost, *Making IT Work: A History of the Computer Services Industry*, 158.

39. Association of Data Processing Service Organizations, "Second Operating Ratios Survey," 1967, in ADAPSO Records (CBI 172), Charles Babbage Institute, University of Minnesota.

40. John K. Jerrehian, "The Computer Time Sharing Business," *ADAPSO News* (*CBI 172*) 8, no. 2 (April 1968): 3 – 5,引自第 5 页。

41. Stephen Manes and Paul Andrews, *Gates: How Microsoft's Mogul Reinvented an Industry—And Made Himself the Richest Man in America* (New York: Touchstone, 2002), 28 – 36.

42. Douglas K. Smith and Robert C. Alexander, *Fumbling the Future: How Xerox Invented, Then Ignored, the First Personal Computer* (New York: HarperCollins, 1989), 122. 对施乐公司收购 SDS 注定失败的内部解释,见 Paul A. Strassmann, *The Computers Nobody Wanted: My Years at Xerox* (New Canaan, CT: Information Economics Press, 2008), 21 – 47.

43. C. Gordon Bell et al., "The Evolution of the DECsystem 10," *Communications of the ACM* 21, no. 1 (January 1978): 44 – 63.

44. Digital Equipment Corporation, *PDP-10 Timesharing Handbook* (Maynard, MA: Digital Equipment Corporation, 1970).

45. Nick Montfort, *Twisty Little Passages: An Approach to Interactive Fiction* (Cambridge, MA: MIT Press, 2003), 9 – 10 and 85 – 93.

46. Tracy Kidder, *The Soul of a New Machine* (Boston, MA: Little Brown, 1981), 86 – 90 and 260 – 264.

47. Thomas Haigh, "Dijkstra's Crisis: The End of Algol and the Beginning of Software Engineering: 1968–72," draft discussed at the workshop History of Software, European Styles, at the Lorentz Center of the University of Leiden, Netherlands, 2010, http://www.tomandmaria.com/Tom/Writing/DijkstrasCrisis_LeidenDRAFT.pdf. Janet Abbate, *Recoding Gender: Women's Changing Participation in Computing* (Cambridge, MA: MIT Press, 2012), 97 – 105.

48. 关于瓦格纳曲线历史的讨论，见 Martin Campbell-Kelly, *From Airline Reservations to Sonic the Hedgehog: A History of the Software Industry* (Cambridge, MA: MIT Press, 2003), 91 – 94. 这些数字都是凭印象而不是测量得出的；后来其他人在 20 世纪 70 年代和 80 年代提出了自己的版本，将时间轴向后推，还整理了这些百分比，以符合帕累托定律的 80∶20 比例。

49. William F. Atchison et al., "Curriculum 68: Recommendations for Academic Programs in Computer Science: A Report of the ACM Curriculum Committee on Computer Science," *Communications of the ACM* 11, no. 3 (March 1968): 151 – 197.

50. Edsger W. Dijkstra, "EWD 563: Formal Techniques and Sizeable Programs," in *Selected Writings on Computing: A Personal Perspective*, ed. Edsger W. Dijkstra (New York: Springer, 1982), 205 – 214.

51. Edsger Wybe Dijkstra, "The Structure of the 'THE'-Multiprogramming System," *Communications of the ACM* 11, no. 5 (May 1968): 341 – 346; Edsger Wybe Dijkstra, "EWD 1303: My Recollections of Operating System Design," E. W. Dijkstra Archive, 2001, https://www.cs.utexas.edu/users/EWD/transcriptions/EWD13xx/EWD1303.html.

52. Peter Naur and Brian Randell, eds., *Software Engineering: Report on a Conference Sponsored by the NATO Science Committee, Garmisch, Germany, 7th to 11th October 1968* (Brussels: Scientific Affairs Division, NATO, 1969).

53. Edsger Wybe Dijkstra, "EWD 1175: The Strengths of the Academic Enterprise," E. W. Dijkstra Archive, 1994, https://www.cs.utexas.edu/users/EWD/transcriptions/EWD11xx/EWD1175.html.

54. Edsger Wybe Dijkstra, "The Humble Programmer," *Communications of the ACM* 15, no. 10 (October 1972): 859 – 866.

55. Edsger Wybe Dijkstra, "EWD1110: To the Members of the Budget Council (Confidential)," E. W. Dijkstra Archive, 1991, https://www.cs.utexas.edu/users/EWD/transcriptions/EWD11xx/EWD1110.html.

56. Brian Randell, "The 1968/69 NATO Software Engineering Reports, from unpublished proceedings of Dagstuhl-Seminar 9635: 'History of Software Engineering,' August 26 – 30 1996," 1996, archived at https://web.archive.org/web/20160303171551/http://homepages.cs.ncl.ac.uk/brian.randell/NATO/NATOReports/index.html.

57. Watts S. Humphrey, *Managing the Software Process* (Reading, MA: Addison-Wesley, 1989).

58. Dinesh C. Sharma, *The Outsourcer: The Story of India's IT Revolution* (Cambridge, MA: MIT Press, 2015), 177 – 178.

59. Unix 还没有一个学术性的全面历史,但它的早期故事可以参见 Peter Salus, *A Quarter Century of Unix* (New York: Addison-Wesley, 1994),以及它的发明者之一自己的讲述,见 Dennis M. Ritchie, "Unix Time-Sharing System: A Retrospective," *Bell System Technical Journal 57* (1978): 1947 - 1969.

60. Tom Van Vleck, "Myths," Multicians.org, n.d., accessed June 12, 2019, https://multicians.org/myths.html#water. 帮助记录麦基尔罗伊的 EPL 编译器的唐·B. 瓦格纳(Don B. Wagner)告诉我们,这种说法有些夸张,他怀疑即使到1967 年,系统程序员手册也没有超过500 页。

61. Brian Kernighan, *UNIX: A History and a Memoir* (Middletown, DE: Kindle Direct, 2020), 68.

62. M. D. McIlroy, "Oral History with Michael S. Mahoney," UNIX Oral History Project, 1989, https://www.princeton.edu/~hos/mike/transcripts/mcilroy.htm.

63. M. D. McIlroy, E. N. Pinson, and B. A. Tague, "Foreword (to Special Issue on UNIX Time-Sharing System)," *The Bell System Technical Journal* 57, no. 6, part 2 (July - August):1899 - 1904.

64. "操作系统可以用安全的高级语言编写。大多数操作系统设计者放弃了安全语言,转而使用低级语言 C。" Per Brinch Hansen, ed., *Classic Operating Systems* (New York: Springer, 2001), 24.

65. Pearson, *Digital at Work*, 47, 59, and 67.

66. Digital Equipment Corporation, *PDP-11 Processor Handbook* (Maynard, MA: 1981), v.

67. Salus, *A Quarter Century of Unix*, 137 - 145 and 153 - 172.

68. Donald A. Norman, "The Trouble with UNIX," *Datamation*, November 1981.

69. Christopher M. Kelty, *Two Bits: The Cultural Significance of Free Software* (Durham, NC: Duke University Press, 2008), 132 - 135. 最后发布的版本见 John Lions, *Lions' Commentary on UNIX* (San Jose, CA: Peer-to-Peer Communications, 1996).

70. C. Gordon Bell, J. Craig Mudge, and John E. McNamara, *Computer Engineering: A DEC View of Hardware Systems Design* (Bedford, MA: Digital Press, 1978), 405 - 428.

71. Kidder, *The Soul of a New Machine*.

72. 泰克终端是矢量图形系统,没有像素,但它们的控制器使用了一个坐标系统来定位屏幕上的线条。早期型号使用 5 个比特来对坐标进行编码,有效地将 1024 分辨率的网格映射到屏幕上。

第六章 计算机成为通信平台

1. Joseph Carl Robnet Licklider and Robert W. Taylor, "The Computer as a Communications Device," *Science and Technology: For the Technical Men in Management*, 1968. Thierry Bardini, *Bootstrapping: Douglas Engelbart, Coevolution, and the Origins of Personal Computing* (Stanford, CA: Stanford University Press,

2000).

2. Joseph Carl Robnet Licklider, "Memorandum for Members and Affiliates of the Intergalactic Computer Network," Kurzweil, December 11, 2001, 1963, https://www.kurzweilai.net/memorandum-for-members-and-affiliates-of-the-intergalactic-computer-network. 这里的"网络"(network)是由人组成的,而不是有时所说的计算机。

3. David Hemmendinger, "Messaging in the Early SDC Time-Sharing System," *IEEE Annals of the History of Computing*, 36 no. 1 (January–March 2014): 52–57.

4. Fletcher Knebel, "Potomac Fever," *Appleton Post-Crescent*, November 2, 1959.

5. Tom Van Vleck, "Electronic Mail and Text Messaging in CTSS, 1965–1973," *IEEE Annals of the History of Computing* 34, no. 1 (2012): 4–6.

6. Starr Roxanne Hiltz and Murray Turoff, *The Network Nation: Human Communication via Computer* (Reading, MA: Addison-Wesley, 1978).

7. Douglas C. Engelbart, "Presentation to 1968 Fall Joint Computer Conference (hosted on The Mouse Site as The Demo)," 1968, http://sloan.stanford.edu/MouseSite/1968Demo.html. 对恩格尔巴特小组的详细描述见 Bardini, *Bootstrapping*. 恩格尔巴特自己的讲述见 Douglas C. Engelbart, "The Augmented Knowledge Workshop," in *A History of Personal Workstations*, ed. Adele Goldberg (New York: ACM Press, 1988), 187–232.

8. Brian Dear, *The Friendly Orange Glow: The Untold Story of the PLATO System and the Dawn of Cyberculture* (New York: Pantheon, 2017), chap. 7.

9. Joy Lisi Rankin, *A People's History of Computing in the United States* (Cambridge, MA: Harvard University Press, 2018), 178–186.

10. Rankin, *A People's History*, 194.

11. Donald Bitzer, "The Million Terminal System of 1985," in *Computers and Communications: Implications for Education*, ed. Robert J. Seidel and Martin Rubin (New York: Academic Press, 1977), 59–70.

12. Rankin, *A People's History*. 其中第七章的主题是 Plato 在通信中的使用。

13. Dear, *The Friendly Orange Glow*, 242–257.

14. 这个故事是从美国疾病控制与预防中心的一位前领导人的角度讲述的,见 Robert M. Price, *The Eye for Innovation* (New Haven, CT: Yale University Press, 2005), 53–59, 115.

15. Thomas C. Hayes, "Logic Says that Plato's About to Pay Off," *New York Times*, April 26, 1981.

16. Arsenio Orloroso, Jr., "PLATO Buyer Must Seek Markets," *Crain's Chicago Business*, July 31, 1989.

17. ARPA 在创建 ARPANET 方面的作用被置于其对计算机项目的支持这一更广泛的背景下,见 Arthur L. Norberg and Judy E. O'Neill, *Transforming Computer Technology: Information Processing for the Pentagon, 1962–1986* (Baltimore: Johns Hopkins University Press, 1996). 我们大量引用的 ARPANET 和早期因特网的标准

历史,见 Janet Abbate, *Inventing the Internet* (Cambridge, MA: MIT Press, 1999).

18. Abbate, *Inventing the Internet*, chap. 1. 对巴兰和戴维斯的贡献的分析见 Morten Bay, "Hot Potatoes and Postmen: How Packet Switching Became ARPANET's Greatest Legacy," *Internet Histories* 3, no. 1 (2019): 15 – 30.

19. Adele Goldberg, ed., *A History of Personal Workstations* (New York: Addison-Wesley/ACM, 1988), 151 – 152.

20. Norberg and O'Neill, *Transforming Computer Technology*.

21. Andrew L. Russell and Valerie Schafer, "In the Shadow of ARPANET and Internet: Louis Pouzin and the Cyclades Network in the 1970s," *Technology and Culture* 55, no. 4 (October 2014): 880 – 907.

22. Abbate, *Inventing the Internet*, 106 – 112.

23. Andrew L. Russell, "'Rough Consensus and Running Code' and the Internet-OSI Standards War," *IEEE Annals of the History of Computing* 28, no. 3 (July – September 2006): 48 – 61. 他认为 1992 年戴维 · 克拉克(David Clark)创造了这个新词,不过这种方法的采用更早一些。

24. 根据 1973 年的"ARPANET 研究"和 1974 年的"MITRE 报告",人们常说邮件占了 ARPANET 数据的 3/4。我们一直无法追踪这一说法的来源,但在电子邮件讨论组中,阿帕网先锋克罗克(Dave Crocker)、瑟夫、林奇(Dan Lynch)都同意,1973 年底邮件传播的速度足够快,成了网络的"主导应用",占网络上传输字节的大多数。

25. Bradley Fidler and Andrew L. Russell, "Financial and Administrative Infrastructure for the Early Internet: Network Maintenance at the Defense Information Systems Agency," *Technology and Culture* 59, no. 4 (October 2018): 899 – 924.

26. Craig Partridge, "The Technical Development of Internet Email," *IEEE Annals of the History of Computing* 30, no. 2 (April –June 2008): 3 – 29.

27. Peter T. Kirstein, "The Early Days of the Arpanet," *IEEE Annals of the History of Computing* 31, no. 3 (July –September 2009).

28. Brad Templeton, "Reaction to the DEC Spam of 1978," Templetons.com, n.d., accessed June 21, 2019, https://www.templetons.com/brad/spamreact.html#msg. 关于垃圾邮件更广泛的故事见 Finn Brunton, *Spam: A Shadow History of the Internet* (Cambridge, MA: MIT Press, 2013).

29. Abbate, *Inventing the Internet*, 113 – 122.

30. Abbate, *Inventing the Internet*, 122 – 133.

31. Abbate, *Inventing the Internet*, 133 – 140. Fidler and Russell, "Financial and Administrative Infrastructure."

32. Abbate, *Inventing the Internet*, 140 – 143.

33. Paul Dourish, "The Once and Future Internet: Infrastructural Tragedy and Ambiguity in the Case of IPv6," *Internet Histories* 2, no. 1 – 2 (2018): 55 – 74.

34. 关于网络新闻起源的回顾见 Gregory G. Woodbury, "Net Cultural Assumptions," *Amateur Computerist* 6, no. 2 – 3 (1994): 7 – 9.

35. Abbate, *Inventing the Internet*, 183 – 186; Peter A. Freeman, W. Richards Adrion, and William Aspray, *Computing and the National Science Foundation, 1950–2016* (New York: Association for Computing Machinery, 2019), 55 – 60.

36. Nathan Gregory, *The Tym Before: The Untold Origins of Cloud Computing* (self-pub., 2018).

37. Hiltz and Turoff, *The Network Nation*; Christopher Evans, *The Micro Millennium* (New York: Viking, 1979); Alvin Toffler, *The Third Wave* (New York: William Morrow, 1980).

38. Thomas Lean, *Electronic Dreams: How 1980s Britain Learned to Love the Computer* (London: Bloomsbury, 2016), 149.

39. Viewtron 和类似服务的失败让一些专家怀疑,普通人是否会在家里用计算机工作和购物。Tom Forester, "The Myth of the Electronic Cottage," in *Computers in the Human Context: Information Technology, Productivity, and People*, ed. Tom Forester (Cambridge, MA: MIT Press, 1989), 213 – 227.

40. Lean, *Electronic Dreams*.

41. 以 Minitel 为主题,见 Julien Mailland and Kevin Driscoll, *Minitel: Welcome to the Internet* (Cambridge, MA: MIT Press, 2017) 和 Amy L. Fletcher, "France Enters the Information Age: A Political History of Minitel," *History and Technology* 18, no. 2 (2002): 103 – 117.

42. 关于 X.25 及其与因特网关系的讨论见 Abbate, *Inventing the Internet*, chap. 5 和 Russell, "'Rough Consensus and Running Code' and the Internet-OSI Standards War."

43. Jeffrey R. Yost, *Making IT Work: A History of the Computer Services Industry* (Cambridge, MA: MIT Press, 2017), 166.

44. Mailland and Driscoll, *Minitel: Welcome to the Internet*, 78.

45. Richard L. Crandall, "Oral History Interview by Paul Ceruzzi, 3 May 2002, Washington, D. C.," 2002, in Charles Babbage Institute, University of Minnesota.

46. 这些数字来自被广泛引用的 Robert H'obbes' Zakon, "Hobbes' Internet Timeline 25," accessed July 20, 2020, https://www.zakon.org/robert/internet/timeline/#Growth,但出处不详。历史主机表可在 https://github.com/ttkzw/hosts.txt 上找到,尽管有保密网络存在,但域名系统向分散网络目录转变,以及局域网络日益增加的重要性,随着时间推移,使直接比较变得非常困难。

47. Peter Salus, *A Quarter Century of Unix* (New York: Addison-Wesley, 1994).

48. Peter Denning, "The Science of Computing: The Internet Worm," *American Scientist* 77, no. 2 (March – April 1989): 126 – 128.

49. Abbate, *Inventing the Internet*, 191 – 194. 关于 NSFNET 的成立,请参阅 Freeman, Adrion, and Aspray, *Computing and the National Science Foundation, 1950–2016*, 80 – 88.

50. Shane Greenstein, *How the Internet Became Commercial: Innovation, Privatization, and the Birth of a New Network* (Princeton, NJ: Princeton University

Press, 2015), 76 - 84.

51. Ed Krol, *The Whole Internet User's Guide and Catalog* (Sebastopol, CA: O'Reilly, 1992), 353 - 354.

52. Greenstein, *How the Internet Became Commercial*, 84 - 87.

53. Janet Abbate, "Privatizing the Internet: Competing Visions and Chaotic Events, 1987 - 1995," *IEEE Annals of the History of Computing* 32, no. 1 (January 2010): 10 - 22.

54. Alexander R. Galloway, *Protocol: How Control Exists after Decentralization* (Cambridge, MA: MIT Press, 2004).

55. 关于1992年的因特网体验,见 Krol, *The Whole Internet User's Guide*.

第七章　计算机成为个人玩具

1. Fred Gruenberger, "RAND Symposium 14," 1973, in RAND Symposia Collection (CBI 78), Charles Babbage Institute, University of Minnesota. 最初几次会议是兰德公司赞助的高调活动,因此得名,但后来它们更多是比较私人的事务。

2. An Wang and Eugene Linden, *Lessons: An Autobiography* (Reading, MA: Addison-Wesley, 1986), 126 - 159.

3. "The Digital Age," *Electronics*, April 17, 1980. 引自第397—398页。

4. Chuck House, "Hewlett-Packard and Personal Computing Systems," in *A History of Personal Workstations*, ed. Adele Goldberg (New York: ACM Press, 1988), 401 - 432. 引自第413—414页。

5. Joseph Weizenbaum, *Computer Power and Human Reason: From Judgment to Calculation* (San Francisco, CA: W. H. Freeman, 1976), 116.

6. "65-Notes" (*Newsletter of the HP-65 Users' Club*), 2, no. 1 (January 1975): 7. HP-65的客户绝大多数是男性;用户俱乐部成立一年后,俱乐部通讯特别报道了加入的第一位女性成员。

7. 1968年10月的《科学》(*Science*)杂志上出现了"全新惠普9100A个人计算机"的广告。

8. Gordon E. Moore, "Moore's Law at 40," in *Understanding Moore's Law*, ed. David C Brock (Philadelphia, PA: Chemical Heritage Foundation, 2006), 67 - 84. 同一卷里还包括他1965年的原稿的再版。

9. 从观察发展到"定律"的过程见 Ethan R. Mollick, "Establishing Moore's Law," *IEEE Annals of the History of Computing* 28, no. 3 (July - September 2006): 62 - 75.

10. Ross Knox Bassett, *To the Digital Age: Research Labs, Start-Up Companies, and the Rise of MOS Technology* (Baltimore: Johns Hopkins University Press, 2002), 174 - 198.

11. Bassett, *To the Digital Age*, 277 - 279.

12. C. Gordon Bell, interview with Paul Ceruzzi, June 16, 1992.

13. 我们对4004开发的描述主要基于 William Aspray, "The Intel 4004

Microprocessor: What Constituted Invention?," *IEEE Annals of the History of Computing* 19, no. 3 (July–September 1997): 4–15. Intel 早期处理器的开发见 Bassett, *To the Digital Age*, 262–271.

14. *Electronic News*, November 15, 1971.

15. Dov Frohman and Robert Howard, *Leadership the Hard Way* (San Francisco, CA: Jossey-Bass, 2008), 37–41.

16. Arnold Thackray, David Brock, and Rachel Jones, *Moore's Law: The Life of Gordon Moore, Silicon Valley's Quiet Revolutionary* (New York: Basic Books, 2015), 313.

17. Robert Noyce and Marcian Hoff, "A History of Microprocessor Development at Intel," *IEEE Micro* 1, no. 1 (February 1981): 8–21.

18. 有关早期英特尔开发板的描述见 Zbigniew Stachniak, "This Is Not a Computer: Negotiating the Microprocessor," *IEEE Annals of the History of Computing* 35, no. 4 (October–December 2013): 48–54.

19. Robert Slater, *Portraits in Silicon* (Cambridge, MA: MIT Press, 1987), 251–261.

20. Thackray, Brock, and Jones, *Moore's Law*, 351–352.

21. Oliver Strimpel, "The Early Model Personal Computer Contest," *The Computer Museum Report*, Fall 1986.

22. Zbrigniew Stachniak, *Inventing the PC: The MCM/70 Story* (Montreal: McGill-Queen's University Press, 2011).

23. Susan Douglas, *Inventing American Broadcasting, 1899–1922* (Baltimore, MD: Johns Hopkins University Press, 1987).

24. Don Lancaster, "TV-Typewriter," *Radio-Electronics*, September 1973.

25. *QST*, March 1974, p. 154.

26. Jonathan Titus, "Build the Mark-8 Minicomputer," *Radio-Electronics*, July 1974.

27. H. Edward Roberts and William Yates, "Exclusive! Altair 8800: the Most Powerful Minicomputer Project Ever Presented—Can be Built for Under $400," *Popular Electronics*, January 1975.

28. Stanley Mazor, "Intel 8080 CPU Chip Development," *IEEE Annals of the History of Computing* 29, no. 2 (April 2007): 70–73.

29. Stan Veit, *Stan Veit's History of the Personal Computer* (Worldcomm Press, 1993), 43.

30. Kevin Gotkin, "When ComputersWere Amateur." *IEEE Annals of the History of Computing*, 36, no. 2 (April–June 2014): 4–14.

31. Paul Freiberger and Michael Swaine, *Fire in the Valley: The Making of the Personal Computer* (Berkeley, CA: Osborne/McGraw-Hill, 1984).

32. Theodor H. Nelson, *Computer Lib/Dream Machines* (Self-pub., 1974).

33. "Everyone Who Bought One of Those 30,000 Copies Started a Band," Quote

Investigator, March 1, 2016, https://quoteinvestigator.com/2016/03/01/velvet/.

34. 一项对53 630位艺术家影响力的网络分析报告发现,“地下丝绒”乐队在最具影响力的乐队中排名第五。Dan Kopf and Amy X Wang, “A Definitive List of the Musicians Who Influenced Our Lives Most,” *Quartz*, October 7, 2017, https://qz.com/1094962/a-definitive-list-of-the-musicians-who-influenced-our-lives-most/.

35. Forrest Mims III, “The Tenth Anniversary of the Altair 8800,” *Computers and Electronics*, January 1985.

36. Stephen Manes and Paul Andrews, *Gates: How Microsoft's Mogul Reinvented an Industry—And Made Himself the Richest Man in America* (New York: Touchstone, 2002), 63.

37. C. Gordon Bell, J. Craig Mudge, and John E. McNamara, *Computer Engineering: A DEC View of Hardware Systems Design* (Bedford, MA: Digital Press, 1978), 383.

38. Kevin Driscoll, “Professional Work for Nothing: Software Commercialization and ‘An Open Letter to Hobbyists,’” *Information & Culture* 50, no. 2 (2015): 257-283.

39. 照片中这些人的信息来自 Matt Weinberger, “Where Are They Now?,” Business Insider, January 26, 2019, https://www.businessinsider.com/microsoft-1978-photo-2016-10.

40. Emerson W. Pugh, Lyle R. Johnson, and John H. Palmer, *IBM's 360 and Early 370 Systems* (Cambridge, MA: MIT Press, 1991), 510-521.

41. Clifford Barney, “Award for Achievement [Alan F. Shugart],” *Electronics Week*, January 14, 1985.

42. Gary Kildall, “Microcomputer Software Design—a Checkpoint,” in *AFIPS ‘75: Proceedings of the May 19-22, 1975, National Computer Conference and Exposition* (New York: ACM, 1975), 99-106.

43. Jim C. Warren, “First Word on a Floppy-Disc Operating System,” *Dr. Dobb's Journal*, April 1976. 沃伦注意到,这两个系统都用一个字母指定使用的磁盘驱动器,文件名中都有句点和三个字符的扩展名,并且都有 DIR (directory)、PIP 和 DDT 命令。

44. Slater, *Portraits in Silicon*, chap. 23.

45. Bell, Mudge, and McNamara, *Computer Engineering*, 第195页的图片。

46. C. Gordon Bell, interview with Paul Ceruzzi, June 16, 1992, Los Altos, California.

47. 尽管 TRS-80 是早期最畅销的个人计算机,但它在计算机发展史上往往被边缘化。它一直延续到20世纪80年代,还有很多后续型号,有关它的故事和一些人物的细节见 David Welsh and Theresa Welsh, *Priming the Pump: How TRS-80 Enthusiasts Helped Spark the PC Revolution* (Ferndale, MI: Seeker Books, 2011).

48. Steve Wozniak and Gina Smith, *iWoz: Computer Geek to Cult Icon: How I Invented the Personal Computer, Co-Founded Apple, and Had Fun Doing It* (New York:

W. W. Norton, 2006), 54 – 55, 71, and 150 – 172. 对苹果早期历史最好的回顾是 Michael Moritz, *The Little Kingdom: The Private Story of Apple Computer* (New York: William Morrow, 1984).

49. Manes and Andrews, *Gates*, 111.

50. Stephen Wozniak, "The Apple Ⅱ," *Byte* 2, no. 5 (May 1977): 34 – 43; Wozniak and Smith, *iWoz*, 192 – 193.

51. Wozniak and Smith, *iWoz*, 211 – 219.

52. Advertisement for Apple, *Byte*, July 1978, pp. 14 – 15.

53. David L. Craddock, *Break Out: How the Apple Ⅱ Launched the PC Gaming Revolution* (Atglen, PA: Schiffer, 2017), chap. 2.

54. Ward Christensen and Randy Suess, "Hobbyist Computerized Bulletin Board," *Byte* 3, no. 11 (November 1978): 150 – 157.

55. 对早期黑客的非虚构描写作品中最有影响力的是 Bill Landreth and Howard Rheingold, *Out of the Inner Circle: A Hacker's Guide to Computer Security* (Bellevue, WA: Microsoft Press, 1985); Michael J. Halvorson, *Code Nation: Personal Computing and the Learn to Program Movement in America* (New York: ACM Books, 2020), 206 – 211; Clifford Stoll, *The Cuckoo's Egg: Tracking a Spy Through the Maze of Computer Espionage* (New York: Doubleday, 1989).

56. Kevin Driscoll, "Demography and Decentralization: Measuring the Bulletin Board Systems of North America," *WiderScreen* 23, no. 2 – 3 (2020).

57. 关于前电子街机时代，见 Michael Z. Newman, *Atari Age: The Emergence of Video Games in America* (Cambridge, MA: MIT Press, 2017), 22 – 36.

58. Henry Lowood, "Videogames in Computer Space: The Complex History of Pong," *IEEE Annals of the History of Computing* 31, no. 3 (July – September 2009): 5 – 19.

59. Walter Isaacson, *Steve Jobs* (New York: Simon & Schuster, 2011).

60. Wozniak and Smith, *iWoz*, 190 – 192.

61. 对吃豆人游戏的性别维度的探讨见 Newman, *Atari Age*, chap. 6.

62. Newman, *Atari Age*, chap. 2.

63. Nick Montfort and Ian Bogost, *Racing the Beam: The Atari Video Computer System* (Cambridge, MA: MIT Press, 2009), chap. 2.

64. Montfort and Bogost, *Racing the Beam*, 73.

65. Montfort and Bogost, *Racing the Beam*, chap. 4 (*Pac-Man*) and chap. 6 (*Pitfall*).

66. 关于 Logo 的内容见 Halvorson, *Code Nation*, 87 – 92. 苏联的计算机普及运动集中在大量生产的可编程计算器上。见 Ksenia Tatarchenko, "The Man with a Micro-calculator," in *Exploring the Early Digital*, ed. Thomas Haigh (Cham, Switzerland: Springer, 2019), 179 – 200; Ksenia Tatarchenko, "The Great Soviet Calculator Hack," *IEEE Spectrum* 55, no. 10 (October 2018): 42 – 47.

67. 英国广播公司的节目《计算机程序》(Computer Program)和《充分利用微型

计算机》(Making the Most of the Micro),都是计算机普及活动的一部分,在这个时代的研究中显得尤为突出。见 Alison Gazzard, *Now the Chips Are Down* (Cambridge, MA: MIT Press, 2016), 4-9; Thomas Lean, *Electronic Dreams: How 1980s Britain Learned to Love the Computer* (London: Bloomsbury, 2016), 89-114.

68. Newman, *Atari Age*, 138-152 讨论了这一点,着重讨论了家用计算机的广告信息。那些程序的名字来自 Kenniston W. Lord, *Using the Radio Shack TRS-80 in Your Home* (New York: Van Nostrand Reinhold, 1981).

69. Jesse Adams Stein, "Domesticity, Gender and the 1977 Apple Ⅱ Personal Computer," *Design and Culture* 3, no. 2 (2011): 193-216.

70. Theodore Jerome Cohen and Jacqueline H. Bray, *Melissa and John and the Magic Machine* (Peterborough, NH: BYTE/McGraw Hill, 1979).

71. Ian Adamson and Richard Kennedy, *Sinclair and the "Sunrise" Technology: The Deconstruction of a Myth* (Penguin, 1986), chaps. 5-6; Lean, *Electronic Dreams*, 61-70.

72. Adamson and Kennedy, *Sinclair and the "Sunrise" Technology*, chap. 7; Lean, *Electronic Dreams*, 115-124.

73. 有关早期英国电子游戏产业的描述见 Lean, *Electronic Dreams*, 173-209.

74. Gazzard, *Now the Chips Are Down*.

75. 有关 VIC-20 的故事见 Brian Bagnall, *On the Edge: The Spectacular Rise and Fall of Commodore* (Winnipeg, MB: Variant Press, 2005), 157-224.

76. Commodore International, "Commodore VIC-20 Job Interview Advertisement," YouTube, 1984, https://www.youtube.com/watch?v=c5tqmyl3XQk.

77. "The Price TI Is Paying for Misreading a Market," *Business Week*, September 19, 1983.

78. Andrew Pollack, "Retreat Set by Texas Instruments," *New York Times*, October 29, 1983.

79. Dennis Kneale, "Commodore Hits Production Snags in Its Hot-Selling Home Computer," *Wall Street Journal*, October 28, 1983. 当时对 Commodore 质量问题的总结见 John J. Anderson, "Commodore," *Creative Computing* 10, no. 3 (March 1984): 56, 60. 根据 Bagnall, *On the Edge*, 262 的说法,有缺陷的电源引起的火灾烧毁了好几座房子。

80. Bagnall, *On the Edge*, 265-269.

81. Bagnall, *On the Edge*, 304-393.

82. Gazzard, *Now the Chips Are Down*, 91-108.

83. Lean, *Electronic Dreams*, 197-199.

84. Marc S. Blank and S. W. Galley, "How to Fit a Large Program into a Small Machine," *Creative Computing* 6, no. 7 (July 1980): 80-87. 关于 *Zork* 的故事见 Montfort, *Twisty Little Passages*, 97-112, 125-135 和 Craddock, *Break Out*, chap. 3.

85. Craddock, *Break Out*, chaps. 4, 6-7, and 13.

86. Jane Margolis and Allan Fisher, *Unlocking the Clubhouse: Women in Computing*

(Cambridge, MA: MIT Press, 2001); J. McGrath Cohoon and William Aspray, eds., *Women and Information Technology: Research on Underrepresentation* (Cambridge, MA: MIT Press, 2006), 145 – 151.

87. Elaine Lally, *At Home with Computers* (New York: Berg, 2002).

88. Lean, *Electronic Dreams*, 153 – 157; Chris Bourne, "Going On-line," *Sinclair User*, January 1986: 126 – 127, 132.

89. 有关 Prodigy 的讨论见 Michael A. Banks, *On the Way to the Web* (Berkeley, CA: Apress, 2008), 139 – 156.

90. Katie Hafner, *The Well: A Story of Love, Death & Real Life in the Seminal Online Community* (New York: Carroll & Graf, 2001). Fred Turner, "Where the Counterculture Met the New Economy: The WELL and the Origins of Virtual Community," *Technology and Culture* 46, no. 3 (July 2005): 485 – 512. Howard Rheingold, *The Virtual Community: Homesteading on the Electronic Frontier* (Reading, MA: Addison-Wesley, 1993).

91. 要了解任天堂公司崛起的轻松历史,可参阅 Jeff Ryan, *Super Mario: How Nintendo Conquered America* (New York: Portfolio/Penguin, 2011). Nathan Altice, *I Am Error: The Nintendo Family Computer / Entertainment System Platform* (Cambridge, MA: MIT Press, 2015) 深入探讨了这些游戏背后的编程技术。

92. 在布莱克·J. 哈里斯(Blake J. Harris)的小说中,世嘉和任天堂之间的竞争被视为一场史诗般的战斗,见 Blake J. Harris, *Console Wars: Sega, Nintendo, and the Battle That Defined a Generation* (New York: HarperCollins, 2014).

第八章　计算机成为办公设备

1. David Bradley, "The Creation of the IBM PC," *Byte* 15, no. 9 (September 1990): 414 – 420. 引自第 420 页。

2. 关于文字处理的讨论基于以下文章的内容:Thomas Haigh, "Remembering the Office of the Future: The Origins of Word Processing and Office Automation," *IEEE Annals of the History of Computing* 28, no. 4 (October – December 2006): 6 – 31 和 Matthew G. Kirschenbaum, *Track Changes: A Literary History of Word Processing* (Cambridge, MA: Harvard University Press, 2016).

3. Ulrich Steinhilper, *Don't Talk—Do It! From Flying to Word Processing* (Bromley, UK: Independent Books, 2006).

4. C. E. Mackenzie, *Coded Character Sets: History & Development* (Reading, MA: Addison-Wesley, 1980).

5. An Wang and Eugene Linden, *Lessons: An Autobiography* (Reading, MA: Addison-Wesley, 1986).

6. Edwin McDowell, "'No Problem' Machine Poses a Presidential Problem," *New York Times*, March 24, 1981.

7. Charles Kenney, *Riding the Runaway Horse: The Rise and Decline of Wang Laboratories* (New York: Little Brown, 1992).

8. Kenney, *Riding the Runaway Horse*, 68 – 73.

9. Stephen T. McClellan, *The Coming Computer Industry Shakeout: Winners, Losers, and Survivors* (New York: Wiley, 1984), 299 – 303.

10. Seymour Rubinstein, "Recollections: The Rise and Fall of WordStar," *IEEE Annals of the History of Computing* 28, no. 4 (October – December 2006): 64 – 72.

11. Kirschenbaum, *Track Changes*, chap. 5.

12. Jerry Pournelle, "Ulterior Motives, Lobo, Buying Your First Computer, JRT Update," *Byte* 8, no. 5 (May 1983): 298 – 324. 引自第 306 页。

13. Lily Hay Newman, "George R. R. Martin Writes on a DOS-Based Word Processor from the 1980s," Slate.com, May 14, 2014, http://www.slate.com/blogs/future_tense/2014/05/14/george_r_r_martin_writes_on_dos_based_wordstar_4_0_software_from_the_1980s.html. 马丁的电脑比 Zeke 更现代一些:他使用 1987 年推出的运行在 MS-DOS 计算机上的 WordStar 4.0。

14. Mark Dahmke, "The Osborne 1," *Byte* 7, no. 6 (June 1982): 348 – 363.

15. David Thomas, *Alan Sugar: The Amstrad Story* (London: Century, 1990), 关于 PCW 的内容见第 160—186 页。引自第 247 页。

16. John Donaldson, "Benchtest: Amstrad PCW9512," *Personal Computer World* 9, no. 10 (October 1987): 98 – 102.

17. Carver Mead and Lynn Conway, *Introduction to VLSI Systems* (Reading, MA: Addison-Wesley, 1980). 他们的观点已经通过康韦为麻省理工学院 1978 年的一门课程准备的笔记广为流传。Lynn Conway, "Reminiscences of the VLSI Revolution," *IEEE Solid State Circuits* 4, no. 4 (Fall 2012): 8 – 31.

18. Peter A. McWilliams, *The Word Processing Book: A Short Course in Computer Literacy*, 5th ed. (Los Angeles: Prelude Press, 1983), 211.

19. Jerry Mar, "Word Processing on the Apple with WordStar and Diablo," *Creative Computing* 9, no. 3 (March 1983): 81.

20. Burton Grad, "The Creation and the Demise of VisiCalc," *IEEE Annals of the History of Computing* 29, no. 3 (July – September 2007): 20 – 31.

21. Steven Levy, "A Spreadsheet Way of Knowledge," *Harpers Magazine*, November 1984.

22. Dan Fylstra, Oral History Interview by Thomas Haigh, May 7, 2004, in Needham, MA (to be released by the Computer History Museum after Fylstra's death).

23. Peter Passell, "Economic Scene; Michael Milken's Other Accusers," *New York Times*, April 12 1989.

24. Fylstra, Oral History Interview.

25. Robert X. Cringely, *Accidental Empires: How the Boys of Silicon Valley Make their Millions, Battle Foreign Competition, and Still Can't Get a Date* (Reading, MA: Addison-Wesley, 1992), chap. 8.

26. Bradley, "The Creation of the IBM PC," James Chposky and Ted Leonsis, *Blue Magic: The People, Power, and Politics Behind the IBM Personal Computer* (New

York: Facts on File, 1988).

27. Greg Williams, "A Closer Look at the IBM Personal Computer," *Byte* 7, no. 1 (January 1982): 36–68.

28. 出处同前,第 60 页。

29. Stephen Manes and Paul Andrews, *Gates: How Microsoft's Mogul Reinvented an Industry—And Made Himself the Richest Man in America* (New York: Doubleday, 1993).

30. Tim Paterson, telephone interview with Paul Ceruzzi, July 24, 1996.

31. Williams, "A Closer Look," 42.

32. Larry Augustin, "The Mainframe Connection: IBM's 3270 PC," *Byte* 9, no. 9 (Fall 1984): 231–237.

33. "Machine of the Year: The Computer Moves In," *Time Magazine*, January 3, 1983.

34. Michael Moritz, *The Little Kingdom: The Private Story of Apple Computer* (New York: William Morrow, 1984), 293–297.

35. Steve Wozniak and Gina Smith, *iWoz: Computer Geek to Cult Icon: How I Invented the Personal Computer, Co-Founded Apple, and Had Fun Doing It* (New York: W. W. Norton, 2006), 229.

36. 个人交流, 2019 年, 对手稿的评论。

37. Stephen S. Fried, "Evaluating 8087 Performance on the IBM PC," *Byte* 9, no. 9 (Fall 1984): 197–208.

38. 这家公司就是 MicroWay。它的产品在 1985 年 4 月 30 日的《PC 杂志》第 101 页的广告中被列出。

39. Tracy Kidder, *The Soul of a New Machine* (Boston, MA: Little Brown, 1981), 31.

40. Erik Sandberg-Diment, "The Little IBM Finally Arrives for a Test," *New York Times*, December 27, 1983.

41. 关于 Sierra 公司引入的图形冒险游戏以及苹果 Ⅱ 的早期游戏, 见 Laine Nooney, "Let's Begin Again: Sierra On-Line and the 'Origins' of the Graphical Adventure Game," *American Journal of Play* 10, no. 1 (2017): 71–98.

42. Gregg Williams, "Lotus Development Corporation's 1-2-3," *Byte* 7, no. 12 (December 1982): 182–198. 对电子表格开发过程的探讨见 Martin Campbell-Kelly, "Number Crunching without Programming: The Evolution of Spreadsheet Usability," *IEEE Annals of the History of Computing* 29, no. 3 (July–September 2007): 6–19.

43. Mitch Kapor, "Oral History by William Aspray, November 19, Mountain View, California," 2004, 15.

44. Gerardo Con Díaz, *Software Rights: How Patent Law Transformed Software Development in America* (New Haven, CT: Yale University Press, 2019), 224–229.

45. Arthur Naiman, *Word Processing Buyer's Guide* (New York: BYTE/McGraw-Hill, 1983), 177.

46. Thomas J. Bergin, "The Origins of Word Processing Software for Personal Computers: 1976 – 1985," *IEEE Annals of the History of Computing* 28, no. 4 (October – December 2006): 32 – 47.

47. L. L. Beavers, "WordPerfect: Not Quite Perfect, But Certainly Superb," *Creative Computing* 9, no. 11 (November 1983): 74.

48. Lindsy Van Gelder, "WordPerfect Reaches for the Star," *PC Magazine* 1, no. 10 (March 1983): 431 – 437.

49. W. E. Peterson, *Almost Perfect: How a Bunch of Regular Guys Built WordPerfect Corporation* (Rocklin, CA: Prima, 1994). 关于市场份额,见 Stan J. Liebowitz and Stephen E. Margolis, *Winners, Losers & Microsoft: Competition and Antitrust in High Technology* (Oakland, CA: The Independent Institute, 2001), 181.

50. dBase 还没有得到全面的历史研究,但对它的故事有一些概要的介绍,见 Martin Campbell-Kelly, *From Airline Reservations to Sonic the Hedgehog: A History of the Software Industry* (Cambridge, MA: MIT Press, 2003), 220 – 221 and 256 – 227.

51. Campbell-Kelly, *From Airline Reservations*, 257.

52. Donna K. H. Walters, "Lotus to Drop Copy Protection for Some: May Be Extended to All Customers Later," *Los Angeles Times*, August 14, 1986.

53. Sheldon Leemon, "PC-Write Word Processor For PC & PCjr," *Compute!*, no. 57 (February 1982): 82 – 86.

54. Mark J. Welch, "Expanding on the PC," *Byte* 8, no. 11 (November 1983): 168 – 184.

55. Phil Lemmons, "Victor Victorious," *Byte* 7, no. 11 (November 1982): 216 – 254. 引自第 254 页。

56. Rifkin and Harrar, *The Ultimate Entrepreneur: The Story of Ken Olsen and Digital Equipment Corporation*, chaps. 25, 29, and 30.

57. Pamela Archbold and John Verity, "The Datamation 100: Company Profiles," *Datamation* 31, no. 11 (June 1 1985): 58 – 182. 引自第 140 页。

58 . Winn L. Rosch, "Playing Hardball Against the XT," *PC Magazine* 3, no. 6 (April 3 1984): 115 – 122.

59. Stan Miaskowski, "Software Review: Microsoft Flight Simulator," *Byte* 9, no. 3 (1984): 224 – 232. 关于艾萨克森,见 Stewart Alsop, "A Public Windows Pane to Make Compatibility Clearer," *InfoWorld*, January 31, 1994. 关于使用中的测试例子,见 Peter Bright, "Benchtest: Epson PC," *Personal Computer World* 9, no. 2 (February 1986): 104 – 110.

60. Thomas, *Alan Sugar*, 224.

61. Thomas, *Alan Sugar*, 220 – 226.

62. Guy Kewney, "Benchtest: Amstrad PC1512," *Personal Computer World* 9, no. 10 (October 1986): 126 – 136.

63. Keith Ferrell, "IBM Compatibles: The Universe Expands," *Compute!*, no. 86 (July 1987): 14 – 24.

64. Paul Somerson, "IBM Brings Out the Big Guns," *PC Magazine*, November 13, 1984.引自第133页。

65. *Byte*, December 1984, p. 148.

66. Robert M. Metcalfe, "How Ethernet Was Invented," *IEEE Annals of the History of Computing* 16, no. 4 (October–December 1994): 81–88.

67. Metcalfe, "How Ethernet Was Invented," 83.

68. R. Binder et al., "ALOHA Packet Broadcasting: a Retrospect," in *1975 National Computer Conference* (Montvale, NJ: AFIPS Press, 1975), 203–215. Robert Metcalfe and David R. Boggs, "Ethernet: Distributed Packet Switching For Local Computer Networks," *Communications of the ACM* 19, no. 7 (July 1976).

69. Metcalfe, "How Ethernet Was Invented," p. 85.

70. Kerry Elizabeth Knobelsdorff, "IBM's Four-Month-Old PS/2 Has Put Computer World on Hold," *Christian Science Monitor*, August 19, 1987.

71. Cringely, *Accidental Empires: How the Boys of Silicon Valley Make their Millions, Battle Foreign Competition, and Still Can't Get a Date*, 285–286.

72. David E. Sanger, "IBM Offers a Blitz of New PC's," *New York Times*, April 3, 1987.

73. Rod Canion, *Open: How Compaq Ended IBM's PC Domination and Helped Invent Modern Computing* (Dallas, TX: BenBella, 2013), 91–106.

74. Peter Jackson, "Benchtest: Compaq DeskPro 386," *Personal Computer World* 8, no. 11 (November 1986): 138–144.

75. William D. Marbach and Karen Springen, "Compaq Chips Away at IBM's Strength," *Newsweek*, September 22, 1986.

76. Canion, *Open*, 35–41.

77. Michael Dell and Catherine Fredman, *Direct from Dell* (New York: Harper Business, 1999).

78. Derek Cohen, "Cover Benchtest: Atari Portfolio," *Personal Computer World* 11, no. 8 (August 1989): 130–136.

79. 特别是诺顿SI 4.0的基准测试,但它通常高估了缓存带来的性能增益。

80. Alfred Poor, "25-MHz Computers: Dell System 325," *PC Magazine*, February 24, 1989.

81. Bureau of Labor Statistics, "Issues in Labor Statistics: Computer Ownership Up Sharply in the 1990s," March, 1999, https://www.bls.gov/opub/btn/archive/computer-ownership-up-sharply-in-the-1990s.pdf.

第九章 计算机成为图形工具

1. Victor K. McElheny, "Xerox Fights to Stay Ahead in the Copier Field," *New York Times*, February 21, 1977.

2. Michael Hiltzik, *Dealers of Lightning: Xerox PARC and the Dawn of the Computer Age* (New York: Harper Business, 1999).

3. 引自 David Dickson, *The New Politics of Science* (New York: Pantheon Books, 1984), 122.

4. Arthur L. Norberg and Judy E. O'Neill, *Transforming Computer Technology: Information Processing for the Pentagon, 1962 - 1986* (Baltimore: Johns Hopkins University Press, 1996).

5. Hiltzik, *Dealers of Lightning*.

6. Charles P. Thacker, "Personal Distributed Computing: The Alto and Ethernet Hardware," in *A History of Personal Workstations*, ed. Adele Goldberg (New York: ACM Press, 1988), 267 - 289.

7. Alan Kay and Adele Goldberg, "Personal Dynamic Media," *Computer* 10, no. 3 (March 1977): 31 - 41.

8. Kristen Nygaard and Ole-Johan Dahl, "The Development of the Simula Languages," in *History of Programming Languages*, ed. Richard L. Wexelblat (New York: Academic Press, 1981), 439 - 480.

9. Alan C. Kay, "The Early History of Smalltalk," in *History of Programming Languages, II*, ed. Thomas J. Bergin and Rick G. Gibson (New York: ACM Press, 1996), 511 - 598.

10. 这期《字节》用了大部分非广告版面(13 篇文章),详细研究 Smalltalk 的具体方面。关于 Smalltalk 的介绍见 Adele Goldberg, "Introducing the Smalltalk-80 System," *Byte* 6, no. 8 (1981): 14 - 26.

11. Bjarne Stroustrup, *The C++ Programming Language* (Reading, MA: Addison-Wesley, 1985).

12. Andrew Binstock, "Interview with Alan Kay," Dr. Dobb's, July 10, 2012, http://www.drdobbs.com/architecture-and-design/interview-with-alan-kay/240003442#.

13. Lawrence G. Tesler, "How Modeless Editing Came to Be," *IEEE Annals of the History of Computing* 40, no. 3 (July - September 2018): 55 - 67.

14. Hiltzik, *Dealers of Lightning*.

15. Phillip Ein-Dor, "Grosch's Law Re-revisited," *Communications of the ACM* 28, no. 2 (February 1985): 142 - 151.

16. Andrew D. Birrell and Bruce Jay Nelson, "Implementing Remote Procedure Calls," *ACM Transactions on Computer Systems* 2, no. 1 (February 1984): 39 - 59.

17. Hiltzik, *Dealers of Lightning*.

18. David Canfield Smith, "Designing the Star User Interface," *Byte* 7, no. 4 (April 1982): 242 - 282.

19. David Canfield Smith et al., "The Star User Interface: An Overview," in *Proceedings of the AFIPS National Computer Conference* (AFIPS: 1982), 515 - 528.

20. Douglas K. Smith and Robert C. Alexander, *Fumbling the Future: How Xerox Invented, Then Ignored, the First Personal Computer* (New York: HarperCollins, 1989).

21. Thomas W. Starnes, "Design Philosophy behind Motorola's MC68000: Part 1,"

Byte 8, no.4 (April 1983): 70 –92.引自第70页。

22. Mark Hall and John Barry, *Sunburst: The Ascent of Sun Microsystems* (Chicago: Contemporary Books, 1990), chap.1.

23. David F. Hinnant, "Benchmarking UNIX Systems," *Byte* 9, no. 8 (August 1984): 132 –135, 400 –409.

24. Gregg Williams, "The Lisa Computer System," *Byte* 8, no. 2 (February 1983): 33 –50.

25. 阿波罗公司1982年的销售额是1800万美元。如果工作站的平均价格为4万美元,这意味着它在上市第二年的销量是450台。1983年的销售额为8000万美元,意味着该公司售出了几千台工作站。

26. 工程师们努力在最初的麦金塔计算机中偷偷塞进插槽(失败了)和额外内存线(成功了)。这段故事见 Andy Hertzfeld, *Revolution in The Valley: The Insanely Great Story of How the Mac Was Made* (Sebastopol, CA: O'Reilly, 2004), 60 –61.

27. Steven Levy, *Insanely Great: The Life and Times of Macintosh, the Computer that Changed Everything* (New York: Viking, 1994), 187.

28. Levy, *Insanely Great: The Life and Times of Macintosh*, 186.

29. 关于早期 Mac 编程语言和资源,见 Michael J. Halvorson, *Code Nation: Personal Computing and the Learn to Program Movement in America* (New York: ACM Books, 2020), 188 –200.

30. Donna Osgood, "The Difference in Higher Education," *Byte* 12, no. 2 (February 1987): 165 –178.

31. Suzanne Crocker, "Paul Brainerd, Aldus Corporation, and the Desktop Publishing Revolution," *IEEE Annals of the History of Computing* 41, no. 3 (July –September 2019): 35 –41.

32. 关于这个语言的开发的描述见 John E. Warnock, "The Origins of PostScript," *IEEE Annals of the History of Computing* 40, no. 3 (July –September 2018): 68 –76. PostScript 页面被表示为一个计算机程序,执行该程序时会产生所需的输出。

33. Peter Bright, "Checkout: PageMaker & LaserWriter," *Personal Computer World* 8, no.10 (October 1985): 166 –171.

34. John Scull and Hansen Hsu, "The Killer App That Saved the Macintosh," *IEEE Annals of the History of Computing* 41, no.3 (July –September 2019): 42 –52.

35. Phillip Robinson and Jon R. Edwards, "The Atari 1040ST," *Byte* 11, no.3 (March 1986): 84 –93.

36. Guy Swarbrick, "Cover Benchtest: Macintosh Portable," *Personal Computer World* 11, no.10 (October 1989): 130 –136.

37. "Mac Portable's Pluses Outweigh the Negatives," *Computerworld*, December 11, 1989.

38. Guy Swarbrick, "Cover Benchtest: Atari Stacey," *Personal Computer World* 11, no.12 (December 1989):130 –136.

39. 几十年后，Amiga 仍然拥有忠实的粉丝群，对他们庆祝其技术成就的描述见 Jimmy Maher, *The Future Was Here: The Commodore Amiga* (Cambridge, MA: MIT Press, 2012), 对他们哀叹 Commodore 公司经理的屡次失败的描述见 Brian Bagnall, *Commodore: The Amiga Years* (Winnipeg, MB: Variant Press, 2017).

40. Randall E. Stross, *Steve Jobs and the NeXT Big Thing* (New York: Scribner, 1993).

第十章 PC 成为小型计算机

1. 关于傻瓜书，见 Michael J. Halvorson, *Code Nation: Personal Computing and the Learn to Program Movement in America* (New York: ACM Books, 2020), 183 - 187.

2. Chris Larson, "MS-DOS 2.0: An Enhanced 16-Bit OperatingSystem," *Byte* 8, no. 11 (November 1983): 285 - 290.

3. John Markoff, "Five Window Managers for the IBM PC," *Byte* 9, no. 9 (1984): 65 - 87.

4. 关于苹果、微软和施乐三家公司之间的官司，见 Gerardo Con Díaz, *Software Rights: How Patent Law Transformed Software Development in America* (New Haven, CT: Yale University Press, 2019), 214 - 217. 苹果公司确实成功吓住了 Digital Research 公司，后者去掉了 GEM 移动和调整桌面窗口大小的能力。

5. Microsoft Annual Report, 1992.

6. Frank Rose, *West of Eden: the End of Innocence at Apple Computer* (New York: Penguin, 1989), chap. 11.

7. 关于 20 世纪 80 年代和 90 年代办公软件行业动态的讨论见 Martin Campbell-Kelly, *From Airline Reservations to Sonic the Hedgehog: A History of the Software Industry* (Cambridge, MA: MIT Press, 2003), 251 - 264.

8. Stephen Manes and Paul Andrews, *Gates: How Microsoft's Mogul Reinvented an Industry—And Made Himself the Richest Man in America* (New York: Doubleday, 1993), 423.

9. Peter Norvig, "PowerPoint: Shot With Its Own Bullets," *The Lancet* 362, no. 9381 (2003): 343 - 344.

10. Douglas Coupland, "Microserfs," *Wired*, January 1994.

11. Ellen Ullman, *Close to the Machine: Technophilia and its Discontents* (San Francisco: City Lights Books, 1997).

12. Lohr, *Go To*, 93 - 98. Halvorson, *Code Nation*, 156 - 165.

13. Ullman, *Close to the Machine*, 103.

14. E. F. Codd, "A Relational Model of Data for Large Shared Databanks," *Communications of the ACM* 13, no. 6 (June 1970): 377 - 390.

15. Robert Preger, "The Oracle Story, Part 1: 1977 - 1986," *IEEE Annals of the History of Computing* 34, no. 4 (October - December 2012): 51 - 57.

16. Donald J. Haderle and Cynthia M. Saracco, "The History and Growth of IBM's DB2," *IEEE Annals of the History of Computing* 35, no. 2 (April - June 2013):

54 – 66.

17. Bob Epstein, "History of Sybase," *IEEE Annals of the History of Computing* 35, no. 2 (April – June 2013): 31 – 41.

18. Lawrence Rowe, "History of the Ingres Corporation," *IEEE Annals of the History of Computing* 34, no. 4 (October – December 2012): 58 – 70.

19. Preger, "The Oracle Story, Part 1: 1977 – 1986." 关系数据库行业主要集中在硅谷——也许是第一个集中在那里的主要软件领域。Martin Campbell-Kelly, "The RDBMS Industry: A Northern California Perspective," *IEEE Annals of the History of Computing* 34, no. 4 (October – December 2012): 18 – 29.

20. 关于 Oracle 公司繁荣年代的记载, 见 Andrew Mendelsohn, "The Oracle Story: 1984 – 2001," *IEEE Annals of the History of Computing* 35, no. 2 (April – June 2013): 10 – 23.

21. Ullman, *Close to the Machine*, 108.

22. Christopher Koch, "The Integration Nightmare: Sounding the Alarm," *CIO Magazine*, November 15, 1996.

23. Rod Canion, *Open: How Compaq Ended IBM's PC Domination and Helped Invent Modern Computing* (Dallas, TX: BenBella, 2013), 123 – 179.

24. 关于 1992 年底显卡市场的详尽综述, 其中指出 Windows 加速器开始广泛生产, 第一批 VESA 本地总线出现, 见 Alfred Poor, "Video Technology: Making a Choice in an Era of Change," *PC Magazine*, January 12, 1993.

25. C. Gordon Bell, J. Craig Mudge, and John E. McNamara, *Computer Engineering: A DEC View of Hardware Systems Design* (Bedford, MA: Digital Press, 1978), chap. 17.

26. William Strecker, "VAX-11/780—A Virtual Address Extension to the PDP-11 Family," in *Proceedings of the National Computer Conference* (New York: AFIPS, 1978), 967 – 980.

27. 关于"野鸭"备忘录的描述见 Herbert R. J. Grosch, *Computer: Bit Slices from a Life* (Novato, California: Third Millennium, 1991), 258.

28. George Radin, "The 801 Minicomputer," *IBM Journal of Research and Development* 27 (May 1983): 237 – 246.

29. David A. Patterson, "Reduced Instruction Set Computers," *Communications of the ACM* 28, no. 1 (January 1985): 8 – 21; David Patterson and John L. Hennessy, *Computer Architecture: A Quantitative Approach* (San Mateo, CA: Morgan Kaufmann, 1990).

30. Patterson and Hennessy, *Computer Architecture*, 190; Mark Hall and John Barry, *SunBurst: The Ascent of Sun Microsystems* (Chicago: Contemporary Books, 1990), 163.

31. Patterson and Hennessy, *Computer Architecture*, 190.

32. Nick Baran, "Two Powerful Systems from SUN," *Byte* 14, no. 5 (May 1989): 108 – 112.

33. Tom Yager and Ben Smith, "Son of SPARCstation," *Byte* 15, no. 13 (December 1990): 140 - 146; Roger C. Alford, "NCR's S486/MC33 Has Unique Approach to Reliability," *Byte* 15, no. 13 (December 1990): 191 - 193.

34. Michael A. Cusumano and Richard W. Selby, *Microsoft Secrets: How the World's Most Powerful Software Company Creates Technology, Shapes Markets, and Manages People* (New York: Free Press, 1995), 36, 269 - 270.

35. G. Pascal Zachary, *Show Stopper! The Breakneck Race to Create Windows NT and the Next Generation at Microsoft* (New York: Free Press, 1994), chap. 1.

36. Raymond Ga Côté and Barry Nance, "Pentium PCs: Power to Burn," *Byte* 18, no. 8 (July 1993): 94 - 102. 引自第 10 页。

37. Steve Apiki and Rick Grehan, "Fastest NT Workstations," *Byte* 20, no. 3 (March 1995): 115 - 122.

38. Michelle Campanale, "Eight Heavy-Hitting NT Workstations," *Byte* 23, no. 1 (January 1998): 98.

39. Associated Press, "Windows 95 Sales Plunge from Peak," *New York Times*, September 8, 1995.

40. James W. Cortada, *IBM: The Rise and Fall and Reinvention of a Global Icon* (Cambridge, MA: MIT Press, 2019) 一书详细讨论了 IBM 在 20 世纪 90 年代早期的危机,以及在新领导的带领下精简成功的历程。

41. Michael J. Miller, "Computers: More Than One Billion Sold," *PC Magazine*, September 3, 2002. 据报道,10 亿这个数字包含所有的个人计算机,可以向后追溯到 20 世纪 70 年代,而不仅仅是与 IBM 兼容的个人计算机。即便如此,从 1995 年中期到 2001 年中期销售的大多数计算机都与 IBM 兼容,因此几乎都预装了 Windows 95 的变种。

42. Gil Amelio and William L. Simon, *On the Firing Line: My 500 Days at Apple* (New York: Harperbusiness, 1998).

43. US Census Bureau, "Home Computers and Internet Use in the United States: August 2000," US Department of Commerce, September, 2001, https://www.census.gov/prod/2001pubs/p23-207.pdf.

第十一章　计算机成为通用媒体设备

1. Christopher Evans, *The Micro Millennium* (New York: Viking, 1979), 79.

2. Mark Weiser, Rich Gold, and John Seely Brown, "The Origins of Ubiquitous Computing Research at PARC in the Late 1980s," *IBM Systems Journal* 38, no. 4 (1999): 693 - 696

3. James W. Cooley and John W. Tukey, "An Algorithm for the Machine Calculation of Complex Fourier Series," *Mathematics of Computation* 19 (1965): 297 - 301.

4. Allen Newell, *Intellectual Issues in the History of Artificial Intelligence (Report CMU-CS-142)* (Carnegie-Mellon University, Department of Computer Science,

1982), 9.

5. Tom Sito, *Moving Innovation: A History of Computer Animation* (Cambridge, MA: MIT Press, 2013), 182 – 183.

6. Robert Lucky,转引自 Frederik Nebeker, *Signal Processing: The Emergence of a Discipline, 1948 to 1998* (New Brunswick, NJ: IEEE History Center, 1998), 88.

7. Trevor Pinch and Frank Trocco, *Analog Days: The Invention and Impact of the Moog Synthesizer* (Cambridge, MA: Harvard University Press, 2002).

8. Simon Reynolds, "Song from the Future: The Story of Donna Summer and Giorgio Moroder's 'I Feel Love,'" *Pitchfork*, June 29, 2017, https://pitchfork.com/features/article/song-from-the-future-the-story-of-donna-summer-and-giorgio-moroders-i-feel-love/.

9. Frederic D. Schwarz, "The Casio Effect," *Innovation & Technology* 18, no. 1 (2002).

10. 具体来说,这首歌的版本来自音乐会电影《停止有意义》(*Stop Making Sense*),在这首歌中,乐队的全部音乐作品似乎来自一个放在舞台上的"立体声"盒式磁带播放机。

11. Jack Hamilton, "808s and Heart Eyes," Slate, December 16, 2016, http://www.slate.com/articles/arts/music_box/2016/12/_808_the_movie_is_a_must_watch_doc_for_music_nerds.html.

12. T. G. Stockham, T. M. Cannon, and R. B. Ingebretsen, "Blind Deconvolution Through Digital Signal Processing," *Proceedings of the IEEE* 63, no. 4 (April 1975): 678 – 692.

13. J. Gordon Holt, "Sony CDP-101 Compact Disc Player," *Stereophile*, January 23, 1983.

14. 数字混音技术和对表面上完美的 CD 光盘声音的态度的改变,对这些的讨论见 Kieran Downes, "'Perfect Sound Forever': Innovation, Aesthetics, and the Re-Making of Compact Disc Playback," *Technology and Culture* 51, no. 2 (April 2010): 305 – 331.

15. Jimmy McDonough, *Shakey: Neil Young's Biography* (New York: Random House, 2002), 568.

16. 充满激情的 Steve Lambert and Suzanne Ropiequet, eds., *CD ROM the New Papyrus: The Current and Future State of the Art* (Redmond, WA: Microsoft Press, 1986)一书描述了 CD-ROM 的功能,记录了早期人们对它的潜力的憧憬。

17. Bob Strauss, "Wing Commander III: Heart of the Tiger," *Entertainment Weekly*, February 10, 1995.

18. Jonathan Coopersmith, *Faxed: The Rise and Fall of the Fax Machine* (Baltimore, MD: Johns Hopkins University Press, 2015).

19. Coopersmith, *Faxed*, 146.

20. Coopersmith, *Faxed*, 156.

21. "NHS Told to Ditch 'Absurd' Fax Machines," BBC News, December 9,

2018, https://www.bbc.com/news/uk-46497526.

22. Elizabeth R. Petrick, *Making Computers Accessible: Disability Rights and Digital Technology* (Baltimore, MD: Johns Hopkins University Press, 2015), chap. 2.

23. John Markoff, "Now, PC's That Read A Page and Store It," *New York Times*, August 17, 1988.

24. Commodore 公司的 Amiga 非常适合视频制作,它的高分辨率视频模式与廉价的硬件(同步锁和影像截取器)配合得很好。Jimmy Maher, *The Future Was Here: The Commodore Amiga* (Cambridge, MA: MIT Press, 2012), chap. 5.

25. 关于间谍卫星的历史,见 William E. Burrows, *Deep Black: Space Espionage and National Security* (New York: Random House, 1986).

26. R. W. Smith and J. N. Tatarewicz, "Replacing a Technology: The Large Space Telescope and CCDs," *Proceedings of the IEEE* 73, no. 7 (July 1985): 1221 – 1235.

27. Chris O'Falt, "Pixelvision: How a Failed '80s Fisher-Price Toy Camera Became One of Auteurs' Favorite '90s Tools," IndieWire, August 2018, https://www.indiewire.com/2018/08/pixelvision-pxl-2000-fisher-price-toy-experimental-film-camera-lincoln-center-series-1201991348/.

28. Martin Hand, *Ubiquitous Photography* (Malden, MA: Polity Press, 2012).

29. Jonah Engel Bromwich, "Once $50,000. Now, VCRs Collect Dust," *New York Times*, July 21 2016.

30. Joel Brinkley, "HDTV: High Definition, High in Price," *New York Times*, August 26, 1998.

31. Evans, *The Micro Millennium*, 219.

32. Michael Lewis, "Boom Box," *New York Times*, August 13, 2000.

33. 关于开发 MP3 格式的描述见 Jonathan Sterne, *MP3: The Meaning of a Format* (Durham, NC: Duke University Press, 2012), chaps. 4 and 5. 在前面的章节中,斯特恩(Jonathan Sterne)强调了它深植在电信和生物研究中的历史根源。

34. Sterne, *MP3*, chap. 6. Stephen Witt, *How Music Got Free* (New York: Viking Press, 2015), 53 – 98, 讲述了平行的 MP3 开发者和从发行工厂内部复制 CD 光盘的盗版者的故事。

35. Jennifer Sullivan, "Napster: Music Is for Sharing," *Wired*, November 1999. John Alderman, *Sonic Boom: Napster, MP3, and the New Pioneers of Music* (New York: Basic Books, 2001)这本书反映了时代的独特现象。

36. Nate Anderson, "Thomas Verdict: Willful Infringement, $1.92 Million Penalty," Ars Technica, June 18, 2009, https://arstechnica.com/tech-policy/2009/06/jammie-thomas-retrial-verdict/. 经过三次审判和一次上诉,裁定的赔偿金额有增有减。

37. Walter S. Mossberg, "Apple Brings Its Flair for Smart Designs to Digital Music Player," *Wall Street Journal*, November 1, 2001.

38. Steven Levy, *The Perfect Thing: How the iPod Shuffles Commerce, Culture, and Coolness* (New York: Simon & Schuster, 2006), 1.

39. Stephen Silver, "The iPod Touch Is a Worthy End to the Iconic Music Line," AppleInsider, September 5, 2018, https://appleinsider.com/articles/18/09/05/the-ipod-touch-is-a-worthy-end-to-the-iconic-music-line. 苹果公司在《华尔街日报》上用一整页的广告庆祝售出第1亿部iPod。

40. "Apple Introduces Revolutionary New Laptop with No Keyboard," The Onion, January 5, 2009, https://www.theonion.com/apple-introduces-revolutionary-new-laptop-with-no-keybo-1819594761.

41. Dick Pountain, "Benchtest: Acorn Archimedes," *Personal Computer World* 9, no. 8 (August 1987): 98–104.

42. Jacob Gaboury, *Image Objects: An Archaeology of Computer Graphics* (Cambridge, MA: MIT Press, 2021), 147.

43. 关于第一个商业位图3D图形系统的开发见 Nick England, "The Graphics System for the 80's," *IEEE Computer Graphics and Applications* 40, no. 3 (May/June 2020): 112–119.

44. Howard Rheingold, *Virtual Reality* (New York: Summit Books, 1991)激起了人们早年对虚拟现实技术的兴奋。

45. 吉布森在1982年7月发表的短篇小说《全息玫瑰碎片》(Burning Chrome)里第一次用了**网络空间**(cyberspace)这个词,但他设想的沉浸式电子虚拟现实的流行,源自小说 William Gibson, *Neuromancer* (New York: Ace, 1984). 吉布森当时对计算机一无所知,这使得他的小说更加激动人心,但用户界面设计师却很难将其变成现实。

46. 参与者对VR的起伏兴衰的记忆,见 Adi Robertson and Michael Zelenko, "Voices from a Virtual Past," The Verge, 2014, https://www.theverge.com/a/virtual-reality/oral_history. 随着技术的进步,虚拟现实在21世纪10年代卷土重来,但它还没能吸引专业电子游戏玩家之外的大众。

47. David Kushner, *Masters of Doom: How Two Guys Created An Empire and Transformed Pop Culture* (New York: Random House, 2003).

48. Henry Lowood, "Game Engine," in *Debugging Game History: A Critical Lexicon*, ed. Henry Lowood and Raiford Guins (Cambridge, MA: MIT Press, 2016), 202–209.

49. Trent Ward, "Quake Review," June 22, 1996, https://www.gamespot.com/reviews/quake-review/1900-2532549/.

50. Thomas Pabst, "3D Accelerator Card Reviews: Diamond Monster 3D," Tom's Hardware, November 9, 1997, https://www.tomshardware.com/reviews/3d-accelerator-card-reviews,42-7.html.

51. Rich Brown, "GeForce 8800 GTX Review," CNET, November 8, 2006, https://www.cnet.com/reviews/geforce-8800-gtx-review/.

52. 后来几代Xbox硬件延续了类似的努力。Brendan I. Koerner, "The Young and the Reckless," *Wired*, May 2018.

53. George Kuriakose Thiruvathukal and Steven E. Jones, *Codename Revolution:*

The Nintendo Wii Platform(Cambridge, MA: MIT Press, 2012).

第十二章 计算机成为内容发布平台

1. US Census Bureau, "Computer and Internet Use in the United States: 2003," US Department of Commerce, October 2005, https://www.census.gov/prod/2005pubs/p23-208.pdf.

2. Michael A. Banks, *On the Way to the Web* (Berkeley, CA: Apress, 2008), 95 – 101 and 115 – 121.

3. Wendy Grossman, *net.wars* (New York: New York University Press), 1997, chap. 1.

4. Kara Swisher, *aol.com: How Steve Case Beat Bill Gates, Nailed the Netheads, and Made Millions in the War for the Web* (New York: Random House, 1998), 103. 对AOL在20世纪90年代前5年的发展的讨论见 Banks, *On the Way to the Web*, 127 – 137.

5. Vannevar Bush, "As We May Think," *The Atlantic Monthly* 176, no. 1 (July 1945): 101 – 108. 关于用新技术组织知识的更早、更广泛的历史,见 W. Boyd Rayward, ed., *Information beyond Borders: International Cultural and Intellectual Exchange in the Belle Époque* (Burlington, VT: Ashgate, 2014), 以及 W. Boyd Rayward, "Visions of Xanadu: Paul Otlet (1868–1944) and Hypertext," *Journal of the American Society for Information Science* 45, no. 4 (May 1994): 235 – 250.

6. Theodor H. Nelson, *Computer Lib/Dream Machines* (self-published, 1974), DM 44 – 45.

7. Nelson, *Computer Lib/Dream Machines*, DM 19.

8. Belinda Barnet, "Hypertext before the Web—or, What the Web Could Have Been," in *The SAGE Handbook of Web History*, ed. Niels Brügger and Ian Milligan (Thousand Oaks, CA: Sage, 2019), 215 – 226.

9. *Communications of the ACM*, 31 (July 1988) 是一期总结关于超文本学术研究成果的特刊。

10. Philip L. Frana, "Before the Web There Was Gopher," *IEEE Annals of the History of Computing* 26, no. 1 (January – March 2004): 20 – 41.

11. Tim Berners-Lee, "WWW: Past, Present, and Future," *IEEE Computer* 29, no. 10 (October 1996): 69 – 77, p. 70.

12. Berners-Lee, "WWW," 71.

13. 对 Mosaic 之前的浏览器最彻底的讨论见 James Gillies and Robert Cailliau, *How the Web Was Born: The Story of the World Wide Web* (Oxford, UK: Oxford University Press, 2000).

14. 关于在早期浏览器中包含图形技术的描述,见 Marc Weber, "Browsers and Browser Wars," in *The SAGE Handbook of Web History*, ed. Niels Brügger and Ian Milligan (Thousand Oaks, CA: Sage, 2019), 270 – 296.

15. Matthew Gray, "Measuring the Growth of the Web: June 1993 to June 1995,"

MIT personal site, 1996, http://www.mit.edu/people/mkgray/growth/.

16. Gary Wolfe, "The (Second Phase of the) Revolution Has Begun," *Wired Magazine*, October 1994.

17. 来自网景公司内部的故事,见 Jim Clark and Owen Edwards, *Netscape Time: The Making of the Billion-Dollar Start-Up That Took on Microsoft* (New York: St. Martin's Press, 1999), 以及更有激情的 Michael Lewis, *The New New Thing* (New York: W. W. Norton, 2000).

18. 到 1997 年为止, Web 服务器数量这个指标指的是不同 Web 服务器主机名的数量。提出 1000 万个服务器这个指标的时候指的是"活跃网站",由于域名侵占、搜索引擎垃圾网站和类似的流行做法,这个数字大大降低。这些内容均来自 Netcraft, "June 2020 Web Server Survey," June 25, 2020, https://news.netcraft.com/archives/2020/06/25/june-2020-web-server-survey.html.

19. Swisher, *aol.com*. Shane Greenstein, *How the Internet Became Commercial: Innovation, Privatization, and the Birth of a New Network* (Princeton, NJ: Princeton University Press, 2015), 225–229 讨论了美国在线和 WorldNet,在第 268 页讨论了后来 AOL 成为主导的互联网服务提供商。

20. Nina Munk, *Fools Rush In: Steve Case, Jerry Levin, and the Unmaking of AOL Time Warner* (New York: HarperCollins, 2004), 118.

21. Greenstein, *How the Internet Became Commercial*, 252.

22. Julian Dibbell, "The Unreal Estate Boom," *Wired* 11, no. 1 (January 2003).

23. John Perry Barlow, "A Declaration of the Independence of Cyberspace," Electronic Frontier Foundation, February 8, 1996, https://www.eff.org/cyberspace-independence.

24. Fred Turner, *From Counterculture to Cyberculture: Stewart Brand, the Whole Earth Network, and the Rise of Digital Utopianism* (Chicago: University of Chicago Press, 2006).

25. Martin Dodge and Rob Kitchin, *Atlas of Cyberspace* (New York: Addison-Wesley, 2001).

26. Benjamin M. Compaine, *The Digital Divide: Facing a Crisis or Creating a Myth?* (Cambridge, MA: MIT Press, 2001).

27. Tim Berners-Lee and Mark Fischetti, *Weaving the Web: The Original Design and Ultimate Destiny of the World Wide Web by Its Inventor* (San Francisco: Harper, 1999).

28. Charles C. Mann, "Is the Internet Doomed?," *Inc* 17, no. 9 (June 13 1995): 47–50, 52, 54.

29. Robert H. Reid, *Architects of the Web: 1,000 Days that Built the Future of Business* (New York: John Wiley & Sons, 1997), chap. 6.

30. Karen Angel, *Inside Yahoo! Reinvention and the Road Ahead* (New York: John Wiley & Sons, 2002).

31. Paul Festa, "Web Search Results Still Have Human Touch," News.com,

December 27, 1999, http://news.com.com/2100-1023-234893.html.

32. 最好的早期谷歌公司历史见 Steven Levy, *In the Plex: How Google Thinks, Works, and Shapes Our Lives* (New York: Simon & Schuster, 2011), chap. 1.

33. Jonathan Coopersmith, "Pornography, Technology, and Progress," *Icon* 4 (1998): 94 – 125.

34. Reid, *Architects of the Web*, 280 – 320.

35. Angel, *Inside Yahoo!*, 140.

36. 关于谷歌公司采用广告的讨论见 Levy, *In the Plex*, 83 – 99.

37. 谷歌公司公布 2006 年第三季度的收入为 26.9 亿美元,较上年同期增长 70%。Sara Kehaulani Goo, "Surge in Profit Reflects Google's Widening Lead," *Washington Post*, October 20, 2006. 甘尼特公司(Gannett Company)报告同一时期的营收是 19 亿美元。

38. Levy, *In the Plex*, 99 – 120.

39. Brad Stone, *The Everything Store: Jeff Bezos and the Age of Amazon* (New York: Little, Brown, 2013).

40. 根据 Berners-Lee and Fischetti, *Weaving the Web*, 32 – 33 的说法,浏览器最初的开发目标就是展示 CERN 的电话簿。

41. Meg Leta Jones, "Cookies: A Legacy of Controversy," *Internet Histories* 4, no. 1 (2020): 87 – 104.

42. Larry Wall and Randal L. Schwartz, *Programming Perl* (Sebastopol, CA: O'Reilly, 1991), xiv. 关于 PERL 的历史的讨论见 Michael Stevenson, "Having It Both Ways: Larry Wall, Perl and the Technology and Culture of the Early Web," *Internet Histories* 2, no. 3 – 4 (2018): 264 – 280.

43. Andrew Leonard, "The Joy of Perl," Salon, October 13, 1998, https://www.salon.com/1998/10/13/feature_269/.

44. Steven Levy, "Battle of the Clipper Chip," *New York Times Magazine*, June 12, 1994.

45. Netscape Communications, "Netscape Communications Offers New Network Navigator Free on the Internet," October 13, 1994, accessed May 30, 2006.

46. Richard Karpinski, "Netscape Sets Retail Rollout," *Interactive Age* 2, no. 16 (June 5 1995): 1; Netscape Communications, "Netscape Communications Offers New Network Navigator."

47. Greenstein, *How the Internet Became Commercial*.

48. Bill Gates, "The Internet Tidal Wave," US Department of Justice, May 26, 1995, accessed May 20, 2006, http://www.usdoj.gov/atr/cases/exhibits/20.pdf.

49. Bill Gates, Nathan Myhrvold, and Peter Rinearson, *The Road Ahead* (New York: Viking, 1995). 这本书于 1995 年底出版,比原计划晚了一年多。

50. Greenstein, *How the Internet Became Commercial*, 303 – 314 从经济学的角度回顾了这些选择。

51. 关于网景公司在这个时期采用的策略的详细探讨,见 Michael A. Cusumano

and David B. Yoffie, *Competing on Internet Time* (New York: Free Press, 1998).

52. 关于微软公司对网景公司的反竞争行为的分析,见 Greenstein, *How the Internet Became Commercial*, 314 – 320, 其中总结道:"盖茨授权这种方式是因为他不想让用户和开发者与任何人合作……不管用户和开发者想要什么。"(第 320 页。)

53. Myles White, "'Explorer' Closes Gap," *Toronto Star*, September 4 1997.

54. 据说美国在线为网景支付了交易宣布时价值 42 亿美元的股票。到 1999 年 3 月交易完成时,这些股票的价值约为 100 亿美元。

55. Munk, *Fools Rush In*.

56. Ken Auletta, *World War 3.0: Microsoft and Its Enemies* (New York: Random House, 2001)

57. David Bank, *Breaking Windows: How Bill Gates Fumbled the Future of Microsoft* (New York: The Free Press, 2001).

58. Joel Brinkley, "U. S. Judge Says Microsoft Violated Antitrust Laws with Predatory Behavior," *New York Times*, April 4, 2000.

59. Thomas Penfield Jackson, "Excerpts From the Ruling That Microsoft Violated Antitrust Law," *New York Times*, April 4, 2000.

60. 除了 Internet Explorer 的整数版本之外,4.5 和 5.5 版本也包括重要的新特性。

61. 关于斯托曼的故事见 Sam Williams, *Free as in Freedom: Richard Stallman's Crusade for Free Software* (Sebastopol, CA: O'Reilly, 2002), 更深入的分析见 Christopher M. Kelty, *Two Bits: The Cultural Significance of Free Software* (Durham, NC: Duke University Press, 2008), 182 – 209.

62. Glyn Moody, *The Rebel Code: The Inside Story of Linux and the Open Source Revolution* (Cambridge, MA: Perseus, 2001), 14 – 19.

63. Richard M. Stallman, "What Is a GNU/Linux System?," *GNU's Bulletin* 1, no. 23 (1997):4 – 5.

64. "What Is Copyleft?," *GNU's Bulletin* 1, no. 23 (July 1997).

65. Andrew S. Tanenbaum, *Operating Systems: Design and Implementation* (Englewood Cliffs, NJ: Prentice Hall, 1987).

66. Linus Torvalds and David Diamond, *Just for Fun: The Story of an Accidental Revolutionary*, 1st ed. (New York: HarperBusiness, 2001), 61 – 62.

67. Torvalds and Diamond, *Just for Fun*, 85.

68. Eric S. Raymond, *The Cathedral and the Bazaar* (Sebastopol, CA: O'Reilly, 2001).

69. 关于自由软件起源和意义的讨论见 Kelty, *Two Bits*, 98 – 117.

70. Kelty, *Two Bits*, 223 – 229.

71. Timothy Dyck, "Web Server Brains & Brawn," *PC Magazine*, May 22, 2001.

72. Byron Acohido, "Firefox Ignites Demand for Alternative Browser," *New York Times*, November 10, 2004; Walter S. Mossberg, "Security, Cool Features of Firefox

Web Browser Beat Microsoft's IE," *Wall Street Journal*, December 30, 2004.

73. Josh McHugh, "The Firefox Explosion," *Wired* 13, no. 2 (February 2005).

第十三章 计算机成为网络

1. Erik Brynjolfsson, "The Productivity Paradox of Information Technology," *Communications of the ACM* 36, no. 12 (December 1993): 66 – 77; Paul Strassmann, *The Squandered Computer* (New Canaan, CT: Information Economics Press, 1997).

2. Steven Levy, "Google Throws Open Doors to Its Top-Secret Data Center," *Wired*, November 2012.

3. 虽然计算历史学家还没有开始研究云计算,但"云"这个比喻已经吸引了媒体理论家的大量注意,包括 John Durham Peters, *The Marvelous Clouds: Towards a Philosophy of Elemental Media* (Chicago, IL: University of Chicago Press, 2015),以及 Tung-Hui Hu, *A Prehistory of the Cloud* (Cambridge, MA: MIT Press, 2015).

4. Jim Thompson, "How Unisys Transitioned from Proprietary to Open Architecture," Enterprise Tech, July 28, 2015, https://www.enterpriseai.news/2015/07/28/how-unisys-transitioned-from-proprietary-to-open-architecture/.

5. Gerry Smith, "Who Killed the Great American Cable-TV Bundle?," Bloomberg, 2018, accessed August 8, https://www.bloomberg.com/news/features/2018-08-08/who-killed-the-great-american-cable-tv-bundle.

6. Tim O'Reilly, "What Is Web 2.0," O'Reilly, September 30, 2005, accessed October 4, 2006, http://www.oreillynet.com/pub/a/oreilly/tim/news/2005/09/30/what-is-web-20.html.

7. Ignacio Siles, "Blogs," in *The SAGE Handbook of Web History*, ed. Niels Brügger and Ian Milligan (Thousand Oaks, CA: Sage, 2019), 359 – 371.

8. Michael Erard, "Decoding the New Cues in Online Society," *New York Times*, November 27, 2003.

9. Jean Burgess, "Hearing Ordinary Voices: Cultural Studies, Vernacular Creativity and Digital Storytelling," *Continuum: Journal of Media and Cultural Studies* 20, no. 2 (June 2006): 201 – 214.

10. Facebook 公司最全面的历史见 Steven Levy, *Facebook: The Inside Story* (New York: Blue Rider, 2020).

11. Ian Bogost, "The Aesthetics of Philosophical Carpentry," in *The Nonhuman Turn*, ed. Richard Grusin (Minneapolis, MN: University of Minnesota Press, 2015), 112 – 131. 在这个阶段,Facebook 是一个第三方应用的平台,见 Levy, *Facebook: The Inside Story*, chap. 7.

12. Levy, *Facebook: The Inside Story*. 关于新闻提要(News Feed)的起源见第128—131 页和第 137—144 页,关于模仿 Twitter 并推广病毒式传播内容的改变见第 260—263 页,关于将广告融入新闻提要的做法见第 295—297 页。

13. Susanna Paasonen, "Online Pornography," in *The SAGE Handbook of Web History*, ed. Niels Brügger and Ian Milligan (Thousand Oaks, CA: Sage, 2019), 551 –

563.

14. Andy Famiglietti, "Wikipedia," in *The SAGE Handbook of Web History*, ed. Niels Brügger and Ian Milligan (Thousand Oaks, CA: Sage, 2019), 315–329. Andrew Lih, *The Wikipedia Revolution* (New York: Hyperion, 2009).

15. Jessa Lingel, "Socio-technical Transformations in Secondary Markets: a Comparison of Craigslist and VarageSale," *Internet Histories* 3, no. 2 (2019).

16. Lohr, *Go To*, chap. 10.

17. 安德森自己说,他借用了著名的以太网创始人梅特卡夫的名言。Cliver Anderson, "The Man Who Makes the Future: Wired Icon Marc Andreessen," *Wired*, May 2012.

18. Carol Hildebrand, "The PC Price Tag," *CIO Enterprise* 11, no. 2 (1997): 42–46.

19. Dana Cline, "Corel Office for Java," Dr. Dobb's, October 1, 1997, 归档于 https://web.archive.org/web/20130924045624/http://www.drdobbs.com/corel-office-for-java/184415588.

20. Martin Campbell-Kelly, "The Rise, Fall, and Resurrection of Software as a Service," *Communications of the ACM* 52, no. 5 (May 2009): 28–30.

21. Jesse James Garrett, "Ajax: A New Approach to Web Applications," Adaptive Path, February 18, 2005, accessed October 10, 2018, 归档于 https://immagic.com/eLibrary/ARCHIVES/GENERAL/ADTVPATH/A050218G.pdf.

22. 事实上,Ajax 这个名字已经不合适了,因为现代浏览器依赖 JSON 而不是 XML 进行后台数据传输。

23. 例如,软件工程师被警告要得到专业工程师的身份,否则就有可能受到违反州许可证法律的起诉,见 John R. Speed, "What Do You Mean I Can't Call Myself a Software Engineer." *IEEE Software* 16, no. 6 (November–December 1999): 45–50.

24. Amanda Kolson Hurley, "Everyone's an Architect," July 8, 2010, https://www.architectmagazine.com/design/everyones-an-architect_o.

25. Lizzie Widdicombe, "The Programmer's Price," *New Yorker*, November 24, 2014.

第十四章 计算机无处不在又无迹可寻

1. Jerry Kaplan, *Startup: A Silicon Valley Adventure*. Boston: Houghton Mifflin, 1995.

2. Owen W. Linzmayer, *Apple Confidential 2.0: The Definitive History of the World's Most Colorful Company* (San Francisco, CA: No Starch Press, 2004), 188.

3. Andrea Butler and David Pogue, *Piloting Palm: The Inside Story of Palm, Handspring and the Birth of the Billion Dollar Handheld Industry* (New York: John Wiley, 2002), 250.

4. Jon Agar, *Constant Touch: A Global History of the Mobile Phone* (Cambridge: Icon Books, 2004), 36.

5. Gerard Goggin, "Emergence of the Mobile Web," in *The SAGE Handbook of*

Web History, ed. Niels Brügger and Ian Milligan (Thousand Oaks, CA: Sage, 2019), 297–311.

6. Wesley Allison, "1995 BMW 740iL—Long-Term Wrapup," November 1, 1996, https://www.motortrend.com/cars/bmw/7-series/1995/1995-bmw-740-il/.

7. Robert Lemos, "New Pilot Adds Technology to Simplicity," ZDNet, March 9, 1998, https://www.zdnet.com/article/new-pilot-adds-technology-to-simplicity/.

8. Apple Inc., "Steve Jobs iPhone 2007 Presentation," YouTube, 2013, https://www.youtube.com/watch?v=vN4U5FqrOdQ.

9. Sarah Perez, "Apple's Big App Store Purge Is Now Underway," TechCrunch, November 15, 2016, https://techcrunch.com/2016/11/15/apples-big-app-store-purge-is-now-underway/.

10. Brian X. Chen, "Apple Change Quietly Makes iPhone, iPad Into Web Phones," *Wired*, January 28, 2010, https://www.wired.com/2010/01/iphone-voip/.

11. Hugo Greenhalgh, "Grindr and Tinder: The Disruptive Influence of Apps on Gay Bars," *Financial Times*, December 11 2017; Matt Kapp, "Grindr: Welcome to the World's Biggest, Scariest Gay Bar," May 27, 2011, https://www.vanityfair.com/news/2011/05/grindr-201105.

12. Alexis C. Madrigal, "The Servant Economy," *The Atlantic*, March 6, 2019, https://www.theatlantic.com/technology/archive/2019/03/what-happened-uber-x-companies/584236/.

13. 尽管苹果公司的市场份额有所下降,但这一情况依然存在。例如,2017 年底,据估计,苹果公司只生产了全球 19% 的智能手机,但创造了 87% 的行业利润。Chuck Jones, "Apple Continues to Dominate the Smartphone Profit Pool," *Forbes*, March 2,2018, https://www.forbes.com/sites/chuckjones/2018/03/02/apple-continues-to-dominate-the-smartphone-profit-pool/.

14. Connie Guglielmo, "Apple Touts Itself as Big Job Creator in the US," *Forbes*, March 2, 2012, https://www.forbes.com/sites/connieguglielmo/2012/03/02/apple-touts-itself-as-big-job-creator-in-the-u-s/#568d37b1a606.

15. 例如,iPad Pro 被称为"硬件令人印象深刻而软件潜力尚未开发的故事",见 Scott Stein, "iPad Pro (2018) Review: A Powerful, Beautiful Tablet That Needs a Software Overhaul," *CNet*, December 14, 2018, https://www.cnet.com/reviews/apple-ipad-pro-2018-review/. 为了应对批评,苹果公司在 2019 年年中发布了新的"iPadOS",它与 iOS 的不同会越来越多。

16. Brian X. Chen, "China Becomes Apple's Hottest iPhone Market," *New York Times*, April 27, 2015.

17. Farhad Manjoo, "Psst. WhatsApp Needs Fixing. Pass It On," *New York Times*, October 24, 2018.

18. Tim Stevens, "Fitbit Review," Engadget, September 15, 2009, https://www.engadget.com/2009/10/15/fitbit-review.

19. Joe Thompson, "A Concise History of the Smartwatch," Bloomberg, January 8,

2018, https://www.bloomberg.com/news/articles/2018-01-08/a-concise-history-of-the-smartwatch.

20. Mat Honan, "I Glasshole: My Year With Google Glass," *Wired* (December 30, 2013).

21. "Fridge Sends Spam Emails as Attack Hits Smart Gadgets," BBC News, January 17, 2014, https://www.bbc.com/news/technology-25780908.

第十五章 结语:硅谷里的特斯拉

1. Jerry Hirsch, "Elon Musk: Model S Not a Car but a 'Sophisticated Computer on Wheels,'" Los Angeles Times, March 19, 2015, https://www.latimes.com/business/autos/la-fi-hy-musk-computer-on-wheels-20150319-story.html.

2. "Deus ex Vehiculum," *The Economist*, June 23, 2015.

3. Alex Roland and Philip Shiman, *Strategic Computing: DARPA and the Quest for Machine Intelligence* (Cambridge, MA: MIT Press, 2002).

4. Rachel Abrams and Annalyn Kurtz, "A Driver's Zeal, an Engineer's Worry," *New York Times*, July 1, 2016.

5. Johana Bhuiyan, "A Federal Agency Says an Overreliance on Tesla's Autopilot Contributed to a Fatal Crash," Recode, September 12, 2017, https://www.vox.com/2017/9/12/16294510/fatal-tesla-crash-self-driving-elon-musk-autopilot.

6. 高速公路安全保险协会的一项研究发现,"自动驾驶仪"的宣传使驾车者更有可能认为发短信或长时间把手离开方向盘是安全的。Kyle LaHuick, "Tesla's Autopilot Found Most Likely to Confuse Drivers on Safety," Bloomberg, June 20, 2019, https://www.bloomberg.com/news/articles/2019-06-20/tesla-s-autopilot-found-most-likely-to-confuse-drivers-on-safety.

7. Kevin Kelly, *What Technology Wants* (New York: Viking, 2010).

8. John Carreyrou, *Bad Blood: Secrets and Lies in a Silicon Valley Startup* (New York: Alfred A. Knopf, 2018).

9. David Leonhardt, "How the Upper Middle Class Is Really Doing," *New York Times*, February 24, 2019.

10. Andrew McAfee and Erik Brynjolfsson, *The Second Machine Age: Work, Progress, and Prosperity in a Time of Brilliant Technologies* (New York: W. W. Norton, 2014).

11. 本书作者之一尝试对假新闻的概念进行分类,见 Maria Haigh and Thomas Haigh, "Fighting and Framing Fake News," in *The Sage Handbook of Propaganda*, ed. Paul Baines, Nicholas O'Shaughnessy, and Nancy Snow (Thousand Oaks, CA: Sage Publishing, 2020).

12. 近期关于滥用算法的众多书籍中的三本:Cathy O'Neil, *Weapons of Math Destruction: How Big Data Increases Inequality and Threatens Democracy* (New York: Crown Books, 2016); Virginia Eubanks, *Automating Inequality* (New York: Picador, 2019); Frank Pasquale, *The Black Box Society: The Secret Algorithms That Control*

Money and Information (Cambridge, MA: Harvard University Press, 2015).

13. Sam Schechner and Mark Secada, "Apps Send User Secrets to Facebook," *Wall Street Journal*, February 23, 2019.

14. Shoshana Zuboff, *The Age of Surveillance Capitalism* (New York: Public Affairs, 2019).

15. Sarah Ponczek and Vildana Hajric, "Robinhood Market Made Bursting Bubbles Wall Street's Obsession," Bloomberg, June 13, 2020, https://www.bloomberg.com/news/articles/2020-06-13/robinhood-market-made-bursting-bubbles-wall-street-s-obsession.

参考文献

Abbate, Janet. *Inventing the Internet*. Cambridge, MA: MIT Press, 1999.

Abbate, Janet. "Privatizing the Internet: Competing Visions and Chaotic Events, 1987 – 1995" *IEEE Annals of the History of Computing* 32, no. 1 (January 2010): 10 – 22.

Abbate, Janet. *Recoding Gender: Women's Changing Participation in Computing*. Cambridge, MA: MIT Press, 2012.

Abrams, Rachel, and Annalyn Kurtz. "A Driver's Zeal, an Engineer's Worry." *New York Times*, July 1, 2016, B1.

Acohido, Byron. "Firefox Ignites Demand for Alternative Browser." *USA Today*, November 10, 2004, B1.

Adamson, Ian, and Richard Kennedy. *Sinclair and the "Sunrise" Technology: The Deconstruction of a Myth*. Harmondsworth, UK: Penguin, 1986.

Agar, Jon. *Constant Touch: A Global History of the Mobile Phone*. Cambridge: Icon Books, 2004.

Agar, Jon. *The Government Machine: A Revolutionary History of the Computer*. Cambridge, MA: MIT Press, 2003.

Akera, Atsushi. *Calculating a Natural World: Scientists, Engineers, and Computers during the Rise of U.S. Cold War Research*. Cambridge, MA: MIT Press, 2007.

Akera, Atsushi. "Voluntarism and the Fruits of Collaboration." *Technology and Culture* 42, no. 4 (October 2001): 710 – 736.

Alderman, John. *Sonic Boom: Napster, MP3, and the New Pioneers of Music*. New York: Basic Books, 2001.

Alford, Roger C. "NCR's S486/MC33 Has Unique Approach to Reliability." *Byte* 15, no. 13 (December 1990): 191 – 193.

Allison, Wesley. "1995 BMW 740iL—Long-Term Wrapup." November 1, 1996. https://www.motortrend.com/cars/bmw/7-series/1995/1995-bmw-740-il/.

Alsop, Stewart. "A Public Windows Pane to Make Compatibility Clearer." *InfoWorld*, January 31, 1994, 102.

Alt, Franz L. "Fifteen Years ACM." *Communications of the ACM* 5, no. 6 (1962): 300 – 307.

Altice, Nathan. *I Am Error: The Nintendo Family Computer / Entertainment System Platform*. Cambridge, MA: MIT Press, 2015.

Amelio, Gil, and William L. Simon. *On the Firing Line: My 500 Days at Apple*. New York: Harperbusiness, 1998.

Anderson, Chris. "The Man Who Makes the Future: Wired Icon Marc Andreessen."

Wired, May 2012.

Anderson, John J. "Commodore." *Creative Computing* 10, no. 3 (March 1984): 56, 60.

Anderson, Nate. "Thomas Verdict: Willful Infringement, $1.92 Million Penalty." Ars Technica, June 18, 2009. https://arstechnica.com/tech-policy/2009/06/jammie-thomas-retrial-verdict/.

Angel, Karen. *Inside Yahoo! Reinvention and the Road Ahead.* New York: John Wiley & Sons, 2002.

Apiki, Steve, and Rick Grehan. "Fastest NT Workstations." *Byte* 20, no. 3 (March 1995): 115 – 122.

Apple Inc. "Steve Jobs iPhone 2007 Presentation," YouTube, 2013. https://www.youtube.com/watch?v = vN4U5 FqrOdQ.

Archbold, Pamela, and John Verity. "The Datamation 100: Company Profiles." *Datamation* 31, no. 11 (June 1, 1985): 58 – 182.

Argyle, Ray. "25th Anniversary Issue." *University of Waterloo, Department of Computing Services Newsletter* 1982, 2.

Aris, John. "The LEO Approach—An Evaluation." In *User Driven Innovation: The World's First Business Computer*, edited by David Caminer, John Aris, Peter Hermon, and Frank Land, 320 – 326. London: McGraw-Hill, 1996.

Armer, Paul. "SHARE—A Eulogy to Cooperative Effort." *Annals of the History of Computing* 2, no. 2 (April 1980): 122 – 129.

Aspray, William. "The Intel 4004 Microprocessor: What Constituted Invention?" *IEEE Annals of the History of Computing* 19, no. 3 (July – September 1997): 4 – 15.

Associated Press. "Windows 95 Sales Plunge from Peak." *New York Times* 1995, D6.

Association of Data Processing Service Organizations. "Second Operating Ratios Survey," 1967, ADAPSO Records (CBI 172), Charles Babbage Institute, University of Minnesota, Minneapolis.

Atchison, William F., Samuel D. Conte, John W. Hamblen, Thomas E. Hull, Thomas A. Keenan, William B. Kehl et al. "Curriculum 68: Recommendations for Academic Programs in Computer Science: A Report of the ACM Curriculum Committee on Computer Science." *Communications of the ACM* 11, no. 3 (March 1968): 151 – 197.

Augustin, Larry. "The Mainframe Connection: IBM's 3270 PC." *Byte* 9, no. 9 (1984): 231 – 237.

Auletta, Ken. *World War 3.0: Microsoft and its Enemies*. New York: Random House, 2001.

Bachman, Charles W. "The Origin of the Integrated Data Store (IDS): The First Direct-Access DBMS." *IEEE Annals of the History of Computing* 31, no. 4 (October – December 2009): 42 – 54.

Bachman, Charles W. "The Programmer as Navigator." *Communications of the ACM* 16, no. 11 (November 1973): 653 – 658.

Backus, John. "Programming in America in the 1950s—Some Personal Impressions." In *A History of Computing in the Twentieth Century*, edited by N. Metropolis, J. Howlett, and Gian-Carlo Rota, 125 - 135. New York: Academic Press, 1980.

Bagnall, Brian. *Commodore: The Amiga Years*. Winnipeg, MB: Variant Press, 2017.

Bagnall, Brian. *On the Edge: The Spectacular Rise and Fall of Commodore*. Winnipeg, MB, Canada: Variant Press, 2005.

Bank, David. *Breaking Windows: How Bill Gates Fumbled the Future of Microsoft*. New York: The Free Press, 2001.

Banks, Michael A. *On the Way to the Web*. Berkeley, CA: Apress, 2008.

Baran, Nick. "Two Powerful Systems from SUN." *Byte* 14, no. 5 (May 1989): 108 - 112.

Bardini, Thierry. *Bootstrapping: Douglas Engelbart, Coevolution, and the Origins of Personal Computing*. Stanford, CA: Stanford University Press, 2000.

Barlow, John Perry. "A Declaration of the Independence of Cyberspace." Electronic Frontier Foundation, February 8, 1996. https://www.eff.org/cyberspace-independence.

Barnet, Belinda. "Hypertext before the Web—or, What the Web Could Have Been." In *The SAGE Handbook of Web History*, edited by Niels Brügger and Ian Milligan, 215 - 226. Thousand Oaks, CA: Sage, 2019.

Barney, Clifford. "Award for Achievement [Alan F. Shugart]." *Electronics Week*, January 14, 1985, 40 - 44.

Barr, Nicholas. "The History of the Phillips Machine." In *A. W. H. Phillips: Collected Works in Contemporary Perspective*, 89 - 114. New York: Cambridge University Press, 2000.

Bashe, Charles J., Lyle R. Johnson, John H. Palmer, and Emerson W. Pugh. *IBM's Early Computers*. Cambridge, MA: MIT Press, 1986.

Bassett, Ross Knox. *To the Digital Age: Research Labs, Start-Up Companies, and the Rise of MOS Technology*. Baltimore: Johns Hopkins University Press, 2002.

Baum, Claude. *The System Builders: The Story of SDC*. Santa Monica, CA: System Development Corporation, 1981.

Bay, Morten. "Hot Potatoes and Postmen: How Packet Switching Became ARPANET's Greatest Legacy." *Internet Histories* 3, no. 1 (2019): 15 - 30.

Beavers, L. L. "WordPerfect: Not Quite Perfect, But Certainly Superb." *Creative Computing* 9, no. 11 (November 1983): 74.

Bell, C. Gordon. "Towards a History of (Personal) Workstations." In *A History of Personal Workstations*, edited by Adele Goldberg, 4 - 36. New York: ACM Press, 1988.

Bell, C. Gordon, A. Kotok, T. N. Hastings, and R. Hill. "The Evolution of the DECsystem 10." *Communications of the ACM* 21, no. 1 (January 1978): 44 - 63.

Bell, C. Gordon, J. Craig Mudge, and John E McNamara. *Computer Engineering: a DEC View of Hardware Systems Design*. Bedford, MA: Digital Press, 1978.

Bell, C. Gordon, and Allen Newell. *Computer Structures: Readings and Examples*. New York: McGraw-Hill, 1971.

Bergin, Thomas J. "The Origins of Word Processing Software for Personal Computers: 1976 - 1985." *IEEE Annals of the History of Computing* 28, no. 4 (October - December 2006): 32 - 47.

Bergin, Thomas J., and Thomas Haigh. "The Commercialization of Database Management Systems, 1969 - 1983." *IEEE Annals of the History of Computing* 31, no. 4 (October - December 2009): 26 - 41.

Berkeley, Edmund C. *Giant Brains or Machines That Think*. New York: John Wiley & Sons, 1949.

Berners-Lee, Tim. "WWW: Past, Present, and Future." *IEEE Computer* 29, no. 10 (October 1996): 69 - 77.

Berners-Lee, Tim, and Mark Fischetti. *Weaving the Web: The Original Design and Ultimate Destiny of the World Wide Web by Its Inventor*. San Francisco: Harper, 1999.

Bhuiyan, Johana. "A Federal Agency Says an Overreliance on Tesla's Autopilot Contributed to a Fatal Crash." Recode, September 12, 2017. https://www.vox.com/2017/9/12/16294510/fatal-tesla-crash-self-driving-elon-musk-autopilot.

Binder, R., N. Abramson, F. Kuo, A. Okinaka, and D. Wax. "ALOHA Packet Broadcasting: A Retrospect." In *1975 National Computer Conference*, 203 - 215. Montvale, NJ: AFIPS Press, 1975.

Binstock, Andrew. "Interview with Alan Kay." Dr. Dobb's, July 10, 2012. http://www.drdobbs.com/architecture-and-design/interview-with-alan-kay/240003442#.

Birrell, Andrew D., and Bruce Jay Nelson. "Implementing Remote Procedure Calls." *ACM Transactions on Computer Systems* 2, no. 1 (February 1984): 39 - 59.

Bitzer, Donald. "The Million Terminal System of 1985." In *Computers and Communications: Implications for Education*, edited by Robert J. Seidel and Martin Rubin, 59 - 70. New York: Academic Press, 1977.

Blank, Marc S., and S. W. Galley. "How to Fit a Large Program into a Small Machine." *Creative Computing* 6, no. 7 (July 1980): 80 - 87.

Bogost, Ian. "The Aesthetics of Philosophical Carpentry." In *The Nonhuman Turn*, edited by Richard Grusin, 112 - 131. Minneapolis, MN: University of Minnesota Press, 2015.

Bourne, Chris. "Going On-line." *Sinclair User*, January 1986, 126 - 127, 132.

Bradley, David. "The Creation of the IBM PC." *Byte* 15, no. 9 (September 1990): 414 - 420.

Bright, Peter. "Benchtest: Epson PC." *Personal Computer World* 9, no. 2 (February 1986): 104 - 110.

Bright, Peter. "Checkout: PageMaker & LaserWriter." *Personal Computer World* 8, no. 10 (October 1985): 166 - 171.

Brinch Hansen, Per, ed. *Classic Operating Systems*. New York: Springer, 2001.

Brinkley, Joel. "HDTV: High Definition, High in Price." *New York Times*, August 26, 1998, G1.

Brinkley, Joel. "U. S. Judge Says Microsoft Violated Antitrust Laws with Predatory Behavior." *New York Times*, April 4, 2000, A1.

Brock, David C., and David A. Laws. "The Early History of Microcircuitry: An Overview." *IEEE Annals of the History of Computing* 34, no. 1 (January – March 2012).

Brock, Gerald W. *The Telecommunications Industry: The Dynamics of Market Structure* Cambridge, MA: Harvard University Press, 1981.

Bromwich, Jonah Engel. "Once $50,000. Now, VCRs Collect Dust." *New York Times*, July 21, 2016, B1.

Brooks, Frederick P, Jr. *The Mythical Man Month: Essays on Software Engineering*. Reading, MA: Addison-Wesley, 1975.

Brown, R. Hunt. "Computer Comparison and Census Chart." *Management and Business Automation* 4, no. 1 (August 1960): 34.

Brown, Rich. "GeForce 8800 GTX Review." CNET, November 8, 2006. https://www.cnet.com/reviews/geforce-8800-gtx-review/.

Brunton, Finn. *Spam: A Shadow History of the Internet*. Cambridge, MA: MIT Press, 2013.

Brynjolfsson, Erik. "The Productivity Paradox of Information Technology." *Communications of the ACM* 36, no. 12 (December 1993): 66 – 77.

Bucholz, Werner. "Anecdote: Origin of the Word Byte." *Annals of the History of Computing* 3, no. 1 (January 1981): 72.

Bucholz, Werner, ed. *Planning a Computer System: Project Stretch*. New York: McGraw-Hill, 1962.

Bullynck, Maarten. "What Is an Operating System? A Historical Investigation (1954 – 1964)." In *Reflections on Programming Systems: Historical and Philosophical Aspects*, edited by Liesbeth de Mol and Giuseppe Primiero, 49 – 79. Cham, Switzerland: Springer, 2019.

Bullynck, Maarten, and Liesbeth De Mol. "Setting-up early computer programs: D. H. Lehmer's ENIAC computation." *Archive of Mathematical Logic* 49 (2010): 123 – 146.

Bureau of Labor Statistics. "Issues in Labor Statistics: Computer Ownership Up Sharply in the 1990s." March 1999. https://www.bls.gov/opub/btn/archive/computer-ownership-up-sharply-in-the-1990s.pdf.

Burgess, Jean. "Hearing Ordinary Voices: Cultural Studies, Vernacular Creativity and Digital Storytelling." *Continuum: Journal of Media and Cultural Studies* 20, no. 2 (June 2006): 201 – 214.

Burks, Alice R., and Arthur W. Burks. *The First Electronic Computer: The Atanasoff Story*. Ann Arbor: University of Michigan Press, 1989.

Burks, Arthur W., Herman Heine Goldstine, and John von Neumann. *Preliminary Discussion of the Logical Design of an Electronic Computing Instrument*. Princeton, NJ: Institute for Advanced Studies, 1946.

Burnham, David. *The Rise of the Computer State*. New York: Random House, 1983.

Burrows, William E. *Deep Black: Space Espionage and National Security*. New York: Random House, 1986.

Bush, Vannevar. "As We May Think." *The Atlantic Monthly* 176, no. 1 (July 1945): 101 – 108.

"Business Week Reports to Readers On: Computers." *Business Week*, June 21, 1958, 68 – 92.

Butler, Andrea, and David Pogue. *Piloting Palm: The Inside Story of Palm, Handspring and the Birth of the Billion Dollar Handheld Industry*. New York: John Wiley, 2002.

Buzbee, Bill. "Oral History Interview by Thomas Haigh, April, Westminster CO," 2005, Society for Industrial and Applied Mathematics, Philadelphia, PA.

Caminer, David, John Aris, Peter Hermon, and Frank Land, eds. *User Driven Innovation: The World's First Business Computer*. London: McGraw-Hill, 1996.

Campanale, Michelle. "Eight Heavy-Hitting NT Workstations." *Byte* 23, no. 1 (January 1998): 98.

Campbell, Scott. "'Wat For Ever:' Student-Oriented Computing at the University of Waterloo." *IEEE Annals of the History of Computing* 35, no. 1 (Jan–Mar 2013): 11 – 22.

Campbell-Kelly, Martin. "The Evolution of Digital Computing Practice on the Cambridge University EDSAC, 1949 – 1951." In *Exploring the Early Digital*, edited by Thomas Haigh, 117 – 134. Cham, Switzerland: Springer, 2019.

Campbell-Kelly, Martin. *From Airline Reservations to Sonic the Hedgehog: A History of the Software Industry*. Cambridge, MA: MIT Press, 2003.

Campbell-Kelly, Martin. *ICL: A Technical and Business History*. New York: Oxford University Press, 1989.

Campbell-Kelly, Martin. "Number Crunching without Programming: The Evolution of Spreadsheet Usability." *IEEE Annals of the History of Computing* 29, no. 3 (July – September 2007): 6 – 19.

Campbell-Kelly, Martin. "Programming the EDSAC: Early Programming Activity at the University of Cambridge." *IEEE Annals of the History of Computing* 2, no. 1 (October 1980): 7 – 36.

Campbell-Kelly, Martin. "Programming the Pilot Ace: Early Programming Activity at the National Physical Laboratory." *Annals of the History of Computing* 3, no. 2 (April 1981): 133 – 162.

Campbell-Kelly, Martin. "The RDBMS Industry: A Northern California Perspective." *IEEE Annals of the History of Computing* 34, no. 4 (October – December 2012): 18 – 29.

Campbell-Kelly, Martin. "The Rise, Fall, and Resurrection of Software as a Service."

Communications of the ACM 52, no. 5 (May 2009): 28–30.

Campbell-Kelly, Martin, and William Aspray. *Computer: A History of the Information Machine*. New York: Basic Books, 1996.

Campbell-Kelly, Martin, and Michael R. Williams, eds. *The Moore School Lectures: Theory and Techniques for Design of Electronic Digital Computers*. Cambridge, MA: MIT Press, 1985.

Canion, Rod. *Open: How Compaq Ended IBM's PC Domination and Helped Invented Modern Computing*. Dallas, TX: BenBella, 2013.

Canning, Richard G., and Roger L. Sisson. *The Management of Data Processing*. New York: John Wiley & Sons, 1967.

Capozzoli, Daniel. "The Early Years of Data Processing." *Computer Services Newsletter* (Internal Revenue Service), July 1987.

Care, Charles. *Technology for Modelling: Electrical Analogies, Engineering Practice, and the Development of Analogue Computing*. Cham, Switzerland: Springer, 2010.

Carreyrou, John. *Bad Blood: Secrets and Lies in a Silicon Valley Startup*. New York: Alfred A. Knopf, 2018.

Ceruzzi, Paul. *Beyond the Limits: Flight Enters the Computer Age*. Cambridge, MA: MIT Press, 1989.

Chen, Brian X. "Apple Change Quietly Makes iPhone, iPad Into Web Phones." *Wired*, January 28, 2010. https://www.wired.com/2010/01/iphone-voip/.

Chen, Brian X. "China Becomes Apple's Hottest iPhone Market." *New York Times*, April 27, 2015, B1.

"A Chorus Line: Computerized Lighting Control Comes to Broadway." *Theatre Crafts*, November/December 1975, 6–11, 26–29.

Chposky, James, and Ted Leonsis. *Blue Magic: The People, Power, and Politics behind the IBM Personal Computer*. New York: Facts on File, 1988.

Christensen, Ward, and Randy Suess. "Hobbyist Computerized Bulletin Board." *Byte* 3, no. 11 (November 1978): 150–157.

Clark, Jim, and Owen Edwards. *Netscape Time: The Making of the Billion-Dollar Start-Up That Took on Microsoft*. New York: St. Martin's Press, 1999.

Clark, Wesley. "The LINC Was Early and Small." In *A History of Personal Workstations*, edited by Adele Goldberg, 345–400. New York: ACM Press, 1988.

Cline, Dana. "Corel Office for Java." Dr. Dobb's, October 1, 1997. http://www.drdobbs.com/corel-office-for-java/184415588.

Codd, E. F. "A Relational Model of Data for Large Shared Databanks." *Communications of the ACM* 13, no. 6 (June 1970): 377–390.

Cohen, Derek. "Cover Benchtest: Atari Portfolio." *Personal Computer World* 11, no. 8 (August 1989): 130–136.

Cohen, I. Bernard. *Howard Aiken: Portrait of a Computer Pioneer*. Cambridge, MA: MIT Press, 1999.

Cohen, I. Bernard, and Gregory W. Welch, eds. *Makin' Numbers: Howard Aiken and the Computer*. Cambridge, MA: MIT Press, 1999.

Cohen, Theodore Jerome, and Jacqueline H. Bray. *Melissa and John and the Magic Machine*. Peterborough, NH: BYTE/McGraw Hill, 1979.

Cohoon, J. McGrath, and William Aspray, eds. *Women and Information Technology: Research on Underrepresentation*. Cambridge, MA: MIT Press, 2006.

Commodore International. "Commodore VIC-20 Job Interview Advertisement." YouTube, 1984. https://www.youtube.com/watch?v=c5tqmyl3XQk.

Compaine, Benjamin M. *The Digital Divide: Facing a Crisis or Creating a Myth?* Cambridge, MA: MIT Press, 2001.

Comptroller General of the United States. *Safeguarding Taxpayer Information—An Evaluation of the Proposed Computerized Tax Administration System (LCD-76-115)*. Washington, DC: Department of the Treasury, 1977.

Computers and Their Future: Speeches Given at the World Computer Pioneer Conference. Llandudno, Wales: Richard Williams, 1970.

Conway, Lynn. "Reminiscences of the VLSI Revolution." *IEEE Solid State Circuits* 4, no. 4 (Fall 2012): 8-31.

Cooley, James W., and John W. Tukey. "An Algorithm for the Machine Calculation of Complex Fourier Series." *Mathematics of Computation* 19 (1965): 297-301.

Coopersmith, Jonathan. *Faxed: The Rise and Fall of the Fax Machine*. Baltimore, MD: Johns Hopkins University Press, 2015.

Coopersmith, Jonathan. "Pornography, Technology, and Progress." *Icon* 4 (1998): 94-125.

Copeland, B. Jack, ed. *Alan Turing's Automatic Computing Engine: The Master Codebreaker's Struggle to Build the Modern Computer*. New York: Oxford University Press, 2005.

Copeland, B. Jack, Andre A. Haeff, Peter Gough, and Cameron Wright. "Screen History: The Haeff Memory and Graphics Tube." *IEEE Annals of the History of Computing* 39, no. 1 (January-March 2017): 9-28.

Copeland, Duncan G., Richard O. Mason, and James L. McKenney. "SABRE: The Development of Information-Based Competence and Execution of Information-Based Competition." *IEEE Annals of the History of Computing* 17, no. 3 (Fall 1995): 30-57.

Corbató, Fernando, Marjorie Merwin-Daggett, and Robert C. Caley. "An Experimental Timesharing System." In *Proceedings of the Spring Joint Computer Conference, Volume 21*. N.p.: AFIPS, 1962.

Cortada, James W. *IBM: The Rise and Fall and Reinvention of a Global Icon*. Cambridge, MA: MIT Press, 2019.

Côté, Raymond Ga, and Barry Nance. "Pentium PCs: Power to Burn." *Byte* 18, no. 8 (July 1993): 94-102.

Coupland, Douglas. "Microserfs." *Wired*, January 1994.

Craddock, David L. *Break Out: How the Apple II Launched the PC Gaming Revolution*. Atglen, PA: Schiffer, 2017.

Crandall, Richard L. "Oral History Interview by Paul Ceruzzi, 3 May 2002, Washington, D.C.," 2002, Charles Babbage Institute, University of Minnesota, Minneapolis.

Crawford, Perry Orson, Jr. "Automatic Control by Arithmetical Operations." Master's thesis, Massachusetts Institute of Technology, 1942.

Cray, Seymour R. "Computer-Programmed Preventative Maintenance for Internal Memory Sections of the ERA 1103 Computer System." In *Proceedings of the WESCON Computer Sessions*, 62–66. New York: Institute of Radio Engineers, 1954.

Cress, Paul, Paul Dirksen, and J. Wesley Graham. *Fortran IV with WATFOR and WATFIV*. Edgewood Cliffs, NJ: Prentice Hall, 1970.

Cringely, Robert X. *Accidental Empires: How the Boys of Silicon Valley Make their Millions, Battle Foreign Competition, and Still Can't Get a Date*. Reading, MA: Addison-Wesley, 1992.

Crocker, Suzanne. "Paul Brainerd, Aldus Corporation, and the Desktop Publishing Revolution." *IEEE Annals of the History of Computing* 41, no. 3 (July–September 2019): 35–41.

Cusumano, Michael A., and Richard W. Selby. *Microsoft Secrets: How the World's Most Powerful Software Company Creates Technology, Shapes Markets, and Manages People*. New York: Free Press, 1995.

Cusumano, Michael A., and David B. Yoffie. *Competing on Internet Time*. New York: Free Press, 1998.

Dahmke, Mark. "The Osborne 1." *Byte* 7, no. 6 (June 1982): 348–363.

Davis, Martin. *Engines of Logic: Mathematicians and the Origin of the Computer*. New York: Norton, 2001.

Dear, Brian. *The Friendly Orange Glow: The Untold Story of the PLATO System and the Dawn of Cyberculture*. New York: Pantheon, 2017.

Dell, Michael, and Catherine Fredman. *Direct from Dell*. New York: Harper Business, 1999.

De Mol, Liesbeth. "Turing Machines." Stanford Encyclopedia of Philosophy, September 24, 2018. https://plato.stanford.edu/entries/turing-machine.

Denning, Peter. "The Science of Computing: The Internet Worm." *American Scientist* 77, no. 2 (March–April 1989): 126–128.

Denning, Peter J. "The Working Set Model for Program Behavior." *Communications of the ACM* 11, no. 5 (May 1968): 323–333.

Denning, Peter J., and Edward Grady Coffman. *Operating Systems Theory*. Prentice Hall, 1973.

"Deus ex Vehiculum." *The Economist*, June 23, 2015.

Díaz, Gerardo Con. *Software Rights: How Patent Law Transformed Software Development in America*. New Haven, CT: Yale University Press, 2019.

Dibbell, Julian. "The Unreal Estate Boom." *Wired* 11, no. 1 (January 2003).

Dickson, David. *The New Politics of Science*. New York: Pantheon Books, 1984.

Diebold, John. *Automation, the Advent of the Automatic Factory*. New York: Van Nostrand, 1952.

Diebold, John. "Factories without Men: New Industrial Revolution." *The Nation*, September 19, 1953, 227 – 228, 250 – 251, 271 – 222.

"The Digital Age." *Electronics*, April 17, 1980, 373 – 414.

"Digital Computing Timeline: 1978." VT100.net, n.d. https://vt100.net/timeline/1978-2.html.

Digital Equipment Corporation. *PDP-10 Timesharing Handbook*. Maynard, MA: Digital Equipment Corporation, 1970.

Digital Equipment Corporation. *PDP-11 Processor Handbook*. Maynard, MA: Digital Equipment Corporation, 1981.

Dijkstra, Edsger W. "EWD 563: Formal Techniques and Sizeable Programs." In *Selected Writings on Computing: A Personal Perspective*, edited by Edsger W. Dijkstra, 205 – 214. New York: Springer, 1982.

Dijkstra, Edsger Wybe. "EWD1110: To the Members of the Budget Council (Confidential)." E. W. Dijkstra Archive, 1991. https://www.cs.utexas.edu/users/EWD/transcriptions/EWD11xx/EWD1110.html.

Dijkstra, Edsger Wybe. "EWD 1175: The Strengths of the Academic Enterprise." E. W. Dijkstra Archive, 1994. https://www.cs.utexas.edu/users/EWD/transcriptions/EWD11xx/EWD1175.html.

Dijkstra, Edsger Wybe. "EWD 1303: My Recollections of Operating System Design." E. W. Dijkstra Archive, 2001. http://userweb.cs.utexas.edu/users/EWD/transcriptions/EWD13xx/EWD1303.html.

Dijkstra, Edsger Wybe. "The Humble Programmer." *Communications of the ACM* 15, no. 10 (October 1972): 859 – 866.

Dijkstra, Edsger Wybe. "The Structure of the 'THE'-Multiprogramming System." *Communications of the ACM* 11, no. 5 (May 1968): 341 – 346.

Dodge, Martin, and Rob Kitchin. *Atlas of Cyberspace*. New York: Addison-Wesley, 2001.

Donaldson, John. "Benchtest: Amstrad PCW9512." *Personal Computer World* 9, no. 10 (October 1987): 98 – 102.

Dongarra, Jack. "Oral History Interview by Thomas Haigh, April 26, University of Tennessee, Knoxville TN." 2005, Society for Industrial and Applied Mathematics, Philadelphia, PA.

Dorfman, R. "The Discovery of Linear Programming." *Annals of the History of Computing* 6, no. 3 (July 1984): 283 – 295.

Douglas, Susan. *Inventing American Broadcasting, 1899 – 1922*. Baltimore: Johns

Hopkins University Press, 1987.

Dourish, Paul. "The Once and Future Internet: Infrastructural Tragedy and Ambiguity in the Case of IPv6." *Internet Histories* 2, no. 1 – 2 (2018): 55 – 74.

Downes, Kieran. "'Perfect Sound Forever': Innovation, Aesthetics, and the Re-Making of Compact Disc Playback." *Technology and Culture* 51, no. 2 (April 2010): 305 – 331.

Driscoll, Kevin. "Demography and Decentralization: Measuring the Bulletin Board Systems of North America." *WiderScreen* 23, no. 2 – 3 (2020).

Driscoll, Kevin. "Professional Work for Nothing: Software Commercialization and 'An Open Letter to Hobbyists.'" *Information & Culture* 50, no. 2 (2015): 257 – 283.

Dyck, Timothy. "Web Server Brains & Brawn." *PC Magazine*, May 22, 2001, 124 – 142.

Dyson, George. *Turing's Cathedral: The Origins of the Digital Universe*. New York: Pantheon Books, 2012.

Eckert, J. Presper. "A Survey of Digital Computer Memory Systems." *Proceedings of the IRE* 41, no. 10 (October 1953): 1393 – 1406.

Eckert, J. Presper. "Thoughts on the History of Computing." *IEEE Computer* 9, no. 12 (December 1976): 58 – 65.

Edwards, Paul N. *The Closed World: Computers and the Politics of Discourse in Cold War America*. Cambridge, MA: MIT Press, 1996.

Ein-Dor, Phillip. "Grosch's Law Re-revisited." *Communications of the ACM* 28, no. 2 (February 1985): 142 – 151.

Engelbart, Douglas C. "The Augmented Knowledge Workshop." In *A History of Personal Workstations*, edited by Adele Goldberg, 187 – 232. New York: ACM Press, 1988.

Engelbart, Douglas C. "Presentation to 1968 Fall Joint Computer Conference (hosted on The Mouse Site as The Demo)." 1968. http://sloan.stanford.edu/MouseSite/1968Demo.html.

Engineering Research Associates. *High-Speed Computing Devices*. New York: McGraw-Hill, 1950.

England, Nick. "The Graphics System for the 80's." *IEEE Computer Graphics and Applications* 40, no. 3 (May/June 2020): 112 – 119.

Ensmenger, Nathan. *The Computer Boys Take Over: Computers, Programmers, and the Politics of Technical Expertise*. Cambridge, MA: MIT Press, 2010.

Epstein, Bob. "History of Sybase." *IEEE Annals of the History of Computing* 35, no. 2 (April – June 2013): 31 – 41.

Erard, Michael. "Decoding the New Cues in Online Society." *New York Times*, November 27 2003, G1.

Eubanks, Virginia. *Automating Inequality*. New York: Picador, 2019.

Evans, Bob O. "System/360: A Retrospective View." *Annals of the History of*

Computing 8, no. 2 (April–June 1986): 155–179.

Evans, Christopher. *The Micro Millennium*. New York: Viking, 1979.

"Everyone Who Bought One of Those 30,000 Copies Started a Band." Quote Investigator, March 1, 2016. https://quoteinvestigator.com/2016/03/01/velvet/.

Eyles, Don. *Sunburst and Luminary: an Apollo Memoir*. Boston: Fort Point Books, 2018.

Famiglietti, Andy. "Wikipedia." In *The SAGE Handbook of Web History*, edited by Niels Brügger and Ian Milligan, 315–329. Thousand Oaks, CA: Sage, 2019.

Ferrell, Keith. "IBM Compatibles: The Universe Expands." *Compute!*, no. 86 (July 1987): 14–24.

Ferry, G. *A Computer Called LEO: Lyons Tea Shops and the World's First Office Computer*. London: Fourth Estate, 2003.

Festa, Paul. "Web Search Results Still Have Human Touch." News.com, December 27, 1999. http://news.com.com/2100-1023-234893.html.

Fidler, Bradley, and Andrew L. Russell. "Financial and Administrative Infrastructure for the Early Internet: Network Maintenance at the Defense Information Systems Agency." *Technology and Culture* 59, no. 4 (October 2018): 899–924.

Fisher, Franklin M., James W. McKie, and Richard B. Mancke. *IBM and the US Data Processing Industry: An Economic History*. New York: Praeger, 1983.

Fishman, Katharine Davis. *The Computer Establishment*. New York: Harper & Row, 1981.

Fletcher, Amy L. "France Enters the Information Age: A Political History of Minitel." *History and Technology* 18, no. 2 (2002): 103–117.

Flink, James J. *The Automobile Age*. Cambridge, MA: MIT Press, 1988.

Forester, Tom. "The Myth of the Electronic Cottage." In *Computers in The Human Context: Information Technology, Productivity, and People*, edited by Tom Forester, 213–227. Cambridge, MA: MIT Press, 1989.

Frana, Philip L. "Before the Web There Was Gopher." *IEEE Annals of the History of Computing* 26, no. 1 (January–March 2004): 20–41.

Franz, Kathleen. *Tinkering: Consumers Reinvent the Early Automobile*. Philadelphia: University of Pennsylvania Press, 2005.

Freeman, Peter A., W. Richards Adrion, and William Aspray. *Computing and the National Science Foundation, 1950–2016*. New York: Association for Computing Machinery, 2019.

Freiberger, Paul, and Michael Swaine. *Fire in the Valley: The Making of the Personal Computer*. Berkeley, CA: Osborne/McGraw-Hill, 1984.

"Fridge Sends Spam Emails as Attack Hits Smart Gadgets." BBC News, January 17, 2014. https://www.bbc.com/news/technology-25780908.

Fried, Stephen S. "Evaluating 8087 Performance on the IBM PC." *Byte* 9, no. 9 (Fall 1984): 197–208.

Fritz, W Barkley. "The Women of ENIAC." *IEEE Annals of the History of Computing* 18, no. 3 (Fall 1996): 13–28.

Frohman, Dov, and Robert Howard. *Leadership the Hard Way*. San Francisco, CA: Jossey-Bass, 2008.

Gaboury, Jacob. *Image Objects: An Archaeology of Computer Graphics*. Cambridge, MA: MIT Press, 2021.

Galison, Peter. "The Ontology of the Enemy: Norbert Wiener and the Cybernetic Vision." *Critical Inquiry* 21, no. 1 (Autumn 1994): 228–266.

Galloway, Alexander R. *Protocol: How Control Exists after Decentralization*. Cambridge, MA: MIT Press, 2004.

Garrett, Jesse James. "Ajax: A New Approach to Web Applications," Adaptive Path, February 18, 2005. Accessed October 10, 2018. http://adaptivepath.org/ideas/ajax-new-approach-web-applications/.

Gass, Saul I. "The Role of Digital Computers in Project Mercury." In *Proceedings of the Eastern Joint Computer Conference*, 33–46, 1961.

Gates, Bill. "The Internet Tidal Wave," US Department of Justice, May 26, 1995. Accessed May 20, 2006. http://www.usdoj.gov/atr/cases/exhibits/20.pdf.

Gates, Bill, Nathan Myhrvold, and Peter Rinearson. *The Road Ahead*. New York: Viking, 1995.

Gazzard, Alison. *Now the Chips Are Down*. Cambridge, MA: MIT Press, 2016.

Gibson, William. *Neuromancer*. New York: Ace Books, 1984.

Gillies, James, and Robert Cailliau. *How the Web Was Born: The Story of the World Wide Web*. Oxford: Oxford University Press, 2000.

Goggin, Gerard. "Emergence of the Mobile Web." In *The SAGE Handbook of Web History*, edited by Niels Brügger and Ian Milligan, 297–311. Thousand Oaks, CA: Sage, 2019.

Goldberg, Adele, ed. *A History of Personal Workstations*. New York: Addison-Wesley/ACM, 1988.

Goldberg, Adele. "Introducing the Smalltalk-80 System." *Byte* 6, no. 8 (1981): 14–26.

Goldstine, Herman H. *The Computer from Pascal to von Neumann*. Princeton, NJ: Princeton University Press, 1972.

Goldstine, Herman H., and John von Neumann. *Planning and Coding Problems for an Electronic Computing Instrument. Part II, Volume 1*. Princeton, NJ: Institute for Advanced Studies, 1947.

Goo, Sara Kehaulani. "Surge in Profit Reflects Google's Widening Lead." *Washington Post*, October 20, 2006, D.01.

Gotkin, Kevin. "When Computers Were Amateur." *IEEE Annals of the History of Computing* 36, no. 2 (April–June 2014): 4–14.

Grad, Burton. "The Creation and the Demise of VisiCalc." *IEEE Annals of the History of Computing* 29, no. 3 (July–September 2007): 20–31.

Grad, Burton. "A Personal Recollection: IBM's Unbundling of Software and Services." *IEEE Annals of the History of Computing* 24, no. 1 (January–March 2002): 64–71.

Gray, Matthew. "Measuring the Growth of the Web: June 1993 to June 1995." MIT personal site, 1996. http://www.mit.edu/people/mkgray/growth/.

Greenhalgh, Hugo. "Grindr and Tinder: The Disruptive Influence of Apps on Gay Bars." *Financial Times*, December 11, 2017.

Greenstein, Shane. *How the Internet Became Commercial: Innovation, Privatization, and the Birth of a New Network*. Princeton, NJ: Princeton University Press, 2015.

Gregory, Nathan. *The Tym Before: The Untold Origins of Cloud Computing*. Self-published, 2018.

Grosch, H. R. J. "High Speed Arithmetic: The Digital Computer as a Research Tool." *Journal of the Optical Society of America* 43, no. 4 (1953): 306–310.

Grosch, Herbert R. J. *Computer: Bit Slices from a Life*. Novato, California: Third Millennium, 1991.

Grossman, Wendy. *net.wars*. New York: New York University Press, 1997.

Gruenberger, Fred. "RAND Symposium 14," 1973, RAND Symposia Collection (CBI 78), Charles Babbage Institute, University of Minnesota, Minneapolis.

Guglielmo, Connie. "Apple Touts Itself as Big Job Creator in the US." Forbes, March 2, 2012. https://www.forbes.com/sites/connieguglielmo/2012/03/02/apple-touts-itself-as-big-job-creator-in-the-u-s/#568d37b1a606.

Haanstra, John W, and Bob Evans. "Processor Products—Final Report of SPREAD Task Group, December 28, 1961." *Annals of the History of Computing* 5, no. 1 (January 1983): 6–26.

Haderle, Donald J., and Cynthia M. Saracco. "The History and Growth of IBM's DB2." *IEEE Annals of the History of Computing* 35, no. 2 (April–June 2013): 54–66.

Hafner, Katie. *The Well: A Story of Love, Death & Real Life in the Seminal Online Community*. New York: Carroll & Graf, 2001.

Haigh, Maria, and Thomas Haigh. "Fighting and Framing Fake News." In *The Sage Handbook of Propaganda*, edited by Paul Baines, Nicholas O'Shaughnessy, and Nancy Snow. Thousand Oaks, CA: Sage, 2020.

Haigh, T. "Larry A. Welke—Biography." *IEEE Annals of the History of Computing* 26, no. 4 (October–December 2004): 85–91.

Haigh, Thomas. "Actually, Turing Did Not Invent the Computer." *Communications of the ACM* 57, no. 1 (January 2014): 36–41.

Haigh, Thomas. "Cleve Moler: Mathematical Software Pioneer and Creator of Matlab." *IEEE Annals of the History of Computing* 30, no. 1 (January–March 2008): 87–91.

Haigh, Thomas. "Charles W. Bachman: Database Software Pioneer." *IEEE Annals of the History of Computing* 33, no. 4 (October–December 2011): 70–80.

Haigh, Thomas. "The Chromium-Plated Tabulator: Institutionalizing an Electronic

Revolution, 1954 – 1958." *IEEE Annals of the History of Computing* 23, no. 4 (October – December 2001): 75 – 104.

Haigh, Thomas. "Dijkstra's Crisis: The End of Algol and the Beginning of Software Engineering: 1968 – 72." Draft discussed at the workshop History of Software, European Styles, at the Lorentz Center of the University of Leiden, Netherlands, 2010, 2010. http://www.tomandmaria.com/Tom/Writing/DijkstrasCrisis_LeidenDRAFT.pdf.

Haigh, Thomas. *Finding a Story for the History of Computing*. Siegen, Germany: Media of Cooperation Working Paper Series, Siegen University, 2018.

Haigh, Thomas. "How Data Got Its Base: Information Storage Software in the 1950s and 1960s." *IEEE Annals of the History of Computing* 31, no. 4 (October – December 2009): 6 – 25.

Haigh, Thomas. "Jack Dongarra: Supercomputing Expert and Mathematical Software Specialist." *IEEE Annals of the History of Computing* 30, no. 2 (April – June 2008): 74 – 81.

Haigh, Thomas. "Masculinity and the Machine Man." In *Gender Codes: Why Women Are Leaving Computing*, edited by Thomas J Misa, 51 – 71. Hoboken, NJ: IEEE Computer Society Press, 2010.

Haigh, Thomas. "Remembering the Office of the Future: The Origins of Word Processing and Office Automation." *IEEE Annals of the History of Computing* 28, no. 4 (October – December 2006): 6 – 31.

Haigh, Thomas. "The Tears of Donald Knuth." *Communications of the ACM* 58, no. 1 (January 2015): 40 – 44.

Haigh, Thomas. "Von Neumann Thought Turing's Universal Machine Was 'Simple and Neat.' But That Didn't Tell Him How to Design a Computer." *Communications of the ACM* 63, no. 1 (January 2020): 26 – 32.

Haigh, Thomas. "Where Code Comes From: Architectures of Automatic Control from Babbage to Algol." *Communications of the ACM* 59, no. 1 (January 2016): 39 – 44.

Haigh, Thomas, and Mark Priestley. "Colossus and Programmability." *IEEE Annals of the History of Computing* 40, no. 4 (October – December 2018): 5 – 17.

Haigh, Thomas, Mark Priestley, and Crispin Rope. *ENIAC in Action: Making and Remaking the Modern Computer*. Cambridge, MA: MIT Press, 2016.

Hale, Wayne, Helen Lane, Gail Chapline, and Kamlesh Lulla, eds. *Wings in Orbit: Scientific and Engineering Legacies of the Space Shuttle, 1971 – 2010*. Washington, DC: NASA, 2011.

Hall, Mark, and John Barry. *SunBurst: The Ascent of Sun Microsystems*. Chicago: Contemporary Books, 1990.

Halvorson, Michael J. *Code Nation: Personal Computing and the Learn to Program Movement in America*. New York: ACM Books, 2020.

Hamilton, Jack. "808s and Heart Eyes." Slate, December 16, 2016. http://www.

slate. com/articles/arts/music_box/2016/12/_808_the_movie_is_a_must_watch_doc_for_music_nerds. html.

Hand, Martin. *Ubiquitous Photography*. Malden, MA: Polity Press, 2012.

Hanford, K V. "The SHARE Operating System for the IBM 709." *Annual Review in Automatic Programming* 1 (1960): 169 – 177.

Hardy, Ann. "OH 458: Oral History by Jeffrey Yost, 2 April, Palo Alto, California" 2012, Charles Babbage Institute, University of Minnesota, Minneapolis.

Harr, Luther A. *The Univac System: A 1954 Progress Report*. N.p.: Remington Rand Corporation, 1954.

Harris, Blake J. *Console Wars: Sega, Nintendo, and the Battle That Defined a Generation*. New York: HarperCollins, 2014.

Hartmanis, Juris, and Richard E. Stearns. "On the Computational Complexity of Algorithms." *Transactions of the American Mathematical Society* 117 (1965): 285 – 306.

Hayes, Thomas C. "Logic Says that Plato's About to Pay Off." *New York Times*, April 26, 1981.

Heide, Lars. *Punched-Card Systems and the Early Information Explosion, 1880–1945*. Baltimore: Johns Hopkins University Press, 2009.

Hemmendinger, David. "Messaging in the Early SDC Time-Sharing System." *IEEE Annals of the History of Computing* 36, no. 1 (January – March 2014): 52 – 57.

Hertzfeld, Andy. *Revolution in The Valley: The Insanely Great Story of How the Mac Was Made*. Sebastopol, CA: O'Reilly, 2004.

Hicks, Marie. *Programmed Inequality: How Britain Discarded Women Technologists and Lost Its Edge in Computing*. Cambridge, MA: MIT Press, 2017.

Hildebrand, Carol. "The PC Price Tag." *CIO Enterprise* 11, no. 2 (1997): 42 – 46.

Hiltz, Starr Roxanne, and Murray Turoff. *The Network Nation: Human Communication via Computer*. Reading, MA: Addison-Wesley, 1978.

Hiltzik, Michael. *Dealers of Lightning: Xerox PARC and the Dawn of the Computer Age*. New York: HarperBusiness, 1999.

Hinnant, David F. "Benchmarking UNIX Systems." *Byte* 9, no. 8 (August 1984): 132 – 135, 400 – 409.

Hirsch, Jerry. "Elon Musk: Model S Not a Car but a 'Sophisticated Computer on Wheels.'" *Los Angeles Times*, March 19, 2015. https://www.latimes.com/business/autos/la-fi-hy-musk-computer-on-wheels-20150319-story. html.

Hoare, C. A. R. "Quicksort." *Computer Journal* 5, no. 1 (1962): 10 – 15.

Holt, J. Gordon. "Sony CDP-101 Compact Disc Player." *Stereophile*, January 23 1983.

Honan, Mat. "I Glasshole: My Year with Google Glass." *Wired* (December 30, 2013).

Hopper, Grace. "Keynote Address." In *History of Programming Languages*, edited by Richard L. Wexelblat, 7 – 20. New York: Academic Press, 1981.

Hopper, Grace M. "Compiling Routines." *Computers and Automation* 2 (May 1953): 1 –5.

Hounshell, David. *From the American System to Mass Production, 1800 – 1932: The Development of Manufacturing Technology in the United States*. Baltimore: Johns Hopkins University Press, 1984.

House, Chuck. "Hewlett-Packard and Personal Computing Systems." In *A History of Personal Workstations*, edited by Adele Goldberg, 401 – 432. New York: ACM Press, 1988.

Hu, Tung-Hui. *A Prehistory of the Cloud*. Cambridge, MA: MIT Press, 2015.

Humphrey, Watts S. *Managing the Software Process*. Reading, MA: Addison-Wesley, 1989.

Hurd, Cuthbert C. "Early IBM Computers: Edited Testimony." *Annals of the History of Computing* 3, no. 2 (April –June 1981): 163 – 182.

Hurley, Amanda Kolson. "Everyone's an Architect." July 8, 2010. https://www.architectmagazine.com/design/everyones-an-architect_o.

"Industry Profile ... Wes Graham of Waterloo U." *Computer Data: The Canadian Computer Magazine*, May 1976, 29 – 30.

Isaacson, Walter. *Steve Jobs*. New York: Simon & Schuster, 2011.

Jackson, Peter. "Benchtest: Compaq DeskPro 386." *Personal Computer World* 8, no. 11 (November 1986): 138 – 144.

Jackson, Thomas Penfield. "Excerpts from the Ruling That Microsoft Violated Antitrust Law." *New York Times*, April 4, 2000, C14.

James, S. E. "Evolution of Real Time Computer Systems for Manned Spaceflight." *IBM Journal of Research and Development* 25, no. 5 (September 1981): 417 – 428.

Jerrehian, John K. "The Computer Time Sharing Business." *ADAPSO News (CBI 172)* 8, no. 2 (April 1968): 3 – 5.

Johnson, Christopher. "Charlie Brown—Peanuts—Charles M. Schulz—Snoopy—Woodstock." ASCII Art, n. d. accessed June 2, 2020. https://asciiart.website/index.php?art=comics/peanuts.

Johnson, L. R. "Installation of a Large Electronic Computer." *Proc. ACM Meeting, Toronto* (1952): 77 – 80.

Jones, Chuck. "Apple Continues to Dominate the Smartphone Profit Pool." Forbes, March 2, 2018. https://www.forbes.com/sites/chuckjones/2018/03/02/apple-continues-to-dominate-the-smartphone-profit-pool/.

Jones, Meg Leta. "Cookies: A Legacy of Controversy." *Internet Histories* 4, no. 1 (2020): 87 – 104.

Kahan, William. "Oral History Interview by Thomas Haigh, 5 – 8 August 2005, Berkeley, California," 2005, Society for Industrial and Applied Mathematics, Philadelphia, PA.

Kaplan, Jerry. *Startup: A Silicon Valley Adventure*. Boston: Houghton Mifflin, 1995.

Kapor, Mitch. "Oral History by William Aspray, November 19, Mountain View, California," 2004.

Kapp, Matt. "Grindr: Welcome to the World's Biggest, Scariest Gay Bar." May 27, 2011. https://www.vanityfair.com/news/2011/05/grindr-201105.

Karpinski, Richard. "Netscape Sets Retail Rollout." *Interactive Age* 2, no. 16 (June 5, 1995): 1.

Kay, Alan C. "The Early History of Smalltalk," edited by Thomas J Bergin and Rick G Gibson, 511 – 598. New York, NY: ACM Press, 1996.

Kay, Alan, and Adele Goldberg. "Personal Dynamic Media." *Computer* 10, no. 3 (March 1977): 31 – 41.

Kelly, Kevin. *What Technology Wants*. New York: Viking, 2010.

Kelty, Christopher M. *Two Bits: The Cultural Significance of Free Software*. Durham, NC: Duke University Press, 2008.

Kemeny, John G. *Man and the Computer*. New York: Scribner, 1972.

Kennedy, T. R. Jr. "Electronic Computer Flashes Answers, May Speed Engineering." *New York Times*, February 15, 1946, 1, 16.

Kenney, Charles. *Riding the Runaway Horse: The Rise and Decline of Wang Laboratories*. New York: Little Brown & Company, 1992.

Kernighan, Brian. *UNIX: A History and a Memoir*. Middletown, DE: Kindle Direct Publishing, 2020.

Kewney, Guy. "Benchtest: Amstrad PC1512." *Personal Computer World* 9, no. 10 (October 1986): 126 – 136.

Kidder, Tracy. *The Soul of a New Machine*. Boston: Little Brown, 1981.

Kilby, Jack S. "Invention of the Integrated Circuit." *IEEE Transactions on Electron Devices* 23, no. 7 (July 1976): 648 – 654.

Kildall, Gary. "Microcomputer Software Design—A Checkpoint." In *AFIPS '75: Proceedings of the May 19 – 22, 1975, National Computer Conference and Exposition*, 99 – 106. New York: ACM, 1975.

Kirschenbaum, Matthew G. *Track Changes: A Literary History of Word Processing*. Cambridge, MA: Harvard University Press, 2016.

Kirstein, Peter T. "The Early Days of the Arpanet." *IEEE Annals of the History of Computing* 31, no. 3 (July – September 2009).

Klass, Philip J. "Reliability Is Essential Minuteman Goal." *Aviation Week*, October 19, 1959, 13F.

Kline, Ronald. *The Cybernetics Moment, or Why We Call Our Age the Information Age*. Baltimore, MD: Johns Hopkins University Press, 2015.

Kline, Ronald, and Trevor Pinch. "Users as Agents of Technological Change: The Social Construction of the Automobile in the Rural United States." *Technology and Culture* 37, no. 4 (October 1996): 763 – 795.

Kneale, Dennis. "Commodore Hits Production Snags In Its Hot-Selling Home

Computer." *Wall Street Journal*, October 28, 1983, 33.

Knebel, Fletcher. "Potomac Fever." *Appleton Post-Crescent*, November 2, 1959, 6.

Knobelsdorff, Kerry Elizabeth. "IBM's Four-Month-Old PS/2 Has Put Computer World on Hold." *Christian Science Monitor*, August 19, 1987, 19.

Knuth, Donald. *The Art of Computer Programming Volume 3: Sorting and Searching*. Reading, MA: Addison-Wesley, 1973.

Knuth, Donald. "The IBM 650: An Appreciation from the Field." *Annals of the History of Computing* 8, no. 1 (January–March 1986): 50–55.

Knuth, Donald E., and Luis Trabb Pardo. "The Early Development of Programming Languages." In *A History of Computing in the Twentieth Century*, edited by N. Metropolis, J. Howlett and Gian-Carlo Rota, 197–273. New York: Academic Press, 1980.

Koch, Christopher. "The Integration Nightmare: Sounding the Alarm." *CIO Magazine*, 15 November 1996.

Koerner, Brendan I. "The Young and the Reckless." *Wired*, May 2018.

Krol, Ed. *The Whole Internet User's Guide and Catalog*. Sebastopol, CA: O'Reilly, 1992.

Kurtz, Thomas E. "BASIC Session." In *History of Programming Languages*, edited by Richard L. Wexelblat, 515–549. New York: Academic Press, 1981.

Kushner, David. *Masters of Doom: How Two Guys Created an Empire and Transformed Pop Culture*. New York: Random House, 2003.

LaHuick, Kyle. "Tesla's Autopilot Found Most Likely to Confuse Drivers on Safety." Bloomberg, June 20, 2019. https://www.bloomberg.com/news/articles/2019-06-20/tesla-s-autopilot-found-most-likely-to-confuse-drivers-on-safety.

Lally, Elaine. *At Home with Computers*. New York: Berg, 2002.

Lambert, Steve, and Suzanne Ropiequet, eds. *CD ROM the New Papyrus: The Current and Future State of the Art*. Redmond, WA: Microsoft Press, 1986.

Lancaster, Don. *TTL Cookbook*. Indianapolis, IN: Howard Sams, 1974.

Lancaster, Don. "TV-Typewriter." *Radio-Electronics*, September 1973, 43–52.

Landreth, Bill, and Howard Rheingold. *Out of the Inner Circle: A Hacker's Guide to Computer Security*. Bellevue, WA: Microsoft Press, 1985.

Larner, Roy A. "FMS: The IBM FORTRAN Monitor System." In *Proceedings of the National Computer Conference*, 815–820. N.p.: AFIPS, 1987.

Larson, Chris. "MS DOS 2.0: An Enhanced 16-Bit Operating System." *Byte* 8, no. 11 (November 1983): 285–290.

Lavington, Simon, ed. *Alan Turing and His Contemporaries*. Swindon, UK: British Informatics Society, 2012.

Lavington, Simon. *Early British Computers*. Bedford, MA: Digital Press, 1980.

Lavington, Simon. *A History of Manchester Computers*. Swindon, UK: The British Computer Society, 1998.

Lavington, Simon. "The Manchester Mark I and Atlas: A Historical Perspective." *Communications of the ACM* 21, no. 1 (January 1978): 4 - 12.

Lean, Thomas. *Electronic Dreams: How 1980s Britain Learned to Love the Computer*. London: Bloomsbury, 2016.

Leavitt, Harold J., and Thomas L. Whisler. "Management in the 1980s." *Harvard Business Review* 36, no. 6 (November - December 1958): 41 - 48.

Lécuyer, Christophe. *Making Silicon Valley: Innovation and the Growth of High Tech, 1930–70*. Cambridge, MA: MIT Press, 2006.

Leemon, Sheldon. "PC-Write Word Processor For PC & PCjr." *Compute!*, no. 87 (February 1985), 82 - 86.

Leimbach, Timo. "The SAP Story: Evolution of SAP within the German Software Industry." *IEEE Annals of the History of Computing* 30, no. 4 (October 2008): 60 - 76.

Lemmons, Phil. "Victor Victorious." *Byte* 7, no. 11 (November 1982): 216 - 254.

Lemos, Robert. "New Pilot Adds Technology to Simplicity." ZDNet, March 9, 1998. https://www.zdnet.com/article/new-pilot-adds-technology-to-simplicity/.

Leonard, Andrew. "The Joy of Perl," Salon, October 13, 1998. https://www.salon.com/1998/10/13/feature_269/.

Leonhardt, David. "How the Upper Middle Class Is Really Doing." *New York Times*, February 24, 2019, 23.

Levy, Steven. "Battle of the Clipper Chip." *New York Times Magazine*, June 12, 1994, 44 - 51, 60, 70.

Levy, Steven. *Facebook: The Inside Story*. New York: Blue Rider Press, 2020.

Levy, Steven. "Google Throws Open Doors to Its Top-Secret Data Center." *Wired*, November 2012.

Levy, Steven. *Hackers: Heroes of the Computer Revolution*. Garden City, NY: Anchor Press/Doubleday, 1984.

Levy, Steven. *In the Plex: How Google Thinks, Works, and Shapes Our Lives*. New York: Simon & Schuster, 2011.

Levy, Steven. *Insanely Great: The Life and Times of Macintosh, the Computer that Changed Everything*. New York: Viking, 1994.

Levy, Steven. *The Perfect Thing: How the iPod Shuffles Commerce, Culture, and Coolness*. New York: Simon & Schuster, 2006.

Levy, Steven. "A Spreadsheet Way of Knowledge." *Harper's Magazine*, November 1984, 58 - 64.

Lewis, Michael. "Boom Box." *New York Times*, August 13, 2000, 36, 41, 51, 65 - 67.

Lewis, Michael. *The New New Thing*. New York: W. W. Norton, 2000.

Licklider, Joseph Carl Robnet. "Memorandum for Members and Affiliates of the Intergalactic Computer Network." Kurzweil, December 11, 2001, 1963. https://www.kurzweilai.net/memorandum-for-members-and-affiliates-of-the-intergalactic-computer-network.

Licklider, Joseph Carl Robnet, and Robert W. Taylor. "The Computer as a Communications Device." *Science and Technology for the Technical Men in Management* 1968, 21 – 31.

Liebowitz, Stan J., and Stephen E. Margolis. *Winners, Losers & Microsoft: Competition and Antitrust in High Technology*. Oakland, CA: The Independent Institute, 2001.

Light, Jennifer S. "When Computers Were Women." *Technology and Culture* 40, no. 3 (July 1999): 455 – 483.

Lih, Andrew. *The Wikipedia Revolution*. New York: Hyperion, 2009.

Lingel, Jessa. "Socio-technical Transformations in Secondary Markets: A Comparison of Craigslist and VarageSale." *Internet Histories* 3, no. 2 (2019).

Linzmayer, Owen W. *Apple Confidential 2.0: The Definitive History of the World's Most Colorful Company*. San Francisco, CA: No Starch Press, 2004.

Lions, John. *Lion's Commentary on UNIX*. San Jose, CA: Peer-to-Peer Communications, 1996.

Lohr, Steve. *Go To: The Story of the Math Majors, Bridge Players, Engineers, Chess Wizards, Maverick Scientists and Iconoclasts—The Programmers Who Created the Software Revolution*. New York: Basic Books, 2001.

Longo, Bernadette. *Edmund Berkeley and the Social Responsibility of Computer Professionals*. San Rafael, CA: Morgan & Claypool (ACM Books), 2015.

Lord, Kenniston W. *Using the Radio Shack TRS-80 in Your Home*. New York: Van Nostrand Reinhold, 1981.

Lowood, Henry. "Game Engine." In *Debugging Game History: A Critical Lexicon*, edited by Henry Lowood and Raiford Guins, 202 – 209. Cambridge, MA: MIT Press, 2016.

Lowood, Henry. "Videogames in Computer Space: The Complex History of Pong." *IEEE Annals of the History of Computing* 31, no. 3 (July – September 2009): 5 – 19.

Luckoff, Herman. *From Dits to Bits: A Personal History of the Electronic Computer*. Portland, OR: Robotics Press, 1979.

"Machine of the Year: The Computer Moves In." *Time Magazine*, January 3, 1983, 14 – 37.

Mackenzie, C. E. *Coded Character Sets: History & Development*. Reading, MA: Addison-Wesley, 1980.

"Mac Portable's Pluses Outweigh the Negatives." *Computerworld*, December 11, 1989, 45.

Maddox, J. L., J. B. O'Toole, and S. Y. Wong. "The Transac S-1000 Computer." In *Proceedings of the 1956 Eastern Joint Computer Conference*, 13 – 16. New York: Association for Computing Machinery, 1956.

Madrigal, Alexis C. "The Servant Economy." *The Atlantic*, March 6, 2019. https://www.theatlantic.com/technology/archive/2019/03/what-happened-uber-x-companies/584236/.

Maher, Jimmy. *The Future Was Here: The Commodore Amiga*. Cambridge, MA: MIT

Press, 2012.

Mahoney, Michael S., and Thomas Haigh, ed. *Histories of Computing*. Cambridge, MA: Harvard University Press, 2011.

Mailland, Julien, and Kevin Driscoll. *Minitel: Welcome to the Internet*. Cambridge, MA: MIT Press, 2017.

Manes, Stephen, and Paul Andrews. *Gates: How Microsoft's Mogul Reinvented an Industry—and Made Himself the Richest Man in America*. New York: Touchstone, 2002.

Manjoo, Farhad. "Psst. WhatsApp Needs Fixing. Pass It On." *New York Times*, October 24, 2018, B1.

Mann, Charles C. "Is the Internet Doomed?" *Inc* 17, no. 9 (June 13, 1995): 47 – 50, 52, 54.

Mar, Jerry. "Word Processing on the Apple with WordStar and Diablo." *Creative Computing* 9, no. 3 (March 1983): 81.

Marbach, William D, and Karen Springen. "Compaq Chips Away at IBM's Strength." *Newsweek*, September 22, 1986, 64.

Margolis, Jane, and Allan Fisher. *Unlocking the Clubhouse: Women in Computing*. Cambridge, MA: MIT Press, 2001.

Markoff, John. "Five Window Managers for the IBM PC." *Byte* 9, no. 9 (1984): 65 – 87.

Markoff, John. "Now, PC's That Read a Page and Store It." *New York Times*, August 17, 1988, D6.

Mauchly, John W. "Preparation of Problems for EDVAC-Type Machines." In *Proceedings of a Symposium on Large-Scale Digital Calculating Machinery, 7 – 10 January 1947*, edited by William Aspray, 203 – 207. Cambridge, MA: MIT Press, 1985.

Mazor, Stanley. "Intel 8080 CPU Chip Development." *IEEE Annals of the History of Computing* 29, no. 2 (April 2007): 70 – 73.

McAfee, Andrew, and Erik Brynjolfsson. *The Second Machine Age: Work, Progress, and Prosperity in a Time of Brilliant Technologies*. New York: W. W. Norton, 2014.

McCarthy, John. "John McCarthy's 1959 Memorandum." *IEEE Annals of the History of Computing* 14, no. 1 (January – March 1992): 19 – 23.

McCarthy, John. "Time-Sharing Computer Systems." In *Computers and the World of Tomorrow*, edited by Martin Greenberger, 221 – 248. Cambridge, MA: MIT Press, 1962.

McClellan, Stephen T. *The Coming Computer Industry Shakeout: Winners, Losers, and Survivors*. New York: John Wiley & Sons, 1984.

McCullough, Brian. *How the Internet Happened: From Netscape to the iPhone*. New York: Liveright, 2018.

McDonough, Jimmy. *Shakey: Neil Young's Biography*. New York: Random House, 2002.

McDowell, Edwin. "'No Problem' Machine Poses a Presidential Problem." *New York Times*, March 24, 1981, C7.

McElheny, Victor K. "Xerox Fights to Stay Ahead in the Copier Field." *New York Times*, February 21, 1977, 33 – 34.

McHugh, Josh. "The Firefox Explosion." *Wired* 13, no. 2 (February 2005).

McIlroy, M. D. "Oral History with Michael S. Mahoney," UNIX Oral History Project, 1989. https://www.princeton.edu/~hos/mike/transcripts/mcilroy.htm.

McIlroy, M. D., E. N. Pinson, and B. A. Tague. "Foreword (to special issue on UNIX Time-Sharing System)." *The Bell System Technical Journal* 57, no. 6, part 2 (July – August 1978): 1899—1904.

McKinsey and Company. *Unlocking the Computer's Profit Potential.* New York: McKinsey & Company, 1968.

McPherson, James C. "Census Experience Operating a UNIVAC System." In *Symposium on Managerial Aspects of Digital Computer Installations*, 30 – 36. Washington, DC: US Office of Naval Research, 1953.

McShane, Clay. *Down the Asphalt Path.* New York: Columbia University Press, 1994.

McWilliams, Peter A. *The Word Processing Book: A Short Course in Computer Literacy.* 5th ed. Los Angeles: Prelude Press, 1983.

Mead, Carver, and Lynn Conway. *Introduction to VLSI Systems.* Reading, MA: Addison-Wesley, 1980.

Mendelsohn, Andrew. "The Oracle Story: 1984—2001." *IEEE Annals of the History of Computing* 35, no. 2 (April – June 2013): 10 – 23.

Metcalfe, Robert M. "How Ethernet Was Invented." *IEEE Annals of the History of Computing* 16, no. 4 (October – December 1994): 81 – 88.

Metcalfe, Robert, and David R. Boggs. "Ethernet: Distributed Packet Switching for Local Computer Networks." *Communications of the ACM* 19, no. 7 (July 1976).

Miaskowski, Stan. "Software Review: Microsoft Flight Simulator." *Byte* 9, no. 3 (1984): 224 – 232.

The Michigan Terminal System: Volume 1, Reference R1001. Ann Arbor, MI: University of Michigan, Information Technology Division, 1991.

Miller, Michael J. "Computers: More Than One Billion Sold." *PC Magazine*, September 3, 2002, 7.

Mills, Mara. "Hearing Aids and the History of Electronics Miniaturization." *IEEE Annals of the History of Computing* 33, no. 2 (April – June 2011): 24 – 44.

Mims, Forrest, III. "The Tenth Anniversary of the Altair 8800." *Computers and Electronics*, January 1985, 62.

Mindell, David. *Digital Apollo: Human and Machine in Spaceflight.* Cambridge, MA: MIT Press, 2008.

"Minuteman Is Top Semiconductor User." *Aviation Week and Space Technology*, July 26, 1965.

Misa, Thomas J. "Military Needs, Commercial Realities, and the Development of the Transistor, 1948—1958." In *Military Enterprise and Technological Change*, edited by Merritt Roe Smith, 253 – 287. Cambridge, MA: MIT Press, 1985.

Misa, Thomas J. "Understanding 'How Computing Has Changed the World.'" *IEEE Annals of the History of Computing* 29, no. 4 (Oct – Dec 2007): 52 – 63.

Misa, Thomas J., ed. *Communities of Computing: Computer Science and Society in the ACM*. San Rafael, CA: Morgan & Claypool (ACM Books), 2017.

Mollick, Ethan R. "Establishing Moore's Law." *IEEE Annals of the History of Computing* 28, no. 3 (July – Sept 2006): 62 – 75.

Montfort, Nick. *Twisty Little Passages: An Approach to Interactive Fiction*, Cambridge, MA: MIT Press, 2003.

Montfort, Nick, and Ian Bogost. *Racing the Beam: The Atari Video Computer System*. Cambridge, MA: MIT Press, 2009.

Moody, Glyn. *The Rebel Code: The Inside Story of Linux and the Open Source Revolution*. Cambridge, MA: Perseus, 2001.

Moore, Gordon E. "Moore's Law at 40." In *Understanding Moore's Law*, edited by David C Brock, 67 – 84. Philadelphia: Chemical Heritage Foundation, 2006.

Moritz, Michael. *The Little Kingdom: The Private Story of Apple Computer*. New York: William Morrow, 1984.

Morris, Mitchell E. "Professor RAMAC's Tenure." *Datamation*, April 1981, 195 – 198.

Mossberg, Walter S. "Apple Brings Its Flair for Smart Designs to Digital Music Player." *Wall Street Journal*, November 1, 2001.

Mossberg, Walter S. "Security, Cool Features of Firefox Web Browser Beat Microsoft's IE." *Wall Street Journal*, December 30, 2004, B1.

Munk, Nina. *Fools Rush In: Steve Case, Jerry Levin, and the Unmaking of AOL Time Warner*. New York: Harper-Collins, 2004.

Murray, Charles J. *The Supermen: The Story of Seymour Cray and the Technical Wizards Behind the Supercomputer*. New York: Wiley, 1997.

Naiman, Arthur. *Word Processing Buyer's Guide*. New York: BYTE/McGraw-Hill, 1983.

Naur, Peter, and Brian Randell, eds. *Software Engineering: Report on a Conference Sponsored by the NATO Science Committee, Garmisch, Germany, 7th to 11th October 1968*. Brussels: Scientific Affairs Division, NATO, 1969.

Nebeker, Frederik. *Signal Processing: The Emergence of a Discipline, 1948 to 1998*. New Brunswick, NJ: IEEE History Center, 1998.

Nelson, Theodor H. *Computer Lib/Dream Machines*. Self-published, 1974.

Netcraft. "June 2020 Web Server Survey." June 25, 2020. https://news.netcraft.com/archives/2020/06/25/june-2020-web-server-survey.html.

Netscape Communications. "Netscape Communications Offers New Network Navigator

Free on the Internet." October 13, 1994. Accessed May 30, 2006.

Newell, Allen. "Intellectual Issues in the History of Artificial Intelligence (Report CMU-CS-142)." Carnegie Mellon University, Department of Computer Science, 1982.

Newman, Lily Hay. "George R. R. Martin Writes on a DOS-Based Word Processor From the 1980s." Slate.com, May 14, 2014. http://www.slate.com/blogs/future_tense/2014/05/14/george_r_r_martin_writes_on_dos_based _wordstar_4_0_software_from_the_1980s.html.

Newman, Michael Z. *Atari Age: The Emergence of Video Games in America*. Cambridge, MA: MIT Press, 2017.

"NHS Told to Ditch 'Absurd' Fax Machines." BBC News, December 9, 2018. https://www.bbc.com/news/uk-46497526.

"Nineteen Sixty-Four: The Year Microcircuits Grew Up." *Electronics*, March 13, 1964, 10 – 11.

Noble, David F. *Forces of Production: A Social History of Industrial Automation*. New York: Alfred A. Knopf, 1984.

Nofre, David, Mark Priestley, and Gerard Alberts. "When Technology Became Language: The Origins of the Linguistic Conception of Computer Programming, 1950–1960." *Technology and Culture* 55, no. 1 (January 2014): 40 – 75.

Nolan, Richard L., ed. *Managing the Data Resource Function*. New York: West, 1974.

Nooney, Laine. "Let's Begin Again: Sierra On-Line and the 'Origins' of the Graphical Adventure Game." *American Journal of Play* 10, no. 1 (2017): 71 – 98.

Norberg, Arthur L. *Computers and Commerce: A Study of Technology and Management at Eckert-Mauchly Computer Company, Engineering Research Associates, and Remington Rand, 1946–1957*. Cambridge, MA: MIT Press, 2005.

Norberg, Arthur L., and Judy E. O'Neill. *Transforming Computer Technology: Information Processing for the Pentagon, 1962 – 1986*. Baltimore: Johns Hopkins University Press, 1996.

Norman, Donald A. "The Trouble with UNIX." *Datamation*, November 1981, 139 – 150.

Norvig, Peter. "PowerPoint: Shot with Its Own Bullets." *The Lancet* 262, no. 9381 (2003): 343 – 344.

November, Joseph. *Biomedical Computing: Digitizing Life in the United States*. Baltimore: Johns Hopkins, 2012.

Noyce, Robert. "Integrated Circuits in Military Equipment." *IEEE Spectrum* 1, no. 6 (June 1964): 71 – 72.

Noyce, Robert, and Marcian Hoff. "A History of Microprocessor Design at Intel." *IEEE Micro* 1, no. 1 (February 1981): 8 – 21.

Nygaard, Kristen, and Ole-Johan Dahl. "The Development of the Simula Languages." In *History of Programming Languages*, edited by Richard L Wexelblat, 439 – 480. New York: Academic Press, 1981.

O'Falt, Chris. "Pixelvision: How a Failed '80s Fisher-Price Toy Camera Became One of Auteurs' Favorite '90s Tools." IndieWire, August 2018. https://www.indiewire.com/2018/08/pixelvision-pxl-2000-fisher-price-toy-experimental-film-camera-lincoln-center-series-1201991348/.

O'Neil, Cathy. *Weapons of Math Destruction: How Big Data Increases Inequality and Threatens Democracy*. New York: Crown Books, 2016.

The Onion. "Apple Introduces Revolutionary New Laptop with No Keyboard," January 5, 2009. https://www.theonion.com/apple-introduces-revolutionary-new-laptop-with-no-keybo-1819594761.

O'Reilly, Tim. "What Is Web 2.0," O'Reilly, September 30, 2005. Accessed October 4, 2006. http://www.oreillynet.com/pub/a/oreilly/tim/news/2005/09/30/what-is-web-20.html.

Olle, T William. "Recent CODASYL Reports on Data Base Management." In *Data Base Systems*, edited by Randall Rustin, 175 – 184. Englewood Cliffs, NJ: Prentice Hall, 1972.

Orloroso, Arsenio Jr. "PLATO Buyer Must Seek Markets." *Crain's Chicago Business*, July 31, 1989, 4.

Osborn, Roddy F. "GE and UNIVAC: Harnessing the High-Speed Computer." *Harvard Business Review* 32, no. 4 (July–August 1954): 99 – 107.

Osgood, Donna. "The Difference in Higher Education." *Byte* 12, no. 2 (February 1987): 165 – 178.

Paasonen, Susanna. "Online Pornography." In *The SAGE Handbook of Web History*, edited by Niels Brügger and Ian Milligan, 551 – 563. Thousand Oaks, CA: Sage, 2019.

Pabst, Thomas. "3D Accelerator Card Reviews: Diamond Monster 3D." Tom's Hardware, November 9, 1997. https://www.tomshardware.com/reviews/3d-accelerator-card-reviews,42-7.html.

Padegs, A. "System/360 and Beyond." *IBM Journal of Research and Development* 25, no. 5 (September 1981): 377 – 390.

Parks, Marth Smith. *Microelectronics in the 1970s*. Rockwell International, 1974.

Partridge, Craig. "The Technical Development of Internet Email." *IEEE Annals of the History of Computing* 30, no. 2 (April–June 2008): 3 – 29.

Pasquale, Frank. *The Black Box Society: The Secret Algorithms That Control Money and Information*. Cambridge, MA: Harvard University Press, 2015.

Passell, Peter. "Economic Scene; Michael Milken's Other Accusers." *New York Times*, April 12, 1989, D2.

Patterson, David A. "Reduced Instruction Set Computers." *Communications of the ACM* 28, no. 1 (January 1985): 8 – 21.

Patterson, David, and John L Hennessy. *Computer Architecture: A Quantitative Approach*. San Mateo, CA: Morgan Kaufmann, 1990.

Pearson, Jamie Parker. *Digital at Work: Snapshots from the First Thirty-Five Years*. Burlington, MA: Digital Press, 1992.

Perez, Sarah. "Apple's Big App Store Purge Is Now Underway." November 15, 2016. https://techcrunch.com/2016/11/15/apples-big-app-store-purge-is-now-underway/.

Perlis, Alan. "Epigrams on Programming." *ACM SIGPLAN Notices* 17, no. 9 (September 1982).

Peters, John Durham. *The Marvelous Clouds: Towards a Philosophy of Elemental Media*. Chicago: University of Chicago Press, 2015.

Peterson, W. E. *Almost Perfect: How a Bunch of Regular Guys Built WordPerfect Corporation*. Rocklin, CA: Prima, 1994.

Petrick, Elizabeth R. *Making Computers Accessible: Disability Rights and Digital Technology*. Baltimore: Johns Hopkins University Press, 2015.

Phipps, Charles. "The Early History of ICs at Texas Instruments: A Personal View." *IEEE Annals of the History of Computing* 34, no. 1 (2012): 37–47.

Pinch, Trevor, and Frank Trocco. *Analog Days: The Invention and Impact of the Moog Synthesizer*. Cambridge, MA: Harvard University Press, 2002.

Pollack, Andrew. "Retreat Set by Texas Instruments." *New York Times*, October 29, 1983, 35.

Ponczek, Sarah, and Vildana Hajric. "Robinhood Market Made Bursting Bubbles Wall Street's Obsession." Bloomberg, June 13, 2020. https://www.bloomberg.com/news/articles/2020-06-13/robinhood-market-made-bursting-bubbles-wall-street-s-obsession.

Poor, Alfred. "25-MHz Computers: Dell System 325." *PC Magazine*, February 24 1989, 109–116.

Poor, Alfred. "Video Technology: Making a Choice in an Era of Change." *PC Magazine*, January 12 1993, 165–218.

Pountain, Dick. "Benchtest: Acorn Archimedes." *Personal Computer World* 9, no. 8 (August 1987): 98–104.

Pournelle, Jerry. "Ulterior Motives, Lobo, Buying Your First Computer, JRT Update." *Byte* 8, no. 5 (May 1983): 298–324.

Preger, Robert. "The Oracle Story, Part 1: 1977–1986." *IEEE Annals of the History of Computing* 34, no. 4 (October–December 2012): 51–57.

Price, Robert M. *The Eye for Innovation*. New Haven, CT: Yale University Press, 2005.

"The Price TI Is Paying for Misreading a Market." *Business Week*, September 19, 1983.

Priestley, Mark. *Routines of Substitution: John von Neumann's Work on Software Development, 1945–1948*. Cham, Switzerland: Springer, 2018.

Priestley, Mark, and Thomas Haigh. "The Media of Programming." In *Exploring the Early Digital*, edited by Thomas Haigh, 135–158. Cham, Switzerland: Springer, 2019.

"Proposed IRS System May Pose Threat to Privacy." *Computerworld*, February 21,

1977, 1, 6.

Pugh, Emerson W. *Memories That Shaped an Industry: Decision Leading to IBM System/360*. Cambridge, MA: MIT Press, 1984.

Pugh, Emerson W., Lyle R. Johnson, and John H. Palmer. *IBM's 360 and Early 370 Systems*. Cambridge, MA: MIT Press, 1991.

Radin, George. "The 801 Minicomputer." *IBM Journal of Research and Development* 27 (May 1983): 237 – 246.

Radin, George. "The Early History and Characteristics of PL/1." In *History of Programming Languages*, edited by Richard L. Wexelblat, 551 – 574. New York: Academic Press, 1981.

Randell, Brian. The 1968/69 NATO Software Engineering Reports, from unpublished proceedings of Dagstuhl-Seminar 9635: "History of Software Engineering." August 26 – 30, 1996. http://www.cs.ncl.ac.uk/people/brian.randell/home.formal/NATO/NATOReports/index.html.

Rankin, Joy Lisi. *A People's History of Computing in the United States*. Cambridge, MA: Harvard University Press, 2018.

Raymond, Eric S. *The Cathedral and the Bazaar*. Sebastopol, CA: O'Reilly, 2001.

Rayward, W. Boyd. "Visions of Xanadu: Paul Otlet (1868–1944) and Hypertext." *Journal of the American Society for Information Science* 45, no. 4 (May 1994): 235 – 250.

Rayward, W. Boyd, ed. *Information beyond Borders: International Cultural and Intellectual Exchange in the Belle Époque*. Burlington, VT: Ashgate Publishing, 2014.

Redmond, Kent C., and Thomas M. Smith. *Project Whirlwind: The History of a Pioneer Computer*. Bedford, MA: Digital Press, 1980.

Reid, Robert H. *Architects of the Web: 1,000 Days that Built the Future of Business*. New York: John Wiley & Sons, 1997.

Remington Rand. "UNIAC Fac-Tronic System (brochure)," archive.org, c. 1951. https://archive.org/details/UNIVACFacTronicSystemBrochure/mode/2up.

Reynolds, Simon. "Song from the Future: The Story of Donna Summer and Giorgio Moroder's 'I Feel Love,'" Pitchfork, June 29, 2017. https://pitchfork.com/features/article/song-from-the-future-the-story-of-donna-summer-and-giorgio-moroders-i-feel-love/.

Rheingold, Howard. *The Virtual Community: Homesteading on the Electronic Frontier*. Reading, MA: Addison-Wesley, 1993.

Rheingold, Howard. *Virtual Reality*. New York: Summit, 1991.

Rifkin, Glenn, and George Harrar. *The Ultimate Entrepreneur: The Story of Ken Olsen and Digital Equipment Corporation*. Chicago: Contemporary Books, 1988.

Ritchie, Dennis. "An Incomplete History of the QED Text Editor," Bell Labs, n.d. Accessed December 20, 2018. https://archive.org/stream/incomplete-history-qed/Image071517121025_djvu.txt.

Ritchie, Dennis M. "Unix Time-Sharing System: A Retrospective." *Bell System Technical Journal* 57, no. 6 (1978): 1947 – 1969.

Roberts, H. Edward, and William Yates. "Exclusive! Altair 8800: the Most Powerful Minicomputer Project Ever Presented—Can Be Built for Under $400." *Popular Electronics*, January 1975, 33 – 38.

Robertson, Adi, and Michael Zelenko. "Voices for a Virtual Past." The Verge, 2014. https://www.theverge.com/a/virtual-reality/oral_history.

Robinson, Phillip, and Jon R. Edwards. "The Atari 1040ST." *Byte* 11, no. 3 (March 1986): 84 – 93.

Roland, Alex, and Philip Shiman. *Strategic Computing: DARPA and the Quest for Machine Intelligence*. Cambridge, MA: MIT Press, 2002.

Rosch, Winn L. "Playing Hardball Against the XT." *PC Magazine* 3, no. 6 (April 3, 1984): 115 – 122.

Rose, Frank. *West of Eden: The End of Innocence at Apple Computer*. New York: Penguin, 1989.

Rosen, Saul. "Programming Systems and Languages: A Historical Survey." In *Proceedings of the April 21 – 23, 1964 Spring Joint Computer Conference*, 1 – 15. N.p.: AFIPS, 1964.

Rowe, Lawrence. "History of the Ingres Corporation." *IEEE Annals of the History of Computing* 34, no. 4 (October – December 2012): 58 – 70.

Rubinstein, Seymour. "Recollections: The Rise and Fall of WordStar." *IEEE Annals of the History of Computing* 28, no. 4 (October – December 2006): 64 – 72.

Russell, Andrew L. "'Rough Consensus and Running Code' and the Internet-OSI Standards War." *IEEE Annals of the History of Computing* 28, no. 3 (July – September 2006): 48 – 61.

Russell, Andrew L., and Valerie Schafer. "In the Shadow of ARPANET and Internet: Louis Pouzin and the Cyclades Network in the 1970s." *Technology and Culture* 55, no. 4 (October 2014): 880 – 907.

Ryan, Jeff. *Super Mario: How Nintendo Conquered America*. New York: Portfolio/ Penguin, 2011.

Ryckman, G. F. "The Computer Operation Language." In *Proceedings of the Western Joint Computer Conference*, 341 – 343, 1960.

Salus, Peter. *A Quarter Century of Unix*. New York: Addison-Wesley, 1994.

Sammet, Jean E. "The Early History of Cobol." In *History of Programming Languages*, edited by Richard L. Wexelblat, 199 – 242. New York: Academic Press, 1981.

Sammet, Jean E. *Programming Languages: History and Fundamentals*. Eaglewood Cliffs, NJ: Prentice Hall, 1969.

Sandberg-Diment, Erik. "The Little IBM Finally Arrives for a Test." December 27, 1983, C3.

Sanger, David E. "IBM Offers a Blitz of New PC's." *New York Times*, April 3, 1987, D1.

Schechner, Sam, and Mark Secada. "Apps Send User Secrets to Facebook." *Wall*

Street Journal, February 23, 2019, A1.

Schwarz, Frederic D. "The Casio Effect." *Innovation & Technology 18*, no. 1 (2002).

Scott, Marilyn, and Robert Hoffman. "The Mercury Programming System." In *Proceedings of the Eastern Joint Computer Conference*, 47 - 53, 1961.

Scull, John, and Hansen Hsu. "The Killer App That Saved the Macintosh." *IEEE Annals of the History of Computing* 41, no. 3 (July - September 2019): 42 - 52.

Searle, L. "The Bombsight War: Norden vs. Sperry." *IEEE Spectrum* 26, no. 9 (1989): 60 - 64.

Sharma, Dinesh C. *The Outsourcer: The Story of India's IT Revolution*. Cambridge, MA: MIT Press, 2015.

Shetterly, Margot Lee. *Hidden Figures*. New York: Harper Collins, 2016.

Shorey, Samantha, and Daniela K. Rosner. "A Voice of Process: Re-Presencing the Gendered Labor of Apollo Innovation." *communication +!* 7, no. 2 (2018): article 4.

Siles, Ignacio. "Blogs." In *The SAGE Handbook of Web History*, edited by Niels Brügger and Ian Milligan, 359 - 371. Thousand Oaks, CA: Sage, 2019.

Silver, Stephen. "The iPod Touch Is a Worthy End to the Iconic Music Line." AppleInsider, September 5, 2018. https://appleinsider.com/articles/18/09/05/the-ipod-touch-is-a-worthy-end-to-the-iconic-music-line.

Sito, Tom. *Moving Innovation: A History of Computer Animation*. Cambridge, MA: MIT Press, 2013.

"Six-Month Shipments Top 4,000 Mark." *Business Automation*, August 1966, 40 - 42.

"65-Notes." *Newsletter of the HP-65 Users' Club* 2, no. 1 (January 1975): 7.

Slater, Robert. *Portraits in Silicon*. Cambridge, MA: MIT Press, 1987.

Small, James S. *The Analogue Alternative: The Electronic Analogue Computer in Britain and the USA, 1930–1975*. New York: Routledge, 2001.

Smith, David Canfield. "Designing the Star User Interface." *Byte* 7, no. 4 (April 1982): 242 - 282.

Smith, David Canfield, Charles Irby, Ralph Kimball, and Eric Harslem. "The Star User Interface: An Overview." In *Proceedings of the AFIPS National Computer Conference*, 515 - 528, N.P.: AFIPS, 1982.

Smith, Douglas K., and Robert C. Alexander. *Fumbling the Future: How Xerox Invented, Then Ignored, the First Personal Computer*. New York: HarperCollins, 1989.

Smith, Gerry. "Who Killed the Great American Cable-TV Bundle?" Bloomberg, 2018. Accessed August 8. https://www.bloomberg.com/news/features/2018-08-08/who-killed-the-great-american-cable-tv-bundle.

Smith, R. W., and J. N. Tatarewicz. "Replacing a Technology: The Large Space Telescope and CCDs." *Proceedings of the IEEE* 73, no. 7 (July 1985): 1221 - 1235.

Somerson, Paul. "IBM Brings Out the Big Guns." *PC Magazine*, November 13, 1984, 116 - 133.

Speed, John R. "What Do You Mean I Can't Call Myself a Software Engineer." *IEEE Software* 16, no. 6 (November–December 1999): 45–50.

Stachniak, Zbrigniew. *Inventing the PC: The MCM/70 Story*. Montreal: McGill-Queen's University Press, 2011.

Stachniak, Zbigniew. "This Is Not a Computer: Negotiating the Microprocessor." *IEEE Annals of the History of Computing* 35, no. 4 (October–December 2013): 48–54.

Stallman, Richard M. "What Is a GNU/Linux System?" *GNU's Bulletin* 1, no. 23 (1997): 4–5.

Starnes, Thomas W. "Design Philosophy Behind Motorola's MC68000: Part 1." *Byte* 8, no. 4 (April 1983): 70–92.

Stein, Jesse Adams. "Domesticity, Gender and the 1977 Apple II Personal Computer." *Design and Culture* 3, no. 2 (2011): 193–216.

Stein, Scott. "iPad Pro (2018) Review: A Powerful, Beautiful Tablet That Needs a Software Overhaul." CNet, December 14, 2018. https://www.cnet.com/reviews/apple-ipad-pro-2018-review/.

Steinhilper, Ulrich. *Don't Talk—Do It! From Flying to Word Processing*. Bromley, UK: Independent Books, 2006.

Stern, Nancy Beth. *From ENIAC to UNIVAC: An Appraisal of the Eckert-Mauchly Computers*. Bedford, MA: Digital Press, 1981.

Sterne, Jonathan. *MP3: The Meaning of a Format*. Durham, NC: Duke University Press, 2012.

Stevens, Tim. "Fitbit Review." Engadget, September 15, 2009. https://www.engadget.com/2009/10/15/fitbit-review.

Stevenson, Michael. "Having It Both Ways: Larry Wall, Perl and the Technology and Culture of the Early Web." *Internet Histories* 2, no. 3–4 (2018): 264–280.

Stockham, T. G., T. M. Cannon, and R. B. Ingebretsen. "Blind Deconvolution through Digital Signal Processing." *Proceedings of the IEEE* 63, no. 4 (April 1975): 678–692.

Stoll, Clifford. *The Cuckoo's Egg: Tracking a Spy through the Maze of Computer Espionage*. New York: Doubleday, 1989.

Stone, Brad. *The Everything Store: Jeff Bezos and the Age of Amazon*. New York: Little, Brown, 2013.

Strassmann, Paul. *The Squandered Computer*. New Canaan, CT: Information Economics Press, 1997.

Strassmann, Paul A. *The Computers Nobody Wanted: My Years at Xerox*. New Canaan, CT: Information Economics Press, 2008.

Strauss, Bob. "Wing Commander III: Heart of the Tiger." *Entertainment Weekly*, February 10 1995.

Strecker, William. "VAX-11/780—A Virtual Address Extension to the PDP-11 Family." In *Proceedings of the National Computer Conference*, 967–980. New York:

AFIPS Press, 1978.

Strimpel, Oliver. "The Early Model Personal Computer Contest." *The Computer Museum Report*, Fall 1986, 10 – 11.

Stross, Randall E. *Steve Jobs and the NeXT Big Thing*. New York: Scribner, 1993.

Stroustrup, Bjarne. *The C++ Programming Language*. Reading, MA: Addison-Wesley, 1985.

Sullivan, Jennifer. "Napster: Music Is for Sharing." *Wired*, November 1999.

Swarbrick, Guy. "Cover Benchtest: Atari Stacey." *Personal Computer World* 11, no. 12 (December 1989): 130 – 136.

Swarbrick, Guy. "Cover Benchtest: Macintosh Portable." *Personal Computer World* 11, no. 130 – 136 (October 1989): 130 – 136.

Swisher, Kara. *aol.com: How Steve Case Beat Bill Gates, Nailed the Netheads, and Made Millions in the War for the Web*. New York: Random House, 1998.

Tanenbaum, Andrew S. *Operating Systems: Design and Implementation*. Englewood Cliffs, NJ: Prentice Hall, 1987.

Tatarchenko, Ksenia. "The Great Soviet Calculator Hack." *IEEE Spectrum* 55, no. 10 (October 2018): 42 – 47.

Tatarchenko, Ksenia. "The Man with a Micro-calculator." In *Exploring the Early Digital*, edited by Thomas Haigh, 179 – 200. Cham, Switzerland: Springer, 2019.

Tedre, Matti. *The Science of Computing: Shaping a Discipline*. New York: CRC Press, 2015.

Templeton, Brad. "Reaction to the DEC Spam of 1978." Templetons.com, n. d. Accessed June 21, 2019. https://www.templetons.com/brad/spamreact.html#msg.

Tesler, Lawrence G. "How Modeless Editing Came to Be." *IEEE Annals of the History of Computing* 40, no. 3 (July –September 2018): 55 – 67.

Thacker, Charles P. "Personal Distributed Computing: The Alto and Ethernet Hardware." In *A History of Personal Workstations*, edited by Adele Goldberg, 267 – 289. New York: ACM Press, 1988.

Thackray, Arnold, David Brock, and Rachel Jones. *Moore's Law: The Life of Gordon Moore, Silicon Valley's Quiet Revolutionary*. New York: Basic Books, 2015.

Thesis, John M. "Practical Application of Electronic Equipment." *Journal of Machine Accounting* 6, no. 3 (March 1955): 5, 7 – 8, 16 – 17.

Thiruvathukal, George Kuriakose, and Steven E. Jones. *Codename Revolution: The Nintendo Wii Platform*. Cambridge, MA: MIT Press, 2012.

Thomas, David. *Alan Sugar: The Amstrad Story*. London: Century, 1990.

Thompson, Jim. "How Unisys Transitioned from Proprietary to Open Architecture." Enterprise Tech, July 28, 2015. https://www.enterpriseai.news/2015/07/28/how-unisys-transitioned-from-proprietary-to-open-architecture/.

Thompson, Joe. "A Concise History of the Smartwatch." Bloomberg, January 8, 2018. https://www.bloomberg.com/news/articles/2018-01-08/a-concise-history-of-the-smartwatch.

Titus, Jonathan. "Build the Mark-8 Minicomputer." *Radio-Electronics*, July 1974, 29 – 33.

Toffler, Alvin. *The Third Wave*. New York: William Morrow, 1980.

Tomash, Erwin, and Arnold A. Cohen. "The Birth of an ERA: Engineering Research Associates, Inc., 1946 – 1955." *Annals of the History of Computing* 1 (October 1979): 83 – 97.

Torvalds, Linus, and David Diamond. *Just for Fun: The Story of an Accidental Revolutionary*. 1st ed. New York: HarperBusiness, 2001.

Turkle, Sherry. *The Second Self: Computers and the Human Spirit*. New York: Simon & Schuster, 1984.

Turner, Fred. *From Counterculture to Cyberculture: Stewart Brand, the Whole Earth Network, and the Rise of Digital Utopianism*. Chicago: University of Chicago Press, 2006.

Turner, Fred. "Where the Counterculture Met the New Economy: The WELL and the Origins of Virtual Community." *Technology and Culture* 46, no. 3 (July 2005): 485 – 512.

Tympas, Aristotle. *Calculation and Computation in the Pre-Electronic Era*. Cham, Switzerland: Springer, 2017.

Ullman, Ellen. *Close to the Machine: Technophilia and Its Discontents*. San Francisco: City Lights Books, 1997.

US Census Bureau. "Computer and Internet Use in the United States: 2003," US Department of Commerce, October, 2005. https://www.census.gov/prod/2005pubs/p23-208.pdf.

US Census Bureau. "Home Computer and Internet Use in the United States: August 2000." US Department of Commerce, September, 2001. https://www.census.gov/prod/2001pubs/p23-207.pdf.

Van Deusen, Edmund. "Electronics Goes Modern." *Fortune*, June 1955, 132 – 136.

Van Gelder, Lindsy. "WordPerfect Reaches for the Star." *PC Magazine* 1, no. 10 (March 1983): 431 – 437.

Van Vleck, Tom. "Electronic Mail and Text Messaging in CTSS, 1965 – 1973." *IEEE Annals of the History of Computing* 34, no. 1 (January 2012): 4 – 6.

Van Vleck, Tom. "Myths," Multicians.org, n.d.

Van Vleck, Tom. "PL/1." Multicians.org, n.d. Accessed June 12, 2019. https://multicians.org/pl1.html#EPL.

Various. "Discussion of the SPREAD Report, June 23, 1982." *Annals of the History of Computing* 5, no. 1 (January 1983): 27 – 44.

Veit, Stan. *Stan Veit's History of the Personal Computer*. N. p: Worldcomm Press, 1993.

Vleck, David Walden, and Tom Van, eds. *The Compatible Time Sharing System (1961–*

1973). Washington, DC: IEEE Computer Society, 2011.

von Neumann, John. "First Draft of a Report on the EDVAC." *IEEE Annals of the History of Computing* 15, no. 4 (October 1993): 27 – 75.

von Neumann, John. *Papers of John von Neumann on Computing and Computing Theory (eds. William Aspray and Arthur Burks)*. Cambridge, MA: MIT Press, 1987.

Wall, Larry, and Randal L. Schwartz. *Programming Perl*. Sebastopol, CA: O'Reilly, 1991.

Waller, Larry. "Clean-Room Inventor Whitfield Leaves a Spotless Legacy." *Electronics*, February 4, 1985, 38.

Walters, Donna K. H. "Lotus to Drop Copy Protection for Some: May Be Extended to All Customers Later." *Los Angeles Times*, August 14, 1986.

Wang, An, and Eugene Linden. *Lessons: An Autobiography*. Reading, MA: Addison-Wesley, 1986.

Ward, Trent. "Quake Review." June 22, 1996. https://www.gamespot.com/reviews/quake-review/1900-2532549/.

Warnock, John E. "The Origins of PostScript." *IEEE Annals of the History of Computing* 40, no. 3 (July – September 2018): 68 – 76.

Warren, Jim C. "First Word on a Floppy-Disc Operating System." *Dr. Dobb's Journal*, April 1976, 5.

Watson, Thomas J., Jr. "Address by Thomas J. Watson, Jr., President, International Business Machines Corp." In *Data Processing (1): 1958 Conference Proceedings*, edited by Charles H. Johnson, 15 – 19. Chicago: National Machine Accountants Association, 1958.

Watson, Thomas, Jr., and Peter Petre. *Father, Son & Co: My Life at IBM and Beyond*. New York: Bantam, 1990.

Weber, Marc. "Browsers and Browser Wars." In *The SAGE Handbook of Web History*, edited by Niels Brügger and Ian Milligan, 270 – 296. Thousand Oaks, CA: Sage, 2019.

Weinberger, Matt. "Where Are They Now?" Business Insider, January 26, 2019. https://www.businessinsider.com/microsoft-1978-photo-2016-10.

Weiser, Mark, Rich Gold, and John Seely Brown. "The Origins of Ubiquitous Computing Research at PARC in the Late 1980s." *IBM Systems Journal* 38, no. 4 (1999): 693 – 696.

Weizenbaum, Joseph. *Computer Power and Human Reason: From Judgment to Calculation*. San Francisco: W. H. Freeman, 1976.

Welch, Mark J. "Expanding on the PC." *Byte* 8, no. 11 (November 1983): 168 – 184.

Welsh, David, and Theresa Welsh. *Priming the Pump: How TRS-80 Enthusiasts Helped Spark the PC Revolution*. Ferndale, MI: The Seeker, 2011.

"What Is Copyleft?" *GNU's Bulletin* 1, no. 23 (July 1997).

White, Myles. "'Explorer' Closes Gap." *Toronto Star*, September 4, 1997, J3.

Widener, W. Robert. "New Concepts of Running a Business." *Business Automation* 13, no. 4 (April 1966): 38–43, 63.

Widdicombe, Lizzie. "The Programmer's Price." *New Yorker*, November 24, 2014.

Wiener, Norbert. *Cybernetics, or Control and Communication in the Animal and the Machine*. Cambridge, MA: Technology Press, 1948.

Wilkes, Maurice. "The Best Way to Design an Automatic Calculating Machine." *Annals of the History of Computing* 8, no. 2 (April–June 1986): 118–121.

Wilkes, Maurice. *Memoirs of a Computer Pioneer*. Cambridge, MA: MIT Press, 1985.

Wilkes, Maurice V., David J. Wheeler, and Stanley Gill. *The Preparation of Programs for an Electronic Digital Computer*. Cambridge, MA: Addison-Wesley, 1951.

Williams, F. C., and T. Kilburn. "A Storage System for Use with Binary-Digital Computing Machines." *Institution of Electrical Engineers, Proc. Part Ⅲ* 96 (March 1949): 81–100.

Williams, Gregg. "A Closer Look at the IBM Personal Computer." *Byte* 7, no. 1 (January 1982): 36–68.

Williams, Gregg. "The Lisa Computer System." *Byte* 8, no. 2 (February 1983): 33–50.

Williams, Gregg. "Lotus Development Corporation's 1-2-3." *Byte* 7, no. 12 (December 1982): 182–198.

Williams, Michael R. *A History of Computing Technology*. Englewood Cliffs, NJ: Prentice-Hall, 1985.

Williams, Michael R. "The Origins, Uses, and Fate of the EDVAC." *IEEE Annals of the History of Computing* 15, no. 1 (January–March 1993): 22–38.

Williams, Michael R. "A Preview of Things to Come: Some Remarks on the First Generation of Computers." In *The First Computers: History and Architectures*, edited by Raúl Rojas and Ulf Hashagen, 1–16. Cambridge, MA: MIT Press, 2000.

Williams, Sam. *Free as in Freedom: Richard Stallman's Crusade for Free Software*. Sebastopol, CA: O'Reilly, 2002.

Wise, T. A. "IBM's $5,000,000,000 Gamble." *Fortune*, September 1966, 118–123; 224, 226, 228.

Witt, Stephen. *How Music Got Free*. New York: Viking Press, 2015.

Wolfe, Gary. "The (Second Phase of the) Revolution Has Begun." *Wired Magazine*, October 1994.

Woodbury, Gregory G. "Net Cultural Assumptions." *Amateur Computerist* 6, no. 2–3 (1994): 7–9.

Worthy, James C. "Control Data Corporation: the Norris Era." *IEEE Annals of the History of Computing* 17, no. 1 (January–March 1995): 47–53.

Wozniak, Stephen. "The Apple II." *Byte* 2, no. 5 (May 1977): 34–43.

Wozniak, Steve, and Gina Smith. *iWoz: Computer Geek to Cult Icon: How I Invented the Personal Computer, Co- Founded Apple, and Had Fun Doing It*. New York: W. W.

Norton, 2006.

Yager, Tom, and Ben Smith. "Son of SPARCstation." *Byte* 15, no. 13 (December 1990): 140 - 146.

Yates, JoAnne. *Control Through Communication: The Rise of System in American Management*. Baltimore: Johns Hopkins University Press, 1989.

Yates, JoAnne. *Structuring the Information Age*. Baltimore: Johns Hopkins University Press, 2005.

Yost, Jeffrey R. *Making IT Work: A History of the Computer Services Industry*. Cambridge, MA: MIT Press, 2017.

Zachary, G. Pascal. *Show Stopper! The Breakneck Race to Create Windows NT and the Next Generation at Microsoft*. New York: Free Press, 1994.

Zakon, Robert H'obbes'. "Hobbes' Internet Timeline 25." Accessed July 20, 2020. https://www.zakon.org/robert/internet/timeline/#Growth.

Zuboff, Shoshana. *The Age of Surveillance Capitalism*. New York: Public Affairs, 2019.

图书在版编目(CIP)数据

计算机驱动世界:新编现代计算机发展史/(英)托马斯·黑格,(美)保罗·塞鲁齐著;刘淘英译.—上海:上海科技教育出版社,2022.12

(哲人石丛书.科学史与科学文化系列)

书名原文:A New History of Modern Computing

ISBN 978-7-5428-7752-9

Ⅰ.①计… Ⅱ.①托… ②保… ③刘… Ⅲ.①电子计算机—技术史—世界—普及读物 Ⅳ.①TP3-091

中国版本图书馆CIP数据核字(2022)第220871号

责任编辑 林赵璘 匡志强

装帧设计 李梦雪

JISUANJI QUDONG SHIJIE

计算机驱动世界——新编现代计算机发展史

[英]托马斯·黑格 [美]保罗·塞鲁齐 著

刘淘英 译

出版发行 上海科技教育出版社有限公司
(上海市闵行区号景路159弄A座8楼 邮政编码201101)

网　址 www.sste.com www.ewen.co

经　销 各地新华书店

印　刷 启东市人民印刷有限公司

开　本 720×1000 1/16

印　张 41

版　次 2022年12月第1版

印　次 2022年12月第1次印刷

书　号 978-7-5428-7752-9/N·1175

图　字 09-2021-0313号

定　价 118.00元

A New History of Modern Computing

by

Thomas Haigh and Paul E. Ceruzzi

Names: Haigh, Thomas, 1972-author. | Ceruzzi, Paul E., author.

Title: A new history of modern computing / Thomas Haigh and Paul E. Ceruzzi.

Description: Cambridge, Massachusetts: The MIT Press, [2021]